गणित का इतिहास

गणित का इतिहास

डॉ. ब्रज मोहन

वाणी प्रकाशन

वाणी प्रकाशन

4695, 21-ए, दरियागंज, नयी दिल्ली 110 002

शाखा

अशोक राजपथ, पटना 800 004

फ़ोन: +91 11 23273167 फ़ैक्स: +91 11 23275710

www.vaniprakashan.in
vaniprakashan@gmail.com
sales@vaniprakashan.in

GANIT KA ITIHAS
by Dr. Braj Mohan

ISBN : 978-81-7055-007-5

Maths

संस्करण 2008

आवृत्ति 2017

मूल्य : ₹ 795

हर्ष प्रिंटर्स, दिल्ली-110 093 में मुद्रित

वाणी प्रकाशन का लोगो मक़बूल फ़िदा हुसेन की कूची से

प्रकाशकीय

गणित एक ऐसा विषय है जिसकी व्यापकता सार्वभौम है। शिष्ट मानवों से लेकर जंगलों में रहने वाले लोग भी अपने-अपने ढंग से काम-काज चलाने के लिए हिसाब लगाते हैं। अतएव आवश्यकताओं की अभिवृद्धि और सभ्यता के विकास के साथ गणित शास्त्र की विभिन्न शाखाओं का विकास होना भी स्वाभाविक था। एशिया और यूरोप के कई देशों के गणितज्ञों ने इस विकास में योग दिया, किंतु पश्चिमी इतिहासकारों ने उन सबका उल्लेख एक साथ नहीं किया। भारतीय गणित शास्त्रियों के योगदान के विषय में इतिहास के इन ग्रंथों में विशेष चर्चा नहीं मिलती। डॉ. ब्रज मोहन ने प्रस्तुत पुस्तक लिखकर उस अभाव की बहुत कुछ पूर्ति की है। भारतीय गणितज्ञों के अनुसंधान कार्यों की महत्ता सिद्ध करते हुए उन्होंने बड़ी रोचक शैली में यह इतिहास तैयार किया है।

डा. ब्रज मोहन अपने हिंदी-प्रेम के लिए प्रसिद्ध है। वैज्ञानिक विषयों पर सरल, सुबोध भाषा में लिखना प्रायः कठिन होता है, किंतु डा. ब्रज मोहन हिंदी व्यवहार में तदर्थ किसी कठिनाई का अनुभव नहीं करते। प्रस्तुत पुस्तक इसका प्रमाण है। हमें विश्वास है, इससे गणित के विद्यार्थियों का तो विशेष लाभ होगा ही, साथ ही सामान्य पाठक को भी इसमें सुरूचिपूर्ण पठनीय सामग्री मिलेगी।

प्राक्कथन

दिन पर दिन गणित के क्षेत्र का विस्तार होता जा रहा है। एक समय था जब गणित को अंकगणित का समानार्थी माना जाता था। उस समय तक हमारे पूर्वजों को गणित के नाम पर गिनती और पहाड़े ही आते थे। संसार के प्रायः सभी देशों में गणित का आरंभ अंकों और गिनती से ही हुआ। यही गिनती कुछ समय पश्चात् अंकगणित में परिणत हो गई। दीर्घ काले बीतने पर गणित के वृक्ष में से कई अन्य शाखाएँ फूट निकलीं—बीजगणित, रेखागणित, त्रिकोणमिति आदि।

ज्योतिष का आरंभ इस प्रकार नहीं हुआ। इस विद्या की आदि काल से ही एक प्रायः स्वतंत्र सत्ता रही है। सबसे पहले पहले हमारे पूर्वजों ने तारों का अवलोकन करना आरंभ किया होगा। तत्पश्चात् उनके विषय में अटकलें लगाई होंगी। इस प्रकार जब से संसार में मनुष्य मात्र का आविर्भाव हुआ, तभी से ज्योतिष्क कायों (Bodies) का अवलोकन आरंभ हो गया था। इतना विश्य है कि गणित-ज्योतिष का विज्ञान के रूप में विकास तभी हो पाया होगा जब मनुष्य जाति परिकलन (Calculation) में काफी आगे बढ़ चुकी होगी। भारतवर्ष की तो यह परंपरा है कि ज्योतिष गणित का अंग नहीं रहा, इसके विपरीत गणित ज्योतिष का अंग रहा है। या यों कहिए कि ज्योतिष्क परिकलनों में गणित एक परिचारक का कार्य करता था।

एक समय था जब बहुत से मनुष्य संसार के समस्त उपार्जित ज्ञान को कण्ठस्थ कर लिया करते थे। एक समय आजकल का है कि किसी भी व्यक्ति के लिए विद्या की किसी एक शाखा का भी संपूर्ण ज्ञान प्राप्त कर लेना नितांत असंभव है। प्रत्येक विषय में से दिन पर दिन नई नई शाखाएँ फूटती जाती हैं और भिन्न-भिन्न शाखाएँ एक दूसरे से दूर हटती जाती हैं। एक विद्वान् ने आधुनिक गवेषणा की परिभाषा इस प्रकार दी है—"किसी विषय का गवेषणा कार्य आज वह ज्ञान है जो उक्त विषय के विशेषज्ञों को छोड़ कर और किसी की भी समझ में न आए"। इस उक्ति में बहुत कुछ तथ्य है।

1. शुद्ध गणित (Pure Mathematics)
2. प्रयोजित गणित (Applied Mathematics)

3. ज्योतिष (Astronomy)

4. सांख्यिकी (Statistics)

यदि इन चारों अंगों का इतिहास लिखा जाए तो एक बृहत् ग्रंथ तैयार करना होगा। इसके अतिरिक्त प्रयोजित गणित भौतिकी (Physics) के साथ कंधे से कन्धे भिड़ा कर चलता है। अतः हमारे विचार में प्रयोजित गणित का इतिहास भौतिकी के इतिहास के साथ ही देना चाहिए। ज्योतिष एक स्वतंत्र विषय बन चुका है, अतः उसका इतिहास स्वतंत्र रूप से लिखा जाना चाहिए। अब रही सांख्यिकी। इसका जन्म तो गणित से ही हुआ है किंतु आज यह विषय स्वयं इतना विस्तीर्ण हो गया है कि इसने भी अपनी एक स्वतंत्र सत्ता जमा ली है। इसके अतिरिक्त यह विषय इतना अर्वाचीन है कि अभी इसका इतिहास लिखने के लिए समय भी परिपक्व नहीं है।

अस्तु, यह ग्रंथ मुख्यतः शुद्ध गणित का इतिहास है। इसमें ऐसे बहुत से गणितज्ञों की जीवनी देने से रह गई होगी जिन्होंने प्रयोजित गणित में विलक्षण कार्य किया हो। इसके अतिरिक्त कतिपय गणितज्ञ ऐसे हुए हैं जिनका मुख्य कार्य प्रयोजित गणित में हो, यद्यपि उन्होंने शुद्ध गणित में भी कीर्ति प्राप्त की हो जैसे–

लॅप्लास (Laplace), डिलेम्बर्ट (D'Alembert), कैप्लर (Kepler) मिलेगा। हमने इनके प्रयोजित गणित संबंधी कार्य का प्रसंग वश उल्लेख मात्र कर दिया होगा। इसके अतिरिक्त, बहुत से ऐसे ज्योतिषी हुए हैं जिन्होंने ज्योतिष के क्षेत्र में नाम पैदा किया किंतु शुद्ध गणित में जिनका कार्य नगण्य रहा, जैसे कोपरनीकस (Copernicus), टोलेमी (Ptolemy)। हमने इन लोगों के जीवन का भी कोई विस्तृत वृत्तांत नहीं दिया है। यदा-कदा अभिदेश के रूप में इनका नाम भर लिख दिया होगा।

हमने अपने इतिहास में केवल उन्हीं तथ्यों का समावेश किया है जिनकी सत्यता हमारे विचार में प्रायः असंदिग्ध रूप में प्रमाणित हो चुकी है। लगभग पंद्रह वर्ष हुए काशी हिंदू विश्वविद्यालय में गोवर्धन पीठ के अधीश स्वामी शंकराचार्य जी पधारे थे। वह गणित के विद्वान् थे। उन्होंने गणितीय विषयों पर कई व्याख्यान दिए थे। इन पंक्तियों के लेखक को व्यक्तिगत रूप से भी कई बार उनके चरणों में बैठने का सुअवसर मिला था। उन्होंने अपने व्याख्यानों और व्यक्तिगत वार्ता में कई गणितीय सूत्र दिए थे जो इस प्रकार हैं–

(1) निखिलं नवतः चरमं दशतः

(2) शून्य साम्य समुच्चये

(3) चलित कलित वर्गों विवेचकः

प्रथम दो पंक्तियों से तो उन्होंने अंकगणित और बीजगणित के कई नियम निकाल कर दिखाए थे। तीसरी पंक्ति का आधुनिक भाषा में यह अर्थ होगा–

(Differential Coefficient)^2 = Discriminant,

अर्थात् (अवकल गुणांक)^2 = विवेचक।

अब तनिक इस बीजगणितीय वर्ग समीकरण पर विचार कीजिए–

$$\text{कय}^2 + \text{खय} + \text{ग} = 0$$

उपरिलिखित सूत्र का बीजगणितीय रूपान्तर यह होगा–

$$(2\ \text{कय} + \text{ख})^2 = \text{ख}^2 - 4\ \text{क ग},$$

अर्थात्
$$\text{य} = \frac{1}{2\text{क}}\left[-\text{ख} \pm \sqrt{\text{ख}^2 - 4\text{कग}}\right]$$

यही वर्ग समीकरण के हल का आधुनिक रूप है। इस प्रसर (Process) से स्पष्ट है कि उपरिलिखित सूत्र में वर्ग समीकरण का हल, अवकलन गणित (Differential Calculus) की विधि से निकालने का संकेत किया गया है। स्वामीजी ने इन सूत्रों का यह अभिदेश दिया था : अथर्व वेद–परिशिष्ट 1। मुझे अथर्व वेद के जितने भी संस्करण काशी के पुस्तकालयों में मिल सके, मैंने सब छान मारे। मुझे उपरिलिखित सूत्र कहीं नहीं मिले। मैंने शंकराचार्य जी को इस विषय में तीन पत्र लिखे। मुझे कोई उत्तर नहीं मिला। तत्पश्चात् में वेदों के उद्भट विद्वानों से मिला जैसे पं. गिरिधर शर्मा चतुर्वेदी और पंचगंगा घाट, काशी, के पं. रामचन्द्र भट्ट। उन्होंने बताया कि उपरिलिखित सूत्रों की भाषा ही वैदिक संस्कृत से मेल नहीं खाती। अतः यह वैदिक सूत्र हो ही नहीं सकते। इसके अतिरिक्त वेदों में कहीं गणितीय विषयों का उल्लेख है ही नहीं। इसी इसी दौड़ धूप में मेरे हाथ निम्नलिखित पुस्तक लगी।

G.M. Bolling and J.V. Negelen : The Parishishtas of the Atharva Veda Vol. I Part I : Parishishtas I-52, Leipzig (1909).

मैंने यह ग्रंथ अपने मित्र डा. वासुदेव शरण अग्रवाल को दिखाया। उन्होंने उसे देखकर कहा कि उक्त पुस्तक में भी कहीं किसी गणितीय विषय का उल्लेख

नहीं है। अतः मुझे शंकराचार्य जी के दिए हुए सूत्रों का कहीं पता नहीं चला। पं. गिरिधर शर्मा ने कृपा करके यह तथ्य मुझे अवश्य दिए–

"जब शंकराचार्यजी स्कूल में पढ़ते थे, उनके एक अध्यापक वैदिक ऋचाओं की खिल्ली उड़ाया करते थे और कहा करते थे कि कुछ लोगों के मतानुसार वेदों में समस्त ज्ञान भरा पड़ा है। भला ऐसी अनर्गल बातों में भी कोई तथ्य हो सकता है।

"शंकराचार्यजी को ये बातें बहुत बुरी लगती थीं। उन्होंने उन्हीं दिनों यह निश्चय किया कि वह वैदिक सूत्रों की गुत्थी को खोलकर रहेंगे। इस हेतु उन्होंने आठ वर्ष एकांतवास किया और वैदिक सूत्रों की कुंजी प्राप्त करके ही छोड़ी। तत्पश्चात् उन्होंने अपनी गवेषणा का फल पुस्तक रूप में तैयार किया। पुस्तक की पाण्डुलिपि अमेरिका गई हुई है जहाँ उसके छपने की आशा है।"

जब तक उक्त पुस्तक प्रकाशित न हो जाए तब तक उपरिलिखित सूत्र एक समस्या ही बने रहेंगे। यदि उपरिलिखित तीसरा सूत्र वास्तव में वैदिक है तो इससे यह सिद्ध हो जाएगा कि वैदिक काल के हमारे पूर्वज अंकगणित, बीजगणित आदि के अतिरिक्त कलन (Calculus) के भी ज्ञाता थे। इस तथ्य से कलन शास्त्र का सारा इतिहास ही बदल जाएगा। हम उक्त सूत्रों का वास्तविक अभिदेश जानने के लिए बहुत उत्सुक हैं। किंतु जब तक यथार्थ अभिदेश न मिल जाए तब तक हम इतनी अप्रमाणित बात अपनी पुस्तक में नहीं दे सकते। यदि इस ग्रंथ के अगले संस्करण तक उक्त सूत्रों का रहस्योद्‌घाटन हो गया तो हम अवश्य ही इस पुस्तक में उनका समावेश कर लेंगे।

किसी शास्त्र का इतिहास लिखने के लिए इतिहासकार के पास तीन विधियाँ हैं–वह देश के अनुसार इतिहास लिख सकता है, अथवा विषय के अनुसार अथवा व्यक्तियों के अनुसार। तीनों मार्गों में कठिनाइयाँ हैं। मान लीजिए कि हम गणित का इतिहास देशानुसार लिखते हैं, तो इसका यह अर्थ हुआ कि यदि हमने इटली से आरंभ किया है तो हम सर्व प्रथम आदि काल से आधुनिक समय तक इटली के गणित का इतिहास दे देंगे। तत्पश्चात् इसी प्रकार दूसरे देशों के गणित का इतिहास देंगे। इस ढंग से इतिहास लिखने से यह जानना कठिन होगा कि किसी एक काल में भिन्न-भिन्न देशों ने गणितीय क्षेत्र में कितनी प्रगति कर ली थी। इस जानकारी के लिए समस्त देशों के इतिहास के पन्ने उलटने पड़ेंगे।

आब मान लीजिए कि हम विषयानुसार इतिहास लिखते हैं, तो यदि हमने अंक गणित से आरंभ किया है तो संसार भर के अंकगणित का इतिहास देकर तभी दूसरे विषय पर हाथ लगाएँगे। अब यदि किसी विशिष्ट देश के गणितीय ज्ञान की जानकारी प्राप्त करनी हो तो प्रत्येक विषय के अंतर्गत उक्त देश के तत्संबंधी पन्नों का अध्ययन करना होगा।

इसी ढंग की कठिनाइयाँ व्यक्तियों के अनुसार चलने में भी हैं। अतः इतिहासकार को इन समस्त विधियों का समन्वय करना होता है। हमने बहुत कुछ सोच-विचार कर गणित की भिन्न-भिन्न शाखाओं का इतिहास स्वतंत्र रूप से लिखने का निश्चय किया है। अतएव हमने अध्यायों को विषय के अनुसार विभाजित किया है। फिर प्रत्येक अध्याय के, काल के अनुसार, कई टुकड़े किए हैं। ऐसा न करने से अध्याय बहुत लंबे हो जाते और पाठकों का मन ऊब जाता। इस विभाजन के पश्चात् हमने व्यक्तियों को ही प्रमुखता दी है। हमने इधर बहुत से गणितीय इतिहासों का अध्ययन किया है। हमारा विचार है कि जो इतिहास विषय को ही प्रधानता देते हैं, वे कहीं-न-कहीं जाकर नीरस हो जाते हैं। इसके विपरीत जो इतिहास व्यक्तियों को अधिक महत्त्व देते हैं, उनमें मानव तत्त्व बना रहता है अतः वह शुष्क नहीं हो पाते। इसीलिए हमने इस इतिहास को व्यक्ति-प्रधान बनाया है, यों आवश्यकतानुसार कहीं-कहीं पर देश अथवा विषय को भी प्रमुखता दे दी है।

जब हमने इतिहास लिखना आरंभ किया था तो हमारा विचार था कि हम इसे अद्यतन बना दें। किंतु ज्यों-ज्यों कार्य आगे बढ़ता गया, हमें स्पष्ट दिखाई देता गया कि इतिहास को दिनाप्त बनाने के लिए ग्रंथ का आकार बहुत बढ़ाना पड़ेगा। प्रत्येक विज्ञान बड़े तीव्र वेग से प्रगति कर रहा है। पिछले दस वर्षों में इतना गवेषणा कार्य हुआ है जितना उनसे पहले पचास वर्ष में नहीं हुआ था। जो बात और विज्ञानों पर लागू है, वही गणित पर भी लागू है। अतः हमारे सम्मुख दो ही मार्ग थे—या तो सारे इतिहास को संक्षिप्त करके उसे अद्यतन बना देते, या अपनी स्वाभाविक गति से बढ़ते रहते और पिछले पचास साठ वर्ष का इतिहास छोड़ देते। हमने पिछले मार्ग का अवलम्बन किया है क्योंकि जो पुस्तक ऐतिहासिक दृष्टिकोण से लिखी जाती है उसके लिए पिछले पचास साठ वर्षों का उतना महत्त्व नहीं है जितना आदि काल और मध्य काल का। अतएव इन पन्नों में मुख्यतः सन् 1900 तक का ही वृत्तांत दृष्टिगोचर होगा। हम जानते हैं कि इसका एक दृष्परिणाम यह हुआ है कि हम बहुत से आधुनिक गणितज्ञों का उल्लेख नहीं कर सके हैं जो अपने-अपने क्षेत्र में महान् रहे हैं जैसे—

हॅड्मार्ड (Hadamard), लेबेग (Lebesgue), हॉब्सन (Hobson), हार्डी (Hardy), रामानुजन।

किंतु किया क्या जाए, लाचारी है। इतना अवश्य है कि 'गणित के इतिहासज्ञ' नामक अंतिम परिच्छेद में हमने प्रायः आज तक के सभी इतिहासकारों का वृत्तांत दे दिया है। इसका एक कारण यह है कि यह पुस्तक स्वयं एक इतिहास है। अतः इतिहासज्ञों का तो इसमें विशेष रूप से उल्लेख होना ही चाहिए। दूसरी बात यह है कि पिछली शताब्दी तक तो गणित का इतिहास लिखने की परंपरा ही नहीं बन पाई थी, अतएव हमने उक्त अध्याय को यथासाध्य अद्यावधिक बनाने का प्रयत्न किया है।

प्रायः पुस्तकों में देखा जाता है कि पाद टिप्पणियों की भरमार रहती है। हमारा विचार है कि इन टिप्पणियों से पाठक के मस्तिष्क में एक उलझन सी होती है। उसे पाठ्य सामग्री छोड़ कर पाद टिप्पणी पर जाना पड़ता है, और उसे समाप्त करके फिर पाठ पर लौटना पड़ता है। अतः हमने इस ग्रंथ में पाद टिप्पणियाँ वहीं दी हैं जहाँ उनका देना अनिवार्य दिखाई पड़ा है अन्यथा हमने अधिकांश अभिदेश पाठ्य सामग्री के साथ ही दे दिए हैं।

यूरोपीय नामों संबंधी कठिनाई

एक समस्या है यूरोपियों के नामों की। रोमन लिपि के कई स्वर ऐसे हैं जिन्हें हम नागरी वर्णमाला के स्वरों से व्यक्त नहीं कर सकते। अतः, जैसा कि हमने पुस्तक के प्रारंभिक अध्याय में भी उल्लेख कर दिया है, हमने इन तीन चिन्हों को अपना लिया है–

God	गॉड,	Pot	पॉट,	Ponder	पॉण्डर
Hat	हैट,	Men	मैन,	England	इंग्लैंड
Get	गैट,	Red	रैड,	Men	मैन

इनमें से पहले दो चिन्ह तो 1954 के लखनऊ के लिपि सुधार सम्मेलन ने भी स्वीकार कर लिए हैं।।

इसके अतिरिक्त समस्त यूरोपीय गणितज्ञों और नगरों के नाम हमने कोष्ठों में रोमन लिपि में भी दे दिए हैं। एशिया और अफ्रीका के नामों के संबंध में हमने यह नीति नहीं बनती है। कारण, ये नाम रोमन लिपि की अपेक्षा नागरी लिपि के अधिक समीप हैं। अतः ऐसे नाम रोमन लिपि में देने से अपने वास्तविक उच्चारण से और भी दूर चले जाएँगे।

पारिभाषिक शब्द

जो पारिभाषिक शब्द हमें Technical Terms for Secondary Schools-Ministry of Education, Govt. of India में मिल गए हैं, प्रायः हमने उसी से लिए हैं। जो शब्द उक्त कोश में नहीं मिले हैं, उनके लिए हमने इन शब्दावलियों का सहारा लिया है—

1. नागरी प्रचारिणी सभा : हिंदी वैज्ञानिक शब्दावली।
2. ब्रज मोहन : गणितीय कोश

जब यह पुस्तक लिखी गई थी, केंद्रीय सरकार की पूरी गणितीय शब्दावली तैयार नहीं थी। इधर उन्होंने प्रायः बी. एस-सी. तक के गणित के समस्त पारिभाषिक शब्द प्रस्तुत कर दिए हैं। इसके अतिरिक्त कुछ हिंदी पर्याय उन्होंने बदल भी दिए हैं। हमने यथासाध्य ऐसे सभी शब्दों को इस पुस्तक में भी बदल दिया है। किंतु फिर भी संभव है कि कुछ शब्द रह गए हों। कभी-कभी ऐसा भी हुआ है कि पुस्तक के आरंभ के कुछ पन्ना में कोई पुराना शब्द आया है और हमें उक्त पन्ने छपने के पश्चात् उक्त शब्द के नए पर्याय का पता चला है। ऐसी स्थिति में हमने शेष पुस्तक में नया पर्याय अपना लिया है और परिशिष्ट में दी हुई शब्दावलियों में दोनों पर्याय दे दिए हैं। यदि कभी पुस्तक का दूसरा संस्करण प्रकाशित हुआ तो उसमें आवश्यकतानुसार संशोधन कर दिया जाएगा।

इसके अतिरिक्त जहाँ कहीं कोई पारिभाषिक शब्द पहली बार आया है, हमने कोष्ठक में उसका समानक भी दे दिया है।

बहुवचनों का प्रयोग

हिंदी में दो प्रकार के बहुवचनों का प्रयोग होता है—बहुत्व सूचक और आदर सूचक। तनिक इन वाक्यों पर विचार कीजिए—

पुस्तकें मेज़ पर रखी हैं।

उसके पिताजी बीमार हैं।

पिछले वाक्य में, "हैं" बहुत्व का सूचक नहीं है, क्योंकि पिताजी केवल एक है। तिस पर भी हम आदर के लिए "हैं" का प्रयोग करते हैं। अँग्रेज़ी में इस प्रकार का प्रयोग नहीं चलता। अँग्रेजी में कहा जाएगा—

His father is ill.

इस वाक्य में हम "is" के स्थान पर "are" नहीं लिख सकते। किंतु हिंदी में यह आदर सूचक प्रयोग दीर्घ का में चला आया है। अब प्रश्न यह है कि

हम हिंदी में लेखकों के लिए एकवचन का प्रयोग करें या बहुवचन का। ऐसा नहीं है कि हिंदी में एकवचन चलता ही न हो। तनिक इन वाक्यों पर ध्यान दीजिए।

रामू का चाचा गया।

रामू के चाचा गए।

रामू के चाचाजी गए।

तीसरे वाक्य में तो "गए" ही लिखना होगा, पहले में "गया" ही लगाना होगा। दूसरे वाक्य में भी "गए" के स्थान पर "गया" नहीं लिख सकते। स्पष्ट है कि हम तीनों वाक्यों में से एक को भी गलत नहीं कह सकते। तीसरे वाक्य में दुहरा आदर है क्योंकि उसमें आदर सूचक अव्यय "जी" भी लगा हुआ है। दो एक उदाहरण और लीजिए–

अशोक एक महान् व्यक्ति था।

सम्राट् अशोक कलिंग गए थे।

दूसरे वाक्य में जब हमने आदर सूचक शब्द "सम्राट्" लगा दिया तब "गए" ही कहना होगा, "गया" नहीं कह सकते। किंतु पहले वाक्य में हमने "अशोक" के साथ कोई आदर सूचक शब्द नहीं लगाया है, इसलिए उसमें हम एकवचन का प्रयोग कर सकते हैं। इसी प्रकार हम यह तो लिख सकते हैं कि "भास्कर कहता था" किंतु यह नहीं लिख सकते कि "भास्कराचार्य कहता था"।

अतएव स्पष्ट है कि हिंदी भाषा बहुवचन प्रधान होते हुए भी, इसमें एकवचन का प्रयोग वर्जित नहीं है। इन सब बातों पर विचार करके हमने अधिकतर गणितज्ञों की जीवनियों में एकवचन का ही प्रयोग किया है क्योंकि यही हमें युक्तिसंगत लगता है। केवल जहाँ कहीं आदर सूचक उपाधियों अथवा अव्ययों का प्रयोग आया है, वहाँ हमने बहुवचन से काम लिया हैं

विभक्ति चिन्ह

विभक्ति चिन्ह के विषय में भी विभिन्न लेखकों में एकरूपता दिखाई नहीं देती। तनिक इन प्रयोग युग्मों पर ध्यान दीजिए–

Taylor's Series	Taylor Series
Maclaurin's Test	Maclaurin Test
Bessel's Function	Bessel Function

हम सर्वत्र लाघव सिद्धांत के समर्थक हैं अतः हमने ऐसे पदों में विभक्ति चिन्ह का प्रयोग बिल्कुल नहीं किया है।

इस पुस्तक की तैयारी के लिए यों तो हमने दसियों ग्रंथों का अध्ययन किया है किंतु सबसे अधिक सहायता हमें इन दो पुस्तकों से मिली है–

(i) D.E. Smith: History of Mathematics Vols. I, II : Ginn & Co., New York (1951)

(ii) Encyclopedia Brittanica, 14th Ed. (1929)

इतिहास का काल-विभाजन भी हमने बहुत कुछ स्मिथ की पुस्तक के आधार पर ही किया है।

–ब्रज मोहन

कृतज्ञता प्रकाश

आभार प्रदर्शन एक कठिन कार्य होता है। उन समस्त उद्गमों का तो गिनाना ही कठिन है जिनसे हमें सहायता मिली है। यहाँ तो हम मोटे-मोटे रूप से दो चार नामों का ही उल्लेख कर सकते हैं। हम ''जिन एँण्ड कंपनी'' के आभारी हैं जिन्हों हमें स्मिथ की पुस्तक में से दर्जनों फोटो प्रत्युत्पादित करने की अनुज्ञा दी है। हमें ''डोवर पब्लिकेशंस, इन्कार्पोरेटैड'' ने भी अनुगृहीन किया है। उन्हीं की अनुमति से हमने निम्नलिखित पुस्तक से अनेक चित्रों का उद्धरण किया है :

D. Struik : A concise History of Mathematics (S. 1.75)

हम स्क्रिष्टा मॅथैमॅटिका के प्रति अपना आभार प्रदर्शन करते हैं जिन्होंने हमें अपने निम्नलिखित प्रकाशन गें से कई फोटो उद्धृत करने की अनुमति दी :

portraits of Eminent Mathematicians.

हम केंद्रीय सरकार के पुरातत्त्व विभाग को भी नहीं भूल सकते जिन्होंने हमे अपने प्रकाशन Bakhshali Manuscript. Pts. I-III, में से दो फोटो छाप लेने की अनुज्ञा दी। मेरे दो मित्र डा. नवरत्न कपूर एम. ए., पीएच. डी. ने पुस्तक की पाण्डुलिपि की तैयारी में मेरी बड़ी सहायता की है जिसके लिए मैं कृतकृत्य हूँ। मैं अपने शिष्यों डा. भगवान दास अग्रवाल एम.ए.,. पीएच. डी. और डा. शेख़ मसूद एम. ए., पीएच. डी. का भी आभार व्यक्त करता हूँ जिन्होंने परिशिष्टों के निर्माण में मुझे सहयोग दिया है। मेरी भांजी श्रीमती उषा सहगल ने भी शब्दावलियों की तैयारी में मेरा हाथ बँटाया है जिसके लिए मैं अनुगृहीत हूँ।

मैं अपने मित्र पं. निशाकांत पाठक को भी नहीं भूल सकता। यह पुस्तक आपकी ही देख रेख में प्रकाशित हुई है। आपने केवल अपना कर्तव्य पालन ही नहीं किया है वरन् इस कार्य में असाधारण व्यक्तिगत रुचि दिखाई है।

–ब्रज मोहन

विषय सूची

चित्र सूची

अध्याय १

प्रारम्भिक बातें

प्रत्येक इतिहासज्ञ को बहुत-से विदेशियों के नाम अपनी लिपि में लिखने पड़ते हैं। आज जब हमने गणित के इतिहास पर अपनी लेखनी उठायी है तो स्वभावतः इसके अन्तर्गत बहुत-से अंग्रेज़, फ्रांसीसी और जर्मन गणितज्ञों के नामों का उल्लेख करना होगा। इस संबन्ध में तुरन्त यह प्रश्न उठ खड़ा होता है कि विदेशियों के नाम लिखने में कौन-सी पद्धति अपनायी जाय। हमारा विचार है कि यदि किसी विदेशी का नाम हमारे देश में प्रचलित हो गया है तो लेखकों को उसे उसी रूप में लिखने की छूट देनी चाहिए जिस रूप में वह प्रचलित हो चुका है, चाहे वह रूप ठीक हो चाहे ग़लत। फ़्रॅंच गणितज्ञ De Moivre का वास्तविक उच्चारण दः म्वाव्रे है, परन्तु अंग्रेज़ी में अधिकतर लोग इसे 'डी मॉयवर' पढ़ते हैं। पिछले डेढ़ सौ वर्षों में हमारा घनिष्ठ संबन्ध अंग्रेज़ी से ही रहा है, अतः भारतवर्ष में भी यह नाम 'डी मॉयवर' रूप में ही प्रचलित हुआ है। हमारा विचार है कि अब हम लोगों को यह नाम नये और पुराने दोनों रूपों में लिखते रहना चाहिए।

फ़्रॅंच गणितज्ञ Dirichlet के नाम का फ़्रांसीसी उच्चारण होगा 'डिग़िश्ले'। किन्तु अंग्रेज़ी लेखकों ने इस नाम का विकृत रूप डिरिच्लेे स्वीकार कर लिया है। इस देश के गणितज्ञों ने भी इस विकृत रूप को ही अपनाया है। यह रूप इतना प्रचलित हो गया है कि अब देश के बहुत थोड़े गणितज्ञ यह बात जानते होंगे कि उक्त फ़्रॅंच गणितज्ञ का वास्तविक नाम यह नहीं है। अतः अब हमें ऐसा कोई कारण दिखाई नहीं देता कि हम इस नाम को बदलें। इसी प्रकार के दो-चार नाम हम यहाँ और देते हैं—

Des Cartes	डे कार्टीज़
Schwarz	श्वार्ज़
Vander Pol	वैंदर पोल
Levi Civita	लॅवी सिविता
Leibnitz	लिब्नीज़

यहाँ एक कठिनाई और उपस्थित होती है। हमें इस बात का भी ध्यान रखना होगा कि कोई गणितज्ञ अपने नाम को स्वयं किस प्रकार लिखा करता था। एक उदाहरण लीजिए जॅक्स बर्नोली (Jacques Bernoulli) का। यह गणितज्ञ स्विट्ज़रलैंड के बेसिल नगर में रहता था जहाँ जर्मन भाषा बोली जाती थी और उसका नाम जॅक्स ही लिखा जाता था। इसकी वंशावली बैल्जियम की थी, किन्तु यह अधिकतर फ्रैंच अथवा लॅटिन में लिखा करता था। फ्रैंच में तो इसका नाम जॅक्स ही रहा, किन्तु लॅटिन में बदलकर जॅकोबिस (Jacobes) हो गया। जर्मन लेखकों ने इसके नाम को बिगाड़कर जेकब (Jacob) कर दिया और अंग्रेज़ों ने इसे सीधा-सादा जेम्स (James) बना दिया। अब प्रश्न यह है कि हम इस नाम के कौन-से रूप को स्वीकार करें। हम जॅक्स रूप ही अपनाना पसन्द करेंगे क्योंकि उक्त गणितज्ञ अधिकतर अपने नाम को इसी प्रकार लिखा करता था। किन्तु पाठकों की सुविधा के लिए हम यदा-कदा समस्त प्रचलित रूपों का प्रयोग करेंगे।

यहाँ एक सिद्धान्त और भी दृष्टिगोचर होता है। हमें इस बात पर भी विचार करना होगा कि किसी गणितज्ञ के नाम का कौन-सा रूप अपनाने से गणित के विद्यार्थियों को सुविधा होती है। एक उदाहरण लीजिए लियोनार्डो फ़िबोनाकी (Leonardo Fibonacci) का। इसको लियोनार्डो बोनाकी भी कहते हैं, फ़िबोनाकी भी और बोनेसियस भी। अब प्रश्न यह है कि इन तीनों रूपों में से कौन-सा रूप अपनाया जाय। यों तो हम इस बात पर विचार करते हैं कि लेखक स्वयं अपना नाम किस प्रकार लिखा करता था, किन्तु इस संबन्ध में एक महत्त्वपूर्ण बात यह उल्लेखनीय है कि गणित में एक श्रेणी (Series) बहुप्रचलित है जिसका नाम **फ़िबोनाकी श्रेणी** (Fibonacci Series) पड़ गया है। यह तथ्य अन्य सभी सिद्धान्तों को दबा देता है। अतः हम उक्त गणितज्ञ का नाम लियोनार्डो फ़िबोनाकी ही लिखेंगे।

ये तो रहे सामान्य सिद्धान्त। इनके होते हुए भी कहीं-कहीं पर बड़ी कठिनाई आ पड़ती है। कुछ गणितज्ञों के विषय में तो यह पता ही नहीं चलता कि वे स्वयं अपना नाम किस प्रकार लिखा करते थे। कुछ गणितज्ञों के नाम भिन्न-भिन्न देशों में विकृत होते हुए भिन्न-भिन्न रूपों में पहुँचे और अन्त में इंग्लैण्ड में जाकर उनका रूप मूल रूप से बहुत दूर पहुँच गया। हमारी सूचना का उद्गम अधिकतर अंग्रेज़ी पुस्तकें हैं। अतः हमें उन नामों का अंग्रेज़ी रूप ही प्राप्त हुआ है। अब उनके मौलिक रूप का पता चलाना भी दुष्कर है। अतएव हम ऐसे नामों का अंग्रेज़ी रूप ही स्वीकार करेंगे।

इसके अतिरिक्त विभिन्न देशों की नाम-पद्धतियाँ और रीति-रिवाज भी अलग-

अलग होते हैं। अरब देश में बड़े लम्बे-लम्बे नाम होते हैं। यहाँ तक कि किसी-किसी नाम के एक-एक दर्जन भाग होते हैं और कभी-कभी उन भागों में से कोई-सा भी प्रचलित हो जाता है। हिन्दुओं और जापानियों में एक आधिकारिक नाम होता है और एक पुकारने का नाम, और कभी-कभी पुकारने का नाम ही अधिक प्रचलित हो जाता है। इसके अतिरिक्त हमारे देश में पहले जातिनाम लिखने की पद्धति ही नहीं थी। यह प्रणाली तो अंग्रेज़ों के सम्पर्क से प्रचलित हुई है। आधुनिक काल में भारतवर्ष में एक बहुत बड़ा गणितज्ञ रामानुजन हुआ है। इसका जाति नाम आयंगर था। अतः यदि इसका नाम आधुनिक अंग्रेजी ढंग से लिखा जाय तो रामानुजन आयंगर होगा। किन्तु इसका रामानुजन नाम जगत्प्रसिद्ध हो चुका है और बहुत कम लोग जानते हैं कि इसका जातिनाम आयंगर था। सच पूछिए तो इस देश की परम्परा के अनुकूल भी इसका नाम रामानुजन ही कहलायेगा, क्योंकि हमारी प्राचीन प्रणाली केवल प्रथम नाम लिखने की ही थी। हमारे यहाँ के कुछ गणितज्ञों के प्रचलित नाम ये हैं—

भास्कर, आर्यभट्ट , ब्रह्मगुप्त, वराहमिहिर।

आज कौन जानता है कि इन लोगों के जातिनाम अथवा वंशनाम क्या थे ?

एक संबद्ध प्रश्न है नाम-संबन्धी शब्दों का। ऐसे शब्द दो प्रकार के होते हैं— एक तो वे जिनमें नाम के मौलिक रूप के साथ कोई अन्य शब्द जोड़ दिया जाता है, यथा—

Newton's Theorem, Raman Effect, Cauchy Test, Taylor Series.

मेरी समझ में समस्त वैज्ञानिक इस बात पर सहमत होंगे कि किसी भी आविष्कार के साथ उसके आविष्कारक का नाम अवश्य ही जुड़ा रहना चाहिए। Newton's Theorem को हम हिन्दी में **'न्यूटन का प्रमेय'** कहेंगे। Raman Effect को **'रमन प्रभाव'** ही कहना होगा। इसी प्रकार Taylor Series को हम **'टेलर श्रेणी'** के अतिरिक्त और क्या कह सकते हैं ? कुछ अतिवादी ऐसे शब्दों का भी ऐसा अनुवाद करना चाहते हैं, जिसमें आविष्कारक का नाम न आये। वरन् उसके किसी गुण पर नाम रख दिया जाय, जैसे Taylor Series का कर्म है किसी फलन (Function) का प्रसार करना। अतएव मान लीजिए कि हम Taylor Series को **'प्रसार श्रेणी'** कह दें। इसी प्रकार Cauchy Test को हम **'कॉशी परीक्षण'** न कहकर **'तुलना परीक्षण'** कह दें। कुछ लोग इस प्रकार के अनुवाद करना चाहते हैं।

हमें तो यह प्रवृत्ति अवैज्ञानिक, अन्यायोचित और घातक जान पड़ती है। यदि हम दूसरे देशों के वैज्ञानिकों के नामों का बहिष्कार करेंगे तो दूसरे देशों के वैज्ञानिक

भी हमारे देश के वैज्ञानिकों के नामों की उपेक्षा करेंगे। इसका परिणाम यह होगा कि एक दिन ऐसा आयेगा कि संसार समस्त वैज्ञानिकों के नामों को भूल चुकेगा और यह पता चलाना भी कठिन हो जायगा कि कौन-सा आविष्कार किस वैज्ञानिक ने किया था। ऐसी स्थिति न हमारे देश के लिए वांछनीय होगी, न अन्य देशों के लिए।

दूसरे प्रकार के नाम-सम्बन्धी शब्द वे हैं जिनमें वैज्ञानिकों के नामों के विकृत रूप को ही उनके आविष्कार का नाम बना दिया जाता है। जैसे Jacobi Determinant का एक स्वतन्त्र नाम Jacobian ही पड़ गया है। इसी प्रकार Wronski's Determinant का नाम Wronskian पड़ गया है। इन नामों के पर्याय यदि हम चाहें तो **'जॅकोबी का सारणिक'** और **'रॉन्स्की का सारणिक'** रख सकते हैं। परन्तु यहाँ एक बात विचारणीय है। जब हम Euler's Constant कहते हैं तो उसका अर्थ होता है 'एक ऐसा अचर जिसका अध्ययन या उपलंभन सबसे पहले ऑयलर ने किया था'। इसलिए इसे **'ऑयलर का अचर'** कहना ही उचित होगा। इसी प्रकार यदि हम Jacobian को **'जॅकोबी का सारणिक'** कहें तो विशेष हानि नहीं है। परन्तु Jacobian के विषय ने अपना एक स्वतंत्र अस्तित्व स्थापित कर लिया है जिसका सारणिक के साधारण नियमों से कोई विशेष संबन्ध नहीं रह गया है। Jacobian के प्रसंग का अब **वास्तविक विश्लेषण** (Real Analysis) में ऐसा ही स्थान है जैसा **रेखागणित** में वृत्त का या **बीजगणित** में **अनुपात और समानुपात** (Ratio and Proportion) का। इसलिए यदि Jacobian का **'सारणिक'** विषय से एक बिलकुल स्वतंत्र नाम रख दिया जाय तो अत्युत्तम होगा। अतः Jacobian को हिन्दी में भी **'जॅकोबियन'** ही क्यों न कहें? यदि हम यह व्यापक नियम बना लें कि अंग्रेज़ी के जो शब्द व्यक्तियों के नामों के रूपान्तर मात्र हैं, उन्हें ज्यों-का-त्यों हिन्दी में अपना लिया जाय तो बहुत सुविधाजनक होगा। इसी प्रकार हिन्दी में भी Hessian को **'हॅसियन'** और 'Wronskian' को **'रॉन्स्कियन'** ही कहेंगे।

किन्तु इस बात पर अवश्य ही विचार करना होगा कि यदि ये शब्द क्रियाओं का काम भी करते हों तो हमको इनसे हिन्दी में क्रियापद भी बनाने होंगे। क्रियापद बनाने में हम संस्कृत व्याकरण के नियमों का पालन करेंगे, न कि अंग्रेज़ी व्याकरण के नियमों का। हम निम्नलिखित शब्दों—

Polonium, Helium, Europium

को हिन्दी में भी "पोलोनियम, हीलियम, यूरोपियम" ही कहेंगे। किन्तु किसी दिन हमें निम्नलिखित शब्दों के समानार्थी बनाने की आवश्यकता पड़ सकती है—

Poloniumate, Poloniumated, Poloniumator.

हम 'पोलोनियम' को तो हिन्दी में अपना सकते हैं, किन्तु उपरिलिखित तीनों शब्दों को कदापि हिन्दी में स्थान नहीं दे सकते। इनके लिए हमें इस प्रकार के पर्याय बनाने होंगे—

पोलोनियमन, पोलोनियमित, पोलोनियामक।

एक प्रश्न विदेशी नामों के उच्चारण का भी महत्त्वपूर्ण है। आजकल नागरी-लिपि में सुधार का प्रश्न छिड़ा हुआ है। इस प्रश्न के व्यापक अंगों से तो हमें इस समय कोई प्रयोजन नहीं है। यहाँ हमें उक्त प्रश्न के केवल उन्हीं अवयवों पर विचार करना है जिनका संबन्ध विदेशी नामों के उच्चारण से है। सबसे पहली बात तो यह दृष्टिगोचर होती है कि अंग्रेज़ी में कुछ स्वर ऐसे हैं जिनके लिए हिन्दी में अनुसारी स्वर नहीं है ; जैसे God और Hockey में o का उच्चारण और Hat और Man में a का उच्चारण। १९५४ में लखनऊ में एक नागरी-लिपि सुधार सम्मेलन हुआ था जिसने इन स्वरों के लिए ये नये चिह्न निर्धारित किये थे—

गॉड, हॉकी, डॉल, कॉल।

मॅन, कॅट, हॅट, कॅप।

हम इस पद्धति को स्वीकार करते हैं।

इसी प्रकार अंग्रेज़ी के शब्द 'Pen' के 'e' के उच्चारण के लिए हिन्दी में कोई स्वर नहीं है। हिन्दी भाषा-भाषी इन शब्दों के लिखने में 'ए' की मात्रा से ही काम लेते हैं। अतः ये लोग Pen को 'पेन', Get को 'गेट', Pest को 'पेस्ट' लिखते हैं। इस प्रकार अंग्रेज़ी के Get और Gate में, Pen और Pain में तथा Pest और Paste में कोई अन्तर नहीं रहता। इसलिए कुछ लोगों ने यह प्रस्तावित किया है कि अंग्रेजी के इस स्वर के लिए हिन्दी के 'ए' की उलटी मात्रा निर्धारित की जाय। यदि यह प्रस्ताव मान लिया जाय तो हम उपरिलिखित शब्द इस प्रकार लिखेंगे—

Get	गॅट	Gate	गेट
Pen	पॅन	Pain	पेन
Pest	पॅस्ट	Paste	पेस्ट

हम इस प्रस्ताव को भी स्वीकार करते हैं। कुछ कट्टरपंथी यह कहते हैं कि "हम दूसरी भाषा के शब्दों के उच्चारण के लिए अपनी लिपि में नये स्वर क्यों बनाएँ। जितनी जीवित भाषाएँ संसार में हैं सबकी सब अन्य भाषाओं से शब्द ग्रहण करती हैं। किन्तु वे उन शब्दों को अपनी लिपि और वर्णमाला के अनुसार तोड़-मरोड़ लेती हैं और उन्हें अपने ही व्याकरण के नियमों में बाँधती हैं। उनके लिए कोई नया स्वर

या व्यंजन नहीं बनातीं। चाणक्य का नाम अंग्रेज़ी में इस प्रकार Chanakya लिखा जाता है, 'ण' के लिए कोई नया व्यंजन नहीं बनाया जाता। गंगा के नाम को बिगाड़कर Ganges बना दिया गया है। यदि नाम न भी बिगाड़ा होता तो भी वे लोग गंगा को Ganga लिखते। 'ङ' के लिए कोई नया अक्षर नहीं बनाते। हिन्दी के अनेक शब्द और नाम ऐसे हैं, जिन्हें अंग्रेज़ी में शुद्ध रूप में लिख ही नहीं सकते। ऐसे शब्दों का अंग्रेज़ी में निकटतम विकृत रूप ही लिखा जाता है और वही चालू हो जाता है, जैसे—

विज्ञान Vigyan अथवा Vijyan वा Vijnan.
दर्शन Darshan
इतिहास Itihas

"यदि आज हम अंग्रेज़ी नामों अथवा शब्दों को अपनी लिपि में लिखते समय नये-नये चिह्न और स्वर बनाने लगें तो कल को यदि हम कोई शब्द फ्रेंच, जर्मन या रूसी भाषा से लेंगे तो कदाचित् हमें और भी कई नये चिह्न बनाने पड़ेंगे। इस प्रकार तो नये-नये चिह्नों के निर्माण का कभी अन्त ही नहीं होगा। जब हम Platt नाम हिन्दी में लिखते हैं तो 'प्लैट' लिखा जाता है, 'a' के उच्चारण के लिए कोई नया स्वर नहीं बनाया जाता। इसी प्रकार यदि हमें गणितज्ञ 'Abel' का नाम लिखना हो तो हम 'आबेल' या 'औबेल' क्यों न लिखें। उसके लिए एक नये स्वर 'ऑ' का सर्जन क्यों करें?"

हम यह मानते हैं कि यह तर्क तथ्यहीन नहीं है, किन्तु हमें इस विषय में एक उदार और व्यापक नीति अपनानी चाहिए। प्रथम तो यह कहना ग़लत होगा कि अंग्रेज़ विदेशी शब्दों के लिखने में अपनी लिपि में कोई परिवर्तन नहीं करते। हमने तो कई अंग्रेजों को 'गंगा' और 'चाणक्य' जैसे नाम इस प्रकार लिखते देखा है—

Gaṇga, Chaṅakya

इसी प्रकार आवश्यकतानुसार ये लोग ऊपर अथवा नीचे बिन्दु लगाकर अथवा इस प्रकार के चिह्न लगाकर

∧ ∨ — ⌣ ⌢

नये वर्ण बना लेते हैं। स्मिथ (Smith) ने अपने गणित के इतिहास में भी विदेशी गणितज्ञों के नाम लिखने में बहुत-से नये चिह्नों का प्रयोग किया है। किन्तु यदि थोड़ी देर के लिए मान लिया जाय कि अंग्रेज़ अपनी लिपि में विदेशी शब्दों के कारण कोई परिवर्तन नहीं करते तो भी क्या यह मनोवृत्ति अनुकरणीय है? आधुनिक युग में किसी भी देश के निवासी कूप-मण्डूक बनकर नहीं रह सकते। यदि रहें तो इसमें उन्हीं का अहित है। अपनी भाषा और लिपि जितनी भी अभिव्यंजक बनायी

जा सके, बना देनी चाहिए। किन्तु इसका यह तात्पर्य नहीं है कि हम संसार की समस्त भाषाओं के स्वर चिह्न अपनी लिपि में बढ़ा लें। इस प्रकार तो हमारी लिपि कभी पूर्ण हो ही नहीं पायेगी। यहाँ प्रश्न आदर्श का नहीं, वरन् वस्तु-स्थिति का है। गत डेढ़ सौ वर्षों से हमारा सम्पर्क अंग्रेजों से रहा है। यह अच्छा हुआ या बुरा, इस समय इस पर विचार नहीं करना है। किन्तु सम्पर्क रहा, इस तथ्य की उपेक्षा नहीं की जा सकती। इस सम्पर्क का यह परिणाम हुआ है कि अंग्रेज़ी के सैकड़ों शब्द हमारी भाषा में घुल-मिल गये हैं, जैसे—

Handle, Bracket, Platform, Gallon, Waggon, Match, Hall, Hockey, Ball, Dock—

ये शब्द देश के बहुत-से स्थानों में प्रचलित हो गये हैं और इन्हें अब अपनी भाषा से निकाल देना न तो संभव है न वाञ्छनीय। इसके अतिरिक्त अभी कम-से-कम दस-बीस वर्ष तक हमारे विद्यार्थियों के लिए अंग्रेज़ी सीखना अनिवार्य है। अतः उनके लिए अंग्रेज़ी शब्दों के शुद्ध उच्चारण जानना आवश्यक है। इसलिए अपनी लिपि में रोमन लिपि के कुछ स्वर-चिह्न बनाने ही होंगे। किन्तु हम केवल उन्हीं स्वर चिह्नों को बढ़ाने के लिए तैयार हैं जो हमारे प्रयोग में प्रतिदिन आते रहते हैं। हमारा यह तात्पर्य नहीं है कि रोमन लिपि के समस्त स्वर-चिह्नों को नागरी लिपि में अपना लिया जाय। हमने केवल उपरिलिखित तीन चिह्नों को ही आवश्यक समझा है। रोमन लिपि के और भी कई स्वर चिह्न ऐसे हैं जिनका हमारी लिपि में समावेश नहीं है। उदाहरण के लिए अंग्रेज़ी शब्द People पर विचार कीजिए। हमने इस शब्द को हिन्दी में चार प्रकार से लिखा देखा है—

पीपुल, पीपल, पीपिल, पीप्ल ।

वास्तव में ये चारों हिज्जे अशुद्ध हैं। क्योंकि इनमें से एक भी उस उच्चारण का द्योतक नहीं है, जो अंग्रेज़ी शब्द People में समाविष्ट है। तो क्या हम इस उच्चारण के लिए भी एक नये चिह्न की सृष्टि करें? कदापि नहीं। क्योंकि यह स्वर ऐसे बहुत कम शब्दों में प्रयुक्त होता है, जिनको हिन्दी में लिखने की आवश्यकता पड़े। इसी प्रकार के कई और भी स्वर हैं—

Light, There, Flour

हमारा विचार यह नहीं है कि अंग्रेज़ी के इन स्वरों के लिए भी नये चिह्न बनाये जायँ। यदि कहीं आवश्यकता पड़ेगी तो हम उक्त शब्दों के **निकटतम हिन्दी** उच्चारण के चिह्नों से काम चला लेंगे।

इस सम्बन्ध में एक बात और भी विचारणीय है। जहाँ तक हमारा तात्कालिक

हेतु है, हमें तो केवल विदेशी गणितज्ञों के नामों के शुद्ध उच्चारण के लिए चिह्न बनाने हैं। अतः यदि इस पुस्तक के लिए हम कुछ नये चिह्न बना भी लें तो उनसे नागरी-वर्णमाला अथवा लिपि पर कोई व्यापक प्रभाव नहीं पड़ता। इस पुस्तक के पाठकों की संख्या और क्षेत्र सीमित हैं।

अभी तक हिन्दी में उच्च गणित की पुस्तकों का अभाव रहा है। अतः आज-तक गणितीय संकेतों की समस्या कभी उग्र रूप से हमारे सम्मुख नहीं आयी। किन्तु अब दिन-प्रति-दिन हिन्दी में उच्च गणित की पुस्तकों की संख्या बढ़ती जा रही है। अतएव यह आवश्यक है कि हम गणितीय संकेतों के प्रश्न पर भी विचार कर लें। कुछ लोगों का मत है कि "हमें समस्त वैज्ञानिक संकेत ज्यों-के-त्यों अंग्रेज़ी से ले लेने चाहिए। इस प्रकार भिन्न-भिन्न देशों के वैज्ञानिकों में विचार विनिमय सरलता से हो सकेगा। यदि प्रत्येक देश के संकेत अलग-अलग रहेंगे तो ऑस्ट्रेलिया के वैज्ञानिकों को रूसी गवेषणा पत्रों के पढ़ने में कठिनाई होगी। एक दिन इसका यह परिणाम निकलेगा कि भिन्न-भिन्न देश वैज्ञानिक समतल पर एक दूसरे से दूर होते जायँगे। इस प्रकार कभी भी कोई अन्तर्राष्ट्रीय वैज्ञानिक संकेतलिपि बन ही न पायेगी।"

इस तर्क के समर्थक ऐसे प्रस्ताव को व्यावहारिक रूप देने में जो कठिनाइयाँ पड़ेंगी उन पर ध्यान नहीं देते। यदि हमने अंग्रेज़ी के समस्त संकेतों को अपना लिया तो हमारे मुद्रणालयों को नागरी लिपि के अतिरिक्त ग्रीक लिपि के भी समस्त वर्ण रखने पड़ेंगे। यों ही हिन्दी की छपाई में पर्याप्त कठिनाइयाँ हैं, एक कठिनाई और बढ़ जायगी। हिन्दी का मुद्रण इस समय भी महँगा है, इस प्रकार और महँगा हो जायगा। इस समय हिन्दी की छपाई के लिए चार बक्से चाहिए, तब कदाचित् छः बक्सों की आवश्यकता पड़ेगी। यों समझिए कि हिन्दी की छपाई सरलतर होने के बदले कठिनतर हो जायगी।

एक बात और भी है। इस प्रकार के तर्क सुनने से ऐसा प्रतीत होता है मानो देश में केवल वे ही युवक अध्ययन करते हैं जिन्हें अन्त में गवेषणा करनी होती है। हमें केवल गवेषकों का हित ही ध्यान में नहीं रखना है, जिनकी संख्या किसी भी देश में एक प्रतिशत भी न होगी। हमें अधिक समय और शक्ति तो सामान्य विद्यार्थियों की शिक्षा पर लगानी है जिनकी संख्या ९९ प्रतिशत से भी अधिक होगी। जो विद्यार्थी स्कूलों में शिक्षा पाते हैं उनमें से बहुत-से हाई स्कूल के पश्चात् अध्ययन छोड़ देते हैं। जो विद्यार्थी कालेजों में शिक्षा ग्रहण करते हैं, उनमें से भी बहुत-से बी० ए० के बाद पढ़ाई तर्क कर देते हैं। जो छात्र एम० ए० पास करते हैं, उनमें से भी बहुत ही थोड़े ऐसे निकलते हैं जो गवेषणा कार्य में अपना जीवन लगाते हों। इस अत्यल्प

संख्या के हेतु समस्त देश पर एक विदेशी दुर्बोध्य संकेत-लिपि लाद देना कहाँ की बुद्धिमानी होगी ?

आज एक विद्यार्थी पढ़ता है कि H_2O का अर्थ है 'पानी' क्योंकि H=Hydrogen और O=Oxygen। और पानी में दो भाग हाइड्रोजन के रहते हैं और तीन भाग ऑक्सीजन के। किन्तु आज से पचास वर्ष उपरान्त का एक भारतीय छात्र कदाचित् अंग्रेज़ी वर्णमाला से सर्वथा अनभिज्ञ होगा। वह 'H' और 'O' का क्या अर्थ लगायेगा ? आज का पाठक जानता है कि H अंग्रेज़ी वर्णमाला का एक वर्ण है, जिसकी ध्वनि 'ह्' की-सी होती है। उस दिन का विद्यार्थी केवल इतना समझेगा कि 'H' एक विशेष प्रकार का चिह्न है जिसमें दो लकीरें खड़ी रहती हैं और एक लकीर पड़ी। न वह H और हाइड्रोजन का संबन्ध समझेगा, न H_2O और पानी का। वह केवल बिना समझे ही रट लिया करेगा कि H_2O एक चिह्न विशेष है पानी के लिए। स्पष्ट है कि यह चिह्न उसके मस्तिष्क पर एक अनावश्यक बोझ बनकर रह जायगा।

इसके विरुद्ध यदि हम हाइड्रोजन को 'उदजन' और 'आक्सीजन' को 'ओषजन' कहें तो पानी के लिए वैज्ञानिक संकेत होगा—

$$उ_२ ओ।$$

इस संकेत को पढ़ते ही विद्यार्थी समझ लेगा कि 'उ' का अर्थ है 'उदजन' और 'ओ' का अर्थ है 'ओषजन'। ऐसी स्थिति में यह संकेत विद्यार्थी के मस्तिष्क में एक जीवित पदार्थ की भाँति अंकित रहेगा।

एक बात अवश्य है। कुछ वैज्ञानिक संकेत ऐसे हैं जिनका संबन्ध किसी भाषा से या तो कभी था ही नहीं या पहले था तो अब रहा नहीं। ऐसे संकेत ज्यों-के-त्यों अपनाये जा सकते हैं। चार सरल अंकगणितीय क्रियाओं के संकेत—

$$+ \quad - \quad \times \quad \div$$

जैसे अंग्रेज़ी में हैं, वैसे ही हिन्दी में भी। यद्यपि ये चिह्न भी प्राचीन भारत में सर्वथा ऐसे ही नहीं थे। जो आज ऋण चिह्न कहलाता है, किसी समय वह धन चिह्न था। ऋणात्मक संख्याओं को निरूपित करने के लिए संख्या के ऊपर एक बिन्दी लगायी जाती थी, जैसे आजकल 'आवर्त दशमलव' के निरूपण के लिए लगायी जाती है।* परन्तु यह बात अस्वीकार नहीं की जा सकती कि ऊपर दिये हुए चारों चिह्न आज देश भर में सर्वमान्य हो गये हैं। इसी प्रकार भिन्न के निरूपण के लिए बटे का चिह्न भी

*** उदाहरणार्थ देखिए—विभूति भूषण दत्त, दी बक्षाली मॅथॅमॅटिक्स—बुलेटिन कलकत्ता मॅथॅमॅटिकल सोसायटी २१ (१९२९) १–६०।**

अंग्रेज़ी और हिन्दी में एक-सा है। और भी बहुत-से चिह्न हैं, जिनमें अंग्रेज़ी और हिन्दी में कोई अन्तर नहीं पड़ता—

$$\surd \quad \because \quad \therefore \quad = \quad \equiv \quad \parallel \quad > \quad < \quad \sim \quad \angle \quad \perp$$

$$\square \quad \odot \quad (\ ) \quad \{\ \} \quad [\ ] \quad \rightarrow$$

ये चिह्न तो हिन्दी की पुस्तकों में बराबर प्रयुक्त हो रहे हैं। इनके अतिरिक्त और भी कई चिह्न हैं, जिनका किसी भाषा से कोई सम्बन्ध नहीं है—

$\int$ अनुकलन चिह्न+	$\| \ \|$ सारणिक चिह्न
$\lfloor$ क्रमगुणन चिह्न	$\|\| \ \|\|$ श्रेणिक (Mätrix) का चिह्न
∞ अनन्त का चिह्न	$\propto$ समानुपात चिह्न
।। मापांक (Modulus) चिह्न	(अ)

अब रहा उन चिह्नों के विषय में जिनका संबन्ध अंग्रेज़ी अथवा ग्रीक भाषा से है। उत्तर प्रदेशीय इण्टरमीडियेट बोर्ड ने यह निश्चय किया है कि ग्रीक वर्णमाला के दो अक्षर

$$\pi \quad \text{और} \quad \Sigma$$

हिन्दी में अपना लिये जायँ, क्योंकि यह विशिष्ट अर्थों में इतने रूढ़ हो चुके हैं कि इन्हें उन अर्थों से अलग नहीं किया जा सकता। हम इस प्रस्ताव से सहमत हैं। हमारे विचार में गामा चिह्न Γ को भी अपना लेना चाहिए। शेष समस्त भाषा-संबन्धी चिह्नों का अनुवाद होना चाहिए।

अंग्रेज़ी में एक रूढ़ि-सी बन गयी है कि बिन्दुओं के निरूपण के निमित्त बड़े अक्षर प्रयुक्त होते हैं और गुणांकों तथा लम्बाइयों के लिए छोटे अक्षर। नागरी-लिपि में बड़े और छोटे अक्षर तो होते नहीं, किन्तु प्रत्येक अक्षर पर मात्राएँ लगायी जाती हैं। अंग्रेज़ी की वर्णमाला में केवल छब्बीस वर्ण हैं और ग्रीक वर्णमाला में चौबीस। अतः दोनों लिपियों की वर्णमाला में कुल मिलाकर ५० अक्षर होते हैं। इसकी तुलना में नागरी लिपि में ४९ अक्षर होते हैं और प्रत्येक अक्षर पर तेरह मात्राएँ लगायी जा सकती हैं। अतएव हमारे पास तो चिह्नों की बहुलता है। समस्त मात्राओं की तो कदाचित् आवश्यकता ही न पड़े। हमारा विचार है कि सम्प्रति हम प्रथम छः

+ इसमें संदेह नहीं कि यह चिह्न अंग्रेज़ी के 'S' का ही रूपान्तर मात्र है, किन्तु संप्रति यह जिस प्रकार लिखा जाता है उसका 'S' से कोई प्रत्यक्ष सम्बन्ध नहीं रह गया है।

मात्राएँ चुन लें। इनमें से तीनों दीर्घ मात्राओं को बिन्दुओं के निरूपण के लिए निर्धारित कर दें और तीनों ह्रस्व मात्राओं को गुणांकों और लम्बाइयों के लिए—

A, B, C, ... का, खा, गा ...... की, खी, गी, ... कू, खू, गू, ...

a, b, c, ... क, ख, ग, ... कि, खि, गि, ... कु, खु, गु ......

P, Q, R, ... पा, फा, बा, ... पी, फी, बी, ... पू, फू, बू, ...

p, q, r, ... प, फ, ब, ... पि, फि, बि, ... पु, फु, बु, ...

हिन्दू गणित में परम्परा से अज्ञात राशियों x, y, z, के लिए य, र, ल का प्रयोग होता चला आया है। इस रूढ़ि को बदलने की कोई आवश्यकता दिखाई नहीं देती। अतएव तत्संबन्धी राशियों के लिए हमारे संकेत इस प्रकार के होंगे —

$x, \; y, \; z,$ ... य, र, ल,

$x_1, \; x_2, \; x_3,$ ... य_1, य_2, य_3,

$x', \; y', \; z',$ ... य′, र′, ल′,

$\bar{x}, \; \bar{y}, \; \bar{z},$ ... $\overline{\text{य}}$, $\overline{\text{र}}$, $\overline{\text{ल}}$,

$\dot{x}, \; \dot{y}, \; \dot{z},$ ... यं, रं, लं,

अब हम यहाँ कुछ अन्य चिह्नों की सूची देते हैं —

$\alpha, \; \beta, \; \gamma,$ ... ज्ञात कोण अ, आ, इ, ई, ...

$\theta, \; \phi, \; \psi,$ ... अज्ञात कोण क्ष, त्र, ज्ञ, ...

O (origin) ... म (मूलबिन्दु)

e (eccentricity) ... उ (उत्केन्द्रता)

e (coefficient of restitution) ... प्र (प्रत्यानयन गुणांक)

e (exponential) ... घ (घातांकीय)

E ,, ... घा

i $(\sqrt{-1})$ ... ए $(\sqrt{-१})$

r (radius vector) ... त्र (सदिश त्रिज्या)

ρ (radius of curvature) त्रि (वक्रता त्रिज्या)

n (any number) स (कोई संख्या)

r (running term) ध (धावी पद)

$$\sum_{r=0}^{r=n} \qquad\qquad \sum_{\text{ध}=0}^{\text{ध}=\text{स}}$$

Lt (Limit)	सी (सीमा)
$\mathrm{Lt}_{n\to\infty}$	$\text{सी}_{\text{स}\to\infty}$
Determinant $\triangle$	सा (सारणिक)
$\triangle_0$	$\text{सा}_{\text{०}}$
$\triangle_1$	$\text{सा}_{\text{१}}$
$\triangle'$	$\text{सा}'$
Discriminant $\triangle$	वि (विवेचक)
S (Sum)	यो (योग)
P (Product)	फ (गुणनफल)
Q (Quotient)	भा (भागफल)
R (Remainder)	श (शेष)
$^{n}P_{r}$	$^{\text{स}}\text{क्र}_{\text{ध}}$
$^{n}C_{r}$	$^{\text{स}}\text{च}_{\text{ध}}$
Sin (Sine)	ज्या
Cos (Cosine)	कोज् (कोटिज्या)
Tan (Tangent)	स्प (स्पर्शज्या)
Cot (Cotangent)	कोस्प (कोटि स्पर्शज्या)
Sec (Secant)	व्युकोज् (व्युत्कोज्या)
Cosec (Cosecant)	व्यु (व्युज्या)
Vers (Versed Sine)	उज्ज्या (उत्क्रमज्या)
Covers (Coversed Sine)	उत्को (उत्क्रम कोटिज्या)
$\mathrm{Sin}^{-1}x$	$\text{ज्या}^{-\text{१}}\ \text{य}$
Sinh (Hyperbolic Sine)	अज्या (अतिपरवलीय ज्या)
Cosh (Hyperbolic Cosine)	अकोज् (अतिपरवलीय कोटिज्या)
t (Time)	म (समय)
s (Distance)	द (दूरी)
v (Velocity)	वे
u (Initial velocity)	व (आदि वेग)
f (acceleration)	त (त्वरण)
$v=u+ft$	$\text{वे}=\text{व}+\text{त म}$
$s=ut+\frac{1}{2}ft^2$	$\text{द}=\text{वम}+\frac{\text{१}}{\text{२}}\,\text{तम}^{\text{२}}$

$v^2=u^2+2fs$	वे२=व२+२ त द
m (Gradient)	ण (प्रवणता)
$y=mx+c$	र=त य+ग
$\frac{x}{a}+\frac{y}{b}=1$	$\frac{\text{य}}{\text{क}}+\frac{\text{र}}{\text{ख}}=$ १
$\frac{\sin A}{a}=\frac{\sin B}{b}=\frac{\sin C}{c}$	$\frac{\text{ज्या का}}{\text{क}}=\frac{\text{ज्या खा}}{\text{ख}}=\frac{\text{ज्या गा}}{\text{ग}}$
$ax+by+c=0$	क य+ख र+ग=०
$xX+yY=1$	य या+र रा=१
p (perpendicular)	ल (लम्ब)
h, k	ट, ठ
$x\cos\alpha+y\sin\alpha=p$	य कोज् अ+र ज्या अ=ल
$lx+my+n=0$	ट य+ठ र+उ=०

$$ax^2+2hxy+by^2+2gx+2fy+c=0$$

कय२+२ ज य र+खर२+२ छ य+२ च र+ग=०

$f(x)$ (function)	फ (य) (फलन)
F (x)	फा (य)
$u\ (x)$	फि (य)
$v\ (x)$	फु (य)
$w\ (x)$	फे (य)
$f'\ (x)$	फ'. (य)
$\dot{f}$	फं
$f^{-1}\ (x)$	फ$^{-१}$ (य)
dx	ताय
∂x	तय
δx	तिय
D_x	ती$_{\text{य}}$
$\frac{dy}{dx}$	$\frac{\text{तार}}{\text{ताय}}$
$\frac{\partial y}{\partial x}$	$\frac{\text{तर}}{\text{तय}}$

$\frac{\delta y}{\delta x}$	$\frac{\text{तिर}}{\text{तिय}}$
$D_x y$	$\text{ती}_{\text{य}}\,\text{र}$
$y_n = \frac{d^n y}{dx^n}$	$\text{र}_{\text{स}} = \frac{\text{ता}^{\text{स}}\,\text{र}}{\text{ता}\,\text{य}^{\text{स}}}$
$\int_a^b f(x)\ dx$	$\int_{\text{क}}^{\text{ख}} \text{फ}\ (\text{य})\ \text{ताय}$

पाठक यह कह सकते हैं कि जिस प्रकार इतने चिह्नों का अनुवाद किया है, उसी प्रकार अन्य चिह्नों का भी अनुवाद हो सकता है। जो चिह्न (अ) में दिये गये हैं उनका भी अपनी लिपि में अनुवाद क्यों न कर लिया जाय ? कारण यह है कि इन चिह्नों का किसी भी भाषा से सम्बन्ध नहीं है। अतएव आशा हो सकती है कि संसार की शेष भाषाएँ भी इन चिह्नों को ज्यों-का-त्यों अपना लेंगी। इस समय भी संसार की कई भाषाएँ ऐसी हैं जिन्होंने ऊपर दिये हुए प्रायः समस्त चिह्नों का अपनी भाषा में रूपान्तर किया है। किन्तु चिह्नों (अ) में से अधिकांश जैसे-के-तैसे ले लिये हैं जैसे फ्रैंच और इटॅलियन। यदि ऐसे चिह्नों को संसार की समस्त भाषाएँ अपना लें तो वैज्ञानिकों के विचार-विनिमय में थोड़ी-बहुत सुविधा अवश्य ही हो जायगी। इस प्रकार यदि उपरिलिखित सूची के समस्त चिह्न भी संसार भर में अपना लिये जायँ तो वैज्ञानिक जगत् में और भी सुविधा हो जायगी। परन्तु इस बात की तनिक भी आशा नहीं कि कोई भी समृद्ध भाषा किसी अन्य भाषा के भाषा-संबंधी चिह्न अपना लेगी। इसमें केवल राष्ट्रीय गर्व का ही प्रश्न नहीं है, वरन् जैसा ऊपर दर्शाया गया है उक्त प्रणाली विद्यार्थी के लिए भी अहितकर होगी।

अध्याय २

संख्या-पद्धतियां, संख्याशब्द और संख्यांक

संख्या-बुद्धि

जिस दिन से मनुष्य ने संसार में पदार्पण किया है उसी दिन से उसके मस्तिष्क में संख्या-बुद्धि की उत्पत्ति हुई है। कुछ लोगों की संख्या-बुद्धि तीव्र होती है, कुछ लोगों की मंद। एक अध्यापक ने अपने तीन विद्यार्थियों की संख्या-बुद्धि की परीक्षा लेनी चाही। उन तीनों विद्यार्थियों में से एक ब्राह्मण पुत्र था, दूसरा क्षत्रिय और तीसरा वैश्य। अध्यापक ने मैदान में तीस फ़ुट लम्बा एक बाँस गाड़ दिया और तीनों लड़कों से बारी-बारी से पूछा कि उनके विचार में बाँस की लम्बाई कितनी होगी? ब्राह्मण पुत्र ने कहा कि "लम्बाई होगी कोई पचास साठ फ़ुट या कदाचित् सत्तर-अस्सी फ़ुट।" क्षत्रिय लड़के ने बताया कि "बाँस की लम्बाई होगी चालीस पैंतालीस फ़ुट।" वैश्य-बालक का उत्तर था कि "लम्बाई होगी कोई पौने सत्ताइस, सवा सत्ताइस फ़ुट।"

प्रत्यक्ष है कि तीनों लड़कों में से वैश्य पुत्र की संख्या-बुद्धि सबसे तीव्र थी। इसके विपरीत बहुत-से लोगों की संख्या बुद्धि बहुत मंद होती है। कभी आप किसी दूरस्थ स्थान को पैदल जा रहे हों। रास्ते में कहीं पर भी किसी गाँव वाले से पूछिए कि "अमुक स्थान कितनी दूर है।" वह कहेगा कि "कोस डेढ़ कोस है।" मील दो मील आगे निकल जाइए और फिर किसी से प्रश्न कीजिए कि "गाँव कितनी दूर है।" तो वही उत्तर मिलेगा कि "कोस-डेढ़ कोस है।" रास्ते भर आपका गंतव्य स्थल कोस डेढ़ कोस ही रहेगा। कभी-कभी तो गाँव वाले कहेंगे "अरे! वह क्या सामने दिखता है।" इसी संकेत के भरोसे आप मीलों चले जायेंगे और आपका लक्षित स्थान नहीं आयेगा।

स्वभावत: बच्चों की संख्या-बुद्धि बहुत अविकसित रहती है। किसी बच्चे से पूछिए कि "दो और तीन कितने होंगे"। जो ऊँची से ऊँची संख्या उसे याद होगी, वही कहेगा। यदि उसको सबसे ऊँची संख्या आठ स्मरण है तो वह आठ ही कहेगा। यदि आप उससे पूछें कि चार और पाँच कितने होते हैं तो भी उसका उत्तर आठ ही होगा। बच्चा जब कुछ बड़ा होता है तो पूरी गिनती तो उसे आती नहीं, किन्तु सौ, दो सौ, तीन सौ ये दो चार शब्द उसे याद हो जाते हैं। यद्यपि वह इनका मतलब नहीं समझता,

तब भी उसे जब कभी किसी बहुत बड़ी संख्या का भान कराना होता है, वह सौ, दो सौ ही कहता है।

किसी ग्रामीण बालक ने अपने पिताजी से कहा–"बाबूजी, आज मैंने गाँव में कोई ५०० कुत्ते देखे।" बच्चा कुछ-कुछ समझदार हो चुका था, बाप को उसकी मूर्खता पर बड़ा क्रोध आया। उसने कहा कि "तू अभी से इतना झूठ बोलता है। इस गाँव में तो क्या, आस-पास के दस-पाँच गाँवों के समस्त कुत्ते इकट्ठे कर लिये जायँ तब भी पाँच-सौ न होंगे। सच-सच बता तूने कितने कुत्ते देखे थे।" बच्चा बेचारा सहम गया। उसने कहा—"बाबूजी ५०० नहीं तो कम-से-कम दो कुत्ते तो थे ही।"

पुराने समय में संसार की कुछ जातियों की संख्या-कल्पना बहुत ही तुच्छ थी, बल्कि नहीं के बराबर थी। अब भी संसार में कुछ प्रतिगामी जातियाँ ऐसी हैं, जिनकी संख्या-बुद्धि बिलकुल नगण्य है। अमेरिका में एक प्रदेश है बोलीविया जिसमें चिकिट्टो नाम की एक जाति रहती है। इस जाति की भाषा में संख्या सूचक कोई शब्द है ही नहीं। जब कभी इन्हें १का भाव प्रदर्शित करना होता है तो वह एक शब्द 'एँत्म' का प्रयोग करते हैं। यह शब्द हिन्दी शब्द 'आत्म' से बहुत कुछ मिलता-जुलता है। इस 'एँत्म' के अतिरिक्त इन लोगों की भाषा में संख्या-संबन्धी कोई शब्द है ही नहीं। अतः ये लोग २ तक भी नहीं गिन सकते।

अमेरिका में क़बीलों का एक परिवार है, जिसका नाम है ग्वायकुरु परिवार। इन लोगों की भाषाओं में भी संख्यात्मक शब्द बहुत ही कम हैं। इसी परिवार के एक क़बीले का नाम है बोटोसूडो। इन लोगों की बोली में केवल दो संख्यात्मक शब्द हैं—मोकेनम और उरुह। मोकेनम का अर्थ है १ और उरुह का अर्थ है 'बहुत'। अतः ये लोग २ या ३ भी नहीं कह सकते, केवल 'बहुत' ही कह सकते हैं।

इन तथ्यों से इस बात का पता चल जाता है कि संसार के समस्त प्राणियों में '१' की कल्पना अवश्य ही विद्यमान है। इसका कारण यह है कि प्रत्येक प्राणी में 'अहं' अर्थात् अपनेपन का भाव मौजूद है। प्रत्येक प्राणी समस्त विश्व को दो भागों में बाँटता है। एक तो 'अपने आप' अर्थात् 'मैं' और दूसरा 'शेष सारा-विश्व'। प्रत्येक प्राणी पहले अपने स्वार्थ की रक्षा करता है, तत्पश्चात् दूसरों की आवश्यकता पर विचार करता है। धार्मिक क्षेत्र में इस 'एक' का अर्थ है 'ब्रह्म', 'सत्य' अथवा 'ईश्वर'। इस एक की कल्पना का इतना महत्त्व है कि अंग्रेजी में '१' के लिए अनेक शब्दों का प्रयोग होता है—

A, An, One, Unit, Unity

हिन्दी में भी 'एक' के द्योतक बहुत से शब्द हैं—

एक, एकता, इकाई, एकाकी, एकांकी, एकोएक, अकेला, इकलौता।

संसार में कुछ जातियाँ ऐसी हैं, जिन्हें २ तक की ही गिनती आती है। अमेरिका म एक जाति है, जिसका नाम है अन्साबलाडा। इनकी भाषा में दो संख्यात्मक शब्द हैं—ते और कयापा। 'ते' का अर्थ है 'एक' और 'कयापा' का अर्थ है 'दो'। इसी देश में एक बोली है मोबोकोबी। इस भाषा में एक अक्षर ऐसा है, जिसका उच्चारण हिन्दी के अक्षर ञ से बहुत कुछ मिलता-जुलता है। इस बोली में भी संख्या-संबन्धी दो ही शब्द हैं—'यांत्वक' जिसका अर्थ है 'एक' और 'यांका', जिसका अर्थ है 'दो'।

पाठक सहज ही अनुमान कर सकते हैं कि मनुष्य को जोड़े का भान कहाँ से हुआ। संसार में जिधर भी दृष्टि डालिए आप को जोड़े ही जोड़े दिखाई देंगे। अपने शरीर को ही देखिए। हमारे शरीर में दो हाथ हैं, दो पैर हैं, दो आँखें हैं, दो कान इत्यादि। अन्यत्र भी आप जोड़े ही जोड़े देखते हैं। कैंची को अंग्रेज़ी में कहते हैं (Pair of Scissors), ऐनक को कहते हैं (Pair of Spectacles), चीमटे को कहते हैं (Pair of Tongs)। परन्तु इन वस्तुओं में तो जोड़े की कल्पना परोक्ष रूप में है। कुछ वस्तुओं में जोड़े की कल्पना प्रत्यक्ष रूप में होती है। मुगदर की जोड़ी, गुलदस्ते की जोड़ी और युगल जोड़ी आदि।

उत्तर प्रदेश के पश्चिमी प्रान्त में दो शब्दों का प्रयोग होगा है—फ़ुट और जोड़ी। फ़ुट का अर्थ है अकेला। रईस लोग अपने साईस से पूछते हैं कि "आज गाड़ी में फ़ुट लगाया है या जोड़ी ?" इसका अर्थ है कि "एक घोड़ा जोता है या दो ?"

संसार में कुछ जातियाँ सभ्यता के उस स्थल पर हैं, जहाँ तीन तक की गिनती होती है। फूगन एक जाति है, जिसकी बोली में केवल तीन संख्यात्मक शब्द हैं। पहला शब्द है 'कउली', जिसका अर्थ है १। यह शब्द हमारे हिन्दी शब्द 'कौड़ी' से बहुत मिलता-जुलता है। दूसरा शब्द है 'कम्पायपी', जिसका अर्थ है २ और तीसरा 'मातेन', किसका अर्थ है ३। एक अन्य जाति है, जिसका नाम है 'बरोरो'। इस जाति की बोली में भी संख्या-सूचक केवल तीन ही शब्द हैं—कउए, मकउए और उअउए।

कुछ पक्षियों को ३ तक की संख्या का बोध होता है। एक विशेषज्ञ थे गाल्टन (Galton), जिन्होंने पक्षियों के स्वभाव का अध्ययन किया था। इनका कथन है कि कुछ पक्षियों को ३ तक की संख्या-चेतना होती है। किसी पक्षी के घोंसले में ३ अण्डे हों तो यदि आप उनमें से एक अण्डा उठा लें तो पक्षी को इस बात का भान हो जायगा कि एक अण्डा चोरी हो गया है और वह घोंसला छोड़ देगा। परन्तु यदि किसी पक्षी के घोंसले में चार अण्डे हों तो आप बिना खटके उनमें से एक उठा सकते हैं। पक्षी को इस चोरी का पता नहीं चलेगा, क्योंकि वह ३ और ४ का भेद नहीं जानता।

संसार की कुछ जातियाँ ऐसी हैं जो ४ तक गिन सकती हैं। कुछ जातियाँ ५ तक गिन लेती हैं। दक्षिण अमेरिका में एक देश है पीरू। इस देश में कम्पा नाम की एक जाति रहती है। इन लोगों के पास संख्या-संबन्धी तीन शब्द हैं—पत्तियो, पित्तैनी और महुआनी अर्थात् १, २, ३। यदि इन लोगों को ४ कहना होगा तो कहेंगे 'पत्तियो महुआनी'। ५ को कहेंगे 'पित्तैनी महुआनी' और ६ को कहेंगे 'महुआनी महुआनी'। इसी प्रकार के सैकड़ों उदाहरण दिये जा सकते हैं। परन्तु हम केवल एक ही उदाहरण और लेंगे। ऑस्ट्रेलिया की एक जाति है कमिलारोई। इन लोगों में भी स्वतन्त्र संख्यात्मक शब्द तो केवल तीन ही हैं—

मल १

बुलर २

गुलिबा ३

४ को यह लोग कहते हैं बुलर बुलर।

५ को कहते हैं बुलर गुलिबा

६ को कहते हैं गुलिबा गुलिबा।

कुछ पक्षियों में ४ और ५ तक की संख्या-बुद्धि होती है। पक्षियों के एक विशेषज्ञ थे लेरॉय (Leroy)। उन्होंने अपना एक अनुभव सुनाया है। एक चौकीदार की गुमटी में एक कौए ने घोंसला बना लिया। कौआ जब दूर से चौकीदार को आता देखता था तो उड़कर दूर के एक पेड़ पर जा बैठता था। पेड़ इतना गुंजान था कि उस पर गोली चला कर कौए को मारना नितान्त असंभव था। चौकीदार कौए से बड़ा तंग आ गया था। अन्त में उसने एक चाल चली। एक दिन वह एक और आदमी को अपने साथ ले गया। कौए ने दोनों को आते देखा तो उड़ गया और पेड़ पर जा बैठा। उनमें से एक आदमी गुमटी में से बाहर निकला तो कौआ नहीं लौटा। जब दूसरा आदमी भी चला गया तब कौआ लौटा।

अगले दिन तीन व्यक्ति गुमटी में गये और बारी-बारी से बाहर निकले। कौआ धोखे में नहीं आया। वह तब तक नहीं लौटा जब तक तीनों आदमी नहीं निकल गये। बाद वाले दिन चार आदमी गुमटी में गये, फिर भी असफल रहे। उससे अगले दिन पाँच आदमी गुमटी में गये। उस दिन कौआ धोखा खा गया। जब बारी-बारी से चार आदमी गुमटी से बाहर आ गये तो उसने समझा कि सब आदमी बाहर आ गये हैं। वह गुमटी में लौट आया और पाँचवें आदमी ने उसे गोली से मार दिया। इस उदाहरण से स्पष्ट है कि कौआ चार तक गिन सकता था, पाँच तक नहीं गिन सकता था।

संसार की अधिकांश पुरानी जातियों को केवल ५ तक का भान था। कप्तान पैरी (Perry) का यह अनुभव है कि किसी ऐंस्किमो' जाति का कोई भी आदमी ७ तक नहीं गिन सकता। किसी ऐंस्किमों से ७ तक गिनाइए। ७ तक पहुँचने में वह कम-से-कम एक त्रुटि अवश्य करेगा। एक और अन्वेषक हुए हैं 'हंबोल्ड'(Humbold)। इन्होंने एक बार चैमा जाति के एक मनुष्य से पूछा कि "तुम्हारी अवस्था क्या है?" उसने कहा '१८ वर्ष'। वह आदमी ३०-३५ वर्ष से कम नहीं था। हंबोल्ड ने कहा कि "तुम १८ वर्ष से कहीं अधिक के लगते हो।" उसने कहा कि "मेरी अवस्था १८ वर्ष की न होगी तो ६० वर्ष की होगी।" हम नहीं समझते कि वह व्यक्ति जान-बूझ कर झूठ बोल रहा था। उस बेचारे ने कहीं १८ और ६० शब्द सुन रखे होंगे। दोनों संख्याएँ उसकी मानसिक पहुँच के बाहर थीं। वह तो केवल इतना जानता था कि दोनों बड़ी संख्याएँ हैं।

दक्षिण आफ्रिका में योरूबा नाम की एक जाति है। इन लोगों की बोली में एक कहावत प्रसिद्ध है कि "बड़े चतुर बनते हो, तनिक बताना तो सही कि नौ नेम कितने होते हैं।" इसमें कोई आश्चर्य की बात नहीं है। अभी तीन चार सौ वर्ष पहले की बात है कि जर्मनी के एक विद्यार्थी ने अपने गुरु से पूछा था कि "मैं गणित की उच्च शिक्षा प्राप्त करना चाहता हूँ, मुझे किस आचार्य के पास जाना चाहिए?" गुरु ने कहा कि "यदि तुम केवल जोड़ना, घटाना ही सीखना चाहते हो तब तो जर्मनी के प्रोफ़ेसर ही काफी होंगे। परन्तु यदि तुम गुणा और भाग भी सीखना चाहते हो तो इटली के किसी विशेषज्ञ के पास जाना होगा।"

यह तो कई सौ वर्ष पहले की बात है। हम अपने देश की ही लगभग ५० वर्ष पहले की बात सुनाते हैं। रेलवे में स्टेशन मास्टरों की एक परीक्षा हुआ करती थी। उस ज़माने में उस परीक्षा का स्तर बहुत नीचा था। एक बार परीक्षा-पत्र में एक प्रश्न दिया गया था कि "आठ अट्ठे कितने होते हैं?" एक विद्यार्थी ने उत्तर लिखा ६३। परीक्षक ने उसे पूरे अंक (नम्बर) दिये और कहा कि 'उत्तर क़रीब-क़रीब ठीक है।'

संसार की अधिकांश भाषाओं में संख्यात्मक शब्दों का पैमाना ५ या १० माना गया है। भारतीय संस्कृति में भी १० के पैमाने का ही उपयोग किया गया है। संस्कृत के कुछ शब्दों पर विचार कीजिए—

एकादश	१०+१
द्वादश	१०+२
अष्टादश	१०+८
ऊनविंशति	२०—१

अंग्रेजी में भी अधिकांश रूप में १० का पैमाना ही काम में लाया गया है।

Thirteen	3+10
Fourteen	4+10

५ और १० के इस सर्वव्यापी पैमाने का कारण यह प्रतीत होता है कि मनुष्य के हाथों में ५, ५ उँगलियाँ होती हैं। मनुष्य को गिनने का सब से सुलभ उपाय उँगलियों द्वारा ही प्रतीत हुआ। बहुत-सी भाषाओं में ५ के लिए वही शब्द है जो हाथ के लिए है। रूसी भाषा में ५ को 'प्याष्ट' कहते हैं और हाथ को भी 'प्याष्ट'। फ़ारसी में पाँच को पंजा कहते हैं और खुले हुए हाथ को भी पंजा कहते हैं। यही बात पंजाबी भाषा में भी है।

एक उदाहरण और लीजिए। फ़्लॉरेंन्स (Florence) द्वीप की एक भाषा है, जिसका नाम है 'ऍण्ड'। उसके कुछ संख्यात्मक शब्द इस प्रकार हैं—

सा	१
ज़्वा	२
लिमा	५ (हाथ)
लिमा सा	६
लिमा ज़्वा	७

५ के लिए तो वही शब्द निश्चित कर दिया जो हाथ के लिए था। अब प्रश्न यह हुआ कि १० के लिए कौन-सा शब्द रखा जाय। संसार की बहुत-सी भाषाओं में १० को कहते हैं 'हाथ' क्योंकि जब एक हाथ की उँगलियाँ समाप्त हो जाती हैं तो लोग स्वाभाविक रूप से दूसरे हाथ की उँगलियों से गिनते हैं। १० के आगे गिनने के लिए कुछ लोग तो फिर दाहिने हाथ से आरम्भ करते हैं। परन्तु कुछ लोग पैर की उँगलियों से काम लेते हैं। ओरीनोको प्रदेश में एक जाति माईपुरे नाम की है। इन लोगों की भाषा के कुछ शब्दों के अर्थ हम यहाँ देते हैं—

५	केवल एक हाथ
६	दूसरे हाथ की भी एक
७	दूसरे हाथ की भी दो
१०	दो हाथ
११	पैर की भी एक उँगली
१५	दो हाथ, एक पैर
२०	पूरा एक आदमी

१ से ५ तक गिनने में दाहिने से बायें गिना जाता है या बायें से दायें, इस विषय

में कोई निश्चित पद्धति नहीं है। कुछ लोग अँगूठे से आरम्भ करते हैं, कुछ लोग कन उँगली से। अमेरिका में वॉर्स्टन नगर के एक स्कूल की ५ कक्षाओं के विद्यार्थियों पर यह प्रयोग किया गया था। छात्रों से कहा गया था कि १ से ५ तक गिनें। २०६ विद्यार्थियों में से १४९ ने अंगूठे से गिनना आरंभ किया। अर्थात् तीन चौथाई विद्यार्थियों ने अंगूठे से गिनना आरंभ किया।

परन्तु अंगूठे से आरम्भ करने में ही कोई विशेष बात नहीं है। एक स्कूल में एक प्रयोग इस प्रकार किया गया। एक अध्यापक ने विद्यार्थियों में से एक को खड़ा किया और कहा कि "उँगलियों पर गिनती गिनो।" और शेष सब विद्यार्थियों से कहा "तुम लोग भी इसके साथ गिनो।" उन विद्यार्थियों ने कन उँगली से गिनना आरम्भ किया। उसके साथ-साथ सब विद्यार्थी कन उँगली से गिनने लगे। फिर एक दूसरे विद्यार्थी को खड़ा किया। उसने अंगूठे से गिनना आरंभ किया। उसकी देखा-देखी सब विद्यार्थियों ने अंगूठे से गिनना आरम्भ कर दिया।

किन्तु एक प्रथा सार्वजनिक प्रतीत होती है। अधिकतर लोग बायें हाथ की उँगलियों से गिनना आरंभ करते हैं। इसका कारण यह प्रतीत होता है कि पुराने ज़माने में हमारे पुरखे सदैव दाहिने हाथ में कोई-न-कोई शस्त्र रखा करते थे। इसलिए गिनने के लिए बायाँ हाथ ही खाली रहता था। इसी प्रथा का भग्नावशेष आजकल इस रूप में रह गया है।

हम लोगों की आजकल की संख्या-भाषा अधिकतर दशांशिक है। पर इस नियम के थोड़े-से अपवाद भी हैं। अंग्रेज़ी में १३ से लेकर आगे के सब शब्द नियमित हैं, जैसे—

Fourteen $=4+10$, Eighteen $=8+10$

किन्तु ११ और १२ अपवाद हैं क्योंकि Eleven और Twelve उस प्रकार नहीं बने हैं, जैसे १३, १४ इत्यादि। ऐसा प्रतीत होता है कि अंग्रेज़ी के ये दोनों शब्द जर्मन शब्दों Ein-lif और Zwei-lif से बने हैं। इनका अर्थ है १+१० और २+१०। हिन्दी में भी अधिकांश शब्द इसी प्रकार बने हैं, यथा—

तेरह =१०+३

चौबीस =२०+४

इन शब्दों में योग का सिद्धान्त निहित है, किन्तु कुछ शब्द वियोग सिद्धान्त पर भी आधृत हैं,; जैसे

१९ = १ कम २०

२९ = १ कम ३०

६९ = १ कम ७०

पॉइण्ट बॅरो (Point Barrow) एक स्थान है। वहाँ की एक उपजाति में १० के बदले २० को गिनती का आधार माना गया है। उनकी बोली के दो चार शब्दों के अर्थ यहाँ दिये जाते हैं—

१०– ऊपरी भाग अर्थात् मनुष्य का ऊपरी भाग, दोनों हाथों की उँगलियां।
१४– १५ से १ कम।
२०– एक मनुष्य समाप्त हो गया।
२५– एक मनुष्य समाप्त और दूसरे की ५।
३०– एक मनुष्य समाप्त और दूसरे की १०।
४०– दो मनुष्य समाप्त।

इससे यह नहीं समझना चाहिए कि हम लोगों के जीवन में ५, १० या २० के अतिरिक्त अन्य संख्याओं का महत्त्व है ही नहीं। हिन्दू-संस्कृति में ३ और ५ के अतिरिक्त ७ को भी शुभ माना गया है। बहुत-से धार्मिक कृत्यों में ७ लकीरें खींचते हैं या ७ दीये जलाते हैं। विवाह में अग्नि के ७ फेरे करते हैं। बहुत-से आयुर्वेदिक नुस्खों में तुलसी के ७ पत्ते या ७ काली मिर्चें या ७ इलायचियाँ पड़ती हैं। पता नहीं ७ की संख्या का महत्त्व सप्तऋषि मण्डल से लिया गया है या नहीं।

७ के पश्चात् ११ का भी बहुत महत्त्व है। कहावत है कि १ और १ ग्यारह होते हैं। हिन्दुओं में दो प्रकार के विवाह अभी तक प्रचलित हैं—७ ठौर का विवाह और ११ ठौर का विवाह। कहते हैं कि यदि घर से निकल रहे हों और कोई काना दिखाई दे जाय तो बड़ा अशगुन होता है। किन्तु यदि उसी समय ११ बार राम का नाम ले लिया जाय तो अशगुन का दोष मिट जाता है।

संख्याओं का यह महत्त्व तो सहचरण (Association) के कारण है। किन्तु अधिकांश भाषाओं में बहुत-से संख्यात्मक शब्दों के विशेष नाम भी होते हैं, जैसे अंग्रेज़ी में—Pair, Trio, Dozen, Score, Gross.

हिन्दी में भी इस प्रकार के कई शब्द हैं; जैसे जोड़ी, तिकड़म, चौकड़ी, पंजा, अट्ठा, दर्जन; कोड़ी।

इनमें से 'पंजा' और 'कोड़ी' को छोड़कर शेष शब्दों का १० से कोई प्रत्यक्ष सम्बन्ध नहीं है।

इस देश में बाज़ार में कुछ वस्तुएँ पंजे से बिकती हैं। आम, उपले, दीवाली के दीए और आँवले पंजों में बिकते हैं। आप इन वस्तुओं का भाव इसी प्रकार पूछते हैं कि "एक रुपये में कितने पंजे ?" एक बात इससे भी बड़े आश्चर्य की यह है कि इन वस्तुओं में १०० का अर्थ गिनती के १०० का नहीं होता अर्थात् १०० का अर्थ २० पंजे नहीं

होता। कहीं २६ पंजे, कहीं ३० पंजे और कहीं ३६ पंजे होता है।* पश्चिमी उत्तर प्रदेश में उपलों का सौ ३६ पंजे का होता है। इस हिसाब से यदि आप ५० उपले मँगवाएँ तो आपको १८ पंजे अर्थात् ९० उपले मिलेंगे। इसका कारण यह रहा होगा कि पुराने समय में भिन्न-भिन्न गाँवों में कोई विशेष सम्पर्क नहीं रहता था। प्रत्येक गाँव अपने लिए अलग नाप-तौल नियत कर लेता था। उन दिनों कोई मानकीकरण (Standardisation) नहीं होता था। जब **दशमिक पैमाना** (Scale of ten) सब जगह चालू हो गया तो अधिकांश वस्तुओं ने तो उसे अपना लिया, किन्तु कुछ वस्तुओं में पुराने नाप-तोल ही चलते रहे।

बनारस के पास एक बाज़ार है खोजवाँ। उस एक ही बाजार में कुछ वर्ष पहले किसी दूकान पर ८० की तौल चलती थी, किसी पर ८६ की और किसी पर ९० की। एक दिन इन पंक्तियों के लेखक ने नौकर को गेहूँ लाने के लिए खोजवाँ भेजा। नौकर से कहा कि "२० सेर गेहूँ लेकर वहीं फटकवाकर साफ़ करा लेना और पनचक्की पर पिसवा लाना।" जब वह आटा लेकर घर आया तो कुल साढ़े चौदह सेर आटा निकला। नौकर से हिसाब माँगा। बड़ी देर में हिसाब समझ में आया। बात यह थी कि जिस दूकान पर उसने गेहूँ मोल लिया था, उस पर ९० की तौल थी। जहाँ पर उसने गेहूँ साफ़ कराया वहाँ पर ८६ की तोल थी। फटकने वालियों ने सेर पर आध पाव के हिसाब से अपनी मज़दूरी काट ली। इस प्रकार अढ़ाई सेर गेहूँ कम हो गया। शेष रहा साढ़े सत्रह सेर। गेहूँ लेकर वह पनचक्की पर गया। वहां ८० की तौल थी। अतः पनचक्की पर वह साढ़े सत्रह सेर गेहूँ फिर २० सेर के लगभग बैठा। इस पर पनचक्की वालों ने दो सेर प्रति मन के हिसाब से पिसाई काटी तो एक सेर गेहूँ पिसाई का कट गया। अब रहा साढ़े सोलह सेर। वह साढ़े सोलह सेर गेहूँ लेकर घर लौटा, किन्तु लेखक के घर पर १०० की तौल के बाट थे। अतः वह साढ़े सोलह सेर गेहूँ घर के बाटों से साढ़े चौदह सेर बैठा। नौकर को खोजवाँ इस विचार से भेजा था कि वहाँ कदाचित् माल सस्ता मिले, किन्तु लम्बी अवधि में सस्ती वस्तु ही महँगी पड़ती है।

तौलिया और अँगोछे अट्ठों में बिकते हैं। संतरों के दाम अधिकतर दर्जनों में बताये जाते हैं—एक रुपया दर्जन या अट्ठारह आने दर्जन। काग़ज दस्तों में बिकता है। यह तो हुई सामाजिक विनिमय-पद्धति। इसके अतिरिक्त व्यक्तिगत रूप से भी भिन्न-भिन्न व्यक्तियों के गिनने के ढंगों में अन्तर रहता है। आप किसी अपढ़ व्यक्ति को कुछ रुपये गिनने को दीजिए। वह चार-चार, पाँच-पाँच की ढेरियाँ लगा देगा। इकट्ठे

***वाराणसी में आम तथा नीबू प्रायः पंजे या गाही से बिकते हैं और सैकड़ा २६ गाही का याने १३० का होता है।**

८, १० भी गिनना उसके लिए कठिन है। डाक्टर कोनॅन्ट (Conant) लिखते हैं कि एक बार उन्होंने एक लड़के से ३ और ६ को गुणा करने को कहा। उसने अपने दाहिने हाथ की तर्जनी उँगली से बायें हाथ की उँगलियों पर १, २, ३ इस प्रकार गिना, फिर दुबारा १, २, ३,...गिना। फिर तिबारा १, २, ३,...गिना। इसी प्रकार छ बार गिना और बताया कि गुणन-फल १८ हुआ।

मान लीजिए कि आपने धोबी को ५६ कपड़े धोने के लिए दिये हैं। वह २५, २५ को दो बार गिनेगा और ६ अलग गिनेगा। तब कहेगा कि "दो पच्चीसी और ६ कपड़े हैं।" स्त्रियों को आप बहुधा कहते सुनेंगे कि चवन्नी के २ कम ४० पान आये या न्यौते में ३ ऊपर ५० सज्जन बैठे थे। उनकी संख्या-बुद्धि ५ या १० के अपवर्त्यों (Multiples) पर ही ठहरती है।

कुछ अशिक्षित व्यक्तियों की, विशेषकर पुराने ढंग की स्त्रियों की, संख्या-बुद्धि इतनी अविकसित रहती है कि वह सामान्य अंकों का जोड़ भी नहीं जानतीं। बचपन में, हमें याद है, बूढ़ी स्त्रियाँ पूछा करती थीं कि "१२ और ५ कितने हुए।" उत्तर में आप चाहे १७ कह दें चाहे अट्ठारह, उनके लिए एक ही बात है। यदि कभी १०० में से ३१ घटाना हो तो ये स्त्रियाँ पहले १०० गेहूँ गिनेंगी, फिर उनमें से ३१ गेहूँ गिनकर अलग कर देंगी। अन्त में शेष गेहूँ गिनकर बतायेंगी कि ६९ शेष रहे।

गणना-बुद्धि

उपरिलिखित पंक्तियों में हमने **संख्या-बुद्धि** की विवेचना की है। अब हम **गणना-बुद्धि** पर विचार करेंगे। संख्या-बुद्धि और गणना-बुद्धि में थोड़ा-सा अन्तर है। संख्या-बुद्धि को अंग्रेज़ी में Number Sense कहते हैं। **गणना-बुद्धि** को कहते हैं Sense of Counting। मान लीजिए कि आप किसी सिनेमा-घर जा रहे हैं। वहाँ यदि आपसे यह पूछा जाय कि सिनेमा में आसनों (Seats) से टिकट अधिक बिके हैं या कम तो आपको टिकटों या आसनों की गिनती करने की आवश्यकता नहीं है। आप सिनेमा भवन के अन्दर एक दृष्टि डालेंगे। यदि आपको कुछ आसन खाली दिखाई देंगे तो आप तुरन्त कहेंगे कि टिकट आसनों से कम बिके हैं। किन्तु यदि कोई आसन खाली न हो और कुछ दर्शक खड़े हुए दिखाई पड़ें तो आप तुरन्त कहेंगे कि आसनों से टिकट अधिक बिके हैं। इस निष्कर्ष पर पहुँचने में आपने अपनी संख्या-बुद्धि से काम लिया है। मान लीजिए कि आपसे यह पूछा जाय कि आज सिनेमा घर में कितने दर्शक आये हैं तो आपको दर्शकों की गिनती करनी ही पड़ेगी। एक-एक करके दर्शकों को गिनना पड़ेगा, अर्थात् आप अपनी गणना-बुद्धि से काम लेंगे।

संख्या-बुद्धि में इस बात का भान नहीं होता कि किसी संग्रह में कौन-सी वस्तु पहली है, कौन-सी दूसरी। परन्तु गणना-बुद्धि में यह बात आवश्यक है। मान लीजिए कि आप यह कहना चाहते हैं कि आज कक्षा में पाँच विद्यार्थी देर से आये, तो आप अपने हाथ की पाँच उँगलियाँ दिखाकर पाँच का निर्देश करेंगे। किन्तु यदि आप किसी विद्यार्थी से यह कहना चाहते हैं कि परीक्षा में "तुम्हारा पाँचवाँ स्थान आया है", तो आप यदि उँगलियों से इस बात का संकेत करना चाहें तो आप एक-एक करके बारी-बारी से एक, दो, तीन, चार, पाँच उँगलियाँ उठायेंगे। पहली दशा में आपने अपनी संख्या-बुद्धि से काम लिया था, दूसरी दशा में आप अपनी गणना-बुद्धि का उपयोग कर रहे हैं।

एक उदाहरण और लीजिए। जब कंस को यह पता चला था कि वसुदेव-देवकी के पहला बच्चा हुआ है तो उसने उसकी हत्या करना अस्वीकार कर दिया। क्योंकि उसने सोचा कि उसका संहारक तो आठवाँ पुत्र होगा, न कि पहला। किन्तु जब नारदजी उसके पास आये तो उन्होंने एक वृत्त में आठ गुट्टे रखकर कंस से पूछा कि "बता इसमें आठवाँ गुट्टा कौन-सा है।" कंस के पास इसका कोई उत्तर न था। वृत्त में कोई भी गुट्टा पहला हो सकता है और कोई भी आठवाँ। कंस अपनी गणना-बुद्धि का उपयोग कर रहा था, किन्तु नारदजी चाहते थे कि वह अपनी संख्या-बुद्धि से काम ले।

जिस प्रकार हमारी संख्यात्मक बुद्धि में सबसे पहला स्थान १ का है, उसी प्रकार हमारी गणनात्मक बुद्धि में पहला स्थान 'प्रथम' का है। हमारे जीवन में प्रथम स्थान ईश्वर को दिया गया है। प्रत्येक शुभ कार्य के प्रारंभ में ईश-वंदना की जाती है। हमारी दिनचर्या में भी शरीर-शुद्धि के पश्चात् प्रथम स्थान सन्ध्या-पूजन का है। इस प्रथम शब्द का महत्त्व इतना बढ़ गया है कि अधिकांश प्रसंगों में 'प्रथम' उत्तम का ही पर्याय समझा जाता है। अंग्रेजी में First class (फर्स्ट क्लास) का मतलब Best class (बेस्ट क्लास) ही होता है। जब हम किसी के प्रदर्शन की प्रशंसा करते हैं तो कहते हैं, His performance was A_1 अर्थात् उसका प्रदर्शन नम्बर १ था। यहाँ A_1 या नम्बर १ का अर्थ है बहुत अच्छा या प्रशंसनीय। हमने लोगों को इस प्रकार कहते सुना है कि "अमुक आदमी नम्बर एक है या अमुक माल नम्बर एक है।" इन स्थलों पर नम्बर १ Good Quality अर्थात् उत्तम श्रेणी का ही द्योतक है।

सृष्टि के निर्माण से पहले केवल ब्रह्म का ही अस्तित्व रहा। "एकं ब्रह्म द्वितीयं नास्ति"—इस श्लोक में ब्रह्म की एकता का निर्देश किया गया है। जब हम 'एक' या 'प्रथम' का उपयोग ब्रह्म, ईश्वर या परमात्मा के लिए करते हैं तो उसमें अद्वितीयता का भाव भी सन्निहित रहता है, अर्थात् ब्रह्म अतुलनीय है, अनुपमेय है, अद्वितीय है। यह तो

हुई एक, अद्वितीय, पहले या प्रथम की महिमा। हमारे जीवन में द्वितीय या दूसरे—इन शब्दों का भी महत्त्व है। इन शब्दों का उपयोग कई अर्थों में होता है। अंग्रेजी में प्रथम और द्वितीय के समानार्थी शब्द हैं First और Second। इनके अतिरिक्त दो शब्द और भी प्रयोग में आते हैं—प्राइमरी और सेकंडरी। इन शब्दों का अर्थ केवल पहला और दूसरा नहीं है, बल्कि प्रधान और गौण है। यह तो हुआ इन शब्दों का व्युत्पत्तिलभ्य अर्थ। द्वितीय का सीधा-सा अर्थ है दूसरा। विश्व में तीन प्रकार की संख्याएँ होती हैं—

१. गणनात्मक संख्याएँ—(Cardinal numbers) जैसे—एक, दो, तीन।
२. क्रम-संख्याएँ—(Ordinal numbers) जैसे—पहला, दूसरा, तीसरा।
३. गुणन-संख्याएँ–(Multiplicative numbers) जैसे–दुगुना, तिगुना, चौगुना।

पहला और दूसरा हम किसे कहें, यह हमारी गणना विधि-पर निर्भर है। मान लीजिए कि किसी सड़क पर एक पुस्तकालय और एक चिकित्सालय है। अब यदि आपसे कोई यह पूछता है कि 'उस सड़क पर पहले चिकित्सालय पड़ता है या पुस्तकालय' तो आप इस प्रश्न का कोई असंदिग्ध उत्तर नहीं दे सकते। एक दिशा में चलने पर चिकित्सालय पहले पड़ेगा, दूसरी दिशा में चलने पर पुस्तकालय।

'दूसरे' का एक भिन्न अर्थ भी होता है, जिसका पर्याय अंग्रेज़ी शब्द Other है। 'दि अदर साइड ऑफ दि पिक्चर' अर्थात् चित्र का दूसरा पक्ष। इसका यह अर्थ हुआ कि चित्र का एक पक्ष तो आप देख ही रहे हैं या देख चुके हैं, 'शेष दूसरा पक्ष।'

संख्या तीन का भी हमारे जीवन में विशेष स्थान है। प्रतियोगिता में पहले तीन स्थानों के पात्रों को ही पारितोषिक मिलता है। खेल में प्रत्येक विषय में खिलाड़ियों को तीन प्रयत्नों की ही अनुज्ञा मिलती है। मारवाड़ियों के कुछ परिवारों में तीन फेरों में विवाह होता है। उन लोगों में कहावत है—'पहले फेरे बाप की बेटी, दूसरे फेरे चचा की भतीजी; तीसरे फेरे बाई हुई पराई।' राजा बलि तीन चरण भूमिदान में राजा से रंक हो गये। सुदामा के तीन मुट्ठी तन्दुल में तीनों लोकों का वारा-न्यारा हो गया। कुछ दिन हुए इस देश के कुछ स्कूलों में यह नियम था कि जो विद्यार्थी लगातार तीन वर्ष तक किसी कक्षा में फेल होगा वह फिर जीवन भर कभी उस कक्षा में नहीं बैठ सकेगा।

शब्द 'तीसरे' अच्छे और बुरे दोनों अर्थों में आता है। अंग्रेज़ी का एक मुहावरा है Thrice Blessed जिसका अर्थ है बहुत भाग्यशाली। किन्तु इसके विपरीत Third Degree अथवा Third Rate का अर्थ होता है—'निम्नकोटि का।' हिन्दी

में भी इस प्रकार के कई मुहावरे हैं—'तीसरा प्रहर', 'दोहरी मार तेहरी मार', 'ढाक के तीन पात' और 'तेरह-तीन' आदि।

अब हम अपने विषय पर लौटकर आते हैं। किसी रास्ते चलते की दृष्टि में तो संख्या-बुद्धि और गणना-बुद्धि में कोई अन्तर नहीं होता, किन्तु वास्तव में इन दोनों भावों में महान् अन्तर है। अभी हम तीन प्रकार की संख्याओं का उल्लेख कर चुके हैं—गणना-संख्याएँ, क्रम-संख्याएँ और गुणन-संख्याएँ। इन तीनों प्रकार की संख्याओं का सम्बन्ध केवल गणना-बुद्धि से ही है। संख्या-बुद्धि से इनका तनिक भी संबन्ध नहीं। संख्या-बुद्धि में केवल संगति (Correspondence) का भाव रहता है। उसमें गिनती की कल्पना का समावेश ही नहीं है। मान लीजिए कि हम यह कहते हैं कि मनुष्य के उतनी ही आँखें होती हैं जितने हाथ, तो इस वाक्य में आँखों की संख्या का पता नहीं चलता। यदि हाथ दो हैं तो आँखें भी दो ही होंगी। यदि हाथ चार हैं तो आँखें भी चार होगी। अतः हाथों और आँखों में संगति है।

संगति कई प्रकार की होती है। जो उदाहरण हमने लिया है वह **एकैकी संगति** (One-one Correspondence) का है। इसके अतिरिक्त एक-दो संगति और एक-तीन संगतियाँ भी होती हैं। प्रत्येक मनुष्य के दो टाँगे होती हैं। यदि हमें पता है कि किसी विश्वविद्यालय में कितने मनुष्य रहते हैं तो उस संख्या को दुगुना करने से यह पता चल जायगा कि विश्वविद्यालय में कितनी टाँगें हैं। यह एक-दो संगति का उदाहरण हुआ। परन्तु एक-दो संगति के स्थान के लिए मनुष्यों की गिनती करने की आवश्यकता नहीं है। विश्वविद्यालय में मनुष्यों की संख्या कितनी ही हो, बिना गिने ही हमें यह विश्वास है कि टाँगों की संख्या उससे दुगुनी होगी क्योंकि हम जानते हैं कि मनुष्यों और टाँगों में एक-दो का सम्बन्ध है।

प्राचीन काल के लोगों में संख्या-बुद्धि तो कुछ थी भी, किन्तु गणना-बुद्धि सर्वथा नगण्य थी। जब कोई कहता था कि "मैं बाजार से पाँच आम लाया हूँ" तो उसका मतलब गिनती के पाँच नहीं होता था। उसके मस्तिष्क में संख्या पाँच की कोई पृथक कल्पना नहीं थी। पाँच से उसे हाथ की पाँच उँगलियों का ही भान होता था। उसकी उपचेतना में हाथ की उँगलियों और संख्या पाँच में सांगत्य था। उँगलियों से पृथक संख्या ५ का कोई अस्तित्व नहीं था। यही कारण है कि संसार की बहुत-सी भाषाओं में पाँच और हाथ के लिए एक ही शब्द का प्रयोग होता है और इसीलिए विश्व की बहुत-सी पुरानी बोलियों में संख्या-सूचक शब्दों का अभाव है। वे लोग उन्हीं संख्याओं के लिए शब्द बनाते थे जिनकी दृष्टिगोचर वस्तुओं से संगति स्थापित कर सकें। बाह्य वस्तुओं में उन्हें प्रायः अधिक-से-अधिक सात वस्तुएँ (**सप्तऋषिमण्डल**) दिखाई देती थीं। परन्तु

अपने शरीर के अंगों पर ध्यान देने से उनकी पहुँच बीस तक हो जाती थी, क्योंकि मनुष्य के हाथों और पैरों में सब मिलाकर बीस उँगलियाँ होती हैं। इसीलिए संसार की बहुत-सी बोलियों की गिनती यदि पाँच या सात से आगे जाती है तो बीस पर रुक जाती है।

पुराने समय में अभिलेख (Record) रखने के बहुत-से ढंग थे। कुछ लोग कौड़ियों या कंकड़ों से तारीखें गिना करते थे। प्रति सवेरे उठते ही एक कौड़ी कोने में रख देते थे। जब किसी ने आकर तिथि पूछी तो कौड़ियाँ गिनकर बता दीं। जब कौड़ियाँ २८ या ३०,जितने का भी महीना हो, उतनी हो गयीं, तो कोने में से उठाकर फिर यथास्थान रख दीं। कुछ लोग डोरे में गाँठें लगाकर या दीवार पर लकीरें खींच कर तारीखें गिना करते थे।

पाठकों ने पढ़ा होगा कि जब रॉबिंसन क्रूसो अकेला एक टापू में रहा था तो प्रतिदिन एक लकड़ी के डंडे पर एक एक खरोंच बना दिया करता था। जब कभी वह यह जानना चाहता कि उसे टापू में रहते हुए कितने दिन बीत गये तो उन खरोंचों को गिन लिया करता था। इस उदाहरण में संख्या-बुद्धि और गणना-बुद्धि दोनों का सम्मिश्रण है। जब तक रॉबिंसन क्रूसो बिना गिने यह समझता था कि उसे टापू में रहते हुए उतने ही दिन हुए हैं, जितनी खरोंचें उसने लकड़ी पर बनायी हैं तब तक वह अपनी संख्या-बुद्धि से काम ले रहा था। परन्तु जब वह उन लकीरों को गिनने लगता था तब वह अपनी गणना-बुद्धि का प्रयोग करता था।

जर्मनी में गिनती के लिए प्राचीन लोग खड़िया से चिह्न बना लिया करते थे। कहीं-कहीं छोटे तिनकों से भी गणना की जाती थी। मैडागास्कर द्वीप में फ़ौज के सिपाहियों की गिनती करने का एक अद्भुत ढंग था। समस्त सिपाही एक-एक करके अपने सरदार के सामने से होकर जाते थे। सरदार प्रत्येक सिपाही पीछे एक कंकड़ ज़मीन पर डाल देता था। जब दस कंकड़ों का एक ढेर बन जाता था, तो उस ढेर को हटाकर उसके बदले एक कंकड़ एक नये स्थान पर रख दिया जाता था। जब दस ढेर हो जाते थे तो सौ का निर्देश करने के लिए एक कंकड़ एक तीसरे स्थान पर रख दिया जाता था। इसी प्रकार सारी फ़ौज की गणना हो जाती थी।

इसी ढंग का एक उदाहरण अमेरिका के एक हब्शी देश में मिलता है। मोमक्लाई एक हब्शी क़बीले का नाम है। मान लीजिए कि उस क़बीले की एक हब्शिन किसी दुकानदार से सौदा उधार लेती है। वह प्रत्येक सौदे की स्मृति में एक डोरी में गाँठ लगा लेती है। जब हिसाब करने का दिन आता है तब वह अपनी डोरी दुकानदार के पास ले जाती है। दुकानदार गाँठों की गिनती करके उसे दाम बताता है। यह हिसाब उसकी समझ में नहीं आता। तब दुकानदार एक नये ढंग से हिसाब समझाता

है। वह एक खपच्ची ले लेता है और प्रत्येक गाँठ के लिए खपच्ची में एक खरोंच बना देता। प्रत्येक खरोंच का मतलब हुआ एक डाइम (इस क़बीले के एक पुराने सिक्के का नाम)। जब डाइमों का एक डालर बन जाता है तब खपच्ची में एक लम्बी खरोंच बनायी जाती है। इसी प्रकार जब पाँच लम्बी खरोंचें बन जाती हैं तो पाँच डालर का संकेत करने के लिए खपच्ची में एक डोरी बाँधी जाती है। अब मान लीजिए कि खपच्ची में तीन डोरियाँ बँधी हैं, तो स्त्री की समझ में आ जाता है कि पन्द्रह डालर तो हो ही गये। इन पन्द्रह डालरों का उसने पहले भुगतान कर दिया। अब मान लीजिए कि तीन लम्बी खरोंचें बची हैं। तो उसने तीन डालर और दे दिये। यदि अन्त में दो छोटी खरोंचें शेष रह गयीं तो उसने दो डाइम देकर हिसाब चुकता कर दिया। इस प्रकार दस-पांच डालर का हिसाब भी घंटों में हो पाता था।

जब तक सिक्के नहीं चले थे बाज़ार का समस्त लेन-देन अदला-बदली (Barter) अर्थात् विनिमय से हुआ करता था। भारत में इसका एक प्राचीन नाम था 'भाण्ड-प्रति-भाण्ड' अर्थात् 'बर्तन के बदले बर्तन'। इस पद्धति में एक वस्तु के बदले में एक विशिष्ट नाप की दूसरी वस्तु दी जाती थी, जैसे एक टोपी का मूल्य पाव भर गेहूँ अथवा सौ उपलों का मूल्य सेर भर चावल। बाज़ार का सब कारोबार इसी भाँति चलता था। इस प्रकार के लेन-देन में थोड़ी-सी ही गिनती की आवश्यकता पड़ती थी। यह भी एक कारण था कि प्राचीन लोगों की गणना-बुद्धि विकसित न हो पायी। अधिकतर लोग हाथों की उँगलियों से ही गिना करते थे। इस प्रकार तो वह दस तक या अधिक से अधिक बीस तक ही गिन सकते थे। किन्तु कुछ लोगों में उँगलियों द्वारा गणना करने की पद्धति का इतना विकास हो गया था कि उँगलियों की सहायता से ही वे लोग सौ तक गिन लेते थे।

इसकी कई विधियाँ थीं। एक विधि यह थी कि उँगलियों के बीच के गड्ढों को इकाइयों में गिना जाय और जोड़ों को दहाइयाँ माना जाय। इस प्रकार यदि ३४ कहना हो तो उँगलियों के तीसरे जोड़ और चौथे गड्ढों पर उँगली रखेंगे। कुछ पुराने क़बीलों में सौदा गुप्त रूप से करने का रिवाज था। दो व्यक्ति, जो आपस में सौदा करना चाहते थे, अपना एक-एक हाथ कपड़े के नीचे रख देते थे। कपड़े के नीचे ही उँगलियों से एक दूसरे के हाथों पर संकेत करके अपना-अपना मतलब समझा देते थे। पहले एक ने एक प्रस्ताव किया। दूसरे ने उसमें कोई संशोधन किया। तब फिर पहले ने कुछ बढ़ाया। दूसरा हिचकिचाया। इसी प्रकार कपड़े के नीचे ही सारा सौदा होता था। इस सांकेतिक भाषा में वे लोग अपने विचार इतने स्पष्ट रूप में रख सकते थे मानो सौदा मौखिक रूप में ही हो रहा हो।

अभी तक तो जितने उदाहरण हमने दिये हैं, उन सब में सरल गिनती का ही भाव निहित था। प्रत्येक वस्तु एक ही संख्या का निर्देश करती थी। उनमें स्थिति-मान (Positional value) का कोई भाव नहीं था। किन्तु जो उदाहरण हमने अभी दिया है उसमें स्थिति-मान का भी समावेश है। मान लीजिए कि हम उँगलियों के जोड़ों और गड्ढों से गिनती गिन रहे हैं। यदि कोरी प्राचीन गणना से ही काम लें तब तो इस प्रकार गिनेंगे—१, २, ३, ४, ५, ६......। किन्तु यदि स्थिति मान का भी प्रयोग करें तो हम प्रत्येक गड्ढे को १ और प्रत्येक जोड़ को १० मानेंगे। इस प्रकार हम १० उँगलियों से १०० तक की गिनती गिन सकते हैं। यदि स्थिति-मान से काम न लें तो उँगलियों के जोड़ों और गड्ढों से हम अधिक से अधिक २० तक की गिनती ही गिन सकेंगे।

स्थिति-मान का यह अर्थ है कि प्रत्येक स्थान का मान केवल एक संख्या ही न हो, वरन् उसकी स्थति से एक विशिष्ट संख्या का निर्देश हो। या यों कहिए कि पुरानी गणना तो केवल यौगिक (Additive) ही होती थी। यदि बराबर-बराबर तीन बिन्दु रख दिये जायँ तो उनका अर्थ केवल ३ ही होगा। परन्तु आधुनिक गणना गुणनात्मक (Multiplicative) भी है, यौगिक भी। आधुनिक पद्धति में यदि हम पास-पास तीन बिन्दु रखें तो दाहिनी ओर के बिन्दु का अर्थ होगा १ दूसरे का अर्थ होगा १० और तीसरे का १००।

इसमें कोई संदेह नहीं कि स्थिति-मान की संकेत-लिपि पहले-पहल हिन्दुओं ने ही निकाली थी। भारत से यह लिपि अरब पहुँची। अरब वालों से यूरोप वासियों ने सीखी। आज हम लोग इस बात के इतने अभ्यस्त हो गये हैं कि हमें यह ध्यान भी नहीं आता कि गिनती लिखने की इसके अतिरिक्त और भी कोई पद्धति हो सकती है। आधुनिक पद्धति में जब हम ४७ लिखते हैं तो उसका अर्थ होता है—

$$४\times१०+७\times१$$

अर्थात् ४ का अर्थ है ४० और ७ का अर्थ है ७। उपरिलिखित दोनों गुणनफलों (४×१० और ७×१) को जोड़कर हम ४७ बनाते हैं। इस प्रकार जैसा हम ऊपर कह चुके हैं, गिनती लिखने की आधुनिक पद्धति में यौगिक और गुणनात्मक दोनों प्रणालियों का समावेश है। कभी-कभी पुराने ढंग के वृद्ध आजकल के बालकों को भ्रम में डाल देते हैं। ये लोग छोटे बच्चों से प्रश्न करते हैं कि '१०० में पहले शून्य का क्या मान है और दूसरे शून्य का क्या मान है।" बच्चा बेचारा अपनी अविकसित बुद्धि के अनुसार उत्तर देता है कि दोनों शून्यों का मान है शून्य। तब वृद्ध महोदय कहते हैं "बिलकुल ग़लत। देखो, यदि हम पहले शून्य को हटा दें तो १०० के स्थान पर १० रह

जायेंगे। अतः पहले शून्य का मान हुआ ९०। अब यदि हम दूसरे शून्य को भी हटा दें तो १० का १ रह जायगा। अतएव दूसरे शून्य का मान हुआ ९।"

इस प्रकार की युक्ति बिलकुल अतर्क-संगत है। मान लीजिए कि इस युक्ति का प्रयोग हम संख्या ४७ पर करते हैं। अब ४७ में से ७ को हटाने से ४ शेष रहता है। अतः ७ का मान हुआ ४३। इसी प्रकार ४ को हटाने से ७ शेष रहता है। इसलिए ४ का मान हुआ ४०। इस प्रकार ४३ और ४० जोड़ने से ४७ का मान ८३ हो जाता है। यह तर्क भ्रमोत्पादक है। ४ का मान तो वास्तव में ४० है, किन्तु ७ का मान केवल ७ ही है। यदि ४७ में से ७ को हटायें तो ७ के स्थान पर शून्य रखना पड़ेगा, क्योंकि ७ का स्थान इकाई का है। ४ का स्थान दहाई का है। ४ दहाई से इकाई के स्थान पर नहीं आ सकता, इसलिए हम यह नहीं कह सकते कि ४७ में से ७ हटाने से ४ बच रहता है। ७ के हटाते ही उसके स्थान पर शून्य आविर्भूत हो जायगा और ४० उपलब्ध होगा। यहाँ ४ का अर्थ केवल ४ नहीं है वरन् ४ संख्या ४० का संकेत है। हमारी आधुनिक शिक्षा-प्रणाली सांकेतिक है।

संख्यांक

स्वाभाविक बात है कि बच्चा पहले बातों का समझना सीखता है, तत्पश्चात् बोलना आरंभ करता है। उसके कई वर्ष बाद इस योग्य होता है कि उसे लिखना सिखाया जाय। इसी प्रकार मानव के इतिहास में मनुष्य ने सर्वप्रथम बोलना आरम्भ किया। उसके बहुत समय पीछे लिखने का प्रयत्न किया होगा। जहाँ तक लिखित अभिलेख प्राप्त हैं, उनसे पता चलता है कि सर्वप्रथम संख्यांक सीधी रेखाओं से निरूपित किये जाते थे। सबसे पुराने चिह्न मिश्र में मिलते हैं जो प्रायः ३४०० ई० पू० के बताये जाते हैं। मैंसोपोटामिया के संख्या-चिह्न कदाचित् ३००० ई० पू० के हैं। भारत और चीन के चिह्न ३०० ई० पू० के आस-पास के हैं। इन सब चिह्न-पद्धतियों में एक बात सामान्य रूप से पायी जाती है। वह यह कि १ से ९ तक के संख्या-चिह्न एक पद्धति के होते थे, किन्तु १० के लिए एक विशेष चिह्न होता था।

मैंसोपोटामिया और उसके आस-पासके प्रदेशों में संख्यांकों के लिए खड़ी रेखाएँ खींची जाती थीं। कदाचित् यह चिह्न हाथ की उँगलियों से ही लिये गये थे। रोमन संख्यांक आज भी प्रायः उसी प्रकार लिखे जाते हैं—

I, II, III, IV, V, VI, VII, VIII, IX, X

इनमें से प्रथम तीन चिह्नों में तो योग-सिद्धान्त स्पष्ट दिखाई देता है। किन्तु IV और IX में वियोग-सिद्धान्त का प्रयोग किया गया है। IV का अर्थ है ५ से १ कम।

इसी प्रकार IX का अर्थ है १० से १ कम। V—यह चिह्न कदाचित् खुले पंजे का विकृत रूप है। इसी प्रकार X में दो पंजे ऊपर-नीचे जुड़े हुए हैं।

पूर्वी एशिया में संख्यांकों के लिए पड़ी रेखाओं का प्रयोग किया जाता था—

— = ≡

ये रेखाएँ कदाचित् डंडों की आकृतियों के समान खींची गयी हैं जो पृथ्वी पर अथवा मेज़ पर पड़े हों। आज भी हमारे नागरी के संख्यांकों में इन डंडों की आकृति स्पष्ट दिखाई देती है और प्रत्येक संख्यांक में उतने ही डंडे दृष्टिगोचर होते हैं, जितनों को उक्त संख्यांक निरूपित करता है। तनिक इन चिह्नों पर विचार कीजिए—

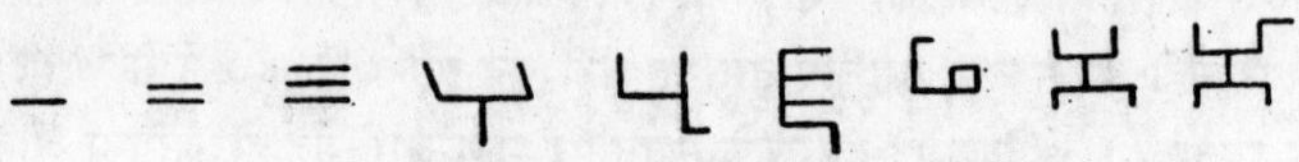

चित्र १—संख्यांकों के लिए पड़ी रेखाओं का प्रयोग।

अब इन चिह्नों की तुलना नागरी के वर्तमान संख्यांक-चिह्नों से कीजिए—

१, २, ३, ४, ५, ६, ७, ८, ९

इन चिह्नों में डंडों के रूप स्पष्ट दिखाई देते हैं। चिह्नों के रूपों में यह विकार इसलिए हुआ कि लिखने में कलम बार-बार उठाने का प्रयत्न न करना पड़े। यह मनष्य का स्वभाव है। इसीलिए कुछ समय पश्चात् पड़ी और खड़ी रेखाओं ने वक्रों का रूप धारण कर लिया होगा।

इसमें सन्देह नहीं कि शून्य के चिह्न का आविष्कार सबसे पहले हिन्दुओं ने किया था, क्योंकि यह चिह्न सर्वप्रथम उन्हीं की प्राचीन पुस्तकों में पाया गया था। यद्यपि आज निश्चित रूप से यह कहना कठिन है कि हिन्दू गणितज्ञों में से सबसे पहले शून्य का प्रयोग किसने किया था। इसी शून्य के चिह्न से संख्यांक-पद्धति की आधुनिक दशमिक प्रणाली निकली, जो आज प्रायः समस्त सभ्य संसार में फैल गयी है। इस स्थान पर भिन्न-भिन्न संख्यांक-पद्धतियों की तुलना अनुपयुक्त न होगी।

यूरोपीय :	1	2	3	4	5	6	7	8	9	0
अरबी :	۱	۲	۳	۴	۵	۶	۷	۸	۹	۰
देवनागरी :	१	२	३	४	५	६	७	८	९	०

बब्लिन देश में मिट्टी का प्राचुर्य था। अतः उस प्रदेश के निवासी मिट्टी पर ठप्पा मारकर उसे धूप अथवा भट्ठी में पकाया करते थे और इस प्रकार अपने संख्या-चिह्न बनाते थे। इन लोगों की संख्यांक-पद्धति का आधार ६० था, यद्यपि ये लोग १० के

लिए भी विशेष चिह्न बनाते थे और इन लोगों में कुछ अंकों के लिए दो-दो चिह्न प्रचलित थे, जैसे—

१ : V अथवा)

१० : < अथवा 

इन लोगों के कुछ अन्य चिह्न इस प्रकार हैं—

V > = १००

=६०+६०+१०+१०+१०+१०+१०+१+½
=१७१½

=६०+६०+१०+¾=१३०½

चित्र २—बबिलन देश के संख्यांक-चिह्न।

इस प्रदेश के संख्यांक-चिह्नों में एक विशेषता यह थी कि जो चिह्न १ को निरूपित करता था वही चिह्न ६० अथवा ३६०० अथवा ६०^{न} को भी निरूपित करता था। यह संदर्भ से ही पता चलता था कि किस स्थान पर उक्त चिह्न से लेखक का तात्पर्य कौन-सी संख्या से है। साधारणतया इन लोगों की संख्यांक-पद्धति में योग-सिद्धान्त का ही प्रयोग होता था। किन्तु कहीं-कहीं पर वियोग-सिद्धान्त भी काम में आता था, जैसे—

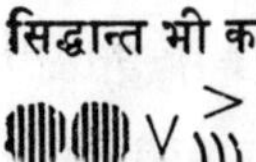 = २०—३ = १७

मिस्र के सांकेतिक चिह्न

मिस्र की भाषा में साधारणतया दाहिनी से बायीं ओर लिखा जाता था, किन्तु और देशों के निवासियों की भाँति ये लोग भी कभी-कभी संख्यांक बायीं से दाहिनी ओर लिखा करते थे। यहाँ उक्त प्रदेश के कुछ सांकेतिक चिह्न दिये जाते हैं। इनके १ से १० तक के चिह्न इस प्रकार के थे जो चित्र ४ की प्रथम पंक्ति में दृष्टिगोचर होते हैं।

चित्र ३—मिस्री संख्याओं का प्राचीन रूप।
[जिन एण्ड कंपनी की अनुमति से डेविड यूजीन स्मिथ कृत 'हिस्ट्री ऑफ़ मेथेमॅटिक्स' से प्रत्युत्पादित।]

ये लोग भी १० और उसके घातों (Powers) के लिए विशेष चिह्न निर्धारित करते थे। इनकी बड़ी संख्याओं के कुछ चिह्न चित्र ४ की तीसरी पंक्ति में दिये गये हैं।

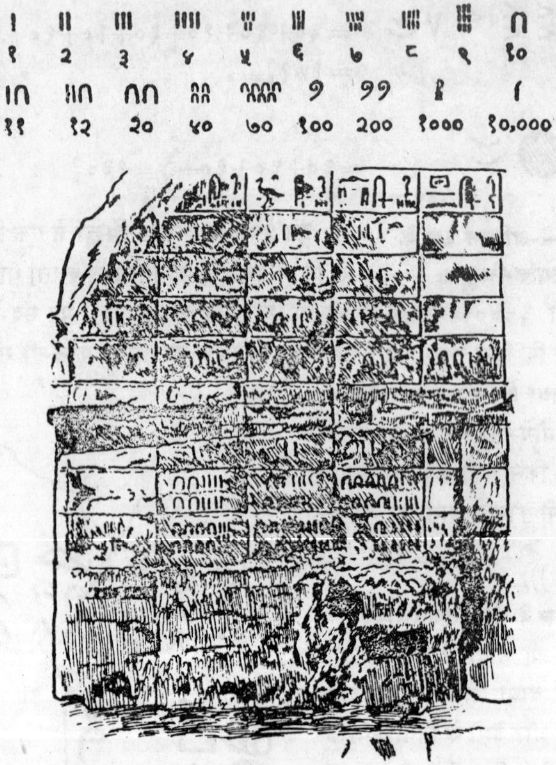

चित्र ४—मिस्री संख्यांक।

[जिन एण्ड कंपनी की अनुमति से डेविड यूजीन स्मिथ कृत 'हिस्ट्री ऑफ़ मॅथॅमॅटिक्स' से प्रत्युत्पादित।]

यूनानियों की संख्यांक-पद्धति भी १० तक चलती थी। उसके आगे उन्हीं चिह्नों की पुनरावृत्ति होती थी। १० के लिए उनके पास कई चिह्न थे। साइप्रस और क्रीट वाले १० के लिए एक पड़ी रेखा का प्रयोग करते थे।

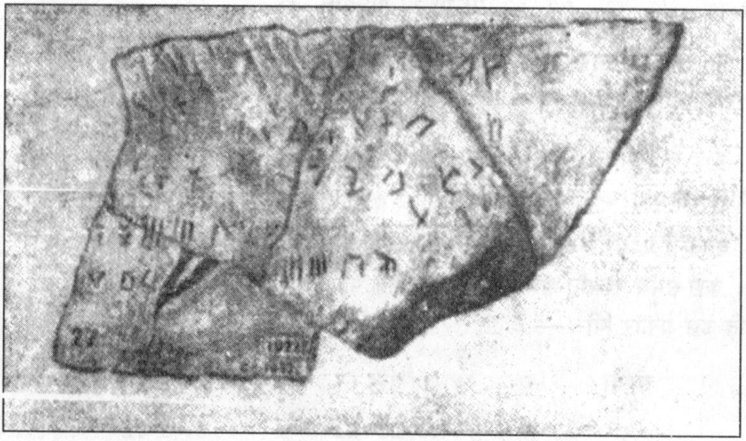

चित्र ५---साइप्रस के प्राचीन संख्यांक।

[जिन एण्ड कंपनी की अनुमति से डेविड यूजीन स्मिथ कृत 'हिस्ट्री ऑफ़ मैथेमैटिक्स' से प्रत्युत्पादित।]

अन्तिम दो पंक्तियों में ६ का संख्यांक (।।। ।।।) दो बार आया है।

चित्र ६---साइप्रस के प्राचीन संख्यांक।

जिन एण्ड कंपनी की अनुमति से डेविड यूजीन स्मिथ कृत 'हिस्ट्री ऑफ़ मैथेमैटिक्स' से प्रत्युत्पादित।]

यह ऊपर के अपखण्ड का निचला भाग है। पहली पंक्ति में संख्यांक ४ (।।।।) दिया है र सबसे निचली पंक्ति से ऊपर वाली में संख्यांक १४ (।।।।—)

यह अपखण्ड साइप्रस के एक मन्दिर के भग्नावशेष में पाया गया है और न्यूयॉर्क के एक संग्रहालय में सुरक्षित है।

क्रीट के निवासी १०० के लिए एक वृत्त और १००० के लिए एक समचतुर्भुज (Rhombus) बनाते थे।

बहुत-से प्रदेशों में बड़ी संख्याएँ इंगित करने के लिए शब्दों का प्रयोग किया जाता था। कुछ समय पश्चात् शब्दों का स्थान उनके पहले अक्षर ले लेते थे। यूनानियों की पद्धति इस प्रकार थी —

संख्या	शब्द	चिह्न
५	II ENTE	II
१०	Δ EKA	Δ अथवा o
१००	HEKATON	H
१०००	XI ∧ IOI	X
१००००	MYPIOI	M

कभी-कभी इन चिह्नों को मिलाकर संयुक्त रूप दे दिया जाता था, जैसे—

५०	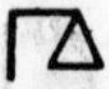	अर्थात्	५×१०
५००		अर्थात्	५×१००
५०,०००		अर्थात्	५०×१०००

यह संख्यांक-पद्धति कदाचित् बहुत पुरानी है, किन्तु अभिलेख केवल तीसरी शताब्दी पूर्वेसा के ही मिलते हैं।

हिब्रू संख्यांक

यूनानियों की भाँति हिब्रुओं ने भी एक आक्षरिक संख्यांक-पद्धति बनायी थी। संख्या ४०० तक पहुँचते-पहुँचते उनकी वर्णमाला समाप्त हो गयी तो उन्होंने ४०० और १०० के चिह्नों को मिला कर ५०० का चिह्न बनाया। इसी प्रकार वे लोग ९०० तक के संकेत बना गये। बाद के अन्य विद्वानों ने ५०, ८०, ९० इत्यादि के संकेत शब्दों के अन्तिम अक्षर लेकर ५००, ८००, ९०० इत्यादि के चिह्न बना लिये। उक्त चिह्नों की सारणी इस प्रकार की होगी—

चित्र ७—हिब्रुओं के आक्षरिक संख्यांक।

द्रष्टव्य—Encyclopaedia Britannica, Fourteenth Edition (1929), Vol. 16, P. 612.

रोमन संख्यांक

रोमन संख्यांक-पद्धति खड़ी रेखाओं को छोड़कर केवल चार चिह्नों का प्रयोग करती है—

V X L C

इनमें से पिछले दोनों चिह्नों के उद्‌गम का ठीक-ठीक पता नहीं चलता। संभव है कि L इन दो चिह्नों ⊥, ↓ का ही विकृत रूप हो। किन्तु इस अक्षर को संख्या ५० का निरूपण करने के लिए क्यों चुना गया, इसका कारण समझ में नहीं आता। अक्षर C संभव है यूनानी अक्षर θ (थीटा) का विकृत रूप हो जो संख्या १०० के लिए निर्धारित किया गया था। हो सकता है कुछ समय पश्चात् उक्त चिह्न अंग्रेजी सेंट (सेंटम) के कारण C के रूप में आ गया हो। इन चिह्नों के अतिरिक्त एक अक्षर M भी काम में आता है जो १००० का निरूपण करता है। यह कदाचित् यूनानी शब्द मिल (Mill) का द्योतक है, जिसका अर्थ १००० है।

रोमन शिलालेखों से एक दूसरी संख्यांक-पद्धति का भी पता चलता है, जिसमें एक ही चिह्न की बार-बार पुनरावृत्ति की जाती है। इस पद्धति के कुछ संख्यांक यहाँ दिये जाते हैं—

१०००	(ǀ)
१०,०००	((ǀ))
१००,०००	(((ǀ)))
१०००,०००	((((ǀ))))

सम्भव है कि आधुनिक अनन्ती चिह्न ∞ उपरिलिखित १००० के चिह्न से ही निकला हो। सबसे पुराना रोमन शिलालेख, जिसमें इन बड़ी संख्याओं का उल्लेख है, २६० ई० पू० का है।

यूकेटन में पुराने समय में एक सभ्यता विकसित हो चुकी थी, जिसका नाम माया सभ्यता था। इसकी संख्यांक-पद्धति में ५ को आधार माना गया था। उक्त पद्धति में एक का निरूपण बिन्दु (.) से और ५ का पड़ी लकीर (—) से किया जाता था। यहाँ कुछ संख्यांक दिये जाते हैं—

१   २   ५   ८   १०   १७

बाद के समय में रोमन संख्यांकों में इस प्रकार की संख्याएँ भी आती हैं—

II.CXXII = २१२२

इस प्रकार की संख्याओं में अंकों का स्थितिमान भी दृष्टिगोचर होता है, यद्यपि उक्त स्थितिमान का प्रयोग आधुनिक नियमित ढंग से नहीं किया गया था।

चीनियों के पास तीन संख्या-पद्धतियाँ हैं : प्राचीन राष्ट्रीय पद्धति, आधुनिक राष्ट्रीय पद्धति और व्यापार-पद्धति। इन तीनों पद्धतियों के प्रथम तीन संख्यांक इस प्रकार हैं—

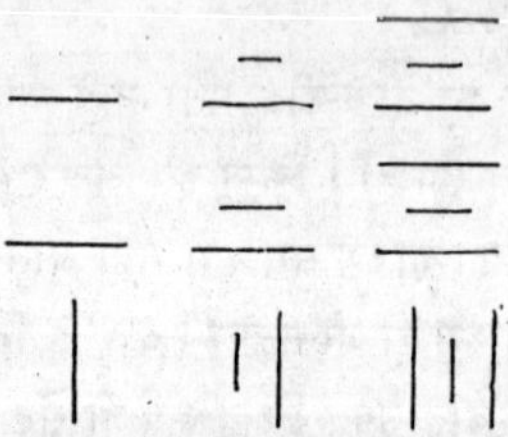

दूसरी पद्धति में शून्य के लिए वृत्त का प्रयोग होता है और उससे स्थितिमान का भी निरूपण किया जाता है। संख्या १० को ये लोग इस प्रकार लिखते हैं —० क्योंकि चीनी भाषा ऊपर से नीचे लिखी जाती है।

हमारे आधुनिक संख्यांकों के विषय में एक विवाद चल रहा है। कुछ लोग कहते हैं कि इनका आरंभ अरब से हुआ। इसी प्रकार कुछ इतिहासज्ञ मिस्रियों को और कुछ हिन्दुओं को इनका जन्मदाता बतलाते हैं। एक मत ईरान से भी इसका उदय होना

मानता है। यह स्वाभाविक है कि व्यापारियों के द्वारा ये संख्यांक एक देश से दूसरे देश में गये हों और इनके रूपों पर भी पारस्परिक सम्पर्क से प्रभाव पड़ा हो। यों तो उक्त चारों देशों में आधुनिक संख्यांकों में से कुछ का प्रयोग प्राचीन समय से किया जाता रहा है, किन्तु इन संख्यांकों में से सबसे अधिक का प्रयोग सर्वप्रथम भारत में ही मिलता है। तीसरी शताब्दी ई० पू० में अशोक के एक शिलालेख में अंक १, ४ और ६ प्रयुक्त हुए थे। चौथी शताब्दी के नाना घाट के एक शिलालेख में अंकों २, ४, ६, ७ और ९ का उल्लेख मिलता है। इसके अतिरिक्त नासिक की पहली और दूसरी शताब्दी की गुफ़ाओं में अंकों २, ३, ४, ५, ६, ७ और ९ का प्रयोग मिलता है। किन्तु इनमें से किसी भी शिलालेख से इस बात का प्रमाण नहीं मिलता कि हिन्दुओं को उतने पुराने समय में स्थितिमान का भी ज्ञान था। हिन्दू-साहित्य से यह संदेह तो होता है कि कदाचित् इन लोगों ने सन् ईस्वी से पूर्व ही शून्य का आविष्कार कर लिया था, किन्तु किसी शिलालेख में शून्य का स्पष्ट प्रयोग नवीं शताब्दी ईसवी से पूर्व का नहीं मिलता।

हिन्दू-संख्यांकों का बाह्य उल्लेख मैंसोपोटामिया के एक पादरी सिबोख़्त (Sebokht) द्वारा मिलता है जो ६५० ई० का है। यतः वह नौ चिह्नों का उल्लेख करता है, अतः ऐसा प्रतीत होता है कि उसे शून्य का बोध नहीं था। आठवीं शताब्दी के अन्तिम दिनों में भारत की कुछ ज्यौतिषीय सारणियों का अनुवाद बग़दाद में अरबी भाषा में हुआ और इस प्रकार हिन्दू-संख्यांकों का आविर्भाव अरब में हुआ। सन् ८५५ ई० के लगभग अलख़्वारिज्मी ने उक्त विषय पर एक पुस्तिका लिखी, जिसका बाथ के एडिलार्ड (Adelard) ने सन् ११२० में लॅटिन में अनुवाद किया। विद्वानों का यह अनुमान है कि उक्त अनुवाद से कई शताब्दी पूर्व ही हिन्दू-संख्यांक यूरोप में प्रवेश कर गये थे, किन्तु यूरोप की सबसे प्राचीन पाण्डुलिपि जिसमें उक्त अंकों का उल्लेख है स्पेन में पायी गयी है, जो सन् ९७६ की बतायी जाती है। उक्त पाण्डुलिपि में संख्यांक इस प्रकार के थे—

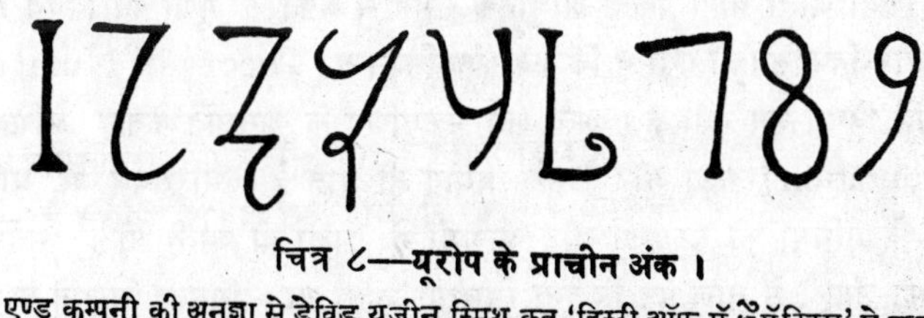

चित्र ८—यूरोप के प्राचीन अंक।

[जिन एण्ड कम्पनी की अनुज्ञा से डेविड यूजीन स्मिथ कृत 'हिस्ट्री ऑफ़ मॅथॅमॅटिक्स' से प्रत्युत्पादित।]

इस प्रकार भारतीय संख्यांक देश-विदेश में घूमते हुए और विकृत होते हुए अपने आधुनिक रूप में आ गये।

अध्याय ३

अंकगणित

(१) पूर्व ऐतिहासिक समय से ३०० ई० पू० तक

पृथ्वी की आयु के विषय में अनेक मत हैं। आजकल के भौमिकीज्ञ (Geologists) कहते हैं कि पृथ्वी लगभग ६००००००००० (छः अरब) वर्ष पुरानी है। पृथ्वी पर मानव ज़ाति का प्रादुर्भाव कब हुआ, यह कहना कठिन है। किन्तु इतना निश्चित है कि मानव-जाति का इतिहास लाखों वर्ष पुराना है। मनुष्य ने कब से गणित का प्रयोग आरम्भ किया, यह निश्चित रूप से नहीं कहा जा सकता, तथापि यह निश्चित है कि मानव-जाति में अंकों का प्रयोग अति प्राचीन है। जैसा हम पिछले अध्याय में दर्शा चुके हैं, संसार के प्राचीनतम क़बीलों को भी अंकों १ और २ का भान है। मनुष्य ने पहले पहल गिनना कब सीखा, यह नहीं कहा जा सकता। किन्तु इतना निश्चित है कि गिनती सीखने के बहुत दिनों पश्चात् ही परिकलन (Calculation) करना सीखा होगा। भारत में गिनती के लिए प्राचीन शब्द 'गणन' है और इसी शब्द से गणित निकला है। **'गणित'** का मौलिक अर्थ है 'गणन किया हुआ' अर्थात् 'गिना हुआ'। इससे स्पष्ट है कि गणित का विषय गिनती से ही आरंभ हुआ है।

अंकगणित का मौलिक अर्थ है अंक-विज्ञान। इस विषय में अंकों के गुणों का अध्ययन किया जाता था। किन्तु आधुनिक समय में अंकों के गुणों का विषय इतना विस्तृत और विकसित हो गया है कि अब **अंक-सिद्धान्त** (Theory of Numbers) एक स्वतंत्र विषय बन गया है। अतः अब अंकगणित के अन्तर्गत केवल **अभिकलन** (Computation) कला और उसके प्रयोग ही आते हैं। भारतवर्ष में प्राचीन समय में विद्यार्थियों को गुरुकुलों और आश्रमों में शिक्षा दी जाती थी। सर्वप्रथम बालकों को उँगली से बालू पर लिखना सिखाया जाता था। गिनती सिखाने के लिए एक यन्त्र होता था, जिसे गिनतारा (Abacus) कहते थे। कुछ समय पश्चात् पटिया अथवा तख़्ती का आविष्कार हुआ जिसपर बालक खड़िया से लिखने लगे।

इसीलिए इस विषय का एक नाम 'पाटी गणित' भी पड़ गया। स्लेट का आविष्कार बहुत समय पश्चात् हुआ है और काग़ज पर लिखना तो आधुनिक समय की देन है।

शताब्दियाँ बीत गयीं। मनुष्य ने अंकगणित के महत्त्व को समझा। आरम्भ में यह विषय कुछ विशिष्ट जातियों का एकस्व समझा जाता था। तत्पश्चात् उक्त विषय समस्त सम्प्रदायों और जनसाधारण में फैलने लगा और एक ऐसा समय आया जब अंकगणित को भी सामान्य संस्कृति के लिए आवश्यक समझा जाने लगा। आजकल इसका महत्त्व इतना बढ़ गया है कि प्रत्येक छात्र के लिए तीन कलाएँ जानना आवश्यक समझा जाता है—पढ़ना, लिखना और **अंकगणित**।

अंकगणित के इतिहास में चार देशों के नाम उल्लेखनीय हैं—भारत, चीन, मेसोपोटामिया और मिस्र। भारतवर्ष में अंकगणित कब से प्रयोग में आया यह कहना असंभव-सा है, क्योंकि चार-पाँच हज़ार वर्षों से पहले के विश्वसनीय अभिलेख नहीं मिलते। जबसे हिन्दुओं में संख्यालेखन की स्थितिमान पद्धति आरम्भ हुई, तब से आज तक का तो अंकगणित का इतिहास बहुत कुछ उपलब्ध हो चुका है। यदि यह कहें कि आधुनिक अंकगणित की नींव हिन्दुओं ने डाली है तो इसमें कुछ भी अत्युक्ति न होगी। हिन्दू **अंकगणित** का प्रभाव चीनियों और अरबों पर भी पड़ा और इन दोनों देशों ने भी बहुत कुछ अंशों में हिन्दू-गणना की प्रणाली को अपनाया।

गणित के इतिहास के विचार से हम पूर्व ऐतिहासिक काल से ३०० ई० पू० तक के समय को पहला युग मान सकते हैं। प्रस्तर-युग के कुछ ऐसे हथियार मिले हैं, जिनसे पता चलता है कि आज से पचास साठ हज़ार वर्ष पहले भी वस्तुओं की अदला-बदली होती थी और किसी-न-किसी रूप में गिनती का भी प्रयोग होता था। सबसे पहले मनुष्य ने आग जलाना कब सीखा, यह कहना कठिन है, किन्तु विशेषज्ञों का अनुमान है कि अग्नि का आविष्कार लगभग ५०,००० वर्ष पूर्व हुआ होगा। अग्नि के आविष्कार और हथियारों के निर्माण से हम यह निष्कर्ष निकाल सकते हैं कि उस प्राचीन समय में भी मनुष्य के मस्तिष्क का कुछ-न-कुछ विकास हो चुका था। इसी से हम इस परिणाम पर पहुँचते हैं कि उस समय के मनुष्यों को संख्या का भी कुछ-न-कुछ बोध हो गया होगा।

आज से लगभग १५००० वर्ष पूर्व का समय मध्य प्रस्तर-युग कहलाता है। इस युग की कुछ कलापूर्ण वस्तुएँ पुरातत्त्वज्ञों (Archaelogists) को प्राप्त हुई हैं; जैसे मिट्टी के बर्तन—झंझर, सुराही, प्याले इत्यादि। साथ ही हम यह भी देखते हैं कि आज कल जहाँ भी ऐसे क़बीले निवास करते हैं, जो इस ढंग के बर्तन बनाते हैं, उन्हें संख्या का कुछ-न-कुछ बोध अवश्य ही होता है। इन बातों से हम यह निष्कर्ष निकालते

हैं कि उस समय की मानव-जाति को भी संख्या का भान हो चुका था। अंतिम प्रस्तर-युग का समय ५००० ई० पू० के आस-पास का बताया जाता है। ऐतिहासिक तथ्यों से पता चलता है कि उक्त समय तक संसार में बहुत-सी संख्या-पद्धतियाँ विकसित हो चुकी थीं।

४००० ई० पू० के आस-पास धातु का आविष्कार हुआ। फलतः नाप-तौल के बटखरे और औज़ार बनने लगे। इस साधन से वस्तुओं की अदला-बदली में सुविधा होने लगी और संख्या-पद्धतियों के विकास का मार्ग भी प्रशस्त हुआ। ३००० ई० पू० के अभिलेखों में पत्थर की दीवारों का उल्लेख मिलता है और यह भी पता चलता है कि भिन्न-भिन्न देशों में समुद्री जहाज़ों की आवा-जाही उस समय तक होने लगी थी। मिस्र के स्तूपों का निर्माण भी उसके कुछ ही समय पश्चात् हुआ था। इससे पता चलता है कि अंकगणित के अतिरिक्त **मापिकी** (Mensuration) और **सर्वेक्षण** (Surveying) की नींव भी उस समय तक पड़ चुकी थी। अब हम भिन्न-भिन्न देशों की, अंकगणित के विचार से, उस समय तक की प्रगति का ब्योरा देंगे।

चीन

चीन में गणित का आरंभ कब से हुआ यह नहीं कहा जा सकता। इस संबन्ध में हमें जो सबसे पुराना अभिलेख प्राप्य है, वह ११२२ ई० पू० का है, जब चीन में वूवांग का राज्य था। चीन की सबसे प्राचीन पुस्तक आइकिंग कहलाती है। पुस्तक के नाम का अर्थ है 'क्रमचय पुस्तक'। इसका लेखक सम्भवतः वॅनवांग था, जिसका जीवन काल ११८२-११३५ ई० पू० था। इस पुस्तक में निम्नलिखित चार अंकों का, परोक्ष रूप में, उल्लेख मिलता है।

३	२	१	०

इन चिह्नों में से तीन-तीन को एक साथ लेने से आठ नये चिह्न बनते हैं—

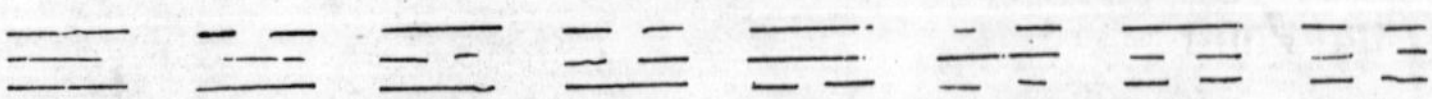

स्वर्ग	भाप	अग्नि	गरज	वायु	जल	पहाड़	पृथ्वी
७	६	५	४	३	२	१	०
स्वर्ग आकाश	संचित जल	अग्नि	बादल की गरज	वायु	वर्षाजल चन्द्रमा	पहाड़	पृथ्वी
द०	द०पू०	पू०	उ०पू०	द०पू०	प०	उ०प०	उ०

इन चिह्नों को चीन में पकुआ कहा जाता है। चीन के निवासियों में इन चिह्नों की बड़ी महिमा गायी गयी है। दर्जनों लेखकों ने इन पर पुस्तकें लिखी हैं और इनके भिन्न-भिन्न प्रकार के अर्थ लगाये हैं। प्राचीन समय से आजतक लाखों चीनी इन चिह्नों से प्रभावित हुए हैं।

कुछ आधुनिक विद्वानों का मत है कि ये चिह्न वास्तव में चीनी संख्यांक हैं जो संख्या २ की मापिनी (scale) पर आधारित हैं। यदि हम — को १ मानें और — —को शून्य तो उपरिलिखित चिह्नों के मान इस प्रकार होंगे—

१११, ११०, १०१, १००; ०११, ०१०, ००१, ०००

यदि संख्या २ को मापनी मानकर इन चिह्नों का अर्थ लगाया जाय तो क्रमशः ये अंक प्राप्त होंगे—

७ ६ ५ ४ ३ २ १ ०

ये चिह्न आज भी चीन के बहुत-से ज्योतिषियों के पास दिखाई पड़ेंगे, जो नगर-नगर और गाँव-गाँव में घूमते फिरते हैं। इतना ही नहीं, ये चिह्न बहुत-से तावीज़ों में काम में आते हैं और घरेलू बर्तनों तक पर गुदे रहते हैं। आइकिंग में लिखा हुआ है कि ये आठ पकुआ एक पिशाचिनी के पैरों के चिह्न हैं जो सम्राट् फूही के राज्य में एक नदी के किनारे दिखाई पड़ी थी।

तिब्बत में एक आकृति (चित्र ९) पायी गयी है, जिसे जीवन-चक्र कहते हैं। उक्त आकृति में **राशि चिह्न** (Signs of the Zodiac) और पकुआ के आठ चिह्न दिये गये हैं। आकृति के मध्य में एक **माया वर्ग** (Magic Square) दिया गया है।

४	९	२
३	५	७
८	१	६

इस वर्ग में किसी भी पंक्ति, स्तंभ अथवा विकर्ण की

है। अतः इसे भारतवर्ष की भाषा में 'पन्द्रहा' कहते हैं।

माया वर्ग आगे दी हुई (चित्र १०) आकृति से निकला

कहते हैं कि यह आकृति संसार का सबसे प्राचीन मा

सम्राट् यू के समय में एक कछुआ दिखाई पड़ा था जिसकी पीठ पर यह आकृति गुदी हुई थी। इस आकृति का चीनी नाम लो शू है।

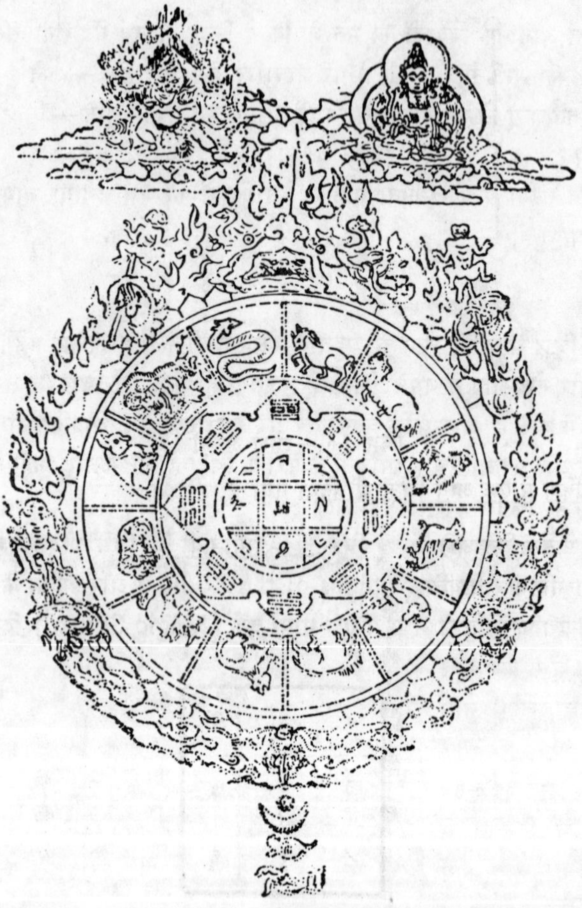

चित्र ९—तिब्बत का जीवन चक्र।

[जिन एण्ड कम्पनी की अनुमति से डेविड यूजीन स्मिथ कृत 'हिस्ट्री ऑफ़ मॅथॅमॅटिक्स' से प्रत्युत्पादित।]

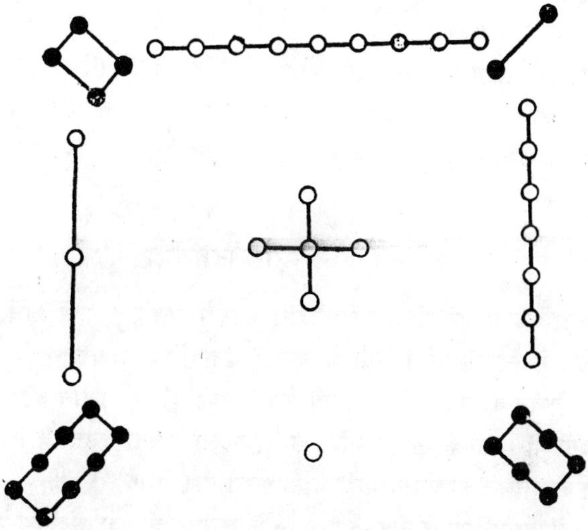

चित्र १०—लोशू आकृति।

आइकिंग में एक अन्य चिह्न भी दिया गया है, जो इस प्रकार है—

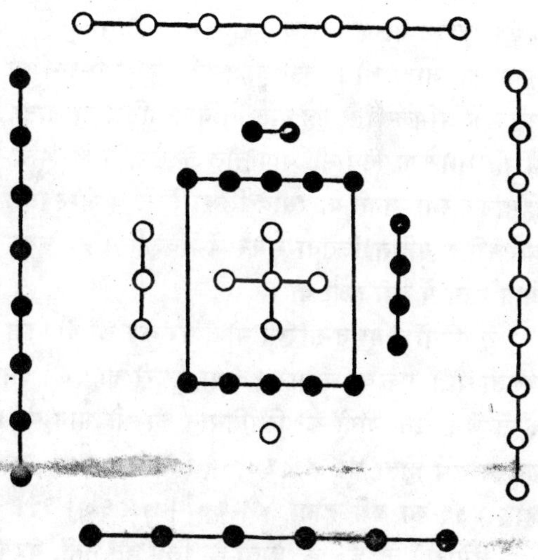

चित्र ११—होतू आकृति।

चीन में इस चिह्न की भी बड़ी महिमा गायी गयी है यद्यपि इसका महत्त्व लो शू से कम है। इस चिह्न का नाम होतू है।

१००० और ३०० ई० पू० के बीच में चीन में अंकगणित-सम्बन्धी कार्य बहुत कम हुआ। चीन की उस समय की सबसे बड़ी देन उसकी टंकण पद्धति थी। ६७० ई० पू० के

आस-पास उसने सिक्के चलाने आरम्भ किये जो सामान्य वस्तुओं की शक्ल के होते थे; जैसे चाकू और फरसे। कुछ समय पश्चात् गोल सिक्के भी चलने लगे। उस समय चीनियों की परिकलन-विधि क्या थी, हम नहीं कह सकते। किन्तु ५४२ ई० पू० के आस-पास चीनी लोग हिसाब के लिए बाँस की खपच्चियाँ काम में लाने लगे थे। ३७५ ई० पू० के लगभग चीनियों ने पहले सिक्के निकाले जिनपर उनकी तौल और मान खुदे हुए थे।

बब्लिन और मैंसोपोटामिया

मैंसोपोटामिया के अंकगणित का इतिहास बहुत पुराना है। बहुत प्राचीन समय में ही उस प्रदेश के निवासियों ने काँसे के बटखरे बना लिये थे और १००० ई० पू० तक वे लोग लिखने की कला भी जान गये थे। उनकी हुंडियाँ ईरान और हिन्दुस्तान तक जाने लगी थीं। उनकी कार्य प्रणाली के अभिलेखों से पता चलता है कि उस समय तक वे लोग अंकगणित का प्रयोग भली-भाँति करने लगे थे।

बब्लिन के निवासियों ने २७०० ई० पू० के लगभग ही एक संख्यांक-पद्धति चालू कर दी थी। शिलालेखों से इस बात की पुष्टि होती है। सुमेर के निवासी ईंटों पर अपने अभिलेख रखा करते थे। उनके पास एक गोल नुकीली छड़ी होती थी जिसके द्वारा वह गीली मिट्टी पर अक्षर बनाया करते थे। यह अक्षर फन्नी (Wedge) के आकार के अथवा वर्त्तुल या अर्धवर्त्तुल हुआ करते थे। मिट्टी की ये पट्टियाँ आग अथवा धूप में सुखा ली जाती थीं। ऐसी बहुत-सी पट्टियाँ भिन्न-भिन्न संग्रहालयों में रखी हुई हैं। सुमेर के अभिलेखों से यह बात निर्विवाद सिद्ध हो जाती है कि लगभग ३००० ई० पू० में भी सुमेर के निवासी नाप-तौल के पैमानों से भली-भाँति परिचित थे। वे लोग हिसाब करना जानते थे, रसीदें लिखा करते थे और बिल (Bill) बनाया करते थे। व्यापारिक गणित जितना सुमेर में विकसित हो चुका था उतना संसार के किसी अन्य भाग में नहीं हुआ था।

सुमेरियों ने गुणन-सारणी भी तैयार कर लीं थी। इन लोगों में दो संख्यांक-पद्धतियां चलती थीं। एक का आधार १० था, दूसरी का ६०। इनके संकेत ६० के घातों में बढ़ा करते थे। इन लोगों को स्थितिमान का भी भान था। यदि यह ८५ लिखते थे तो उसका अर्थ होता था ८×६०+५। इसी प्रकार २२ का अर्थ होगा २×६०+२ और ४७३ का अर्थ होगा ४+६०²+७×६०+३।

सुमेरियों ने ६० के घातों के लिए ही नहीं, वरन् ऋण घातों (Negative Powers) के लिए भी चिह्न बना लिये थे। किन्तु स्थितिमान का इन लोगों को

स्पष्ट रूप से बोध न था। हमने ऊपर लिखा है कि इन लोगों की पद्धति में ४७३ का क्या अर्थ होगा। किन्तु उस अर्थ के अतिरिक्त उसी संख्या का यह अर्थ भी हो सकता

चित्र १२—अट्ठाइसवीं शताब्दी ई० पू० के संख्यांक।

[जिन एण्ड कंपनी की अनुमति से डेविड यूजीन स्मिथ कृत 'हिस्ट्री ऑफ़ मैथेमॅटिक्स' से प्रत्युत्पादित।]

था—$४\times ६०^{२}+७\times ६०+३\times ६०^{-१}$ अर्थात् ४०७$\frac{१}{२०}$। और उसी चिन्ह का यह अर्थ भी हो सकता था—$४\times ६०^{०}+७\times ६०^{-१}+३\times ६०^{-२}$। इस प्रकार हम देखते हैं कि एक ही चिह्न भिन्न-भिन्न संख्याओं को निरूपित करता था। इसके अतिरिक्त इन लोगों में अभी तक शून्य के लिए कोई चिह्न नहीं बना था। इस कारण भी चिह्नों का अर्थ लगाने में गड़बड़ी हुआ करती थी। कभी-कभी ७२ का अर्थ होता था $७\times ६०^{२}+२$ अर्थात् २५२०२। आधुनिक पद्धति में उन्हीं लोगों के पैमाने में इस संख्या को ७०२ लिखा जायगा। किस समय किस चिह्न से किस संख्या का अभिप्राय हुआ करता था इसका पता संदर्भ से ही चलता था। स्पष्ट है कि उपरिलिखित गड़बड़ी के कारण भी शून्य के चिह्न का आविष्कार हुआ होगा। किन्तु उसका आवि-

ष्कार बहुत समय पश्चात् हुआ होगा जब परिकलन की कला काफ़ी विकसित हो चुकी होगी।

सुमेरियों ने ६० को अपनी संख्यांक-पद्धति का आधार बनाया। इसका कारण कदाचित् यह रहा हो कि संख्या ६० के भाजक बहुत-से हैं—

२, ३, ४, ५, ६, १०, १२, १५, २०, ३०

इस आधार को चुनने का अकेला यही कारण नहीं रहा होगा। संभव है और कारण भी रहे हों जो आज इतिहास के गर्भ में लुप्त हो गये हैं। ६० की पद्धति अद्य-पर्यन्त संसार में किसी-न-किसी रूप में चली आ रही है। घंटा आज भी ६० भागों में बाँटा जाता है, जिन्हें मिनट कहते हैं। आज भी प्रत्येक मिनट के ६० खण्ड किये जाते हैं, जिन्हें सेकिण्ड कहते हैं। आज भी वृत्त के ३६० अंश किये जाते हैं। प्रत्येक अंश के ६० मिनट होते हैं और प्रत्येक मिनट के ६० सेकिण्ड।

बब्लिन के गणित का इतिहास लगभग ३१०० ई० पू० से आरंभ होता है। इस प्रदेश का पहला उल्लेखनीय शासक सार्गन था, जिसका राज्यकाल २७५० ई० पू० के आस-पास का बताया जाता है। इसका राज्य अक्काद ज़िले से आरंभ हुआ था जो सुमेर के उत्तर में है। सुमेर और बब्लिन एक दूसरे के बहुत समीप थे। कदाचित् यही कारण हुआ कि बब्लिन के निवासियों ने सुमेरियों की संख्यांक-पद्धति अपना ली और उनसे गणित ज्यौतिष और तिथिपत्र बनाने की विधि भी सीख ली।

२४०० ई० पू० के लगभग की कुछ पटियाँ मिलती हैं जिनसे बब्लिन के राजाओं में से उर के तृतीय परिवार का पता चलता है। उक्त पटियों से स्पष्ट हो जाता है कि बब्लिन के उस समय के निवासी परिकलन कला में बहुत दक्ष थे। उन लोगों ने भूमि के नाप की पद्धति बना ली थी। तौल के लिए बटखरों का निर्माण कर लिया था और वे लोग ब्याज का हिसाब भी लगा लिया करते थे। उन लोगों में ब्याज की दर २०% से ३३$\frac{१}{३}$% तक थी। उन लोगों में द्रवों और ठोसों के नाप की भी एक पद्धति थी, जिसका मात्रक (Unit) 'क़ा' था। यहाँ तक कि ये लोग भिन्नों $\frac{१}{२}$, $\frac{१}{३}$ आदि का प्रयोग भी जानते थे।

सार्गन के अतिरिक्त बब्लिन का एक और राजा उल्लेखनीय है, जिसका नाम हृम्मूरबी था। इसका राज्यकाल १९५० पूर्वेसा के आस-पास का बताया जाता है। इस राजा के समय के भग्नावशेषों में एक खँड़हर है जो संसार का सबसे प्राचीन स्कूल गृह कहलाता है। इस खँड़हर में बहुत-सी पटियाँ पायी गयी हैं, जिन पर छात्र अपने पाठ लिखा करते थे। बब्लिन के अंकगणित के विषय में हमें बहुत-सी बातें इन्हीं पटियों द्वारा ज्ञात हुई हैं। यहाँ दो पटियाँ विशेष रूपेण वर्णनीय हैं, जो १८५४ में संकरा में

पायी गयी थीं, जिसका प्राचीन नाम लरसा था। इन पटियों में १ से ६० तक की संख्याओं के वर्ग और १ से ३२ तक की संख्याओं के धन दिये गये हैं। इन पटियों की तिथि निश्चित रूप से नहीं बतायी जा सकती, तथापि अनुमान है कि ये भी हम्मूरबी के समय की हैं। इन पटियों के प्राप्त करने का श्रेय अंग्रेज भौमिकीज्ञ (Geologist) लॉफ्टस (Loftus) को है।

संकरा की पटियों में भी ६० को ही आधार माना गया है। उनमें वर्ग-सारणी की संख्याएँ तो दशमिक पद्धति में ही दी गयी हैं जैसे १६, २५, ३६, ४९। किन्तु ६७ के स्थान पर १७ लिखा गया है। इससे स्पष्ट है कि इस संख्यांक-पद्धति का आधार १० नहीं, बल्कि ६० है। पटियों से यह तो पता चलता है कि ये लोग स्थितिमान का अर्थ कुछ-कुछ समझने लगे थे। किन्तु उसका प्रयोग नियमित रूप से नहीं करते थे, क्योंकि वे लोग ९४ को १ ३४ लिखते थे। इस चिह्न से उनका तात्पर्य होता था १×६०+३×१०+४। इसका अर्थ यह हुआ कि वह पहले स्थान को इकाई, दूसरे स्थान को दहाई, किन्तु तीसरे स्थान को ६० का अपवर्त्य मानते थे। उनकी पद्धति और हमारी आधुनिक पद्धति में कई बातें सामान्य हैं—

(१) उन लोगों के अंक भी १ से ९ तक चलते थे जैसे हमारे आधुनिक अंक।

(२) स्थितिमान का प्रयोग उन्होंने भी किया है। किन्तु वह उतना नियमित नहीं है, जितना हमारी आधुनिक पद्धति में।

(३) लिखने में ऊँचा मात्रक पहले लिखा जाता था और तत्पश्चात् नीचा मात्रक। वही पद्धति आजकल भी चालू है। हम पहले सैकड़ा लिखते हैं, फिर दहाई और तब इकाई।

(४) वे लोग भी संख्याओं को बायीं से दाहिनी ओर लिखा करते थे; जैसे हम लिखते हैं।

किन्तु बोल-चाल में कहीं छोटी इकाई पहले बोली जाती है, कहीं बड़ी। हिन्दी में चौबीस में पहले चार बोलते हैं, पीछे बीस। इसी प्रकार छियासी का अर्थ है ६+८०। अंग्रेज़ी में Eleven से Nineteen तक की संख्याओं में छोटी इकाई पहले बोलती है, किन्तु शेष संख्याओं में ऊँची इकाई पहले बोलती है। Forty-eight में Forty पहले आता है, eight पीछे।

बब्लिन में भी ६० को ही संख्यांक-पद्धति का आधार माना गया था। अनुमान है कि उन्हें इस तथ्य का पता था कि यदि किसी वृत्त में एक सम षड्भुज (Regular Hexagon) खींचा जाय तो उसकी भुजा वृत्त की त्रिज्या के बराबर होगी। कदाचित् इस बात से उनके मन में यह विचार आया कि वृत्त के ३६० बराबर भाग किये जायँ।

६० को आधार मानने का यही कारण था या और कोई, यह कहना बहुत कठिन है। संसार के कुछ प्रदेशों में १५, २० और ४० को संख्यांक-पद्धति का आधार माना गया है। ४० के विषय में तो हम यह कह सकते हैं कि इसके बहुत-से भाजक हैं—

२, ४, ५, ८, १०, २०

कदाचित् इसलिए इस संख्या को चुना गया हो। २० को चुनने का कारण यह हो सकता है कि मनुष्य के हाथों और पैरों में कुल मिलाकर २० उँगलियाँ होती हैं। किन्तु १५ को संख्यांक-पद्धति का आधार किसलिए बनाया गया, इसका कारण समझ में नहीं आता। इसके भाजक तो केवल ३ और ५ हैं। इसका आधा भी नहीं हो सकता और शरीर के अंगों से भी इसका कोई प्रत्यक्ष संबन्ध दिखाई नहीं पड़ता।

बब्लिन की संख्या-लेखन-पद्धति वैसी ही है जैसी हम सुमेर के विषय में बता चके हैं अर्थात् इनकी संख्याओं में अंकों का मान ६० के घातों में घटा-बढ़ा करता था। किन्तु इनकी पद्धति में भी वही गड़बड़ थी जो सुमेर की पद्धति में। सन्दर्भ से ही पता चलाना पड़ता था कि किस संख्या के अंक ६० के कौन से घात से आरंभ होते हैं। इतना ही नहीं, इनकी संख्याओं में भिन्नों के अंश दो अंकों के भी हो सकते थे और एक अंक के भी; जैसे

१ २३ ५२ ६७ ३

का अर्थ होगा—

$$१ + \frac{२३}{६०} + \frac{५२}{६०^{२}} + \frac{६७}{६०^{३}} + \frac{३}{६०^{४}}$$

यह ठीक वैसी ही पद्धति नहीं है जैसी हमारी आधुनिक स्थितिमान-पद्धति। आधुनिक पद्धति के आधार में किसी भी घात का गुणांक दो अंकों की कोई संख्या हो ही नहीं सकती। उसमें तो प्रत्येक अंक का अलग-अलग स्थितिमान होता है।

कभी-कभी दो संख्याओं के बीच में अधिक स्थान छोड़ा जाता था; जैसे

३२ ३ ७ ११

इस अधिक अवकाश का अर्थ है कि ६० का, बीच का, एक घात लुप्त है अर्थात् उसका गुणांक शून्य है। उपरिलिखित संख्या इस प्रकार लिखी जायगी—

३२ ३ ≮ ७ ११

इस प्रकार इस संख्या का स्पष्ट रूप से यह अर्थ निकल आयेगा

$$३२ \times ६० + \frac{३}{६०^{०}} + \frac{०}{६०^{१}} + \frac{७}{६०^{२}} + \frac{११}{६०^{३}}$$

उपरिलिखित चिह्न के प्रयोग से यह पता चलता है कि बब्लिन के गणितज्ञ इस बात की आवश्यकता समझने लगे थे कि शून्य के लिए भी एक विशेष चिह्न बनाया जाय, किन्तु ऐसा नहीं समझना चाहिए कि वे लोग संख्या शून्य का अर्थ भली-भाँति समझ गये थे। आज तो शून्य को समस्त संख्याओं का आरंभ माना जाता है और उसे भी एक संख्या का गौरव प्राप्त है। हमारे विचार में शून्य के संबन्ध में ये सब बातें बब्लिन के गणितज्ञों के मस्तिष्क में नहीं आयी थीं। वे लोग तो केवल इतना ही समझते थे कि इस बात को दर्शाने के लिए कि किसी विशिष्ट संख्या में ६० का कोई घात लुप्त है, एक विशेष चिह्न होना चाहिए। अतः शून्य का चिह्न केवल इस बात का निर्देश करता था कि उक्त संख्या में ६० के अमुक घात का अस्तित्व नहीं है। शून्य का संख्या के रूप में सबसे पहले किसने प्रयोग किया यह कहना कठिन है। किन्तु इतना पता है कि ई० पू० की द्वितीय शताब्दी में यूनान के ज्योतिषी शून्य के लिए ० का प्रयोग करने लगे थे जो यूनानी अक्षर ओमीक्रॉन है। किन्तु वे लोग भी उसी अर्थ में इसका प्रयोग करते थे जिस अर्थ में बब्लिन वाले।

लगभग २०० ई० पू० की एक पटिया पायी गयी है, जिसका उल्लेख सबसे पहले लुट्ज़ ने १९२० में किया था। उससे यह पता चला है कि बब्लिन के गणितज्ञ भिन्नों को इस प्रकार लिखा करते थे कि उनका हर ६० या ३६० ही हो। जैसे वे लोग $\frac{४८}{३६०}$ को $\frac{८}{६०}$ भी लिखते थे। किन्तु उसे $\frac{२}{१५}$ नहीं लिखते थे। $\frac{७८}{३६०}$ को वह लोग $\frac{१३}{६०}$ लिखते थे। किन्तु इस नियम के दो अपवाद थे—

१. यदि किसी भिन्न का अंश १ हो तो उसे वह सरलतम रूप में लिख देते थे; जैसे $\frac{७२}{३६०}$ को वे लोग $\frac{१}{५}$ लिखते थे।

२. यदि किसी भिन्न का अंश हर से एक कम हो तो भी उसे वह सरलतम रूप में लिखते थे; जैसे $\frac{२७०}{३६०}$ को वे लोग $\frac{४५}{६०}$ भी लिखते थे और $\frac{३}{४}$ भी।

मिस्र

मिस्र के गणित के विषय में हमारे ज्ञान का आधार मुख्यतः दो-तीन पुस्तकें हैं। मिस्र में एक प्रकार का नरकुल होता था, जिससे काग़ज़ बनाया जाता था। उसे 'पैपिरस' कहते थे। उक्त काग़ज़ पर जो पुस्तकें लिखी जाती थीं, उनका नाम भी पैपिरस पड़ जाता था। हमें दो पैपिरस तो पूर्ण रूप में प्राप्त हुए हैं, रिहंड पैपिरस और मॉस्को पैपिरस। इनके अतिरिक्त अल्लाहून पैपिरस के भी कुछ अंश प्राप्त हुए हैं। इन पुस्तकों ने मिस्र के गणित-ज्ञान पर बहुत प्रकाश डाला है। मॉस्को पैपिरस में २५ प्रश्न दिये गये हैं। रिहंड पैपिरस कदाचित् १५५० ई० पू० के आस-पास लिखा

गया था। उन दिनों मिस्र में एक लेखक आहमेसु नाम का हुआ है जिसे आधुनिक लेखक अहमिस कहते हैं। उसने मिस्र के ही एक प्राचीन ग्रन्थ का अनुवाद किया था। उक्त अनुवाद की पाण्डुलिपि १९वीं शताब्दी ई०में एक अंग्रेज़ हँनरी रि्हंड ने खरीद ली। पाण्डुलिपि का मौलिक नाम अहमिस पैपिरस था, किन्तु उक्त विक्रय के पश्चात् उसका नाम रि्हंड पैपिरस पड़ गया। तब से यह पुस्तक उसी नाम से प्रसिद्ध है। इस ग्रन्थ में ८५ प्रश्न हैं। ये प्रश्न अधिकतर व्यावहारिक गणित पर हैं। कुछ प्रश्न पशुओं के भोजन पर, कुछ अनाज पर, कुछ शराब पर और कुछ रोटी पर हैं। हम यहाँ मिस्र की अंकगणित-पद्धति का दिग्दर्शन कराते हैं। हमें इस ज्ञान का अधिकांश उक्त पैपिरस से ही प्राप्त हुआ है। पैपिरस अब ब्रितानी संग्रहालय में सुरक्षित है।

चित्र १३—अहमिस पैपिरस।

[जिन एण्ड कम्पनी की अनुमति से डेविड यूजीन स्मिथ कृत 'हिस्ट्री ऑफ मैथैमॅटिक्स से प्रत्युत्पादित।]

मिस्र की संकेतलिपि दशांशिक थी। १ के लिए वे लोग एक खड़ी रेखा बनाते थे, २ के लिए दो खड़ी रेखाएँ, इसी प्रकार नौ तक। १० के लिए उनका चिह्न ∩

था। २० के लिए ऐसे-ऐसे दो चिह्न बनाये जाते थे। ३० के लिए तीन, इसी भाँति ९० तक। तत्पश्चात् १०० के लिए एक पृथक् चिह्न था, १००० के लिए अलग और इस प्रकार १०००००० तक १० के प्रत्येक घात के लिए एक भिन्न चिह्न था। इन लोगों की संकेतलिपि यौगिक थी, जैसी आधुनिक रोमन संकेतलिपि है। उदाहरणार्थ, रोमन संकेतलिपि में १७५९ को इस प्रकार लिखेंगे—

M D C C L IX

इन चिह्नों का अर्थ है—

१०००+५००+१००+१००+५०+(१०−१)

इस संकेतलिपि में स्थितिमान का अभाव है। इसके अतिरिक्त यह संकेतलिपि इतनी भद्दी है कि इसमें बड़ी संख्याएँ लिखने के लिए दर्जनों चिह्न बनाने पड़ते हैं। उदाहरण के लिए ६७५६ लिखने के लिए उक्त पद्धति में १८ चिह्न बनाने पड़ेंगे।

मिस्री गणितज्ञ भिन्नों के प्रयोग में बड़े दक्ष थे। ये लोग अधिकतर इकाई भिन्नों से काम लेते थे, अर्थात् ऐसे भिन्नों से जिनका अंश १ हो। अतः इस अंश का इतना महत्त्व था कि उसके लिए विशेष चिह्न निर्धारित किये गये थे। प्राचीन मिस्री संकेतलिपि में तो इसके लिए हर के ऊपर एक बिन्दी लगायी जाती थी। अतः उक्त संकेतलिपि में १/४ को इस प्रकार लिखेंगे ४̇। चित्रीय संकेतलिपि में इसके लिए यह चिह्न ○ बनाया जाता था। गुणन में इन लोगों का व्यवहार २ तक ही सीमित था। अतः यदि इन लोगों को किसी संख्या को ९ से गुणन करना हो तो ये लोग पहले संख्या को दुगुना करेंगे, फिर गुणनफल को दुगुना करेंगे और इस अन्तिम गुणनफल को दुबारा दुगुना करेंगे। फिर इस अन्तिम फल में मौलिक संख्या जोड़ देंगे।

एक उदाहरण और लीजिए। मान लीजिए कि १२ को ११ से गुणा करना है, तो विधा इस प्रकार की होगी—

१२ × १
१२ × २
१२ × ४
१२ × ८

अब पहली, दूसरी और चौथी पंक्तियों के फलों को जोड़ देंगे।

यतः ये लोग इकाई भिन्नों का ही प्रयोग करते थे, अतः अहमिस में पहला प्रश्न यही है कि किसी भिन्न को इकाई भिन्नों के रूप में किस प्रकार प्रदर्शित किया जाय। इस प्रश्न का अहमिस में कोई सार्विक हल नहीं दिया गया है, वरन् विशिष्ट उदाहरण ही दिये गये हैं; जैसे—

$$\frac{२}{७} = \frac{१}{४} + \frac{१}{२८}$$
$$\frac{२}{९} = \frac{१}{६} + \frac{१}{१८}$$
$$\frac{२}{१९} = \frac{१}{१२} + \frac{१}{७६} + \frac{१}{११४}$$
$$\frac{२}{९५} = \frac{१}{६०} + \frac{१}{३८०} + \frac{१}{५७०}$$

भिन्नों में इकाई भिन्न ही काम में आती थी और गुणक सदैव २ ही रहता था। अतः केवल ऐसे ही भिन्नों के इकाई भिन्नों में टुकड़े करने की आवश्यकता पड़ती थी जिनका अंश २ हो। अतएव उपरिलिखित प्रकार के समीकरणों की सारणियाँ तैयार कर ली गयीं थीं। केवल एक ही भिन्न ऐसा था जिसका अंश १ से भिन्न था और जिसको ये लोग प्रयोग में लाते थे और वह भिन्न था $\frac{२}{३}$। मिस्र के निवासियों की दृष्टि से इस भिन्न का महत्त्व $\frac{१}{३}$ से भी अधिक था क्योंकि ये लोग इस प्रकार सोचते थे कि किसी संख्या का दो तिहाई लेने से यह संख्या आती है और फिर उसका आधा करने से भिन्न $\frac{१}{३}$ प्राप्त होता है। उक्त भिन्न का महत्त्व इतना अधिक था कि चित्रीय संकेतलिपि में उसके लिए विशेष चिह्न |‾‾‾ निर्धारित किया गया था।

२ के अतिरिक्त मिस्री गणितज्ञ १० से भी गुणा किया करते थे। १० से गुणा करने में इन्हें कोई परिश्रम नहीं करना पड़ता था क्योंकि उसके लिए तो केवल इकाई के चिह्न को दहाई के स्थान पर रख देना था या दहाई के चिह्न को सैकड़े के स्थान पर इत्यादि। ये लोग टुकड़े-टुकड़े करके भाग दे लिया करते थे। मान लीजिए कि १७ को ३ से भाग देना है तो ये लोग ३ का दुगुना करके ६ प्राप्त करेंगे। ६ का दुगुना करने से इन्हें १२ प्राप्त होंगे। अब १२ में फिर ३ जोड़ने से १५ आते हैं और २ शेष बच जाते हैं। इस प्रकार १७ में ५ बार ३ गये, २ शेष बचे। अतः भजनफल हुआ ५$\frac{२}{३}$।

मिस्रियों का व्यापार-गणित बहुत बढ़ा-चढ़ा था। लगभग १५०० ई० पू० में रानी हताशु ने एक मन्दिर बनवाया था जिसका आधुनिक नाम दरुल बाहरी है। उक्त मंदिर की दीवारों पर सैकड़े, हज़ार, दस हज़ार, लाख, दस लाख तक की गिनती का उल्लेख मिलता है। इससे पता चलता है कि वे लोग संख्याओं के प्रयोग में बड़े प्रवीण हो चुके थे। यह मन्दिर थीबीज़ के पास है और इसका पता १९०४ ई० में लगा था। इसके अतिरिक्त थीबीज़ में एक क़ब्र भी मिली है। इस क़ब्र के शिलालेखों से पता चलता है कि मिस्र की कर-पद्धति भी काफी विकसित हो चुकी थी। उक्त शिलालेख में १००० से अधिक की किसी संख्या और $\frac{१}{२}$ के अतिरिक्त किसी भिन्न का प्रयोग नहीं किया गया है।

उपरिलिखित पुस्तकों के अतिरिक्त एक अन्य पुस्तक हैरिस पैपिरस भी मिली है।

इसमें भी व्यावहारिक हिसाब-किताब दिये गये हैं और इससे मिस्र की संख्यांक-पद्धति पर भी प्रकाश पड़ता है।

यूनान (Greece)

यूनान १९ वीं शताब्दी के पूर्वार्द्ध में तुर्की से स्वतन्त्र हुआ और १८३० ई० में एक स्वतन्त्र राज्य घोषित हुआ। सर्वप्रथम यूनान का विस्तार बहुत छोटा था। इसमें केवल तीन भाग समाविष्ट थे—

(१) पैलोपोनीसस (Pelloponesus) का जल डमरूमध्य, जो आधुनिक यूनान का सबसे निचला भाग है।

(२) यूनान जलडमरूमध्य का थोड़ा-सा भाग।

(३) ईजियन सागर (Aegian Sea) के थोड़े-से टापू।

यूनान के क्षेत्र का विस्तार कई टुकड़ों में हुआ है। सन् १८६४ में आयोनियन (Ionian) टापू इसमें आकर मिले। सन् १८७८ में सिसिली का मैदान भी इस राज्य में समाविष्ट हो गया। अन्त में आधुनिक यूनान का ऊपरी भाग, क्रीट (Crete) और बहुत-से टापू भी उक्त राज्य में आ मिले।

यूनान की संस्कृति मुख्यतः समुद्री है, क्योंकि इस क्षेत्र में टापुओं का ही प्राधान्य है। इन टापुओं में से भी एक द्वीप समूह ने यूनान की संस्कृति पर बड़ी गहरी छाप डाली है। इस द्वीप-समूह का नाम साइक्लेड्स (Cyclades) है और यह यूनान की मख्य भूमि और लघु एशिया के बीच में स्थित है। इस द्वीप-समूह में दो द्वीप बहुत महत्त्वपूर्ण हैं—साईरा (Cyra) और डेलौस (Delos)। यूनान के इतिहास में इन दोनों टापुओं का महत्त्व सर्वाधिक रहा है। ३००० से २४०० ई० पू० तक साइक्लेड्स एक बड़ा व्यापार केन्द्र था और साईरा उसकी वाणिज्य राजधानी थी। साईरा और अन्य टापुओं में जीवन की आवश्यक वस्तुओं की कमी थी। अतः इन टापुओं से बाह्य संसार का समुद्री व्यापार स्थापित हो गया।

लघु एशिया में मिलेटस (Miletus) नाम का एक प्राचीन नगर था। यह नगर मियॅण्डर (Meander) नदी के मुहाने के समीप स्थित है। यूनानियों ने इस पर आक्रमण किया और इसे नष्ट-भ्रष्ट कर दिया। तत्पश्चात् इन लोगों ने नदी के किनारे पर एक नया नगर बसाया। इस नगर का व्यापार मियॅण्डर नदी के ऊपरी भाग तक होने लगा। इस नगर का व्यापार इतना बढ़ा कि इसी व्यापार के सहारे सातवीं शताब्दी ई० पू० तक साठ से भी अधिक नये नगर बस गये। ५०० ई० पू० तक मिलेटस यूनान का सबसे बड़ा नगर बन गया था। मिलेटस में साहित्य

सर्जन भी धड़ाधड़ होने लगा। थेल्स (Thales), ऐंनॅक्सिमॅण्डर (Anaximander), ऐंनॅक्सिमिनिस (Anaximenes) और हाइपॅशियस (Hypasius) सब इसी नगर के निवासी थे। मिलेटस में ही यूनानी गणित का आरंभ हुआ और इसी नगर में यूनान के व्यापारिक अंकगणित का विकास हुआ। मिलेटस से थोड़ी ही दूर पूर्व में लीडिया (Lydia) नगर है। पश्चिमी संसार में सर्व प्रथम सिक्के ढालने का गौरव इसी नगर को प्राप्त है। लीडिया में ७वीं शताब्दी ई० पू० में सिक्के ढलने लगे थे। सिक्के ढलने से पहले व्यापारिक हिसाब किताब बड़ी कठिनाई से होता होगा। सिक्के तो केवल कौड़ियों और मूंगों के रूप में होते थे और धातु का लेन-देन सदैव तौल कर किया जाता था। अतः स्पष्ट है कि सिक्कों के ढलने से व्यापारिक लेन-देन में बड़ी सुविधा हो गयी होगी। मिलेटस ने इस बात का मर्म समझा और टंकण (Coinage) पद्धति को तुरन्त अपना लिया, किन्तु ऐंथेंस (Athens) नगर को उसे अपनाने में पचास वर्ष लगे।

यूनान से कहीं पहले बब्लिन में व्यापारिक अंकगणित का प्रयोग हो चुका था। यह अंकगणित बब्लिन से क्रीट के टापू, मिस्र और लघु एशिया में पहुँचा। इन प्रदेशों में अंकगणित का विस्तार हो रहा था, किन्तु उस समय तक यूनान जंगलों से भरा हुआ था और उसमें कुछ खानाबदोश क़बीले रहते थे। १००० ई० पू० तक यूनान के निवासी बिलकुल अशिक्षित और अविकसित प्रकार का जीवन व्यतीत करते थे। प्रत्येक निवासी अपनी तात्कालिक आवश्यकताओं की पूर्ति भर के लिए खेती कर लिया करता था। भविष्य के लिए संचय करने का उसे ध्यान भी नहीं आता था। ऐसी स्थिति में उक्त प्रदेश में अंकगणित का क्या विकास हो सकता था? थोड़ी-सी गिनती और थोड़ा-सा विनिमय——बस इतने ही अंकगणित की उन्हें आवश्यकता थी। कई शतियों तक यूनान की यही दशा रही। हम निश्चित रूप से कह सकते हैं कि यूनान में व्यापारिक अंकगणित का आरंभ सातवीं शती ई० पू० में हुआ।

उस समय तक अंकगणित का अर्थ केवल परिगणन कला ही था। तब तक संख्या-सिद्धान्त का प्रारंभ भी नहीं हुआ था। यों संख्याओं के कुछ रोचक गुणों से वे लोग परिचित होने लगे थे। किन्तु दैनिक जीवन में उनके प्रयोग में परिगणन-कला ही आती थी। पाँचवीं शताब्दी ई० पू० में यूनान में कुछ स्कूल अवश्य खुल चुके थे, किन्तु उस प्रदेश के किसी सामान्य निवासी को अंकगणित के नाम पर गिनती के अतिरिक्त और कुछ नहीं आता था। जोड़ना, घटाना, गुणन करना आदि क्रियाएँ उन्होंने अभी तक नहीं सीखी थीं। उस समय के जोड़ने और घटाने के कुछ प्रश्न हमें प्राप्त हुए हैं। इसके अतिरिक्त कहीं-कहीं गिनतारे भी पाये गये हैं। किन्तु ये सब वस्तुएँ उस समय

से कई शती पश्चात् की प्रतीत होती हैं। सन् ईसवी के पास की एक गुणन-सारणी भी मिली है जो मोम पर लिखी हुई है। उक्त सारणी अभी तक अंग्रेज़ी संग्रहालय में विद्यमान है। हम यहाँ उक्त समय के कुछ यूनानी गणितज्ञों का वृत्तान्त देते हैं।

पिथॅगोरस (Pythagoras)

पिथॅगोरस का जीवन काल ५३२ ई० पू० के लगभग था। इसमें सन्देह नहीं कि पिथॅगोरस ने मिस्र और भूमध्यसागर के आस-पास के कई देशों की यात्रा की थी। ५२९ ई० पू० के लगभग पिथॅगोरस दक्षिण इटली (Italy) के क्रोटन (Croton) प्रदेश में गया। क्रोटन में उसने एक धार्मिक संस्था की स्थापना की, जिसका उद्देश्य था समाज-सुधार। कुछ समय तक यह संस्था खूब चली और इसका प्रभुत्व देश-विदेश में फैल गया, किन्तु अन्त में देश की राजनीति से उलझ जाने के कारण संस्था को तोड़ देना पड़ा। ५१० ई० पू० में क्रोटन की साइबेरिस पर जीत हुई। उसी समय के आस-पास पिथॅगोरस को मॅटेपॉण्टियम (Metapontium) जाना पड़ा और वहीं छठी शताब्दी ई० पू० के अन्तिम दिनों में उसकी मृत्यु हो गयी।

पिथॅगोरस के अनुयायियों को जो आज्ञा-पत्र दिया गया था उसका प्रभाव पाँचवीं शताब्दी ईसा पूर्व के मध्य तक रहा। पिथॅगोरियों पर भाँति-भाँति के अत्याचार हुए। उनके सभा-भवनों में आग लगा दी गयी। एक बार उनके एक सभा-भवन में, जिसका नाम मिलो था, ५०-६० पिथॅगोरियों की हत्या कर दी गयी। चौथी शती के मध्य तक उक्त संस्था के सदस्यों का नाम-निशान भी मिट गया।

पिथॅगोरस दार्शनिक भी था, गणितज्ञ भी। उसके दार्शनिक सिद्धान्त कई बातों में हिन्दू-सिद्धान्तों से मिलते-जुलते हैं। वह यह मानता था कि मनुष्यों और पशुओं में एक-सी आत्मा का निवास है। इसीलिए उसने मांस-भक्षण का निषेध किया था। पिथॅगोरस आवागमन के हिन्दू-सिद्धान्त को भी मान्यता देता था। उन दिनों काग़ज़ का आविष्कार नहीं हुआ था और यूनान में शिलालेखों और पटियों का भी प्रचलन नहीं था। अतः पिथॅगोरस ने अपने सिद्धान्तों का प्रतिपादन मौखिक रूप से ही किया। इसलिए यह संभव है कि उसके सिद्धान्त भिन्न-भिन्न पीढ़ियों और समुदायों में विकृत रूप में पहुँचे हों। तिसपर भी इतना निश्चित प्रतीत होता है कि पिथॅगोरस ने गणित और दर्शन को मिलाकर एक कर दिया था। उसका यह विश्वास था कि द्रव्य के गुणों का आधार 'संख्या' है। इसीलिए वह अंकगणित को बहुत उच्च स्थान देता था। वह चार विद्याओं को सर्वोच्च समझता था—अंकगणित, ज्यामिति, ज्यौतिष और संगीत। वह कदाचित् यह मानता था कि सारी सृष्टि की रचना गणित पर आधृत

है। पृथ्वी सम षड्फलक (Regular Parallelepiped) से बनी है, अग्नि स्तूप (Pyramid) से, वायु अष्टफलक (Octahedron) से, महाव्योम द्वाद्वशफलक (Dadecohedron) से और पानी विशंतिफलक (Icosahedron) से।

यह निश्चित है कि पिथॅगोरस का सम्पर्क पूर्वी विद्वानों से हुआ था, क्योंकि उसके बहुत-से सिद्धान्त पूर्व विश्वासों और किंवदन्तियों से मेल खाते हैं। पिथॅगोरस का सबसे प्रसिद्ध शिष्य फ़ाइलोलॉस (Philolaus) था। फ़ाइलोलॉस की यह उक्ति थी कि संख्या ५ रंग की द्योतक है, ६ ठंडक की, ७ स्वास्थ्य की, ८ प्रेम की। इस विश्वास की तुलना चीनियों की इस किंवदन्ती से हो सकती है कि संख्या २ पृथ्वी का निरूपण करती है और संख्या ५ पवन का। इस संबन्ध में यूनान की एक प्रथा उल्लेखनीय है। पूर्णिमा की रात में किसी दर्पण पर रक्त से कुछ अक्षर बनाये जाते थे और शीशे में चन्द्रमा के प्रतिबिंब में उन्हें पढ़ा जाता था। यह प्रथा पूर्वी रीति-रिवाजों से बहुत कुछ मिलती-जुलती है।

पिथॅगोरस का विश्वास था कि प्रकृति का आरंभ संख्या से ही हुआ है। संख्या दो प्रकार की होती है—सम (Even) और विषम (Odd)। संख्याओं का आरंभ संख्या १ से होता है। विषम संख्याएँ सीमा की द्योतक हैं और सम संख्याएँ असीम की। सीमा और असीम की कल्पना से ही देश, काल और गति के भावों का आविर्भाव होता है। आकाश (Space) में संख्या १ बिन्दु की द्योतक है, संख्या २ रेखा की, संख्या ३ तल की और संख्या ४ ठोस की। संसार में १० आधारभूत विपरीतियाँ (Oppositions) हैं—

एक और अनेक, दाहिना और बायाँ, पुरुष और स्त्री, विराम और गति, ऋजु और वक्र, उजाला और अंधेरा, भला और बुरा, वर्ग और आयताकार, सम और विषम, सीमा और असीम।

इन विपरीतियों के मेल का ही नाम विश्व है। पिथॅगोरस विषम संख्याओं को **नर संख्याएँ** (Male Numbers) और सम संख्याओं को **मादा संख्याएँ** (Female Numbers) कहता था। उसके विचार में संख्या १ इड़ा (Goddess of Reasoning) की प्रतीक है क्योंकि अपरिवर्तनीय है। संख्या २ सम्मिति (Symmetry) की द्योतक है, संख्या ४ न्याय की, क्योंकि यह दो बराबर की संख्याओं का गुणनफल है। संख्या ५ विवाह की परिचायक है, क्योंकि यदि १ को संख्या न माना जाय तो संख्या ५ ही प्रथम नर संख्या और प्रथम मादा संख्या का जोड़ (३+२) है। संख्या ७ एकान्त की निदर्शक है, क्योंकि पहली दस संख्याओं में न इसका कोई गुणनखंड है, न अपवर्त्य।

पिथॅगोरस ने त्रिभजीय संख्याओं (Triangular Numbers) का अध्ययन किया था। ये संख्याएँ इस प्रकार की होती हैं—

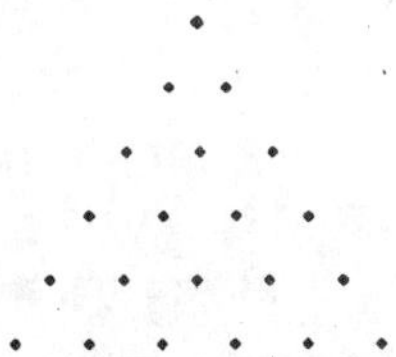

पहली त्रिभुजीय संख्या १ है। दूसरी त्रिभुजीय संख्या १+२ अर्थात् ३ है। तीसरी त्रिभुजीय संख्या १+२+३ अर्थात् ६। चौथी संख्या १+२+३+४ अर्थात् १० है। इस प्रकार हमें त्रिभुजीय संख्याओं का यह अनुक्रम (Sequence) प्राप्त होता है—

१, ३, ६, १०, १५, २१.....

इस बात से यह भी पता चलता है कि प्राकृतिक संख्याओं की किसी भी श्रेणी का जोड़, जिसका आरंभ १ से होता है, सदैव एक त्रिभुजीय संख्या होता है।

हम जानते हैं कि यदि हम १ से लेकर विषम संख्याएँ जोड़ते चलें तो कितनी भी संख्याएँ लें, उन सब का जोड़ सदैव एक वर्ग संख्या होती है; जैसे—

$$१+३=४=२^{२},$$
$$१+३+५=९=३^{२}$$
$$१+३+५+७=१६=४^{२}$$
$$१+३+५+७+९=२५=५^{२}$$

यदि इन संख्याओं को बिन्दुओं से निरूपित किया जाय तो आकृति इस प्रकार की बनेगी—

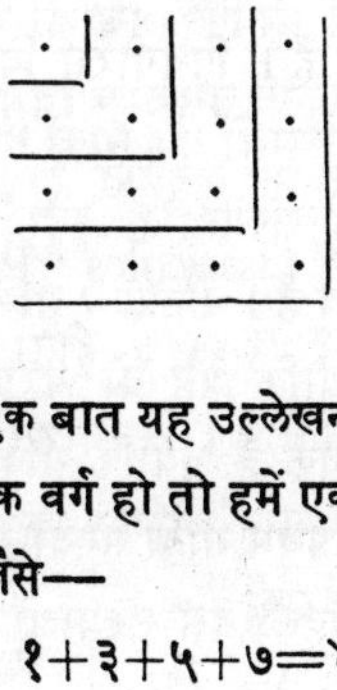

यहाँ एक बात यह उल्लेखनीय है कि यदि किसी भी पग पर जो संख्या जोड़ी जाय वह स्वयं एक वर्ग हो तो हमें एक ऐसी वर्ग संख्या प्राप्त हो जाती है जो दो वर्गों का जोड़ हो, जैसे—

$$१+३+५+७=४^{२}$$

इसमें अगली विषम संख्या ९ जोड़ने से, जो स्वयं एक वर्ग है, हमें २५ प्राप्त होता है जो ५ का वर्ग है। इस प्रकार यह निष्कर्ष निकलता है—

$$३^2+४^2=५^2$$

इसी प्रकार

$$१+३+५+७+९+११+१३+१५+१७+१९+२१+२३=१४४=१२^2$$

अगली विषम संख्या २५ है जो स्वयं एक वर्ग है। इसे जोड़ने से १४४+२५ अर्थात् १६९ प्राप्त होता है। इस प्रकार हमें यह फल मिलता है—

$$१२^2+५^2=१३^2$$

ऐसे अनगिनत जोड़े बनाये जा सकते हैं। पिथॅगोरस ने इनके बनाने के लि एक सार्विक सूत्र दिया है—

$$स^2+\{\tfrac{1}{2}(स^2-१)\}^2 = \{\tfrac{1}{2}(स^2+१)\}^2$$

इसमें 'स' को कोई भी विषम संख्या मान सकते हैं। स=३, ५ लेने से हमें क्रमशः उपरिलिखित दोनों उदाहरण प्राप्त होते हैं। दो अन्य उदाहरण ये हैं—

$$स=७;\ ७^2+२४^2=२५^2$$
$$स=९;\ ९^2+४०^2=४१^2$$

स्पष्ट है कि इस प्रकार की संख्याओं का संबन्ध उस प्रमेय से है जो पिथॅगोरस के नाम से प्रसिद्ध है। पिथॅगोरस कहाँ तक इस प्रमेय का आविष्कारक कहा जा सकता है इसकी चर्चा हम अन्यत्र करेंगे। यहाँ तो हम केवल इस प्रकार की संख्याओं का ही विवेचन करेंगे। उपरिलिखित उदाहरणों से स्पष्ट है कि यदि हम एक समकोण त्रिभुज बनाएँ जिसकी भुजाएँ ३ और ४ हों तो कर्ण की लंबाई ५ होगी। इसी प्रकार यदि भुजाएँ ७ और २४ हों तो कर्ण २५ होगा। ऊपर दिये हुए सूत्र से जितने समकोण त्रिभुज प्राप्त होंगे सबकी भुजाओं की लम्बाइयों के अनुपात परिमेय (Rational) होंगे। किन्तु बहुत-से समकोण त्रिभुज ऐसे होते हैं जिनकी भुजाओं की लम्बाइयों के अनुपात अपरिमेय (Irrational) होते हैं। यदि किसी समकोण त्रिभुज के कोण ३०° और ६०° के हों तो उसकी भुजाओं की लम्बाइयों का अनुपात $१:\sqrt{३}:२$ होगा। इसी प्रकार किसी समद्विबाहु समकोण त्रिभुज (Issoceles Right-angled Triangle) की भुजाओं की लम्बाइयों का अनुपात $१:१:\sqrt{२}$ होता है।

इस प्रकार हमें अपरिमेय संख्या $\sqrt{२}$ प्राप्त होती है। पिथॅगोरस ने इस संख्या के निकट मान निकालने के लिए एक सूत्र दिया है। मान लीजिए कि य, र दो पूर्णांक संख्याएँ (Integral Numbers) हैं, जो समीकरणों

$$२\,य^2-र^2=\pm १$$

में से किसी एक को सन्तुष्ट करती हैं। तो भिन्न $\frac{२ य + २}{य + र}$ अपरिमेय संख्या $\sqrt{२}$ का एक निकट मान होगा। हम यहाँ कुछ मानों की सूची देते हैं—

$$य = ०,\ र = १,\ २ य^2 - र^2 = -१;\ \sqrt{२} = \frac{१}{१}$$

$$य = १,\ र = १,\ २ य^2 - र^2 = +१;\ \sqrt{२} = \frac{३}{२}$$

$$य = २,\ र = ३,\ २ य^2 - र^2 = -१;\ \sqrt{२} = \frac{७}{५}$$

$$य = ५,\ र = ७,\ २ य^2 - र^2 = +१;\ \sqrt{२} = \frac{१७}{१२}$$

$$य = १२,\ र = १७,\ २ य^2 - र^2 = -१;\ \sqrt{२} = \frac{४१}{२८}$$

इस प्रकार हम $\sqrt{२}$ के निकट और निकटतर मान प्राप्त कर सकते हैं।

यह उल्लेखनीय है कि पिथँगोरस ने पाश्चात्य संगीत का भी सुचारु रूप से अध्ययन किया था और उसमें गवेषणा भी की थी। उसका सबसे महत्त्वपूर्ण आविष्कार यह था कि किसी तन्तु वाद्य में तार की लम्बाई के $\frac{१}{२}$ पर रुकने से अष्टक (Octave) का आठवाँ स्वर प्राप्त होता है, $\frac{२}{३}$ पर पाँचवाँ स्वर और $\frac{३}{४}$ पर चौथा। यहाँ यह बात ध्यान देने योग्य है कि पूर्वी संगीत में सात स्वरों की इकाई मानी जाती है, जिसे 'सप्तक', कहते हैं। उपरिलिखित स्थानों पर रुकने से हिन्दुस्तानी संगीत पद्धति में क्रमशः तार सप्तक का सं और मध्य सप्तक के प और म प्राप्त होंगे।

हम जानते हैं कि—

$१ : \frac{१}{२} = १ - \frac{२}{३} : \frac{२}{३} - \frac{१}{२}$।

प और सं की इसी संस्वरता (Harmony) के कारण हारमोनियम (Harmonium) बाजे का नाम पड़ा। हिन्दुस्तानी संगीत पद्धति में भी किसी सप्तक में प और स को ही स्थायी स्वर माना गया है। **हरात्मक श्रेढ़ी** (Harmonic Progression) का नाम भी इसी गण के कारण पड़ा। हम जानते हैं कि तीन राशियाँ क, ख, ग, हरात्मक श्रेढ़ी में होंगी, यदि

$$\frac{क}{ग} = \frac{क - ख}{ख - ग}।$$

इसी समीकरण में $क = १$, $ख = \frac{२}{३}$, $ग = \frac{१}{२}$ लेने से उपरिलिखित सम्बन्ध प्राप्त हो जायगा। पिथँगोरस ने संगीत का इतने सूक्ष्म रूप से विवेचन किया है कि पश्चिमी लोग उसे संगीत का आविष्कारक कहते हैं। उसने संगीत के क्षेत्र में बहुत-से आविष्कार किये, किन्तु उसकी पद्धति का विस्तृत रूप आज इतिहास के गर्भ में छिप गया है। कदाचित् संगीत-संबन्धी कुछ ज्ञान तो उसने अपनी यात्रा में मिस्र देश से प्राप्त किया था।

अपने जीवन काल में तो पिथॅगोरस को धक्के खाने पड़े, किन्तु उसकी मृत्यु के उपरान्त डेल्फ़ी की देवी (Oracle of Delphi) ने, जिसे यूनानी बहुत मानते थे, यह कहा कि 'पिथॅगोरस यूनान का सबसे बुद्धिमान् और वीर पुत्र था'। अतः उसकी मृत्यु के लगभग दो सौ वर्ष पर्यन्त, ३४३ ई० पू० में रोम में उसकी मूर्ति स्थापित की गयी और उसके नाम की पूजा होने लगी।

प्लेटो (Plato)

प्लेटो यूनान का एक दार्शनिक था, जिसका जन्म ४२८ ई० पू० में और मृत्यु ३४८ ई० पू० में हुई थी। प्लेटो की आकांक्षा राजनीतिज्ञ बनने की थी, किन्तु उस समय के प्रतिक्रियावादियों की करतूतों से उसे महान् क्लेश होता था। इसलिए वह राजनीतिक क्षेत्र से अलग ही रहा और जब ३९९ ई० पू० में सुकरात (Socrates) की हत्या हो गयी तब तो प्लेटो ने राजनीतिक क्षेत्र को तिलांजलि ही दे दी। तत्पश्चात् वह कई वर्ष तक यूनान, मिस्र, इटली और सिसिली (Sicily) में घूमता रहा। ३८७ ई० पू० के लगभग प्लेटो ने एक परिषद् की स्थापना की जो आज तक उसके नाम से प्रसिद्ध है। परिषद् का ध्येय थी दार्शनिक और वैज्ञानिक गवेषणा। प्लेटो जीवन भर उक्त परिषद् का अध्यक्ष रहा। परिषद् में गवेषणा-छात्र अपनी समस्याएँ प्रस्तुत किया करते थे और प्लेटो उनका समाधान किया करता था।

चौथी शती ई० पू० का प्रायः समस्त गणितीय कार्य प्लेटो, उसके मित्रों और शिष्यों द्वारा ही सम्पन्न हुआ था। इस प्रकार हम कह सकते हैं कि परिषद् के द्वारा ही पाँचवीं शती के पिथॅगोरियों और बाद के गणितज्ञों में संबन्ध स्थापित हुआ।

प्लेटो ने भी संख्याओं का अध्ययन किया था। किन्तु वह संख्याओं को केवल परिगणन कला का माध्यम नहीं समझता था, वरन् उसके विचार में अंकगणित एक जीता-जागता व्यावहारिक विज्ञान था। प्लेटो की सबसे प्रसिद्ध पुस्तक गणतन्त्र (Republic) है। उक्त पुस्तक के आठवें भाग में वह एक रहस्यमय संख्या का उल्लेख करता है। यह निश्चित रूप से नहीं कहा जा सकता कि उक्त संख्या कौन-सी थी। कुछ लोगों का विचार है कि वह संख्या $६०^{४}$ अर्थात् १२९६०००० थी। इस संख्या का उल्लेख भारत और बब्लिन के गणितज्ञों ने भी किया है। यह संभव है कि पिथॅगोरस ने यह संख्या अपनी यात्राओं में पूर्व से प्राप्त की हो और तत्पश्चात् वह उसके शिष्यों द्वारा प्लेटो तक पहुँच गयी हो।

प्लेटो के संख्या-सिद्धान्त का आधार दार्शनिक था। उक्त सिद्धान्त पिथॅगोरियों के सिद्धान्त से बहुत मेल खाता था, किन्तु इनमें दो बातों का अन्तर था—

(१) पिथॅगोरियों का यह मत था कि संख्याओं में ही सीमा और असीम की कल्पना निहित है। प्लेटो का विचार था कि संख्याओं में 'एक' और बड़े, छोटे के भाव निहित हैं।

(२) पिथॅगोरियों के विचार में वस्तुओं और संख्याओं में एकात्म्य (Identity) है। प्लेटो का मत है कि बाहरी वस्तुओं और संख्याओं के मध्यस्थ 'गणितीयकों' (Mathematicals) का भी एक वर्ग निहित है।

प्लेटो के शिष्यों ने प्लेटो के कार्य को आगे बढ़ाया। उनमें से कई एक गणितज्ञ हुए हैं। किन्तु उनमें से अधिकांश की रुचि ज्यामिति और ज्यौतिष में थी। तीन शिष्यों के नाम उल्लेखनीय हैं—स्पूसियस (Spucius), जॅनोक्रॅटीज़ (Xenocrates) और अरस्तू (Aristotle)। इन गणितज्ञों ने अंकगणित पर भी पुस्तकें लिखी हैं। अरस्तू का नाम तो दार्शनिकों में प्रसिद्ध है। उसकी रुचि विशेषकर **प्रयोजित गणित** (Applied Mathematics) में थी। उसका विचार था कि गणित का स्थान **भौतिकी** (Physics) और अतिमानस्य (Metaphysics) के मध्य में है। उसकी इच्छा थी कि अंकगणित और ज्यामिति के क्षेत्र अलग-अलग निर्धारित कर दिये जायँ। उसने दो पुस्तकें लिखी हैं, एक, **अविभाज्य रेखाओं** (Indivisible Lines) पर और दूसरी यान्त्रिक प्रश्नों पर। अरस्तू को विज्ञान के इतिहास में भी बहुत रुचि थी। कदाचित् इसी कारण उसके कई शिष्यों ने गणित के इतिहास में भी रुचि दिखायी है।

५२९ ई० में सम्राट् जस्टीनियस (Justinius) ने अपने कट्टर ईसाईपने में एथॅन्स (Athens) के समस्त स्कूलों और शैक्षणिक संस्थाओं को बन्द करवा दिया और इस प्रकार प्लेटो की परिषद् का अन्त हो गया।

(२) ३०० ई० पू० से १००० ई० तक

ऍलॅग्ज़ॅण्ड्री सम्प्रदाय (Alexandrian School)—ऍलॅग्ज़ॅण्ड्रिया मिस्र का मुख्य पत्तन है और लगभग १००० वर्ष से उक्त देश की राजधानी है। नगर अति प्राचीन है, किन्तु आधुनिक ऍलॅग्ज़ॅण्ड्रिया एक नया नगर है जो प्राचीन नगरी के ठीक ऊपर बसा हुआ है। इसी कारण प्राचीन नगर की खुदाई कराने में सदैव कठिनाई पड़ती है। अतः खुदाई के द्वारा प्राचीन ऍलॅग्ज़ॅण्ड्रिया का बहुत कम इतिहास जाना जा सका है। इतना निश्चित है कि इस नगर की स्थापना ३३२ ई० पू० में सम्राट् सिकन्दर (Alexander) ने की थी और उसका विचार था कि यह नगर मॅसेडोनिया (Macedonia) और नील नदी की घाटी को मिलाने का काम करे। खुदाई

करने पर कुछ पुराने मन्दिरों और क़ब्रों के भग्नावशेष मिले हैं। यह भी अनुमान है कि किसी समय इस नगर में एक रोमन क़िला था और कई बड़े-बड़े भवन थे। इतना भी पता चलता है कि किसी ज़माने में इन भवनों के नीचे अथाह धन भरा पड़ा था।

ऐँलैंग्ज़ॅण्डर (सिकन्दर) ने इस नगर को इसलिए बसाया था कि उसकी प्रतिष्ठा को अक्षुण्ण बनाये रखे। ३२३ ई० पू० में उसका देहान्त हो गया। कुछ दिनों तक तो उसके सेनापतियों ने उसके राज्य को सँभाला, किन्तु अल्प काल पश्चात् राज्य के तीन टकड़े हो गये। मिस्र में उसके मित्र टॉलेमी (Ptolemy) का राज्य हुआ। मैंसे-डोनिया में एँण्टीगोनस (Antigonus) का शासन चलने लगा और उसने एशिया के शेष भागों पर भी अपना अधिकार जमाया। उसी समय से ऐँलैंग्ज़ॅण्ड्रिया की उन्नति का इतिहास आरंभ होता है। यह नगर संसार के वाणिज्य का केन्द्र तो बना ही, साथ ही इसकी गिनती संसार के गिने-चुने वैज्ञानिक और साहित्यिक केन्द्रों में भी होने लगी। संसार के सबसे प्राचीन पुस्तकालयों में से एक इसी नगर में बना और संसार के सर्वप्रथम अन्तर्राष्ट्रीय विश्वविद्यालय की स्थापना भी इसी नगर में हुई। उन्हीं दिनों इस नगर में बड़े-बड़े गणितज्ञ उत्पन्न हुए जैसे यूक्लिड, आर्किमैंडीज और हरॅटॉस्थैंनीज़। इन गणितज्ञों का जीवन-चरित यथास्थान दिया जायगा।

इरॅटॉस्थैंनीज (Eratosthenes)

इरॅटॉस्थैंनीज़ मुख्यतः एक भूगोलज्ञ था। उसका जीवन काल २७६-१९४ ई० पू० के लगभग था। उस का जन्म साइरीन (Syrene) में हुआ, किन्तु उसने शिक्षा ऐँलैंग्ज़ॅण्ड्रिया और एथैंन्स में प्राप्त की। मध्यकों (Means) पर उसने दो पुस्तकों का प्रणयन किया जो अब अलभ्य हैं। उसने अभाज्य संख्याओं (Prime Numbers) को निकालने की एक विधि का आविष्कार किया। यही विधि अंकगणित को उसकी सबसे बड़ी देन थी। उक्त विधि को इरॅटॉस्थैंनीज की छलनी (Sieve of Eratosthenes) कहते हैं। विधि इस प्रकार है कि पहले समस्त विषम संख्याएँ लिख डालीं—

३, ५, ७, ९, ११, १३, १५, १७, १९, २१, २३, २५, २७, २९, ३१

अब इनमें से प्रत्येक के अपवर्त्यों को काटते चले गये। उपरिलिखित संख्याओं में ३ के इतने अपवर्त्य हैं—

९, १५, २१, २७।

अतः इन चारों संख्याओं को काट दिया। शेष संख्याओं में से ५ के अपवर्त्यों को काटा। उक्त संख्याओं में ५ का अपवर्त्य केवल २५ है। उसको काटने के पश्चात्

जो संख्याएँ बचीं उनमें से ७ के अपवर्त्यों को काटा और इसी प्रकार आगे बढ़ते चले गये। अन्त में केवल अभाज्य संख्याएँ ही शेष रह जायेंगी।

इरॅटॉस्थॅनीज़ को गणितीय भूगोल का जन्मदाता कह सकते हैं। उसने पृथ्वी के व्यास और परिधि का नाप दिया। यह नाप उस समय के उपकरणों को देखते हुए बहुत-कुछ ठीक कहा जायगा। पृथ्वी के व्यास का नाप उसने ७८५० मील दिया है। यह नाप ध्रुवी व्यास से केवल ५० मील न्यून है। इरॅटॉस्थॅनीज़ के लिए इतना सूक्ष्म मान दे देना श्रेयस्कर था। उसकी सूझ-बूझ के कारण उसके भक्त उसको द्वितीय प्लेटो के नाम से अभिहित करने लगे थे। कुछ लोगों ने उसका नाम बीटा रखा था जो यूनानी वर्णमाला का द्वितीय अक्षर है। उन लोगों का तात्पर्य यह था कि यूनानी बुद्धिमानों में उसका नम्बर २ था। किन्तु अन्य लोगों का यह मत है कि यह नाम उसे केवल इस कारण दिया गया था कि वह विश्वविद्यालय के छात्रालय के कमरा नं० २ में रहता था।

आर्किमॅडीज़ (Archimedes)

आर्किमॅडीज़ का जीवन काल २८६-२१२ ई० पू० के आस पास था। उसके पिता एक गणित ज्यौतिषी थे। उसने ऍलॅग्जॅण्ड्रिया में शिक्षा पायी। तदुपरान्त वह सिसिली में अपने जन्मस्थान साइरॅस्यूज़ (Syracuse) में लौट आया और उसने अपना ज़ीवन गणितीय गवेषणा में लगा दिया। उसने बहुत से मौलिक यंत्रों का आविष्कार किया। जब रोमनों ने साइरॅस्यूज़ पर घेरा डाला तो इन्हीं पात्रों की सहायता से आर्किमॅडीज़ उक्त नगर को तीन वर्ष तक बचाये रहा। जनश्रुति है कि जब रोमन जहाज़ नगर के समीप आ गये तो आर्किमॅडीज़ ने एक दर्पण का निर्माण किया। उसकी यह विशेषता थी कि उसकी सहायता से आर्किमॅडीज़ ने सूर्य रश्मियाँ उन जलपोतों पर डालकर उनका अग्निदाह कर दिया।

उन दिनों साइरॅस्यूज़ का अधिपति हॅरॉन (Heron) था। आर्किमॅडीज़ का इससे घनिष्ठ संबन्ध था। एक लोक प्रवाद है कि हॅरॉन ने अपने लिए एक स्वर्ण मुकुट बनवाया। उसे यह संदेह हुआ कि सुनार ने मुकुट में चाँदी की मिलावट कर दी है। तथ्यान्वेषण के लिए आर्किमॅडीज़ को यह कार्य सौंपा गया। आर्किमॅडीज़ कई दिन तक सोचता रहा। नाँद में स्नान करते समय उसे एक दिन सूझा कि जल से भरपूर नाँद में समान भार के सोने और चाँदी के डले डालकर यह देखा जाये कि दोनों दशाओं में कितना कितना जल नाँद के बाहर गिरता है। इन दोनों मात्राओं का अन्तर लिखकर, अन्ततः मुकुट को नाँद में डालकर देखा जाये कि उसके कारण नाँद का कितना पानी

बाहर गिरता है। उससे मुकुट में मिश्रित चाँदी की मात्रा का अनुमान हो जायगा। इस विचार से हर्षोत्फुल्ल हो वह नग्न शरीर ही स्नानागार से "मिल गया, मिल गया" चिल्लाता हुआ गली में दौड़ गया।

आर्किमिँडीज़ कहा करता था कि कोई भी बहुत बड़ा भार थोड़े से बल से खिसकाया जा सकता है। हँरॉन ने एक दिन उससे कहा कि अपने कथन की सत्यता प्रमाणित करे। आर्किमिँडीज़ ने एक जहाज़ सामान से इतना भरवाया कि अनक मज़दूरों की सहायता के बिना उसका गोदी में से निकलना अति दुष्कर था। तत्पश्चात् उसे यात्रियों से भरकर उसपर एक घिरनी लगा दी। घिरनी के ऊपर एक रस्सी लपेटकर आर्किमिँडीज़ उसका एक सिरा अपने हाथ में पकड़कर जलयान से दूर जा बैठा। इस प्रकार उसने जहाज़ को ऐसी सरलता से खींच लिया मानो जहाज़ अपनी शक्ति से समुद्र में चल रहा हो। इसी सम्बन्ध में आर्किमिँडीज़ कहा करता था कि "मुझे खड़े होने का उपयुक्त स्थान दे दो तो मैं सारी पृथ्वी को नचा दूँ।" गणित के विद्यार्थी जानते हैं कि उक्त कथन में उत्तोलक (Lever) का सिद्धान्त निहित है।

आर्किमिँडीज़ का मुख्य कार्य ज्यामिति के क्षेत्र में है। जहाँ तक अंकगणित का संबन्ध है उसकी मुख्य देन 'रेतगणक' (Sand Reckoner) है। उसने पूर्णांकों को संख्या १० के आठवें घातों के हिसाब से विन्यस्त किया। इस प्रकार उसने $१०^{५२}$ तक के पूर्णांकों को गिनने की पद्धति निकाली। उक्त पद्धति में बीजगणित का निम्न-लिखित घातांक नियम छिपा हुआ है —

$$क^{म}\, क^{न} = क^{म+न} ।$$

एक बार जब मार्सेलस (Marcellus) न साइरॅस्यूज पर चढ़ाई की थी तब आर्किमिँडीज़ ने ही अपने मानसिक बल से उसे बचाया था। उसने उत्तोलकों द्वारा पत्थर फेंककर जहाज़ के बेड़े डुबा दिये थे। किन्तु अगली बार मार्सेलस ने साइरॅस्यूज पर पीछे से आक्रमण किया। नगर में उस समय कोई धार्मिक उत्सव हो रहा था। नगर निवासी युद्ध के लिए तैयार न थे। अतः वही हुआ जो होना था। नगर वालों की हार हुई।

आर्किमिँडीज़ के अन्त की कहानी भी बड़ी रोचक है। उसके विषय में यह प्रसिद्ध है कि वह गणितीय प्रश्न करते समय इतना तन्मय हो जाता था कि खाना-पीना तक भूल जाया करता था। जब वह आग के पास बैठता था तो चूल्हे में से राख निकालकर उसमें उँगली से आकृतियाँ बनाने लगता था। जब वह तैल मलकर नहाता था तो अपने तैल युक्त शरीर पर नाखूनों से ज्यामितीय चित्र बनाया करता था। अतः उसकी मृत्यु की कहानी पर भी लोगों को कोई आश्चर्य नहीं होता। उसे पता चला

कि नगर को शत्रुओं ने घेर लिया है। उस समय वह कुछ आकृतियाँ बना रहा था, उन्हीं में संलग्न रहा। इतन में एक रोमन सिपाही की छाया उसके वृत्तों पर पड़ी। वह चिल्लाया "मेरे वृत्तों को ज्यों का त्यों रहने दो" (अर्थात् यहाँ से हट जाओ ताकि मेरे वृत्तों पर तुम्हारी छाया न पड़े।) सिपाही को क्रोध आ गया और उसने अपनी तलवार उसके शरीर में घुसेड़ दी। इस प्रकार ७५ वर्ष की उम्र में उसका प्राणान्त हो गया।

ऐँपोलोनियस (Apollonius)

ऐँपोलोनियस का जन्म २६२ ई० पू० के लगभग हुआ था। उसका मुख्य कार्य ज्यामिति में था जिसका विवरण यथास्थान दिया जायगा। उसका जन्म लघु एशिया के पॉम्फीलिया (Pomphelia) प्रदेश के पर्गा (Perga) नगर में हुआ था और शिक्षा दीक्षा ऐँलैंग्ज़ॅण्ड्रिया में।

पॅपस (Pappus) ऐँलैंग्ज़ॅण्ड्रिया का एक ज्यामितिज्ञ हुआ है जिसका जीवन काल तृतीय शती ई० था। उसने आठ भागों में एक संग्रह छापा है। उक्त संग्रह में उसने अपने पूर्वगामियों के गवेषणा फलों को क्रमबद्ध कर दिया है और उनपर अपनी टिप्पणियाँ एवं व्याख्याएँ भी दी हैं। संग्रह में ऐँपोलोनियस के कार्य का भी विवरण है। उक्त संग्रह से ही हमें ऐँपोलोनियस के कार्य का आधिकारिक विवृत प्राप्त होता है। संग्रह के दूसरे भाग में पॅपस ने लिखा है कि ऐँपोलोनियस ने संख्यान (Numeration) की एक प्रणाली निकाली थी। उक्त प्रणाली वास्तव में आर्किमॅंडीज़ की प्रणाली का ही संशोधित रूप था। इस प्रणाली में $१०^४$ को संख्याओं का आधार माना गया था। यही संख्या बहुत समय पहले से पूर्व में संख्यान का आधार थी और यूरोप की संख्यान प्रणाली का भी कई शतियों तक यही संख्या आधार रही। बड़ी संख्याओं के अभि-व्यंजन हेतु यह प्रणाली आर्किमॅंडीज़ के रेत-गणक से अधिक सुविधाजनक थी और उक्त प्रणाली से बड़ी संख्याओं का गुणन भी सुगम हो गया। इसके अतिरिक्त ऐँपोलोनियस ने यूक्लिड (Euclid) की असुमेय संख्याओं के सिद्धान्त का भी विस्तार कियां था।

निकोमेकस (Nicomachus)

निकोमेकस का जन्म कदाचित् जिरास नगर में हुआ था जो जेँरूसलम से ५६ मील उत्तर पूर्व में है। उसका स्थिति काल १०० ई० के आस-पास है। निकोमेकस की दो कृतियाँ प्राप्य हैं। उनमें से एक तो अंकगणित पर है। उक्त पुस्तक में पिथॅगोरी प्रणाली की छाप स्पष्ट दृष्टिगत होती है। अतः लोगों का अनुमान है कि कदाचित् वह विद्याध्ययन के लिए ऐँलैंग्ज़ॅण्ड्रिया गया हो। निकोमेकस के अंकगणित की टीका

बहुत से टीकाकारों ने की है। इसीलिए निकोमेकस लेखक के रूप में बहुत प्रसिद्ध हो गया यद्यपि उसका अंकगणित संबन्धी ज्ञान कोई ऊँचे स्तर का नहीं था। प्रस्तुत ग्रन्थ में उसने संख्याओं के गुणों का विवेचन किया है। इसके अतिरिक्त उसने प्राकृतिक संख्याओं के घनों (Cubes) के जोड़ का भी एक नियम दिया है। उक्त नियम की सहायता से १ से लेकर किसी भी प्राकृतिक संख्या पर्यन्त की संख्याओं के घनों का योग निकाला जा सकता है।

निकोमेकस की दूसरी पुस्तक संगीत-सिद्धान्त पर थी। इन दोनों पुस्तकों के अतिरिक्त उसने एक अन्य पुस्तक संख्याओं के गुणों पर लिखी है, जिसके एक भाग के थोड़े-से अंश प्राप्य हैं।

चीन और जापान

जहाँ तक अंकगणित का सम्बन्ध है, निकोमेकस के पश्चात् यूरोप में कोई बड़े गणितज्ञ नहीं हुए। गणित की अन्य शाखाओं के विद्वानों का विवरण यथास्थान दिया जायगा। चीन में २१३ ई० पू० के लगभग एक महत्त्वपूर्ण घटना यह घटी कि सम्राट् शी ह्वांगती की आज्ञा से समस्त पुस्तकें जला दी गयी। उक्त आज्ञा के अनसार यदि कोई व्यक्ति पुस्तकें नहीं जलाता था तो उसे लोहे से दाग़ दिया जाता था। उस समय के कितने चीनी ग्रन्थ अग्नि दाह से बच रहे, आज यह बताना कठिन है। सन् ईस्वी के आरम्भ के आस पास ही चीन की प्रसिद्ध पुस्तक 'वुत्साओ स्वान किंग' प्रणीत हुई, जिसमें अधिकांशतः क्षेत्रफलों का विवेचन किया गया था। पाँचवीं शती ईस्वी में चीन और एशिया के अन्य देशों में सम्पर्क स्थापित हो चुका था। ३९९ ई० में एक चीनी बौद्ध फ़ाहियान भारतवर्ष आया और १५ वर्ष इस देश में रहकर चीन लौटा। उसने अपना सारा शेष जीवन हिन्दू कृतियों के अनुवाद करने में बिताया।

जिस समय का हम उल्लेख कर रहे हैं, उस समय जापान ने भी अंकगणित में कोई विशेष प्रगति नहीं की। इतना पता है कि उक्त देश में उन दिनों तक नाप की कोई पद्धति प्रचलित हो चुकी थी। इसके अतिरिक्त विद्वानों का अनुमान है कि ६६० ई० पू० के आस पास जापान में एक संख्यान-पद्धति चालू थी, जिसके द्वारा बहुत बड़ी संख्याएँ भी लिखी जा सकती थीं। बौद्ध धर्म के प्रसार से जापानी साहित्य पर चीन का प्रभाव पड़ने लगा। सन् ५५४ ई० में दो विद्वान् कोरिया से जापान आये। ये तिथिपत्र (Calendar) के विशेषज्ञ थे। इसके कुछ वर्ष अनन्तर कोरिया से एक पुरोहित आया, जिसने जापान की रानी को ज्यौतिष और तिथिपत्र पर कई पुस्तकें भेंट कीं। तभी से जापान पर चीनी साहित्य का प्रभाव दृष्टिगोचर होने लगा।

भारत

३२७ ई० पू० में सिकन्दर ने भारत पर आक्रमण किया। उक्त घटना ने भारत के सार्विक साहित्य और गणित को कुछ-न-कुछ अवश्य ही प्रभावित किया। किन्तु कितना प्रभाव पड़ा यह कहना कठिन है। उस समय तक भारत में **अंकगणित** विद्या के रूप में विकसित नहीं हो पाया था। पर हिन्दू-संख्यान-पद्धति उस समय के आस पास की ही उपज है। ५०० और १००० ई० के बीच में भारत में कई बड़े गणितज्ञ हुए हैं। उनमें से चार के नाम विशेषरूपेण उल्लेखनीय हैं—आर्यभट्ट, वराहमिहिर, जो एक ज्यौतिषी था, ब्रह्मगुप्त और महावीर। इन सबकी कृतियों का वर्णन यथास्थान किया जायगा।

आर्यभट्ट

आर्यभट्ट का जन्म पटना के पास कुसुमपुर में ४७६ ई० में हुआ था। आर्यभट्ट के तीन ग्रन्थों का पता चलता है,—दशगीतिका, आर्यभटीयं और तन्त्र। इनमें से आर्यभटीयं ही उसकी सबसे प्रसिद्ध पुस्तक है। पहली दोनों पुस्तकों की पाण्डुलिपियों का पता सर्वप्रथम भाऊ दाजी ने १८६४ में चलाया था।[1] तीसरे ग्रन्थ का नाम के अतिरिक्त कुछ पता नहीं चल पाया है। आर्यभटीयं श्लोकों में लिखी गयी है। पुस्तक में पाँच अध्याय हैं जिनमें से केवल एक गणित पर है, शेष ज्यौतिष पर। उक्त एक अध्याय में आर्यभट्ट ने अंकगणित, बीजगणित, ज्यामिति और त्रिकोणमिति के ३३ सूत्र दिये हैं।

लगभग ५० वर्ष हुए आर्यभट्ट के विषय में एक विवाद उठ खड़ा हुआ था। इतिहासज्ञ अलबेरूनी[2] ने सन् १०३० ई० में लिखा था कि भारत में आर्यभट्ट नाम के दो ज्यौतिषी हुए हैं। अलबेरूनी के इस कथन से अनुचित लाभ उठाकर के[3] (Kaye) ने यह सिद्ध करने का प्रयत्न किया है कि भारतीयों का गणित का ज्ञान वस्तुतः यूनानी गणितज्ञों की रचनाओं से प्रभावित था। आर्यभटीयं के दूसरे भाग के पहले अध्याय का शीर्षक 'गणित' है। के ने यह प्रमाणित करने का प्रयास किया है कि

1. Bhau Daji : On the age and authenticity of the works of Aryabhatta, Varahmihira, Brahmagupta—Journal, Royal Asiatic Society (1865).
2. Al-Biruni's India, English trans. By Sachan Vols. I & II London (1910)
3. Kaye : Aryabhatta—J. Asiatic Soc. Bengal (1908) p. 111.

'गणित' अध्याय आर्यभट्टीयं के शेष अंश के लेखक द्वारा नहीं लिखा गया है, वरन् एक दूसरे आर्यभट्ट की रचना है। इस प्रकार के ने प्राचीन हिन्दू गणित के निम्नलिखित मर्मज्ञों के मत को ठुकरा दिया है—

भाऊदाजी, कर्न (Kern), वेँबर (Webor), रोडे (Rodet), थीबाॅ (Thebaut), शंकर बालकृष्ण दीक्षित तथा सुधाकर द्विवेदी।

के उन लोगों में से था जो यदा कदा प्राचीन हिन्दू संस्कृति पर कीचड़ उछालने में ही अपना गौरव अनुभव करते थे। हम यहाँ उक्त विवाद में प्रवृत्त नहीं होना चाहते। जिन पाठकों को इस विषय में रुचि हो वे निम्नोक्त लेखों और ग्रन्थों का अवलोकन कर सकते हैं —

(1) Kaye : Indian Mathematics—Calcutta (1915).

(2) P. C. Sengupta : Aryabhatt's last work--Bull. Cal. Math. Soc 22 (1930) pp. 115-20.

(3) B. B. Dutt : Two Aryabhatts of Al Biruni-Ibid 17 (1926) 59-74.

(4)—: Aryabhatta, the author of the Ganita-Ibid 18(1927)5-18

इसमें संदेह नहीं कि अलबेरूनी को इस विषय में किञ्चित् भ्रम हुआ था। जिन पुस्तकों का उसने उल्लेख किया था वह एक ही आर्यभट्ट की कृतियाँ थीं और उसी ने भारतीय गणितज्ञ के रूप में ख्याति लाभ किया है।

'आर्य सिद्धान्त' नामक ग्रन्थ के रचयिता एक अन्य आर्यभट्ट भी भारत में हुए हैं। उक्त पुस्तक आर्यभटीयं से बड़ी है और १८ अध्यायों में विभक्त है। इसीलिए कुछ लोग उसे **'महा आर्य सिद्धान्त'** के नाम से अभिहित करते हैं और उसकी तुलना में 'आर्यभटीयं' को 'लघ आर्यभटीयं' की संज्ञा प्रदान की जाती है। आर्यभट्ट के जीवन-काल के विषय में विद्वानों में महान् मतभेद है। फिर भी इतना निश्चित है कि यह लेखक पहले आर्यभट्ट से कई शताब्दियों पश्चात् हुआ था। सम्भवतः वह अलबेरूनी के समय के भी बाद में हुआ हो। अतः अलबेरूनी का तात्पर्य इस दूसरे आर्यभट्ट से कदापि नहीं हो सकता था। अतएव आर्यभट्ट से हमारा अभिप्राय उसी पहले आर्यभट्ट से होगा और हम उसी की कृतियों पर विचार करेंगे।

आर्यभटीयं के प्रथम भाग का नाम दशगीतिका है, जिसमें ज्यौतिषीय सारणियाँ दी गयी हैं। दूसरे भाग को आर्यष्तशत कहते हैं। इसमें तीन अध्याय हैं—गणित, काल-क्रिया और गोल। गणित के प्रारंभ में कतिपय ज्यामितीय परिभाषाएँ दी गयी हैं। तत्पश्चात् वर्गमूल निकालने का सूत्र आता है। गणित का चौथा श्लोक इस प्रकार है—

भागं हरेद्वर्गान्नित्यं द्विगुणेन वर्गमूलेन ।
वर्गाद्वर्गे शुद्धे लब्धं स्थानान्तरे मूलम् ॥ ४ ॥

अर्थ—इकाई के स्थान से आरंभ करके प्रत्येक दूसरे अंक के ऊपर एक बिन्दु रखो। जितनी बिन्दियाँ लगेंगी उतने ही अंक वर्गमूल में होंगे। मान लीजिए कि हमें २०४४९ का वर्गमूल निकालना है, तो इस प्रकार बिन्दियाँ लगाओ—

२̇ ० ४̇ ४ ९̇

तीन बिन्दियाँ लगीं। अतः वर्गमूल में तीन अंक होंगे। सबसे बायीं ओर की संख्या पर विचार करो कि उसमें से कौन-सी बड़ी-से-बड़ी संख्या का वर्ग घटा सकते हो। उपरिलिखित संख्या में बायीं ओर का अंक २ है, जिसमें से केवल १ का वर्ग घटा सकते हैं। अतः वर्गमूल का पहला अंक १ हुआ। अब वर्गमूलन क्रिया को भाग का रूप देकर भजनफल के स्थान पर १ रखो :

```
       २ ० ४ ४ ९ (१४३
       १
      ———
       १०४
        ९६
      ————————
२८३ )   ८४९
        ८४९
      ————
         ×
```

संख्या १ के वर्ग को निर्दिष्ट संख्या में से घटाओ और उसके अगले दो अंक नीचे उतार लो। इस संख्या १ के दुगुने को भाजक के स्थान पर रखो। अब हमारा भाजक २ और भाज्य १०४ हो गया। १०४ में से दाहिने अंक को छोड़ दो। शेष अंक १० है। २ से १० में भाग देने से ५ मिलता है, किन्तु ५ रखने से आगे की क्रिया असम्भव हो जायगी। अतः भजनफल ४ मानो और भाजक और भजनफल दोनों में ४ रख दो। अब भाजक २४ और भजनफल का दूसरा अंक ४ हो गया। इस प्रकार ९६ गुणनफल आया। १०४ में से घटाने पर ८ मिला। शेष दोनों अंक ४९ भी उतार लो और फिर वही क्रिया दुहराओ। इस प्रकार वर्गमूल १४३ प्राप्त हो जायगा।

यह वर्गमूल क्रिया ठीक वैसी ही है जैसी हम लोग आधुनिक गणित में सीखते हैं। इसमें कई बार **जाँच भजनफल** (Trial Quotient) लेना पड़ता है। अधिकतर जो जाँच भाजक दृष्टिगोचर हो उससे एक अंक कम ही लेना चाहिए, अन्यथा आगे चलकर क्रिया विफल हो जाती है।

गणित के अगले श्लोक में घन मूल (Cube Root) निकालने की विधि दी गयी है—

अधनाद् भजेद् द्वितीयात् त्रिगुणेन घनस्य मूलवर्गेण ।
वर्गस्त्रिपूर्वं गुणितः शोध्यः प्रथमाद्घनश्च घनात् ।। ५ ।।

श्लोक का अर्थ एक उदाहरण से स्पष्ट हो जायगा। मान लीजिए कि हमें १९६८३ का घनमूल निकालना है। तो पहले इस संख्या पर दाहिने से आरम्भ करके और दो-दो अंक छोड़कर बिन्दियाँ लगा लीं——

१ ९̇ ६ ८ ३̇

सबसे बायीं ओर हमें संख्या १९ मिली। वह कौन-सी बड़ी-से-बड़ी संख्या है जिसका घन १९ में से घट सकता है? संख्या २। अतः २ को भजनफल में रखा और उसके घन को १९ में से घटा दिया——

```
१ ९̇ ६ ८ ३̇ (२
  ८
-----------
१ १ ६ ८ ३
```

शेष तीनों अंक उतारने से अगला भाज्य ११६८३ प्राप्त हुआ। और मूलांश २ हमें प्राप्त हो चुका है। इसके वर्ग के तिगुने अर्थात् १२ को **जाँच भाजक** (Trial Divisor) मानो। भाज्य ११६८३ के दाहिने दो अंक छोड़ने से जाँच भाज्य ११६ प्राप्त हुआ। ११६ में १२ से भाग देने पर ९ जाँच भजनफल होता है। किन्तु ९ अथवा ८ लेने से आगे की क्रिया असंभव हो जाती है। अतः ७ को जाँच भजनफल माना।

अब मूलांश २ के तिगुने को बायीं ओर और जाँच भजनफल ७ को दाहिनी ओर रखो। इस प्रकार संख्या ६७ प्राप्त हुई। इस संख्या को फिर जाँच भजनफल ७ से गुणा करो तो हमें संख्या ४६९ प्राप्त हुई। अब इस संख्या को जाँच भाजक १२ के नीचे, उससे दो अंक दाहिनी ओर इस प्रकार रखो और दोनों को

```
१२
  ४६९
-----
१६६९
```

जोड़ दो। इस प्रकार उपलब्ध संख्या १६६९ को **सत्य भाजक** (True Divisor) कहते हैं। इससे उपरिलिखित

```
१६६९)११६८३(२७
     ११६८३
     -----
       ×
```

भाज्य को भाग देने से हम देखते हैं कि भजनफल का दूसरा अंक ७ ठीक उतरता है। अतः घनमूल हुआ २७।

हम एक अन्य उदाहरण लेकर इस रीति को और स्पष्ट करते हैं। मान लीजिए कि हमें ३५६११२८९ का घनमूल निकालना है। तो क्रिया इस प्रकार होगी —

३ ५̇ ६ १ १̇ २ ८ ९̇ (३२९
२ ७
―――――
८ ६ १ १

$३^२ \times ३ =$ २७
$९२ \times २ =$ १८४
―――
२८८४ | ५ ७ ६ ८
२ ८ ४ ३ २ ८ ९

$३२^२ \times ३ =$ ३०७२
$९६९ \times ९ =$ ८७२१
―――
३१५९२१ | २ ८ ४ ३ २ ८ ९
―――――
×

अभीष्ट घनमूल = ३२९

यदि इस संख्या का घनमूल आधुनिक विधि से निकालें तो क्रिया इस प्रकार होगी—

३ ५̇ ६ १ १̇ २ ८ ९̇ (३२९
२ ७
―――――
८ ६ १ १

$३^२ \times ३००$ = २७००
$३ \times ३० \times २$ = १८०
$२^२$ = ४
―――
२८८४ | ५ ७ ६ ८
―――――
२ ८ ४ ३ २ ८ ९

$३२^२ \times ३००$ = ३०७२००
$३२ \times ३० \times ९$ = ८६४०
$९^२$ = ८१
―――
३१५९२१ | २ ८ ४ ३ २ ८ ९
―――――
×

दोनों विधियाँ मूलतः एक ही हैं, केवल भिन्न-भिन्न प्रकार की भाषा में लिखी गयी हैं।

घन मूल क्रिया के बाद आर्यभट्ट ने ज्यामिति और बीजगणित के कुछ सूत्र दिये हैं। यतः सारा विषय पद्य में दिया हुआ है, अतः भाषा बहुत ही संक्षिप्त हो गयी है और

उसका अर्थ निकालना भी कठिन है। **त्रैराशिक** (Rule of Three) आर्यभट्ट ने इन शब्दों में दिया है—

त्रैराशिक फल राशिं तमथेच्छाराशिना हतं कृत्वा।
लब्धं प्रमाण भजितं तस्मादिच्छा फलमिदं स्यात्॥ २६॥

पहली राशि को 'प्रमाण-राशि', दूसरी को 'फल-राशि' तीसरी को 'इच्छा-राशि' कहते हैं। फल-राशि को इच्छा राशि से गुणा करके प्रमाण-राशि से भाग देने पर उत्तर प्राप्त होता है।

उदाहरण—यदि ७५ सुपारियों में १० नारंगियाँ आती हैं तो ३० सुपारियों में कितनी नारंगियाँ आयेंगी?

प्रमाण-राशि = ७५,
फल-राशि = १०,
इच्छा-राशि = ३०,

$$\therefore \text{ उत्तर } = \frac{१० \times ३०}{७५} = ४ \text{ नारंगियाँ।}$$

'गणित' में इसके आगे **व्युत्क्रमण नियम** (Rules of Inversion), भिन्नों का गुणन आदि दिये गये हैं। यहाँ हम उक्त अध्याय का केवल एक श्लोक देते हैं—

गुलिकान्तरेण विभजेद् द्वयोः पुरुषयोस्तु रूपक विशेषम्।
लब्धं गुलिका मूल्यं यद्यर्थ कृतं भवति तुल्यम्॥ ३०॥

गौ आदि ढोरों को 'गुलिका' कहते हैं और सोने चाँदी के सिक्कों आदि को 'रूपक' कहते हैं। यदि दो व्यक्तियों के गुलिका-धन और रूपक धन के जोड़ तुल्य हो तो यह नियम लागू होगा—

रूपक द्रव्यों में से जो अधिक हो, उसमें से दूसरे द्रव्य को घटाओ। इसी प्रकार गुलिका द्रव्यों में सें जो अधिक हो उसमें से दूसरे को घटाओ। पहले शेष को दूसरे शेष से भाग दो। भजनफल ही एक गौ का मूल्य होगा।

उदाहरण—मोहन के पास ६ गायें और १२५ रुपये हैं और सोहन के पास ४ गाएँ और २७५ रुपये हैं। यदि दोनों के सर्वधन बराबर हों तो एक गाय का मूल्य बताओ।

क्रिया : ६ गाय—४ गाय=२ गाय,
२७५ रु०—१२५ रु० =१५० रु०

$$\therefore \text{ प्रत्येक गाय का मूल्य } \frac{१५०}{२} \text{ अर्थात् ७५ रु० हुआ।}$$

इस प्रकार पहले का सर्वधन $=६\times७५+१२५$
$=५७५$ रु०

और दूसरे का सर्वधन $=४\times७५+२७५$
$=५७५$ रु०

ब्रह्मगुप्त

ब्रह्मगुप्त का जीवन काल ५५८–६६० ई० माना जाता है। कदाचित् उक्त शती का सबसे बड़ा हिन्दू गणितज्ञ यही था। इसका कार्यक्षेत्र उज्जैन था। इसने तीस वर्ष की अवस्था में ही अपने ग्रन्थ ब्राह्मस्फुट सिद्धान्त की रचना की थी। उक्त ग्रन्थ में इक्कीस अध्याय हैं, जिनमें से दो अध्याय गणित पर हैं और शेष ज्यौतिष पर। इन दोनों अध्यायों में अंकगणित, बीजगणित और ज्यामिति के अनेक सूत्र दिये हुए हैं। इन अध्यायों का अंग्रेज़ी अनुवाद कोलब्रुक ने किया है। देखिए—

H. T. Colebrooke: Algebra with Arithmetic and Mensuration from the Samskrit of Brahmagupta and Bhaskara–London 1817.

उक्त अध्यायों के अंकगणितीय भाग में ब्रह्मगुप्त ने बहुत से प्रकरण दिये हैं, जैसे घन मूल, गुणन की चार विधियाँ, वर्ग, घन, भिन्न, अनुपात, त्रैराशिक, विषम-संख्या राशिक, ब्याज, व्युत्क्रमण, शून्य, अनन्त, **अनिर्णीत रूप** (Undetermined Forms)।

इस विषय सूची से पता चलता है कि उस समय के हिसाब से हिन्दू गणित ब्रह्मगुप्त के कार्य काल में अपनी पराकाष्ठा को पहुँच गया था। इसी कारण ब्रह्मगुप्त का केवल भारतीय गणित में ही नहीं, वरन् विश्व-गणित के इतिहास में एक विशेष स्थान है।

यहाँ हम ब्राह्म स्फुट सिद्धान्त, सुधाकर द्विवेदी, बनारस (१९०२) में से कुछ श्लोक देते हैं। गणिताध्याय के पृ० १७८ पर यह श्लोक आता है जिसमें त्रैराशिक का नियम दिया हुआ है—

त्रैराशिके प्रमाणं फलमिच्छाद्यन्तयोः सदृशराशी ।
इच्छा फलेन गुणिता प्रमाणभक्ता फलं भवति ॥ १० ॥

अर्थ—इच्छा को फल से गुणा करके प्रमाण से भाग देने पर उत्तर प्राप्त होता है।

उदाहरण—यदि $३\frac{२}{३}$ सेर दूध $२\frac{३}{४}$ रु० में आता है तो $८\frac{१}{२}$ सेर दूध कितने में आयेगा ?

प्रमाण $=$ $३\frac{२}{३}$,
फल $=$ $२\frac{३}{४}$,
इच्छा $=$ $८\frac{१}{२}$,

उन दिनों इन राशियों को इस प्रकार **सारणी** के रूप में रखा जाता था—

३	२	८
२	३	१
३	४	२

सूक्ष्म भिन्नों के रूप में ये राशियाँ इस प्रकार लिखी जायँगी—

११	११	१७
३	४	२

दूसरे और तीसरे भिन्नों को गुणा करके पहले से भाग देने पर हमें प्राप्त होता है—

$$\frac{\frac{११}{४} \times \frac{१७}{२}}{\frac{११}{३}}$$

भिन्नों को गुणा करने का वही नियम था, जो आजकल है। 'गुणकों के हरों को भाजक में ले जाओ और भाजक के हर को गुणकों में ले जाओ।' इस प्रकार,

$$\text{उत्तर} = \frac{११ \times १७ \times ३}{११ \times ४ \times २} = \frac{५१}{८} \text{ रु०}$$

$$= ६.३७५ \text{ रु०}$$

मिश्र समानुपात (Compound proportion) को हिन्दुओं ने विशेष नाम दिये हुए थे। प्रश्नों में जितने पदों का प्रयोग होता था उसी हिसाब से नाम दिये जाते थे, जैसे पंचराशिक, सप्तराशिक, नवराशिक,...कभी-कभी इन सब नियमों को एक सार्विक नियम विषमराशिक (Rule of odd terms) के अन्तर्गत दिया जाता था।

त्रैराशिक के पश्चात् ब्रम्हगुप्त ने व्यस्त त्रैराशिक और तदुपरान्त विषम राशिक दिया है।

व्यस्त त्रैराशिक फलमिच्छाभक्तः प्रमाण फलघातः।
त्रैराशिकादिषु फलं विषमेष्वेकादशान्तेषु ॥ ११ ॥
फल संक्रमणमुभयतो बहुराशिवधोऽल्पवधहृतो ज्ञेयम्।
सकलेष्वेवं भिन्नेषूभयतश्च्छेद संक्रमणम् ॥ १२ ॥

व्यस्त त्रैराशिक—प्रमाण को फल से गुणा करके इच्छा से भाग दो।

उदाहरण––यदि १५ मालाएँ हों जिनमें से प्रत्येक में १२ मोती हों तो अट्‌ठारह, अट्‌ठारह मोतियों की कितनी मालाएँ बन सकती हैं ?

प्रमाण = १५

फल = १२

इच्छा = १८

सारणी में ये राशियाँ इस प्रकार व्यक्त की जायँगी—

१५	१२	१८

उत्तर $= \frac{१५ \times १२}{१८} =$ १० मालाएँ ।

विषमराशिक––फलों का हेर-फेर करो। जिस ओर के पद अधिक हों, उस ओर के पदों के गुणनफल को दूसरी ओर के पदों के गुणनफल से भाग दो। समस्त भिन्नों के हरों का हेर-फेर कर दो।

इस नियम में अज्ञात राशि के स्थान पर ० रखा जाता था।

उदाहरण––यदि १०० रु० का १ महीने का सूद ३ रु० हो तो २४ रु० का ३ वर्ष में कितना सूद होगा ? यदि सूद और मूलधन दिया हो तो समय कैसे निकालोगे ? यदि समय और सूद दिया हो तो मूलधन कैसे निकालोगे ?

यतः ३ वर्ष=३६ महीने, अतः प्रमाण पक्ष यह हुआ—

१०० रु०, १ महीना, ३ रु० (फल)

और इच्छा पक्ष इस प्रकार हुआ—

२४ रु०, ३६ महीने, ० रु०

सारणी के रूप में हम इन पदों को इस प्रकार व्यक्त करेंगे—

१००	२४
१	३६
३	०

फलों का हेर-फेर करने से इस सारणी का यह रूप हो जायगा––

१००	२४
१	३६
०	३

अब यदि ० को गिना न जाय तो दाहिनी ओर के पद अधिक हैं। इनका गुणनफल २५९२ है। बायीं ओर का गुणनफल १०० है। इससे २५९२ को भाग देने पर उत्तर

$\frac{२५९२}{१००}$ अर्थात् २५.९२ रु० हुआ।

हमने उत्तर आधुनिक पद्धति में लिखा है। प्राचीन पद्धति में उक्त उत्तर इस प्रकार लिखा जायगा—

२५	२३ २५

समय निकालना—

प्रमाण पक्ष : १०० रु० १ महीना ३ रु०

इच्छा पक्ष : २४ रु० ० महीना २५$\frac{२३}{२५}$ रु०

पदों का सारणी रूप—

१००	२४
१	०
३	$\frac{६४८}{२५}$

फलों के हेर-फेर से सारणी का यह रूप हो जायेगा—

१००	२४
१	०
६४८	३
२५	

बायीं ओर तीन पद हैं और दाहिनी ओर दो। अतः बायीं ओर के पदों के गुणनफल को दाहिनी ओर के गुणनफल से भाग देना है। हर २५ के स्थानान्तरण से पदों का यह रूप हो जायगा।

१००	२४
१	०
६४८	३
	२५

अब गुणनफलों के भाग से उत्तर

$$\frac{१००\times१\times६४८}{२४\times३\times २५}=३६ \text{ महीने}$$

आ गया।

मूलधन निकालना —

प्रमाण पक्ष— १०० रु०, १ महीना, ३ रु०

इच्छा पक्ष— ० रु०, ३६ महीने, $\frac{६४८}{२५}$ रु०

पदों का सारणी रूप—

१००	०
१	३६
३	६४८
	२५

फलों के हेर-फेर के पश्चात् सारणी का रूप यह होगा—

१००	०
१	३६
६४८	३
२५	

हरों के हेर-फेर के पश्चात् सारणी का रूप यह हो जायेगा—

१००	०
१	३६
६४८	३
	२५

पदों की संख्या बायीं ओर ही अधिक मानी जायगी, क्योंकि दाहिनी ओर एक शून्य है जिसका अर्थ 'पद का अभाव' माना जाता है।

अतः उत्तर $=\frac{१००\times१\times६४८}{३६\times३\times२५}=३ \text{ रु०}$

त्रैराशिक भी विषमराशिक का ही एक विशिष्ट रूप है। यह बात स्पष्ट रूप से ब्रह्मगुप्त ने कही थी।

महावीर

उस समय के भारत के गणिताचार्यों में महावीर का नाम भी उल्लेखनीय है। इसके जीवन काल की ठीक-ठीक अवधि नहीं दी जा सकती। अनुमान है कि यह राष्ट्रकूट वंश के एक राजा के राजसभासदों में से था। महावीर के उक्त आश्रयदाता का नाम अमोघवर्ष था और वह मैसूर में राज्य करता था। उसका राज्यकाल नवीं शताब्दी पूर्वार्ध में आरंभ हुआ था। अतः हमारे विकल्पानुसार महावीर का स्थितिकाल ९ वीं शताब्दी का पूर्वार्ध ही था। इस प्रकार महावीर का कार्य काल ब्रह्मगुप्त से दो शताब्दी पश्चात् का ठहरता है।

यह निश्चितप्राय है कि महावीर अपने पूर्वज गणितज्ञ ब्रह्मगुप्त के कार्य से अभिज्ञ था। इसने ब्रह्मगुप्त के प्रायः सभी फलों का स्पष्टीकरण किया है। इसके अतिरिक्त इसने बहुत से नये नियम भी गणितीय जगत को दिये हैं। दक्षिण भारत में इसके कार्य की बड़ी ख्याति है। इसका सर्वप्रसिद्ध ग्रन्थ 'गणित सार संग्रह' है। इस ग्रन्थ का एक संस्करण मद्रास से रंगाचार्य ने १९१२ में निकाला था।

गणित सार संग्रह में ९ अध्याय हैं। पहले अध्याय में नाप तौल के पैमाने, आधार भूत क्रियाओं के नाम आदि सुलभ हैं। तत्पश्चात् महावीर ने गुणन की चार विधियाँ दी हैं। इनके अतिरिक्त एक पांचवीं विधि का भी उल्लेख किया है, जिसका नामकरण 'कपाट सन्धि' किया गया है। किन्तु उक्त क्रिया का स्पष्टीकरण नहीं किया गया है। इसके पश्चात् महावीर ने इन क्रियाओं का विवरण दिया है—

तिर्यग्गुणन, लम्बा भाग, वर्गण, घनन, वर्गमूल, भिन्न जिनको इसने ६ जातियों में विभाजित किया है, इकाई भिन्न, त्रैराशिक, व्यापार गणित, विविध प्रश्न और शून्य संबन्धी क्रियाएँ।

इन प्रकरणों में एक प्रकरण 'इकाई भिन्न' आया है। यह ऐसे भिन्न को कहते हैं जिसका अंश १ हो। उक्त भिन्न का प्राचीन नाम 'रूपांशक राशि' है। महावीर ने कई नियम दिये हैं जिनके द्वारा किसी रूपांशक भिन्न को कई रूपांशक भिन्नों में विभक्त किया जा सके।

(१) १ को स संख्या के रूपांशक भिन्नों में विभक्त करना—

रूपांशकराशीनां रूपाद्यास्त्रिगुणिताः हराः क्रमशः ।
द्विद्वित्र्यंशाभ्यस्ता वादिमचरमौ फले रूपे ॥ ७५ ॥

नियम—१ से आरंभ करके $\frac{1}{3}$ से गुणा करते जाओ और इस प्रकार स संख्याएँ लिख डालो—

$$१, \frac{१}{३}, \frac{१}{३^२}, \frac{१}{३^३}, \ldots\ldots \frac{१}{३^{स-२}}, \frac{१}{३^{स-१}}.$$

अब पहले हर को २ से और अन्तिम हर को $\frac{२}{३}$ से गुणा करके समस्त भिन्नों को जोड़ दो।

$$१ = \frac{१}{२} + \frac{१}{३} + \frac{१}{३^२} + \frac{१}{३^३} + \ldots\ldots + \frac{१}{३^{स-२}}, \frac{१}{२.३^{स-२}}$$

(२) १ को एक विषम संख्या के रूपांशक भिन्नों में विभक्त करना—

एकांशकराशीनां द्व्याद्या रूपोत्तरा भवन्ति हराः ।
स्वासन्नपराभ्यस्तास्सर्वे दलिता फले रूपे ॥ ७७ ॥

नियम—२ से आरंभ करके १ बढ़ाते जाओ और इन राशियों का रूपांशक भिन्नों के हरों के रूप में रखते जाओ। यतः भिन्नों की संख्या विषम रखनी है, अतः अन्तिम हर २स होगा—

$$\frac{१}{२}, \frac{१}{३}, \frac{१}{४}, \ldots \frac{१}{२स-१}, \frac{१}{२स}$$

प्रत्येक हर को अगले हर से गुणा करके आधा कर दो। अन्तिम हर के आगे कोई और हर नहीं है, अतः उसे गुणा नहीं करना होगा, केवल आधा करना होगा—

$$१ = \frac{१}{२.३.\frac{१}{२}} + \frac{१}{३.४.\frac{१}{२}} + \ldots \frac{१}{(२स—१)२स.\frac{१}{२}} + \frac{१}{२स.\frac{१}{२}}$$

(३) एक रूपांशक भिन्न को कई रूपांशक भिन्नों में विभक्त करना—

लब्धहरः प्रथमस्यच्छेदः सस्वांशकोऽयमपरस्य ।
प्राक्स्वपेरण हतोऽन्त्यः स्वांशेनैकांशके योगे ॥ ७८ ॥

यहाँ हम इस नियम की एक विशिष्ट दशा देते हैं—

प्रत्येक हर दो पूर्णांकों का गुणनफल होगा। पहला हर दिये हुए योग के हर और उसके अगले पूर्णांक का गुणनफल, दूसरा हर इस अगले पूर्णांक और उसके अगले पूर्णांक का गुणनफल होगा। अन्तिम हर में एक ही पूर्णांक होगा।

उदाहरण—मान लो कि $\frac{१}{४}$ के ७ टुकड़े करने हैं। तो एकात्म्य निम्नलिखित होगा—

$$\frac{१}{४} = \frac{१}{४.५} + \frac{१}{५.६} + \frac{१}{६.७} + \frac{१}{७.८} + \frac{१}{८.९} + \frac{१}{९.१०} + \frac{१}{१०}$$

महावीर ने इसी प्रकार के और भी कई नियम दिये हैं। महावीर के अतिरिक्त और किसी भी भारतीय गणितज्ञ ने इस विषय को स्पर्श भी नहीं किया है।

महावीर ने भिन्नों पर अनेक प्रश्न बनाये हैं जिन्हें बहुत ही रोचक भाषा में प्रस्तुत किया है। यहाँ हम कुछ नमूने देते हैं।

फलभारनम्रकम्रे शालिक्षेत्रे शुकास्समुपविष्टाः ।
सहसोत्थिता मनुष्यैः सर्वे सन्त्रासितास्सन्तः ।। १२ ।।
तेषामर्धं प्राचीमाग्नेयीं प्रति जगाम षड्भागः ।
पूर्वाग्नेयीशेषः स्वदलोनः स्वार्धवर्जितो यामीम् ।। १३ ।।
याम्याग्नेयीशेषः स नैर्ऋतिं स्वद्विपञ्चभागोनः ।
यामीनैर्ऋत्यंशकपरिशेषो वारुणीमाशाम् ।। १४ ।।
नैर्ऋत्यपरविशेषो वायव्यां सस्वकत्रिसप्तांशः ।
वायव्यपरविशेषो युतस्वसप्ताष्टमः सौमीम् ।। १५ ।।
वायव्युत्तरयोर्युतिरैशानीं स्वत्रिभागयुगहीनाः ।
दशगुणिताष्टाविंशतिरवशिष्टा व्योम्नि कति कोराः ।। १६ ।।

भावार्थ—एक धान के खेत में, जिसका दाना पक चुका था और बालें बोझ से झुकी जा रही थीं, तोतों का एक झुण्ड उतरा। रखवालों ने उन्हें डराकर उड़ा दिया। उनमें से आधे पूर्व दिशा को चले गये और $\frac{1}{6}$ दक्षिण पूर्व की ओर। इन दोनों के अन्तर में से अपना आधा घटा कर जो बच रहे उसमें से फिर उसी का आधा घटाने पर जितने बच रहे, वे दक्षिण दिशा में गये। जो दक्षिण गये और जो पूर्व दक्षिण-पूर्व गये उनके अन्तर में से उसी का $\frac{2}{5}$ घटाने से जितने बच रहे, वे दक्षिण-पश्चिम गये। जितने दक्षिण गये और जितने दक्षिण-पश्चिम गये जितना इन दोनों का अन्तर हो, उतने पश्चिम गये। जितने दक्षिण-पश्चिम गये और जितने पश्चिम गये उनके अन्तर में उसी का $\frac{3}{7}$ जोड़ने से जो आये, उतने उत्तर-पश्चिम गये। जितने उत्तर-पश्चिम गये और जितने पश्चिम गये उनके अन्तर में उसी का $\frac{7}{8}$ मिलाने से जो फल आये उतने उत्तर गये। जो उत्तर-पश्चिम गये और जो उत्तर गये, उनके जोड़ में से उसी का $\frac{2}{3}$ घटाने से जो प्राप्त हो उतने ही उत्तर-पूर्व गये। और २८० तोते आकाश में विचरते रह गये। तो कुल मिलाकर झुण्ड में कितने तोते थे ?[1]

(२) आनीतवत्याम्रफलानि पुंसि प्रागेकमादाय पुनस्तदर्धम् ।
गतेऽग्रपुत्रे च तथा जघन्यस्तत्रावशेषार्धमथो तमन्यः ।।१३१$\frac{1}{2}$।।

भावार्थ—एक व्यक्ति घर पर कुछ आम लाया। आते ही उसके ज्येष्ठ पुत्र ने एक आम खा लिया और फिर जितने आम बचे, उनके आधे खा लिये। जितने आम बच

१. गणित सार संग्रह, पृ० ४८।

रहे उनके साथ छोटे लड़के ने भी वैसा ही व्यवहार किया। जितने आम बच रहे उनके भी आधे वही लड़का खा गया और शेष बड़ा लड़का खा गया। बताओ पिता कितने आम लाया था ?[१]

यह प्रश्न अनिर्णीत है।

(३) सप्तहृते को राशिस्त्रिगुणो वर्गीकृतः शरैर्युक्तः।
त्रिगुणितपञ्चांशहृतस्त्वर्धितमूलं च पञ्चरूपाणि ॥२८७॥

वह कौन-सी राशि है जिसको पहले ७ से भाग दें, फिर ३ से गुणा करें, तब उसका वर्गण करें, तब उस फल में ५ जोड़ें, फिर $\frac{३}{५}$ से भाग दें, तब उसका आधा करें और अन्त में उसका वर्गमूल निकालें तो संख्या ५ प्राप्त हो ?[२]

(४) शून्य के विषय में महावीर कहते हैं कि—
ताडितः खेन राशिः खं सोऽविकारी हृतो युतः।
हीनोऽपि खवधादिः खं योगे खं योज्यरूपकम् ॥ ४९ ॥

"यदि किसी संख्या को शून्य से गुणा करें तो फल शून्य होता है। किसी भी संख्या को शून्य से भाग दें अथवा उसमें शून्य जोड़ें या उसमें से शून्य घटायें तो संख्या ज्यों-की-त्यों बनी रहती है। गुणा और अन्य क्रियाओं से शून्य का शून्य बना रहता है, किन्तु यदि शून्य में कोई संख्या जोड़ें तो फल वही संख्या हो जाता है।"[३]

महावीर के उक्त कथन में से यह बात ग़लत है कि किसी संख्या को शून्य से भाग देने पर भजनफल शून्य होता है।

अन्य देश

हम ऊपर भारतीय गणितज्ञों की अंकगणितीय कृतियों का दिग्दर्शन करा चुके हैं। अन्य देशों में उस समय लोग ज्यामिति और ज्यौतिष पर अधिक ध्यान देते थे। उन दिनों बग़दाद भी विद्याध्ययन का एक केन्द्र था। बग़दाद के बादशाह अलमंसूर (७१२–७७५) के राज्यकाल में एक भारतीय विद्वान् जिसका नाम कदाचित् कन्कः था, बग़दाद गया। वह अपने साथ एक गणितीय ग्रन्थ ले गया था जिसका नाम वहाँ के अभिलेखों में 'सिन्द हिन्द' दिया हुआ है। यह संभव है कि उक्त ग्रन्थ ब्रम्हगुप्त का 'ब्राह्म सिद्धान्त' रहा हो और 'सिद्धान्त' का ही विकृत रूप 'सिन्द हिन्द' बन गया हो।

१ गणित सार संग्रह, पृ० ८२।

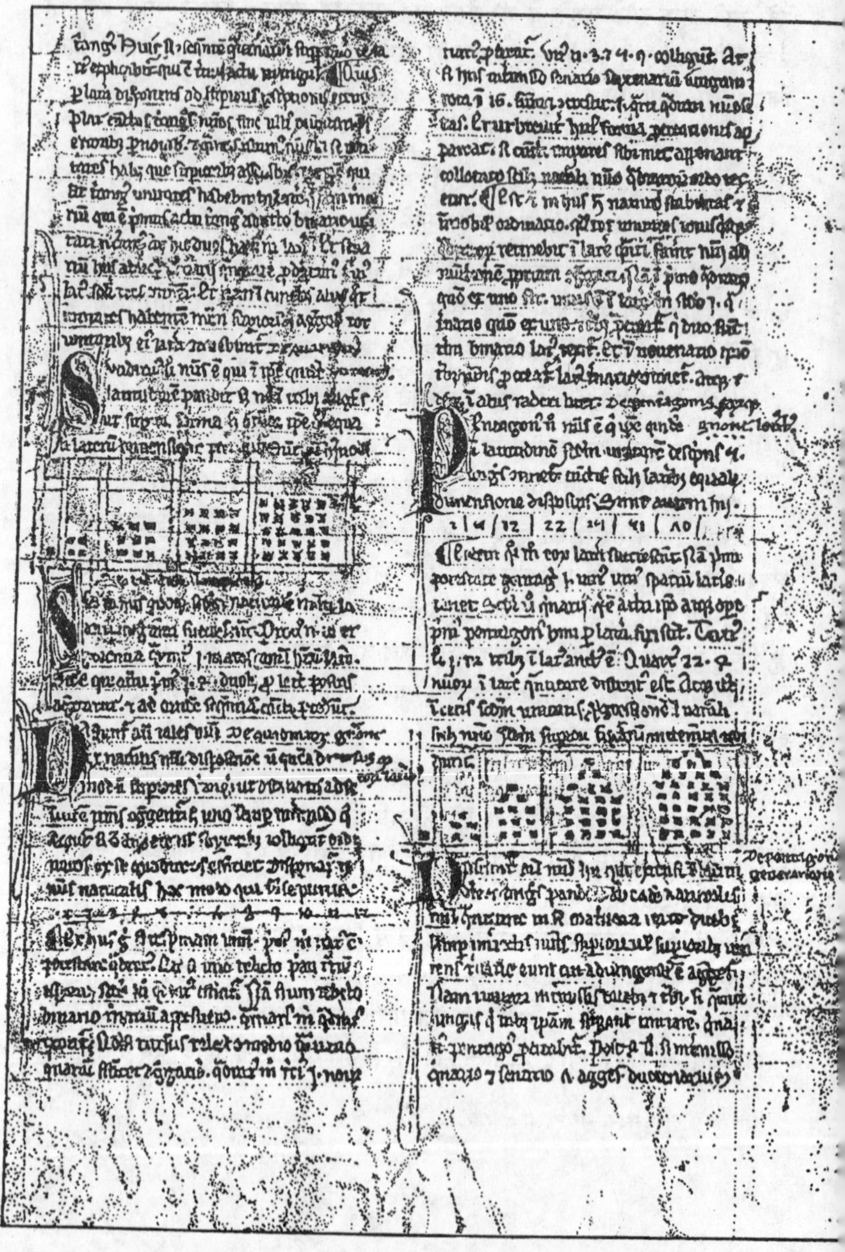

चित्र १४—बोथियस अंकगणित की पांडुलिपि।

[जिन एण्ड कम्पनी की अनुमति से डेविड यूजीन स्मिथ कृत 'हिस्ट्री ऑफ़ मैथेमैटिक्स' से प्रत्युत्पादित।

यूरोप में उन दिनों व्यापार विनिमय तेज़ी पर था। अतः वहाँ व्यापारिक अंकगणित का ही विकास हो रहा था। उन दिनों का रोम का एक गणितज्ञ, जिसका नाम बोथियस (Botheus) था, उल्लेखनीय है। उसने अंकगणित, ज्यामिति और संगीत पर पुस्तकें लिखी हैं। उसका अंकगणित निकोमेकस की कृतियों पर और ज्यामिति यूक्लिड के 'ऐलीमैण्ट्स' (Elements) पर आधृत है। एक अन्य गणितज्ञ अल्कुइन (Alcuin) हुआ है। उसका जीवन काल (७३५-८०४) था। उसने इटली में शिक्षा पायी और यॉर्क (York) में अध्यापन कार्य किया। उसकी कृतियाँ अंकगणित, ज्यामिति और ज्यौतिष पर हैं। उसकी विशेष प्रसिद्धि इस बात से हुई कि उसने पहेलियों का एक संग्रह तैयार किया। लीडैन (Leyden) में एक पाण्डुलिपि मिली है, जिसमें उक्त पहेलियाँ दी गयी हैं। यह सन्दिग्ध है कि उक्त पाण्डुलिपि अल्कुइन की ही है। यदि हो भी तो लोगों का अनुमान है कि उसने ये पहेलियाँ किसी प्राचीन ग्रन्थ से नक़ल की हैं।

रोम के पतन के साथ-साथ ऐलैग्ज़ॅण्ड्रिया के पाण्डित्य का भी सूर्यास्त हो गया। इसके अतिरिक्त सन् ६४२ में भयंकर आग लगी, जिससे ऐलैग्ज़ॅण्ड्रिया का पुस्तकालय जलकर भस्म हो गया और इस प्रकार ऐलैग्ज़ॅण्ड्री विद्या प्रणाली का अन्त हो गया।

(३) १००० से १५०० ई० तक

जिस समय का हम उल्लेख कर रहे हैं उसके पूर्वार्ध में यूरोप में मौलिक कार्य तो बहुत कम हुआ, किन्तु अनुवाद बहुत हुए। यूरोप महाद्वीप में बहुत-से अनुवादक उत्पन्न हो गये। उन्होंने पूर्व के वैज्ञानिक ग्रन्थों का अनुवाद किया। यूनान और अरब के बहुत से ग्रन्थों का अनुवाद हुआ। टालेमी के अल्माजस्त (Almagest) का अनुवाद विशेष उल्लेखनीय है। इटली के घेरार्डो (Gherardo) ने तो टोलेडो (Toledo) तक की यात्रा केवल अल्माजस्त के अध्ययन के कारण ही की थी। उसने अल्माजस्त और यूक्लिड की ज्यामिति का इटॅलियन भाषा में अनुवाद किया। इंग्लॅण्ड के ऐडीलार्ड (Aidelard) ने यूनान, लघु एशिया और मिस्र की यात्रा की और इन देशों से बहुत से गणितीय ग्रन्थ अपने साथ लाया। उसने यूक्लिड का लॅटिन (Latin) में अनुवाद किया और अलख्वारिज्मी के अंकगणित पर टीका लिखी।

यों तो स्पेन (Spain) में भी उन दिनों कुछ गणितज्ञ हुए, किन्तु उनमें से थोड़े सों के ही नाम उल्लेखनीय हैं। उक्त देश में कई यहूदी गणितज्ञ भी हुए हैं। बार्सिलोना (Barcelona) के सवासोर्दा (Sawasorda) का जीवनकाल कदाचित् १०७० से ११३६ ई० तक था। उसकी सबसे प्रसिद्ध पुस्तक एक विश्वकोष

(Encyclopaedia) है जिसमें ज्यामिति, अंकगणित और गणितीय भूगोल का समावेश है। रबी बेंन ऐज़रा (Rabi Ben Ezra) एक बहुत प्रसिद्ध विद्वान् हुआ है जिसने संख्याओं, तिथिपत्र, ज्यौतिष और माया वर्गों (Magic Squares) पर कई ग्रन्थ लिखे हैं। उसका सबसे प्रसिद्ध ग्रन्थ 'सफ़र हः मिस्पार' है। उक्त ग्रन्थ हिन्दू अंकगणित पर आधृत है।

तेरहवीं शती ई० में उत्तरी अफ्रीका में भी एक गणितज्ञ अलमर्राकुशी नाम का हुआ है। उसके सबसे प्रसिद्ध ग्रन्थ का नाम 'ताल्चीस' है जो उसने अंकगणित पर लिखा है। स्पेन के उस समय के गणितज्ञों में अलक़ल सादी का नाम उल्लेख्य है। उसकी कृतियाँ अंकगणित पर और संख्या सिद्धान्त पर हैं।

तेरहवीं शताब्दी में यूरोप ने करवट ली और शताब्दियों की नींद से जागा। स्थान-स्थान पर आधुनिक ढंग के विश्वविद्यालय बनने लगे। पेरिस, ऑक्सफोर्ड (Oxford) और केम्ब्रिज (Cambridge) के विश्वविद्यालयों की स्थापना इसी शताब्दी में हुई। विद्यार्थी अंकगणित बोथियस (Botheus) की प्रणाली से सीखता था, ज्यामिति यूक्लिड की प्रणाली से, ज्यौतिष टोलेमी की प्रणाली से और संगीत पिथॅगोरस की प्रणाली से।

पिसा का ल्योनार्डो (Leonardo of Pisa)

ल्योनार्डो फ़िबोनाकी (Leonardo Fibonacci) १३ वीं शताब्दी का एक बड़ा गणितज्ञ था। उसका जन्म पिसा नगर में ११७० ई० के लगभग हुआ और मृत्यु १२५० के आस पास हुई। उसका पिता उत्तरी अफ्रीका के तटवर्ती नगर बुगिया का निवासी और एक प्रतिष्ठित नागरिक था। ल्योनार्डो ने प्राथमिक शिक्षा बुगिया में ही पायी। तत्पश्चात् उसने यूरोप के बहुत से देशों का भ्रमण किया और सन् १२०२ ई० में वह पिसा लौट आया और लौटते ही अपने प्रसिद्ध ग्रन्थ 'लिबर अबाकी' की रचना की, जिसमें उसने प्रारंभिक अंकगणित और बीजगणित का विवेचन किया है। उक्त ग्रन्थ यूरोप वालों ने बड़े चाव से पढ़ा और उक्त महाद्वीप के बहुत से विद्वानों ने उसके आधार पर कई अन्य ग्रन्थ लिखे। उक्त पुस्तक में १५ अध्याय हैं—

१. हिन्दू संख्या लेखन और पठन-पद्धति।
२. पूर्णांकों का गुणन।
३. पूर्णांकों का जोड़।
४. पूर्णांकों का घटाना।
५. पूर्णांकों का भाग।
६. पूर्णांकों का भिन्नों द्वारा गुणन।
७. भिन्नों का व्यवहार।
८. वस्तुओं के मूल्य।

९. अदला-बदली (प्राचीन भारतीय पद—भाण्ड प्रति भाण्ड अर्थात् बर्तन के बदले बर्तन)।
१०. साझा।
११. मिश्रण (Alligation)।
१२. भाषायुक्त प्रश्नों के हल।
१३. मिथ्या स्थिति नियम।
१४. वर्ग और घन मूल।
१५. मापिकी (Mensuration) और बीजगणित।

ल्योनार्डो बहुधा अपने नाम के आगे 'बिगोलो' लिखा करता था। टस्कनी (Tuscany) में बिगोलो का अर्थ है 'पर्यटक'। ल्योनार्डो यात्रा बहुत किया करता था। संभव है उसने इसी कारण अपने नाम के आगे यह उपाधि लगायी हो। किन्तु कुछ लोग इसका दूसरा ही कारण बताते हैं। 'बिगोलो' का एक अर्थ 'मूर्ख' भी है। अतः वह जिन विद्वानों का छात्र नहीं रहा था, वह उसे जलन के मारे 'बिगोलो' कहा करते थे। और वह भी यह दिखाने के लिए अपने आप को बिगोलो लिखने लगा कि 'देखो, एक मूर्ख क्या-क्या कर सकता है।" सन् १२२५ में उसे सम्राट् फ्रेडरिक (Frederick) द्वितीय के दरबार में उपस्थित किया गया। उक्त अवसर पर दरबार में एक गणितीय दंगल भी किया गया। जिसमें पॅलर्मो (palermo) का जॉन (John) कठिन प्रश्न करता था और ल्योनार्डो उनका हल करता जाता था। बाँकम्पनी ने ल्योनार्डो की कृतियों का दो भागों में सम्पादन किया है जो रोम से सन् १८५७ और १८६२ में प्रकाशित हुईं।

यूरोप (Europe)

इग्लॅण्ड में एक गणितज्ञ सॅक्रोबॉस्को (Sacrobosco) नाम का हुआ है जिसका प्रवेश १२३० में पेरिस विश्वविद्यालय में हुआ। उसने गोले पर एक ग्रन्थ लिखा है जो अपने समय में बहुत लोकप्रिय सिद्ध हुआ। इसके अतिरिक्त उसी के द्वारा यूरोप के बहुत-से विद्वानों को हिन्दू अंकों का ज्ञान हुआ।

फ्रांस में १३ वीं शताब्दी में कोई बड़ा गणितज्ञ नहीं हुआ। केवल एक 'विलेद्यू (Viledeau) के (Alexandre) लॅएँग्ज़ेन्द्र का नाम उल्लेखनीय है। यह पेरिस में अध्यापक था। इसने लॅटिन पद्य में एक लघु पुस्तिका अंकगणित पर लिखी है जिसके द्वारा हिन्दू अंकों की ख्याति दूर-दूर तक फैल गयी। १२७५ के लगभग फ्रांस की पाटीगणित की पहली पुस्तक प्रकाशित हुई।

१४ वीं शताब्दी में क़ुस्तुन्तुनिया (Constantinople) में एक यूनानी भिक्षु हुआ है जिसका मौलिक नाम मॅनुएॅल प्लॅन्यूड्स (Manual Planudes) था। भिक्षु होने पर उसने अपना नाम मॅक्सिमस प्लॅन्यूड्स (Maximus Planudes) में

परिणत कर लिया। वह अपने समय का लॅटिन का बड़ा भारी विद्वान् समझा जाता था। उन दिनों वेनिस (Venice) ने पीरे (Pirre) के जीनोआ निवास पर आक्रमण किया था। उसका प्रतिवाद करने के लिए मॅक्सिमस को राजदूत बनाकर वेनिस भेजा गया। प्लॅन्यूड्स ने साहित्यिक और धार्मिक विषयों पर अनेक ग्रन्थ लिखे हैं। उसने

चित्र १५–सँक्रोबॉस्को की एक हस्तलिपि से। इसमें संख्यांक स्पष्ट दिखाई पड़ रहे हैं।

[जिन एण्ड कम्पनी की अनुमति से डेविड यूजीन स्मिथ कृत 'हिस्ट्री ऑफ मॅथॅमॅटिक्स से प्रत्युत्पादित।]

अंकगणित पर भी एक ग्रन्थ लिखा है जो हिन्दू अंकों पर आधृत है। उसने उक्त ग्रन्थ में स्वीकार किया है कि उसने नौ अंकों और शून्य के चिह्न हिन्दू गणित से लिये हैं।

इग्लॅण्ड में १४ वीं शताब्दी में कई गणितज्ञ हुए हैं। टॉमस ब्रॅड्वर्डाइन (Thomas Bradwardine) का नाम विशेष रूप से उल्लेखनीय है। इसका जीवन काल

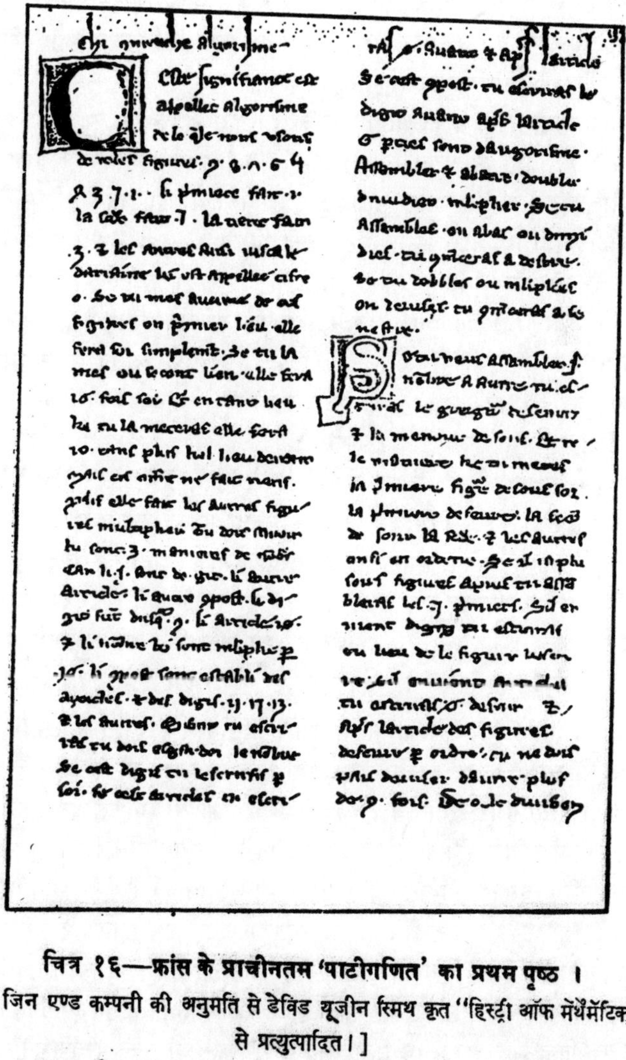

चित्र १६—फ्रांस के प्राचीनतम 'पाटीगणित' का प्रथम पृष्ठ।

[जिन एण्ड कम्पनी की अनुमति से डेविड यूजीन स्मिथ कृत "हिस्ट्री ऑफ मॅथॅमॅटिक्स से प्रत्युत्पादित।]

१२९०–१३४९ ई० माना जाता है। इसकी शिक्षा दीक्षा ऑक्सफोर्ड के मॅर्टन (Merten) कॉलिज में हुई और अन्ततः यह उसी विश्वविद्यालय का कुलगुरु

(Chancellor) हो गया। धार्मिक क्षेत्र में इसने बहुत से पदों को सुशोभित किया और अन्त में कॅण्टरबरी (Canterbury) का महन्त (Archbishcp) हो गया। सन् १३४९ में लॅम्बॅथ (Lambeth) नगर में महामारी से इसका देहान्त हो गया।

ब्रॅड्वर्डाइन ने गणित पर चार पुस्तकें लिखी हैं। अपने अंकगणित में इसने बोथियस की पद्धति को अपनाया है। उक्त ग्रन्थ में संख्या सिद्धान्त का ही विवेचन किया गया है। इसकी शेष पुस्तकें ज्यामिति और अनुपात पर हैं।

१५वीं शताब्दी में मुद्रण का आविष्कार हुआ। इस महत्त्वपूर्ण घटना का प्रभाव सामान्य और गणितीय साहित्य पर पड़ना ही था। अबतक अधिकांश विद्या का वितरण मौखिक रूप से हुआ करता था। कुछ पाण्डुलिपियों की अनेक प्रतियाँ तैयार कराकर बाँटी जाती थीं और कभी-कभी इनका विक्रय भी हुआ करता था। किन्तु बहुत-सी पुस्तकें बिना प्रकाशित हुए ही रह जाती थीं। इटली के फ्लॉरॅन्स (Florence) नगर में बॅनीडॅटो (Benedetto) नाम का एक गणितज्ञ हुआ है। उसने सन् १४६० के लगभग एक अंकगणित लिखा। उक्त पुस्तक के अधिकांश में व्यापार गणित दिया गया है। यह पुस्तक १५वीं शताब्दी की बहुत महत्त्वपूर्ण पुस्तकों में गिनी जाती है, किन्तु यह अभी तक छप नहीं पायी।

सन् १४६५ में एक भिक्षु जुअन तुरॅक्रॅमाटा (Juan Turekremata) द्वारा इटली में मुद्रण कला का आविर्भाव हुआ और पहली मुद्रित पुस्तक प्रकाशित हुई। सन् १४७८ में पहला मुद्रित अंकगणित प्रकाशित हुआ। वॅनिस से थोड़ी दूर पर त्रविजो (Traviso) नाम का एक नगर है, जहाँ यह पुस्तक छपी। पुस्तक पर किसी लेखक का नाम नहीं दिया हुआ है। आजतक उक्त अंकगणित की कुल आठ प्रतियाँ ही उपलब्ध हुई हैं, जिनमें से कई तो पढ़ने योग्य भी नहीं रह गयी हैं।

इटली का एक भिक्षु, जिसका नाम लूसा पॅसियोली (Luca Pacioli) था, बहुत प्रसिद्ध हो गया है। यह टस्कनी का निवासी था और इसका जीवन काल १४४५–१५०९ समझा जाता है। इसने सन् १४७० के आस पास बीजगणित पर एक पुस्तक लिखी जो कभी प्रकाशित नहीं हुई। १४८१ में इसने एक अन्य पुस्तक लिखी, किन्तु वह भी न छप पायी। इसकी सर्वविख्यात पुस्तक सूमा (Suma) है, जो इसने १४८७ में लिखी और जो १४९८ में छपी। उक्त पुस्तक में इसने एक प्रकार से समस्त पूर्व लेखकों के कार्य का संकलन किया है। पुस्तक में व्यापार गणित, बीजगणित, यूक्लिड का सारांश, त्रिकोणमिति और पुस्तक-पालन (Book-Keeping) जैसे विषय हैं। इस समय तक हिन्दू अंकों का प्रचलन हो चुका था। इसीलिए उक्त पुस्तक की संकेत-लिपि हमारी आधुनिक संकेत-लिपि से बहुत कुछ मिलती जुलती है। उक्त ग्रन्थ में

पॅसियोली ने आठ प्रकार के गुणन का वर्णन किया है, जिनमें से कई एक तो हिन्दू विधियाँ ही हैं।

सन् १४९७ में पॅसियोली ने एक और पुस्तक लिखी जिसका नाम "दैवी अनुपात" रखा। उक्त पुस्तक में उसने सम ठोसों (Regular Solids) की आकृतियाँ दी

Sũma de Arithmetica Geometria Proportioni & Proportionalita.

Continentia de tutta lopera.

De numeri e misure in tutti modi occurrenti.
Proportioni e pportiõalita anotitia del.5° de Euclide.e de tutti li altri soi libri.
Chiaui ouero euidentie numero.13.p le q̃ntita continue pportiõali del.6°.e.7°. de Euclide extratte.
Tutte le pti delalgorismo: cioe releuare. ptir. multiplicar. sũmare.e sotrare cõ tutte sue pue i sani e rotti.e radici e progressioni.
De la regola mercantesca ditta del.3.e soi fõdamenti con casi exemplari per c°m° 8.G.guadagni: perdite: transportationi: e inuestire.
Partir. multiplicar. summar.e sotrar de le proportioni e de tutte sorti radici.
De le.3.regole del catayn ditta positiõe e sua origie.
Euidentie generali ouer conclusioni n°66.absoluere ogni caso che per regole.ordinarie nõ si podesse.
Tutte sorte binomii e recisi e altre linee irratiõali del decimo de Euclide.
Tutte regole de algebra ditte de la cosa e lor fabriche e fondamenti.
Compagnie i tutti modi.e lor partire.
Socide de bestiami.e lor partire
Fitti: pesciõi: cottimi: liuelli: logagioni: egodimenti.
Baratti i tutti modi semplici: composti: e col tempo.
Cambi reali.secchi.fittitii.e di minuti ouer comuni.

चित्र १७—पॅसियोली की पुस्तक से।

[जिन एण्ड कम्पनी की अनुमति से डेविड यूजीन स्मिथ कृत "हिस्ट्री ऑफ मॅथेमॅटिक्स" से प्रत्युत्पादित।]

हैं। समय को देखते हुए कहना चाहिए कि आकृतियाँ बहुत सुन्दर हैं। सन् १५०९ में उसने यूक्लिड का भी एक संस्करण निकाला जो बहुत बढ़िया नहीं रहा।

सन् १४६० के लगभग बोहीमिया (Bohemia) के एक नगर में ज्ऑन विड्मॅन (John Widman) का जन्म हुआ। उसने अंकगणित और बीजगणित पर पुस्तकें लिखीं हैं। वाणिज्य गणित पर जर्मन भाषा में उसी की पुस्तक को सबसे महत्त्वपूर्ण माना गया है। सबसे पहले उसी ने मुद्रित पुस्तक में + और − चिह्नों का प्रयोग किया है। किन्तु उसने इन चिह्नों का प्रयोग जोड़ने और घटाने के अर्थ में नहीं किया था, वरन् यह चिह्न वह व्यापारिक बण्डलों पर डाला करता था, यह दिखाने के लिए कि बण्डल अधिक हैं या कम।

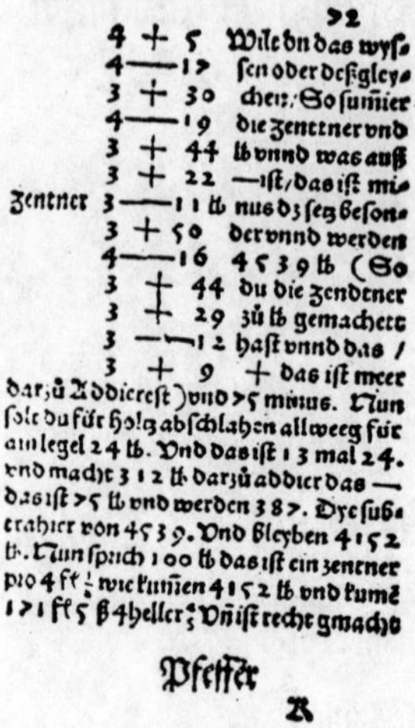
72
4 + 5 Wiltu das wys-
4 — 17 sen oder desgley-
3 + 30 chen: So sumier
4 — 19 die zentner vnd
3 + 44 lb vnnd was auß
3 + 22 — ist/das ist mi-
Zentner 3 — 11 lb nus dz setz beson-
3 + 50 der vnnd werden
4 — 16 4539 lb (So
3 + 44 du die zendtner
3 + 29 zů lb gemachett
3 — 12 hast vnnd das /
3 + 9 + das ist meer
darzů Addierest) vnd 75 minus. Nun
solt du für holtz abschlahen allweeg für
ain legel 24 lb. Vnd das ist 13 mal 24.
vnd macht 312 lb darzů addier das —
das ist 75 lb vnd werden 387. Dye sub-
trahier von 4539. Vnd bleyben 4152
lb. Nun sprich 100 lb das ist ein zentner
pro 4 ft $\frac{1}{5}$ wie kummen 4152 lb vnd kumē
171 ft 5 ß 4 heller $\frac{4}{5}$ Vñ ist recht gmacht
Pfeffer
28

चित्र १८—+ और − चिह्नों का प्रथम प्रयोग।

[जिन एण्ड कम्पनी की अनुमति से डेविड यूजीन स्मिथ कृत 'हिस्ट्री ऑफ मॅथॅमॅटिक्स' से प्रत्युत्पादित।]

फ़्रांस में एक गणितज्ञ निकोलस चुके (Nicholas Chuquet) १४४५-१५०० में हुआ है। इसका जन्म पेरिस में हुआ था। इसने औषधि-विज्ञान की शिक्षा लियोन्स (Lyons) में पायी। सन् १४८४ में इसने अंकगणित पर एक पुस्तक लिखी जो हस्तलिखित रूप में ही वितरित हुई। उसका मुद्रण प्रथम बार १८८० में हुआ। पुस्तक में तीन भाग हैं। पहले भाग में सुमेय संख्याओं का विवेचन है, दूसरे भाग में असुमेय संख्याओं और वर्गमूल का और तीसरे भाग में समीकरणों का। उक्त पुस्तक 'त्रिपार्ती' (Triparti) नाम से प्रसिद्ध हुई है और कई अन्य लेखकों की कृतियों पर इसका प्रभाव पड़ा है।

भारत

श्रीधर

जिस समय का हम उल्लेख कर रहे हैं, उस समय भारत में दो बड़े गणितज्ञ हुए हैं—श्रीधर और भास्कर। श्रीधर का जन्म सम्भवतः ९९१ में हुआ था। उसका प्रसिद्ध ग्रन्थ 'गणितसार' है। इसमें ३०० श्लोक हैं। इसी कारण यह ग्रन्थ 'त्रिशतिका' के नाम से विश्रुत है। उक्त ग्रन्थ में निम्नोक्त प्रकरणों का समावेश है—

प्राकृतिक संख्याओं की मालाएँ, गुणन, भाग, शून्य, वर्ग, घन, वर्ग मूल, घन मूल, भिन्न, त्रैराशिक, ब्याज, मिश्रण, साझा, मापिकी और **छाया मापन** (Shadow Reckoning)।

श्रीधर ने भी गुणन की चार विधियाँ दी हैं—(१) कपाट-सन्धि (२) तस्थ (३) रूप-विभाग (४) स्थान-विभाग। कपाट-सन्धि विधि का श्रीधर ने इन शब्दों में वर्णन किया है—

"गुण्य को गुणक के नीचे रखकर एक एक करके गुणा करो, चाहे अनुक्रम में चाहे उत्क्रम में, और प्रत्येक बार, गुणक को खिसकाते जाओ।"

उदाहरण—२५४ को १६ से गुणा करो।

पहले गुणक और गुण्य को इस प्रकार रखो—

१६
२५४

गुण्य के पहले अंक ४ को गुणक के अंकों से बारी-बारी से गुणा करो। ४×६=२४; ४ को ६ के नीचे रख दो और २ को कहीं अलग लिख दो। यह २ हमारे 'हाथ लगे' अर्थात् हमारे पास विद्यमान हैं। इन्हें उपयुक्त अवसर पर काम में लायेंगे।

अब ४ को १ से गुणा किया तो ४ आये। इस ४ में 'हाथ लगे' २ जोड़ने से ६ हो गये। अब गुण्य वाले ४ को मिटाकर उसके स्थान पर ६४ लिख दो—

१६
२५६४

अब गुणक को एक स्थान बायीं ओर खिसकाओ।

१६
२५६४

अब गुण्य के अगले अंक ५ को १६ से गुणा करो। ५×६=३०, इस गुणनफल में से ० को ६ में जोड़ दो। तो ६ के ६ ही रह जायँगे। हाथ लगे ३। अब ५×१=५; इस ५ में ३ जोड़ने से ८ हो गये। ५ को मिटाकर उसके स्थान पर ८ लिख दो। फिर गुणक को एक स्थान बायीं ओर और खिसकाओ।

१६
२८६४

अब २ को १६ से गुणा करना रह गया। २×६=१२। इसमें से दाहिने अंक २ को पिछले अंक ८ में जोड़ने से १० मिला। ८ को मिटाकर उसके स्थान पर ० रख

दो। हाथ लगा १। इसके अतिरिक्त १२ में से भी १ हाथ लगा था। अतः कुल मिलाकर २ हाथ लगे। अब २ × १ = २. इसमें २ जोड़ने से अन्तिम अंक ४ हो गया।

१६
४०६४

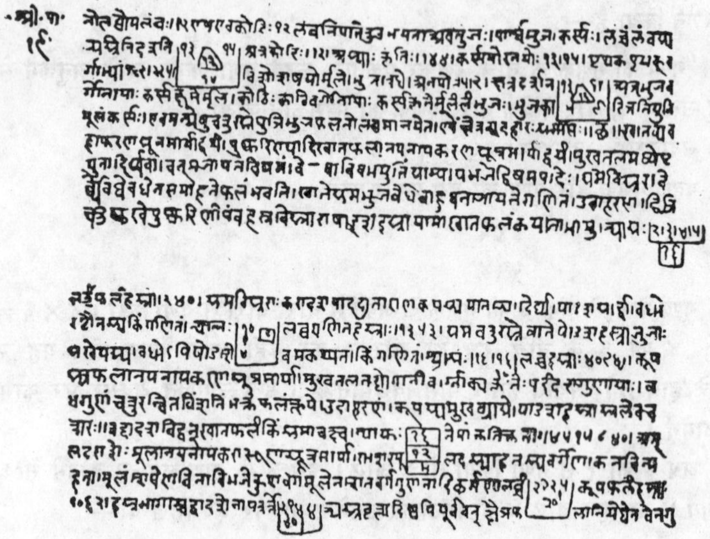

चित्र १९—श्रीधर की त्रिशतिका के दो पृष्ठ।

[जिन एण्ड कम्पनी की अनुमति से डेविड यूजीन स्मिथ कृत "हिस्ट्री ऑफ मैथैमॅटिक्स" से प्रत्युत्पादित।]

अब गुणन क्रिया समाप्त हो गयी और गुणनफल ४०६४ आ गया।

यह तो रही कपाट-सन्धि की **अनुक्रम विधि**। कपाट-सन्धि की एक उत्क्रम विधि भी है। अब हम उसका विवरण देते हैं।

पहले संख्याओं को इस प्रकार रख लिया—

१६
२५४

पहले गुण्य के अन्तिम अंक से गुणा किया जायगा। २ × ६ = १२। इस गुणनफल के इकाई के अंक को गुण्य के अंक २ के स्थान पर रखकर १ को हाथ में ले लेंगे।

यतः यहां ये दोनों अंक २ ही हैं, अतः गुण्य का अंक ज्यों का त्यों रहेगा। अब २×१ =२. इसमें हाथ वाला १ जोड़ने से ३ हो गये। अब गुनन को दाहिनी ओर खिसकाया

१६
३२५४

अब ५×६=३०. अतः गुण्य में ५ के स्थान पर ० रख देंगे और ३ हमारे हाथ लगेंगे। और ५×१=५. इसमें ३ जोड़ने से ८ होते हैं। अतएव गुण्य के २ के स्थान पर २+८ अर्थात् १० रख देंगे। इस प्रकार गुण्य में २ को मिटाकर ० लिखना होगा और १ हाथ लगेगा। इस १ को गुण्य के अन्तिम अंक ३ में जोड़ने से ४ प्राप्त होंगे। गुणक को एक स्थान और दाहिनी ओर खिसकाने से यह स्थिति प्राप्त होगी—

१६
४००४

अब ४×६=२४ और ४×१=४. अतः अन्त में गुणनफल ४०६४ प्राप्त हो जायगा।

प्राचीन भारत में ये क्रियाएँ पाटी पर की जाती थीं। अब भी बहुत-सी पाठशालाओं में पाटी का प्रचलन है। 'हाथ लगे' अंक पाटी पर कहीं कोने में लिख लिये जाते हैं। अंकगणित का एक प्राचीन नाम 'पाटीगणित' भी है। उपरिलिखित विधि में बार-बार एक अंक को मिटाकर उसके स्थान पर दूसरा अंक लिखा जाता है। इसलिए गुणन को कुछ पुरानी पुस्तकों में 'हनन' अथवा 'वध' की संज्ञा दी गयी है। उपर्युक्त विधि में बार-बार गुणक को खिसकाकर इस प्रकार रखना पड़ता हैं कि जिस अंक से-गुणक को गुणा करना है, वह गुणक के इकाई के अंक के ठीक नीचे रहे। इसीलिए इस क्रिया का नाम 'कपाट-सन्धि' पड़ा।

Fraction का प्राचीन नाग 'भिन्न' है जो आज तक प्रचलित है। इसका अर्थ है 'टूटा हुआ'। भिन्नों के लिखने का प्राचीन ढंग यह था कि अंश और हर को आजकल की भाँति ऊपर-नीचे लिखते थे। किन्तु उनके बीच में क्षैतिज रेखा नहीं खींचते थे। श्रीधर और महावीर दोनों ने ६ प्रकार के भिन्नों का वर्णन किया है।

(१) भाग[1]—ये भिन्न इस प्रकार के होते हैं—

$$\left(\frac{\text{क}}{\text{ख}} \pm \frac{\text{ग}}{\text{घ}} \pm \frac{\text{च}}{\text{छ}} \pm \ldots\ldots\right)$$

उन दिनों ऋण चिह्न के स्थान पर अंक के ऊपर बिन्दी लगायी जाती थी। अतः उपरिलिखित भिन्न इस प्रकार भी लिखे जाते थे—

१. त्रिशतिका, पृष्ठ १०; गणित सार संग्रह, पृ० ३३।

$$\boxed{\begin{array}{c|c|c} \text{क} & \text{ग} & \text{च} \\ \text{ख} & \text{घ} & \text{छ} \end{array}} \quad \text{और} \quad \boxed{\begin{array}{c|c|c} \text{क} & \text{गं} & \text{चं} \\ \text{ख} & \text{घ} & \text{छ} \end{array}}$$

(२) प्रभाग[1] — $\left(\frac{\text{क}}{\text{ख}} \text{ का } \frac{\text{ग}}{\text{घ}} \text{ का } \frac{\text{च}}{\text{छ}} \text{ का} \ldots.\right)$

अथवा

$$\boxed{\begin{array}{c|c|c} \text{क} & \text{ग} & \text{च} \\ \text{ख} & \text{घ} & \text{छ} \end{array}}$$

इस संकेतलिपि का दोष स्पष्ट है। इसमें यह पता नहीं चलता कि दो-भिन्नों के बीच में + चिह्न है अथवा 'का'।

(३) भागानुबन्ध[2] — $\text{क} + \frac{\text{ख}}{\text{ग}}$,

जिसको इस प्रकार भी लिखा जाता था $\boxed{\begin{array}{c} \text{क} \\ \text{ख} \\ \text{ग} \end{array}}$

(४) भागापवाह[3] — $\text{क} - \frac{\text{ख}}{\text{ग}}$

अथवा $\boxed{\begin{array}{c} \text{क} \\ \text{खं} \\ \text{ग} \end{array}}$

(५) भाग-भाग[4] — $\frac{\text{क}}{\text{ख}} \div \frac{\text{ग}}{\text{घ}}$

अथवा $\boxed{\begin{array}{c} \text{क} \\ \text{ख} \\ \text{ग} \\ \text{घ} \end{array}}$

१. त्रिशतिका, पृ० १०; गणित सार संग्रह, पृ० ३९।
२. „ „ १०; „ „ ४१।
३. „ „ १०; „ „ ४३।
४. „ „ ११; „ „ ३९।

उन दिनों कदाचित् भाग के लिए कोई स्वतंत्र चिह्न नहीं था।

(६) भागमात्र[1]—इस श्रेणी में ऐसे समस्त भिन्नों का समावेश होता था जिनमें उपरिलिखित दो या अधिक भिन्नों का संयोग होता था।

श्रीधर ने भिन्नों को लघुतम रूप में लाने और उनके जोड़ने, घटाने आदि के कई नियम दिये हैं। विस्तार के भय से हम उन्हें यहाँ उद्धृत नहीं कर सकते। यहाँ हम श्रीधर के शून्य-संबन्धी प्रकरण से थोड़ा सा अंश देकर इस विषय को समाप्त करते हैं। त्रिशतिका के पृष्ठ ४ पर श्रीधर ने शून्य के गुणों का इस प्रकार वर्णन किया है—

"यदि किसी संख्या में ० जोड़ें तो संख्या ज्यों-की-त्यों बनी रहेगी। किसी संख्या में से ० घटाने से भी संख्या में कोई परिवर्तन नहीं होता। किसी संख्या से ० को गुणा करें तो फल ० होता है। किसी संख्या को शून्य से गुणा करें तो भी फल ० ही होता है। इसी प्रकार यदि ० पर अन्य क्रियाएँ की जायँ तो भी फल ० ही होता है।"

इस विवेचन से दो बातें स्पष्ट हैं—

(क) प्राचीन हिन्दू गणितज्ञ इन दो क्रियाओं

$$क \times ० \quad \text{और} \quad ० \times क$$

में भेद मानते थे यद्यपि फल दोनों का ० ही होता था।

(ख) अन्य क्रियाओं से तात्पर्य है—० को किसी संख्या से भाग देना, ० का वर्गण, ० का वर्ग मूलन, ० का घनन अथवा घन मूलन इत्यादि। उक्त प्रकरण में 'शून्य द्वारा भाग' का कहीं संकेत नहीं है।

भास्कर

भास्कर को उसकी विद्वत्ता के कारण अधिकतर लोग भास्कराचार्य के नाम से अभिहित करते हैं। इस मनीषी का जन्म सन् १११४ में हुआ था। मृत्यु के समय का तो निश्चित रूप से पता नहीं है, किन्तु अनुमान है कि ११८५ के लगभग हुई होगी। भास्कर भारत का सबसे बड़ा गणितज्ञ माना जाता है। यह दकन के बिदर (कदाचित् आधुनिक बीदर) का निवासी माना जाता है। भास्कर उज्जैन की वेधशाला (Observatory) का निदेशक (Director) था।

भास्कर का सर्व प्रसिद्ध ग्रन्थ 'लीलावती' माना जाता है जिसमें उसने अंकगणित, बीजगणित और ज्यामिति के सिद्धान्तों को प्रतिपादित किया है। भास्कर अपने पूर्वजों की कृतियों से परिचित था और उसने यदा-कदा अपने ग्रन्थों में उनका

१. त्रिशतिका, पृष्ठ १२।

आभार प्रदर्शन भी किया है। लीलावती का आदि अंग्रेज़ी अनुवाद सन् १८१६ में टेलर (Taylor) ने किया था। फार्सी में उसका पहला अनुवाद फैज़ी ने सन् १५८७ में किया था। यह विद्वान् मुग़ल सम्राट् अकबर के मन्त्री अब्बुल फ़ज़ल का

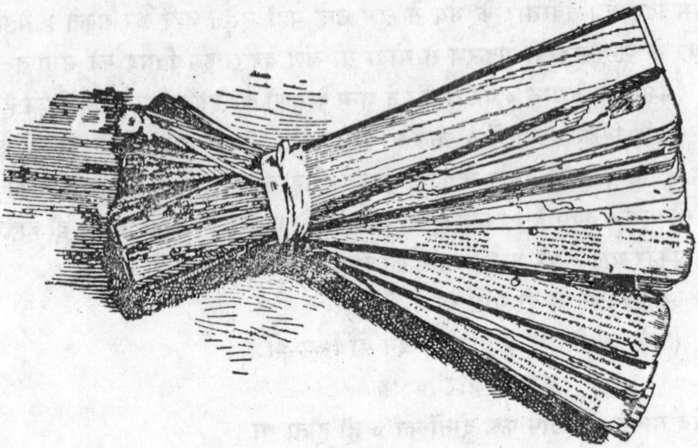

चित्र २०—लीलावती की भोजपत्रीय हस्तलिपि।

[जिन एण्ड कम्पनी की अनुमति से डेविड यूजीन स्मिथ कृत 'हिस्ट्री ऑफ मॅथॅमॅटिक्स' से प्रत्युत्पादित।]

भाई था। यह अनुवाद सन् १८२७ में कलकत्ते में छपा था। उस समय के हिसाब से 'लीलावती' इतनी उच्च कोटि का ग्रन्थ माना गया कि उसकी ख्याति यूरोप तक फैल गयी।

फैज़ी ने लिखा है कि लीलावती भास्कर की लड़की का नाम था। ज्यौतिषियों ने भविष्यवाणी की थी कि लीलावती का वैवाहिक जीवन सुखी नहीं रहेगा। अतः उसका विवाह करना ही नहीं चाहिए। किन्तु भास्कर ने उसके विवाह के लिए एक शुभ मुहूर्त निकाल लिया। उसने एक कटोरी बनायी जिसके पेंदे में एक छेद कर दिया। वह छेद इतना छोटा था कि कटोरी को पानी में रखने से कटोरी ठीक एक घंटे में डूब जाती। शुभ मुहूर्त से ठीक एक घंटे पहले भास्कर ने कटोरी को पानी के एक बर्तन में डाल दिया। उसने सोचा था कि ज्यों ही कटोरी पानी में डूबेगी ठीक उसी समय वह लीलावती का विवाह कर देगा। किन्तु विधि का विधान अटल है। शुभ मुहूर्त से कुछ देर पहले लीलावती कटोरी के जल का निरीक्षण करने लगी। यह कुतूहल स्वाभाविक ही था। अनजाने में उसके गहने का एक मोती गिरकर कटोरी में जा पड़ा

और उसने कटोरी का छिद्र ढँक दिया। शुभ मुहूर्त बीत गया और लीलावती अविवाहित ही रह गयी। पिता ने पुत्री से कहा कि "मैं तुझे वैवाहिक जीवन का सुख तो न दे सका,

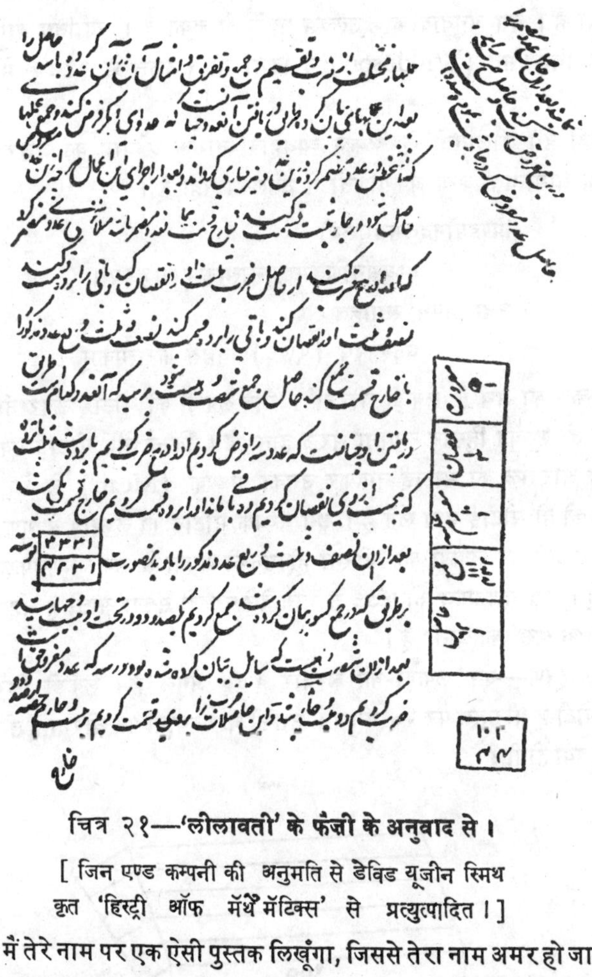

चित्र २१—'लीलावती' के फैज़ी के अनुवाद से।

[जिन एण्ड कम्पनी की अनुमति से डेविड यूजीन स्मिथ कृत 'हिस्ट्री ऑफ मॅथेमॅटिक्स' से प्रत्युत्पादित।]

किन्तु अब मैं तेरे नाम पर एक ऐसी पुस्तक लिखूँगा, जिससे तेरा नाम अमर हो जायगा।" इस प्रकार उक्त पुस्तक का नाम लीलावती पड़ा जो वास्तव में आजतक अमर है।

लीलावती में निम्नलिखित प्रकरणों का समावेश है—

पूर्णांक और भिन्न, त्रैराशिक, ब्याज, व्यापार गणित, मिश्रण, श्रेणियाँ और श्रेढ़ियाँ, क्रमचय (Permutations), मापिकी और थोड़ा-सा बीजगणित।

भास्कर ने दो अन्य पुस्तकें भी लिखी हैं—(१) बीजगणित—जिसका उल्लेख यथास्थान किया जायगा। (२) सिद्धान्त शिरोमणि—जिसके विषय ज्यौतिष और गणित हैं। बीजगणित वाले भाग का अनुवाद कोलब्रुक (Colebrooke) ने किया है। इस अनुवाद का उल्लेख पहले हो चुका है। ज्यौतिष वाले भाग का अनुवाद विल्किंसन (Wilkinson) ने किया जो कलकत्ते से १८४२ में प्रकाशित हुआ।

यहाँ हम लीलावती के 'क्रकच व्यवहार' नामक अध्याय का उद्धरण देते हैं। यह अंश सामान्यतः अन्य अंकगणितों में उपलब्ध नहीं है।

पिण्डयोगदलमग्रमूलयो—
दैर्ध्यसंगुणितमङ्गुलात्मकम् ॥११२॥
दारुदारगपथैः समाहतं
षट्स्वरेषु (५७६) विहृतं करात्मकम् ।

क्रकच का अर्थ है 'लकड़ी चीरना'। यदि लकड़ी की मोटाई ऊपर नीचे एक-सी हो तब तो उसका हिसाब लगाना सरल होता है। किन्तु यदि मोटाई एक-सी न हो तो मुख और तल की मोटाई नापकर उनका मध्यक (Mean) ले लेते हैं। उस मध्यक को ही मोटाई मान लेते हैं। इस मध्यक मोटाई को लम्बाई से गुणा करते हैं। जितने स्थानों पर लकड़ी को चीरना हो उनकी संख्या से उक्त गुणनफल को गुणा करते हैं। इस गुणनफल को ५७६ से भाग देने पर जो संख्या आती है वह चिराई का **'हस्तात्मक फल'** कहलाती है।

उदाहरण—एक लकड़ी की लम्बाई १०० अंगुल है। लकड़ी सिरे पर १६ अंगुल मोटी है और तल पर २० अंगुल। उसको चार स्थानों पर चीरना है तो हस्तात्मक चिराई क्या होगी?

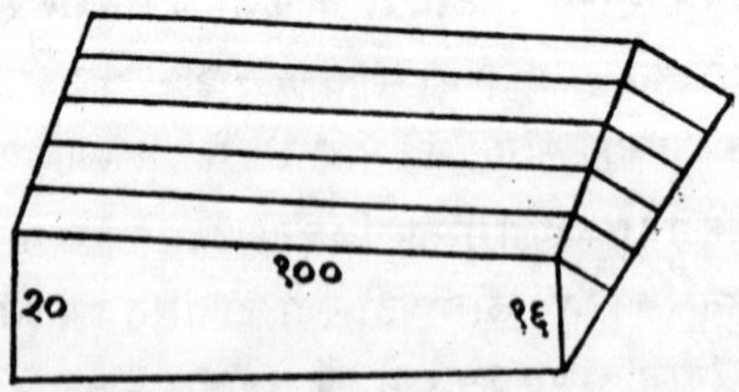

चित्र २२—**भिन्न मोटाई वाली लकड़ी की आकृति।**

मुख की मोटाई = १६ अंगुल

तल की मोटाई = २० अंगुल

दोनों का योग = ३६ अंगुल

∴ मध्यक मोटाई = १८ अंगुल

अब मध्यक मोटाई × लम्बाई = १८ × १०० = १८०० ।

चिराई की संख्या = ४

अतः अन्तिम गुणनफल = ७२००

∴ हस्तात्मक फल $= \frac{७२००}{५७६} = \frac{२५}{२}$

छिद्यते तु यदि तिर्यगुक्तव-

त्पिण्डविस्तृतिहतेः फलं तदा ॥११३॥

इष्टकाचितिदृषच्चितिखात-

क्राकचव्यवहृतौ खलु मूल्यम् ।

कर्मकारजनसंप्रतिपत्या

तन्मृदुत्वकठिनत्ववशेन ॥११४॥

यदि लकड़ी को तिरछा चीरना हो तो मोटाई को चौड़ाई से गुणा करो। फिर इस गुणनफल को चिराई के स्थानों की संख्या से गुणा करो। उक्त गुणनफल में ५७६ का भाग देने से जो प्राप्त हो वही हस्तात्मक फल होगा।

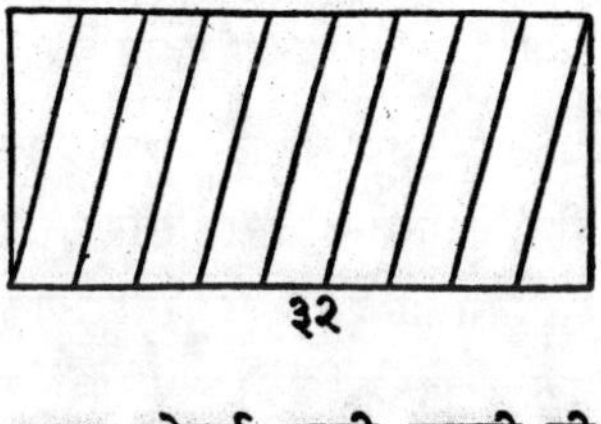

चित्र २३—**समान मोटाई वाली लकड़ी की आकृति।**

उदाहरण—एक लकड़ी की चौड़ाई ३२ अंगुल है और मोटाई दोनों ओर १६-१६ अंगुल। उसे ९ स्थानों पर तिरछा चीरना है। हस्तात्मक फल क्या होगा?

मोटाई = १६ अंगुल

चौड़ाई = ३२ अंगुल

दोनों का गुणनफल = ५१२

चिराई की संख्या = ९
∴ अंतिम गुणनफल=(९×५१२)=४६०८
इस गुणनफल में ५७६ का भाग देने से चिराई का हस्तात्मक फल=८।

एशिया के अन्य देश

११ वीं और १२ वीं शताब्दियों में चीन में कोई विशेष गणितीय कार्य नहीं हुआ। इतना अवश्य हुआ कि पूर्व और पश्चिम में लेन-देन के साथ-साथ ज्ञान-विज्ञान का आदान-प्रदान भी होने लगा। १३ वीं शताब्दी में चीन ने गणितीय क्षेत्र में कुछ प्रगति दिखायी। इस सम्बन्ध में चिन क्यू शाव का नाम उल्लेख्य है। यह अपने प्रारंभिक जीवन में एक सिपाही था। सन् १२४४ में सरकारी सेवा में नियुक्त हो गया और बढ़ते-बढ़ते दो प्रान्तों का राज्यपाल बन गया। सन् १२४७ में इसने एक पुस्तक लिखी जिसका नाम कदाचित् सू शू किउ चाँग था। उक्त ग्रन्थ में इसने उच्च संख्यात्मक समीकरणों के हल का विवेचन किया है और एक प्रकार से हॉर्नर (Horner) की विधि की भूमिका बाँध दी है। इसका समीकरण

$$य^{४}-७६३२०० य^{२}+४०६४२५६०००=०$$

का हल विशेष उल्लेखनीय है। उन्हीं दिनों चीन में और भी दो एक गणितज्ञ हुए हैं, किन्तु उन्होंने बीजगणित और ज्यामिति में ही अधिक रुचि दिखायी है।

उस समय के गणितज्ञों में बग़दाद के अलकरखी का नाम उल्लेखनीय है। उसके जीवन के विषय में कुछ विशेष विवरण प्राप्त नहीं है। इतना पता चला है कि उसकी मृत्यु सन् १०२९ के लगभग हुई। उसने अंकगणित पर एक पुस्तक लिखी है, जिसका नाम 'काफी फ़िल हिसाब' है। उक्त पुस्तक सन् १०१२ के आस पास लिखी गयी थी। और उसमें बहुत सी बातें हिन्दू गणित से गृहीत हैं।

सन् १२०६ से १२२७ तक चंगेज़ खाँ के आक्रमण चारों ओर होते रहे। उसने और उसके पुत्र ने उत्तरी चीन, तुर्किस्तान, ईरान और उत्तर पश्चिम तक धावे किये। ऐसी स्थिति में शान्तिमय जीवन ही दूभर था, साहित्यिक सर्जन कहाँ से होता। हम यहाँ ईरान के केवल एक लेखक का उल्लेख करेंगे जिसका नाम नसीरुद्दीन था। उसका जीवंन काल तेरहवीं शताब्दी माना जाता है। यह एक बड़ा भारी विद्वान् था। इसने ज्यामिति, त्रिकोणमिति, पाटीगणित और ज्यौतिष पर किताबें लिखी हैं।

अरबों ने विज्ञान में बहुत रुचि दिखायी। किन्तु उनमें मौलिकता की कमी थी। उन्होंने ज्यामिति और बीजगणित में यूनानी ग्रन्थों से स्फुरण प्राप्त किया और त्रिकोण-मिति तथा ज्यौतिष में हिन्दू ग्रन्थों से ज्ञानार्जन किया। उनकी प्रतिभा मौलिक कृतियों में उतनी नहीं थी जितनी अनुवादों में। यदि अनुवादों द्वारा उन्होंने बहुत से यूनानी

ग्रन्थों को सुरक्षित न रखा होता तो उनमें से कितने ही आज तक लुप्त होकर विस्मृति के गर्भ में समा गये होते।

अरब-ईरान के गणित के प्रतिनिधियों में उलूग़ बेग का नाम उल्लेखनीय है। इसका मुख्य विषय ज्यौतिष था और इसने अपने संरक्षण में कुछ **ज्यौतिषीय सारणियाँ** बनवायी थीं जिनकी ख्याति यूरोप तक में फैल गयी। उलूग़ बेग का एक शिष्य था अलकशी। इसकी मृत्यु १४३६ के लगभग हुई थी। इसने **अंकगणित** और **ज्यामिति** पर एक छोटा-सा ग्रन्थ लिखा था जिसका नाम था 'रिसालये हिसाब।' उक्त पुस्तक में अलकशी ने एक गुणन-सारणी दी है जो उस समय के लोगों के लिए बहुत रोचक थी। उक्त सारणी में और गुणन-संबन्धी अन्य नियमों में भारतीय गणित की छाप स्पष्ट दिखाई देती है। उसकी गुणन सारणी हम यहाँ देते हैं—

९	८	७	६	५	४	३	२	१	
९	८	७	६	५	४	३	२	१	१
१८	१६	१४	१२	१०	८	६	४	२	२
२७	२४	२१	१८	१५	१२	९	६	३	३
३६	३२	२८	२४	२०	१६	१२	८	४	४
४५	४०	३५	३०	२५	२०	१५	१०	५	५
५४	४८	४२	३६	३०	२४	१८	१२	६	६
६३	५६	४९	४२	३५	२८	२१	१४	७	७
७२	६४	५६	४८	४०	३२	२४	१६	८	८
८१	७२	६३	५४	४५	३६	२७	१८	९	९

मान लीजिए कि आपको ७ को ५ से गुणा करना है। सबसे ऊपर की पंक्ति में ७ का स्थान ज्ञात करो और आँख को ठीक उसके नीचे की ओर दौड़ाओ। अब सबसे दाहिनी ओर के स्तंभ में ५ का स्थान ज्ञात करो और अपनी आँख को क्षैतिज (Horizontal) दिशा में अपने बायीं ओर ले जाओ। देखो कि पिछली ऊर्ध्वाधर (Vertical) रेखा और यह क्षैतिज रेखा किस कुटी (Cell) पर मिलती हैं। उस कुटी की संख्या को पढ़ो। संख्या ३५ प्राप्त होती है। यही अभीष्ट गुणनफल है।

गुणन सारणी के अतिरिक्त गुणन-संबन्धी कई मौलिक युक्तियाँ भी खुलासतुल हिसाब में दी गयी हैं—

(१) दो संख्याओं का गुणन जिनमें से प्रत्येक १० से कम हो—

उनमें से एक को १० से गुणा करो। फिर उसी संख्या को दूसरी संख्या और १० के अन्तर से गुणा करो। दोनों गुणनफलों का अन्तर निकाल लो।

उदाहरण —

$$७.८=७.१०-७\ (१०-८)$$
$$=५६$$

(२) दोनों संख्याओं के जोड़ में से १० घटाओ। इस अन्तर को १० से गुणा करो। १० का दोनों संख्याओं से अलग-अलग अन्तर निकाल लो और इन दोनों अन्तरों को गुणा कर दो। अन्त में दोनों गुणनफलों को जोड़ दो।

उदाहरण — $३.९=(३+९-१०).\ १०+(१०-३)\ (१०-९)$
$=२०+७=२७$

(३) दो ऐसी संख्याओं का गुणा जो १० और २० के बीच में स्थिति हों —

एक संख्या की इकाई का अंक दूसरी संख्या में जोड़ दो और इस जोड़ को १० से गुणा करो। १० का दोनों संख्याओं से अलग-अलग अन्तर निकाल लो और दोनों अन्तरों को गुणा कर दो। अन्त में दोनों गुणनफलों को जोड़ दो।

उदाहरण— $१३.१८=१०(१३+८)+(१३-१०)\ (१८-१०)$
$=२१०+२४=२३४$

(४) यदि एक संख्या १० से कम हो और दूसरी १० और २० के मध्यस्थ हो तो (२) में दी गयी विधा (Process) को अपनाओ और अन्त में दोनों गुणनफलों के जोड़ के बदले उनका अन्तर निकाल लो।

उदाहरण — $७.१३=१०\ (७+१३-१०)-(१०-७)\ (१३-१०)$
$=९१$

(५) दो संख्याओं का गुणन जो २० और १०० के बीच में स्थित हो —

दोनों संख्याओं के जोड़ के आधे का वर्ग निकालो। फिर दोनों संख्याओं के अन्तर के आधे का वर्ग निकालो। अन्त में दोनों वर्ग का अन्तर निकाल लो।

उदाहरण — $$३४.५६=\left(\frac{३४+५६}{२}\right)^२-\left(\frac{५६-३४}{२}\right)^२$$
$$=४५^२-११^२$$
$$=१९०४$$

यह विधि किन्हीं भी दो संख्याओं पर प्रयुक्त हो सकती है।

(६) किसी संख्या को ५, ५० अथवा ५०० से गुणा करने के लिए क्रमशः एक, दो अथवा तीन शून्य बढ़ाओ और दो से भाग दो।

(७) दो बड़ी संख्याओं का गुणा—

उदाहरण — ३२५६ को ४५७ से गुणा करो—

४ से. मी. लम्बा और ३ से० मी० चौड़ा एक आयत खींचो। आयत को १२ वर्गों में और प्रत्येक वर्ग को दो त्रिभुजों में विभाजित करो, जैसा निम्नलिखित आकृति में दिया गया है—

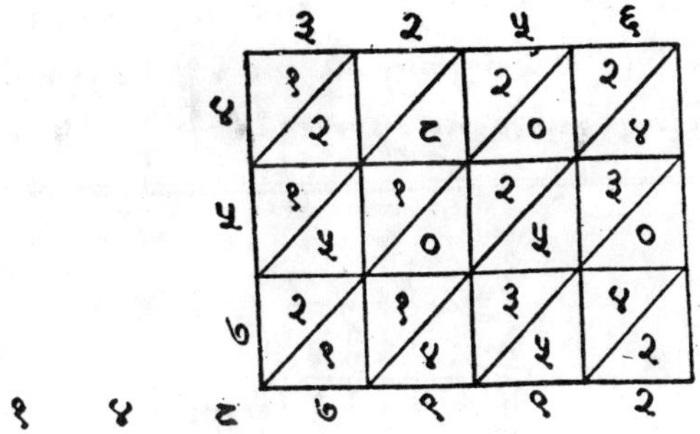

चित्र २४—**बारह वर्गों में विभाजित एक आयत।**

गुण्य के अंकों को आयत के ऊपर रखो, प्रत्येक स्तंभ के ऊपर एक अंक। गुणक के अंकों को इसी प्रकार आयत के बायीं ओर रखो। अब गुण्य के हज़ार के अंक को गुणक के अंकों से अलग-अलग गुणा करो और गुणनफलों को उनके नीचे के वर्ग में रखते जाओ, इकाई का अंक नीचे के त्रिभुज में और दहाई का अंक ऊपर के त्रिभुज में। इसी प्रकार गुण्य के अन्य अंकों को भी गुणक के अंकों से गुणा करो। अन्त में विकर्ण रेखाओं की संख्याओं को जोड़ने से गुणनफल प्राप्त हो जायगा।

४. सोलहवीं और सत्रहवीं शताब्दियाँ

यूरोप

सोलहवीं शताब्दी में मुद्रण का आरंभ हो चुका था। अतः उक्त शती में मुद्रित पुस्तकों का आविर्भाव होने लगा था। यूरोप के कई देशों में अंकगणित पर मुद्रित पुस्तकें प्रकाशित हुईं। इनमें सर्व प्रथम उल्लेखनीय पुस्तक इटली के दो गणितज्ञों जिरोलेमो (Girolamo) और ज्यानन्तोनियो तॅग्लिन्येन्ते (Giannantonio Tagliente) की थी जो उन्होंने सन् १५०० के लगभग लिखी थी।

उक्त पुस्तक का विषय व्यापार अंकगणित था। पुस्तक का प्रकाशन वेनिस (Venice) में १५१५ में हुआ था। यह पुस्तक इतनी लोकप्रसिद्ध हुई कि सोलहवीं शती में ही इसके तीस संस्करण निकल गये।

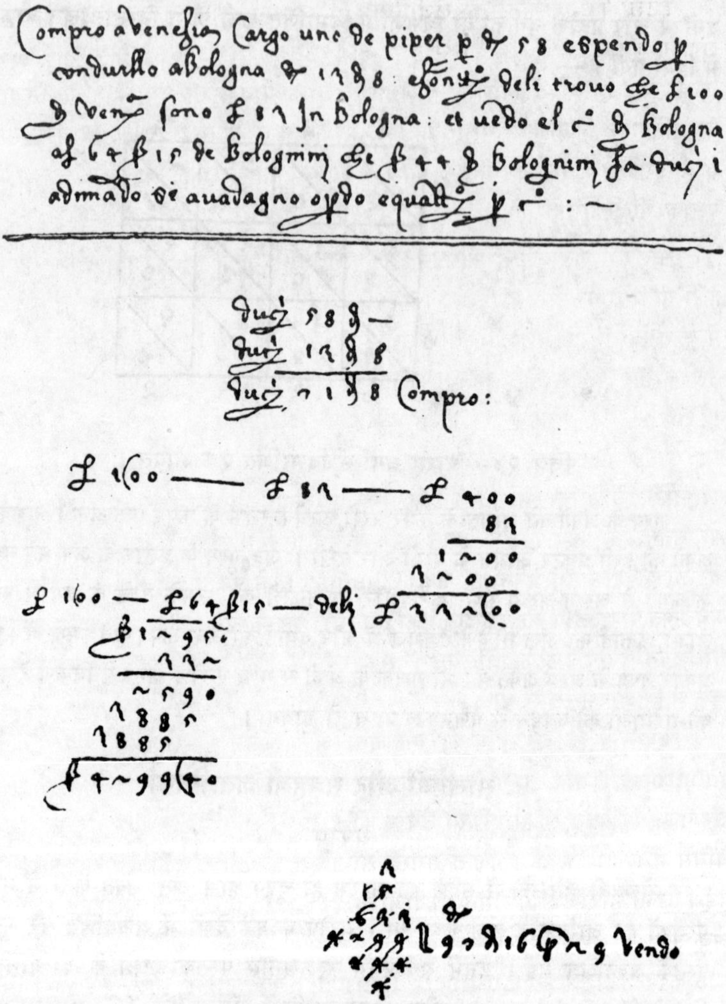

सोलहवीं शताब्दी का त्रैराशिक

पाँचवीं पंक्ति के अन्त में जो चिह्न है वही उस समय प्रतिशतता का निरूपण करता था।

चित्र २५——इटली की १५४५ की एक हस्तलिपि से।

[जिन एण्ड कम्पनी की अनुमति से डेविड यूजीन स्मिथ
कृत 'हिस्ट्री ऑफ मॅथॅमॅटिक्स' से प्रत्युत्पादित।]

इटली का एक गणितज्ञ लॅज़ीसियो (Lazesio) था, जिसका जन्म १४९० के लगभग वॅरोना (Verona) में हुआ था। उसने १५१७ के आस-पास एक ग्रन्थ लिखा था, जिसमें अंकगणित, बीजगणित और व्यावहारिक ज्यामिति के सिद्धान्तों का प्रतिपादन किया गया था। यह ग्रन्थ भी इतना लोकप्रिय हुआ कि १६ वीं शताब्दी में ही इसके १४ संस्करण निकल गये। इसी ग्रन्थ को दुहराकर लॅज़ीसियो ने एक अन्य पुस्तक भी प्रकाशित की।

सोलहवीं शताब्दी में फ्रांस में अंकगणितज्ञों के एक नये सम्प्रदाय का प्रादुर्भाव हुआ था जिसे 'लियॉंस (Lyons) का सम्प्रदाय' कह सकते हैं। यों तो उक्त सम्प्रदाय में बहुत से गणितज्ञ हुए हैं, किन्तु विस्तार के भय से हम उनमें से अधिकांश का उल्लेख नहीं कर सकते। उक्त सम्प्रदाय का कदाचित् सबसे मेधावी अंकगणितज्ञ रॉश (Roche) था जिसका जन्म लियॉंस में १४८० के लगभग हुआ था। उसने अंकगणित पर एक बहुत सुन्दर पुस्तक लिखी जिसमें परिकलन (Calculation) और व्यापारिक अंकगणित के प्रकरणों का विवेचन किया गया था। रॉश जितना मेधावी था, उतना ही मिथ्याशील। उसने अपने अंकगणित में बहुत सी ऐसी सामग्री समाविष्ट कर ली थी जो उसने अपने गुरु चुके (Chuquet) की एक पाण्डुलिपि से चुरायी थी। जब उक्त पाण्डुलिपि का प्रकाशन हुआ तब सारा भण्डा फोड़ हो गया। अंग्रेज़ी के शब्दों 'मिलियन (दस लाख), बिलियन (दस खरब)...' का प्रयोग कदाचित् सब से पहले चुके ने ही आरंभ किया था।

लियॉंस के ही सम्प्रदाय का एक अन्य अंकगणितज्ञ था पीडमॉन्टोइस (Piedmontois)। यह पेरिस विश्वविद्यालय में अंकगणित का प्राध्यापक था। इसने संख्याओं पर बहुत सी सारणियाँ तैयार कीं। सन् १५७५ में उनमें से कुछ सारणियाँ वेनिस में प्रकाशित हुईं। किन्तु समस्त सारणियाँ १५८५ में लियॉंस में ही प्रकाशित हुईं। उक्त सारणियों में उसने संख्याओं के १००×१००० तक के गुणनफल दिये हैं। अब उक्त सारणियाँ दुष्प्राप्य हैं।

कश्बर्ट टन्स्टॉल (Cushbert Tonstall) का जीवन काल १४७४-१५५९ था। उसने ऑक्सफोर्ड, केम्ब्रिज और पदुआ (Padua) में अध्ययन किया था। वह अपने जीवन में दर्जनों प्रकार के पदों पर नियुक्त हुआ। वर्षों गिरजा का पदाधिकारी रहा, कई बार उसने राजनीतिक कार्य में योग दिया और एक बार वह जेल भी गया। सन् १५५९ में लॅम्बॅथ की जेल में ही उसकी मृत्यु हुई।

टन्स्टॉल ने एक अंकगणित लिखा है। उक्त पुस्तक में मौलिकता तो कम है, किन्तु उपस्थापन बढ़िया है। वह पुस्तक में ही लिखता है कि उसे एक बार संदेह हो गया था

कि नगर के सुनारों के हिसाब-किताब में कुछ गड़बड़ है। अतः उसने इसी कारण अंकगणित का अध्ययन दुबारा आरंभ किया और तत्पश्चात् उक्त पुस्तक लिखी। पुस्तक में उसने स्वीकार किया है कि उसने बहुत सी सामग्री पॅसियोली तथा अन्य इटॅलियन लेखकों की कृतियों से ली है।

सन् १५३७ में इंग्लॅण्ड का पहला लोकप्रिय अंकगणित छपा। इसके लेखक का नाम अज्ञात है, किन्तु इतना पता है कि यह पुस्तक सेण्ट ऐँलबंस (Saint Albans) में प्रकाशित हुई थी। साठ वर्ष के अन्दर इसकी ६ आवृत्तियाँ हो गयीं।

इंग्लॅण्ड का १६ वीं शती का सबसे प्रभावशाली गणितज्ञ राबॅर्ट रॅकर्ड (Robert Record) था। उसका जीवन काल १५१०–५८ के लगभग था। रॅकर्ड ने ऑक्सफ़ोर्ड और केम्ब्रिज में अध्ययन किया और १५४५ में केम्ब्रिज विश्वविद्यालय से औषधि-विज्ञान की उपाधि प्राप्त की। तब वह ऐँड्वर्ड (Edward) चतुर्थ और रानी मेरी (Mary) का गृहवैद्य हो गया। अन्तिम दिनों में उसे कारागार में वन्द कर दिया गया। इसके कारण का ठीक ठीक तो पता नहीं है, परन्तु कुछ लोगों का अनुमान है कि उसके ऊपर ऋण का बोझ लदा हुआ था, इसी कारण उसे जेल हुई। कारागार में ही उसकी मृत्यु हो गयी।

रॅकर्ड ने गणित पर चार पुस्तकें लिखी हैं। उन दिनों की परिपाटी के अनुसार चारों पुस्तकें संवाद के रूप में लिखी गयी हैं।

(१) ग्राउंड ऑफ़ आर्ट्‌स (कला के मूलतत्त्व)—यह रॅकर्ड की सबसे पहली पुस्तक है। यह पुस्तक इतनी लोकप्रिय सिद्ध हुई कि छपने के १५० वर्ष के अन्दर इसके २९ संस्करण प्रकाशित हो गये। इसमें अंकगणकों और अंकों द्वारा परिकलन करने की विधियाँ और व्यापार अंकगणित के अन्य विषय दिये गये हैं।

(२) कॅसिल ऑफ नॉलिज (ज्ञान दुर्ग)—इस पुस्तक का विषय ज्यौतिष है।

(३) पाथ वे टु नॉलिज (ज्ञान का मार्ग)—इस पुस्तक में यूक्लिड की ज्यामिति का संक्षेपण किया गया है।

(४) व्हेँट्स्टोन ऑफ़ विट (बुद्धि की कसौटी)—यह पुस्तक बीजगणित के निम्नलिखित विषयों पर लिखी गयी है—वर्ग मूलन, समीकरण सिद्धान्त, करणीगत संख्याएँ।

इसी पुस्तक में रॅकर्ड ने सबसे पहले समीकरण चिह्न = का प्रयोग किया था। उसने उक्त पुस्तक में एक स्थल पर लिखा भी है कि "मैं समीकरण के लिए यह चिह्न इसलिए लगाता हूँ कि संसार में कोई दो वस्तुएँ इससे अधिक समान नहीं हो सकतीं जितनी ये दोनों रेखाएँ = हैं।"

जॉन डी (John Dee) का जीवन काल १५२७-१६०८ था। इसका जन्म लन्दन में हुआ और इसने केम्ब्रिज के सेण्ट जॉन्स (St. John's) कालेज में शिक्षा पायी। इसने १५४३ में बी० ए० पास किया और यह ट्रिनिटी (Trinity) कालेज का मौलिक अधिसदस्य (Original Fellow) बना लिया गया। यह दो वर्ष तक लूवेन (Luven) और रीम्स (Reims) में अध्ययन करता और व्याख्यान देता रहा और १५५१ में इंग्लॅण्ड लौट आया। एड्वर्ड षष्ठम से इसे पैंन्शन मिलती थी, किन्तु रानी मेरी के गद्दी पर आसीन होते ही इसे क़ैद कर लिया गया। इस पर यह आरोप लगाया गया कि यह रानी को जादू से मारना चाहता था। १५५५ में इसे मुक्त कर दिया गया। तत्पश्चात् यह रानी ऐँलिज़ाबेथ (Elizabeth) का कृपापात्र बन गया। कई बार यह राजकार्य से इंग्लॅण्ड के बाहर भेजा गया। १५८१ में इसका साहचर्य ऍड्वर्ड कैंलो (Edward Kelly) से हुआ जिसकी कथोक्ति थी कि उसने आत्माओं को बस में कर लिया था। दोनों ५-६ वर्ष तक यूरोप में घूमते रहे। १५८९ में डी इंग्लॅण्ड लौट आया। १५९५ में यह मैन्चैंस्टर (Manchester) कॉलिज का अभिरक्षक (Warden) हो गया। यह १६०८ में बड़ी विपन्नावस्था में मार्टलेक (Martlake) में मर गया।

डी बहुत ही अध्ययनशील था। उसने स्वयं ही अपनी दिनचर्या के विषय में इस प्रकार लिखा है—"मैं रात को चार घंटे सोता था। खाने, पीने और आराम करने के लिए में दिन भर में केवल दो घंटे दिया करता था। शेष अट्ठारह घंटे मैं बराबर अध्ययन करता था।" डी अपने समय का बड़ा विद्वान् माना जाता था और उसकी अभिव्यंजना शक्ति बड़ी प्रबल थी। बिलिंग्स्ली (Billingsley) लन्दन का शेरिफ (Sheriff) था। उसने यूक्लिड की ज्यामिति का सबसे पहला अंग्रेजी अनुवाद किया था। उक्त अनुवाद की प्रस्तावना उसने डी से ही लिखवायी थी। १५७० में डी ने यूक्लिड की एक टीका भी प्रकाशित की थी। १५६३ में उसे एक पाण्डुलिपि मिली थी जो किसी मुहम्मद बग्दादिनस द्वारा लॅटिन में लिखी हुई थी। उसने उक्त पाण्डुलिपि कमान्डिनस (Commandinus) को दे दी जिसने उसे दोनों के नाम से १५७० में प्रकाशित कर दिया। उसमें इस समस्या का विवेचन किया गया है कि किसी आकृति को दिये हुए अनुपात के दो भागों में किस प्रकार विभाजित किया जाय।

ग्रॅमेटियस (Grammateus) का जन्म अर्फ़ॅर्ट में १४९६ में हुआ था। उसने वियना में शिक्षा पायी और बाद में वहीं शिक्षक नियुक्त हो गया। उसकी सबसे प्रसिद्ध पुस्तक अंकगणित है जो उसने जर्मन में लिखी थी। उक्त पुस्तक में उसने अंकगणक और अंकों द्वारा परिकलन, संख्या सिद्धान्त, पुस्तकपालन (Book-keeping)

और बीजगणित के कुछ प्रकरण दिये हैं। उसने अंकगणित पर कई अन्य पुस्तकें भी

so: Den ersten Punct setz 1. vnd setze dafür drei nulla / Ziehe dann Radicem quadratam daruon so kommen 1000. Dann preponir dem anderen Puncten / das ist der Ziffern 2. auch sechs 0 / vnd ziehe Radicem quadratā dauon / so komen 414.
Den dritten Punct mach auch also. Setz 3. vñ darnach sechs 0. Extrahir dann Radicem quadratam dauon / kommen 832. Also thū mit allen Puncten / so machstu die Tafel selber. Es ist aber groß mühe vnd verdrossen arbeyt / Darum hab ich dir hie ein Tafel außgezogen / die gehet biß vff 240. Punct der tieffe / der man gnūg hat vff groß oder kleyne vaß.

Tabula Radicum quadratarum.

1	1	1000		17	123		33	747
	2	414		18	242		34	833
	3	732		19	358		35	917
2	4	1000		20	472	6	36	1000
	5	234		21	584		37	82
	6	449		22	692		38	163
	7	645		23	767		39	244
	8	828		24	900		40	324
3	9	1000	5	25	1000		41	403
	10	162		26	98		42	481
	11	316		27	195		43	558
	12	446		28	290		44	634
	13	606		29	384		45	709
	14	741		30	477		46	783
	15	873		31	567		47	856
4	16	1000		32	659		48	928

चित्र २६---एँडैम रीज़ के अंकगणित (१५२२) से।

इसमें वर्गमूल दशमलव पद्धति में दिये गये हैं। केवल दशमलव बिन्दु नहीं लगाया गया है।

[जिन एण्ड कम्पनी की अनुमति से डेविड यूजीन स्मिथ कृत 'हिस्ट्री ऑफ मॅथॅमॅटिक्स' से प्रत्युत्पादित।]

लिखी हैं। इसके अतिरिक्त उसकी कई कृतियाँ **समानुपात सिद्धांत** (Theory of proportion) और मापिकी पर भी हैं। कदाचित् वह जर्मनी का पहला गणितज्ञ था जिसने **बीजगणितीय राशियों** के जोड़ने और घटाने के लिए + और − चिह्नों का प्रयोग किया।

जर्मनी के १६ वीं शताब्दी के अंकगणितज्ञों में ऍडॅम रीज़ (Adam Riesz) का नाम भी उल्लेखनीय है। इसका जीवन काल कदाचित् १४८९–१५५९ था। यह पहला जर्मन गणितज्ञ था जिसने अपनी पुस्तकों में **माया वर्ग** (Magic Square) को स्थान दिया। इसने अंकगणित पर चार पुस्तकें लिखी हैं जिनमें से दूसरी बहुत ही लोकप्रिय सिद्ध हुई। इसकी पुस्तकों ने पुरानी अंकगणकों की पद्धति के स्थान पर अंकों द्वारा हिसाब करने की प्रणाली को प्रचलित किया। इसकी पहली पुस्तक १५१८ में छपी थी। दूसरी पुस्तक प्रथम बार १५२२ में छपी और १६०० तक उसके सैंतीस संस्करण निकल गये।

हॉलॅण्ड में एक प्रभावशाली गणितज्ञ हुआ है गॅमा फ़्रीसियस रेनियर (Gemma Frisuis Regnier)। इसका जीवन काल १५०८–५५ था। बत्तीस वर्ष की अल्पावस्था में ही इसने अंकगणित लिखा, जिसमें इसने सैद्धान्तिक और व्यापारिक अंकगणित का समन्वय किया था। उक्त ग्रन्थ इतना लोकप्रिय सिद्ध हुआ कि सोलहवीं शताब्दी के अन्दर ही उसके उन्सठ संस्करण निकल गये। इसने भूगोल और **ज्यौतिष** पर भी पुस्तकें लिखी हैं। ज्यौतिष में इसने एक विशेष प्रकार के कैमरा (Camera obscura) का भी प्रयोग किया था।

साइमन स्टॅविनस (Simon Stevinus) (१५४८–१६२०) भी हॉलॅण्ड का ही एक गणितज्ञ था। इसने प्रशा, पोलॅण्ट, नॉर्वे आदि देशों का भ्रमण किया था। इसने वर्षों सैनिक सेवा की। यह अपनी सैनिक उपज्ञाओं (Inventions) के लिए प्रसिद्ध हो गया था। इसने एक ऐसी गाड़ी का आविष्कार किया था जो पतवार से चलती थी और जिसमें २६ यात्री बैठकर स्थल पर यात्रा कर सकते थे। इसकी अंकगणित लीडॅन में १५८५ में छपी और अगले वर्ष ही उसका फ्रेंच अनुवाद छप गया। उक्त पुस्तक में इसने दशमलव भिन्नों का प्रयोग किया है। यों तो दशमलव भिन्नों का प्रयोग पाँच सौ वर्ष से वर्ग मूलन आदि में होता आ रहा था, किन्तु इन भिन्नों का दैनिक, व्यावहारिक प्रयोग सबसे पहले स्टॅविनस ने ही करके दिखाया था। इसने यह पूर्वानुमान भी किया था कि एक न एक दिन संसार को दशमलव पद्धति के बटखरों, पैमानों और सिक्कों का प्रयोग करना पड़ेगा। यह $\frac{१}{१०}$ के घातों के लिए छोटे वृत्तों का प्रयोग किया करता था, जैसे—

१७३ $\frac{४२९}{१०००}$ को यह इस प्रकार लिखता था—

१७३ ⓪ ४ (१) २ (२) ९ (३)

इस संकेत लिपि का अर्थ हुआ—

$$१७३ \times \left(\frac{१}{१०}\right)^{०} + ४ \times \left(\frac{१}{१०}\right)^{१} + २ \times \left(\frac{१}{१०}\right)^{२} + ९ \times \left(\frac{१}{१०}\right)^{३}.$$

स्टॅविनस ने डायफॅण्ट्स (Diophantus) की कृतियों का अनुवाद किया। इसके अतिरिक्त १५८६ में इसने **स्थैतिकी** और **द्रवस्थैतिकी** (Statics and Hydrostatics) पर अपनी पुस्तक छापी जिसमें **बल त्रिभुज** (Triangle of forces) प्रमेय का प्रतिपादन किया। उस समय तक **स्थैतिकी उत्तोलक** (Lever) सिद्धान्त पर आधृत थी। स्टॅविनस ने ही **द्रवस्थैतिकी** के इस सिद्धान्त का आविष्कार किया कि किसी द्रव का नीचे की ओर दबाव केवल उसकी ऊँचाई और आधार पर ही अवलम्बित है, बर्तन की आकृति से उसका कोई सम्बन्ध नहीं है।

सोलहवीं शतीमें पोलॅण्ड में कई गणितज्ञ हुए हैं जिन्होंने अंकगणित पर पुस्तकें लिखी हैं। १५३८ में क्रॅकाउ (Cracow) नगर में टॉमस क्लॉस (Thomas Klasse) की पुस्तक छपी। १८८९ में इस पुस्तक की पुनरावृत्ति उसी नगर में बरानीकी (Boranicci) ने छापी। १५७७ में गॉर्लेस्टीना (Garlstinna) का अंकगणित पोलिश भाषा में छपा। इसमें व्यापारिक प्रकरणों का समावेश है।

एशिया

भास्कर के देहान्त के पश्चात् प्रायः २०० वर्ष तक भारत में कोई बड़ा गणितज्ञ उत्पन्न नहीं हुआ। जो हुए भी उनकी मुख्य रुचि ज्यौतिष में थी। तथापि दो नाम उल्लेखनीय हैं—गणेश और सूर्यदास।

गणेश के जन्म की तिथि का ठीक-ठीक तो पता नहीं चल पाया है तथापि इनका सर्वप्रथम ग्रन्थ 'ग्रहलाघव' है जो इन्होंने सन् १५२१ ई० के लगभग आरंभ किया था। उस समय इनकी अवस्था २०-२१ वर्ष की अवश्य ही रही होगी। इससे पता चलता है कि इनका जन्म १५०० ई० के आस-पास हुआ था। इनके विषय में कई दन्त कथाएँ प्रसिद्ध हैं। इनके पिता जी भी एक ज्यौतिषी थे जिनका नाम केशव था। एक बार केशव ने ग्रहण का समय निकाला। ग्रहण के समय में कुछ अन्तर पड़ गया। इस पर तत्कालीन किसी राजा ने उनका उपहास किया। इस पर उन्हें बड़ा क्रोध आया। वे गणेश जी के एक मन्दिर में जाकर तपस्या करने लगे। कहते हैं कि गणेशजी इनसे

प्रसन्न हो गये और उन्होंने केशव को स्वप्न में दर्शन दिया और कहा कि 'अब तुमसे ज्यौतिष कार्य नहीं हो सकेगा। मैं तुम्हारे घर में तुम्हारे ही पुत्र रूप में जन्म लूँगा और तुम्हारे अवशिष्ट कार्य को पूर्ण करूँगा।" तत्पश्चात् केशव को पुत्र लाभ हुआ। अतः उन्होंने पुत्र का नाम गणेश ही रखा। इसीलिए बहुत से आधुनिक ज्यौतिषी गणेश को अवतार स्वरूप मानते हैं।

गणेश को बचपन से ही ज्यौतिष का शौक था। इनका जन्म स्थान कोंकड़ प्रदेश था। इनका स्वभाव था कि समुद्र के किनारे किसी शिला पर बैठकर घंटों आकाश की ओर देखा करते थे। चलते समय भी इनकी दृष्टि आकाश की ओर ही रहा करती थी। इसीलिए इनके विषय में यह कथा प्रचलित हो गयी कि इनके पैरों में भी आँखें थीं। अतः चलते समय इन्हें भूमि की ओर देखने की आवश्यकता नहीं पड़ती थी।

गणेश ने ज्यौतिष पर अनेक ग्रन्थ लिखे हैं। ग्रहगणित पर तो जितने ग्रन्थ इनके प्रचलित हैं, उतने कदाचित् ही किसी अन्य व्यक्ति के हों। इन्होंने लीलावती पर भी एक टीका लिखी है, जो बहुत प्रसिद्ध हो गयी है। उक्त टीका में इन्होंने गुणन की एक विधि इस प्रकार लिखी है —

"गुण्य को गुणक के नीचे लिखो। इकाई को इकाई से गुणा करो और गुणनफल को उसके नीचे रख दो। तत्पश्चात् इकाई को दहाई से और दहाई को इकाई से गुणा करो। इन दोनों को जोड़कर गुणनफल को पंक्ति में दहाई के नीचे रखो। अब इकाई को सैकड़े से, सैकड़े को इकाई से और दहाई को दहाई से गुणा करो। तीनों को जोड़कर सैकड़े के नीचे लिखो। इसी प्रकार आगे बढ़ते चलो। अन्त में गुणनफल प्राप्त हो जायगा।"

यह विधि आठवीं शताब्दी अथवा उसके पूर्व के हिन्दू गणितज्ञों को याद थी। यह विधि अरब पहुँची और वहाँ से इसका यूरोप में आविर्भाव हुआ। पॅसियोली के सूमा नामक ग्रन्थ में इसका उल्लेख मिलता है। पॅसियोली का कहना है कि यह विधि अन्य विधियों की अपेक्षा अधिक कौतुक और चातुर्यपूर्ण है। गणेश ने भी लिखा है कि 'यह विधि बहुत कौतुकपूर्ण है और मन्दबुद्धि विद्यार्थी परंपरागत मौखिक शिक्षा के बिना इसे सीख नहीं सकता।'[1]

सूर्यदास का जन्म १५०९ के लगभग हुआ था। इन्होंने निम्नलिखित ग्रन्थों की रचना की है—

१. देखिए, दत्त और सिंह--हिन्दू गणित का इतिहास, भाग १, पृ० १३९।

लीलावती टीका, बीज टीका, श्रीपतिपद्धति गणित, ताजिक ग्रन्थ, काव्यद्वय, बोधसुधाकर।

इन ग्रन्थों में से अधिकांश टीकाएँ हैं। पहले दो ग्रन्थ तो भास्कर के गणित की टीकाएँ हैं। इनके अतिरिक्त सूर्यदास ने गणित पर दो स्वतन्त्र ग्रन्थ भी लिखे हैं—बीजगणित और गणितमालती। लीलावती पर इन्होंने एक टीका और भी लिखी है, गणितामृत कूपिका। इस का रचना काल १५४२ है।

मुसलमानी देशों के उस समय के गणितज्ञों में केवल बहाउद्दीन का नाम उल्लेखनीय है। इनका जन्म कदाचित् अमोल नगर में १५४७ में हुआ था और मृत्यु इस्फ़हान में १६२२ में हुई। उन्होंने अंकगणित पर एक पुस्तक खुलासतुल हिसाब (अंकगणित के मूलतत्त्व) लिखी थी। इसके अतिरिक्त उसी विषय पर एक बृहत् ग्रन्थ लिखना आरंभ किया, जिसका नाम बहरुल हिसाब (अंकगणित का सागर) था, किन्तु इस पुस्तक का एक ही भाग छप पाया।

खुलासतुल हिसाब में बहाउद्दीन ने एक सारणी दी है, जो इस प्रकार है—

							२	
						३	४	२
					४	९	६	३
				५	१६	१२	८	४
			६	२५	२०	१५	१०	५
		७	३६	३०	२४	१८	१२	६
	८	४९	४२	३५	२८	२१	१४	७
९	६४	५६	४८	४०	३२	२४	१६	८
८१	७२	६३	५४	४५	३६	२७	१८	९

चीन

सोलहवीं और सत्रहवीं शताब्दियों में चीन ने गणित में कोई मौलिकता नहीं दिखायी। केवल चांग तई वई का नाम उल्लेखनीय है जिसने अंकगणित पर एक ग्रन्थ 'स्वान फ़ा तांग सुंग' (अंकगणित पर व्यवस्थित ग्रन्थ) लिखा। उक्त ग्रन्थ में सर्व प्रथम चीनी ढंग के परिकलन का उल्लेख किया गया है जिसे 'सुअन पान' परिकलन कहते हैं।

सत्रहवीं शती के प्रारंभ में चीन में इटली के पादरी मॅटियो रिसी (Mateo Ricci) का आविर्भाव हुआ। इसका जन्म १५५२ में इटली के एक भले घराने में हुआ था। इसने पहले क़ानून का अध्ययन किया। किन्तु फिर अपना जीवन धार्मिक सेवा में अर्पित कर दिया। १५७७ में इसने अपना नाम पूर्व भारतीय प्रचार मण्डल में दे दिया। १५७८ में यह गोआ पहुँचा। चार वर्ष भारत में बिताकर यह चीन गया। प्रचार मण्डल में कई पादरी थे। रिसी का गणितीय ज्ञान सुविस्तृत था और अन्य पादरियों के पास कुछ मानचित्र, घड़ियां और पुस्तकें थीं। इन वस्तुओं को देखकर चीनी लोग चकित हो गये और इन लोगों को कुतूहल और आदर की दृष्टि से देखने लगे। रिसी ने वर्षों चीन के नगरों में प्रचार किया। १६१० में पीकिंग में इसका देहान्त हो गया।

रिसी स्वयं कोई भारी गणितज्ञ न भी रहा हो, किन्तु इसने चीन में यूरोपीय विधियों का पर्याप्त प्रचार किया। इसने चीनी भाषा में दर्जनों पुस्तकें लिखीं और चीनी रंग ढंग को अपना लिया। इसीलिए चीन में इसकी पुस्तकों का बड़ा प्रचार हुआ। चीन में कदाचित् किसी भी अन्य यूरोपवासी का इतना नाम नहीं हुआ जितना 'लि मात्यू' का जो रिसी का चीनी नाम था।

यों तो रिसी के पश्चात् कई और पादरी हुए जिन्होंने रिसी के काम को आगे बढ़ाया, किन्तु उनमें से स्मो गोलिस्की का नाम विशेष उल्लेखनीय है जिसने चीन में लघुगणकों का प्रचार किया। इसी के शिष्य सी फ़ाँग सू ने १६५० के लगभग उक्त विषय पर पहला चीनी ग्रन्थ लिखा। सत्रहवीं शती में चीन में गणित के कई विद्वान् हुए हैं, जिन्होंने गणित पर अनेक ग्रन्थ लिखे हैं, किन्तु समस्त ग्रन्थ यूरोपीय गणित पर आधृत हैं। मेवँन टिंग का नाम अवश्य उल्लेखनीय है जिसने गणित पर कई ग्रन्थ लिखे, जिनसे हमें चीनी गणित के इतिहास की बहुत जानकारी प्राप्त हुई है। इसका जीवन काल १६३३–१७२१ था।

जापान

सोलहवीं शताब्दी में जापान ने गणित में कोई विशेष प्रगति नहीं दिखायी। किन्तु एक घटना उल्लेखनीय है। जब जापान के वीर तईको ने सारा देश जीत लिया तब उसको यह धुन सवार हुई कि अपने दरबार को विद्या का एक केन्द्र बना दे। इस हेतु उसने देश के एक विद्वान् मोरी को चीन भेजा ताकि वह चीन से गणित की शिक्षा प्राप्त करके आये।

मोरी ने भ्रमण किया, किन्तु यह निश्चित नहीं है कि वह चीन तक गया अथवा कोरिया में ही रह गया। इतना अवश्य निश्चित है कि वह चीनी अंकगणक के प्रयोग में दक्ष हो गया और उसने जापान में उक्त यन्त्र का प्रचलन किया। वह चीनी गणित का विद्वान् माना जाने लगा और कुछ लोग तो यहाँ तक कहने लगे कि "भाग-क्रिया का संसार भर में सबसे बड़ा शिक्षक मोरी ही है।" इसके तीन शिष्य प्रसिद्ध हो गये हैं जो 'तीन अंकगणितज्ञों' के नाम से विख्यात थे।

मोरी के शिष्यों में कॉयू सबसे प्रसिद्ध हुआ है। इसका जीवन काल १५९७-१६७२ था। जापान में अंकगणित पर सबसे पहला ग्रन्थ इसी का था। उक्त ग्रन्थ के पूरे नाम का अर्थ है "छोटी, बड़ी संख्याओं का ग्रन्थ।" संक्षेप में ग्रन्थ को 'जिकॉकी' कहते हैं। इस ग्रन्थ की देश भर में इतनी प्रसिद्धि हुई कि उक्त नाम 'अंकगणित' का पर्याय ही बन गया।

अमेरिका

सन् १४९२ में कोलम्बस ने अमेरिका को खोज निकाला। १५३७ में अमेरिका में सबसे पहला मुद्रणालय स्थापित हो गया और १५५६ में अमेरिका में गणित की सर्वप्रथम पुस्तक प्रकाशित हुई। इसका लेखक जुअन डीज़ (Juan Diez) था। इसने कई पुस्तकें लिखी हैं जिनमें से एक गणित पर थी जिसका नाम 'सुमेरियो कम्पेंण्डियोसो' (Sumerio Compendioso) था। उक्त पुस्तक में चाँदी, सोने आदि के भाव और प्रतिशतता पर सारणियाँ दी गयी हैं। इसके अतिरिक्त बहुत से प्रश्न व्यापार गणित पर और संख्या सिद्धान्त पर भी दिये हैं। संख्या सिद्धान्त पर जो नियम दिये गये हैं उनमें से बहुत से फ़िबोनाकी और डायफ़ैण्टस की कृतियों से मिलते हैं। उस समय के गणित के स्तर को देखते हुए कहना पड़ता है कि पुस्तक बहुत सुन्दर है। यहाँ हम दो परिभाषाएँ देना आवश्यक समझते हैं—

अनुरूपी और संशेषी संख्याएं (Congruous and Congruent Numbers)—वर्ग संख्याओं में से कुछ अनुरूपी संख्याएँ कहलाती हैं। कुछ अन्य संख्याएँ संशेषी

संख्याएँ कहलाती हैं। ये ऐसी होती हैं कि यदि किसी अनुरूपी संख्या में उसकी संगत संशोषी संख्या जोड़ दी जाय अथवा उसमें से घटा दी जाय तो दोनों दशाओं में फल एक सम्पूर्ण वर्ग ही होगा।

उदाहरण—६२५ एक सम्पूर्ण वर्ग है। यदि इसमें ३३६ जोड़ें तो ९६१ होता है जो ३१ का वर्ग है। और यदि उसमें से ३३६ घटाएँ तो २८९ बचता है जो १७ का वर्ग है। अतः ६२५ एक अनुरूपी संख्या हुई और ३३६ उसकी संगत संशोषी संख्या। इसी प्रकार १०० और ९६ भी क्रमशः अनुरूपी और संशोषी संख्याएँ हैं।

जुअन डीज़ के उक्त ग्रन्थ में अनुरूपी और संशोषी संख्याओं की भी एक सारणी दी गयी है। इस सारणी से उक्त पुस्तक का मूल्य और भी बढ़ गया है।

हमने इन पृष्ठों में सत्रहवीं शताब्दी के अन्त तक का अंकगणित का इतिहास दिया है। इसके पश्चात् गणित की अन्य शाखाओं में तो आशातीत प्रगति हुई, किन्तु अंकगणित ज्यों का त्यों रह गया। अंकगणित में हम आजकल के स्कूल के विद्यार्थियों को जो कुछ पढ़ाते हैं, प्रायः इसी रूप में वह सत्रहवीं शताब्दी के अन्त तक आविष्कृत हो चुका था। उसके अध्यापन के ढंग में और उपस्थापन प्रणाली में अनेक परिवर्तन हुए हैं। पाठ्य पुस्तकों के लिखने की शैली भी बहुत कुछ बदल गयी है। किन्तु विषय सामग्री में कोई मौलिक हेर फेर नहीं हुआ है। इतना अवश्य हुआ है कि प्राचीन काल में संख्या सिद्धान्त भी अंकगणित का ही एक अंग माना जाता था। अब वह एक स्वतन्त्र विषय बन गया है। अतः अब अंकगणित के इतिहास के अन्तर्गत संख्या सिद्धान्त नहीं दिया जाता, केवल प्रसंगवश कहीं कहीं उसका उल्लेख करना पड़ता है। ऐसा ही हमने भी किया है।

अध्याय ४

बीजगणित

(१) बीजगणित का नाम और प्रकृति

बीजगणित से साधारणतः तात्पर्य उस विज्ञान से होता है जिसमें अंकों को अक्षरों द्वारा निरूपित किया जाता है। इस विषय में क्रियाओं के चिह्न

$$+ \quad - \quad \times \quad \div \quad = \quad > \quad <$$

तो वे ही रहते हैं जो अंकगणित में, केवल अंकों के स्थान पर अक्षर क, ख, ग,. . .य, र, ल,. . . . . .लिखे जाते हैं। मान लीजिए कि हमें यह लिखना है कि किसी त्रिभुज का क्षेत्रफल उसके आधार और उच्चत्व के गुणनफल का आधा होता है। तो हम इस तथ्य को इस प्रकार व्यक्त करेंगे :

$$क्ष = \frac{१}{२} अ. उ$$

अब तनिक इस **समीकरण** पर विचार कीजिए—

$$य^{२} - ७ य + १२ = ०.$$

इस समीकरण का यह अर्थ है कि 'य एक ऐसी राशि है कि यदि उसके वर्ग में से उसका सात गुना घटा कर १२ जोड़ दें तो फल शून्य हो जाता है।

बीजगणित में केवल समीकरणों का ही समावेश नहीं होता। उस में इन सब प्रकरणों का अध्ययन किया जाता है :—

बहुपद, श्रेणियाँ, सतत भिन्न, अनन्त गुणनफल, संख्या अनुक्रम, रूप, सारणिक, **श्रेणिक** (Matrix)।

अब तो अक्षरों द्वारा केवल संख्याओं का ही निरूपण नहीं होता। **स्थैतिकी** (Statics) में इनके द्वारा बल निरूपित किये जाते हैं और **गतिविज्ञान** (Dynamics) में **वेग** (Velocity), **ऊर्जा** (Energy) आदि। आधुनिक समय में बीजगणित का क्षेत्र और उपयोग बहुत बढ़ गया है। अब तो यह गणित की बहुत सी शाखाओं में प्रयुक्त होने लगा है जैसे **कलन**, त्रिकोणमिति और **फलन सिद्धान्त** (Theory of Functions)। किन्तु अब भी बीजगणित का एक मुख्य विषय समीकरणों का साधन ही है। बीजगणित का आधारभूत प्रमेय यह है —

प्रत्येक समीकरण का एक मूल अवश्य ही होता है।

बीजगणित के आधुनिक संकेतवाद का विकास तो पिछली तीन चार शताब्दियों के अन्दर ही हुआ है, किन्तु समीकरणों के साधन की समस्या बहुत पुरानी है। पूर्व ऐतिहासिक काल से हमारे पूर्वज इस समस्या का मौखिक रूप से अध्ययन करते आये हैं। सन् २००० ई० पू० के आस-पास तो वे लोग अटकल से समीकरणों का हल निकालने भी लगे थे। ३०० ई० पू० के लगभग हमारे पूर्वज समीकरणों को शब्दों में लिखने लगे थे और ज्यामितीय आकृतियों की सहायता से उनके हल भी निकाल लेते थे। समीकरणों को संकेतों द्वारा व्यक्त करने की परिपाटी ३०० ई० के लगभग आरम्भ हुई। सोलहवीं शताब्दी में मुद्रण के आविष्कार से बीजगणित का क्षेत्र बहुत विस्तृत हो गया। बीजगणित सार्वीकृत अंकगणित का रूप लेने लगा और उसमें वर्णमाला के अक्षरों का भी प्रयोग होने लगा। सत्रहवीं शताब्दी में बीजगणितीय संकेतवाद पूर्ण रूप से विकसित हो गया और पिछली तीन शतियों में उसमें थोड़ा सा ही संशोधन हुआ है।

बीजगणित का नाम

बीजगणित के जिस प्रकरण में **अनिर्णीत समीकरणों** (Indeterminate Equations) का अध्ययन किया जाता है, उसका पुराना नाम 'कुट्टक' (Pulveriser) है। हिन्दू गणितज्ञ ब्रम्हगुप्त ने उक्त प्रकरण के नाम पर ही इस विज्ञान का नाम ६२८ ई० में 'कुट्टक गणित' रखा। बीजगणित का सबसे प्राचीन नाम कदाचित् यही है। सन् ८६० में पृथूदक स्वामी ने इसका नाम बीजगणित रखा। इस विद्या का नाम 'कुट्टक गणित' तो इसलिए रखा गया था कि 'कुट्टक' बीजगणित का एक मुख्य अंग है। यह नाम ऐसा ही है जैसे आजकल के बहुत से कहानी लेखक किसी कहानी संग्रह का नाम उसके अन्तर्गत दी हुई एक कहानी के नाम पर रख देते हैं। यह प्रवृत्ति विचारों की अल्पता का द्योतक है। या यों कहिए कि लेखक को कोई ढंग का नाम दिखाई ही नहीं पड़ता। 'बीजगणित' नाम अधिक सार्थक है। 'बीज' का अर्थ है 'तत्त्व'। अतः 'बीजगणित' का अर्थ हुआ 'वह विज्ञान जिसमें तत्त्वों द्वारा परिगणन किया जाता है।'

अंकगणित में समस्त संकेतों का मान विदित रहता है। बीजगणित में व्यापक संकेतों से काम लिया जाता है जिनका मान आरम्भ में अनिश्चित रहता है। इसीलिए इन दोनों विज्ञानों के अन्य प्राचीन नाम 'व्यक्त गणित' और 'अव्यक्त गणित' भी हैं।

अंग्रेज़ी में बीजगणित को 'ऐल्जब्रा' (Algebra) कहते हैं। यह नाम अरब देश से आया है। नवीं शताब्दी में अरब में एक गणितज्ञ 'अलख्वारिज्मी' हुआ है जो 'ख्वारिज्मी' नगर का निवासी था। उसने ८२५ ई० में बग्दाद में एक पुस्तक लिखी

जिसका नाम 'अल-जब्र-वल-मुक़ाबला' रखा। उस समय तो उसके देशवासियों की समझ में पुस्तक के नाम का अर्थ नहीं आया। आधुनिक भाषाविदों का विचार है कि अरबी में 'अल-जब्र' और फ़ारसी में 'मुक़ाबला' समीकरण को ही कहते हैं। अतः लेखक ने फ़ारसी, अरबी दोनों भाषाओं के 'समीकरण' के पर्यायों से अपनी पुस्तक का नाम बना लिया था। अलख्वारिज्मी के ग्रन्थ का महत्त्व इसी से जाना जाता है कि बाद के लेखकों ने उक्त विज्ञान के लिए उसी नाम को अपना लिया और अंग्रेज़ी में वही नाम आजतक चला आता है।

अन्य देशों में बीजगणित के नाम इस प्रकार हैं—

चीन—तियेँन युयेँन (स्वर्गीय तत्त्व)।

जापान—काइगेँन सी हो (अज्ञात को जानना)।

बग़दाद—फ़खी—इस नाम की उत्पत्ति इस प्रकार है कि बग़दाद के एक गणितज्ञ अल कर्खी ने १०२० ई० के लगभग बीजगणित पर एक पुस्तक लिखी जिसका नाम अपने गुरु 'फ़ख्र ुल्मुल्क' के नाम पर 'फ़ख्री' रख दिया।

इटली—रैँगोला द ला को सा (अज्ञात राशि का नियम)।

फ्रांस—अर्स मॅग्ना (महान् कला)—सबसे पहले कार्डन ने १५४५ में इस नाम का प्रयोग किया था।

जर्मनी—डी कॉस (अज्ञात राशि) (सोलहवीं शताब्दी)।

(२) पूर्व ऐतिहासिक काल से ३०० ई० पू० तक

अति प्राचीन काल से भारत में भिन्न-भिन्न आकृतियों की यज्ञ वेदियाँ बनायी जाती थीं। ऋग्वेद का समय ३००० ई० पू० से भी पहले का माना जाता है। और ऋग्वेद में अनेक स्थलों पर यज्ञ वेदियों का उल्लेख मिलता है। इन वेदियों की रचना के लिए विशेषज्ञ बुलाये जाते थे। इनकी रचना द्वारा बहुत से बीजगणितीय समीकरणों का साधन होता है। इस प्रकार कह सकते हैं कि बीजगणितीय उमीकरणों का ज्यामितीय अध्ययन भारत में ३००० ई० पू० से भी पहले आरम्भ हो गया था। 'शतपथ ब्राह्मण' में भी यज्ञ वेदियों की रचना की विधियाँ दी गयी हैं। और शतपथ ब्राह्मण का समय २००० ई० पू० के लगभग माना जाता है।

वेदी रचना के विषय का इतना महत्त्व था कि इस पर भारत में एक स्वतन्त्र साहित्य तैयार हो गया था। इन ग्रन्थों को **"शुल्व सूत्र"** का नाम दिया गया है। डा० विभूति भूषण दत्त का मत है कि ये सूत्र वेदांगों के **'कल्प सूत्रों'** के ही अंग थे। इनका रचना काल ८००-५०० ई० पू० माना गया है। प्राचीन भारत में इस प्रकार के कई

ग्रन्थ थे[१]—अब उन में से केवल सात शुल्व सूत्र प्राप्य हैं जो क्रमशः इन नामों से विख्यात हैं —

बौधायन, आपस्तम्ब, कात्यायन, मानव, मैत्रायण, वाराह, वाधूल।

हम यहाँ शुल्व सूत्रों की कुछ ज्यामितीय रचनाएँ दे रहे हैं जिनके द्वारा बीज-गणितीय समीकरणों के हल निकलते हैं।

(क) किसी वर्ग के बराबर एक आयत बनाना जिसकी एक भुजा दी हो।

इस रचना के लिए आपस्तम्ब में यह नियम दिया गया है[२]—

"वर्ग की एक भुजा को बढ़ा कर इतनी बड़ी काट लो जितनी बड़ी आयत की भुजा दी हुई है। जितना बढ़ती बचे उसे उपयुक्त स्थान पर बिठा दो।"

बौधायन ने इसी नियम को इन शब्दों में दिया है[३]—

"यदि वर्ग की एक भुजा पर ही आयत बनाना हो तो उस भुजा में से आयत की दी हुई भुजा के बराबर खण्ड काट लो। जो बढ़ती बचे उसे दूसरी भुजा की ओर जोड़ दो।"

दोनों ग्रन्थों में नियम का अन्तिम भाग अस्पष्ट है। भिन्न-भिन्न टीकाकारों ने उक्त भाग के भिन्न-भिन्न अर्थ लगाये हैं। इन में से सुन्दरराज और द्वारकानाथ यज्वा का दिया हुआ अर्थ ठीक जँचता है। उनके दिये हुए अर्थ के अनुसार हम यहाँ उक्त रचना देते हैं—

मान लीजिए कि का खा गा घा दिया हुआ वर्ग है और म अभीष्ट आयत की दी हुई भुजा।

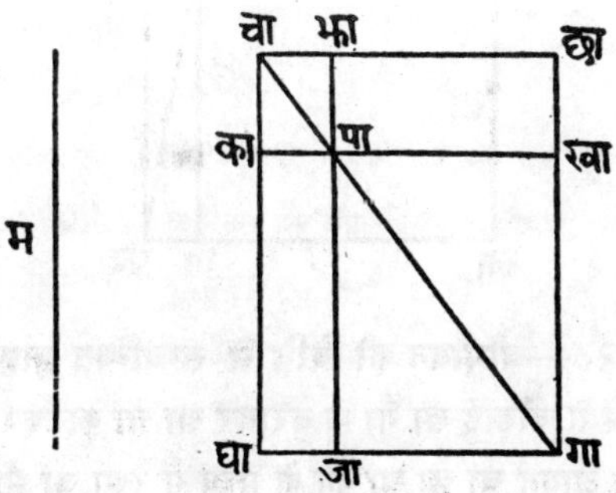

चित्र २७—**आपस्तम्ब के नियम से सम्बन्धित आकृति।**

१. देखिए B. B. Dutt : Science of the sulba—Calcutta (1932) p. 1

२. आपस्तम्ब० (iii) १।

३. बौधायन शुल्व (i) ९३।

गा खा और घा का को क्रमशः छा, चा तक इतना बढ़ाओ कि घा चा=गा छा=म। आयत घा गा छा चा को पूरा कर लो। मान लो कि विकर्ण गा चा रेखा का खा को पा पर काटता है। तो पा खा अभीष्ट आयत की दूसरी भुजा होगी। पा के मध्येन जा पा झा खींचो गा छा के समानान्तर जो घा गा, छा चा को क्रमशः जा, झा पर काटे। तो इस प्रकार हमें इच्छित आयत जा गा छा झा प्राप्त हो गया। उपपत्ति आकृति से स्पष्ट है।

यदि वर्ग की भुजा को क माना जाय तो उपरिलिखित रचना से हमें बीजगणितीय सरल समीकरण

$$म\ य = क^2$$

का हल प्राप्त होता है।

(ख) किसी आयत के बराबर एक वर्ग बनाना।

बौद्धायन और कात्यायन दोनों ने इसकी विधियाँ दी हैं। हम एक उदाहरण लेकर बौधायन की विधि समझाते हैं।

मान लो कि का खा गा घा दिया हुआ आयत है।

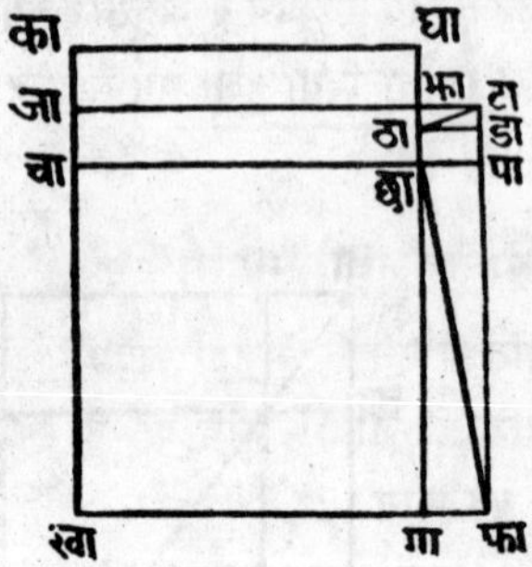

चित्र २८—**बौधायन की विधि से सम्बन्धित आकृति।**

लम्बाई खा का में से चौड़ाई खा गा के बराबर खा चा काटकर वर्ग खा गा छा चा को पूरा कर लो। अब आयत चा छा घा का के मध्य में रेखा जा झा खींच कर उसको समद्विभाजित कर लो। चा छा को पा तक इस प्रकार बढ़ाओ कि छा पा=चा जा। वर्ग छा पा टा झा और आयत छा गा फा पा को पूरा कर लो। अब स्पष्ट है कि

आयत का खा गा घा=वर्ग खा फा टा जा—वर्ग छा पा टा झा।

अतः अब हमें एक ऐसे वर्ग की रचना करनी है जिसका क्षेत्रफल उपरिलिखित दोनों वर्गों के क्षेत्रफलों के अन्तर के बराबर हो।

केन्द्र फा और त्रिज्या फा टा लेकर एक चाप खींचो जो गा झा को ठा पर काटे।

ठा डा लम्ब डालो फा टा पर।

तो फा डा ही अभीष्ट वर्ग की भुजा होगी।

उपपत्ति=फा $डा^2$=फा $ठा^2$—ठा $डा^2$=फा $टा^2$—ठा $डा^2$

=वर्ग खा टा—वर्ग छा टा।

इस रचना में बीजगणितीय समीकरण

$$क\ ख = य^2$$

का हल निहित है।

(ग) मान लो कि एक समबाहु समलम्ब (Isosceles trapezium) दिया हुआ है जिसकी समान्तर भुजाएँ २४ और ३० हैं और उच्चत्व (altitude) ३६।

चित्र २९—दो समान्तर भुजाओं वाला समबाहु समलम्ब।

अब प्रश्न यह है कि किस अनुपात में इसकी भुजाएँ बढ़ायी जायँ कि क्षेत्रफल में म वर्ग मात्रकों (units) की वृद्धि हो जाय। भाव यह है कि आकृति ज्यों की त्यों बनी रहे, केवल उसका आकार बढ़ जाय।

यदि वृद्धि के अनुपात को य माना जाय तो नयी भुजाएँ २४ य और ३० य हो जायँगी, और उच्चत्व ३६ य। अतः हमें यह समीकरण प्राप्त होगा—

$$३६\ य \times \frac{२४\ य + ३०\ य}{२} = ३६ \times \frac{२४+३०}{२} + म,$$

अर्थात् $९७२\ य^2 = ९७२ + म$ ।

$$\therefore \quad य^2 = १ + \frac{म}{९७२}$$

अतः $$य = \sqrt{१ + \frac{म}{९७२}} \qquad (अ)$$

सुविधा के लिए हम मान्ने लेते हैं कि नये आकार में समलम्ब का क्षेत्रफल मौलिक क्षेत्रफल का स गुना है। तो

$$९७२+म=९७२\ स,$$

अर्थात् $$म=९७२\ (स-१)$$

(अ) से, $य=\sqrt{स}$ ।

यही फल शुल्व में दिया गया है।

इसकी विशिष्ट दशाएँ स=१४ अथवा $१४\frac{३}{७}$ शतपथ ब्राह्मण में भी दी गयी हैं।[1]

इस प्रश्न की विधि से बीजगणितीय समीकरण

$$क\ य^{२}=ख$$

का हल निकलता है। यह एक शुद्ध वर्ग समीकरण (Pure Quadratic Equation) है। शुल्व में दी हुई अन्य क्रियाओं द्वारा अशुद्ध वर्ग समीकरण (A dfected Quadratic Equation)

$$क\ य^{२}+ख\ य=ग$$

के हल भी निकल आते हैं।

(घ) वर्ग समीकरणों का हल एक अन्य प्रकार की वेदियों की परिवृद्धि से भी सम्बद्ध है। कभी-कभी कोई वेदी वर्ग की आकृति की होती है और उसके १।। गुने अथवा २।। गुने आकार की एक अन्य वर्गाकार वेदी बनानी होती है। या यों कहिए कि एक वर्ग दिया हुआ है और एक अन्य वर्ग ऐसा बनाना है जिसके क्षेत्रफल और इस वर्ग के क्षेत्रफल में एक निर्दिष्ट राशि का अन्तर हो। शुल्व[2] के तत्सम्बन्धी नियम को हम उदाहरण द्वारा समझाते हैं।

मान लीजिए कि का खा गा घा एक दिया हुआ वर्ग है।

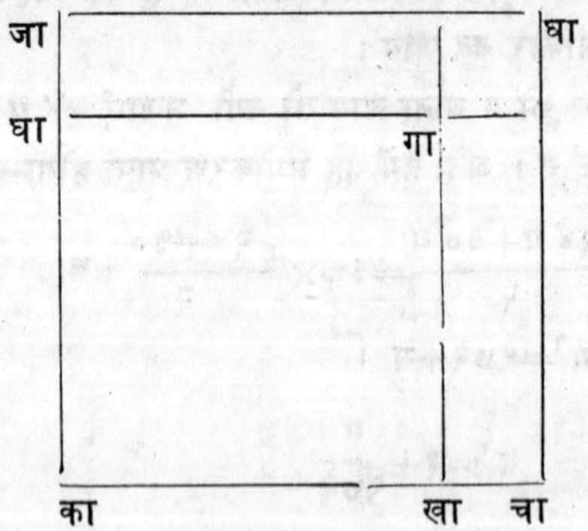

१. (x) २, ३, ७। २. आपस्तम्ब शुल्व० (iii) ९; बौधायन शुल्व० (iii) १९२-४ भी देखिए।

मान लीजिए कि उसकी भुजाओं में खा चा के बराबर वृद्धि करनी है। तो वर्ग की भुजाओं खा गा, गा घा पर दो आयत बनाइए जिन में से प्रत्येक की भुजा खा चा के बराबर हो। कोने गा पर एक वर्ग बनाइए जिसकी भुजा भी खा चा के बराबर हो। तो का चा छा जा ही अभीष्ट वर्ग होगा।

यह रचना बीजगणितीय एकात्म्य (Identity)

$$(\text{क}+\text{ख})^2=\text{क}^2+2\,\text{क ख}+\text{ख}^2$$

का ज्यामितीय सदृश (Analogue) हुई।

अब मान लीजिए कि हमें किसी वर्ग क^2 की वृद्धि म वर्ग मात्रकों से करनी है।

यदि अभीष्ट वर्ग की भुजा य हो तो, उपरिलिखित रचना से,

$$\text{य}^2+2\,\text{क य}=\text{म}, \qquad (\text{इ})$$

अर्थात् $\text{य}^2+2\,\text{क य}+\text{क}^2=\text{म}+\text{क}^2$,

अर्थात् $(\text{य}+\text{क})^2=\text{म}+\text{क}^2$

$$\therefore\ \text{य}=\sqrt{\text{म}+\text{क}^2}-\text{क}\ ।$$

इस प्रकार हमने वर्ग समीकरण (३) का ज्यामितीय विधि से हल निकाल लिया।

(ङ) कुछ रचनाओं में निम्नलिखित अनिर्णीत समीकरण का भी हल मिलता है:—

$$\text{य}^2+\text{र}^2=\text{ल}^2\ ।$$

कात्यायन ने एक सूत्र दिया है जो आधुनिक संकेतलिपि में इस प्रकार लिखा जा सकता है—

$$\text{क}^2\,(\sqrt{\text{स}})^2+\text{क}^2\left(\frac{\text{स}-1}{2}\right)^2=\text{क}^2\left(\frac{\text{स}+1}{2}\right)^2.$$

इस सूत्र को हम इस रूप में ढाल सकते हैं—

$$\text{ष}^2+\left(\frac{\text{ष}^2-1}{2}\right)^2=\left(\frac{\text{ष}^2+1}{2}\right)^2 \qquad (\text{उ})$$

स्पष्ट है कि राशियाँ ष, $\frac{\text{ष}^2-1}{2}$, $\frac{\text{ष}^2+1}{2}$ एक **सुमेय समकोण** त्रिभुज (Rational right-angled triangle) की भुजाओं की लम्बाइयाँ हैं।

करविन्द स्वामी[1] ने उक्त समीकरण का हल इस रूप में दिया है—

$$\text{य},\ \left(\frac{\text{ष}^2+2\,\text{ष}}{2\,\text{ष}+2}\right)\text{य},\ \left(\frac{\text{ष}^2+2\,\text{ष}+2}{2\,\text{ष}+2}\right)\text{य}\ ।$$

यह हल (उ) से सरलता से निकल सकता है।

१. देखिए, उनकी आपस्तम्ब की टीका (i) ४।

उक्त समीकरण का एक अधिक सार्विक हल इस प्रकार है—

$$(\sqrt{\text{ष स}})^{२}+\left(\frac{\text{ष—स}}{२}\right)^{२}+\left(\frac{\text{ष+स}}{२}\right)^{२}.$$

यह हल उस रचना पर आधृत है जिसके द्वारा हम किसी आयत को एक वर्ग में परिणत करते हैं। इस सूत्र की राशियों को सुमेय बनाने के लिए हम इसे इस प्रकार भी लिख सकते हैं—

$$\text{प}^{२}\,\text{फ}^{२}+\left(\frac{\text{प}^{२}-\text{फ}^{२}}{२}\right)^{२}=\left(\frac{\text{प}^{२}+\text{फ}^{२}}{२}\right)^{२}.$$

इसी प्रकार शुल्ब सूत्रों में और भी अनेक प्रकार के अनिर्णीत समीकरणों के हल मिलते हैं।

जिस काल का हम उल्लेख कर रहे हैं उसमें भारत के अतिरिक्त यूनान ही एक ऐसा देश था जहाँ बीजगणित का कुछ आभास पाया जाता है। किन्तु उक्त देश में भी उस समय तक बीजगणित ज्यामिति पर ही आधृत था। यूनानियों ने भी एकात्म्य

$$(\text{क}+\text{ख})^{२}=\text{क}^{२}+\text{ख}^{२}+२\,\text{क ख}$$

को ज्यामितीय विधि से ही सिद्ध किया था।

क ख	$\text{ख}^{२}$
$\text{क}^{२}$	क ख

यूनानियों ने निम्नलिखित एकात्म्यों के भी ज्यामितीय रूप सिद्ध कर दिये थे—

$(\text{क}-\text{ख})^{२}=\text{क}^{२}+\text{ख}^{२}-२\,\text{क ख}$,

$(\text{क}+\text{ख})\;(\text{क}-\text{ख})=\text{क}^{२}-\text{ख}^{२}$,

$\text{क}\;(\text{य}+\text{र}+\text{ल})=\text{क य}+\text{क र}+\text{क ल}$ ।

वे द्विपद व्यंजकों

$$\text{क}^{२}+२\,\text{क ख},\qquad \text{क}^{२}-२\,\text{क ख}$$

को पूर्ण बनाना भी जानते थे। किन्तु वे ये सब क्रियाएँ ज्यामितीय विधि से ही किया करते थे। बीजगणित का ज्यामिति से पृथक्करण बहुत दिन पीछे हुआ है।

(३) ३०० ई० पू० से ५०० ई० तक

जिस काल का इतिहास हम लिख रहे हैं उस काल में यूरोप और मिस्र में अनेक गणितज्ञ हुए हैं किन्तु उनमें से अधिकांश की रुचि ज्यामिति और ज्यौतिष में थी। उनकी कृतियों का उल्लेख उपयुक्त स्थान पर किया जायगा। आर्किमेंडीज़ भी मुख्यतः ज्यामितिज्ञ ही था किन्तु उसने बीजगणित में भी थोड़ी सी रुचि दिखायी थी, विशेषकर ज्यामितीय बीजगणित में। आर्किमेंडीज़ ने प्राकृतिक संख्याओं के वर्ग का योग

$$१^2+२^2+३^2+\ldots\ldots स^2$$

निकाला था। उस से पहले किसी ने भी इस ढंग की किसी श्रेणी का पद्धतिशील विवेचन नहीं किया था। उसने एक विशिष्ट प्रकार के घन समीकरणों का भी हल निकाला था। उक्त समीकरणों को आधुनिक संकेतलिपि में इस प्रकार लिखा जायगा—

$$य^3 \mp क य^2 \pm ख^2 ग=०.$$

आर्किमैंडीज़ ने **शांकवों** (conics) के कटान बिन्दु निकाल कर इन समीकरणों का साधन किया था।

ऐँलैंग्ज़ॅण्ड्रिया का डायफ़ॅण्टस
(Diophantus of Alexandria)

यूनानी गणितज्ञों में डायफ़ॅण्टस का नाम जगत् प्रसिद्ध हो चुका है। अब यह प्रायः निश्चित हो चुका है कि इसका जीवन काल तीसरी शताब्दी ई० का मध्य भाग था। माइकेल सैलस (Michael Psellus) ने, जिसका जीवन काल ११वीं शताब्दी था, डायफ़ॅण्टस की जीवनी में लिखा है कि वह अनाटोलियस (Anatolius) से पहले जन्म ले चुका था क्योंकि अनाटोलियस ने अपनी पुस्तकें डायफ़ॅण्टस को समर्पित की हैं। और अनाटोलियस लाओडीसिया (Laodicea) का पादरी २७० ई० में हुआ। अतः डायफ़ॅण्टस का जीवन काल २५० ई० के लगभग रहा होगा। इस बात का प्रमाण इससे भी मिलता है कि निकोमेकस (Nicomachus) और स्मर्ना के थियन (Theon of Smyrna) ने डायफ़ॅण्टस का कोई उल्लेख अपनी कृतियों में नहीं किया है। और इन दोनों का जीवन काल १०० और १३० ई० के आस पास था। इससे यह निष्कर्ष निकलता है कि डायफ़ॅण्टस का समय इन दोनों के समय के बाद आता है। दूसरी ओर ऐँलैंग्ज़ॅण्ड्रिया वाले थियन ने और उसकी लड़की हाइपेशियां (Hypatia) ने अपनी कृतियों में डायफ़ॅण्टस का उल्लेख किया है। और यह पता है कि थियन ने ऐँलैंग्ज़ॅण्ड्रिया में ३६५ ई० में एक ग्रहण देखा था और हाइपेशिया की मृत्यु ४१५ ई० में हुई थी। इन दोनों बातों से पता चलता है कि डायफ़ॅण्टस का समय ३५० ई० से पहले का ही रहा होगा। अतः उसका जीवन काल जो हमने तीसरी शताब्दी का मध्य माना है, ठीक ही दिखाई पड़ता है।

डायफ़ॅण्टस के जीवन के विषय में बहुत कम जानकारी प्राप्त हुई है। यूनानी वाङमय में उसके जीवन के सम्बन्ध में एक प्रश्न दिया हुआ है जो कदाचित चौथी शताब्दी में प्रकाशित हुआ था—

"उसका बालपन उसके जीवन के $\frac{1}{6}$ वें भाग तक रहा। उसके $\frac{1}{12}$ वें भाग पश्चात् उसके दाढ़ी निकलने लगी। उस समय से (जीवन के) $\frac{1}{7}$ वें भाग पश्चात् उसने विवाह किया और विवाह के ५ वर्ष पीछे उसके लड़का हुआ। पुत्र ने पिता से आधी आयु पायी और पिता पुत्र से चार वर्ष पश्चात् मरा।"

इस विवरण से लोगों ने अनुमान लगाया है कि डायफ़ॅण्टस का विवाह ३३ वर्ष की अवस्था में हुआ और मृत्यु ८४ वर्ष की आयु में।

डायफ़ॅण्टस ने तीन ग्रन्थ लिखे हैं—

(१) **ऍरिथमॅटिका** (Arithmetica) जो १३ भागों में लिखी गयी थी जिनमें से अब केवल ६ ही उपलब्ध हैं।

(२) **पॉलीगॉनल नम्बर्स** (Polygonal Numbers) जिसका भी अब थोड़ा सा ही भाग मिलता है।

(३) **पोरिज्म्स** (Porisms).

डायफ़ॅण्टस की कृतियों का पहला संस्करण बेसिल (Basel) में १५७५ ई० में निकला। दूसरा संस्करण पेरिस से १६२१ में प्रकाशित हुआ जिसमें मौलिक यूनानी पाठ दिया हुआ था। तीसरा टूलुस (Toulouse) में १६७० में निकला जिसमें फ़र्मा (Fermat) ने टिप्पणियाँ दी हैं। ऍरिथमॅटिका के प्रथम चार भागों का प्रकाशन लीडॅन (Leyden) में १५८५ में हुआ और अन्य संस्करण १६२५ और १६३४ में हुए।

डायफ़ॅण्टस के कार्य पर सब से प्रसिद्ध पुस्तक है

Heath : Diophantus of Alexandria—द्वितीय संस्करण—केम्ब्रिज (Cambridge) १९१०।

उक्त पुस्तक में हीद ने लिखा है कि डायफ़ॅण्टस की कृतियों की २५ हस्तलिपियाँ उपलब्ध हुई हैं। डायफ़ॅण्टस की कृतियों का दूसरा टीकाकार टॅनरी (Tannery) है। इसने डायफ़ॅण्टस का जीवन काल निश्चित करने की एक निराली युक्ति निकाली है। इस ने पता चलाया कि सन् २५० ई० के आसपास यूनान में मदिरा का क्या भाव था। यह भाव डायफ़ॅण्टस के दिये हुए भाव से मेल खा गया। इस प्रकार डायफ़ॅण्टस के जीवन काल की तिथि की पुष्टि हो गयी।

डायफ़ॅण्टस की सबसे प्रसिद्ध पुस्तक ऍरिथमॅटिका ही है। आलोचकों का अनुमान है कि उसकी तीसरी पुस्तक पोरिज्म्स वास्तव में ऍरिथमॅटिका का ही एक स्वतन्त्र अंग थी, कोई पृथक् पुस्तक नहीं थी। ग्रन्थ के उक्त अंश में संख्या सिद्धान्त के कुछ रोचक साध्य दिये गये हैं जिनमें से एक प्रसिद्ध साध्य यह है—

दो घनों के अन्तर को दो घनों के जोड़ के रूप में व्यक्त किया जा सकता है।

ऍरिथमॅटिका नाम अनुपयुक्त है। वास्तव में वह बीजगणित की पुस्तक है। उसमें बहुत से ऐसे प्रश्न दिये गये हैं जिनके सुमेय हल अपेक्षित हैं, जिन्हें निकालना बड़े बड़े गणितज्ञों के लिए भी लोहे के चने चबाने के समान है। डायफ़ॅण्टस ने स्वय उनमें से बहुतों के हल करने की बड़ी मौलिक विधियाँ निकालीं, किन्तु उनसे उन प्रश्नों का आंशिक हल ही निकल पाया। उक्त प्रश्न गणितज्ञों के लिए आजतक सिर दर्द बने हुए हैं। दसियों गणितज्ञों ने उन पर माथा पच्ची की है और **आधुनिक वैश्लेषिक संख्या सिद्धान्त** का अधिकांश उन्हीं के गवेषणा कार्य से भरा पड़ा है।

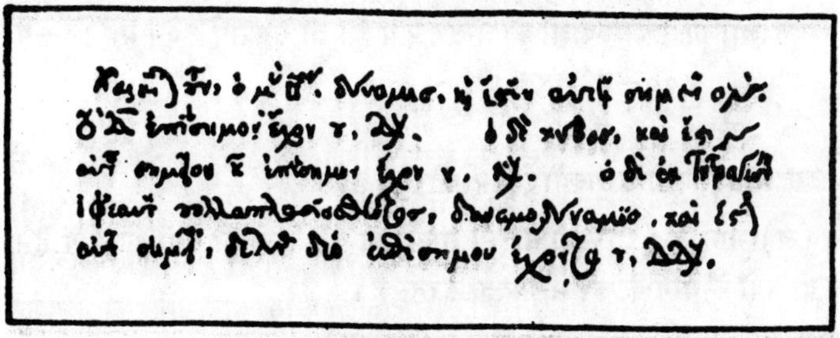

चित्र ३०--**ऍरियमॅटिका का संकेतवाद।**

(इन्साइक्लोपीडिया ब्रिटॅनिका से)

ऍरिथमॅटिका में बहुत से प्रश्न ऐसे हैं जिनसे एक, दो, तीन, अथवा चार चरों (Variables) के एकघात समीकरणों (Linear equations) का निर्माण होता है। कुछ प्रश्नों पर तो निर्णीत (Determinate) और शेष प्रश्नों पर अनिर्णीत (Indeterminate) समीकरण बनते हैं। डायफ़ॅण्टस सदैव पूर्णांक हल निकालने का प्रयत्न नहीं किया करता था, वरन् सुमेय हलों से ही सन्तुष्ट हो जाया करता था। उसकी विधि यह थी कि वह अज्ञात राशियों में से एक का कोई कल्पित मान लेकर किसी अनिर्णीत समीकरण को भी निर्णीत समीकरण में परिवर्तित कर लिया करता था। ग्रन्थ के अधिकांश भाग में द्वितीय घात के अनिर्णीत समीकरणों का विवेचन है। उक्त विषय का महत्त्व इसी बात से समझा जा सकता है कि अब ऐसे समस्त अनिर्णीत समीकरणों का नाम, जिनके गुणांक सुमेय हों और सुमेय हल ही अपेक्षित हों, **डायफॅण्टी समीकरण** (Diophantine Equations) ही पड़ गया

है। पुस्तक में कतिपय तृतीय और चतुर्थ घात समीकरणों का भी समावेश है और एक समीकरण षष्ठ घात का भी है। प्रायः समस्त प्रश्नों में एक सी ही समस्या है: ऐसी दो, तीन अथवा चार संख्याएँ निकालना जिनके विभिन्न व्यंजक पूर्ण वर्ग, पूर्ण घन अथवा दोनों का सम्मिश्रण बन जायँ। हम यहाँ उक्त प्रकार के दो तीन प्रश्न देते हैं।

(क) भाग १ (२७)—ऐसी दो संख्याएँ उपलब्ध करना जिनके जोड़ और गुणनफल दिये हुए हों।

आवश्यक अनुबन्ध—जोड़ के आधे का वर्ग गुणनफल से बड़ा होना चाहिए और दोनों का अन्तर एक वर्ग संख्या होनी चाहिए।

दिया हुआ जोड़=२०, गुणनफल ९६.

मान लीजिए कि संख्याओं का अन्तर २ य है। तो संख्याएँ १०+य, १०—य हुईं।

$$\therefore १०० - य^२ = ९६.$$

$$\text{अतः} \quad य = २.$$

इस प्रकार अभीष्ट संख्येाएँ १२ और ८ हुईं।

(ख) भाग २ (९)—एक ऐसी संख्या दी हुई है जो दो वर्गों का योग है। उसे अन्य दो वर्गों के योग के रूप में व्यक्त करना है।

दी हुई संख्या $१३ = २^२ + ३^२$

इन वर्गों के मूल २ और ३ हैं। अतः एक वर्ग को $(य+२)^२$ और दूसरे को $(मय-३)^२$ मानो जिसमें म कोई पूर्णांक है।

$$\text{तो} \quad (य^२+४\,य+४)+(म^२\,य^२-६\,म\,य+९)=१३,$$

$$\text{अर्थात्} \quad (१+म^२)\,य^२+(४-६\,म)\,य=०.$$

$$\therefore \; य=\frac{६\,म-४}{म^२+१}.$$

यदि म=३ तो $य=\frac{७}{५}$

अतः अभीष्ट संख्याएँ $\frac{१७}{५}$ और $\frac{६}{५}$ हुईं।

म के अन्य पूर्णांक मान लेने से अनेक हल निकल सकते हैं।

ऑयलर (Euler) ने इसी प्रश्न को सार्विक रूप दिया है। यदि त, थ दो दी हुई संख्याएँ हैं तो समीकरण

$$य^२+र^२=त^२+थ^२$$

से य, र के मान निकालने हैं।

स्पष्ट है कि यदि $य > त$, तो $र < थ$।

मान लीजिए कि

$$य=त+प\,ल, \qquad र=थ-फ\,ल \quad ।$$

तो हमें प्राप्त हैं—

$$२\,त\,प\,ल+प^२ ल^२-२\,थ\,फ\,ल+फ^२ ल^२=०.$$

$$\therefore\ ल=\frac{२\,(थ\,फ-त\,प)}{प^२+फ^२}.$$

$$इस\ प्रकार,\ य=त+\frac{२\,प\,(थ\,फ-त\,प)}{प^२+फ^२}=\frac{२\,थ\,प\,फ+त\,(फ^२-प^२)}{प^२+फ^२}$$

$$और\quad र=थ-\frac{२\,फ\,(थ\,फ-त\,प)}{प^२+फ^२}=\frac{२\,त\,प\,फ+थ\,(प^२-फ^२)}{प^२+फ^२}\ ।$$

(ग) भाग ३ (१)—ऐसी तीन संख्याएँ ज्ञात करना कि यदि उनमें से किसी का वर्ग तीनों के जोड़ में से घटायें तो अन्तर एक पूर्ण वर्ग हो।

मान लीजिए कि संख्याओं में से दो य और २ य हैं। तो यदि हम तीनों संख्याओं का जोड़ ५ $य^२$ मान लें तो दो शर्तें पूरी हो जाती हैं क्योंकि—

$$५\,य^२-य^२=४\,य^२,\ एक\ पूर्ण\ वर्ग,$$

$$और\qquad ५\,य^२-४\,य^२=य^२,\ एक\ पूर्ण\ वर्ग\ ।$$

अब ५ को (ख) में दी हुई विधि से दो वर्ग में तोड़ो। मान लीजिए कि $\frac{४}{२५}$ और $\frac{१२१}{२५}$ प्राप्त हुए। $\frac{४}{२५}$ का मूल $\frac{२}{५}$ है।

अतः तीसरी संख्या को $\frac{२}{५}$ य मान लीजिए। इस प्रकार

$$य+२\,य+\frac{२}{५}\,य=५\,य^२,\ अतः\ य=\frac{१७}{२५}\ ।$$

तो संख्याएँ $\frac{१७}{२५}, \frac{३४}{२५}, \frac{३४}{१२५}$ प्राप्त हो गयीं।

पुस्तक के भाग ६ में समकोण त्रिभुजों पर प्रश्न दिये हुए हैं। ये त्रिभुज ऐसे हैं कि इनकी भुजाओं की लम्बाइयाँ और क्षेत्रफल भी पूर्ण वर्ग हों। इनमें से अधिकांश प्रश्न बहुत रोचक हैं। पुस्तक के शेष भाग में संख्या सिद्धान्त के कुछ साध्य दिये गये हैं जैसे—

(i) यदि संख्या २ स+१ दो वर्गों का जोड़ हो तो स विषम नहीं हो सकता। इसका अर्थ यह हुआ कि इस प्रकार की कोई संख्या

$$४\,स-१ \quad अथवा\ ४\,स+३$$

दो वर्गों का जोड़ नहीं हो सकती।

(ii) इस प्रकार : (८ स+७) की कोई संख्या तीन वर्गों का जोड़ नहीं हो सकती।

डायफॅण्टी समीकरणों पर व्यावहारिक प्रश्न—हमें भारतवर्ष में प्रचलित नये दशमलव सिक्कों की कई बार आवश्यकता पड़ेगी। अतः हम यहाँ उनके नाम रखे देते हैं—

१०० नये पैसे	=	१	रुपया
५० ,,	=	१	धेली
२५ ,,	=	१	पाउली
१० ,,	=	१	दहली
५ ,,	=	१	पंजी
२ ,,	=	१	टकी

मान लीजिए कि कोई महाजन एक रुपये की रेज़गी पाउलियों में और पंजियों में ही लेना चाहता है। शर्त यह है कि दोनों सिक्कों में से कम-से-कम एक सिक्का अवश्य लेगा। तो वह कितने प्रकार से रुपया भुना सकता है। स्पष्ट है कि इसका उत्तर है—तीन प्रकार से—

(i) ५ पंजियां, ३ पाउलियां

(ii) १० पंजियां, २ पाउलियां

(iii) १५ पंजियां, १ पाउली।

उक्त प्रश्न से यह समीकरण

५ य+२५ र=१००, अर्थात् य+५ र=२०

बनता है। इस समीकरण का सार्विक रूप

क य+ख र=ग

है। आधुनिक संख्या सिद्धान्त की विधियों से उक्त विशिष्ट समीकरण का हल यह होगा—

य=५+५ व, र=३—व,

जिसमें व एक प्राचल (parameter) है। स्पष्ट है कि केवल धन पूर्णांक हल ही अपेक्षित हैं। और इन व्यंजकों में व=०, १ अथवा २ रखने से ही ऐसे हल प्राप्त होते हैं। अतः उपरिलिखित हल में व के ये मान रखने से हमें यह उत्तर मिलता है—

य=५, १०, १५

र=३, २, १

उच्चघात डायफ़ॅण्टी समीकरण—एक से उच्च घात (Higher Degree) के डायफ़ॅण्टी समीकरणों को हल करना प्रायः कठिन होता है। इन समीकरणों पर बहुत से गणितज्ञों ने सिर मारा है। अतः इस विषय पर बहुत सा गणितीय साहित्य इकट्ठा हो गया है। किन्तु एक कठिनाई यह आ पड़ती है कि प्रत्येक प्रश्न को हल करने का डायफ़ॅण्टस का एक निराला ही ढंग है। अतः उसकी विधियों का सार्वीकरण नहीं

हो सकता। इस प्रकार प्रत्येक समीकरण एक समस्या बन गया है। हम यहाँ भाग २ से एक उदाहरण देते हैं।

प्रश्न १०—दो वर्ग संख्याएँ निकालना, जिनका अन्तर दिया हो।

दिया हुआ अन्तर=६०.

मान लीजिए कि एक संख्या $य^२$ है। तो दूसरी संख्या इस प्रकार $(य+क)^२$ की होगी। मान लीजिए कि क=३. तो प्रश्न के न्यास से,

$$(य+३)^२—य^२=६०.$$

$\therefore$ य=$८\frac{१}{२}$ और अभीष्ट वर्ग संख्यायें $७२\frac{१}{४}$, $१३२\frac{१}{४}$ प्राप्त हो गयीं।

डायफ़ॅण्टस ने क=३ क्यों लिया, इसका उत्तर हमारे लिए देना कठिन है। जो प्रश्न उसने उठाया थां उसका हल तो उसने निकाल लिया, किन्तु आधुनिक पद्धति में तो हम इस प्रकार चलेंगे—

मान लीजिए कि दिया हुआ अन्तर ट है और $य^२$, $(य+क)^२$ अभीष्ट संख्याएँ हैं। तो

$$(य+क)^२—य^२=ट \quad ।$$

$$\therefore २ य क+क^२=ट,$$

अर्थात् $$य=\frac{ट—क^२}{२ क} \quad ।$$

अब य का मान सार्विक पदों में निकल आया। इस में ट और क के विभिन्न मान रखने से हमें य के मानों की एक माला प्राप्त हो जायगी।

यहाँ डायफ़ॅण्टस की बीजगणितीय संकेतलिपि के विषय में भी दो शब्द कहना आवश्यक प्रतीत होता है। डायफ़ॅण्टस के समय तक बीजगणित में एक बहुत ही भौंडी संकेतलिपि का प्रयोग होता था। डायफ़ॅण्टस ने उसमें सुधार किया और इस प्रकार बीजगणितीय सूत्रों की लेखन विधि को सुगम बनाया। उसने जोड़ के लिए कोई स्वतन्त्र चिह्न निश्चित नहीं किया था। केवल पदों को एक के बाद एक रखने से वह + चिह्न का काम निकाल लिया करता था। ऋण चिह्न के लिए उसने यह संकेत ↑ निश्चित किया था।

इसमें सन्देह नहीं कि डायफ़ॅण्टस में विलक्षण प्रतिभा थी। वह किस गुरु के चरणों में बैठा और उसने कौन कौन सी पुस्तकें पढ़ीं इसका हमें कुछ पता नहीं। किन्तु उस समय यूनान की गिरी हुई गणितीय अवस्था को देखकर यह कहना पड़ता है कि वह "गुदड़ी का लाल" था।

डायफ़ॅण्टस की मृत्यु के पश्चात् के गणितज्ञों में आयम्ब्लिकस (Iamblicus) का नाम उल्लेखनीय है। इसका जन्म सीरिया के एक सम्मानित परिवार में हुआ था। जन्म तिथि का ठीक पता नहीं है, किन्तु मृत्यु ३३० ई० के लगभग हुई थी। इसने रोम में पॉर्फ़ाइरी (Porphyry) से शिक्षा प्राप्त की और सीरिया में अध्यापन कार्य किया। इसने पिथॅगोरस और निकोमेकस पर कई टीकाएँ लिखी हैं, किन्तु इसके अधिकांश ग्रन्थ दर्शन-सम्बन्धी थे। इसके गणितीय ग्रन्थ निम्नलिखित हैं—

(१) On the Pythagorean Life (पिथॅगोरी जीवन पर) काइस्लिग (Kiessling) संस्करण (१८१५); अंग्रेज़ी अनुवाद टेलर (Taylor) (१८१८)

(२) On the general science of Mathematics (गणित के सार्विक विज्ञान पर) फ्रीस (Friis) कोपिनहॅगॅन (Copenhagen) (१७९०)

(३) On the Arithmetic of Nicomachus (निकोमेकस के अंकगणित पर)—टॅन्यूलियस (Tennulius) (१६८८)

(४) The Theological principles of Arithmetic (अंकगणित के धर्मशास्त्रीय सिद्धान्त)—अस्ट (Ast) लाइप्ज़िग (Leipzig) (१८१७)

आयम्ब्लिकस ने संख्या सिद्धान्त का निम्नलिखित प्रमेय सिद्ध किया था जो अब प्रसिद्ध हो गया है —

यदि इस प्रकार के ३ स, ३ स—१, ३ स—२ कोई से तीन क्रमागत पूर्णांक जोड़ें जायँ और प्राप्त संख्या के अंकों को जोड़ा जाय और फिर इस जोड़ के अंकों को जोड़ें, और इसी प्रकार जोड़ते चले जायँ तो अन्त में संख्या ६ ही प्राप्त होगी।

उदाहरण—एक संख्या ले लीजिये जो ३ से भाज्य हो। मान लीजिए हमने १७४३ लिया। अब इसमें इससे ठीक पहले के दो पूर्णांक १७४१ और १७४२ जोड़ दीजिए। जोड़ ५२२६ हुआ। इसके अंकों का जोड़ ५+२+२+६ अर्थात् १५ हुआ। इस संख्या के अंकों का जोड़=१+५ अर्थात् ६.

हमने इस विभाग में केवल यूरुप के गणितज्ञों का ही उल्लेख किया है। कारण यह है कि उक्त काल में एशिया में जो गणितज्ञ हुए वे प्रायः ज्यामितिज्ञ अथवा ज्यौतिषी थे। ज्यौतिष हमारे क्षेत्र से बाहर का विषय है और उनके ज्यामितीय कार्य का विवरण आगामी अध्यायों में यथास्थान आ ही जायगा।

(४) भक्षाली गणित

भूमिका

भारत के उत्तर-पश्चिमी सीमा प्रदेश में, जो अब पाकिस्तान का अंग बन गया है, पेशावर जिले में मर्दान एक तहसील का नाम है। उक्त तहसील में भक्षाली नाम का एक गाँव है। भक्षाली की सड़क के पूर्वी ओर कुछ टीले बने हुए हैं। सम्भव है कि ये टीले किसी पुरानी बस्ती के भग्नावशेष हों। सन् १८८१ में एक किसान एक टीले पर खुदाई कर रहा था। अकस्मात् उसे पृथ्वी में से ये वस्तुएँ प्राप्त हुईं—

(क) पत्थर का एक त्रिभुजाकार बिया,

(ख) सेल्खड़ी की एक क़लम,

(ग) काली मिट्टी का एक बड़ा लोटा जिसकी पेंदी में छेद किये हुए थे,

(घ) भोजपत्र पर लिखी हुई एक हस्तलिपि।

हस्तलिपि बड़ी जीर्ण दशा में थी और उक्त किसान उसके मूल्य से अनभिज्ञ था। अतः उसे उठाकर लाने में भी उसके कई पृष्ठ नष्ट हो गये। केवल ७० पन्ने सुरक्षित रह गये हैं जिनमें से भी कुछ तो धज्जियों के रूप में ही हैं। इसी हस्तलिपि का नाम **'भक्षाली हस्तलिपि'** पड़ गया है। डा० होर्नल (Hoernle) उन दिनों भारतीय इतिहास के विशेषज्ञ माने जाते थे। अतः उक्त पाण्डुलिपि परीक्षण के लिए उनके पास भेज दी गयी। डा० होर्नल ने उक्त पाण्डुलिपि पर तीन लेख लिखे जिनके अभिदेश ये हैं—

(१) Indian Antiquary XII (1883) 89—90

(२) Verhandtungen des VII Internationalen Orientalisten Congresses, Arische section p. (1886) p. 127

(३) Indian Antiquary XVII (1888) pp. 33—48, 27[illegible]—9.

तत्पश्चात् हस्तलिपि इंग्लॅण्ड भेज दी गयी और आज भी ऑक्सफ़ोर्ड (Oxford) के बॉड्लियन (Bodlian) पुस्तकालय में रखी हुई है। भारतीय सरकार ने उसका जी. आर. के (Kaye) द्वारा सम्पादन और प्रकाशन कराया है। हस्तलिपि तीन भागों में छापी गयी है। पहले दो भाग कलकत्ते के भारतीय पुरातत्त्व विभाग (Archaeological Survey of India) से १९२७ में प्रकाशित हुए थे। तीसरा भाग १९३३ में प्रकाशित हुआ। उक्त प्रकाशनों में पाठ के अतिरिक्त हस्तलिपि के फ़ोटो और वर्णान्तर (Transliteration) भी दिये गये हैं।

भक्षाली हस्तलिपि प्लेट 36।

हस्तलिपि प्राचीन शारदा लिपि में लिखी गयी है। पृष्ठ का वर्तमान आकार ६"×३$\frac{१}{४}$" है। किन्तु प्रायः सभी पन्नों के ऊपर और नीचे के भाग नष्ट हो चुके हैं। इसलिए यह पता चलाना कठिन है कि पृष्ठ का मौलिक आकार कितना था। डा० होर्नल ने लिखा है कि पुस्तक के सत्ताइसवें सूत्र वाले पृष्ठ के ऊपर और नीचे कदाचित् दो वर्ग आकृतियाँ बनी हुई थीं जिनके भग्नावशेष दृष्टिगोचर हो रहे हैं। उनसे पता चलता है कि पृष्ठ का मौलिक आकार ७"×८$\frac{१}{४}$" के लगभग रहा होगा। इस कथन की पुष्टि इस बात से भी मिलती है कि बहुत सी प्राचीन पाण्डुलिपियाँ वर्गाकार कागज़ पर लिखी जाती थीं।

हस्तलिपि के आदि और अन्त के कितने पन्ने नष्ट हो चुके हैं, यह जानने का कोई साधन दिखाई नहीं देता। इतना अवश्य पता चलता है कि पुस्तक का आकार बृहत् था और उसका जितना भाग बच रहा है वह आधे से भी कम है। सम्भवतः पुस्तक अध्यायों अथवा खण्डों में बाँटी हुई थी। पुस्तक का सबसे पहला सूत्र जो सुरक्षित रह गया है, नवां है और सबसे अन्तिम सूत्र ५७ वां। अधिकांश पन्नों के दाहिने और बायें भाग भी नष्ट हो चुके हैं। पुस्तक का आदि और अन्त नष्ट हो जाने के कारण न तो पुस्तक के नाम का पता चल पाया है, न लेखक के नाम का।

पुस्तक सूत्रों में दी गयी है। प्रत्येक सूत्र के पश्चात् उदाहरण दिये गये हैं। तत्पश्चात् वही उदाहरण अंकों और संकेतों द्वारा व्यक्त किये गये हैं। प्रकरण के इस अंश को **स्थापना** कहते हैं। स्थापना के बाद प्रश्न का हल दिया गया है जिसे **करण** कहते हैं। अन्त में उपपत्ति आती है जिसका नाम **प्रत्यय** दिया गया है। यह परिपाटी ब्रह्मगुप्त और भास्कर की परिपाटी से भिन्न दीख पड़ती है। ये दोनों गणितज्ञ प्रश्नों के उत्तर दिया करते थे, साधारणतया पूरा हल अथवा उपपत्ति नहीं देते थे।

संकेतलिपि (Notation)

हस्तलिपि में साधारणतया ब्रह्मगुप्त और भास्कर की संकेतलिपि का ही प्रयोग किया गया है, किन्तु एक अपवाद बड़ा महत्त्वपूर्ण है। उक्त हस्तलिपि में ऋण चिह्न के लिए + चिह्न का प्रयोग किया गया है जो आजकल धन चिह्न का काम देता है और यह चिह्न जिस अंक पर लगाया गया है उसके पीछे लिखा गया है। जैसे—

१८ ११+
१   १

का अर्थ है १८−११ अर्थात् ७।

यह चिह्न ऋण चिह्न के लिए किस समय प्रयुक्त होता था इस का पता आज तक नहीं चल पाया है, क्योंकि यह चिह्न इस अर्थ में प्रयुक्त होते और किसी प्राचीन पुस्तक में देखा नहीं गया है। पिछली कई शताब्दियों में तो ऋण चिह्न के स्थान पर अंक के ऊपर बिन्दी लगायी जाती थी। इससे पता चलता है कि भक्षाली हस्तलिपि बहुत प्राचीन है।

उक्त चिह्न की उत्पत्ति कहाँ से हुई इस प्रश्न का कोई सन्तोषजनक उत्तर डा० होर्नेल नहीं दे सके हैं। उनको बनारस के डा० थीबॉ (Thibaut) ने बताया था कि यूनान का गणितज्ञ डायफ़ॅण्टस ऋण चिह्न के लिए यूनानी वर्ण ψ के उल्टे (अर्थात् ɸ) का प्रयोग किया करता था। उक्त दोनों चिह्नों में कुछ समानता तो अवश्य है और इसी बात को लेकर डा० के ने अपने इस सिद्धान्त की पुष्टि कर ली कि हिन्दू गणितज्ञों पर यूनानी गणित का बहुत प्रभाव पड़ा है। डा० के ने तो जहाँ कहीं भी हो सका है यूनान और यूरोप का पक्षपात किया है और भारतीयों को नीचा दिखाने का प्रयत्न किया है। उनके कथन तो व्यामोह और भूलों से भरे पड़े हैं और विद्वानों ने उनकी बातों को महत्त्व देना छोड़ दिया है।

पहली बात तो यह है कि डायफ़ॅण्टस जिस चिह्न का प्रयोग करता था वह ↑ था, न कि ψ। और इस चिह्न ↑ और + में बहुत थोड़ी समानता है। इसके अतिरिक्त अब यह निर्विवाद रूप से सिद्ध हो चुका है कि भारतीय गणितज्ञों पर यूनान का प्रभाव नहीं था, वरन् गणित के क्षेत्र में यूनानी ही भारतीयों के ऋणी रहे हैं। अब प्रश्न यह रह जाता है कि + वियोग के अर्थ में कैसे प्रयुक्त हुआ। भारतीय गणितज्ञों की यह परिपाटी रही है कि चिह्न के स्थान पर तत्सम्बन्धी शब्द के प्रथम अक्षर का प्रयोग किया करते थे। जोड़ने के लिए हमारी प्राचीन पुस्तकों में युत का प्रयोग होता था और इसीलिए ये लोग जोड़ने के चिह्न के लिए अंक के अन्त में यु लिखा करते थे। इस प्रकार—

४	९	
१	१	यु

का अर्थ होता था ४+९. इसी प्रकार संभव है कि ये लोग ऋण के लिए ऋ का प्रयोग करते हों और ऋ ही विकृत होते होते इस रूप + में पहुँच गया हो। यद्यपि यह मानना पड़ेगा कि ऋ और + में बहुत अधिक समानता नहीं है।

एक बात और भी ध्यान देने योग्य है। यदि + नागरी लिपि के किसी वर्ण से मिलता है तो क से। विशेष कर प्राचीन अशोक लिपि में तो क प्रायः उसी प्रकार लिखा जाता है जैसा आजकल का + चिह्न। अब प्रश्न यह है कि क कौन से शब्द का प्रथमाक्षर हो सकता है। इस सम्बन्ध में डा० होर्नेल ने कई अनुमान लगाये हैं। हम

जानते हैं कि प्रत्यय के रूप में क छोटे का द्योतक है जैसे पुस्तक, बालक, पत्रक में। इस वर्ण का 'छोटे' से कैसे सम्बन्ध हुआ यह इन शब्दों पर ध्यान देने से निम्नलिखित प्रकट हो जायगा—

कन अथवा कण	=	छोटा टुकड़ा
कनीयस्	=	छोटा
कनिष्ठ	=	सबसे छोटा
कन अंगुली	=	सबसे छोटी अंगुली
कन्या	=	क्वाँरी (छोटी) लड़की

इन शब्दों का मूल संस्कृत धातु 'कनै' है जिसका अर्थ है 'छोटा करना' अथवा 'कम करना'। इस धातु से भूत कृदंत बनेगा 'कनितं' जिसका अर्थ होगा 'कम किया हुआ'। अतएव संभव है कि प्राचीन समय में गणितज्ञों ने क को 'कनिन' का संक्षिप्त रूप मान लिया हो और उसका प्रयोग ऋण चिह्न के लिए किया हो। और जब अशोक लिपि के वर्ण का रूपान्तर शारदा लिपि के वर्णों में हुआ हो तब अन्य वर्ण के रूपों में तो मौलिक अन्तर हो गया हो, किन्तु क का रूप प्रायः ज्यों-का-त्यों रह गया हो।

डा० होर्नेल ने एक अनुमान यह दिया है कि + न्यून के संक्षिप्त रूप नू (प्रावृत न्यू) का विकार है। न्यून का अर्थ है घटाया हुआ और अशोक लिपि के अक्षर नू का रूप बहुत कुछ + चिह्न से मिलता जुलता है। हमें उपरिलिखित अनुमान उनके इस अनुमान से अधिक युक्तिसंगत प्रतीत होता है।

डा० दत्त का विचार है कि + क्ष का रूपान्तर है जो संस्कृत शब्द 'क्षय' का संक्षिप्त रूप है। 'क्षय' का अर्थ है 'घटना'। अतः अर्थ तो ठीक ठीक बैठ जाता है। ब्राह्मी वर्णमाला और भक्षाली वर्णमाला दोनों के क्ष का रूप + से बहुत कुछ मिलता जुलता है। केवल इतना अन्तर है कि उक्त वर्ण में खड़ी रेखा के निम्न भाग में एक घुण्डी सी बनी रहती है। यह संभव है कि उक्त वर्ण के अधिक प्रयोग के कारण घुण्डी उड़ गयी हो और + रह गया हो। हम यह नहीं कह सकते कि डा० दत्त का यह अनुमान कहाँ तक सत्य है, किन्तु यह मानना पड़ेगा कि यह सुझाव देने में उन्होंने दूर की कौड़ी मारी है।

भक्षाली हस्तलिपि में पूर्णांक लिखने की यह पद्धति है कि अंक के नीचे १ लिख दिया जाता है, किन्तु दोनों के बीच में भाग रेखा (Solidus) नहीं दी गयी है। यह परिपाटी भारत के कुछ भागों में अभी तक प्रचलित है।

हस्तलिपि की संकेतना इस उदाहरण से स्पष्ट हो जायगी—

०	१	१	१	१	भा शे १६	फलं ८१*
१	१	१	१	१	१	
	३+	३+	३+	३+		

इसका अर्थ है—

$$य=\frac{१६}{(१-\frac{१}{३})\,(१-\frac{१}{३})\,(१-\frac{१}{३})\,(१-\frac{१}{३})}=८१.$$

अज्ञात राशि के लिए हस्तलिपि में बिन्दी ० का प्रयोग किया गया है। आजकल उसे य से निरूपित किया जाता है। अतः पहले स्तम्भ का अर्थ हुआ $\frac{य}{१}$ अर्थात् य। अगले चार स्तम्भों में से प्रत्येक का अर्थ है $(१-\frac{१}{३})$. मिश्र संख्याएँ ऊपर नीचे लिखी गयी हैं। इस प्रकार

$$\begin{matrix} १ \\ १ \\ ३ \end{matrix}$$

का अर्थ होगा $१+\frac{१}{३}$। किन्तु यदि ३ के पश्चात् + चिह्न हो तो उक्त व्यंजक का मान $(१-\frac{१}{३})$ होगा। गुणा के लिए हस्तलिपि में किसी विशेष चिह्न का प्रयोग नहीं किया गया है। केवल जिन संख्याओं को गुणा करना हो उन्हें पास पास लिख दिया जाता है। अतएव दूसरे, तीसरे, चौथे, पांचवें स्तम्भों का मिलाकर अर्थ हुआ

$$\left(१-\frac{१}{३}\right)\left(१-\frac{१}{३}\right)\left(१-\frac{१}{३}\right)\left(१-\frac{१}{३}\right)$$

भा शे=भाग शेष।

तात्पर्य यह है कि उपरिलिखित गुणनफल से १६ को भाग दो। तो फल ८१ मिलेगा।

यहाँ तक तो ठीक है। किन्तु एक प्रश्न यह रह जाता है कि इस प्रसंग में 'शेष' का क्या प्रयोजन है। डा० के ने इसका एक निर्वचन (Interpretation) दिया है। हमें हस्तगत है

$$\frac{१६}{(१-\frac{१}{३})\,(१-\frac{१}{३})\,(१-\frac{१}{३})\,(१-\frac{१}{३})}=८१,$$

* The Bhakshali manuscript Pts. I, II, III आगे इन्हें इस प्रकार भक्षाली I, II, III लिखा जायगा—देखिए, III २०७।

अर्थात् $८१ \left(१-\frac{१}{३}\right)\left(१-\frac{१}{३}\right)\left(१-\frac{१}{३}\right)\left(१-\frac{१}{३}\right)=१६.$

अब एक एक पग पर विचार कीजिए। ८१ को $\left(१-\frac{१}{३}\right)$ से गुणा करने से $८१-\frac{८१}{३}$ अर्थात् ८१—२७ मिलता है। इस 'शेष' का मान ५४ हुआ। अब

$५४ \left(१-\frac{१}{३}\right)=५४-\frac{५४}{३};$ शेष=३६,

$३६ \left(१-\frac{१}{३}\right)=३६-\frac{३६}{३},$ शेष=२४

अन्त में, $२४ \left(१-\frac{१}{३}\right)=२४-\frac{२४}{३}=१६.$

उपरिलिखित प्रश्न को शब्दों में इस प्रकार लिखा जायगा—

वह कौन सी संख्या है जो १६ को $\left(१-\frac{१}{३}\right)\left(१-\frac{१}{३}\right)\left(१-\frac{१}{३}\right)\left(१-\frac{१}{३}\right)$ से भाग देने पर प्राप्त होती है? उत्तर ८१.

हस्तलिपि में दशमिक पद्धति की संकेतलिपि का प्रयोग किया गया है। उसके अंक इस प्रकार हैं—

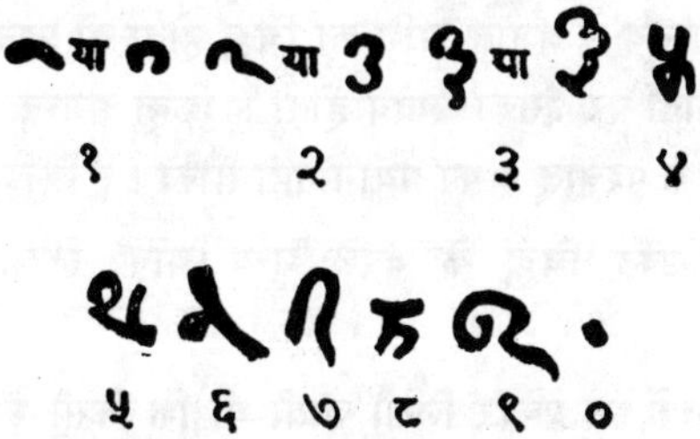

चित्र ३२—भक्षाली हस्तलिपि के अंक।

स्पष्ट है कि उक्त हस्तलिपि में बिन्दी का प्रयोग अज्ञात राशि के अतिरिक्त शून्य के लिए भी किया गया है। आधुनिक पद्धति में इसका प्रयोग केवल शून्य के अर्थ में ही रह गया है और अब इसका आकार बिन्दी से बढ़ कर पूरा वृत्त 0 हो गया है। डा० के ने यह सिद्ध करने की प्राणपण से चेष्टा की है कि दशमिक अंकों और शून्य का आविष्कार विदेश में हुआ और विदेश से यह प्रणाली भारत में आयी। किन्तु अब यह बात निर्विवाद रूप से सिद्ध हो चुकी है कि दशमिक पद्धति और शून्य दोनों की जननी भारत भूमि ही है। इतना अवश्य है कि ० का आरम्भ 'आदि संख्या' (Initial Number) के रूप में नहीं हुआ, वरन् 'रिक्ति' अथवा 'अभाव' के रूप में हुआ। 'शून्य' का अर्थ ही है 'रिक्ति' और आजकल भी बहुत सी वैज्ञानिक पुस्तकों में यह शब्द vacuum के अर्थ में प्रयुक्त हो रहा है।

इस प्रकार (४६) का अर्थ होता था 'छियालीस' किन्तु (४ ६) का अर्थ होता था 'चार सौ छः'। यदि दोनों अंकों के बीच में जितना स्थान छूटना चाहिए उससे कम छोड़ा जाता था तो पाठक को भ्रम हो जाता था कि लेखक का तात्पर्य ४६ से है या ४०६ से। इस भ्रम के निवारण के लिए उसे इस प्रकार (४. ६) लिखा जाने लगा। इसी प्रणाली का आधुनिक रूप (४०६) हो गया है। अब प्रश्न यह रह जाता है कि जो चिह्न शून्य के लिए निर्धारित किया गया उसीसे अज्ञात राशि का निरूपण क्यों किया गया। किसी प्रश्न के कथन में अज्ञात राशि ही ऐसी राशि है जो आरम्भ में भरी नहीं जा सकती। अतः वह एक ऐसी राशि है जिसका मान निकालकर रिक्त स्थान पर भरना है। इसीलिए जो बिन्दी रिक्ति के लिए निर्धारित की गयी उसी से अज्ञात राशि का काम भी लिया गया। किन्तु यह कहना गलत होगा कि ० को अज्ञात राशि के चिह्न के रूप में निश्चित कर दिया गया था जैसा कि डा० होर्नल और डा० के मान बैठे हैं। शून्य मुख्यतः 'रिक्त स्थान' के लिए ही निर्धारित था। अज्ञात राशि के लिए कोई निश्चित चिह्न था ही नहीं। ऐसा समझने के लिए हमारे पास दो कारण हैं—

(१) यदि ० वास्तव में अज्ञात राशि का चिह्न होता तो प्रश्नों के हल करने की क्रियाओं में अनेक स्थानों पर इसका प्रयोग होता। किन्तु समस्त हस्तलिपि में कहीं पर भी प्रश्न के कथन के पश्चात् ० का प्रयोग नहीं होता।

(२) कहीं कहीं उक्त चिह्न के बदले 'शून्य स्थान' लिखा गया है। देखिए भक्षाली II पृष्ठ १२५.

कुछ प्राचीन पुस्तकें इस प्रकार लिखी जाती थीं कि किसी भी पृष्ठयुग्म के दायें और बायें पन्ने पर एक ही संख्या पड़ती थी। इस पृष्ठयुग्म को अंग्रेज़ी में फ़ोलियो (Folio) कहते हैं। दाहिना पृष्ठ रेक्टो (Recto) और बायाँ पृष्ठ वर्सो (verso) कहलाता है। हम इन शब्दों के लिए निम्नलिखित समानकों (equivalents) का प्रयोग करेंगे—

Folio जोड़ी
Recto दायाँ
Verso बायाँ

यह शब्दावली हमने तबले की कला की शब्दावली से ली है। उपरिलिखित सन्दर्भ जोड़ी २५ बायें और २६ दायें पर आते हैं। पहले स्थान पर तो 'शून्य स्थान' ही लिखा हुआ है। दूसरे स्थान पर केवल 'शून्य' लिखा है, किन्तु उसके बाद के बहुत से शब्द नष्ट हो चुके हैं। अनुमान है कि वहाँ पर भी 'शून्य स्थान' ही होगा। ० का यह

प्रयोग भक्षाली हस्तलिपि में कोई निराला नहीं है। श्रीधर और भास्कर ने भी इस अर्थ में ० का प्रयोग किया है। श्रीधर की त्रिशतिका में पृष्ठों १९ और २९ पर इसके उदाहरण मिलते हैं। लीलावती के पृष्ठ २१५ पर यह उदाहरण आता है:—

कोई दाता पहले दिन तीन द्रम्म देकर, प्रति दिन दो द्रम्म की वृद्धि से देता रहा। इस प्रकार उस दाता ने तीन सौ साठ द्रम्म दिये। तो कितने दिन में ३६० द्रम्म दे चुका, यह बताओ।

न्यास : आदि ३, चय २, गच्छ ०, सर्वधन ३६०.

यह प्रश्न समान्तर श्रेढ़ी (Arithmetical Progression) का है और इसमें गच्छ(पदों की संख्या) निकालनी है जिसके लिए ० का प्रयोग किया गया है। श्रेढ़ी का प्रथम पद (First term) ३, सार्वान्तर (Common Difference) २ और पदों का योग (Sum of terms) ३६० दिये हुए हैं।

यों भास्कर के समय तक बीजगणित की संकेतलिपि काफ़ी विकसित हो चुकी थी, फिर आचार्य महोदय ने अज्ञात राशि के संकेत य का प्रयोग न करके ० का प्रयोग क्यों किया? कारण यह है कि उक्त प्रकार के प्रश्न लीलावती में अंकगणित की विधि से किये गये हैं और अंकगणित में बीजगणित के संकेतों का प्रयोग वर्जित है।

डा० होर्नेल लिखते हैं[1] कि "समय की गति से शून्य का दूसरा प्रयोग (अज्ञात राशि वाला) भारत के बाहर के देशों में लुप्त हो गया और उसका प्रयोग स्थिति मान की दशमिक पद्धति की आदि संख्या के रूप में ही रह गया। उक्त चिह्न का दोहरा उपयोग भारत में कहीं कहीं पर अब भी दृष्टिगोचर होता है। यह तथ्य इस बात की पुष्टि करता है कि उक्त पद्धति की जननी भारत देश ही है।"

शब्दावली

भक्षाली हस्तलिपि के अधिकांश पारिभाषिक शब्द वही हैं जो अन्य हिन्दू ग्रन्थों में प्रयुक्त हुए हैं। किन्तु कुछ शब्दों में अन्तर भी है। हम यहाँ ऐसे शब्दों की सूची देते हैं।

हस्तलिपि का शब्द	अन्य ग्रन्थों का शब्द	अंग्रेजी समानक
वर्ग	श्रेढ़ी	Progression or Series
सदृशीकरण } हर साम्यकरण }[2]	सवर्णन	Reduction to a denominator

१. The Bhakshali Manuscript–The Indian Antiquary XVII (1888) p. 35.

२. B. B. Dutt: The Bakhshali Mathematics–Bull. cal. Math. soc. XXI (1929) 1—60 p. 37.

स्थापना न्यास स्थापना	न्यास	Data, or the statement of a problem.

इस सूची में 'स्थापना' का शब्द महत्त्वपूर्ण है। मध्यकालीन समय में प्रायः सर्वथा इसके स्थान पर 'न्यास' का प्रयोग हुआ है। हस्तलिपि में कहीं पर 'स्थापना' का और कहीं पर 'न्यास स्थापना' प्रयुक्त हुआ है। इस तथ्य से यह निष्कर्ष निकलता है कि 'स्थापना' प्राचीन है। धीरे-धीरे इसके स्थान पर 'न्यास' का प्रयोग होने लगा। बीच के दिनों में एक समय ऐसा आया जब स्थापना का प्रयोग कम होने लगा और न्यास का प्रयोग बढ़ने लगा। ऐसे ही परिवर्तन युग में कदाचित् मक्षाली गणित का प्रादुर्भाव हुआ।

'सवर्णन' पर भी विचार कीजिए। आर्यभट्ट के समय (३९९ ई०) से पिछली कई शताब्दियों तक बराबर 'सवर्णन' का प्रयोग होता रहा है। किन्तु भक्षाली हस्तलिपि में यह शब्द केवल एक स्थान पर आया है। इससे यह प्रमाणित होता है कि भक्षाली हस्तलिपि आर्यभट्ट के समय से पहले की है। इसका अर्थ यह हुआ कि हस्तलिपि सम्भवतः तीसरी या चौथी शताब्दी ई० की है।

भक्षाली पाण्डुलिपि में कई ऐसे शब्द भी प्रयुक्त हुए हैं जो और किसी भी प्राचीन हिन्दू ग्रन्थ में नहीं पाये जाते।

शब्द	अर्थ	अंग्रेजी समानक
पर्थ	श्रेणी	Series
धान्त	क्षेप, क़िस्त	Instalment
प्रवृत्ति	मूल धन	Original amount
क्रम	अनुक्रम	Sequence

किन्तु एक बात में भक्षाली पाण्डुलिपि और अन्य ग्रन्थों में समानता है। शब्दों के प्रथमाक्षरों का प्रयोग शब्दों की संक्षिप्तिकाओं (Abbreviations) के रूप में किया गया है। इसका एक सुन्दर उदाहरण जोड़ी २७ बायें में मिलता है—

९ प्र ७ द्वि	७ द्वि १० तृ	१० तृ ८ च	८ च ११ पं	११ पं ९ प्र
युतं जातं प्रत्येकं १६	१७	१८	१९	२०

इस प्रश्न में पाँच अज्ञात राशियां हैं। प्र, द्वि, तृ, च, पं क्रमशः प्रथम, द्वितीय, तृतीय, चतुर्थ, पंचम की संक्षिप्तिकाएँ हैं। प्रश्न में निम्नलिखित पाँच समीकरण दिये हुए हैं—

$य_१+य_२=१६$, $य_२+य_३=१७$, $य_३+य_४=१८$,
$य_४+य_५=१९$, $य_५+य_१=२०$

हस्तलिपि की विषयवस्तु (Contents)

हस्तलिपि की विषयवस्तु के विषय में डा० होर्नल ने अपने उपरिलिखित लेख के पृ० ३३ पर लिखा है—

पुस्तक का विषय अंकगणित है। पुस्तक में दैनिक जीवन सम्बन्धी बहुत से प्रश्न दिये हुए हैं। यहाँ कुछ उदाहरण दिये जाते हैं—

(१) एक गाड़ी में १० के बदले ५ घोड़े जोते गये हैं। १० घोड़े मिलकर १०० (योजन) चले जाते थे। ५ घोड़े कितनी दूर जा सकेंगे ?

(२) दूसरा उदाहरण जटिल है—

एक व्यक्ति पहले दिन ५ योजन चलता है और फिर प्रत्येक दिन (पिछले दिन से) ३ योजन अधिक चलता है। एक दूसरा व्यक्ति उससे ५ दिन पहले चलता है और प्रति दिन ७ योजन चलता है। कितने समय पश्चात् दोनों मिलेंगे ?

(३) यह प्रश्न और भी जटिल है—

तीन व्यापारियों में से एक के पास ७ घोड़े हैं, दूसरे के पास ९ खच्चर और तीसरे के पास १० ऊँट। उनमें से प्रत्येक इस शर्त पर ३ पशु दे देता है कि इन पशुओं को तीनों में इस प्रकार बराबर बराबर बाँटा जाय कि अन्त में तीनों की सम्पत्ति समान हो जाय। प्रत्येक व्यापारी की मौलिक सम्पत्ति कितनी थी और प्रत्येक पशु का क्या मूल्य था ?

इन प्रश्नों को हल करने के जो नियम दिये गये हैं उनकी विधि बिलकुल यान्त्रिक है और उसमें विचार करने की बहुत कम आवश्यकता पड़ती है। अन्तिम प्रश्न का हल इस प्रकार है—

"दान के पशुओं की संख्या (३) को प्रत्येक व्यापारी के पशुधन की संख्या (७,९, १०) में से घटाओ। तीनों शेषों (४, ६, ७) को गुणा करो। गुणनफल १६८ आया। इस गुणनफल को क्रमशः तीनों शेषों से भाग दो—

$\frac{१६८}{४}=४२$; $\frac{१६८}{६}=२८$; $\frac{१६८}{७}=२४$.

अब तीनों पशुओं का मूल्य आ गया—

१ घोड़े का	मूल्य	= ४२
१ खच्चर	,,	= २८
१ ऊँट	,,	= २४

इस प्रकार तीनों की सम्पत्ति के मौलिक मान

४२× ७=२९४,
२८× ९=२५२,
२४×१०=२४०

हुए। दान के पश्चात् उनकी सम्पत्तियाँ बराबर हो गयीं क्योंकि

४२×४=१६८,
२८×६=१६८,
२४×७=१६८

तत्पश्चात् तीनों को दान के पशुओं में से १ घोड़ा, १ खच्चर, १ ऊँट मिला जिनका मूल्य=४२+२८+२४=९४.

अतः, अन्त में तीनों के पास १६८+९४ अर्थात् २६२ मूल्य की सम्पत्ति हो गयी।

नियम बहुत ही सुमित भाषा में दिये गये हैं और उदाहरणों द्वारा समझाये गये हैं। प्रत्येक सूत्र के पश्चात् साधारणतया दो उदाहरण और कहीं कहीं पर अनेक उदाहरण दिये गये हैं। २५ वें सूत्र पर तो १५ उदाहरण दिये गये हैं।

प्रगट रूप से भक्षाली हस्तलिपि का विषय अंकगणित है, किन्तु प्रश्नों के हल इतने व्यापक रूपों में दिये गये हैं कि उन्हें बीजगणितीय हल कहना अधिक उपयुक्त होगा, यद्यपि कहीं पर भी बीजगणितीय संकेतलिपि का प्रयोग नहीं किया गया है। नियम इतनी सूत्रिक भाषा में दिये गये हैं कि यदि उनके पश्चयात् उदाहरण न दिये गये होते तो उनका अर्थ समझना भी कठिन हो जाता। उदाहरणों के अन्त में उनकी उपपत्तियाँ अथवा सत्यापन विस्तारपूर्वक दिये गये हैं।

हस्तलिपि में तीन प्रकार के प्रश्न दिये गये हैं—अंकगणितीय, बीजगणितीय और ज्यामितीय। किन्तु ज्यामितीय प्रश्न तो बहुत ही कम है। यह सम्भव है कि हस्तलिपि का जो अंश नष्ट हो चुका है उसमें और भी ज्यामितीय प्रश्न रहे हों। किन्तु इस आधार पर प्रश्नों का विभाजन सुनिश्चित रूप से नहीं किया जा सकता क्योंकि कुछ प्रश्नों के विषय में यह कहना कठिन है कि वे तीनों में से कौन से क्षेत्र के है। उनमें दो और कभी-कभी तीनों क्षेत्र समाविष्ट दिखाई पड़ते हैं। कृति के भागों का विभाजन इस प्रकार किया जाय तो अच्छा है—(क) विद्योचित (ख) व्यापारिक (ग) विविध।

व्यापारिक प्रश्न बहुत थोड़े हैं। हानि-लाभ के प्रश्न एक छोटे से अंश में हैं और ब्याज पर केवल एक प्रश्न है। विविध प्रश्न प्राचीन हिन्दू संस्कृति से सम्बद्ध हैं। कुछ प्रश्न सीता, राम और रामायण के अन्य पात्रों पर हैं, कुछ शिव, पार्वती पर, कुछ सूर्य देव के रथ इत्यादि पर।

पाठकों और गवेषकों की सुविधा के लिए हस्तलिपि की विषयवस्तु को कई विभागों में बाँटा गया है जिन्हें रोमन वर्णों से निरूपित किया गया है—

(१)	वर्ग मूल (Square Roots)	C
(२)	एकघात समीकरण (Linear Equations)	A
(३)	विशेष प्रश्न	G
(४)	वर्ग समीकरण (Quadratic Equations)	C
(५)	समान्तर श्रेढ़ियाँ (Arithmetical Progressions)	B और C
(६)	द्विघात अनिर्णीत समीकरण (Indeterminate Quadratic Equations)	A और K
(७)	मिश्र श्रेणियाँ (Compound Series)	F
(८)	सुवर्ण गणित (Computations relating to gold)	H
(९)	आय-व्यय, हानि-लाभ	L, D, और E
(१०)	विविध प्रश्न	M

इनके अतिरिक्त कुछ प्रश्न मापिकी पर भी दिये गये हैं। हम यहाँ हस्तलिपि की विषयवस्तु के कुछ नमूने देते हैं।

पाठ के नमूने

(क) वर्ग मूल आदि

(१) हस्तलिपि में कुछ प्रश्न ऐसे दिये गये हैं जिनमें समान्तर श्रेढ़ी, वर्ग-मूल और वर्ग-समीकरण में से दो या तीनों प्रकरणों का समावेश हो जाता है।

(१) जोड़ी ७ बार्या[1]

आ ३	उ ४	प०	नित्यदत्त ७
१	१	१	१

१. भक्षाली III पृ० १७४।

आदि विशोध्य......आदि | ३ | नियतं | ७ | विशोध्य | ४ |

उत्तरार्धेन भाजितं। उत्तरं | ४ | अनेन भाजितं | $\frac{४}{२}$ | जातम | २ |

लब्धं सरूप एष रुपाधिकं | ३ | एष काल.........

| आ ३/१ | उ ४/१ | प ३/१ | रूपोण करणेन फलं रू २१

इसके पेश्चात् उक्त नियम का सत्यापन और एक उदाहरण दिया गया है।

उक्त प्रश्न में एक समान्तर श्रेढ़ी दी गयी है जिसमें

प्रथम पद=३, सार्वान्तर=४, सर्वधन=७×(गच्छ).

तो गच्छ (पदों की संख्या) निकालनी है।

कार्यविधि इस प्रकार की प्रतीत होती है:

यदि गच्छ=ग तो

$$७\, ग=\left[(ग-१)\frac{४}{२}+३\right]ग,$$

अर्थात् $७=(ग-१).\ २+३ \qquad \therefore ग=३.$

अतः सर्वधन=२१.

उक्त प्रश्न में यह सूत्र निहित दिखाई पड़ता है—

$$सर्वधन=गच्छ\left[(गच्छ-१)\frac{चय}{२}+आदि\right].$$

यदि सर्वधन=स, गच्छ=ग, चय=च, आदि=अ रखें तो सूत्र का यह रूप हो जायगा—

$$स=ग\left[(ग-१)\frac{च}{२}+अ\right].$$

यह सूत्र समान्तर श्रेढ़ी के योग के आधुनिक सूत्र से पूरा पूरा मेल खाता है। इस सूत्र से वर्ग समीकरण

$$च\, स^{२}+(२\, अ-च)\, स-२\, स=०$$

प्राप्त होता है।

इस समीकरण को हल करने से

$$स=\frac{-(२\, अ-च)+\sqrt{(२\, अ-च)^{२}+८\, च\, स}}{२\, च}\text{।}$$

मक्षाली हस्तलिपि में यह सूत्र स्पष्ट रूप से नहीं दिया गया है, किन्तु इसका प्रयोग कई स्थानों पर हुआ है, जैसे इस प्रश्न में—

(२) जोड़ी ५७ बायाँ और दायाँ

अष्टोत्तरघ्ने गुणिते | ४० | द्विघ्नम आदि च.........

निक्षिप्य | ४१ | मूलं | ६ ५ ६ | शेषच्छेदो द्विसंगुण...........

शुद्ध तस्मात्

अक्रुति श्लिष्ट कृत्यूना शेषच्छेदो द्विसंगुणः

तद् वर्ग दल संश्लिष्टः हृति शुद्धि कृति क्षयः

अक्रुति श्लिष्ट.........तद् द्विसंगुण कृत

| ६ ५ १२ | तद् वर्गतं १२ | ६ ५ २५ १२ १४४ | दल ......

| २५ १८४८ | .... | ११८३३ १८४८ | हृ | १८४८ | कृतिक्षय कृतिम्

एष मूलम् ।। तन्मूलम्......मूलं एकं १ एष सदृश्रे पतित

जाता | ९९८५ १८४८ | ......समभक्तं उत्तरम् द्विगुणं २ अनेन

भक्त्वा | ९९८५ १८४८ | एष पंच कस्य पदम् ।। अस्यप्र...........

सूत्रम ।। एको राशि द्विच्या स्थायश चय से

प्रश्न के आरम्भ का भाग नष्ट हो चुका है। डा० के ने उसकी पूर्ति इस प्रकार की है—

अ=१, च=१, स=५.

$$\text{अतः स} = \frac{\sqrt{(२\text{अ}-\text{च})^२+८\,\text{च}\,\text{स}}-(२\text{अ}-\text{च})}{२\,\text{च}}$$

$$=\frac{१}{२}\left[\sqrt{(२-१)^२+८.\,१.\,५}-(२-१)\right]=\frac{\sqrt{४१}-१}{२}$$

करणी $\sqrt{४१}$ का प्रथम सन्निकटन (Approximation) निकालने के लिए इस सूत्र

$$\sqrt{\text{क}^२+\text{ख}}=\text{क}+\frac{\text{ख}}{२\,\text{क}}$$

का प्रयोग किया गया है।

इस प्रकार

$$\sqrt{४१}=\sqrt{३६+५}=६+\frac{५}{१२}=\frac{७७}{१२}.$$

द्वितीय सन्निकटन का सूत्र उपरिलिखित उदाहरण में निहित है। "अकृति शिलष्ट ......कृति क्षय" वाले अंश का निर्वचन डा० दत्त ने इस प्रकार किया है—

"अवर्ग संख्या के मूल का निकट मान निकालने के लिए समीपतम वर्ग संख्या को घटाओ। शेष को उक्त संख्या के मूल के दुगुने से भाग दो। इस भिन्न के वर्ग के आधे को मूल और भिन्न के जोड़ से भाग दो। लब्ध संख्या को घटा दो। तो मूल का निकट मान, वर्ग संख्या से हीन, निकल आयेगा।"[1]

इस सूत्र के अनुसार,

$$\sqrt{क^२+ख}-क=\frac{ख}{२क}-\frac{\left(\frac{ख}{२क}\right)^२}{२\left(क+\frac{ख}{२क}\right)}.$$

इस प्रकार

$$\sqrt{४१}=\sqrt{६^२+५}=६+\frac{५}{१२}-\frac{\left(\frac{५}{१२}\right)^२}{२\left(६+\frac{५}{१२}\right)}$$

$$=६+\frac{५}{१२}-\frac{२५}{१४४}\times\frac{६}{७७}=\frac{११८३३}{१८४८}.$$

और हस्तलिपि के पाठ में यही मान दिया भी है।

$$\text{अतः } ग=\frac{१}{२}(\sqrt{४१}-१)=\frac{१}{२}\left(\frac{११८३३}{१८४८}-१\right)$$

$$=\frac{१}{२}\cdot\frac{९९८५}{१८४८}=\frac{९९८५}{३६९६}$$

वर्ग मूल के इस सूत्र के अन्य प्रयोगों के लिए देखिए—

(क) जोड़ी ४५ दायाँ—

$$\sqrt{१०५}=\sqrt{१००+५}=१०+\frac{१}{४}-\frac{\left(\frac{१}{४}\right)^२}{२\left(१०+\frac{१}{४}\right)}=\frac{३३६१}{३२८}$$

(ख) जोड़ी ५६ दायाँ और जोड़ी ६५ दायाँ—

$$\sqrt{४८१}=\sqrt{४४१+४०}=२१+\frac{२०}{२१}-\frac{\left(\frac{२०}{२१}\right)^२}{२\left(२१+\frac{२०}{२१}\right)}$$

१. B. B. Dutt—ibid p. II

(ग) **जोड़ी ४५ बायाँ और ४६ दायाँ—**

$\sqrt{३३६००९} = \sqrt{५७९^२ + ७६८}$

$= ५७९ + \frac{३८४}{५७९} - \frac{\left(\frac{३८४}{५७९}\right)^२}{२\left(५७९ + \frac{३८४}{५७९}\right)}$

डा० के ने वर्ग मूल के सूत्र का कुछ दूसरा ही अर्थ दिया है। कदाचित् वह उसका ठीक ठीक आशय नहीं समझ पाये। हमें डा० दत्त वाला निर्वचन ही उपयुक्त जान पड़ता है।

(ख) मिश्र श्रेणियाँ

हम जान चुके हैं कि भक्षाली गणितज्ञ समान्तर श्रेढ़ी के नियमों से भली भाँति परिचित थे। वे लोग ज्यामितीय श्रेणी से भी अनभिज्ञ नहीं थे। इतना ही नहीं, समान्तर-ज्यामितीय श्रेणियों का योग निकालना भी जानते थे। इनमें से कुछ के अभिदेश (References) इस प्रकार हैं—

(i) **जोड़ी २२ बायाँ**—इसमें इस प्रकार की श्रेणी का प्रयोग है—

प + २ प + ३ प + ४ प + ...ग प।

(ii) मान लीजिए कि हम किसी श्रेणी के विभिन्न पदों को $प_१, प_२, प_३, \ldots$ से निरूपित करते हैं। तो २३ दायें में इस प्रकार की श्रेणी आती है—

$प_१ + २ प_१ + ३ प_२ + ४ प_३ + \ldots\ldots ग प_{ग-१}$ ।

(iii) २३ बायें में इस प्रकार की श्रेणी का प्रयोग आता है—

$प_१ + २ प_१ + ३ (प_१ + प_२) + ४ (प_१ + प_२ + प_३) + \ldots\ldots$

इस प्रकार की श्रेणी को **'युति वर्ग क्रम'** कहा गया है।

हम उक्त प्रश्न को विस्तार पूर्वक देते हैं[1]—

..........कृत्वा चतुर्थं............

................प्रथमस्य तु किं भवेत्

०	२	१	३	३	१२	४	द्व ३००
१	१	१	१	१	१	१	१

कामिकं शून्य पिन्यस्तं कामिकं १ ॥ एष न्यस्तं....

तदा चैव क्रमेण गुणितं। १। २। ९। ४८। एषां

1: भक्षाली III १९४

यु. |६०| अनेन दृश्यं भाजितं $\left|\begin{array}{c|c} \text{१} & \text{३००} \\ \text{६०} & \text{१} \end{array}\right|$ जाता |५|

ए.........अनेन क्षेपं गुणये । ५ । १० । ४५ । २४० ।

.........युति वर्ग गणितं ॥

इस श्लोक में 'कामिक' का वही अर्थ है जो प्राचीन पुस्तकों में 'इच्छा' अथवा 'यदृच्छा' का होता था। कुछ गणितज्ञों ने इसी के लिए 'इष्ट' का प्रयोग किया था।

उपरिलिखित उदाहरण को हम अपने शब्दों में इस प्रकार लिखते हैं—

एक राजा चार व्यक्तियों में ३०० दीनार बाँटता है। वह जितने दीनार पहले व्यक्ति को देता है उससे दुगुने दूसरे को देता है। जितने पहले दोनों व्यक्तियों को मिलाकर देता है, उससे तिगुने तीसरे व्यक्ति को देता है। उसने इस प्रकार जितने दीनार पहले तीन व्यक्तियों को दिये, उसके चौगुने दीनार चौथे को दिये। और तब समस्त दीनार समाप्त हो गये। उसने प्रत्येक को कितने दीनार दिये ?

स्पष्ट है कि

$$\text{प}_1 + \text{२ प}_1 + \text{३} (\text{प}_1 + \text{प}_2) + \text{४} (\text{प}_1 + \text{प}_2 + \text{प}_3 + \text{प}_4) = \text{३००}.$$

भक्षाली गणित की विधि के अनुसार यदि $\text{प}_1 = \text{१}$ रखें तो हमें बायीं ओर हस्तगत हुआ—

$$\text{१} + \text{२} + \text{९} + \text{४८ अर्थात् ६०}.$$

$$\text{इस प्रकार प}_1 = \frac{\text{३००}}{\text{६०}} = \text{५}.$$

अतः पहले व्यक्ति को ५ दीनार मिले। तो शेष तीनों व्यक्तियों को क्रमशः १०, ४५ और २४० दीनार मिले।

(iv) २५ बायां और २६ दायां—

$$\text{प}_1 + (\text{२ प}_1 \pm \text{फ}) + \{\text{३ प}_1 \pm (\text{फ} + \text{ब})\} + \{\text{४ प}_1 \pm (\text{फ} + \text{२ ब})\} + \ldots\ldots$$

(v) २४ दायां—

$$\text{प}_1 + (\text{२ प}_1 + \text{फ}) + \{\text{३ प}_2 + (\text{फ} + \text{ब})\} + \{\text{४ प}_3 + (\text{फ} + \text{२ ब})\} + \ldots\ldots$$

(vi) २४ बायां—

$$\text{प}_1 + (\text{२ प}_1 \pm \text{फ}) + \{\text{३}(\text{प}_1 + \text{प}_2) \pm (\text{फ} \pm \text{ब})\}$$
$$+ \{\text{४} (\text{प}_1 + \text{प}_2 + \text{प}_3) \pm (\text{फ} + \text{२ ब})\} + \ldots\ldots\ldots$$

इस प्रकार की श्रेणी का नाम **'युतगुणित युतक्रम'** है।

(vii) **५१ दायाँ और बायाँ**—इन पृष्ठों में दो उदाहरण दिये गये हैं जिनमें समान्तर ज्यामितीय श्रेढ़ियों का प्रयोग किया गया है। हम बायें पृष्ठ की सामग्री यहाँ देते हैं—

१	३	९	२७	८१	दृ ३२९ / १

करणम। उत्तर......तत्रोत्तर राशिनां योग ८७ एष धना दृश्या शोधनीया जाता २४२.........। पुरुष। १। ३। ९। २७। ८१।

योग १२१ अनेन.........जाता | २ | एष द्वौ प्रथमस्य धनम्

२। ६। १८। ५४। १६२ उत्तर राशि संयुतं जातं

२ / १	१५ / २	४८ / २	१४७ / २	४४४ / २

एषां

आधुनिक संकेतलिपि में हम इस उदाहरण को इस प्रकार लिख सकते हैं—

$$\text{प}_1+3\,\text{प}_1+3^2\,\text{प}_1+3^3\,\text{प}_1+3^4\,\text{प}_1$$
$$+\frac{3}{4}\,[\text{प}_1+(\text{प}_1+\text{प}_2)+(\text{प}_1+\text{प}_2+\text{प}_3)$$
$$+(\text{प}_1+\text{प}_2+\text{प}_3+\text{प}_4)\,]=329.$$

भक्षाली गणित की विधि के अनुसार $\text{प}_1=2$ रखने से पहली श्रेणी

$$=2+6+18+54+162=242$$

∴ दूसरी श्रेणी का गोग $=329-242=87$,

अर्थात् $\text{प}_1+(\text{प}_1+\text{प}_2)+(\text{प}_1+\text{प}_2+\text{प}_3)+(\text{प}_1+\text{प}_2+\text{प}_3+\text{प}_4)=116$

वाम पक्ष $=2+(2+6)+(2+6+18)+(2+6+18+54)$

$$=2+8+26+80=116\text{।}$$

∴ हमारा अनुमान $\text{प}_1=2$ ठीक ही निकला। यदि वाम पक्ष का योग ११६ के स्थान पर और कुछ होता तो उससे ऐकिक नियम के अनुसार ११६ को भाग दे देते जैसा पिछले दो एक उदाहरणों में हम कर भी चुके हैं।

प्रश्न से स्पष्ट है कि

$\text{प}_2=3\text{प}_1,\quad \text{प}_3=3^2\,\text{प}_1,\quad \text{प}_4=3^3\,\text{प}_1.$

अब यदि हम दिये हुए प्रश्न को इस प्रकार लिखें--

$$\text{प}_१+(३\,\text{प}_१+\tfrac{३}{४}\text{प}_१)+\{३^२\text{प}_१+\tfrac{३}{४}(\text{प}_१+\text{प}_२)\}$$
$$+\{३^३\text{प}_१+(\text{प}_१+\text{प}_२+\text{प}_३)\}+\{३^४\text{प}_१+(\text{प}_१+\text{प}_२+\text{प}_३+\text{प}_४)\}=३२९,$$

तो हमें हस्तगत होगा—

$$\text{प}_१=२,$$
$$३\,\text{प}_१+\tfrac{३}{४}\text{प}_१=६+\tfrac{३}{२}=\tfrac{१५}{२},$$
$$३^२\text{प}_१+\tfrac{३}{४}(\text{प}_१+\text{प}_२)=१८+\tfrac{३}{४}.८=२४=\tfrac{४८}{२},$$
$$३^३\text{प}_१+\tfrac{३}{४}(\text{प}_१+\text{प}_२+\text{प}_३)=५४+\tfrac{३}{४}.२६=५४+\tfrac{३९}{२}=\tfrac{१४७}{२},$$
$$३^४\text{प}_१+\tfrac{३}{४}(\text{प}_१+\text{प}_२+\text{प}_३+\text{प}_४)=१६२+\tfrac{३}{४}.८०=१६२+६०$$
$$=२२२=\tfrac{४४४}{२}.$$

और इस प्रकार उदाहरण के अन्त में दिये हुए भिन्नों का अर्थ स्पष्ट हो जाता है।

स्पष्ट है कि उपरिलिखित उदाहरण में इस प्रकार की समान्तर-ज्यामितीय श्रेढ़ी का प्रयोग हुआ है—

$$\text{प}+(\text{च प}+\text{प न})+\{\text{च}(\text{प}+\text{प न})+\text{प न}^२\}$$
$$+\{\text{च}(\text{प}+\text{प न}+\text{प न}^२)+\text{प न}^३\}+\ldots\ldots\ldots\ldots$$

(ग) द्विघात अनिर्णीत समीकरण

(i) ५९ दायाँ—

"वह कौन सी संख्या है जिसमें ५ जोड़ने से अथवा जिसमें से ७ घटाने से पूर्ण वर्ग प्राप्त होता है?"[१]

हमें हस्तगत है—

$$\text{य}+५=\text{ट}^२ \quad \text{और} \quad \text{य}-७=\text{ठ}^२\ ।$$

हल—जोड़ी और घटायी हुई संख्याओं को जोड़ो।

$$५+७=१२.$$

जोड़ को आधा करो, तो ६ प्राप्त हुआ।

२ घटाने से ४ हस्तगत हुआ।

इसका आधा २ हुआ।

इसका वर्ग ४ हुआ।

इसमें वियोज्य ७ को जोड़ो।

इस प्रकार ११ प्राप्त हुआ। यही उत्तर हुआ।

१. भक्षाली III २१५।

जांच करने से यह उत्तर ठीक दिखाई पड़ता है क्योंकि

११+५=१६, पूर्ण वर्ग

और ११—७=४, पूर्ण वर्ग ।

अब हम उक्त उदाहरण का पाठ देते हैं जिसे पढ़ने से उपरिलिखित प्रत्येक पग स्पष्ट हो जायगा ।

॥ को राशि पंच युता मूलादः सा राशिस सप्त हीन मूलद को सो राशिर इति प्रश्नः॥

०	५	यु	मू	०	सा	०	७+	मू	०
१	१			१		१	१.		१

करणम । युत हीनं चमेकत्वं १२ तद दलम् ६ द्वि हृणम् ४ दलं २ वर्गं ४ हीन युतिम् च कर्तव्या । हीनं ७+अनेन युति ११ एष सा राशि ॥ अस्य प्रत्यानयं क्रियते

११	यु	५	मू	४	११	७+	मू	२
१		१		१	१	१		१

पंचाशं सूत्रम ५०

सूत्रम् । गवां विशेष कर्तव्यं घनं चैव पुन........

उपरिलिखित उदाहरण में इस प्रकार के समीकरणों का अध्ययन किया गया है—

$य+क=ट^2$, $य-ख=ठ^2$ ।

यदि ग कोई पूर्णांक हो तो इन समीकरणों का हल

$$य=\left\{\frac{1}{2}\left(\frac{क+ख}{ग}-ग\right)\right\}^2+ग$$

होगा । य का यह मान लेने से (य+क) और (य—ख) दोनों पूर्ण वर्ग हो जाते हैं। उपरिलिखित उदाहरण में ग=२ लिया गया है । भक्षाली हस्तलिपि में केवल उपरिलिखित विशिष्ट समीकरण हल किये गये हैं ।[1] सार्विक समीकरणों को हल करने की विधि नहीं दी गयी है ।

(ii) २७ दार्या—

करणं । पृथक रूपं विनिक्षिप्य । पृथक रूपं क्षिप्तं जातम्........भ्यासो तत्र गुण | ३ | ४ | अभ्यासं | १२ | रूपहीनं १......अभ्यासा चतु पंचका । अत्र क्षिप्तं जातं | १५ | १६ | एष त्रिगुण......ता मूल......नि चतु पंचा | ५ | ४ | एष[2]

१. देखिए, भक्षाली I पृ० ४२। २. भक्षाली III १६७।

आधुनिक संकेतलिपि में यह प्रश्न इस प्रकार लिखा जायगा—

$$य\,र - ३\,य - ४\,र \pm १ = ०.$$

हल, $$य\,(र - ३) = ४\,र \mp १.$$

अतः यदि र=३+म रखें जिसमें म कोई भी राशि है, तो

$$र = ३ + म$$

और $$य = \frac{४\,(३+म) \mp १}{म} = \frac{४.३ \mp १}{म} + ४.$$

म=१ रखने से, र=४, य=(११ अथवा १३)+४.

अतः धन चिह्न वाले समीकरण का हल हुआ १५, ४

और ऋण चिह्न वाले समीकरण का हल हुआ १७, ४.

म को अन्य मान देने से अनेक अन्य हल निकल सकते हैं।

एक दूसरे रूप में हल इस प्रकार भी निकल सकता है—

$$(य - ४)\,र = ३\,य \mp १,$$

अतः, य=४+म रखने से,

$$र = \frac{३\,(४+म) \mp १}{म} = \frac{३.४ \mp १}{म} + ३.$$

म=१ लेने से, य=५, र=(११ अथवा १३)+३.

अतः धन चिह्न वाले समीकरण का हल यह हुआ : ५, १४, और ऋण चिह्न वाले समीकरण का हल यह हुआ : ५, १६

उक्त समीकरण सार्विक समीकरण

$$य\,र - क\,य - ख\,र - ग = ०$$

के विशिष्ट रूप हैं जिनके हल ये हैं—

$$य = \frac{क\,ख + ग}{म} + ख, \quad र = क + म,$$

अथवा $$य = ख + म, \quad र = \frac{क\,ख + ग}{म} + क।$$

भक्षाली हस्तलिपि एक टीका है

डा० होर्नेल लिखते हैं कि "भक्षाली हस्तलिपि का रचना काल और **भक्षाली गणित** का प्रादुर्भाव काल दो भिन्न-भिन्न वस्तुएँ हैं। हमारा विचार है कि भक्षाली

गणित उक्त हस्तलिपि से बहुत प्राचीन है। हमें विश्वास है कि भक्षाली गणित का आरम्भ सन् ईस्वी की प्रारम्भिक शताब्दियों में हुआ था। सम्भव है कि तीसरी अथवा चौथी शताब्दी में हुआ हो।"[१]

किन्तु डा० के का मत इससे बिलकुल भिन्न है। उन्होंने लिखा है कि "हमारे पास इस बात का कोई समुचित प्रमाण नहीं है कि भक्षाली गणित उक्त हस्तलिपि से पुराना है।"[२]

'उक्त कथन से सम्बद्ध पाद टिप्पणी में डा० के लिखते हैं कि "हस्तलिपि किसी अन्य मौलिक कृति की नक़ल नहीं है। किन्तु वह कई लेखकों द्वारा लिखी गयी है। उसमें अन्तर्निदेश (cross-references) हैं। एक स्थान पर एक सूत्र की संख्या ग़लत डाली गयी थी और उस ग़लती का संशोधन एक विभिन्न लिखावट में किया गया है।" डा० के इस बात को भूल गये कि उपरिलिखित वक्तव्य का पहला अंश अन्तिम अंश से मेल नहीं खाता।

डा० दत्त का विचार है कि हस्तलिपि एक प्राचीन ग्रन्थ की प्रतिलिपि है और यह समझने के लिए उनके पास पर्याप्त प्रमाण हैं। गणित के प्राचीन हिन्दू ग्रन्थ प्रायः अव्यवस्थित रूप से लिखे जाते थे। हमने पिछले अध्यायों में कई उदाहरण दिये हैं जिनमें एक ही ग्रन्थ में अंकगणित, बीजगणित और रेखागणित के प्रकरण दिये हुए हैं और वह भी इस प्रकार कि ग्रन्थ को उक्त भागों में बाँटना भी कठिन हो जाता है। कहीं कहीं पर तो एक ही साधित प्रश्न में गणित की अनेक शाखाओं का सम्मिश्रण मिलता है। इतना ही नहीं, प्राचीन समय में ऐसे ग्रन्थ भी लिखे गये हैं जिन में केवल गणित के बहुत से सूत्रों को एक साथ बिना किसी क्रम के भर दिया गया है।

अब मान लीजिए कि कोई व्यक्ति किसी पुराने ग्रन्थ पर टीका लिख रहा है। यह देखता है कि § १२ में एक ऐसे सूत्र का प्रयोग किया गया है जो § २७ में आता है। तो या तो वह टीका करते समय प्रकरणों का क्रम बदल देगा या दोनों स्थानों पर अन्तर्निदेश दे देगा। प्रायः टीकाकार मौलिक ग्रन्थ में अत्यधिक परिवर्तन करना नहीं चाहते। अतः वे अन्तर्निदेश देकर ही सन्तोष कर लेते हैं। अब तनिक जोड़ी ३ दायें के इस पद पर विचार कीजिए—

सप्तं पत्रे मिलिखित स्थित[३]

अर्थ—"सातवें पृष्ठ पर लिखा हुआ है।"

१. होर्नल: वही पृ० ३६। २. भक्षाली § १२२।

३. भक्षाली III १७१।

इसका तात्पर्य यह हुआ कि जिस सूत्र का प्रयोग हम कर रहे हैं, वह सातवें पृष्ठ पर मिलेगा। उपरिलिखित वाक्य १४ वें सूत्र में आता है और तीसरे पृष्ठ पर दिया हुआ है। अत: लेखक तीसरे पृष्ठ पर ऐसे सूत्र का प्रयोग कर रहा है जो अभी तक प्रतिपादित ही नहीं हुआ है।

कभी कभी लेखकों से ऐसी भूल भी हो जाया करती है। किन्तु एक और उदाहरण लीजिए—

हस्तलिपि का १० वाँ सूत्र जोड़ी १ दायें पर दिया हुआ है। उक्त प्रकरण में यह वाक्य आता है—

एवं सूत्रं ॥ द्वितीय पत्रे विवरितस्ति

अर्थ—इस सूत्र का विवरण दूसरे पृष्ठ पर दिया हुआ है।

यहाँ भी उसी प्रकार की भूल है। इनके अतिरिक्त इसी प्रकार की भूलों के और भी उदाहरण दिये जा सकते हैं। जैसे जोड़ी ४ बायें पर यह पद आता है —

सूत्रे भ्रान्तिम अस्ति

अर्थ—सूत्र भ्रमोत्पादक है।

इन तथ्यों से केवल एक ही निष्कर्ष निकलता है कि हस्तलिपि किसी टीकाकार की कृति है।

एक बात और भी है। हस्तलिपि का लिखने का ढंग भी ऐसा है जो साधारणतया मौलिक ग्रन्थों में नहीं अपनाया जाता। एक बात को कई कई उदाहरणों द्वारा समझाया गया है। कहीं कहीं पर पदों की व्याख्या की गयी है, पारिभाषिक शब्दों का स्पष्टीकरण किया गया है। प्रश्नों के हल विस्तारपूर्वक दिये गये हैं, छोटी-छोटी और सरल बातों को भी विस्तृत ढंग से समझाया गया है। कहीं कहीं पर तो पुनरावृत्ति भी हो गयी है। यह सब तथ्य इस बात की ओर इंगित करते हैं कि हस्तलिपि किसी मौलिक ग्रन्थ की सहगामी टीका (Running commentary) है। सबसे अकाट्य प्रमाण तो उपरिलिखित वाक्य है। क्या कोई भी लेखक अपनी ही लेखनी के विषय में यह लिखेगा कि "सूत्र भ्रमोत्पादक है।" यदि उक्त वाक्य का यह अर्थ लगाया जाय कि "सूत्र ग़लत है" तो क्या कोई लेखक जब अपनी ही कृति को दुहरायेगा और देखेगा कि वह एक सूत्र ग़लत लिख गया है तो केवल इतना लिख कर छोड़ देगा कि "सूत्र ग़लत है।" कदापि नहीं। वह उक्त सूत्र को काट कर यथार्थ सूत्र लिख कर ही चैन की साँस लेगा।

ऐसा प्रतीत होता है कि उक्त हस्तलिपि एक पुरानी टीका की नक़ल है और नक़ल भी किसी एक ही लेखक ने नहीं की है, वरन् कई लेखकों ने, क्योंकि डा० के के

अनुसार भी हस्तलिपि में चार पाँच प्रकार की लिखावट दिखाई पड़ती है। अब तनिक जोड़ी ४ बायें के चित्र पर विचार कीजिए जो भक्षाली II के प्लेट IV में दिया हुआ है। उसी में यह वाक्य आता है—सूत्रे भ्रान्तिम अस्ति, जिसका हम ऊपर उल्लेख कर चुके हैं। पहली बात तो यह है कि यह वाक्य भी उसी लिखावट में लिखा हुआ है जिसमें उक्त पूरा पृष्ठ, जिससे सिद्ध होता है कि उक्त टिप्पणी का लेखक वही है जो सारे पृष्ठ का। दूसरी बात यह है कि यदि कोई व्यक्ति किसी अन्य लेखक की कृति में पंक्तियों के बीच में कोई टिप्पणी लिखेगा तो स्पष्ट पता चल जायगा कि उक्त टिप्पणी मौलिक लेखक की नहीं है क्योंकि टिप्पणी दो सामान्य पंक्तियों के बीच में आ पड़ेगी। मौलिक लेखक जान बूझ कर तो उक्त स्थल पर अधिक स्थान छोड़ेगा नहीं क्योंकि किसी टीकाकार को उन पंक्तियों के बीच में कोई टिप्पणी लिखनी है। किन्तु जहाँ उपरिलिखित टिप्पणी दी हुई है उस स्थान पर ऊपर और नीचे की पंक्तियों के बीच में अधिक स्थान छूटा हुआ है। अतः यह निर्विवाद रूप से सिद्ध हो जाता है कि टिप्पणी और सूत्र एक ही लेखक के लिखे हुए हैं। अर्थात् उक्त पृष्ठ का लेखक मौलिक लेखक नहीं है, वरन् एक प्रतिलिपिक है।

एक बात और भी है। जब हम दो पंक्तियों के बीच में कुछ लिखते हैं तो स्वभावतः हमारे अक्षर स्थान की कमी के कारण छोटे पड़ जाते हैं। इसी कारण डा० के ने उक्त वाक्य 'सूत्रे भ्रान्तिम अस्ति' छोटे अक्षरों में लिखा है।[1] इस प्रकार वह यह सिद्ध करना चाहते हैं कि यह वाक्य बाद को पंक्तियों के बीच में लिखा गया है। किन्तु उक्त वाक्य के अक्षर भी उतने ही बड़े हैं जितने सूत्र के शेष अंश के। अतः उनका उक्त वाक्य को छोटे अक्षरों में देना भ्रमोत्पादक है।

अब तनिक निम्नलिखित उद्धरण पर ध्यान दीजिए जो जोड़ी ५० दायें से लिया गया है;

................वशिष्ठ पुत्र
सिकस्यार्थे पुत्र पौत्र उपयाग्यें भवतु
लिखितं च्छाजकपुत्र गणकराजे ब्राह्मणेन ।

इस अंश के विषय में डाक्टर के लिखते हैं[2] कि "ऐसा प्रतीत होता है कि इस पृष्ठ पर पुस्तक का परिचय पत्र दिया गया है। आशय बिलकुल स्पष्ट तो नहीं है,

चित्र ३३—भक्षाली हस्तलिपि, प्लेट ४।

किन्तु इतना पता चलता है कि ग्रंथ किसी ब्राह्मण द्वारा लिखा गया था जिसके पिता का नाम छाजक था।

"छाजक कदाचित् सज़्जक नाम का पात्र ही है जिसका उल्लेख राजतरंगिणी में कई बार हुआ है। सज़्जक कल्हण के समय में (बारहवीं शताब्दी में) सेद कार्यालय में अधीक्षक था, किन्तु इस व्यक्ति का हमारी हस्तलिपि के लेखक से संबंध जोड़ने का हमारे पास कोई कारण नहीं है।"

बलिहारी है इस तर्क की। डाक्टर के किसी न किसी प्रकार यह दिखाने का प्रयत्न कर रहे हैं कि भक्षाली हस्तलिपि बारहवीं शताब्दी की रचना है और अंत में स्वयं ही अपनी उक्तियों को काट देते हैं। जब वे यह मानते हैं कि छाजक और सज़्जक को एक सिद्ध करने का उनके पास कोई प्रमाण नहीं है तो सज़्जक के नाम का उल्लेख ही क्यों करते हैं। क्या केवल नामों की समानता के कारण ? किन्तु समानता भी तो कोई विशेष नहीं है।

एक बात और भी ध्यान देने योग्य है। उपरिलिखित उद्धरण में 'लिखितम्' का प्रयोग हुआ है। इसका अर्थ यह है कि छाजक-पुत्र केवल एक प्रतिलिपिक (Copyist) ही था। यदि वह ग्रन्थ का मूल लेखक रहा होता तो 'कृतम्' अथवा 'विरचितं' का प्रयोग किया गया होता। हिन्दी में तो author, writer, scribe सबके लिए 'लेखक' का ही प्रयोग होता है, किन्तु संस्कृत में अधिकतर उपरिलिखित दोनों शब्द प्रयुक्त होते हैं।

हस्तलिपि का रचना काल

डाक्टर होर्नेल का विचार है कि भक्षाली हस्तलिपि ऐसे समय में लिखी गयी होगी जब देश में हिन्दू सभ्यता और ब्राह्मण विद्वत्ता का आधिपत्य था। इसका पता तो ग्रंथ की विषय वस्तु से ही चलता है। एक समय था जब काबुल में हिन्दुओं का राज्य था। भक्षाली गाँव उसी राज्य का एक अंग था। जब महमूद ग़ज़नवी ने भारत पर आक्रमण किये तब क़ाबुल का राज्य हिन्दुओं के हाथ से जाता रहा। ये घटनाएँ दसवीं शताब्दी के अंत और ग्यारहवीं शताब्दी के आरम्भ की हैं। उन दिनों यह सामान्य प्रथा थी कि सकट के समय हिन्दू अपनी मूल्यवान् वस्तुएँ भूमि में गाड़ दिया करते थे। सम्भवतः भक्षाली हस्तलिपि भी इसी प्रकार ज़मीन में गाड़ दी गयी होगी। यदि डाक्टर होर्नेल का यह अनुमान सत्य हो तो यह सिद्ध हो जाता है कि हस्तलिपि दसवीं शताब्दी के पश्चात् की नहीं है।

डाक्टर होर्नेल के अनुमान के विषय में डाक्टर के लिखते हैं कि इस बात का कोई भी

प्रमाण नहीं है कि हस्तलिपि जान बूझ कर गाड़ी गयी थी। हम केवल इतना ही कह सकते हैं कि इस बात का भी कोई प्रमाण नहीं है कि हस्तलिपि जान बूझ कर नहीं गाड़ी गयी थी। अतः इन उक्तियों से कोई निश्चयात्मक निष्कर्ष नहीं निकलता।

हस्तलिपि में प्रयुक्त संकेतों के विषय में तो हम पहले ही अपने विचार व्यक्त कर चुके हैं। हम यह भी लिख चुके हैं कि उक्त ग्रंथ शारदा लिपि में लिखा गया था। इस आधार पर डाक्टर होर्नल ने यह अनुमान लगाया है कि कदाचित् हस्तलिपि आठवीं अथवा नवीं शताब्दी में लिखी गयी हो। इस संबंध में डाक्टर के लिखते हैं कि पुराने प्राच्यभाषाज्ञों (Orientalists) का यह विचार ग़लत है कि शारदा लिपि बहुत प्राचीन है। बुहलर (Buhler) ने कहा था कि शारदा लिपि का सबसे पुराना शिलालेख बैजनाथ में मिला है जो सन ८०४ ई० का है, किन्तु डाक्टर के का यह मत है कि उक्त शिलालेख वास्तव में १२०४ ई० का है। तत्पश्चात् डाक्टर के लिखते हैं कि शारदा लिपि के सबसे प्राचीन लेख नवीं शताब्दी के हैं जो कश्मीर के वर्मा राजवंश के कुछ सिक्कों पर पाये गये हैं। कई शिलालेख दसवीं और बारहवीं शताब्दियों के भी मिले हैं और तत्पश्चात् डाक्टर के अपने विचार से यह सिद्ध कर देते हैं कि भक्षाली हस्तलिपि बारहवीं शताब्दी की ही है। यदि उनकी उपरिलिखित उक्तियां सत्य हों तो भी यह मानना पड़ेगा कि यह सम्भव है कि भक्षाली हस्तलिपि नवीं शताब्दी की हो।

भक्षाली हस्तलिपि में सूत्र तो पद्य में दिये गये हैं और उदाहरण गद्य में। पद्य भाग में श्लोक छन्द का प्रयोग किया गया है। प्राचीन गणितीय पुस्तकें अधिकतर श्लोकों में ही लिखी जाती थी, किन्तु पाँचवीं शताब्दी से आर्या छन्द का प्रयोग होने लगा। आर्यभट्ट, वराह मिहिर और ब्रह्मगुप्त ने अपनी कृतियाँ आर्या छन्द में ही लिखी हैं और इन समस्त गणितज्ञों का कार्यकाल छठवीं शताब्दी था। भक्षाली हस्तलिपि श्लोक छन्द में लिखी गयी है। इससे यह निष्कर्ष निकलता है कि उक्त हस्तलिपि का रचना काल सम्भवतः पाँचवीं शताब्दी से पहले ही रहा होगा।

पिछले पैरे में हमने डा० होर्नल का मत दिया है। उसके विषय में डा० के लिखते हैं कि "उक्त कथन भ्रमोत्पादक है। महावीर का गणित-सार-संग्रह (९ वीं शताब्दी) श्लोक छन्द में लिखा गया था। सूर्य सिद्धान्त (११०० ई० के लगभग) भी उसी छन्द में लिखा गया था। इसके अतिरिक्त शारदा लिपि के ग्यारहवीं और बारहवीं शताब्दियों के कई शिलालेख मिले हैं जिनमें श्लोक छन्द ही प्रयुक्त हुआ है। यह बड़े दुर्भाग्य की बात है कि डा० होर्नल ने हस्तलिपि के रचना काल के विषय में एक धारणा बना ली और उसे सिद्ध करने के लिए ऐसे तथ्यहीन तर्क का प्रयोग किया। गणित के इतिहासज्ञ

कॅण्टर (Cantor) ने अपने ग्रन्थ में उसी उक्ति को दुहराया है और उसपर ज़ोर दिया है।"[1]

डाक्टर होर्नल ने कोई पूर्व धारणा बनायी हो या न बनायी हो, किन्तु डाक्टर के ने अवश्य यह धारणा बना ली थी कि भक्षाली हस्तलिपि का रचना काल बारहवीं शताब्दी से पहले का हो ही नहीं सकता। हमने डाक्टर होर्नल का जो मत ऊपर व्यक्त किया है उसमें उन्होंने यह कब कहा है कि छठवीं शताब्दी से श्लोक छन्द का प्रयोग बिलकुल बन्द हो गया। उन्होंने तो केवल यह कहा है कि छठवीं शताब्दी से आर्या छन्द का प्रयोग होने लगा और गणितज्ञ उसी छन्द में अपनी पुस्तकें लिखने लगे। केवल इतना ही नहीं, श्लोक छन्द में लिखी हुई कुछ प्राचीन पुस्तकों की पुनरावृत्ति भी आर्या छन्द में हुई। इसलिए यह अनुमान होता है कि कदाचित् भक्षाली हस्तलिपि की रचना छठवीं शताब्दी से पहले हुई हो। डाक्टर के ने जो तथ्य दिये हैं उनसे केवल इतना निष्कर्ष निकलता है कि छठवीं शताब्दी के पश्चात् भी श्लोक छन्द का प्रयोग होता रहा। केवल इसी बिना पर यह नहीं कहा जा सकता कि डाक्टर होर्नल का अनुमान सर्वथा ग़लत था। अधिक से अधिक यह कह सकते हैं कि डाक्टर होर्नल का मत निश्चयात्मक नहीं है। किन्तु डाक्टर के को तो येन केन प्रकारेण डाक्टर होर्नल की बात को ग़लत सिद्ध करना था।

डाक्टर हार्नल लिखते हैं कि भक्षाली हस्तलिपि उस विचित्र भाषा में लिखी गयी है जो पहले गाथा उपभाषा (Dialect) कहलाती थी और जो प्राचीन उत्तर पश्चमी प्राकृत अथवा पाली का साहित्यिक रूप थी। उसमें संस्कृत और प्राकृत रूपों का विलक्षण संमिश्रण दिखाई पड़ता है। मथुरा के भारतीय सीथियन राजाओं के शिलालेखों से पता चलता है कि उक्त भाषा उत्तर पश्चिमी भारत में तृतीय शताब्दी तक साहित्यिक क्षेत्र में साधारणतया प्रयुक्त होती थी। तत्पश्चात् संस्कृत का प्रयोग, जो उस समय तक ब्राह्मण संप्रदाय की ही भाषा थी, लौकिक कार्यों में होने लगा। बौद्धों और जैनियों में प्राचीन साहित्यिक भाषा कुछ दिन और चली होगी, किन्तु उसका प्रयोग केवल धार्मिक कृत्यों में ही हुआ होगा। अतः भक्षाली हस्तलिपि में उसका प्रयोग यह इंगित करता है कि उक्त रचना तीसरी अथवा चौथी शताब्दी के पश्चात् की नहीं है।

इस संबंध में डाक्टर के ने हस्तलिपि में से बहुत से उदाहरण भाषा-वैज्ञानिक विशेषताओं के दिये हैं और ग्यारहवीं और बारहवीं शताब्दी के शिलालेखों की भाषा से

1. Vorlesungen über Geschichte der Mathematik (3rd edition) vol. I p. 598.

उनका सामंजस्य दिखाया है और अंत में फिर वही निष्कर्ष निकाला है कि डाक्टर ह्योर्नल का विचार ग़लत है। इतना अच्छा किया है कि उन्होंने अपनी टिप्पणियों के अंत में यह लिख दिया है कि इस विषय में "मैं उन लोगों की सम्मति की बाट देखूंगा जो इस विषय (भाषा-विज्ञान) के अधिक जानकार हों, किन्तु मेरा प्रायोगिक निष्कर्ष तो यही है कि हस्तलिपि की भाषा हस्तलिपि से बहुत पुरानी नहीं है। हम इस विषय का विवेचन भाषाविदों और भाषा-वैज्ञानिकों के लिए छोड़ देते हैं।"

अब हम एक अन्य तथ्य की ओर पाठकों का ध्यान आकृष्ट करते हैं। रोम में सोने का एक सिक्का प्रचलित था जिसका नाम 'दिनारियस' था। सबसे पहले उक्त सिक्का २०७ ई० पू० में ढाला गया था। लॅटिन शब्द दिनारियस से ही हिन्दुस्तानी शब्द 'दीनार' बना है। हिन्दुस्तान में ये सिक्के भारतीय सीथियन राजाओं के समय प्रचलित थे। इन राजाओं का वंश प्रथम शताब्दी ई० पू० से तृतीय शताब्दी ई० तक माना जाता है। अन्वेषणों से पता चला है कि ई० की प्रथम शताब्दियों में हमारे देश में हिन्दुस्तानी दीनारों के साथ साथ कहीं कहीं पर रोम के दिनारियस भी चलते थे। सोने के दीनार जो अब तक पाये गये हैं कनिष्क और हुविष्क के राज्य काल के हैं। रोम के जो दिनारियस पाये गये हैं वह ट्रजन, (Trajan) हेड्रियन (Hadrian) और एॅन्टोनाइनस पायस (Antoninus Pius) के समय के हैं और इन समस्त राजाओं का राज्य द्वितीय शताब्दी ई० में हुआ है। अब इस बात पर विचार कीजिए कि भक्षाली पाण्डुलिपि में कई उदाहरणों में दीनारों का प्रयोग किया गया है। इस तथ्य से भी यह संकेत मिलता है कि भक्षाली हस्तलिपि की रचना ई० की पहली तीन शताब्दियों में ही हुई थी।

अब डा० के की उक्ति सुनिए। आप भक्षाली II के § ११० में लिखते हैं कि "दीनार सदैव सोने का ही नहीं होता था, और भक्षाली हस्तलिपि में वह सम्भवतः एक ताँबे का सिक्का था क्योंकि उसमें पृष्ठ ६० पर एक दिन का पारिश्रमिक १$\frac{१}{३}$ से ३ दीनार तक दिया हुआ है[1] और महावीर (६) २३१ में एक कुली का दैनिक पारिश्रमिक १८ दीनार के लगभग तक दिया हुआ है।"

इस सम्बन्ध में हम गुर्जर की पुस्तक Ancient Indian Mathematics and Vedha (1947) के पृष्ठ ५५ की एक कण्डिका का अनुवाद देते हैं—

"थोड़े से विचार विमर्श से ही यह पता चल जायगा कि के के तर्कों में कोई तथ्य नहीं है क्योंकि पहली बात तो यह है कि पाठ्य पुस्तकों में दिये हुए पारिश्रमिक पर

१. भक्षाली III. पृ० २१६।

हम बहुत विश्वास नहीं कर सकते ।[1] दूसरी बात यह है कि भक्षाली हस्तलिपि में दिये गये $१\frac{१}{२}$ या ३ दीनार वाले पारिश्रमिक को हम अत्यधिक नहीं कह सकते क्योंकि भारत उन दिनों सम्भवतः संसार का सबसे सम्पन्न देश था। यदि हम यह दूसरी उक्ति न भी स्वीकार करें तो भी यह क्यों न मानें कि इतने ऊँचे पारिश्रमिक (विद्यार्थियों को) परिकलन के अभ्यास के लिए दिये गये थे ?" क्या त्रैराशिक और भिन्नों के अभ्यास के लिए पुस्तकों में काल्पनिक आँकड़े नहीं दिये जाते ?

हम गुर्जर से सहमत नहीं हैं। साधारणतया गणित की पुस्तकों में भी व्यावहारिक प्रश्न ही दिये जाते हैं। कहीं कहीं ऐसा अवश्य करना पड़ता है कि काल्पनिक, अव्यावहारिक आँकड़ों का प्रयोग किया जाय। मान लीजिए कि हमें कमरों के क्षेत्रफल पर प्रश्न देना है। तो अभ्यास के लिए हम ऐसा प्रश्न देते हैं—

'एक कमरा ४०० गज़ लम्बा, २५० गज़ चौड़ा है. . . . ."

किन्तु ऐसे प्रश्न बहुत कम होते हैं। ऐसे स्थलों पर हमारे पास और कोई उपाय नहीं होता। हम विद्यार्थी को ऊँचे अंकों के परिकलन का अभ्यास कराना चाहते हैं और विषय कमरों के क्षेत्रफल का चल रहा है। तो विवश होकर हमें इस प्रकार के अव्यावहारिक प्रश्न बनाने पड़ेंगे। परन्तु जब हम ऐसा प्रश्न देते हैं कि 'एक कुली का पारिश्रमिक १८ दीनार प्रति दिन है' तो प्रश्न को व्यावहारिक बनाने के लिए हम कुली के स्थान पर किसी कोतवाल अथवा राजमन्त्री का वेतन १८ दीनार प्रतिदिन दे सकते हैं।

अतः हम यह मानते हैं कि महावीर के उक्त प्रश्न में यदि किसी कुली का वेतन १८ दीनार प्रति दिन है तो वह दीनार ताँबे का ही रहा होगा। किन्तु इस स्वीकारोक्ति से भी हमारे मत की ही पुष्टि होती है। बस्तुओं के दाम घटते बढ़ते रहते हैं। यदि महावीर के समय (९वीं शताब्दी) में एक कुली का पारिश्रमिक १८ दीनार प्रति दिन था तो उससे कई शताब्दी पहले ही पारिश्रमिक की दर $१\frac{१}{२}$ या २ दीनार रही होगी। हम यह मानने को तैयार हैं कि भक्षाली हस्तलिपि वाला दीनार ताँबे का रहा होगा। तब इस तथ्य से अवश्य ही यह निष्कर्ष निकलता है कि भक्षाली का समय महावीर के समय से कई शताब्दी पहले रहा होगा क्योंकि महावीर के समय में कुलियों का पारिश्रमिक $१\frac{१}{२}$ या २ दीनार नहीं, १८ दीनार था। २ दीनार से १८ दीनार तक पहुँचने में स्वभावतः कई शताब्दियाँ लग गयी होंगी। इस प्रकार डा० के स्वयं अपने तर्कों के जाल में फँस गये हैं।

१. डा० के ने स्वयं यही बात अपने कथन की पादटिप्पणी में कही है।

अब डा० के की कुछ और उक्तियों पर विचार कीजिए।

मक्षाली II § ६९:

"वर्ग मूल नियम का हिन्दुओं ने १६ वीं शताब्दी तक प्रयोग नहीं किया था। इतना ही नहीं, उन्हें उसका पता भी नहीं था।"

मक्षाली II § १२० :

"हस्तलिपि में करणियों के निकट मान निकालने का नियम दिया हुआ है जो भारतीय नहीं है। विधि इस नियम

$$\sqrt{क^2+ख} = क+\frac{ख^2}{2क}$$

से निरूपित होती है और इस विधा (process) को और आगे बढ़ाने से निकटतर मान निकाले जा सकते हैं। तत्सम्बन्धी सूत्र तीन स्थानों पर दिया हुआ है और प्रथम और द्वितीय निकट मानों के कई उदाहरण दिये गये हैं। बल्कि यों कहना चाहिए कि वर्ग मूल विधि को कृति के विषयों में प्रमुख स्थान दिया गया है। इस (विधि) का इतिहास हम भली भाँति जानते हैं। (देखिए § ६९)। उक्त विधि हैरॉन (Heron) के समय से बहुत सी पश्चिमी कृतियाँ में दी गयी है, किन्तु भारत में १२ वीं शताब्दी से पहले किसी ग्रन्थ में नहीं दी गयी। सच पूछिए तो इसका भारतीय कृतियों में, मक्षाली हस्तलिपि को छोड़कर, सबसे पहला उल्लेख मुझे १६ वीं शताब्दी में ही मिला है।"

मक्षाली II § १३४ :

"प्रमाण तो नहीं, किन्तु कई अन्य संकेत हस्तलिपि के रचना काल के विषय में पाठ्य सामग्री में ही मिलते हैं। यदि वर्ग मूल नियम, जिसका उल्लेख हम कर चुके हैं, आर्यभट्ट के समय से किसी भी भारतीय कृति में मिलता तो हस्तलिपि में उसके दिये जाने से कोई आश्चर्य न होता। किन्तु भारतीय पुस्तकों में उक्त नियम बहुत पीछे के समय में आया है। अतः मक्षाली हस्तलिपि में उसका प्रादुर्भाव प्रत्यक्ष पश्चिमी प्रभाव, सम्भवतः मुस्लिम प्रभाव, के कारण हुआ है।"

डा० के जो चाहें सो मन गढन्त बातें लिख सकते हैं। उनकी कलम रोकने वाला कोई नहीं है। किन्तु तथ्य कुछ और ही है। रोड़े (Rodet) का मत है कि उक्त नियम शुल्व सूत्रों में दिया हुआ है जिनमें से सबसे पुराने का रचना काल ८०० ई० पू० के लगभग है।[1] उक्त नियम से उनके रचयिताओं ने $\sqrt{2}$ का प्रथम नहीं चतुर्थ सन्निकटन निकाला था—

1. L. Rodet: Sur une méthode d' approximation des racines

$$\sqrt{२}=१+\frac{१}{३}+\frac{१}{३.४}-\frac{१}{३.४.३४}$$

अतः डा० के के तर्क बिलकुल निराधार ठहरते हैं।

उपसंहार

(१) डा० के ने जिस अध्यवसाय और लगन से भक्षाली हस्तलिपि का सम्पादन किया है, वह प्रशंसनीय है। उन्होंने गवेषकों के लिए इस दिशा में पर्याप्त सामग्री उपस्थित कर दी है। किन्तु उसके रचना काल के सम्बन्ध में जितने निष्कर्ष निकाले हैं, प्रायः सब गलत हैं।

(२) हस्तलिपि के रचना काल के सम्बन्ध में गणित के प्रमुख इतिहासज्ञ बुहलर[1], कॅण्टर[2] और कजोरी (Cajori)[3] सब डा० होर्नल से इस बात में सहमत हैं कि हस्तलिपि का रचना काल ई० की प्रारम्भिक शताब्दियाँ हैं। डा० दत्त का भी यही मत है। हम डा० दत्त के निष्कर्ष का समर्थन करते हैं।

(३) डा० के ने यह भी सिद्ध करने का प्रयत्न किया है कि भक्षाली हस्तलिपि विदेशी गणित से प्रभावित थी। विस्तार की आशंका से हम उक्त प्रश्न पर गहरे में नहीं जाना चाहते। जिन पाठकों को इस विषय में रुचि हो, डा० दत्त का उपरिलिखित लेख पढ़ सकते हैं। वहाँ उन्होंने अकाट्य प्रमाणों द्वारा यह सिद्ध किया है कि भक्षाली गणित की उपज सोलह आने इसी देश में हुई थी। डा० के को स्वयं भी अपने तर्कों पर पूर्ण विश्वास नहीं है क्योंकि वह भक्षाली I के § १२१ में लिखते हैं कि—

"किन्तु निस्सन्देह पश्चिमी प्रभाव के प्रमाणों का यह अर्थ नहीं है कि कृति भारतीय नहीं है। वह उतनी ही भारतीय है जितनी उस काल की कोई अन्य गणितीय कृति। उसमें हिन्दू पुराणों और हिन्दू देवताओं के अभिदेश हैं और भाषा भी एक प्रकार से भारतीय ही है। लिपि भी उत्तरी भारत की प्राचीन लिपि की एक शाखा ही है।

carres, conne dans l' Inde antereiurment a' la conquête d' Alexandre", Bull. Soc. Math. d. France VII (1879) pp. 98-102; "Sur les méthodes d'approximation chez les anciens". ibid pp. 159-67.

1. Indian Paleography p. 82.
2. Geschichte der Math. I p. 598.
3. History of Math. 2nd ed. (Boston) 1922 p. 85.

उपस्थापन का रूप भी भारतीय है। और अधिकांश उदाहरणों की विषय वस्तु भी भारतीय है।"

इस प्रकार डा० के ने स्वयं ही अपने तर्कों पर पानी फेर दिया है। जादू वह है जो सिर पर चढ़कर बोले।

(५) ५०० से १००० ई० तक

जहाँ तक बीजगणित का सम्बन्ध है, चीन में ५०० और १००० ई० के बीच में दो तीन ही गणितज्ञ हुए हैं जिनका नाम लिया जा सके। पाँचवीं शताब्दी तो प्रायः कोरी ही रही। छठी शताब्दी में पहला नाम चाँग क्यू काइन का आता है। इसका जीवन काल ५७५ ई० के आस पास था। इसने तीन भागों में अंकगणित लिखा है जो अभी तक उपलब्ध है। पुस्तक में अंकगणितीय विषयों के अतिरिक्त समान्तर श्रेढ़ी (Arithmetical Progression) और अनिर्णीत एकघात समीकरणों का भी विवेचन किया गया है।

सातवीं शताब्दी में एक गणितज्ञ वांग स्याओ तुंग हुआ है जिसका जीवन काल ६२५ ई० के लगभग माना जाता है। उसका प्रिय विषय तिथिपत्र (Calendar) था जिसमें उसने दक्षता प्राप्त कर ली थी। उस की प्रसिद्ध पुस्तक चि कू स्वान किंग है। पुस्तक में मापिकी पर बीस प्रश्न दिये गये हैं जिनमें से कुछ में घन समीकरण प्राप्त होते हैं। इस प्रकार कह सकते हैं कि वांग स्याओ तुंग पहला चीनी गणितज्ञ था जिसने घन समीकरणों पर लेखनी उठायी।

आठवीं शताब्दी में चीन का गणितीय कार्य नगण्य रहा। एक गणितज्ञ आई सिंग अवश्य हुआ जिसने ७२७ ई० में एक नया तिथिपत्र बनाया, जिसका नाम ताई येन तिथिपत्र है। सन् ९२५ के आस पास ज्यौतिष पर एक अन्य पुस्तक प्रकाशित हुई, जिसका नाम काइ-यू-आन चान-किंग था। किन्तु उक्त दोनों पुस्तकों में तिथिपत्र के अतिरिक्त और कोई गणितीय विषय नहीं दिये गये थे।

जिस समय का हम उल्लेख कर रहे हैं, उस समय चीन का गणित जापान को प्रभावित करने लगा था। ६७० ई० के लगभग अंकगणित के एक स्कूल की स्थापना हुई और साथ ही साथ जापान में चीन की माप पद्धति को अपना लिया गया। इसके अतिरिक्त एक वेधशाला स्थापित हुई और ७०१ ई० में अध्यापन की विश्वविद्यालय पद्धति चालू हो गयी। विद्यार्थियों के लिए निम्नलिखित ९ चीनी ग्रन्थ निर्धारित किये गये—

१. चौ-पई स्वान-किंग
२. सून-ज़ी स्वान-किंग
३. ल्यू-चाँग
४. सान-कई चुंग-चा
५. वू-त्साओ स्वान-शू
६. हई-तौ स्वान-शू
७. क्यू-स्ज़ू
८. क्यू-चंग
९. क्यू-शू

अब इनमें से तीसरे, चौथे और सातवें ग्रन्थ अप्राप्य हैं। इन ग्रन्थों ने शताब्दियों तक जापानी गणित पर अपनी छाप डाली है।

तत्कालीन जापानी गणितज्ञों में एक ही और नाम उल्लेखनीय है—तेनज़िन। इसका जीवन काल ८९० ई० के आस पास था। इसका मौलिक नाम मिचीज़ेन था। यह एक अध्यापक और सामन्त था। विज्ञान और साहित्य के क्षेत्रों में इसकी ख्याति इतनी फैली कि इसके देहान्त के पश्चात् जनता ने इसका नाम तेनज़िन रख दिया। जापानी भाषा में इस शब्द का अर्थ होता है 'दैवी पुरुष'।

भारत

आर्यभट्ट

हम ऊपर लिख आये हैं कि ५००–१००० ई० तक भारत में अनेक गणितज्ञ हुए हैं। उनमें प्रमुख नाम आर्यभट्ट का है। आर्यभट्ट के अंकगणितीय कार्य का उल्लेख हम पिछले अध्याय में कर चुके हैं। उनके बीजगणितीय कार्य के कुछ नमूने हम यहाँ देते हैं।

(१) आर्यभटीयं का २४ वाँ श्लोक इस प्रकार है—

द्विकृतिगुणात् संवर्गाद् द्व्यन्तरवर्गेण संयुतान्मूलम् ।
अन्तरयुक्तं हीनं तद्गुणकारद्वयं दलितम् ॥२४॥

अर्थ—दो राशियों के गुणनफल के चौगुने में उनके अन्तर का वर्ग जोड़कर वर्ग मूल लेने पर राशियों का अन्तर जोड़ अथवा घटाकर दो से भाग देने से उक्त राशियाँ प्राप्त हो जाती हैं।

आधुनिक संकेतलिपि में हम उक्त सूत्र को इस प्रकार लिखेंगे—

$$\frac{\sqrt{\{४कख+(क-ख)^२\}}\pm(क-ख)}{२}=क \text{ अथवा } ख ।$$

(२) आर्यभटीयं का २३ वाँ श्लोक इस प्रकार है—

संपर्कस्य हि वर्गाद्विशोधयेदेव वर्गसंपर्कम् ।
यत्तस्य भवत्यर्धं विद्याद्गुणकारसंवर्गम् ॥२३॥

अर्थ—राशियों के जोड़ के वर्ग और वर्गों के जोड़ के अन्तर को दो से भाग देने से (दो-दो राशियों के) गुणनफलों का योग प्राप्त होता है।

आधुनिक संकेतलिपि में यह सूत्र इस प्रकार लिखा जायगा—

$$\frac{(क+ख+ग+\ldots)^२-(क^२+ख^२+ग^२+\ldots)}{२}=\Sigma कख ।$$

स्पष्ट है कि यह सूत्र इस बीजगणितीय सूत्र का विस्तार है—

$$\frac{(क+ख)^२-(क^२+ख^२)}{२}=कख,$$

अर्थात् $(क+ख)^२=क^२+ख^२+२कख$ ।

आर्यभटीयं के बीजगणितीय भाग का प्रमुख प्रकरण श्रेढ़ी व्यवहार (Progressions) है। हम यहाँ उक्त ग्रन्थ के तत्संबन्धी सूत्र देते हैं।

(३) आर्यभटीयं का १९ वाँ श्लोक—

इष्टं व्येकं दलितं सपूर्वमुत्तरगुणं समुखमध्यम् ।
इष्टगुणितमिष्टधनं त्वथवाद्यान्तं पदार्धहतम् ॥१९॥

श्लोक के प्रथम भाग का अर्थ—पदों की संख्या में से १ घटाकर शेष को 'चय' से गुणा करो। गुणनफल में प्रथम पद जोड़ने से अन्तिम पद प्राप्त होगा।

मान लो कि हमारी समान्तर श्रेढ़ी यह है—

४, ७, १०, १३, ...१९ पदों तक ।

इस श्रेढ़ी में,

'आदि' अर्थात् प्रथम पद = ४
'चय' अर्थात् सार्वान्तर = ३
'गच्छ' अर्थात् पदों की संख्या = १९

अतएव उपर्युक्त सूत्र से

'अन्त्यधन' अर्थात् अन्तिम पद $=(१९-१)\times३+४=५८$ ।

अतः हमारी समान्तर श्रेढ़ी यह हो गयी

४, ७, १०. १३,........५५, ५८.

श्लोक के मध्य भाग का अर्थ—'अन्त्यधन' में 'आदि' जोड़कर आधा करने से मध्यधन प्राप्त होगा।

ऊपर दिये हुए उदाहरण में

$$\text{मध्यधन} = \frac{५८+४}{२} = ३१ ।$$

स्पष्ट है कि यह संख्या श्रेढ़ी का मध्य पद अर्थात् दसवाँ पद है। किन्तु 'मध्यधन' का अस्तित्व मध्य पद पर आश्रित नहीं है। यदि श्रेढ़ी के पदों की संख्या विषम हो तो मध्य पद और मध्यधन एक ही होंगे। परन्तु यदि पदों की संख्या सम हो तो श्रेढ़ी में कोई मध्यपद होगा ही नहीं। श्रेढ़ी

२, ५, ८, ११, ...२२ पदों तक

में कोई मध्य पद नहीं है। किन्तु ऊपर दिये हुए सूत्र से

$$\text{अन्त्यधन} = २१ \cdot ३+२ = ६५$$

$$\text{और मध्यधन} = \frac{६५+२}{२} = ३३\tfrac{१}{२} ।$$

श्रेढ़ी का दसवाँ पद ३२ है और ग्यारहवाँ ३५ और मध्यधन इन दोनों का मध्यक (Mean) है।

श्लोक के अन्तिम भाग का अर्थ—मध्यधन को 'गच्छ' से गुणा करने से सर्वधन प्राप्त होगा।

इस प्रकार उपरिलिखित श्रेढ़ी का सर्वधन अर्थात् पदों का योग

$$= ३३\tfrac{१}{२} \times २२ = ७३७ ।$$

मान लीजिए कि किसी श्रेढ़ी में

आदि	= आ,	चय	= च,
मध्यधन	= म,	सर्वधन	= स,
अंत्यधन	= अं,	गच्छ	= ग

तो उपरिलिखित सूत्र इस प्रकार लिखे जायेंगे—

$$\text{अं} = (\text{ग}-१)\,\text{च}+\text{आ},$$

$$\text{म} = \frac{\text{अं}+\text{आ}}{२} = \frac{(\text{ग}-१)\,\text{च}+२\,\text{आ}}{२},$$

$$स = ग \times \frac{अं + आ}{२} = \frac{ग}{२}\{(ग-१)च + २\,आ\}. \qquad (ऋ)$$

यह सूत्र श्रेढ़ी गणित के आधुनिक सूत्रों से अभिन्न है।

(४) आर्यभटीयं का २० वाँ श्लोक —

गच्छोऽष्टोत्तरगुणितादृद्विगुणाद्युत्तरविशेषवर्गयुतात् ।
मूलं द्विगुणाद्यूनं स्वोत्तरभाजितं सरूपार्धम् ॥२०॥

इस श्लोक में गच्छ निकालने की विधि दी गयी है। अर्थ इस प्रकार है—

सर्वधन को ८ से गुणा करके गुणनफल को चय से गुणा करो। आदि को द्विगुणित करके उसमें से चय घटा दो और शेष का वर्ग करो। इस वर्ग को उपर्युक्त गुणनफल में जोड़कर वर्ग मूल निकालो। वर्ग मूल में से द्विगुणित आदि घटा कर शेष को चय से भाग दो। भजनफल में १ जोड़ कर योग को आधा करने से गच्छ प्राप्त होगा।

सांकेतिक भाषा में हम यह सूत्र इस प्रकार लिखेंगे।

$$\frac{1}{2}\left\{\frac{\sqrt{८\,स\,च + (२\,अ - च)^{२}} - २\,आ}{च} + १\right\} = ग\,।$$

यह सूत्र भी आधुनिक श्रेढ़ी गणित के सूत्रों से पूरा पूरा मेल खाता है।

(५) आर्यभट्ट ने श्रेढ़ी व्यवहार के अन्तर्गत कुछ अन्य सूत्र भी दिये हैं जो आधुनिक गणित में भी इसी प्रकरण के साथ दिये जाते हैं।

मान लीजिए कि किसी समान्तर श्रेढ़ी में

आ = च = १

तो यह श्रेढ़ी प्राप्त होगी—

१+२+३+४+.........ग पदों तक। (क्ष)

आधुनिक पारिभाषिक शब्दों में इस श्रेढ़ी के योग को 'ग प्राकृतिक संख्याओं का योग' कहते हैं।

ऊपर (३) में दिये हुये सूत्र से इस श्रेढ़ी का सर्वधन

$$स_{ग} = \frac{ग}{२}(ग+१). \qquad (त्र)$$

आर्यभटीयं में यह सूत्र स्पष्ट रूप से नहीं दिया गया है। किन्तु यह असम्भव है कि आर्यभट्ट को यह सूत्र ज्ञात न रहा हो। इसका एक कारण तो यह है कि यह सूत्र कोई नया नहीं है, (३) में दिये गये सूत्र (ऋ) का ही विशिष्ट रूप है। दूसरा कारण

यह है कि आर्यभट्ट ने इसी सूत्र के पदों में अन्य सूत्र दिये हैं जैसा कि निम्नलिखित से स्पस्ट हो जायगा।

संख्याओं (क्ष) को 'संकलित' अथवा 'चिति' कहते हैं। अतएव हम सूत्र (त्र) को इस प्रकार लिख सकते हैं—

चिति ग अथवा संकलित ग $= \frac{\text{ग}}{२}(\text{ग}+१)$.

आधुनिक संकेतलिपि में इसी सूत्र को इस प्रकार लिखेंगे—

$$\sum \text{ग} = \frac{\text{ग}}{२}(\text{ग}+१).$$

अब मान लो कि हम १ से लेकर ग तक इन चितियों का संकलन करें। तो यह श्रेणी (Series) प्राप्त होगी—

$$१+(१+२)+(१+२+३)+(१+२+३+४)+\ldots\ldots +(१+२+३\ldots\ldots\ldots+\text{ग}).$$

आर्यभट्ट ने इस श्रेणी के योग का नाम 'चितिघन' रखा है।

आर्यभटीयं के २१ वें श्लोक में इस श्रेणी के योग का सूत्र दिया हुआ है—

एकोत्तराद्युपचितेर्गच्छाद्येकोतरत्रिसंवर्गः ।
षड्भक्तस्स चितिघनस्सैकपदघनो विमूलो वा ॥२१॥

भावार्थ—गच्छ को प्रथम राशि मानो।
गच्छ में १ जोड़ो। यह दूसरी राशि हुई।
दूसरी राशि में १ जोड़ो। यह तीसरी राशि हुई।

तीनों राशियों के गुणनफल को ६ से भाग देने से श्रेणी का योग प्राप्त होगा।

अथवा, दूसरी राशि के घनफल में से दूसरी राशि घटाकर ६ से भाग देने से चितिघन प्राप्त होगा।

अतः हमें हस्तगत है—

$$\text{चितिघन} = \frac{\text{ग}\ (\text{ग}+१)\ (\text{ग}+२)}{६} = \frac{(\text{ग}+१)^३-(\text{ग}+१)}{६}.$$

(६) आर्यभट्ट ने ग प्राकृतिक संख्याओं के वर्गों के योग को 'वर्ग चितिघन' और उनके घनों के योग को 'घन चितिघन' कहा है। इनका मान निकालने के लिए आर्यभट्ट ने २२ वाँ श्लोक दिया है—

सैकसगच्छपदानां क्रमात्त्रिसंवर्गितस्य षष्ठोंऽशः ।
वर्गचितिघनस्स भवेच्चितिवर्गो घनचितिघनश्च ॥२२॥

श्लोक के प्रथम भाग का अर्थ—गच्छ को प्रथम राशि मानो। गच्छ में १ जोड़ो। यह दूसरी राशि हुई। दुगुने गच्छ में १ जोड़ो। यह तीसरी राशि हुई। तीनों राशियों के गुणनफल को ६ से भाग देने से वर्ग चितिघन प्राप्त होगा। अतः

$$१^२+२^२+३^२+.......+ग^२=\frac{ग\,(ग+१)\,(२\,ग+१)}{६}.$$

श्लोक के अन्तिम भाग का अर्थ—चिति का वर्ग घनचिति घन होता है। अतएव

$$१^३+२^३+३^३+.......+ग^३=\left\{\frac{ग}{२}\,(ग+१)\right\}^२।$$

ब्रह्मगुप्त

श्रेढ़ियों पर ब्रह्मगुप्त का कार्य भी उल्लेखनीय है। इतना ही नहीं, ब्रह्मगुप्त ने सूत्र अधिक स्पष्ट भाषा में दिये हैं। हम यहाँ ब्राह्मस्फुट सिद्धान्त के तत्सम्बन्धी श्लोक देते हैं।

(i) श्लोक १७—

पदमेकहीनमुत्तरगुणितं संयुक्तमादिनाऽन्त्यधनम् ।
आदियुतान्त्यधनार्धं मध्यधनं पदगुणं गणितम् ॥१७॥

इस श्लोक से समान्तर श्रेढ़ी के सर्वधन का वही सूत्र निकलता है जो आर्यभट्ट का सूत्र (ऋ) है।

(ii) श्लोक १८—

उत्तरहीनद्विगुणादिशेषवर्गं धनोत्तराष्टवधे ।
प्रक्षिप्य पदं शेषोनं द्विगुणोत्तरहृतं गच्छः ॥१८॥

इस श्लोक से गच्छ निकालने के लिए यह सूत्र प्राप्त होता है—

$$ग=\frac{\sqrt{(२\,आ—च)^२+८\,स\,च}\;-(२\,आ-च)}{२\,च}$$

यह सूत्र आर्यभट्ट के २० वें श्लोक के सूत्र से अभिन्न है।

(iii) श्लोक १९—

एकोत्तरमेकाद्यं यदीष्टगच्छस्य भवति सङ्कलितम् ।
तद्द्वियुतगच्छगुणितं त्रिहृतं सङ्कलितसङ्कलितम् ॥१९॥

इस श्लोक के पहले भाग से तो संकलित ग का ही सूत्र निकलता है—

$$स_ग = \frac{ग\ (ग+१)}{२},$$

किन्तु दूसरे भाग से यह सूत्र प्राप्त होता है—

$$\sum_{१}^{ग} स_ग = \frac{ग\ (ग+१)}{२} \cdot \frac{ग+२}{३}.$$

यह सूत्र वही है जो आर्यभट्ट शीर्षक के अन्तर्गत (५) में दिया गया है।

(iv) श्लोक २०—

द्विगुणपदसैकगुणितं तत् त्रिहृतं भवति वर्गसङ्कलितम् ।
घनसङ्कलितं तत्कृतिरेषां समगोलकैश्चितयः ॥२०॥

इस श्लोक से वही सूत्र प्राप्त होता है जो आर्यभट्ट (६) में दिया गया है।

महावीर

महावीर के गणित सार संग्रह के ५ वें अध्याय का शीर्षक 'मिश्रक व्यवहार' है। उक्त अध्याय का अन्तिम भाग **'श्रेढ़ीबद्ध संकलित'** (Summation of Series) है। उक्त भाग में महावीर ने समान्तर श्रेढ़ी, प्राकृतिक संख्याओं, उनके वर्गों और घनों के योग तो दिये ही हैं। इनके अतिरिक्त गुणोत्तर श्रेढ़ी (Geometrical Progression) का प्रकरण भी दिया है। इसी विषय के कुछ सूत्र परिकर्म व्यवहार नामक अध्याय के 'संकलितम्' शीर्षक के अन्तर्गत भी दिये गये हैं। साथ ही कुछ बहुत ही रोचक प्रश्न दिये हैं। अन्त में दो एक नियम **छन्द-शास्त्र** (Prosody) की मात्राओं की संख्या पर भी दिये हैं। हम यहाँ महावीर की कृतियों के कुछ नमूने देते हैं।

(१) श्रेणियों के संकलन से पूर्व महावीर ने एक प्रकरण 'विचित्र कुट्टीकार' दिया है जिसका श्लोक २८९ इस प्रकार है—

परिधिशरा अष्टादश तूणीरस्थाः शराः के स्युः ।
गणितज्ञ यदि विचित्रे कुट्टीकारे श्रमोऽस्ति ते कथय ॥२८९॥

श्लोक का शब्दार्थ न देकर हम उसका आशय आधुनिक परिभाषा में देते हैं।

यदि एक वृत्त दिया हो तो उसके चारों ओर हम ६ समान वृत्त ऐसे खींच सकते हैं जिनमें से प्रत्येक अपने प्रतिवेशी दोनों वृत्तों को छुए और केन्द्रीय वृत्त को भी छुए।

इसी प्रकार इन ६ वृत्तों के चारों ओर ऐसे ही १२ वृत्त खींचे जा सकते हैं। इन १२ वृत्तों के चारों ओर इसी प्रकार के १८ वृत्त खींचना सम्भव है।

अतः पहले चक्र में ६ वृत्त, दूसरे में १२ वृत्त, तीसरे में १८ वृत्त हुए,........

इसी प्रकार, प वें चक्र में ६ प वृत्त सम्भव होंगे। स्पष्ट है कि प चक्रों में वृत्तों की पूर्ण संख्या

$$=१+१\times६+२\times६+३\times६+\ldots\ldots+प\times६$$

$$=१+६\ (१+२+३+\ldots\ldots+प)=१+६\ \frac{प(प+१)}{२}$$

$$=१+३\ प(प+१).$$

अब प्रश्न यह है कि यदि किसी चक्र के बाह्य वृत्तों की संख्या दी हो तो समस्त वृत्तों की संख्या क्या होगी—

यदि दी हुई संख्या स है तो स=६ प.

$$\text{अतः वृत्तों की पूर्ण संख्या}=१+३.\frac{स}{६}\left(\frac{स}{६}+१\right).$$

उपरिलिखित श्लोक में यह सूत्र इस रूप में दिया गया है—

$$\frac{(स+३)^२+३}{१२}.$$

(२) परिकर्म व्यवहार श्लोक ९५—

गुणसङ्कलितान्त्यधनं विगतैकपदस्य गुणधनं भवति।
तद्गुणगुणं मुखोनं व्येकोत्तरभाजितं सारम् ॥९५॥

इस श्लोक में गुणोत्तर श्रेढ़ी का योग निकालने का सूत्र दिया गया है।

गुण=सार्व अनुपात (Common ratio)

अन्त्यधन = अन्तिम पद

उक्त सूत्र से ग पदों का योग

$$स_ग=\frac{\text{अन्त्यधन}\times\text{गुण}-\text{आदि}}{\text{गुण}-१}.$$

मान लीजिए कि किसी गुणोत्तर श्रेढ़ी में

गुण=न, आदि=आ,

$$\text{तो}\quad स_ग=\frac{आ.\ न^{ग-१}\times न-आ}{न-१}=\frac{आ\ (न^ग-१)}{न-१}।$$

यह सूत्र गुणोत्तर श्रेढ़ी के योग के आधुनिक सूत्र से अभिन्न है।

उदाहरण—एक व्यक्ति एक नगर से दो मोहरें प्राप्त करता है। वह नगर नगर घूमता है और प्रत्येक नगर में उसे पिछले नगर से तिगुनी मोहरें मिलती हैं। बताओ कि आठवें नगर में उसे कितनी मोहरों की प्राप्ति होगी।

(३) परिकर्म व्यवहार श्लोक १०१—

असकृद्व्येकं मुखहृतवित्तं येनोद्धृतं भवेत्स चयः।
व्येकगुणगुणितगणितं निरेकपदमात्रगुणवधाप्तं प्रभवः ॥१०१॥

इस श्लोक के पहले भाग में गुण निकालने की विधि दी गयी है, यदि श्रेढ़ी का 'योग', 'आदि' और 'गच्छ' दिये हों।

भावार्थ—योग को आदि से भाग देकर भजनफल में से १ घटाओ। किसी जाँच भाजक से शेष को भाग दो। भजनफल में से एक घटाकर फिर उसी जाँच भाजक से भाग दो। इसी प्रकार बार बार करते जाओ। यदि अन्त में भजनफल १ आ जाय तो जाँच भाजक ही गुण का मान होगा। अन्यथा किसी और जाँच भाजक से आरंभ करो।

उदाहरण—किसी गुणोत्तर श्रेढ़ी का आदि ३, गच्छ ६ और योग ४०९५ है। गुण उपलब्ध करो।

४०९५ को ३ से भाग देने से भजनफल १३६५ आता है।

भजनफल में से १ घटाने पर १३६४ प्राप्त होते हैं।

यतः ४ से १३६४ भाज्य है, अतः हम ४ को जाँच भाजक मानकर आगे चलते हैं। शेष विधा इस प्रकार होगी—

$$\frac{१३६४}{४} = ३४१;$$

$$३४१ - १ = ३४०;$$

$$\frac{३४०}{४} = ८५;$$

$$८५ - १ = ८४;$$

$$\frac{८४}{४} = २१;$$

$$२१ - १ = २०;$$

$$\frac{२०}{४} = ५;$$

$$५-१=४;$$

$$\frac{४}{४}=१.$$

अतः ४ ही गुण का मान हुआ।

यह विधि इस सिद्धान्त पर आधृत है—

$$\frac{आ\,(न^{स}-१)}{न-१}\div आ=\frac{न^{स}-१}{न-१},$$

$$\frac{न^{स}-१}{न-१}-१=\frac{न^{स}-न}{न-१}$$

$$\frac{न^{स}-न}{न-१}\div न=\frac{न^{स-१}-१}{न-१}.$$

शेष क्रिया इस व्यंजक (Expression) से स्पष्ट हो जाती है।

श्लोक के दूसरे भाग में 'आदि' निकालने की विधि दी गयी है, यदि श्रेढ़ी का 'योग', 'गच्छ' और 'गुण' दिये हों।

भावार्थ—गुण में से एक घटाकर शेष से योग को गुणा करो। गुण का गच्छवाँ घात लेकर उसमें से एक घटा दो। इस शेष से पिछले गुणनफल को भाग दो तो 'आदि' प्राप्त हो जायगा।

इस क्रिया में यह सिद्धान्त निहित है—

$$\frac{आ\,(न^{स}-१)}{न-१}\times(न-१)=आ\,(न^{स}-१);$$

$$\frac{आ\,(न^{स}-१)}{न^{स}-१}=आ।$$

(४) यदि 'गुण', 'योग' और 'आदि' दिये हों तो 'गच्छ' निकालने के लिए परिकर्म व्यवहार में श्लोक १०३ दिया गया है—

> एकोनगुणाभ्यस्तं प्रभवहृतं रूपसंयुतं वित्तम्।
> यावत्कृत्वो भक्तं गुणेन तद्वारसम्मितिर्गच्छः॥१०३॥

भावार्थ—गुण में से १ घटाकर शेष से योग को गुणा करो। गुणनफल को 'आदि' से भाग देकर १ जोड़ो। इस अन्तिम फल को बार बार गुण से भाग दो। देखो कि गुण उसमें कितनी बार जाता है। उक्त संख्या ही 'गच्छ' का मान होगी।

यह विधि इस सिद्धान्त पर आधृत है—

$$\frac{आ\,(न^{स}-१)}{न-१}\times(न-१)=आ(न^{स}-१)\;;$$

$$\frac{आ\,(न^{स}-१)}{आ}=न^{स}-१\;;$$

$$(न^{स}-१)+१=न^{स}\;।$$

उदाहरण—किसी श्रेढ़ी में प्रथम पद=५, गुण=२, योग=१२७५; पदों की संख्या निकालो।

क्रिया इस प्रकार होगी—

$$१२७५\times(२-१)=१२७५\;;$$

$$\frac{१२७५}{५}=२५५\;;$$

$$२५५+१=२५६\;;$$

$$\frac{२५६}{२}=१२८\;;\quad\frac{१२८}{२}=६४;\quad\frac{६४}{२}=३२;$$

$$\frac{३२}{२}=१६\;;\;\frac{१६}{२}=८;\;\frac{८}{२}=४;$$

$$\frac{४}{२}=२;\;\frac{२}{२}=१;$$

स्पष्ट है कि २५६ में गुण ८ बार जाता है। अतः गच्छ=८।

(५) एक रोचक प्रश्न मिश्रक व्यवहार के ३३२$\frac{१}{२}$ वें श्लोक में दिया गया है—

नन्द्यावर्ताकारं चतुस्तराः षाष्ठसमघाटताः ।
सर्वेष्टकाः कति स्युः श्रेढ़ीबद्धं ममाचक्ष्व ॥३३२$\frac{१}{२}$॥

भावार्थ—एक ठोस नन्द्यावर्त (स्वस्तिका) के आकार का है जो ईंटों की कई परतों से बनाया गया है। यदि ठोस में चार परत हों और सबसे ऊपरी परत में ६० ईंटें हों तो ठोस में कुल कितनी ईंटें होंगी।

उक्त प्रश्न को ठीक प्रकार से समझने के लिए ३३०$\frac{१}{२}$ वाँ श्लोक भी पढ़ना होगा—

तरवर्गो रूपोनस्त्रिभिर्विभक्तस्तरेण सङ्गुणितः ।
तरसङ्कलिते स्वेष्टप्रताडिते मिश्रतः सारम् ॥३३०$\frac{१}{२}$॥

इस प्रकार की संरचनाओं (Structures) में सबसे ऊपर के परत में सबसे कम इंटें होती हैं और प्रत्येक निचले परत की लम्बाई अथवा चौड़ाई में एक इंट बढ़ती जाती है। यदि सबसे ऊपर के परत में इंटों की संख्या 'आ' हो और परतों की संख्या 'स', तो उपरिलिखित श्लोक का भावार्थ सांकेतिक भाषा में इस प्रकार लिखा जायगा—

$$\text{इंटों की संख्या} = \frac{\text{स}^{२}-१}{३} \times \text{स} + \text{आ} \times \frac{\text{स}\,(\text{स}+१)}{२}.$$

बग़दाद

अलख्वा रिज़्मी

बग़दाद के तत्कालीन गणितज्ञों में अलख्वा रिज़्मी सबसे प्रसिद्ध हुआ है। इसका असली नाम अबू अबदुल्ला था। यह ख्वारिज़्म प्रदेश का रहने वाला था। इसलिए इसका नाम मुहम्मद इब्नमूसा अलख्वा रिज़्मी पड़ा। इसका जीवन काल ८२५ ई० के आस पास था। यह बग़दाद के राजा अलमामून के दरबारियों में से था। इसने अंकगणित पर एक पुस्तक लिखी, जिसमें **"हिन्दू संख्यान पद्धति'** का विवेचन किया। मौलिक अरबी पुस्तक तो अब अप्राप्य है। किन्तु उसका अनुवाद चेस्टर के रॉबर्ट (Robert of Chester) अथवा बाथ के एडीलार्ड (Adelard of Bath) ने लॅटिन में किया था, जो अब भी प्राप्य है। उक्त अनुवाद का नाम अलगोरिथमी डी न्यूमेँरो इण्डोरम (Algorithmi de numero Indorum) था। इसी नाम से अंग्रेज़ी शब्द अलगोरिथमस, अलगोरिथ्म और अलगोरिज्म (Algorithmus, Algorithm, Algorism) निकले हैं।

अलख्वा रिज़्मी ने ज्यौतिष पर कई पुस्तकें लिखीं। किन्तु उसकी सबसे प्रसिद्ध पुस्तक बीजगणित पर थी, जिसका नाम इल्म-अल-जब्र बल मुकाबला था। इस पुस्तक का उल्लेख हम इस अध्याय के आरंभ में कर चुके हैं। कुछ लोग इस नाम का अनुवाद लघुकरण (Reduction) और निरसन (Cancellation) करते हैं। कुछ अन्य अनुवादकों ने इसका अर्थ पुनःस्थापन (Restoration) और समीकरण (Equation) भी दिया है। किन्तु इसमें तनिक भी संदेह नहीं कि उक्त पुस्तक के लॅटिन अनुवादों से ही शब्द अलजब्र यूरोप में पहुँचा। और उसी से आधुनिक शब्द ऐँलजब्रा बना। उन्नीसवीं शती के मध्य तक इस शब्द से केवल समीकरण विज्ञान का बोध होता था। किन्तु पिछले सौ वर्ष में उक्त शब्द समस्त बीजगणित विज्ञान का पर्याय बन गया है।

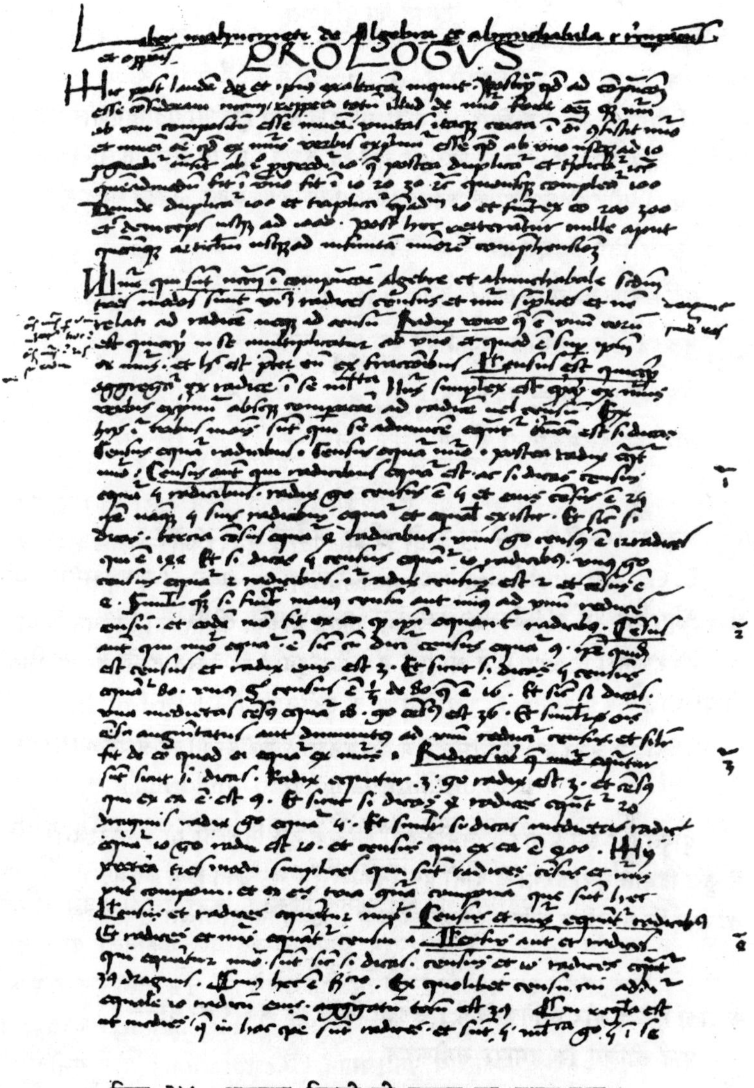
PROLOGVS

चित्र ३४--अलख्वा रिज़्मी की पुस्तक का प्रथम पृष्ठ।

[जिन एॅण्ड कम्पनी की अनुज्ञा से, डेविड यूजीन स्मिथ कृत 'हिस्ट्री ऑफ़ मॅथॅमॅटिक्स' से प्रत्युत्पादित।]

हम एक पिछले अध्याय में बहाउद्दीन के खुलासतुल हिसाब का उल्लेख कर

चुके हैं। उक्त पुस्तक में लेखक ने अलख्वा रिज़्मी के ग्रन्थ के नाम का बहुत सुन्दर विश्लेषण किया है। वह लिखते हैं—

"किसी समीकरण के जिस पक्ष में ऋण चिह्न लगा हो, उसे बढ़ा दो और उतना ही दूसरे पक्ष में जोड़ दो। इस क्रिया को अलजब्र कहते हैं। तब समघात (Homogeneous) और समान पदों को काट दो। इस क्रिया को अलमुक़ाबला कहते हैं।"

मान लीजिए कि इस प्रकार का समीकरण दिया है—

$खय + २ फ = य^२ + खय - फ$ ।

अलजब्र से इस समीकरण का यह रूप हो जायगा—

$खय + २ फ + फ = य^२ + खय$ ।

और तब अलमुकाबला से हमें प्राप्त होगा—

$$३ फ = य^२ ।$$

अलख्वा रिज़्मी के ग्रन्थ का सबसे प्रसिद्ध अंग्रेजी अनुवाद यह है—

L. C. Karpinski, Robert of Chester's Latin Translation of the Algebra of al-khowarizmi, New York, 1915.

यों रोज़ॅन (Rosen) ने भी एक अंग्रेज़ी अनुवाद १८३१ में लंदन में प्रकाशित किया था।

यूक्लिड ने अपने ग्रन्थ ऐॅलीमॅन्ट्स में इस प्रकार के समीकरणों का अध्ययन किया है,

$$य^२ + कय = क^२ ।$$

यूक्लिड ने इस प्रकार के समीकरणों का एक हल निकाला था। अलख्वारिज़्मी ने कुछ द्विघात समीकरणों के दोनों हल निकाले हैं। वह उक्त हलों को मूल ही कहता था जैसा कि आधुनिक गणित में कहा जाता है। उसने निम्नलिखित समीकरण

$$य^२ + २१ = १० य$$

के दोनों मूल ३ और ७ निकाले थे। उसकी विधि इस प्रकार की थी—

मान लीजिए कि हमारा समीकरण

$$य^२ + पय = फ$$

है। तो एक वर्ग इस प्रकार का बनाइए जैसा चित्र ३५ में दिया है। इस वर्ग में अछादित भागों का क्षेत्रफल ($य^२ + पय$) है। अतएव यह क्षेत्रफल दिये हुए समीकरण से फ के समान होगा। समीकरण के बाम पक्ष को पूर्ण वर्ग बनाने के लिए उसमें

चारों कोनों के छादित वर्ग जोड़ने होंगे, जिनमें से प्रत्येक का क्षेत्रफल $\frac{1}{16}$ प^2 है। अतः चारों का क्षेत्रफल मिलाकर $\frac{1}{4}$ प^2 हुआ। इसके जोड़ने से हमें प्राप्त हुआ—

$$(\text{य}+\tfrac{1}{2}\text{प})^2 = \text{फ}+\tfrac{1}{4}\text{प}^2 ।$$

समीकरण के दक्षिण पक्ष का मूल निकाल कर वह य$+\frac{1}{2}$ प का मान निकाल लेता था। और इस प्रकार य का मान निकल आता था। किन्तु दक्षिण पक्ष का वर्ग मूल निकालने में वह बहुधा धनात्मक चिह्न ही लिया करता था। अतएव इस प्रकार वह अधिकांश समीकरणों का एक ही मूल निकाला करता था। उसने उपरिलिखित विधि शब्दों में इस प्रकार व्यक्त की है—

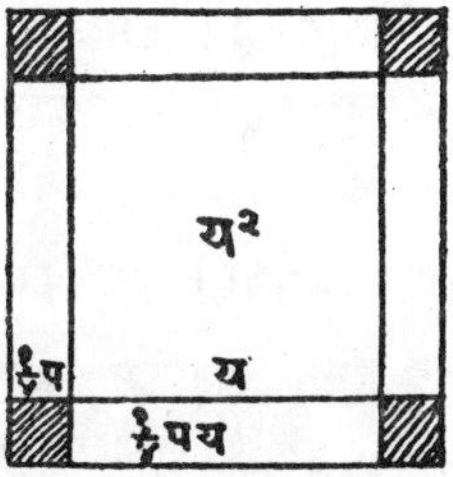

चित्र ३५—अलख्वा रिज़्मी के समीकरण का एक वर्ग।

"'मूलों की संख्या' को आधा करो। लब्ध संख्या को उसी से गुणा करो। वर्गफल को दक्षिण पक्ष में जोड़कर योग का वर्ग मूल निकाल लो। इस वर्ग मूल में से मूलों की संख्या का आधा घटा दो। शेष फल ही मूल का मान होगा।"

हम यह क्रिया समीकरण

$$\text{य}^2+१० \text{ य}=३९$$

पर लगाते हैं, जिसको उसने इसी प्रकार हल किया था। इस समीकरण में 'मूलों की संख्या' १० है। इसे आधा करने से ५ प्राप्त हुए। ५ को ५ से गुणा करने पर हमें २५ हस्तगत हुए। २५ को ३९ में जोड़ने से योगफल ६४ हुआ। ६४ का वर्ग मूल ८ आया। ८ में से ५ घटाने से ३ प्राप्त हुए। यही 'य' का मान है।

इस प्रसंग में एक बात बड़ी अद्भुत दिखाई पड़ती है। अलख्वा रिज़्मी ने 'मूलों की संख्या' पद का प्रयोग किया है। उपरिलिखित व्याख्या से स्पष्ट है कि समीकरण

$$\text{य}^2+\text{प य} = \text{फ}$$

में 'मूलों की संख्या' से अलख्वा रिज़्मी का तात्पर्य 'प' से था। आधुनिक गणित हमें बताता है कि उक्त समीकरण के मूलों का जोड़ (—प) होता है। इससे यह निष्कर्ष निकलता है कि कदाचित् अलख्वा रिज़्मी को समीकरण सिद्धान्त का भी आभास मिल चुका था।

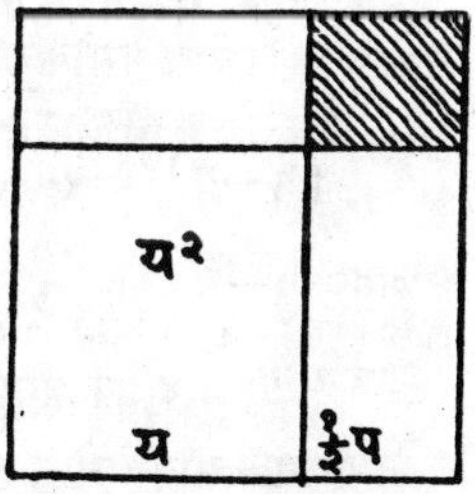

चित्र ३६—अलख्वा रिज़्मी के समीकरण का एक अन्य वर्ग।

अलख्वा रिज़्मी ने उपरिलिखित समीकरण को हल करने की एक दूसरी विधि भी दी है। वह विधि भी ज्यामितीय ही है। पहले एक वर्ग इस प्रकार का बनाइए जैसा चित्र ३६ में दिया हुआ है। इस वर्ग में अछादित भागों का क्षेत्रफल ($य^2$+पय) है। इस आकृति के एक कोने में $\frac{1}{2}$ प का वर्ग जोड़ देने से एक पूर्ण वर्ग बन जाता है। इस प्रकार हमें समीकरण

$$य^2 + प\,य + \frac{1}{4}प^2 = \frac{1}{4}प^2 + फ$$

प्राप्त हो गया। शेष क्रिया पहले की भाँति है।

हमने ऊपर इस समीकरण

$$य^2 + २१ = १० \,य$$

का भी उल्लेख किया है। यह समीकरण इस प्रकार का है—

$$य^2 + फ = पय$$

अलख्वा रिज़्मी इसे हल करने की एक अन्य विधि देता है। हमें हस्तगत है

$$फ = पय - य^2 = य\,(प - य)$$
$$= \left(\frac{1}{2}प\right)^2 - \left(\frac{1}{2}प - य\right)^2$$

$$\therefore \quad \left(\frac{1}{2}प - य\right) = \frac{1}{4}प^2 - फ।$$

अतः $\quad \frac{1}{2}प - य = \sqrt{\frac{1}{4}प^2 - फ}$।

अतएव $\quad य = \frac{1}{2}प - \sqrt{\frac{1}{4}प^2 - फ}$।

इस विधि से हम उपरिलिखित समीकरण का हल इस प्रकार निकालेंगे—

$$२१ = १० \,य - य^2 = य\,(१० - य)$$
$$= २५ - (५ - य)^2.$$

$$\therefore \; (५ - य)^2 = २५ - २१ = ४.$$

अतः $५ - य = \sqrt{४}.$

अब यदि $\sqrt{४}$ का धनात्मक मान लिया जाय तो य का मान ३ प्राप्त होता है और ऋणात्मक मान लेने से ७ हस्तगत होता है।

अलख्वा रिज़्मी का कार्य गणित के इतिहास की दृष्टि से बड़े महत्त्व का हैं क्योंकि उसीके द्वारा भारतीय संख्यांकों और अरबी बीजगणित का आविर्भाव यूरोप में हुआ।

अन्य लेखक

यों तो उस काल में अरब और ईरान में अनेक गणितज्ञ हुए हैं। किन्तु उनकी विशेष रुचि ज्यामिति और ज्यौतिष में रही है। उनमें से प्रमुख व्यक्तियों का उल्लेख यथा स्थान किया जायगा। केवल दो चार गणितज्ञ हुए हैं, जिन्होंने बीजगणित में भी रुचि दिखायी है।

अबू हनीफ़ अल दीनावरी ने कुछ पुस्तकें बीजगणित, हिन्दू आगणन विधियों और ज्यौतिष पर लिखी थीं। उसकी मृत्यु ८९५ ई० में हुई। उसका अधिकांश जीवन दीनावर में बीता, जो उसका जन्म स्थान था। उसका पूरा नाम अहमद इब्न दाऊद अबू हनीफ़ा अलदीनावरी था।

अबू ज़ाफ़र अलखाज़िन का नाम विशेष रूप से उल्लेखनीय है। उसने **यूक्लीडीय ज्यामिति** और **ज्यौतिष** पर अपनी लेखनी उठायी और शांकवों (Conics) की सहायता से घन समीकरण के हल करने का प्रयत्न किया। उसके जीवन के विषय में केवल इतना पता है कि उसकी मृत्यु ९६५ ई० के आस पास हुई।

अबू कामिल का उल्लेख भी अनुपयुक्त न होगा। यह मिस्र का निवासी था और इसका जीवन काल ९०० के आस पास था। इसका पूरा नाम अबू कामिल शोजा इब्न असलम इब्न मुहम्मद इब्न शोजा था। यह प्रतिभाशाली व्यक्ति था। इसका मुख्य कार्य समीकरणों पर हुआ है यद्यपि इसने पुस्तकें अंकगणित और पञ्चभुज और दशभुज पर भी लिखी हैं।

उसी समय के आस पास ही एक लेखक अबी याक़ूब अल्नदीम हुआ है। इसका मुख्य ग्रन्थ किताब अलफ़हरिस्त (सूचियों की पुस्तक) था जो इसने लगभग ९८७ ई० में लिखा था। उक्त पुस्तक में इसने बहुत से यूनानी और मुसलमान गणितज्ञों की जीवनियाँ दी थीं।

(६) १००० से १५०० ईसवी तक

यूरोप

जिन ५०० वर्ष का हम उल्लेख कर रहे हैं, उनमें बीजगणितज्ञ बहुत कम हुए हैं। फ्रांस का एक गणितज्ञ हुआ है जीन दः म्यूरिस (Jean de Muris)। इसका जन्म नॉर्मण्डी (Normandy) में १२९० के आस पास हुआ था और मृत्यु १३६० के लगभग। इसके प्रिय विषय थे अंकगणित, ज्यौतिष और संगीत। इसने लगभग

१३२१ में अंकगणित पर कई पुस्तकें लिखी थीं। इसकी सबसे प्रसिद्ध पुस्तक क्वाड्री-पार्टीटम (Quadripartitum) थी जो पद्य में लिखी गयी थी। उक्त पुस्तक में बीजगणित का भी समावेश था। इसकी कृतियों की सूची इस ग्रन्थ में दी गयी है—

A. Nagl : Abhandlungen. V, 135; p. 139.

इसने बीजगणितीय समीकरणों का भी अध्ययन किया है। उक्त समीकरणों में एक तो

$$२\frac{७}{९}य^{२}=१००.$$

है जिसे अलख़्वा रिज़्मी और फ़िबोनाकी ने भी हल किया था। इसके दो अन्य समीकरण उल्लेखनीय हैं—

$$३य+१८=य^{२}$$

और $$य^{२}+१२=८य।$$

लेखक की संगीत सम्बन्धी पुस्तक म्यूज़िका स्पॅकुलेटिवा (Musica Speculativa) भी प्रसिद्ध हो गयी है जो उसने १३२३ में लिखी थी। उक्त पुस्तक में उसने समस्त बाजों का विवरण दिया है जो उस समय प्रचलित थे।

चौदहवीं शताब्दी में ही एक अन्य फ्रेंच लेखक हुआ है **निकोल ओरँज़्मे** (Nicole Oresme)। इसका जन्म सम्भवतः १३२३ में केन (Caen) में हुआ था। यह पेरिस के एक कॉलिज में कुछ दिन प्राध्यापक रहा। यह पंचम चार्ल्स (Charles) का राज दरबारी था और इसका प्रवेश अर्थशास्त्र में भी था। इसी के बनाये हुए सिद्धान्तों पर चार्ल्स ने अपने राजकीय सिक्के बनवाये थे। इसकी मृत्यु लिसो (Lisieux) में १३८२ में हुई। जीवन के अन्तिम कई वर्ष यह इसी नगर का पादरी रहा।

ओरँज़्मे ने बीजगणित और ज्यामिति पर कई पुस्तकें लिखीं और अरस्तू की एक पुस्तक का अनुवाद भी किया। इसकी एक पुस्तक ऐँल्गोरिज़्मस प्रोपोर्शनम (Algorismus Proportionum) प्रसिद्ध हो गयी है। उक्त ग्रन्थ में पहले पहल भिन्नात्मक घातांकों का प्रयोग किया गया है। $७^{\frac{१}{२}}$ और $५^{\frac{१}{४}}$ को यह क्रमशः इस प्रकार लिखा करता था—

$$\frac{१}{२}७^{घ} \quad और \quad \frac{१}{४}५^{घ}$$

$६^{२\frac{१}{३}}$ को लिखने के इसके ये दो ढंग थे--

$$\boxed{२^{घ}\ \frac{१}{३}}\ ६ \quad \text{और} \quad \boxed{\frac{घ.२}{१.३}}\ ६$$

लगभग १३६० में ओरॅज़्मे ने एक अन्य ग्रन्थ लिखा—

Tractatus de figuratione potentiarum et mensurarum difformitatum.

उक्त ग्रन्थ में ओरॅज़्मे ने 'क्रमचय और संचय' (Permutations and Combinations) के कुछ सूत्र दिये हैं। कदाचित् उसे संचयों का सार्विक नियम ज्ञात था यद्यपि उसने उसे स्पष्ट शब्दों में नहीं दिया है। किन्तु उसने इस प्रकार

$${}^{६}स_{४}=१५, \qquad {}^{६}स_{५}=६$$

के कई विशिष्ट उदाहरण दिये हैं।

चीन

लाइ येह का जीवन काल ११७८-१२६५ था। जीवन के प्रारम्भिक वर्षों में यह जन सेवी था और १२३२ में यह चून चौ का राज्यपाल हो गया। इसकी प्रसिद्ध पुस्तक 'त्सो युअन है किंग' है जो इसने सम्भवतः १२४८ में लिखी थी। उक्त शीर्षक का अर्थ 'वृत्त माप का समुद्र दर्पण' है। यह ग्रन्थ और इसका एक अन्य ग्रन्थ 'आइ क्यू येन तुआन' प्राप्य हैं। इसने भी चिन क्यू शाव की भाँति, जिसका उल्लेख हम एक पिछले अध्याय में कर चुके हैं, संख्यात्मक समीकरणों का अध्ययन किया था। इसके उपरिलिखित दोनों ग्रन्थ आज तक चीन में आदर की दृष्टि से देखे जाते हैं।

याँग ह्वी का नाम भी उल्लेखनीय है। यह काइन को याँग भी कहलाता था। इसने १२६१ में एक ग्रन्थ लिखा 'स्याँग किये क्यू चाँग सुअन-फ़ा' जिसका अर्थ होता है "नौ विभागों के गणितीय नियमों का विश्लेषण।" उक्त पुस्तक में इसने समान्तर श्रेढ़ी के संकलन के नियम दिये हैं। इसने अंकगणित पर और भी कई पुस्तकें लिखी हैं। इसका एक अन्य ग्रन्थ है 'स्वान-फ़ा तुंग-पियेन पेन-मो' जिसमें इस श्रेणी

$$१+(१+२)+(१+२+३)+\ldots\ldots$$
$$+(१+२+३+\ldots\ldots\ldots ग)$$

का योग दिया है। इसके अतिरिक्त इसने प्राकृतिक संख्याओं के वर्गों के योग का नाम भी दिया था।

चू शी किये येन शान का निवासी था। इसके जीवन के विषय में केवल इतना पता चला है कि बीस वर्ष तक यह स्थान स्थान पर अध्यापन कार्य करता रहा। सन् १२९९ में इसकी पहिली पुस्तक निकली––

'स्वान-हियो-कि-मूंग (गणितीय अध्ययन की भूमिका)'

यह चीन की पहली पुस्तक थी जिसमें ऋणात्मक संख्याओं का उल्लेख किया गया था और चिह्न नियम को स्पष्ट रूप से व्यक्त किया गया था। लेखक की दूसरी पुस्तक 'स्ज़ू-युएन यू-कियेन (चार तत्त्वों का अनमोल दर्पण)' १३०३ में प्रकाशित हुई। इस पुस्तक में इसने उच्च बीजगणित के कई प्रश्नों को छेड़ा है। एक से अधिक अज्ञात राशियों के समीकरणों को इसने जिस प्रकार हल किया है उससे पता चलता है कि इसे सारणिकों का भी कुछ ज्ञान था। इसने उच्च घात संख्यातमक समीकरणों के साधन में बड़ी मौलिकता दिखायी है।

भारत

श्रीधर

श्रीधर का उल्लेख हम अंकगणित के अध्याय में कर चुके हैं। हम ने उक्त स्थान पर इसकी '**त्रिशतिका**' का वर्णन किया था। त्रिशतिका के आरम्भ में श्रीधर ने लिखा है–

नत्वा शिवं स्वविरचित पाट्या गणितस्य सारमुद्धृत्य ।
लोकव्यवहाराय प्रवक्ष्यति श्रीधराचार्यः ॥

इससे पता चलता है कि इसने पाटीगणित पर त्रिशतिका के अतिरिक्त एक और ग्रन्थ भी लिखा था। न्यायशास्त्र के एक ग्रन्थ का पता चला है जिसका नाम 'न्याय-कन्दली' था। उसके रचयिता का नाम श्रीधर था जिसके पिता का नाम बलदेव और माता का नाम अब्बोका था। सुधाकर द्विवेदी लिखते हैं कि इस देश की यह परिपाटी रही है कि ज्यौतिषियों के अतिरिक्त अन्य लेखक पुस्तकों में अपना नाम नहीं दिया करते थे। और न्याय कन्दली में लेखक का नाम दिया हुआ है। इससे यह निष्कर्ष निकलता है कि उक्त ग्रन्थ का लेखक कोई ज्यौतिषी था। इसी बिना पर सुधाकर

द्विवेदी यह उक्ति देते हैं कि न्यायकन्दली के रचयिता श्रीधर और त्रिशतिका के लेखक श्रीधर दोनों एक ही व्यक्ति थे।

श्रीधर की सबसे प्रसिद्ध कृति उसकी वर्ग समीकरण के हल की विधि है। उसके बीजगणित सम्बन्धी ग्रन्थ का तो लोप हो चुका है। किन्तु उसके वर्ग समीकरण के हल की विधि कई लेखकों ने उद्धृत की है। हम यहाँ भास्कर का उद्धरण देते हैं। देखिए—

दुर्गा प्रसाद द्विवेदी—(भास्कर का) बीजगणित (लखनऊ) द्वितीयावृत्ति १९१७. इस ग्रन्थ के पृ० ३०९ पर भास्कर ने श्रीधर का सूत्र इस प्रकार दिया है।

चतुराहत वर्ग समै रूपैः पक्षद्वयं गुणयेत्।
पूर्वाव्यक्तस्य कृतेः समरूपाणि क्षिपेत्तयोरेव ॥

भावार्थ—(समीकरण के) दोनों पक्षों को अज्ञात राशि के वर्ग के गुणांक के चौगुने से गुणा करो। दोनों में अज्ञात राशि के मौलिक गुणांक का वर्ग जोड़ दो।

श्रीधर के सूत्र का यह पाठ कृष्ण (लगभग १५८०) और रामकृष्ण (लगभग १६४८) ने दिया है। और इसी पाठ को कोल्ब्रुक ने प्रामाणिक माना है। किन्तु ज्ञानराज ने अपने बीजगणित में, जो उन्होंने १५०३ में लिखा था, उपरिलिखित सूत्र की दूसरी पंक्ति इन शब्दों में दी है—

अव्यक्त वर्ग रूपैर्युक्तौ पक्षौ ततो मूलम्।

भावार्थ—(समीकरण के) दोनों पक्षों में अज्ञात राशि के (मौलिक) गुणांक का वर्ग जोड़ दो। तत्पश्चात् मूल (निकालो)।

सूर्यदास ने १५४१ में भास्कर के बीजगणित की एक टीका लिखी है। उसमें भी सूत्र की दूसरी पंक्ति का यही पाठ दिया है, और सुधाकर द्विवेदी ने भी इसी पाठ को प्रामाणिक माना है।

दोनों पाठों का आशय एक ही निकलता है। क्रिया इस प्रकार होगी—

मान लीजिए कि हमारा समीकरण

$$\text{क य}^{2}+\text{ख य}=\text{ग}$$

है। तो समीकरण के दोनों पक्षों को ४ क से गुणा करने पर हमें प्राप्त होगा—

$$४\,\text{क}^{2}\,\text{य}^{2}+४\,\text{क ख य}=४\,\text{क ग}\ ।$$

अतः, दोनों ओर ख^{2} जोड़ने से,

$$४\,\text{क}^{2}\,\text{य}^{2}+४\,\text{क ख य}+\text{ख}^{2}=४\,\text{क ग}+\text{ख}^{2},$$

अर्थात् $(२ क य + ख)^२ = ४ क ग + ख^२$ ।

$\therefore \quad २ क य + ख = \sqrt{४ क ग + ख^२}$

$$\therefore \quad य = \frac{\sqrt{४ क ग + ख^२} - ख}{२ क}$$

यह विधि हाई स्कूल के विद्यार्थियों को आज भी सिखायी जाती है। इस विधि से हम इस समीकरण

$$६ य^२ + ७ य = ३$$

को हल करते हैं।

२४ से गुणा करने पर समीकरण का यह रूप

$$१४४ य^२ + १६८ य = ७२$$

हो जायगा ।

४९ जोड़ने से,

$१४४ य^२ + १६८ य + ४९ = ७२ + ४९ = १२१.$

अतः $(१२ य + ७)^२ = ११^२.$

$\therefore \quad १२ य + ७ = \pm ११.$

अतएव, $१२ य = \pm ११ - ७ = ४$ अथवा $- १८.$

$\therefore \quad य = \frac{१}{३}$ अथवा $- \frac{३}{२}$ ।

श्रीधर ने समान्तर श्रेढ़ी के भी नियम दिये हैं। उपरिलिखित विधि से उसने समान्तर श्रेढ़ी के पदों की संख्या का सूत्र इस रूप में निकाला है—

$$ग = \frac{\sqrt{८ च यो + (२ आ - च)^२} - २ आ + च}{२ च},$$

जिसमें ग (=गच्छ) पदों की संख्या है, च (=चय) सार्वान्तर है, आ (=आदि) प्रथम पद है, और यो (=योग) श्रेढ़ी के पदों का जोड़ है। हमने इस प्रकार के कई सूत्र पिछले प्रकरणों में भी दिये हैं।

भास्कर

भास्कर के बीजगणित में निम्नलिखित प्रकरणों का समावेश है,

(१) करणियाँ

(२) शून्य गणित

(३) सरल समीकरण
(४) वर्ग समीकरण
(५) कुट्टक।

भास्कर ऋण राशियों के निरूपण के लिए उनके ऊपर बिन्दी लगाया करते थे। उन्हें काल्पनिक राशियों का अस्तित्व स्वीकार नहीं था। उन्होंने एक स्थान पर कहा है "किसी ऋणात्मक राशि का वर्ग मूल हो ही नहीं सकता क्योंकि ऐसी राशि (पूर्ण) वर्ग हो ही नहीं सकती।" अज्ञात राशि के लिए ये 'यावत्तावत (जितना हो उतना)' का प्रयोग करते थे। किन्तु जब कई अज्ञात राशियों का प्रयोग करना होता था तो ये रंगों के नामों का उपयोग करते थे—

कालक, नीलक, पीतक, रूपक ।

यह इन शब्दों के प्रथमाक्षर ले लिया करते थे, जैसे—

का०, नी०, पी०, रू०।

अनिर्णीत समीकरणों का अध्ययन आर्यभट्ट से आरम्भ हो गया था और उसके पश्चात् के सभी भारतीय गणितज्ञों ने उक्त विषय का विवेचन किया था, किन्तु भास्कर ने इस प्रकरण को पराकाष्ठा पर पहुँचा दिया। भास्कर की विधियाँ और उपस्थापन बहुत ही स्पष्ट हैं। इनके कुछ प्रश्नों के हल तो बिलकुल मौलिक हैं। इन्होंने अपनी कृतियों में एकघात अनिर्णीत समीकरणों, युगपद् एकघात समीकरणों और द्विघात समीकरणों—तीनों का साधन किया है। यह बात निर्विवाद रूप से कही जा सकती है कि अनिर्णीत समीकरणों का हल समस्त संसार में सबसे पहले निकालने वाले हिन्दू ही थे। कुछ इतिहासज्ञों को भास्कर की विधियों में डायफ़ॅण्टस के कार्य की छाप दिखाई पड़ती है। किन्तु भास्कर का कार्य डायफ़ॅण्टस की कृतियों से दो बातों में बहुत बढ़ा चढ़ा था—

(१) डायफ़ॅण्टस ने कहीं सार्विक समीकरण नहीं लिये हैं। उसने सदैव विशिष्ट समीकरणों का ही अध्ययन किया है। इसके विपरीत भास्कर ने सार्विक समीकरण लेकर उनके साधन की व्यापक विधियाँ दी हैं।

(२) डायफ़ॅण्टस साधारणतः किसी समीकरण का एक ही हल निकाल कर सन्तोष कर लेता था, किन्तु भास्कराचार्य समीकरण के समस्त सम्भव हल निकाल कर ही दम मारते थे।

इसी बिना पर हैंकेल (Hankel) ने कहा है कि अनिर्णीत समीकरणों के साधन

की भारतीय विधियाँ सर्वथा मौलिक थीं और उन पर डायफ़ॅण्टस का तनिक भी प्रभाव नहीं था।

भास्कर ने अनिर्णीत वर्ग समीकरण

$$\text{क य}^2 + 1 = \text{र}^2 \qquad \text{(अ)}$$

के हल की जो विधि दी है, वह बहुत प्रतिभापूर्ण और मौलिक है। इन्हों ने उसका नाम 'चक्रवाल विधि (Cyclic Method)' रखा है। भास्कर ने उक्त विधि संसार को १२ वीं शताब्दी में दी। यूरोप के गणितज्ञों ने वही विधि १६वीं शताब्दी में निकाली। इसमें सन्देह नहीं कि यूरोपीय गणितज्ञों के हाथ भास्कर की विधि नहीं लगी, अतः उन्हें उक्त समीकरण का हल नये सिरे से निकालना पड़ा। किन्तु उक्त विधि के आविष्कार का प्राथमिक श्रेय भास्कर को ही मिलना चाहिए। वास्तव में पश्चिमी गणितज्ञों गॅलॉयस (Galois), ऑयलर (Euler), लॅग्रांज (Lagrange) ने जो चक्रीय विधि निकाली है, वह भास्कर की विधि का ही उल्टा है। अतः हम श्री गुर्जर के इस कथन से सहमत हैं कि उपरिलिखित समीकरण को 'पॅल का समीकरण' (Pell's Equation) न कहकर 'भास्कर समीकरण' कहना चाहिए।[1]

हम यहाँ भास्कर की विधियों के कुछ नमूने देते हैं। हम इस शब्दावली का प्रयोग करेंगे। उपरिलिखित समीकरण (अ) में

क को गुणक (Multiplier) कहेंगे,

१ अथवा जो संख्या कय² में जोड़ी जाय, उसे क्षेपक (Augment) कहेंगे। सार्विक समीकरण

$$\text{क य}^2 + \text{ख} = \text{र}^2 \qquad \text{(आ)}$$

में ख क्षेपक है।

य को कनिष्ठ (Least) कहेंगे,

र को ज्येष्ठ (Greatest) कहेंगे।

बीजगणित के ४१ वें और ४२ वें श्लोक इस प्रकार हैं—

ह्रस्वज्येष्ठक्षेपकान्यस्य तेषां
तानन्यान्वाऽधो निवेश्य क्रमेण।
साध्यान्येभ्यो भावनाभिर्बहूनि
मूलान्येषां भावना प्रोच्यतेऽतः॥४१॥

१. L.V. Gurjar : ibid p. 137.

वज्राभ्यासौ ज्येष्ठलघ्वोस्तदैक्यं
ह्रस्वं लघ्वोराहतिश्च प्रकृत्या ।
क्षुण्णा ज्येष्ठाभ्यासयुग् ज्येष्ठमूलं
तत्राभ्यासः क्षेपयोः क्षेपकः स्यात् ।।४२।।

प्रथम विधि—

किसी भी संख्या को कनिष्ठ मानकर उसका वर्ग कर दो। वर्ग को गुणक से गुणा करके, पूर्ण वर्ग बनाने के लिए, क्षेपक को जोड़ दो अथवा घटा दो। फल का वर्ग मूल निकालो और लब्धि को ज्येष्ठ कहो।

कनिष्ठ और ज्येष्ठ मूलों और क्षेपक को एक रेखा में लिख दो। फिर इन्हीं तीनों के नीचे तीनों को दुबारा लिख दो। तत्पचात् तिर्यग्गुणन करो अर्थात् कनिष्ठ को ज्येष्ठ से और ज्येष्ठ को कनिष्ठ से गुणा करो। दोनों गुणनफलों को जोड़ दो। अब इस योग को कनिष्ठ मूल कहो।

दोनों कनिष्ठ मूलों के गुणनफल का गुणक से गुणन करो और फल में दोनों ज्येष्ठ मूलों के गुणनफल को जोड़ दो। फल एक ज्येष्ठ मूल होगा।

अज्ञात राशियों के अन्य मानों (Values) के कुलक (Set) निकालने के लिए नये कनिष्ठ और ज्येष्ठ मूल लेकर आगे चलो। नया क्षेपक पिछले क्षेपकों का गुणनफल होगा।

इस विधि से हम निम्नलिखित समीकरण के हल निकालते हैं—

$$३ य^२ + १ = र^२ ।$$

य का सबसे सरल मान १ है। अतः हम इसी को कनिष्ठ मूल मानते हैं।

१ का वर्ग करके ३ से गुणा करने पर ३ प्राप्त होता है।

३ में १ जोड़ने से पूर्ण वर्ग मिलता है।

अतः $र^२ = ४$

$\therefore$ ज्येष्ठ मूल= २

अब कनिष्ठ मूल, ज्येष्ठ मूल और क्षेपक को इस प्रकार लिखो—

कनिष्ठ मूल	ज्येष्ठ मूल	क्षेपक
१	२	१
१	२	१

अब कनिष्ठ और ज्येष्ठ मूलों के तिर्यग्गुणन का जोड़=२+२=४।

अतः अगला कनिष्ठ मूल ४ हुआ।

अब कनिष्ठ मूलों का गुणनफल १ और ज्येष्ठ मूलों का गुणनफल ४ है।

१ को गुणक ३ से गुणा करके ज्येष्ठ मूलों का गुणनफल ४ जोड़ने का फल = ३+४ = ७।

इस प्रकार अज्ञात राशियों का दूसरा कुलक ४ और ७ प्राप्त हुआ।

मानों का अगला कुलक निकालन के लिए पहले और दूसरे मूलों और क्षेपकों को इस प्रकार लिखो––

कनिष्ठ मूल	ज्येष्ठ मूल	क्षेपक
१	२	१
४	७	१

मूलों के तिर्यग्गुणन का जोड़=७+८=१५। यही कनिष्ठ हुआ।

अब कनिष्ठ मूलों का गुण्नफल=४ ।

इसको गुणक से गुणा करने का फल=४×३=१२।

और ज्येष्ठ मूलों का गुणनफल=२×७=१४।

इन दोनों गुणनफलों का योग=१२+१४=२६।

इस प्रकार अगला ज्येष्ठ २६ हो गया और अज्ञात राशियों के मानों का अगला कुलक (१५, २६) प्राप्त हो गया।

अन्य मान निकालने के लिए फिर उसी प्रकार चलो––

कनिष्ठ मूल	ज्येष्ठ मूल	क्षेपक
१	२	१
१५	२६	१

अगला कनिष्ठ मूल =मूलों के तिर्यग्गुणन का जोड़

=१×२६+२×१५=५६।

और अगला ज्येष्ठ मूल=१×१५×३+२×२६

=९७.

इस प्रकार मानों का अगला कुलक (५६, ९७) प्राप्त हो गया।

आइए, एक कुलक और निकाल लें––

कनिष्ठ मूल	ज्येष्ठ मूल	क्षेपक
४	७	१
१५	२६	१

अगला कनिष्ठ बराबर है : ४×२६+१५×७=२०९ ।

और अगला ज्येष्ठ बराबर है : ४×१५×३+७×२६=३६२ ।

इस प्रकार इस विधि से हमें निम्नलिखित मान कुलक प्राप्त हो गये—

(१, २), (४, ७), (१५, २६), (५६, ९७), (२०९, ३६२)

इसी ढंग से अनगिनत मान कुलक निकाले जा सकते हैं।

बीजगणित के श्लोक ४३ और ४४ इस प्रकार हैं—

ह्रस्वं वज्राभ्यासयोरन्तरं वा
लघ्वोर्घातो यः प्रकृत्या विनिघ्नः ।
घातो यश्च ज्येष्ठयोस्तद्वियोगो
ज्येष्ठं क्षेपोऽत्रापि च क्षेपघातः ॥४३॥

इष्टवर्गहृतः क्षेपः क्षेपः स्यादिष्टभाजिते ।
मूले ते स्तोऽथवा क्षेपः क्षुणः क्षुण्णे तदा पदे ॥४४॥

दूसरी विधि—

उपरिलिखित क्रिया में तिर्यग्गुणन के पश्चात् दोनों राशियों के जोड़ के बदले उनका अन्तर ले लो और उसी को कनिष्ठ मूल मान लो।

पहले की भाँति दोनों कनिष्ठ मूलों के गुणनफल को गुणक से गुणा करो। फिर दोनों ज्येष्ठ मूलों का गुणनफल निकालो। इन दोनों गुणनफलों का अन्तर ही ज्येष्ठ मूल होगा।

यदि क्रिया के पश्चात् क्षेपक वही आये, जो मौलिक क्षेपक था, तब तो ठीक ही है। किन्तु यदि लब्ध क्षेपक उससे भिन्न हो तो उसके वर्ग मूल से अज्ञात राशियों के लब्ध मानों को भाग दे दो। भजनफल ही अज्ञात राशियों के इच्छित मान होंगे।

यह अन्तिम प्रावधान (Provision) दोनों विधियों पर लागू है।

उदाहरण— ६ य^२+१=र^२ । (इ)

कनिष्ठ=१ और क्षेपक=३ लेने से ज्येष्ठ=३

कनिष्ठ मूल	ज्येष्ठ मूल	क्षेपक
१	३	३
१	३	३

दूसरी विधि से तो अगला कनिष्ठ शून्य हो जायगा। अतः हम पहली विधि से ही आगे चलते हैं।

कनिष्ठ $=१\times३+१\times३ = ६$

ज्येष्ठ $=१\times१\times६+३\times३ =१५$

मान लीजिए कि $य_१=६$, $र_१=१५$

किन्तु ये राशियाँ समीकरण (इ) को सन्तुष्ट नहीं करतीं, वरन् इस समीकरण को सन्तुष्ट करती हैं—

$$६ य^२+९=र^२ \text{ क्योंकि } ६.६^२+९=१५^२$$

अतः ९ से भाग देने से, $६.२^२+१=५^२$.

इस प्रकार ९ के वर्ग मूल ३ से $य_१$ और $र_१$ के मानों को भाग देने से हमें य, र के मान २, ५ प्राप्त हो गये।

अब हम इसी विधि से एक और मान कुलक प्राप्त करते हैं।

यदि हम कनिष्ठ ३ और क्षेपक (–५) लें तो ज्येष्ठ=७ ।

आगे की क्रिया इस प्रकार होगी—

कनिष्ठ मूल	ज्येष्ठ मूल	क्षेपक
३	७	–५
३	७	–५

अगला कनिष्ठ मूल $=३\times७+३\times७=४२$ ।

और अगला ज्येष्ठ मूल $=३\times३\times६+७\times७=१०३$ ।

ये मूल निम्नलिखित समीकरण को सन्तुष्ट करते हैं।

$$६ य^२+२५=र^२ ।$$

अतः $\sqrt{२५}$ से इन राशियों को भाग देने से हमें प्राप्त होगा—

$$य=\frac{४२}{५}, \qquad र=\frac{१०३}{५}.$$

अब हम अगला मान कुलक दूसरी विधि से प्राप्त करते हैं।

कनिष्ठ मूल	ज्येष्ठ मूल	क्षेपक
२	५	१
$\frac{४२}{५}$	$\frac{१०३}{५}$	१

अगला कनिष्ठ मूल $= ४२-\frac{२०६}{५}=\frac{४}{५}$;

और अगला ज्येष्ठ मूल $= १०३ - \frac{८४}{५} \times ६ = \frac{११}{५}$ ।

इस प्रकार हमें निम्नलिखित मान कुलक प्राप्त हो गये—

$(२, ५), \left(\frac{४२}{५}, \frac{१०३}{५}\right), \left(\frac{४}{५}, \frac{११}{५}\right)$ ।

शून्य गणित

बीजगणित के 'खषड्विधम' नामक अध्याय के आरंभ में यह श्लोक आता है—

खयोगे वियोगे धनर्णं तथैव
च्युतं शून्यतस्तद्विपर्यासमेति ॥

भावार्थ—शून्य को किसी राशि में जोड़ने अथवा शून्य में किसी राशि को जोड़ने अथवा शून्य को किसी राशि में से घटाने से राशि के चिह्न में कोई परिवर्तन नहीं होता। अर्थात् धनात्मक राशि धनात्मक रहती है और ऋणात्मक राशि ऋणात्मक रहती है। किन्तु शून्य में से किसी राशि को घटाने से राशि में चिह्न परिवर्तन हो जाता है।

आधुनिक बीजगणितीय संकेतलिपि में हम इन सूत्रों को इस प्रकार लिखेंगे—

$(\pm अ) \pm ० = \pm अ$; $\quad ० + (\pm अ) = \pm अ$;

$० \pm ० = ०$; $\quad ० - (\pm अ) = \mp अ$ ।

भास्कराचार्य ने इन सूत्रों की उपपत्ति इस प्रकार दी है—

'यदि दो संख्याएँ जोड़नी हों तो पहली संख्या को योज्य और दूसरी को याजक कहते हैं। योज्य और योजक के मध्यस्थ जितना ह्रास योजक का होगा उतना ही योगफल का होगा। इस प्रकार योज्य में योजक का समावेश हो जाने से योगफल में भी योजक के समान ही वृद्धि होगी। अतः योज्य के समान योगफल हो जायगा। और जब योज्य-योजक में योज्य के समान ह्रास होगा तो योगफल में भी उतना ही ह्रास होगा। अतः योजक के तुल्य योगफल हो जायगा।'

इस प्रकार शून्य को किसी राशि में जोड़ने से अथवा शून्य में किसी राशि को जोड़ देने से राशि ज्यों की त्यों रह जाती है।

यदि एक संख्या में से दूसरी घटानी हो तो बड़ी संख्या को वियोज्य और छोटी को वियोजक कहते हैं। वियोज्य का वियोजक के समान ह्रास होने से उनके अन्तर में

भी उतना ही ह्रास होगा। अर्थात् वियोज्य में से जितना घटायेंगे उतना ही अन्तर आयेगा। इसलिए शून्य को किसी राशि में से घटाने से राशि ज्यों की त्यों रह जाती है।

वियोज्य का जितना ह्रास होता जायेगा उतना ही ह्रास अन्तर का भी होता जायेगा। यदि वियोज्य ७ और वियोजक ४ है तो अन्तर ३ हुआ। यदि वियोज्य ७ के बदले ६ हो तो अन्तर २ होगा। यदि वियोज्य ५ हो तो अन्तर १ होगा। यदि वियोज्य भी ४ हो तो अन्तर शून्य होगा। अब स्पष्ट है कि यदि वियोज्य और घटे तो अन्तर ऋणात्मक हो जायेगा। यदि वियोज्य ३ हो तो अन्तर (—१) हो जायेगा। यदि वियोज्य २ हो जाय तो अन्तर (–२) हो जायेगा।

इन्हीं फलों को हम सारणी रूप में इस प्रकार लिख सकते हैं--

७ – ४ = ३ , ६ – ४ = २

५ – ४ = १ , ४ – ४ = ०

३ – ४ = –१ , २ – ४ = –२

१ – ४ = –३ , ० – ४ = –४

इस प्रकार हम देखते हैं कि जो राशि घटायी जाती है यदि वह धनात्मक हो तो ऋणात्मक हो जाती है। इसी प्रकार हम यह भी सिद्ध कर सकते हैं कि यदि शून्य में से कोई ऋणात्मक राशि घटायी जाय तो वह धनात्मक बन जायगी।

बीजगणित का अगला श्लोक यह है—

वेधादौ वियत्खस्य खं खेन घाते
खहारो भवेत्खेन भक्तश्च राशिः ॥ ५ ॥

जैसे शून्य का योग और अन्तर दो प्रकार का होता है, वैसे ही गुणन और भाजन भी दो प्रकार का होता है। वर्ग, वर्ग मल, घन और घन मूल ये एक ही प्रकार के होते हैं; क्योंकि इनके करने में किसी दूसरी संख्या की अपेक्षा नहीं रहती।

शून्य को किसी राशि से गुणा करने अथवा किसी राशि को शून्य से गुणा करने पर गुणनफल शून्य ही होता है।

शून्य को किसी राशि से भाग देने से फल शून्य ही होता है। किन्तु किसी राशि को शून्य से भाग देने का फल 'खहर' अथवा 'खछेद' होता है।

'खहर' अथवा 'खछेद' का अर्थ है वह राशि जिसका हर (Denominator) शून्य हो।

आधुनिक संकेतलिपि में ये सूत्र इस प्रकार लिखे जायँगे—

$$० \times अ = ०, \quad अ \times ० = ०$$

$$\frac{०}{अ} = ०, \quad \frac{अ}{०} = खहर$$

उपपत्ति—

अंक के अभाव में शून्य चिह्न ० लिखा जाता है। यदि एक राशि को दूसरी से गुणा करना हो तो पहली को गुण्य (Multiplicand) और दूसरी को गुणक (Multiplier) कहते हैं। गुण्य को जितनी बार आवृत्ति की जाय, उसी हिसाब से गुणनफल प्राप्त होता है। इस कारण गुण्य के अभाव से गुणनफल का भी अभाव हो जाता है।

इसी प्रकार भाज्य के ह्रास से लब्धि का भी ह्रास होता जाता है। यदि भाज्य शून्य हो तो लब्धि भी अवश्य ही शून्य होगी। जैसे जैसे भाजक का ह्रास होता जायगा वैसे वैसे लब्धि की वृद्धि होती जायगी। जब भाजक का परम ह्रास हो जायगा तब लब्धि की परम वृद्धि हो जायगी। इसीलिए उक्त लब्धि को अनन्त (Infinity) कहा जाता है।

भास्कर के वर्ग और घन संबन्धी सूत्र इस प्रकार लिखे जायँगे—

$$0^2 = 0^3 = 0; \quad \sqrt{0} = 0; \quad \sqrt[3]{0} = 0;$$

बीजगणित का छठा श्लोक इस प्रकार है—

अस्मिन्विकारः खहरे न राशा-
वपि प्रविष्टेऽपि निःसृतेषु।
बहुष्वपि स्याल्लयसृष्टिकाले
ऽनन्तेऽच्युते भूतगणेषु यद्वत् ॥ ६ ॥

भावार्थ—इस खहर राशि में कोई राशि जोड़ दी जाय अथवा उसमें से कोई राशि घटा दी जाय तो उसमें कोई विकार नहीं होता। जैसे प्रलय काल में परमेश्वर के शरीर में अनेक जीव प्रविष्ट हो जाते हैं, किन्तु इससे उनके शरीर में कोई मुटापा नहीं आ जाता और सृष्टि के समय परमेश्वर के शरीर में से अनेक जीव निकल आते हैं, किन्तु शरीर दुबला नहीं पड़ जाता। यद्यपि इस 'खहर' राशि में कोई अंक जोड़ने आदि से उसके स्वरूप में विकार पड़ जाता है तो भी उसका अनन्तत्व नष्ट नहीं होता। जैसे अवतारों के भेद से ईश्वर के स्वरूप में तो अन्तर पड़ जाता है, किन्तु उसके ईश्वरत्व में कोई विकार नहीं आता। ऐसे ही 'खहर' राशि को मानना चाहिए।

मान लीजिए कि $\frac{५}{०}$ में ६ जोड़ने हैं। तो यदि इन राशियों पर अंकगणित के नियम लगाये जायँ तो क्रिया इस प्रकार की होगी--

$$\frac{५}{०} + ६ = \frac{५}{०} + \frac{६}{१}$$

$$= \frac{५ \times १ + ० \times ६}{० \times १} = \frac{५}{०}$$

इस प्रकार 'खहर' राशि $\frac{५}{०}$ ज्यों की त्यों रह गयी और उसके स्वरूप में कोई विकार नहीं पड़ा। किन्तु अब मान लीजिए कि हमें $\frac{५}{०}$ में $\frac{२}{७}$ जोड़ना है। तो अंकगणित के नियमों के अनुसार क्रिया इस प्रकार होगी--

$$\frac{५}{०} + \frac{२}{७} = \frac{५ \times ७ + ० \times २}{० \times ७}$$

$$= \frac{३५}{०}.$$

यह भी 'खहर' राशि ही है। इस दशा में उक्त राशि के स्वरूप में तो विकार हो गया। किन्तु उसकी प्रकृति में कोई अन्तर नहीं पड़ा। जैसी 'खहर' राशि $\frac{५}{०}$ है वैसी ही $\frac{३५}{०}$ है। हम यह नहीं कह सकते कि ५ को ० से भाग देने से जो भजनफल आता है, वह ३५ को ० से भाग देने से जो लब्धि आती है, उससे भिन्न है। 'खहर' राशि के स्वरूप में तो विकार हो जाता है, किन्तु उसकी अनन्तता का ह्रास नहीं होता।

एशिया के अन्य देश

अंकगणित के अध्याय में हम बग़दाद के अल-करख़ी का उल्लेख कर चुके हैं। इसकी पुस्तक काफ़ी-फ़िल-हिसाब मुख्यतः अंकगणित पर लिखी गयी है। किन्तु उसमें कुछ सूत्र बीजगणित के भी दिये गये हैं, जैसे—

$$(१० क + क)\ (१० ख + ख) = [(१० क + क)\ ख + क\ ख)]\ १० + क\ ख$$

और $$(१० क + ख)\ (१० क + ग) = (१० क + ख + ग)\ क.\ १० + ख\ ग।$$

इसके अतिरिक्त कुछ सूत्र इस प्रकार के भी दिये गये हैं--

$$\left(\frac{क + ख}{२}\right)^२ - \left(\frac{क - ख}{२}\right)^२ = क\ ख\ ।$$

यह सूत्र उसने संभवतः हिन्दुओं से प्राप्त किया था।

अल-करख़ी ने अपनी कृतियों में करणियों का भी विवेचन किया है। उसमें इस प्रकार के सूत्र दिये गये हैं—

$$\sqrt{८} + \sqrt{१८} = \sqrt{५०}, \quad \sqrt[३]{५४} - \sqrt[३]{२} = \sqrt[३]{१६} \text{ ।}$$

अल-करख़ी के वर्ग मूलों के निकट मानों के सूत्रों में ये उल्लेखनीय हैं—

$$\sqrt{क^२+ट} = क + \frac{ट}{२ क+१},$$

और यदि $ट \leqslant क$ तो $\sqrt{क^२+ट} = क + \frac{ट}{२ क}$ ।

किन्तु अल-करख़ी की सबसे प्रसिद्ध पुस्तक फ़ख़री है जो उसने बीजगणित पर लिखी थी। इस पुस्तक के नाम के संबन्ध में स्मिथ के इतिहास भाग २ के पृष्ठ ३८८ का यह पैरा पठनीय है—

"बीजगणित का नाम कदाचित् फ़ख़री पड़ जाता, क्योंकि अल-करख़ी ने, जो अरब के सबसे बड़े गणितज्ञों में से था, अपनी पुस्तक को यही नाम दिया था। जैसे अलख़्वारिज़्मी की कृति का लैटिन में अनुवाद हुआ था, यदि वैसे ही अल-करख़ी के ग्रन्थ का भी हुआ होता तो कदाचित् यूरोपीय जगत् उसी के नाम की ओर आकृष्ट हो जाता। अल-करख़ी लिखता है कि उस समय की जनता पर जितना अत्याचार और हिंसा हुई, उसके कारण उसके कार्य में बड़ी बाधाएँ पड़ीं। आगे वह कहता है कि एक दिन 'भगवान् ने जनता की सहायता के लिए एक रक्षक अबू ग़ालिब भेजा जो शासनिक कार्य में एकाकी था, दीनानाथ था और मंत्रियों का मंत्री था।' अबू ग़ालिब का लोकप्रिय नाम फख़्र-उल-मुल्क था। अतः उसी के नाम पर अल-करख़ी ने अपनी कृति का नाम अल-फ़ख़री रखा।"

'फ़ख़री' में निम्नलिखित विषयों का समावेश है—

१. बीजगणितीय राशियाँ

२. मूल

३. एकघात और द्विघात समीकरण

४. अनिर्णीत समीकरण

५. भाषायुक्त प्रश्नों का साधन।

अलख़्वा रिज़्मी अज्ञात राशि को 'जिद्र' और उसके वर्ग को 'मल' कहता था। अल-करख़ी ने उक्त शब्दावली को और आगे बढ़ाया। उसके कुछ शब्द इस प्रकार के थे—

$य^3=कब$

$य^4=मल\ मल$

$य^5=मल\ कब$

$य^6=कब\ कब$

$य^7=मल\ मल\ कब$ ।

यह संभव है कि अल-करख़ी का 'कब' और अंग्रेज़ी का Cube एक ही मूल से निकले हों।

अल-करख़ी ने वर्ग समीकरणों में से इस समीकरण

$$कय^2+खय = ग$$

का यह मूल दिया है

$$य=\left[\sqrt{\left(\frac{ख}{२}\right)^2+कग}-\frac{ख}{२}\right]:क$$

अल-करख़ी ने इस प्रकार के उच्च घात समीकरणों के हल भी निकाले हैं--

$$य^3+र^3 = ल^2,$$
$$य^3-र^3 = ल^3,$$
$$य^2र^3 = ल^2,$$
$$य^2-र^3 = ल^2,$$
$$य^3+र^2 = ल^3 ।$$

अल-करख़ी ने एकघात और द्विघात अनिर्णीत समीकरणों का भी साधन किया था और उनके पूर्णांकीय और भिन्नात्मक हल निकाले थे। इसके अतिरिक्त उसने श्रेणियों का भी विवेचन किया था। प्राकृतिक संख्याओं संबंधी उसके दो सूत्र यहां दिये जाते हैं।

$$\sum_{१}^{१०} स^2=(१+१०)\cdot १०\cdot\left(\frac{१०}{३}+\frac{१}{६}\right) = ३८५,$$

$$\sum_{१}^{१०} स^3=\left(\sum_{१}^{१०} स\right)^2$$

उमर ख़य्याम

उमर ख़य्याम एक कवि, ज्यौतिषी, गणितज्ञ और दार्शनिक था। उसका जन्म नीशापुर के आस पास हुआ था और मृत्यु नीशापुर में ही सन् ११२३ में हुई। उक्त

स्थान पर उसकी एक सुन्दर क़ब्र बनी हुई है। उसका पूरा नाम 'घियातुद्दीन अब्दुल्फ़तेह उमर बिन इब्राहीम अल-खय्यामी' था। 'खय्याम' का अर्थ है 'डेरा बनाने वाला'। उसके पिता का यही व्यवसाय था, कदाचित् इसीलिए वह इस नाम

चित्र ३७—नीशापुर में उमर ख़य्याम की कब्र।

[डोवर पब्लिकेशंस, इन्कॉर्पोरेटेड, न्यूयॉर्क–१०,की अनुज्ञा से, डी० स्ट्रुइक कृत 'ए कॉन्साइज़ हिस्ट्री ऑफ़ मैथेमेटिक्स' (१.७५ डालर) से प्रत्युत्पादित।]

से प्रसिद्ध हुआ। उसने बीजगणित पर एक ग्रन्थ लिखा जिससे उसकी ख्याति फैल गयी। १०७४ में सुल्तान मलिक शाह ने उसको बुला भेजा और उसे तिथिपत्र सुधारने का काम सौंप दिया। उसने ज्यौतिषीय सारणियों का संशोधित संस्करण निकाला और जलाली संवत् को जन्म दिया जो १५ मार्च १०७९ से आरम्भ होता है।

उमर ख़य्याम की ख्याति उसकी रुबाइयों से अधिक हुई और संसार उसे मुख्यतः कवि के रूप में ही जानता है। उसने रुबाइयों में ५०० मुक्तक काव्य लिखे हैं जिनका संसार की अनेक भाषाओं में अनुवाद हो चुका है।

$(क+ख)^{स}$ के प्रसार की विधि, जिसमें स कोई पूर्णांक है, पूर्व में पश्चिम की अपेक्षा बहुत पहले ज्ञात हो चुकी थी। यूक्लिड को उक्त सूत्र की विशिष्ट दशा स=२ का पता था, किन्तु स के अन्य मानों का सूत्र सर्व प्रथम उमर ख़य्याम ने ही दिया था। उसने एक स्थान पर लिखा है कि वह संख्याओं के चौथे, पाँचवें, छठे, ...मूल एक नियम के अनुसार निकालना जानता है। अपने बीजगणित में उसने उक्त नियम दिया नहीं है, किन्तु यह लिखा है कि वह नियम उसने एक अन्य पुस्तक में दिया है। उल्लिखित ग्रन्थ की कोई भी प्रति आज तक किसी के देखने में नहीं आयी है।

आधुनिक गणित में समीकरणों का वर्गीकरण घातों के अनुसार किया जाता है। उमर ख़य्याम का वर्गीकरण इससे भिन्न था, किन्तु वर्गीकरण का सबसे पहला व्यवस्थित प्रयास उसी ने किया था। उसने प्रथम तीन घातों के समीकरणों को दो वर्गों में बाँटा था—

(क) सरल (Simple)
(ख) संयुक्त (Compound).

सरल समीकरण वह इस प्रकार के समीकरणों को कहता है—

$ब=य,\ ब=य^{२},\ ब=य^{३},$

$कय=य^{२},\ कय=य^{३},\ कय^{२}=य^{३}$।

इस प्रकार समस्त द्विपद समीकरणों को उमर ख़य्याम 'सरल समीकरण' कहता है। त्रिपद और चतुष्पद समीकरणों को वह 'संयुक्त समीकरण' कहता है। त्रिपद समीकरणों में वह निम्नलिखित बारह प्रकार गिनाता है—

$य^{२}+खय=ग,\ य^{२}+ग=खय,\ खय+ग=य^{२};$

$य^{३}+खय^{२}=गय,\ य^{३}+गय=खय^{२},\ गय+खय^{२}=य^{३};$

$य^3+गय=घ$, $य^3+घ=गय$, $गय+घ=य^3$;

$य^3+खय^2=घ$, $य^3+घ=खय^2$, $खय^2+घ=य^3$ ।

चतुष्पद समीकरणों को उमर ख़य्याम पाँच वर्गों में विभाजित करता है —

$य^3+खय^2+गय=घ$, $य^3+खय^2+घ=गय$,

$य^3+खय^2=गय+घ$, $य^3+गय=खय^2+घ$,

$य^3+घ=खय^2+गय$ ।

अरब के गणितज्ञों की यह परिपाटी थी कि समीकरणों को भाषा के रूप में व्यक्त किया करते थे। उपरिलिखित समीकरण

$$य^3+खय^2=गय$$

को उमर ख़य्याम इस प्रकार लिखता था—

"एक घन और एक वर्ग, मूलों के बराबर है।"

इसी प्रकार समीकरण

$$य^3+घ=खय^2+गय$$

के लिखने का उसका ढंग यह था—

"एक घन और एक अन्य संख्या वर्गों और मूलों के बराबर है।"

वर्ग समीकरण

$$य^2=पय+फ$$

को उमर ख़य्याम ने इस प्रकार हल किया था—

$फ = य^2—पय = य(य—प)$

$= (य—\frac{1}{2}प)^2—(\frac{1}{2}प)^2$.

$\therefore (य—\frac{1}{2}प)^2=(\frac{1}{2}प)^2+फ$ ।

वर्ग मूल लेकर दोनों ओर $\frac{1}{2}$ प जोड़ देने से य का मान प्राप्त हो जाता है।

उमर ख़य्याम का वर्ग समीकरण

$$य^2+फ = पय$$

का हल इस सर्वसमिका (Identity) पर आधृत है—

$य(प—य)+(य—\frac{1}{2}प)^2= (\frac{1}{2}प)^2$

वर्ग समीकरण

$$य^2+पय = फ$$

के मूल के लिए उमर ख़य्याम यह नियम देता है—

"मूल के आधे को अपने आप से गुणा करो। गुणनफल को संख्या में जोड़ दो। योग का वर्ग मूल लेकर मूल का आधा घटा दो। शेष ही वर्ग का मूल होगा।"

उपरिलिखित उद्धरण में 'मूल' का अर्थ 'मूल के गुणांक', 'संख्या' का अर्थ 'अचर पद' और 'वर्ग' का अर्थ 'वर्ग समीकरण' है। अतः इस सूत्र से

$$य=\sqrt{\tfrac{१}{४}प^२+फ}-\tfrac{१}{२}प।$$

इस विधि से उमर ख़य्याम ने भी इसी समीकरण

$$य^२+१० य = ३९$$

का साधन किया था जिसका अल-ख्वारिज़्मी ने किया था।

स्पष्ट है कि उपरिलिखित विधि इस सर्वसमिका पर आधृत है—

$$य(प+य)=(य+\tfrac{१}{२}प)^२-(\tfrac{१}{२}प)^२.$$

इस प्रकार,

$$३९ = य(य+१०)=(य+५)^२-५^२.$$

$$\therefore (य+५)^२=३९+२५=६४.$$

$$अतः\ य+५=८.$$

$$\therefore य=३.$$

$\sqrt{६४}$ का ऋणात्मक मान लेने से दूसरा मूल प्राप्त होगा।

सन् ८६० में **अलमाहानी** ने निम्नलिखित घन समीकरण

$$य^३+क^२ख = गय^२$$

का अध्ययन किया। अलमाहानी के कार्य ने गणितीय जगत् को इतना आकृष्ट किया कि अरबी और ईरानी लेखकों में उपरिलिखित समीकरण का नाम 'अलमाहानी समीकरण' पड़ गया।

सन् ८७० के लगभग अलमाहानी के एक समकालीन लेखक ताबित इब्न-कोरा ने घन समीकरण की कुछ विशिष्ट दशाओं का साधन किया। उसकी विधि मुख्यतः ज्यामितीय थी।

सन् १००० के आस पास अरब के निवासी **अलहाज़िन** ने भी घन समीकरणों पर कार्य किया है। उसने उपरिलिखित समीकरण का हल एक **परवलय** (Parabola) और एक **अतिपरवलय** (Hyperbola) के कटान बिन्दु निकालकर किया, जिनके समीकरण इस प्रकार हैं—

$$य^2 = कर, \qquad \text{(परवलय)}$$

और $$र(ग—य) = कख \qquad \text{(अतिपरवलय)}$$

तत्पश्चात् उमर खय्याम ने अपनी लेखनी घन समीकरणों पर उठायी कहा जाता है कि एकबार उसने यह वक्तव्य दिया था कि घन समीकरण

$$य^3+र^3=ल^3$$

का धन पूर्णांकों में हल नहीं निकाला जा सकता। पता नहीं कि इस कथन में तथ्य कितना है क्योंकि उमर खय्याम की कृतियों में ऐसा वक्तव्य कहीं नहीं मिलता। किन्तु उमर खय्याम ने अन्य कई प्रकार के घन समीकरणों का साधन तो किया है। उसने निम्नलिखित समीकरण

$$य^3+ख^2य=ख^2ग$$

का हल निम्नलिखित शांकवों (Conics) के कटान बिन्दु निकालकर किया—

$$य^2=खर$$

और $$र^2=य\ (ग—य)\ ।$$

इस प्रकार के समीकरणों

$$य^3—कय^2=ग^3$$

का हल उसने निम्नलिखित शांकवों के कटान बिन्दु निकालकर किया—

$$यर=ग^2$$

और $$र^2=ग\ (य+क)\ ।$$

इसके अतिरिक्त इन शांकवों

$$र^2=(य\pm क)(ग—य)$$

और $$य\ (ख\pm र)=खग$$

के कटान बिन्दु निकालकर उसने निम्नलिखित समीकरणों का साधन किया—

$$य^3\pm कय^2+ख^2य=ख^2ग\ ।$$

अन्य लेखक

अरबी लेखकों में इब्न अल-यास्मीन का नाम उल्लेखनीय है। इसका पूरा नाम 'अब्दुल्ला इब्न मुहम्मद इब्न हज्जाज, अबू मुहम्मद' था। यह मोरक्को का निवासी था और इसकी मृत्यु १२०३ और १२०५ के बीच हुई थी। इसकी प्रसिद्धि इसकी एक कविता 'अर्जूज़ा' से हुई जो इसने बीजगणित पर लिखी थी। उक्त रचना की कई हस्तलिपियाँ प्राप्य हैं और उसने बीजगणित को जनता में बहुत लोकप्रिय बना दिया।

एक अन्य लेखक अल तूसी का भी नाम लिया जा सकता है। इसका वास्तविक नाम 'अल मुज़फ़्फ़र इब्न मुहम्मद इब्न अल-मुज़फ़्फ़र शरफ़ उद्दीन अल तूसी' था। यह तूस का निवासी था और इसकी मृत्यु लगभग १२१३ में हुई थी। इसकी कृतियाँ ज्यामिति और बीजगणित पर हैं। इसने एक नक्षत्र-यन्त्र (Astrolabe) का भी आविष्कार किया था जो 'तूसी-दण्ड' के नाम से प्रसिद्ध हुआ।

(७) सोलहवीं और सत्रहवीं शताब्दियाँ

यूरोप

सोलहवीं शताब्दी के गणितज्ञों में प्रमुख नाम इटली के जिरोलेमो कार्डन (Girolamo Cardan) का आता है। इसका जीवन काल १५०१–१५७६ था। यह फेसियो कार्डेनो (Facio Cardano) का अवैध पुत्र था जो मिलन का एक क़ानून का विद्वान् था। कार्डन का जन्म पविया (Pavia) में हुआ था। इसने पविया और पड़ुआ में शिक्षा पायी और यह औषधि विज्ञान का स्नातक हो गया। किन्तु इसके अवैध जन्म के कारण मिलन के वैद्यक कालिज से इसका निष्कासन हो गया। १५३४ में यह ज्यामिति का अध्यापक हो गया। सन् १५४३ में यह पविया विश्वविद्यालय में औषधि विज्ञान का प्राध्यापक नियुक्त हो गया।

कार्डन ने बीजगणित और फलित **ज्यौतिष** (Astrology) पर जो पुस्तकें लिखीं उनसे उसकी ख्याति यूरोप भर में फैल गयी। जब वह अपनी प्रसिद्धि के शिखर पर पहुँचा तब उसके लड़के ने एक लड़की से विवाह कर लिया जो पति परायण नहीं निकली। उसके पति ने उसे विष दे दिया जिसके कारण उसे फाँसी पर चढ़ा दिया गया। इस घटना से कार्डन की कमर टूट गयी और उसकी ख्याति को भी बड़ा भारी धक्का लगा। उसे किसी अज्ञात अभियोग पर मिलन से निकाल दिया गया। सन् १५६२ में वह बोलोना (Bologna) में प्रोफेसर नियुक्त हो गया। सन् १५७० में वह पदच्युत कर दिया गया और बन्दी बनाकर रोम भेज दिया गया। उसके जीवन के अन्तिम वर्ष रोम में ही कटे। अन्त समय तक उसे पोप से पेंशन मिलती रही।

कार्डन के चरित्र के विषय में स्मिथ का यह पैरा उल्लेखनीय है जो उसने अपने गणित के इतिहास के प्रथम भाग के पृ० २९६ पर दिया है—

"कार्डन में परस्पर विरोधी गुणों का समावेश था। वह एक ज्यौतिषी भी था और **दर्शन** का गंभीर विद्यार्थी भी। वह एक जुआरी था, फिर भी एक उच्च कोटि का बीजगणितज्ञ था। वैद्यक में उसका निदान बड़ा सम्यक् था, तथापि

उसके कथन बड़े अविश्वसनीय होते थे। वैद्य होते हुए भी वह एक हत्यारे का प्रतिरक्षक था। एक समय वह बोलोना विश्वविद्यालय का प्राध्यापक था। किन्तु एक अन्य अवसर पर वह अनाथाश्रम का निवासी भी बन गया था। वह अन्धविश्वासी था, फिर भी मिलन के वैद्यक कालिज का कुलाचार्य (Rector) बन गया। वह एक उद्धर्मी (Heretic) था, जिसने ईसा की जन्मपत्री प्रकाशित करने का दुस्साहस किया। तथापि उसे पोप से पेंशन मिली। वह अतिवादी होते हुए भी प्रतिभाशाली था। तिस पर भी था वह बिलकुल सिद्धान्तहीन।"

निकोलो टार्टग्लिया (Niccolo Tartaglia) भी इटली का ही एक गणितज्ञ था। इसका जन्म लगभग १५०६ में ब्रैस्किया (Brescia) में हुआ था और मृत्यु सन् १५५९ में। इसका बालपन दारुण दारिद्र्य में बीता। १५१२ में ब्रैस्किया के विध्वंस के समय फ्रांसीसी सिपाहियों के द्वारा इसके कई आघात लगे। व्रण तो धीरे धीरे ठीक हो गया, परन्तु इसकी जिह्वा पर कुछ प्रभाव रह गया जिसके कारण यह हकलाने लगा। इसीलिए इसका उपनाम 'टार्टग्लिया' पड़ गया, इटॅलियन भाषा में जिसका अर्थ 'हकलाने वाला' है। इसने स्वाध्याय द्वारा ही शिक्षा पायी। किन्तु फिर भी यह १५२१ में वेॅरोना (Verona) में गणित का एक प्रतिष्ठित अध्यापक हो गया।

टार्टग्लिया की पहली मुद्रित पुस्तक 'शातघ्निकी' (Gunnery) पर थी जो वेॅनिस (Venice) से १५३७ में प्रकाशित हुई। इसकी दूसरी पुस्तक एक प्रश्नोत्तरी के रूप में है जिसमें शातघ्निकी और संबद्ध विषयों के अतिरिक्त घन समीकरणों पर भी कुछ प्रश्न दिये गये हैं। इसने गणित पर भी एक ग्रन्थ लिखा है जिसमें व्यापार गणित के नियम दिये गये हैं। इसके अतिरिक्त उक्त ग्रन्थ में जनजीवन और व्यापारियों के रीति-रिवाज का भी विवेचन किया गया है। इसकी दो अन्य कृतियाँ उल्लेखनीय हैं—

१. आर्किमेंडीज़ के ग्रन्थों की टीका (१५४३)

२. यूक्लिड का अनुवाद, जो इटॅलियन भाषा में, उक्त लेखक के ग्रन्थ का, सबसे पहला अनुवाद था। (१५४३)

कार्डन और टार्टग्लिया की जीवनियाँ एक दूसरे में गुँथी हुई हैं। टार्टग्लिया ने लिखा है कि १५३० में जॉन डा सोइ (John da coi) ने, जो ब्रैस्किया में एक अध्यापक था, उसको चुनौती के रूप में निम्नलिखित दो समीकरण हल करने के लिए भेजे—

$$य^3+3य^2=5$$

और
$$य^3+6य^2+8य=1000.$$

टार्टॅग्लिया उस समय तो इन समीकरणों को हल नहीं कर सका। किन्तु १५३५ में उसने एक ऐसी विधि निकाल ली, जिससे वह निम्नलिखित प्रकार के किसी भी समीकरण का साधन कर सकता था—

$$य^3+कय^2 = ग ।$$

सन् १५३५ में टार्टॅग्लिया का फ़्लोरिडो (Florido) से द्वन्द्व निश्चित हुआ। टार्टॅग्लिया जानता था कि फ़्लोरिडो ने इस प्रकार के समीकरण

$$य^3+खय = ग$$

का हल निकाल लिया था। अतः उसने अथक परिश्रम किया और द्वन्द्व से कुछ ही समय पहले इस समीकरण का साधन करने में सफल हो गया। इस प्रकार उसकी जीत निश्चित हो गयी, क्योंकि वह जानता था कि वह फ़्लोरिडो के किसी भी प्रश्न का उत्तर दे सकेगा, किन्तु उसके पास ऐसे प्रश्न विद्यमान थे जो फ़्लोरिडो हल नहीं कर सकता था।

डासोइ ने टार्टॅग्लिया को लिखा कि वह अपने हल की विधि को प्रकाशित करके मैदान में आये। किन्तु टार्टॅग्लिया ने ऐसा करने से इनकार कर दिया। इस संबन्ध में कार्डन और टार्टॅग्लिया में भी कुछ पत्राचार हुआ और निश्चिय हुआ कि दोनों आपस में मिलकर बात कर लें। टार्टॅग्लिया ने इस आश्वासन पर कि कार्डन उसके रहस्य को गुप्त रखेगा, उसे अपने हल की विधि बता दी।

सन् १५४५ में कार्डन ने अपना ग्रन्थ अर्समॅग्ना (Arsmagna) प्रकाशित किया और उसमें घन समीकरण के हल की टार्टॅग्लिया की विधि भी छाप दी, जिसे गुप्त रखने का उसने वचन दिया था। टार्टॅग्लिया की विधि इस प्रकार है—

यदि
$$य^3+खय = ग$$

तो मान लो कि $ग = ष-स$ और $ख^3 = 27षस$।

तो
$$य=ष^{\frac{1}{3}}-स^{\frac{1}{3}}$$

क्योंकि
$$\left(ष^{\frac{1}{3}}-स^{\frac{1}{3}}\right)^3+ख\left(ष^{\frac{1}{3}}-स^{\frac{1}{3}}\right)= ष-स ।$$

कार्डन का कथन है कि उपरिलिखित घन समीकरण एक गणितज्ञ सीपियो दॅल फ़ॅरो (Scipio del ferro) ने सन् १५१५ के आसपास ही निकाल लिया था

और उसने उसका रहस्य अपने शिष्य फ्लोरिडो को बता दिया था। टार्टग्लिया भी इस बात को मानता है।

कार्डन ने अपनी अर्समॅग्ना में निम्नलिखित समीकरणों का साधन भी किया था—

$$य^3 = कय^2 + ग$$

और $$य^3 + कय^2 = ग।$$

पहले समीकरण में उसने $य = र + \frac{1}{3}क$ रखकर $य^2$ के पद को अन्तर्हित कर दिया। दूसरे समीकरण में उसने $य = र - \frac{1}{3}क$ प्रतिस्थापित किया।

कार्डन ने $य = \frac{\sqrt[3]{ग^2}}{र}$ रखकर इस समीकरण

$$य^3 + ग = कय^2$$

को भी हल किया। उसने $य^2$ के पद को लुप्त करने की यही विधि सार्विक घन समीकरण

$$य^3 + कय^2 + खय = ग$$

पर भी लगायी। समीकरण

$$य^3 + खय = ग$$

का हल उसने इस रूप में निकाला—

$$य = \sqrt[3]{\sqrt{\frac{ख^3}{२७} + \frac{ग^2}{४}} + \frac{ग}{२}} - \sqrt[3]{\sqrt{\frac{ख^3}{२७} + \frac{ग^2}{४}} - \frac{ग}{२}}।$$

इस प्रकार कार्डन ने ऐसी राशियों

$$\sqrt[3]{क + \sqrt{ख}}$$

का उपानयन किया जो यूक्लिड की राशि

$$\sqrt{क + \sqrt{ख}}$$

से भिन्न थीं।

इसमें सन्देह नहीं कि कार्डन में अद्भुत प्रतिभा थी। उसने घन समीकरण की अलघुकरणीय दशा (Irreducible case) पर भी विचार किया। इसके अतिरिक्त उसे इसका भी ज्ञान था कि किसी समीकरण के कितने मूल होते हैं और उसने एक प्रकार से **सम्मित फलनों** (Symmetric Functions) के सिद्धान्त की भी नींव डाली। उसने बीजगणित के अतिरिक्त अंकगणित, ज्यौतिष, भौतिकी

और अन्य कई विषयों पर भी पुस्तकें लिखी ह। किन्तु वह जितना प्रतिभाशाली था उतना ही बेइमान भी था। उसका एक शिष्य फ़ॅरारी (Ferrari) था, जिसने **चतुर्घात समीकरण** (Quartic Equation)

$$य^4+६य^2+३६ = ६०य$$

को घन समीकरण

$$र^3+१५र^2+३६र=४५०$$

में परिणत करके उसका हल निकाला था। कार्डन ने उक्त हल भी अपनी 'अर्स-मॅग्ना' में छाप दिया। और विशेषता यह थी कि डासोइ ने कार्डन को भी एक समस्या हल करने के लिए दी थी, जिसमें उपरिलिखित चतुर्घात समीकरण का साधन करना पड़ता था। जब कार्डन से स्वयं यह कार्य सम्पन्न न हुआ तो उसने उक्त प्रश्न फ़ॅरारी को दे दिया। जब फ़ॅरारी ने उसे हल कर दिया तब कार्डन ने उसे अपने नाम से प्रकाशित कर दिया।

लोडोविको फॅरारी (Lodovico Ferrari) का जन्म १५२२ में बोलोना में विपन्नावस्था में हुआ था। उसकी मृत्यु लगभग १५६० में हुई थी। १५ वर्ष की अवस्था में उसे कार्डन के घर में नौकरी मिल गयी। कार्डन ने देखा कि लड़का होनहार है। अतः पहले तो उसे अपना सचिव बनाया और बाद में शिष्य के रूप में स्वीकार कर लिया। किन्तु फ़ॅरारी मिज़ाज का बड़ा तेज़ था। अतः कार्डन से उसकी पटती नहीं थी। १८ वर्ष की अवस्था में उसने गुरु से संबन्ध तोड़ दिया और स्वयं अध्यापक हो गया। उसे पैसा भी प्राप्त हुआ और ख्याति भी। तत्पश्चात् वह बोलोना में प्राध्यापक हो गया। किन्तु एक वर्ष के अन्दर ही ३८ वर्ष की अल्पावस्था में उसका देहान्त हो गया। लोगों का अनुमान है कि उसकी बहिन ने उसे विष दे दिया था।

फ़ॅरारी ने चतुर्घात समीकरण

$$य^4+कय^3+खय^2+गय+घ = ०$$

के हल की जो विधि निकाली है वह इस प्रकार है—

पहले चतुर्घात समीकरण को इस समीकरण

$$य^4+पय^2+फय+ब = ०$$

में परिवर्तित कर लो।

अब इस समीकरण से हमें प्राप्त होगा

$$य^4+2पय^2+प^2 = पय^2—फय—ब+प^2,$$

अथवा $(य^2+प)^2 = पय^2—फय+प^2—ब$ ।

अतः $(य^2+प+र)^2=(प+2र)य^2—फय+(प^2—ब+2पय+र^2)$ ।

अब र का मान इस प्रकार निर्धारित करो कि दक्षिण पक्ष एक पूर्ण वर्ग हो जाय, जिसके लिए आवश्यक अनुबन्ध

$$फ^2=4(प+2र)(प^2—ब+2पय+र^2)$$

है ।

यह एक घन समीकरण है । इसका साधन करते ही मौलिक समीकरण का हल निकल आता है ।

राफ़ेल बॉम्बेली (Rafael Bombelli) बोलोना का निवासी था, जिसका जन्म लगभग १५३० में हुआ था । बॉम्बेली के जीवन के विषय में कुछ भी पता नहीं है । उसकी बीजगणित की पुस्तक की भूमिका से यह अनुमान होता है कि वह एक इंजीनियर था । उक्त पुस्तक १५७२ में प्रकाशित हुई, जो इटली की सर्व प्रथम पुस्तक थी, जिस पर अलजेब्रा का नाम पड़ा था । सन् १५५० में उसने ज्यामिति पर एक पुस्तक लिखी । दोनों पुस्तकों में उसने **काल्पनिक सम्मिश्र राशियों** (Imaginary complex quantities) का उपानयन किया है । उक्त राशियों की सहायता से बॉम्बेली ने घन समीकरण की अलघुकरणीय दशा का हल निकाला । उक्त हल में उसने यह सिद्ध किया है कि——

$$\sqrt[3]{52+\sqrt{0—2209}}=4+\sqrt{0—1}.$$

इस प्रकार गणितीय जगत् को काल्पनिक राशियों का सर्व प्रथम परिचय घन-समीकरणों द्वारा मिला, और वह भी उस दशा में जबकि उक्त समीकरण के मूल वास्तविक होते थे । किन्तु आजकल काल्पनिक राशियों से विद्यार्थी की पहली मुठ-भेड़ वर्ग समीकरणों में होती है ।

बॉम्बेली की पुस्तक बहुत लोकप्रिय सिद्ध हुई, और गणितीय जगत् में सम्मिश्र राशियों का जो डर बैठा हुआ था, वह जाता रहा ।

फ्रँसॉय वीटा (Francois Vieta) फ्रांस का एक गणितज्ञ था, जिसका स्थिति काल १५४०–१६०३ था । यह क़ानून का अध्ययन करके एक वकील बन गया । इसकी प्रसिद्धि बढ़ती गयी और १५८९ में यह संसद की परिषद् का सदस्य हो गया ।

वीटा के जीवन की एक घटना बड़ी रोचक है। स्पेन का राजा फ़िलिप द्वितीय दूसरे देशों को अपने संदेश एक सांकेतिक भाषा में भेजा करता था और उसे विश्वास था कि उसके संकेतों का अर्थ कोई अन्य व्यक्ति नहीं निकाल सकेगा। एक बार

चित्र ३८—फ्रैंसॉय वीटा (१५४०–१६०३)

[डोवर पब्लिकेशंस, इन्कॉर्पोरेटेड न्यूयॉर्क—१०, की अनुज्ञा से डी स्ट्रुइक कृत 'ए कॉन्साइज़ हिस्ट्री ऑफ़ मॅथॅमॅटिक्स (१.७५ डॉलर) से प्रत्युत्पादित।]

वीटा के हाथ में एक ऐसा संदेश पड़ गया, जिसमें ५०० से अधिक वर्ण थे। वीटा ने उसका अर्थ निकाल लिया। तत्पश्चात् इस प्रकार के जितने भी संदेश फ्रांसीसियों के हाथ में पड़ते थे, वीटा के पास भेज दिये जाते थे और वह सदैव उनका ठीक ठीक अर्थ निकाल दिया करता था। जब फ़िलिप द्वितीय को इस बात का पता चला कि फ्रांस में उसकी सांकेतिक भाषा का अर्थ निकाल लिया जाता है तो उसने पोप के पास शिकायत भेजी कि फ्रांस वाले उसके विरुद्ध जादू का प्रयोग कर रहे हैं।

वीटा को विज्ञान और अध्ययन से इतना प्रेम था कि वह जितने अभिपत्र (Papers) लिखा करता था, सबको अपने ही व्यय पर छपवा कर यूरोप के समस्त देशों में भेज दिया करता था।

वीटा को आधुनिक बीजगणित का जन्म दाता कहते हैं। वह उन लेखकों में से था जिन्होंने सर्व प्रथम बीजगणित में संख्याओं को निरूपित करने के लिए वर्णों का प्रयोग किया—ज्ञात राशियों के लिए व्यंजनों का और अज्ञात राशियों के लिए स्वरों का। समीकरण चिह्न को छोड़कर उसकी प्रायः समस्त संकेतलिपि वैसी ही है, जैसी आधुनिक बीजगणितीय पुस्तकों में प्रयुक्त होती है। वह अज्ञात राशि के वर्ग के लिए 'अक़' लिखा करता था, घन के लिए 'अक' और चतुर्थघात के लिए 'अक्क़'।

वीटा से पहले समीकरणों के हल के लिए ज्यामितीय विधि का प्रयोग हुआ करता था। वीटा ने वैश्लेषिक विधि को अपनाया। वह वर्ग समीकरण

$$य^2+कय+ख = ०$$

को इस प्रकार हल करता था—

$$य = ल+व$$

रखने से समीकरण का यह रूप हो जायगा—

$$ल^2+(२व+क)ल+(व^2+कव+ख) = ०.$$

अब व को इस प्रकार चुनो कि $२व+क = ०$, अर्थात् $व = -\frac{1}{2}क$।

तो $$ल^2-\frac{1}{4}(क^2-४ख) = ०.$$

अतएव $ल = \pm\frac{1}{2}\sqrt{क^2-४ख}$ ।

$\therefore\ य = ल+व = -\frac{1}{2}क \pm \frac{1}{2}\sqrt{क^2-४ख}$ ।

वीटा की घन समीकरण को हल करने की विधि यह थी—

समीकरण $य^3+पय^2+फय+ब = ०$

में $$य = र-\frac{1}{3}प$$

रखने से समीकरण इस रूप में आ जायगा--

$$र^3+३खर = २ग ।$$

अब $र = \frac{ख—ल^2}{ल}$ रखने से यह समीकरण प्राप्त हो जायगा--

$$ल^6+२गल^3—ख^3=०.$$

इस षष्ठघात समीकरण को वर्ग समीकरण की भाँति हल करके ल का मान निकाला जा सकता है। इस प्रकार 'र' का और फिर अन्त में 'य' का मान निकल आयेगा।

वीटा ने घन समीकरण के और भी कई हल दिये हैं, किन्तु यही हल सबसे सरल है।

वीटा ने चतुर्घात समीकरण का भी अध्ययन किया था। उसकी विधि इस प्रकार थी।

समीकरण $य^4+२छय^2+खय = ग$

को इस प्रकार लिखो-- $य^4+२छय^2 = ग—खय ।$

अब इस समीकरण के बायें पक्ष को पूर्ण वर्ग बनाकर आगे बढ़ो।

इस विधि में भी अन्त में हल एक घन समीकरण पर ही आधृत होता है।

वीटा ने इसकी विधि दी कि किसी सार्विक समीकरण के मूलों को किस प्रकार किसी दी हुई संख्या 'ट' से बढ़ाया अथवा घटाया जा सकता है। इसके अतिरिक्त उसने संख्यात्मक समीकरणों के मूलों के निकट मान निकालने की भी विधि बतायी।

वीटा ने किसी गुणोत्तर श्रेढ़ी का, जिसका सार्व अनुपात (Common ratio) १ से कम हो, योग निकालने का सूत्र भी दिया था।

क्रिस्टफ़ रूडोल्फ़ (Christoff Rudolff) एक जर्मन गणितज्ञ था। इसके जीवन के विषय में बहुत कम जानकारी प्राप्त हुई है। इसने १५२५ में एक बीजगणित लिखा जो इस विषय की जर्मनी से प्रकाशित हुई पहली महत्त्वपूर्ण पुस्तक थी। उक्त पुस्तक का नाम कॉस (Coss) था और उसने जर्मनी में बीजगणित को बहुत लोकप्रिय बना दिया। रूडोल्फ़ ने दो पुस्तकें और लिखी हैं जिनमें से दूसरी में प्रश्नों का संग्रह है। वह १५३० ई० में प्रकाशित हुई थी। 216

मूल चिह्न $\sqrt{}$ का प्रयोग सबसे पहले रूडोल्फ़ ने अपनी 'कॉस' में ही किया था। कुछ इतिहासज्ञों का अनुमान है कि यह चिह्न अंग्रेजी *r* का ही विकृत रूप है और रूडोल्फ़ ने इसलिए इसका प्रयोग किया था कि यह "*root*" का पहला

वर्ण है। सम्भव है कि यह अनुमान सत्य हो क्योंकि १४ वीं शताब्दी में और उसके पश्चात् भी बहुत दिन तक मल चिह्न इन रूपों में प्रयुक्त होता रहा––

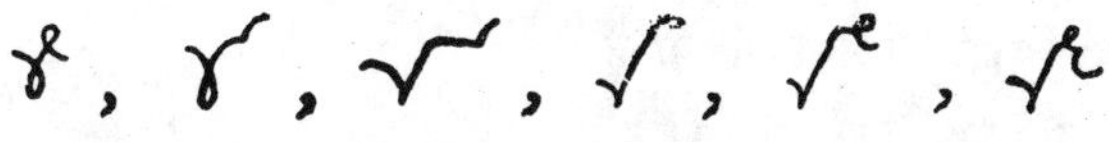

चित्र ३९—**बीजगणित के मूल चिह्न के विभिन्न रूप।**

रूडोल्फ़ ने घन समीकरणों में भी कुछ रुचि दिखायी थी। हम उसका दिया हुआ एक घन समीकरण का हल यहाँ देते हैं––

$$य^3 = १०य^2+२०य+४८.$$

हमें प्राप्त है––

$$य^3+८ = १०य^2+२०य+५६$$

अतः
$$य^2-२य+४ = १०य+\frac{५६}{य+२}$$

यहाँ तक तो ठीक है। किन्तु इसके पश्चात् रूडोल्फ़ लिखता है कि

$$य^2-२य = १०य$$

और
$$४ = \frac{५६}{य+२}।$$

और इन समीकरणों से रूडोल्फ़ य=४ निकाल लेता है।

आधुनिक गणित में इसको बिलकुल मन माना ढंग कहेंगे।

जर्मनी का एक अन्य प्रतिष्ठित गणितज्ञ माइकेल स्टाइफ़ैल (Michael Stifel) (१४८७–१५६७) था। इसकी शिक्षा ऐस्लिंग्टन (Esslington) में हुई थी। सच पूछिए तो यह धार्मिक व्यवसाय के लिए प्रशिक्षित किया गया था और उस क्षेत्र में इसने प्रगति भी दिखायी, किन्तु बचपन से ही इसे गणित का शौक़ था। इसने भविष्यवाणी की कि अमुक दिन संसार का लोप हो जायगा। जब वह दिन आया, इसने कुछ खेतिहरों को इकट्ठा किया और 'स्वर्ग' की ओर चल दिया। स्वर्ग तो यह नहीं पहुँचा, जेल के अन्दर अवश्य पहुँच गया। कुछ दिन जेल में रहने के पश्चात् यह छोड़ दिया गया।

स्टाइफ़ैल ने गणित पर पाँच पुस्तकें लिखी हैं जिनके विषय संख्याओं के गुणधर्म, अंकगणित और बीजगणित हैं। इसकी मुख्य पुस्तक रूडोल्फ़ के 'कॉस' का एक संस्क-

रण था जो इसने लगमग १५५३ में निकाला। इस पुस्तक से ही इसकी ख्याति बढ़ी। उक्त पुस्तक में इसने

$$x^0 \quad x^1 \quad x^2 \quad x^3 \quad x^4$$

के लिए इन चिह्नों का प्रयोग किया है :

I, Ix, Iz, Ic, Izz,.....

कुछ लेखकों का अनुमान है कि **घातांक नियम** (Index Law) के निम्नलिखित उदाहरण सबसे पहले स्टाइफ़ॅल ने ही दिये थे—

$$२^{३} . २^{४} = २^{७}, \qquad २^{४} . २^{३} = २^{७},$$

$$(२^{२})^{३} = २^{६}, \qquad (२^{४})^{\frac{१}{२}} = २^{२}.$$

स्टाइफ़ॅल ने केवल ये उदाहरण ही नहीं दिये हैं। उसने चारों मूलभूत घातांक नियमों को शब्दों में व्यक्त किया है। इसके अतिरिक्त उसने ऋण घातोंको पर भी विचार किया है।

१७वीं शताब्दी में पदार्पण करते ही पीयँर फ़र्मा (Pierre Fermat) का नाम प्रमुख रूप से आता है। यह फ्रांस का एक गणितज्ञ था और इसका जीवन काल १६०१–६५ था। इसने संख्याओं के गुणधर्मों पर बहुत सा गवेषणा कार्य किया है। इसका कार्य संख्याओं के क्षेत्र में इतनी उच्च कोटि का था कि इसे आधुनिक संख्या सिद्धान्त का जन्मदाता कहा जाता है। डायफॅण्टस के पश्चात् संख्या सिद्धान्त का इतना महान् जानकार कोई नहीं हुआ था। यह प्रतिभाशाली तो था ही, कदाचित् कुछ सनकी भी था। तीस वर्ष की अवस्था तक तो इसने गणित पर ध्यान भी नहीं दिया था और इसका भी कारण समझ में नहीं आता कि इसने अपने गवेषणा कार्य के मुख्य फलों का विवरण अपने मित्रों को लिखे गये पत्रों में क्यों दिया है। इसने डायफॅण्टस के ग्रन्थ पर अपनी टिप्पणियाँ और पत्र लिखे हैं जो टीका के रूप में इसकी मृत्यु के पश्चात् इसके पुत्र ने १६७० में छापे। इसका संपूर्ण कार्य ऊव्रे (Ouvres) नाम से १८९१ में पेरिस से प्रकाशित हुआ, जिसमें उपरिलिखित टिप्पणियों के अतिरिक्त इसके पत्र भी समाविष्ट हैं, जो इसने दकारते (Descartes), पासकल (Pascal) और रूबर्वल (Roberval) इत्यादि को लिखे थे।

फ़र्मा ने लिखा है कि समीकरण

$$य^{स} + र^{स} = ल^{स}$$

का कोई पूर्णांक हल हो ही नहीं सकता, यदि स २ से बड़ा कोई भी पूर्णांक हो। यह

प्रमेय फ़र्मा प्रमेय के नाम से प्रसिद्ध है। फ़र्मा ने इस प्रमेय की कोई संतोषजनक उपपत्ति नहीं दी है। जो कुछ भी उलटे सीधे प्रमाण मिले हैं हाइगॅन्स (Huygens) की एक हस्तलिपि द्वारा प्राप्त हुए हैं जो १८७९ में लीडॅन में मिली थी। फ़र्मा ने डायफॅण्टस की कृति की नक़ल पर पार्श्व में एक स्थान पर लिखा है कि "मैंने इस प्रमेय की एक सुन्दर उपपत्ति निकाली है। किन्तु उसे यहाँ देने के लिए स्थान बहुत थोड़ा है।"

यह प्रमेय आज विश्वविख्यात हो गया है और बहुधा लेखक इसे फ़र्मा का अन्तिम प्रमेय कहते हैं। फ़र्मा के समय से आज तक दसियों गणितज्ञों ने इस पर माथा पच्ची की है और कुछ विशिष्ट दशाओं में इसकी उपपत्तियाँ भी निकाली हैं। किन्तु सार्विक प्रमेय की सन्तोषजनक उपपत्ति आज तक कोई भी नहीं दे पाया है। उक्त गणितज्ञों में निम्नलिखित के नाम विशेष रूप से उल्लेखनीय हैं--

ऑयलर (Euler), लामे (Lame), कॉशी (Cauchy), कुमर (Kummer), लेजाण्ड्र (Legendre), लेबेग (Lebesgue), डिक्सन (Dickson)।

संख्या सिद्धान्त पर अनेक लेखकों ने लेखनी उठायी है। इस संबन्ध में बॅशॅट (Bachet) का नाम उल्लेखनीय है। यह कुछ दिनों तक इटली में रहा और इसका विचार धार्मिक क्षेत्र में पदार्पण करने का था। किन्तु कुछ समय पश्चात् यह पेरिस चला गया और फ्रांस की विज्ञान परिषद् (Academie des Sciences) का सदस्य बन गया। इसने डायफॅण्टस का अनुवाद किया, जो १६२१ में प्रकाशित हुआ। इसकी सर्वोत्कृष्ट कृति गणितीय मनोरंजन पर थी, जो आजतक आदर की दृष्टि से देखी जाती है।

टामस हॅरियट (Thomas Harriot) का जीवन काल १५६०–१६२१ था। यह इंग्लॅण्ड का निवासी था और १५७९ में यह ऑक्सफोर्ड का स्नातक हो गया। यह सर वॉल्टर रॅले (Sir Walter Raleigh) का सहायक नियुक्त हुआ, जिसने १५८५ में इसे वर्जीनिया (Virginia) का सर्वेक्षण करने के लिए अमेरिका भेजा। इंग्लॅण्ड लौटने पर इसने अपनी यात्रा का वृत्तान्त (१५८८) प्रकाशित किया। इसने बीजगणित पर एक पाठ्य पुस्तक लिखी जो इसकी मृत्यु के दस वर्ष पश्चात् छपी। इसने अज्ञात् राशियों के लिए छोटे स्वरों और ज्ञात राशियों के लिए छोटे व्यंजनों का प्रयोग किया था। 'से बड़ा है' और 'से छोटा है' के लिए इसने ये चिह्न $>$, $<$ प्रयुक्त किये थे। इसके ग्रन्थ में निम्नलिखित प्रकरणों का समावेश है--

दिये हुए मूलों के समीकरण बनाना, मूलों की संख्या का नियम, मूलों और

गुणांकों का पारस्परिक संबन्ध, समीकरणों का रूपान्तर, संख्यात्मक समीकरणों का साधन।

जॉन नेपियर (John Napier) (१५५०–१६१७) स्कॉटलॅण्ड का एक गणितज्ञ और लघुगणकों (Logarithms) का आविष्कारक था। इसने १५६३ में मॅट्रिक परीक्षा पास की। तत्पश्चात् यह अध्ययन के लिए पेरिस चला गया और इसने इटली और जर्मनी में पर्यटन किया। लौटकर इसने विवाह किया। इसका एक लड़का था आर्चिबाल्ड (Archibald), जो बाद में लार्ड नेपियर कहलाया।

नेपियर ने स्कॉटलॅण्ड के धर्मशास्त्र के इतिहास पर एक पुस्तक लिखी, जिसका बड़ा आदर हुआ। तत्पश्चात् इसने युद्ध के बहुत से उपकरणों का आविष्कार किया।

१६१४ में इसकी पुस्तक डॅस्क्रिप्शियो (Descriptio) निकली, जिसमें इसने लघुगणकों के आविष्कार का विवरण दिया था। उक्त पुस्तक में पहली बार लघुगणकों की परिभाषा और एक लघुगणक सारणी भी दी गयी थी। पुस्तक ने छपते ही बड़े बड़े गणितज्ञों—राइट (Wright) ऑर ब्रिग्स (Briggs) का ध्यान आकृष्ट किया। राइट ने उसका अंग्रेजी में अनुवाद किया, जिसे उसकी मृत्यु के पश्चात् १६१६ में उसके पुत्र ने प्रकाशित किया।

जो लघुगुणक नेपियर ने आविष्कृत किये थ, वे वह नहीं हैं, जो आजकल दशमलव लघुगणक कहलाते हैं। मौलिक लघुगणकों का नेपियर और ब्रिग्स ने ही दशमलव लघुगणकों में परिवर्तन किया। इन दोनों ने मिलकर १६२४ में एक पुस्तक ऍरिथमॅटिका लॉगॅरिथमिका (Arithmetica Logarithmica) प्रकाशित की, जिसमें १–३०,००० और ८०,००० से १,००,००० तक की संख्याओं के लघुगणक दिये गये थे।

नेपियर ने १६१७ में एक अन्य पुस्तक रॅब्डॉलोजिया (Rabdologia) प्रकाशित की। इसमें गणक छड़ों (Numerating Rods) का उल्लेख किया है, जिनसे गुणन और भाजन में बड़ी सुविधा होती है। कुछ लेखकों का अनुमान है कि यही पुस्तक नेपियर की महत्तम कृति थी।

लघुगणकों के अतिरिक्त नेपियर को दशमलव भिन्नों और दशमलव बिन्दु पर भी बड़ा अधिकार था।

हॅनरी ब्रिग्स (Henry Briggs) (१५५६–१६३०) एक अंग्रेज़ गणितज्ञ था। १५८१ में यह केम्ब्रिज का स्नातक हुआ। १५९२ में रीडर (Reader) हो गया और १५९६ में लन्दन के एक कालिज में प्रोफेसर हो गया। इसने नेपियर से यह

प्रस्ताव किया कि लघुगणकों का आधार संख्या १० को बना दिया जाय। नेपियर इस प्रस्ताव से सहमत हो गया और तब दोनों ने मिलकर १६२४ में लघुगणक सारणी छापी, जिसका उल्लेख हम ऊपर कर चुके हैं। ब्रिग्स ने सब मिलाकर दस पुस्तकें

चित्र ४०—नेपियर (१५५०–१६१७)

[डोवर पब्लिकेशंस, इन्कॉर्पोरेटेड, न्यूयॉर्क—१०, की अनुज्ञा से, डी० स्ट्रुइक कृत 'ए कॉन्साइज हिस्ट्री ऑफ मैथेमॅटिक्स' (१·७५ डॉलर) से प्रत्युत्पादित।]

प्रकाशित कीं और छः अन्य पुस्तकें लिखीं, जो छप नहीं पायीं। प्रकाशित पुस्तकों के विषय यूक्लिड, लघुगणक, त्रिकोणमिति और नौवहन (Navigation) हैं।

विलियम आउट्रेंड (William Oughtred) (१५७४–१६१७) एक अंग्रेज़ गणितज्ञ था जिसने अंकगणित और बीजगणित पर एक छोटा सा ग्रन्थ लिखा। उक्त ग्रन्थ में कदाचित् पहली बार समानुपात चिह्न (Sign of proportion) (: :) और अन्तरचिह्न (Sign of difference) (~) का प्रयोग किया गया है।

आउट्रेंड ने एक पुस्तक लघुगणकों पर भी लिखी। किन्तु इसकी अधिक प्रसिद्धि सृपरेखक (Slide Rule) के कारण हुई।

ऐंड्मण्ड गण्टर (Edmund Gunter) एक अंग्रेज गणितज्ञ था जिसका जीवन काल १५८१–१६२६ था। इसने वेंस्टमिन्सटर (Westminster) स्कूल में शिक्षा पायी और १५९९ में यह ऑक्सफोर्ड के एक कालेज में भर्ती हुआ। १६१९ से अन्तकाल तक यह ग्रेशम कॉलिज (Gresham College) में ज्यौतिष का प्राध्यापक रहा। इसने सामान्य आधार पर आश्रित लघुगणकीय ज्याओ (Sines) और स्पज्याओं (Tangents) की पहली सारणी प्रकाशित की और अपने मित्र ब्रिग्स को सुझाव दिया कि लघुगणकों में अंकगणितीय पूरक (Arithmetical Compliment) का प्रयोग किया जाय। इसके व्यावहारिक आविष्कार ये हैं—

१. गण्टर श्रृंखला (Gunter Chain)—जो सर्वेक्षण में काम आती है।

२. गण्टर रेखा (Gunter Line)—जो सृपरेखक की अग्रगामिनी है।

३. गण्टर चरण (Gunter Quadrant)—जो वस्तुओं का उच्चत्व (Altitude) निकालने में प्रयुक्त होता है।

४. गण्टर मापिनी (Gunter Scale)—जिससे नौवहन में बड़ी सहायता मिलती है।

न्यूटन का नाम कौन नहीं जानता। लिब्नीज़ (Leibniz) ने एक बार कहा था कि यदि आदि काल से न्यूटन के समय तक के गणित का हिसाब लगाया जाय तो जो कार्य न्यूटन ने किया वह आधे से अधिक बठेगा। यह प्रशंसा अक्षरशः सत्य है।

न्यूटन इंग्लॅण्ड का एक प्राकृतिक दार्शनिक (Natural Philosopher) था जिसका स्थिति काल १६४२–१७२७ था। इसके पिता इसके जन्म से पहले ही मर चुके थे और जब यह तीन वर्ष का था तब इसकी माता ने दूसरा विवाह कर लिया। इसके बाद यह अपनी नानी के पास रहने लगा। किन्तु कुछ समय पश्चात् इसके सौतेले पिता का देहान्त होने पर इसकी माता अपने पुराने घर लौट आयी और यह भी फिर उसी के साथ रहने लगा।

दो वर्ष तक इसने एक व्याकरण के स्कूल में शिक्षा पायी और कोई प्रगति नहीं दिखायी। किन्तु एक दिन एक लड़के से इसकी लड़ाई हो गयी, जिससे इसका स्पर्द्धा भाव जाग्रत हो गया और शीघ्र ही यह स्कूल का नेता बन गया। जब न्यूटन १४ वर्ष का था, इसकी माता लौट आयी और उसने इसे स्कूल से हटा लिया। वह

चित्र ४१—**आइज़क न्यूटन** (Isaac Newton) (१६४२–१७२७)

[डोवर पब्लिकेशंस, इन्कॉर्पोरेटेड, न्यूयॉर्क—१०, की अनुज्ञा से, डी० स्ट्रुइक कृत 'ए कॉन्साइज हिस्ट्री ऑफ़ मॅथॆमॅटिक्स' (१.७५ डॉलर) से प्रत्युत्पादित ।]

चाहती थी कि उसका पुत्र उसके प्रक्षेत्र (Farm) पर काम करे। किन्तु न्यूटन का मन उस काम में नहीं लगता था। उसकी रुचि तो **यान्त्रिकी** (Mechanics), बढ़ईगीरी, कविता, और **उद्रेखण** (Drawing) में थी। अतः उसे फिर स्कूल भेज दिया गया। २३ वर्ष की अवस्था में वह केम्ब्रिज का स्नातक हो गया और २५ वर्ष की अवस्था में ट्रिनिटी कालेज का अधिसदस्य (Fellow) बना दिया गया।

१६६४–६५ में न्यूटन ने **द्विपद प्रमेय** (Binomial Theorem) और **अनन्त श्रेणी** (Infinite Series) पर कार्य आरंभ कर दिया। न्यूटन के कलन सम्बन्धी कार्य का उल्लेख तो हम आगे करेंगे, यहाँ हम उसके कार्य के अन्य पक्षों का विवरण देते हैं। दो क्षेत्रों में उसका कार्य बहुत उच्च कोटि का है—प्रकाश सिद्धान्त और गुरुत्व सिद्धान्त। न्यूटन के **गति नियम** (Laws of Motion) आज भी कालेज के विद्यार्थियों को पढ़ाये जाते हैं। और न्यूटन ने विश्व के आकार प्रकार के विषय में जो सिद्धान्त प्रतिपादित किये हैं, उन्हें आइन्सटाइन (Einstien) के अतिरिक्त कोई चुनौती नहीं दे पाया है। उक्त सिद्धान्त न्यूटन ने अपने महान् ग्रन्थ प्रिन्सीपिया (Principia) में दिये हैं जो १६८७ में प्रकाशित हुआ था।

उक्त ग्रन्थ से न्यूटन की ख्याति चारों ओर फैल गयी। विश्व की सृष्टि के संबंध में जो सिद्धान्त उसमें प्रतिपादित किये गये थे, दो सौ वर्ष तक सारे जगत् पर छाये रहे, और न्यूटन की यान्त्रिकी ने सैकड़ों वर्ष तक गणितज्ञों, ज्यौतिषियों और वैज्ञानिकों का पथ प्रदर्शन किया और आज भी कर रही है।

१६६९ में न्यूटन केम्ब्रिज में गणित का प्राध्यापक हो गया। लगभग ६० वर्ष तक उसे ख्याति और मान मिलता रहा और वह गणित और भौतिकी का अद्वितीय विद्वान् माना जाता रहा। १६७२ में वह रायल सोसायटी (Royal Society) का अधिसदस्य निर्वाचित हो गया। और १६८९ में इंग्लॅण्ड की संसद में भी विश्वविद्यालय का प्रतिनिधि बनकर पहुँच गया। १७०५ में उसे 'सर' की उपाधि मिली।

न्यूटन के 'विश्व अंकगणित' (Arithmetica Universalis) का विषय बीजगणित और समीकरण सिद्धान्त है। यह पुस्तक पहले पहल १६७३–८३ में व्याख्यानों के रूप में लिखी गयी थी। किन्तु इसका प्रकाशन १७०७ में हुआ। न्यूटन ने १६६९ में एक ग्रन्थ श्रेणियों पर भी लिखा था, किन्तु उसका प्रकाशन १७११ से पहले न हो सका।

१७२७ में न्यूटन रुग्ण हो गया। यों भी कुछ दिनों से उसका स्वास्थ्य गिरने लगा था। २० मार्च १७२७ को उसका देहान्त हो गया। न्यूटन के तीन चित्र रायल सोसाइटी में और कई ट्रिनिटी कालेज में हैं।

अन्य प्रतिभाशाली व्यक्तियों की भाँति न्यूटन में भी कुछ विलक्षणताएँ थी। वह बहुधा भोजन करना भूल जाता था। एक बार वह भोजन करके बाहर जा रहा था कि उसे ध्यान आया कि वह कदाचित् भोजन करना भूल गया है। वहीं से लौट पड़ा। घर लौटकर आया तो देखा कि नौकरानी उसके भोजन के बरतन माँजने के लिए उठा चुकी है। तब उसे याद आ गया कि वह भोजन कर चुका था।

एक बार न्यूटन घोड़े पर जा रहा था। जब एक पहाड़ी आयी तब वह घोड़े से उतर पड़ा और लगाम हाथ में लेकर उसे ले जाने लगा। जब वह पहाड़ी के ऊपर पहुँच गया तो घोड़े पर फिर चढ़ने के लिए मुड़ा। देखा तो उसके हाथ में लगाम थी किन्तु घोड़े का कहीं पता न था।

एक बार न्यूटन ने कुछ मित्रों को भोजन पर बुलाया था। मेज़ पर मदिरा की कमी पड़ गयी तब वह मदिरा लेने के लिए तहख़ाने चला गया। उन दिनों निजी मकानों के पूजागृह तहख़ानों में ही हुआ करते थे। न्यूटन वहाँ पहुँचकर मदिरा की बात तो बिलकुल भूल गया और धार्मिक चोग़ा (Surplice) पहनकर पूजा करने लगा।

जॉन वॉलिस (१६१६–१७०३) एक अंग्रेज़ गणितज्ञ था। उसने केम्ब्रिज में शिक्षा पायी। शिक्षा तो उसे धार्मिक व्यवसाय की मिली थी, किन्तु उसकी रुचि गणित और भौतिकी में थी। १६४९ में वह ऑक्सफ़ोर्ड में ज्यामिति की गद्दी का आचार्य हो गया और अपनी मृत्यु तक उसी आसंदी पर विराजमान रहा।

वालिस ने बहुत से विषयों पर अपनी लेखनी उठायी है, जैसे यान्त्रिकी, ध्वनि-विज्ञान, ज्यौतिष, **ज्वारभाटे, दैहिकी** (Physiology), **संगीत, भौमिकी** (Geology) और **वानस्पतिकी** (Botany)। इसके अतिरिक्त वह सांकेतिक भाषा का भी मर्मज्ञ था। और राजनीतिक संदेशों का अर्थ निकालने में सरकार की सहायता किया करता था। उसकी दो पुस्तकें प्रसिद्ध हैं—

१. ऐंरिथमेंटिका इन्फ़िनिटोरम (Arithmetica Infinitorum) (१६५५)—जिसका विषय वक्रों का क्षेत्रकलन है।

२. ऐंलजब्रा ट्रॅक्टेटस (Algebra Tractatus) (१६७३)—जिसका विषय बीजगणित है।

वॉलिस ने ही पहले पहल घातों की परिभाषा को व्यापक बनाकर उसमें भिन्नात्मक और ऋणात्मक संख्याओं का समावेश किया। इसके अतिरिक्त वालिस ने ही सर्व प्रथम काल्पनिक राशियों का लेखाचित्रीय निरूपण आरंभ किया।

एशिया

१६वीं और १७वीं शताब्दियों में भारत ने कोई विशेष प्रगति नहीं दिखायी। केवल दो गणितज्ञों के नाम उल्लेखनीय हैं—सूर्यदास और गणेश। सूर्यदास का जन्म १५०८ में हुआ था। इन्होंने भास्कर के बीजगणित पर एक टीका लिखी है, जिसका नाम 'सूर्यप्रकाश' है। एक टीका इन्होंने लीलावती पर भी लिखी है,

जिसमें लीलावती के कुछ श्लोकों के कई कई अर्थ दिये हैं। इनकी लेखनी से ही पता चलता है कि इन्होंने ये आठ ग्रन्थ प्रकाशित किये—लीलावती टीका, बीज टीका, श्रीपतिपद्धति गणित, बीजगणित, ताजिकालंकार, काव्यद्वय, बोधसुधाकर और सूर्यप्रकाश।

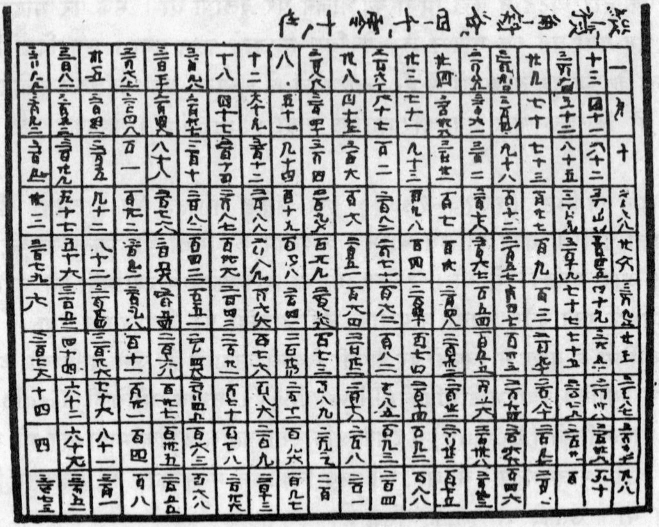

चित्र ४२—एक जापानी माया वर्ग।

जिन ऐण्ड कम्पनी की अनुज्ञा से, डेविड यूजीन स्मिथ कृत 'हिस्ट्री ऑफ़ मॅथॅमॅटिक्स' से प्रत्युत्पादित।

कोलब्रुक ने इनके एक अन्य ग्रन्थ गणितमालती का भी उल्लेख किया है।

सूर्यदास ने अपने बीजगणितीय ग्रन्थों में श्रीधर की विधियों पर टीका की है और अनिर्णीत समीकरणों का भी विवेचन किया है।

गणेश दैवज्ञ का जन्म भी १६वीं शताब्दी के आरंभ में ही हुआ था। इनके अधिकांश ग्रन्थ ज्योतिष पर हैं। किन्तु दो टीकाएँ इन्होंने 'लीलावती' और 'सिद्धान्त शिरोमणि' पर भी लिखी हैं। ग्रह गणित पर देश भर में जितने ग्रन्थ इनके प्रचलित हैं उतने किसी अन्य ज्यौतिषी के नहीं हैं। शुद्ध गणित में इनका क्षेत्र भी वही था, जो सूर्यदास का, अर्थात् कुट्टक, अनिर्णीत समीकरण, सुमेय त्रिभुज, वृत्तीय (Cyclic) चतुर्भुज।

निम्नलिखित वृत्त मोज़ेई के ग्रन्थ 'मन्टोकू जिंकौ-की' (१६६५) से लिया गया है। केन्द्र को १ मानकर गिनने से किसी भी त्रिज्या की संख्याओं का जोड़ ५२४ अथवा ५२५ आता है।

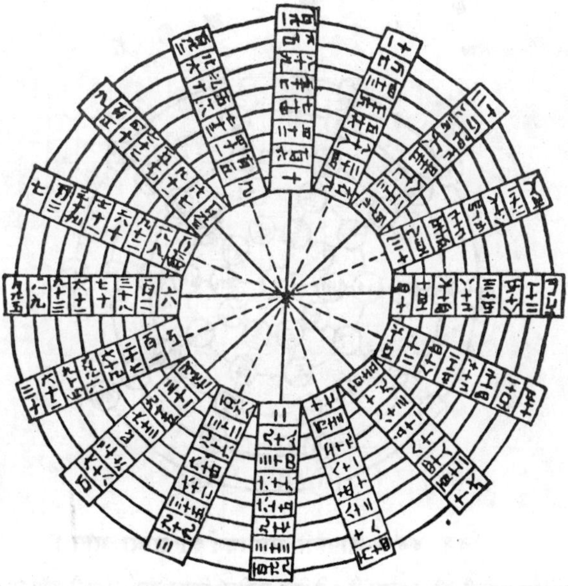

चित्र ४३—१२९ संख्याओं का एक जापानी माया वृत्त।

[जिन ऍण्ड कम्पनी की अनुज्ञा से डेविड यूजीन स्मिथ कृत 'हिस्ट्री ऑफ़ मैथेमैटिक्स से प्रत्युत्पादित।]

सत्रहवीं शताब्दी के एक जापानी गणितज्ञ सेकी कॉवा का नाम विशेष रूप से उल्लेखनीय है। इसका स्थिति काल १६४२–१७०८ था। पूत के पैर पालने में ही दिखाई पड़ने लगे थे और इसने बचपन में ही बिना किसी शिक्षक की सहायता के गणित की कई शाखाओं में, विशेषकर यान्त्रिकी में, योग्यता प्राप्त कर ली थी। इसने १६८३ में एक ग्रन्थ लिखा, जिसका नाम 'कई फूकू दई नो हाँ' था। उक्त ग्रन्थ में इसने सारणिकों (Determinants) का उपानयन किया है। किन्तु आश्चर्य है कि इसने सारणिकों से केवल विलोपन (Elimination) का काम ही लिया। उनका युगपत् समीकरणों (Simultaneous Equations) के

साधन में कोई प्रयोग नहीं किया। इसके अतिरिक्त इसने प्रस्तुत ग्रन्थ में उच्च घात समीकरणों का भी विवेचन किया है।

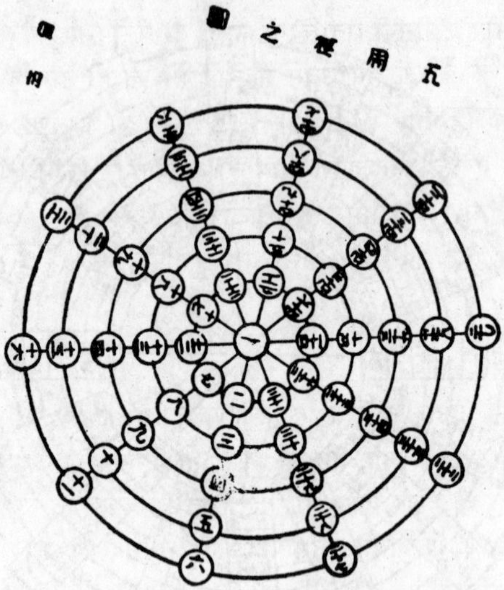

चित्र ४४—जापानी मायावर्ग का आधा भाग।

[जिन ऐंण्ड कम्पनी की अनुज्ञा से, डेविड यूजीन स्मिथ कृत 'हिस्ट्री ऑफ़ मॅथॅमॅटिक्स' से प्रत्युत्पादित।]

माया वर्ग का उपरिलिखित आधा भाग सनेनोबू के ग्रन्थ 'कॉ-को-जॅन शॉ' (१६७३) से लिया गया है।

सेकी का कार्य विशेष रूप से मौलिक न भी रहा हो, किन्तु इसमें संदेह नहीं कि इसकी ख्याति ने बहुत से विद्यार्थियों को इसके व्यक्तित्व और गणित की ओर आकृष्ट किया। कह सकते हैं कि इसकी शिक्षण शैली ने जापानी गणित में एक नयी जान डाल दी। इसकी मृत्यु के पश्चात् जापानी सम्राट् ने इसको जापान की सबसे ऊँची उपाधि दे दी। सेकी कॉवा ने माया वर्गों और सम्बद्ध विषयों में भी पर्याप्त रुचि दिखायी थी।

इस सम्बन्ध में १७वीं शताब्दी के दो अन्य जापानी गणितज्ञों के नाम भी उल्लेखनीय हैं—मुरामत्सू कुदायू मोज़ेई और होशीनो सनेनोबू।

(८) अठारहवीं-उन्नीसवीं शताब्दियाँ

यूरोप

अठारहवीं और उन्नीसवीं शताब्दियों में यों तो यूरोप में अनेक गणितज्ञ हुए हैं, किन्तु स्थानाभाव के कारण हम उनमें से थोड़े सों का ही नाम दे सकेंगे।

जॉन विल्सन (John Wilson) (१७४१–९३) इंग्लॅण्ड का एक गणितज्ञ था। इसने केवल एक ही महत्त्वपूर्ण प्रमेय का आविष्कार किया और उसी से इसका नाम अमर हो गया। वह प्रमेय इस प्रकार है—

यदि प कोई रूढ़ (Prime) संख्या हो तो

$$१+\underline{|प-१}$$

प से भाज्य होगी।

इस प्रमेय का संख्या सिद्धान्त में इतना महत्त्व है कि उक्त विषय की किसी भी मानक पुस्तक में इसका देना अनिवार्य है। इसे **विल्सन प्रमेय** कहते हैं। इसका आविष्कार लिब्नीज़ भी कर चुका था, किन्तु वह इसे प्रकाशित नहीं करा पाया था।

विल्सन १७८२ में रायल सोसायटी का अधिसदस्य बना लिया गया था।

विलियम जॉर्ज हॉर्नर (William George Horner) (१७८६–१८३७) भी एक अंग्रेज़ गणितज्ञ था। यह कोई बहुत बड़ा विद्वान् नहीं था। इसने संख्यात्मक समीकरणों के साधन की प्राचीन चीनी विधि का अध्ययन किया और उसे एक नया रूप दे दिया। इसका अभिपत्र १८१९ में रायल सोसायटी में पढ़ा गया और १८३८ और १८४३ में पुनःप्रकाशित हुआ। उक्त विधि आजतक **हॉर्नर विधि** कहलाती है।

पीटर बार्लो (Peter Barlow) (१७७६–१८६२) एक बहुत ही प्रतिभाशाली अंग्रेज़ गणितज्ञ था। १८२३ में यह रायल सोसायटी का अधिसदस्य हो गया और दो वर्ष पश्चात् इसे कोपले (Copley) पदक मिला। यों तो इसने प्रयोजित गणित पर भी कई ग्रन्थ लिखे, किन्तु इसकी दो पुस्तकें बहुत प्रसिद्ध हुईं, एक तो संख्या सिद्धान्त (१८११) पर और दूसरी एक गणितीय कोष (१८१४)।

जोज़ेफ लूइ लॅग्रांज (Joseph Louis Lagrange) फ्रांस का एक बहुत बड़ा गणितज्ञ हुआ है जिसका स्थिति काल १७३६–१८१३ था। इसकी शिक्षा ट्यूरिन (Turin) कालिज में हुई। आरंभ में तो इसकी रुचि प्राचीन साहित्य में थी। किन्तु एक दिन इसके हाथ में हेली (Halley) का एक अभिपत्र पड़ गया। उसे

पढ़ते ही इसका मस्तिष्क बदल गया और यह गंभीरता से गणित का अध्ययन करने लगा। इसने शीघ्र ही इतनी योग्यता प्राप्त कर ली कि यह गणित का सबसे बड़ा

चित्र ४५—लैग्रांज (१७३६–१८१३)

विद्वान् माना जाने लगा। यह १८ वर्ष की अवस्था में ही ज्यामिति का प्राध्यापक नियुक्त हो गया और २३ वर्ष की अवस्था में इसने दो अभिपत्र लिखे, जो इतनी उच्च-कोटि के थे कि उन्होंने ऑयलर और डिलेम्बर्ट (d' Alembert) जैसे गणितज्ञों को आकृष्ट कर लिया। उक्त दो अभिपत्रों से **'विचरण कलन'** (Calculus of Variations) की नींव पड़ी। उक्त दोनों गणितज्ञों की संस्तुति पर फ्रेडरिक महान् (Frederick the Great) ने इसे बर्लिन बुला लिया। फ्रेडरिक ने इसे जो पत्र

लिखा उसके शब्द ये थे—'यूरोप का सबसे महान् राजा यूरोप के सबसे महान् गणितज्ञ को अपने दरबार में बुलाता है।' लॅग्राज बर्लिन में २० वर्ष रहा और उसने बीजगणित, यान्त्रिकी और ज्यौतिष पर अनेक अभिपत्र लिखे। फ़्रेडरिक की मृत्यु के पश्चात् लुइ १६ (Louis XVI) के निमंत्रण पर यह पेरिस आ गया। १७९३ में यह माप तौल सुधार आयोग का अध्यक्ष नियुक्त हुआ और १७९७ में एक कालिज का प्राध्यापक हो गया।

लॅग्रांज की दो पुस्तकें प्रसिद्ध हैं—एक **खगोलीय यान्त्रिकी** (Celestial Mechanics) पर और दूसरी **वैश्लेषिक फलनों** (Analytical Functions) पर। बीजगणित संबन्धी इसका एक महत्त्वपूर्ण कार्य यह था कि इसने निम्नलिखित समीकरण का हल निकाला, जो फ़र्मा ने प्रस्तुत किया था—

$$\text{सय}^2 + १ = \text{र}^2,$$

जिसमें 'स' पूर्णांक है, किन्तु पूर्ण वर्ग नहीं है।

इसके अतिरिक्त लॅग्रांज का उच्च घात समीकरण सम्बन्धी कार्य भी प्रशंसनीय हुआ है।

एड्रियन मेरी लेजाण्ड्र (Adrien Marie Legendre) (१७५२–१८३३) एक फ्रांसीसी गणितज्ञ था। इसकी शिक्षा दीक्षा पेरिस में हुई थी। इसके अध्यापक आबे मेरी (Abbe Marie) ने १७७४ में यान्त्रिकी पर एक ग्रन्थ लिखा, जिसके कई लेख लेजाण्ड्र के लिखे हुए थे यद्यपि उसमें इसका नाम नहीं दिया गया था। शीघ्र ही यह पेरिस के एक कालेज में प्राध्यापक हो गया। १७८२ में इसे बर्लिन परिषद् से एक लेख के लिए पुरस्कार मिला। लेख का विषय था—'**प्रक्षेप्यों के पथ**' (Paths of Projectiles)। पत्पश्चात् यह कई वैज्ञानिक आयोगों का सदस्य रहा। इसके अन्तिम दिनों में सरकार ने यह प्रयत्न किया कि पेरिस परिषद् उसके संकेतों पर चले। इसने सरकार का विरोध किया। सरकार ने इसकी पेंशन ज़ब्त कर ली और इसका अन्त बड़ी ग़रीबी में हुआ।

यों तो लेजाण्ड्र ने गणित की कई शाखाओं में कार्य किया, किन्तु इसकी विशेष ख्याति इसकी दीर्घवृत्तीय फलनों (Elliptic Functions) संबन्धी गवेषणा से हुई। १८११–१६ तक इसकी पुस्तक 'समाकलन गणित पर प्रश्नावलियां' (Exercices de Calcul Integral) तीन भागों में छपी। तीसरे भाग में इसने दीर्घवृत्तीय समाकलों (Elliptic Integrals) की सारणियां दी हैं। १८२७ में इसका दीर्घवृत्तीय फलनों सम्बन्धी ग्रन्थ दो भागों में निकला। किन्तु उसके तुरन्त बाद दो युवक

गणितज्ञों ऑबेल (Abel) और जॅकोबी (Jacobi) का उसी विषय का गवेषणा कार्य प्रकाशित हुआ। लेजाण्ड्र ने तुरन्त स्वीकार किया कि उन दोनों का कार्य उसके कार्य से उत्तम है और सन्तति ने आजतक उसकी सम्मति को ग़लत नहीं माना।

चित्र ४६—**लेजाण्ड्र (१७५२–१८३३)**

[डोवर पब्लिकेशंस, इन्कॉर्पोरेटेड, न्यूयॉर्क--१०, की अनुज्ञा से, डी० स्ट्रुइक कृत 'ए कॉन्सॉइज हिस्ट्री ऑफ़ मॅथॅमॅटिक्स' (१.७५ डॉलर) से प्रत्युत्पादित।]

लेजाण्ड्र ने संख्या सिद्धान्त पर भी अद्‌भुत कार्य किया है। इसकी उक्त विषय की पुस्तक के १८०१–१८३० तक तीन संस्करण निकल गये। इसका एक फल

बहुत प्रसिद्ध हो गया है जिसका नाम **वर्गात्मक व्युत्क्रमता नियम** (Law of Quadratic Reciprocity) है। इसी नियम के विषय में गाउस (Gauss) ने कहा है कि यह अंकगणित का रत्न है।

चित्र ४७—**गॅलायस (१८११-३२)**

[डोवर पब्लिकेशंस, इन्कॉर्पोरेटेड, न्यूयॉर्क--१० की अनुज्ञा से, डो० स्ट्रूइक कृत 'ए कॉन्सॉइज हिस्ट्री ऑफ़ मॅथॅमॅटिक्स' (१.७५ डॉलर) से प्रत्युत्पादित।]

लेजाण्ड्र की गवेषणा के अन्य विषय थे--आकर्षण, **भूमिति** (Geodesy) न्यूनतम वर्ग विधि (Method of Least Squares) और ज्यामिति।

गैलॉयस (Galois) (१८११–३२) एक बहुत ही प्रतिभाशाली फ्रांसीसी था, जिसने यौवनान्धता में ही अपनी जान दे दी। अपने राजनीतिक विचारों के कारण यह दो बार कारागार गया और २१ वर्ष की अवस्था में ही अपने से अधिक शक्तिशाली व्यक्ति से द्वन्द्व कर बैठा, जिसमें इसकी जान गयी। किन्तु बालपन के तीन चार वर्षों में ही इसने गवेषणा कार्य में अद्‌भुत प्रतिमा दिखा दी। इसका मुख्य कार्य उच्च घात बीजगणितीय समीकरणों और प्रतिस्थापन समुदायों (Substitution Groups) पर है।

लियोनार्ड ऑयलर (Leonhard Euler) (१७०७–१७८३) स्विट्ज़र-लॅण्ड का एक महान् गणितज्ञ हुआ है। इसको प्रारंभिक शिक्षा इसके पिता जी ने ही दी थी, जो स्वयं एक गणितज्ञ थे। १७२३ में यह जॉन बर्नोली (Johann Bernoulli) के शिष्यत्व में स्नातक हुआ। तदनन्तर इसने धर्मशास्त्र, प्राच्यभाषाओं और औषधि विज्ञान का भी अध्ययन किया। १७२७ में यह पैट्रोग्राड में भौतिकी का और १७३० में गणित का प्राध्यापक हो गया। १७३५ में अत्यधिक कार्य के कारण इसकी एक आँख जाती रही। १७४१ में यह बर्लिन गया और २५ वर्ष तक वहीं रहा। १७६६ में यह फिर रूस लौट आया, किन्तु उसके कुछ ही दिनों पश्चात् इसकी बायीं आँख में मोतियाबिन्द हो गया और यह प्रायः नेत्रहीन हो गया। फिर भी इसने गवेषणा कार्य नहीं छोड़ा। इसके अभिपत्र इसके पुत्र लिखते रहे। अन्तिम सात वर्षों में इसने ७० अभिपत्र तैयार किये और यह मृत्यु के समय अधूरे रूप में २०० अभिपत्र और छोड़ गया।

ऑयलर ने गणित की बहुत सी शाखाओं पर कार्य किया है, जैसे ज्यौतिष, द्रवयान्त्रिकी (Hydro-mechanics), चाक्षुषी (Optics), किन्तु इसका सबसे अधिक कार्य शुद्ध गणित में हुआ है। आधुनिक वैश्लेषिक गणित के निर्माताओं में ऑयलर का स्थान बहुत ऊँचा है। १७४८ में 'अनन्त विश्लेषण' पर इसका ग्रन्थ निकला जिसके पहले भाग में बीजगणित, समीकरण मीमांसा, त्रिकोणमिति (Trigonometry) आदि विषय थे। उक्त पुस्तक में इसने 'फलनों के श्रेणी रूप में प्रसार', 'श्रेणियों का संकलन' आदि विषयों का विवेचन किया है। उस समय तक श्रेणियों के अभिसरण (Convergence) का भाव भी गणितज्ञों के मन में नहीं उगा था। एक स्थान पर ऑयलर ने स्वयं लिखा है कि—

$$१ + य + य^२ + \ldots\ldots = \frac{१}{१ - य}।$$

अतः य = —१ रखने से हमें प्राप्त हैं —

१—१+१—१+...=½

चित्र ४८—ऑयलर (१७०७–८३)

[डोवर ब्लिकेशंस, इन्कॉर्पोरेटेड, न्यूयॉर्क—१०, की अनुज्ञा से, डी० स्ट्रुइक कृत 'ए कॉन्साइज हिस्ट्री ऑफ मॅथेमॅटिक्स' (१.७५ डॉलर) से प्रत्युत्पादित।]

इस 'समीकरण' को आजकल हास्यास्पद माना जायगा। कुछ समय पश्चात् ऑयलर ने स्वयं कहा है कि हम अनन्त श्रेणियों का प्रयोग तभी कर सकते हैं जब

वह अभिसारी (Convergent) हों। कह सकते हैं कि ऑयलर अभिसरण के भाव का जन्मदाता था।

कुछ बीजगणितीय व्यंजक ऑयलर के नाम से ही विख्यात हैं जैसे—

$$\text{सी}_{\text{स}\to\infty}\left(१+\frac{१}{२}+\frac{१}{३}+\ldots+\frac{१}{\text{स}}-\text{लघु स}\right)$$

का मान। ऑयलर ने इस व्यंजक का मान .५७७२१५६६४९०५३२८ दिया है। इस राशि को ऑयलर अचर (Euler Constant) कहते हैं। आधुनिक समय में तो ऐडैम्स (Adams) ने इसका मान २६६ दशमलव स्थानों तक निकाला है।

ऑयलर की रुचि गणित और भौतिकी के अतिरिक्त और भी कई विषयों में थी, जैसे संगीत, रसायन, वानस्पतिकी, **औषधि-विज्ञान**। ऑयलर के अन्तिम दिन बड़े कष्ट में बीते। यह प्रायः अन्धा हो चुका था, इसका मकान जला दिया गया था और बहुत से काग़ज पत्र नष्ट हो चुके थे। फिर भी यह अपने कार्य में दत्तचित्त था और बहुत सा परिकलन मस्तिष्क में ही किया करता था।

ऑयलर के जीवन का एक उपाख्यान बड़ा रोचक है। डिडेरट (Diderot) एक नास्तिक था। ज़ारीना (Çzarina) उससे अप्रसन्न हो गयी थी और चाहती थी कि उसके विचार बदलने में ऑयलर उसकी सहायता करे। ऑयलर की सहमति मिलने पर रूसी दरबार में दोनों की भेंट का कार्यक्रम बनाया गया। डिडेरट से कहलाया गया कि एक महान् गणितज्ञ ने बीजगणितीय विधि से ईश्वर का अस्तित्व सिद्ध कर दिया है। ऑयलर जानता था कि डिडेरट बीजगणित से सर्वथा अनभिज्ञ है। अतः उससे भेंट होने पर ऑयलर ने कहा—

"महाशय,

$$\frac{\text{क}+\text{ख}^{\text{स}}}{\text{स}}=\text{य}।$$

अतः ईश्वर का अस्तित्व है।"

डिडेरट कुछ न समझ पाया और हक्का बक्का हो गया और दरबारी खिल-खिला कर हँस पड़े। उसने कहा कि उसे फ्रांस लौट जाने की अनुज्ञा दी जाय। अनुज्ञा मिल गयी और वह फ्रांस लौट गया।

नील्स हॅन्रिक ऑबॅल (Niels Henirck Abel) स्कॅण्डिनेविया का एक महान् गणितज्ञ हुआ है जिसने २७ वर्ष की अल्पायु में ही इतना काम कर दिखाया कि

हर्मिट (Hermite) को इसके विषय में कहना पड़ा कि "उसने इतना काम कर छोड़ा है कि गणितज्ञ उससे ५०० वर्ष तक व्यस्त रहेंगे।" इसका जीवन काल १८०२-१८२९ था। इसका जन्म एक निर्धन, किन्तु सुसंस्कृत परिवार में हुआ था। इसके पिता जी नॉर्वे (Norway) के एक गाँव के पादरी थे। ऑबैल एक स्कूल में पढ़ता

चित्र ४९—ऑबैल (१८०२-२९)

था कि एक दिन एक अध्यापक ने इसके एक सहपाठी को इतना मारा कि वह मर गया। इस घटना से ऑबैल की चेतना जाग उठी और यह गणितज्ञों की कृतियां पढ़ने में दत्तचित्त हो गया। १८२० में इसके पिता का देहान्त हो गया और ६ भाई-बहिनों के लालन पालन का भार इसी के ऊपर आ पड़ा। किन्तु इसने कभी आशा नहीं त्यागी। यह विश्वविद्यालय में प्राध्यापक तो हो ही गया था। इसके अतिरिक्त निजी अध्यापन कार्य करके माँ और ६ भाई बहिनों का पेट पालता था। फ़ालतू समय में गवेषणा कार्य किया करता था।

सरकार की सहायता से ऑबैल १८२५ में फ्रांस और जर्मनी गया। बर्लिन में यह ६ महीने रहा जहाँ इसकी क्रेले (Crelle) से मित्रता हो गयी। क्रेले उन्हीं दिनों अपनी प्रसिद्ध पत्रिका Crelle's Journal निकालने वाला था। बर्लिन

से ऑबॅल फ़ाइबर्ग गया जहाँ इसने दीर्घवृत्तीय फलनों पर गवेषणा कार्य किया जो जगत् प्रसिद्ध हो गया है। आर्थिक अभाव के कारण ऑबॅल को नॉर्वे लौट आना पड़ा। १८२९ में क्रेले ने इसको लिखा कि वह इसको बर्लिन के विश्वविद्यालय में प्राध्यापक का स्थान दिलाने में सफल हो गया है। किन्तु उक्त पत्र के पहुँचने से पहले ही ऑबॅल का स्वर्गवास हो चुका था।

ऑबॅल का प्रथम महत्त्वपूर्ण कार्य सार्विक पंच घात समीकरण के सम्बन्ध में था। उसके पूर्वगामियों ने ऐसे समीकरण पर बहुत परिश्रम किया था किन्तु कोई भी उसका हल नहीं निकाल सका था। ऑबॅल ने अपने विचार से उसका हल निकाल लिया था। उक्त हल जाँच के लिए डॅन्मार्क (Denmark) के सबसे बड़े गणितज्ञ के पास भेजा गया। किन्तु इसी बीच में ऑबॅल ने अपनी ग़लती पकड़ ली। उसका "हल" वास्तव में हल था ही नहीं। अब उसे यह सन्देह हुआ कि उक्त समीकरण का हल निकालना सम्भव भी है या नहीं। तब उसने यह सिद्ध कर दिया कि यह कार्य असम्भव है। हम उक्त कथन को ऑबेल के ही शब्दों में देते है।

स्कूल में विद्यार्थी सरल और वर्ग समीकरणों

$$\text{कय} + \text{ख} = ०, \qquad \text{कय}^२ + \text{खय} + \text{ग} = ०$$

को हल करना सीखता है। कॉलिज में उसे निम्नलिखित त्रिघात और चतुर्घात समीकरणों

$$\text{कय}^३ + \text{खय}^२ + \text{गय} + \text{घ} = ०,$$

$$\text{कय}^४ + \text{खय}^३ + \text{गय}^२ + \text{घय} + \text{च} = ०$$

के साधन की विधियाँ सिखायी जाती हैं।

वर्गात्मक समीकरण के हल इस प्रकार हैं—

$$\text{य} = \frac{-\text{ख} \pm \sqrt{\text{ख}^२ - ४\,\text{कग}}}{२\text{क}}\ ।$$

वर्ग समीकरण के मूल निकालने के लिए जोड़ने, घटाने, गुणा करने, भाग देने, वर्ग मल निकालने आदि की क्रियाएँ करनी पड़ती हैं। इसी प्रकार अन्य उपरिलिखित समीकरणों के साधन के लिए गुणांकों पर इसी ढंग की क्रियाएँ करनी होती हैं। और इन समस्त क्रियाओं की संख्या सान्त (Finite) रहती है। ऐसे हल को 'बीजगणितीय हल' (Algebraic Solution) कहते हैं। यदि उपरिलिखित क्रियाओं में से किसी भी क्रिया को अनन्त बार करना पड़े तो तत्सम्बन्धी हल को बीजगणितीय हल नहीं कहेंगे।

अब सार्विक पंचघात समीकरण

$$\text{कय}^5+\text{खय}^4+\text{गय}^3+\text{घय}^2+\text{चय}+\text{छ}=0$$

पर विचार कीजिए। बहुत से गणितज्ञों ने इस समीकरण के बीजगणितीय हल निकालने का प्रयत्न किया और विफल रहे। ऑबैल यह सिद्ध करने में सफल हो गया कि इस समीकरण का कोई बीजगणितीय हल सम्भव ही नहीं है।

अमेरिका

कह सकते हैं कि अमेरिका में वास्तविक गणितीय कार्य १९वीं शताब्दी में ही आरम्भ हुआ। उक्त शताब्दी में अमेरिका में कई गणितज्ञ उत्पन्न हुए। इनमें प्रमुख नाम बैंन्जैमिन पियर्स (Benjamin Peirce) का आता है। इसका स्थिति काल १८०९–१८८० था। इसके पिता हार्वर्ड विश्वविद्यालय के पुस्तकाध्यक्ष और इतिहासज्ञ थे। यह १८२५ में हार्वर्ड का स्नातक हुआ और १८३१ में वहीं पर अध्यापक नियुक्त हो गया। लगभग ५० वर्ष तक यह उसी विश्वविद्यालय से सम्बद्ध रहा। पियर्स एक बहुत ही सफल अध्यापक था और शीघ्र ही इसकी ख्याति दूर दूर फैल गयी। यूरोप में इसको इतने मान प्राप्त हुए—

(१) रॉयल ऐस्ट्रोनॉमिकल सोसायटी का सहचरत्व,

(२) रॉयल सोसायटी की विदेशी सदस्यता,

(३) ब्रिटिश ऐंसोसियेशन फॉर दि ऐड्वांसमैंण्ट ऑफ़ साइंस के संवाददाता का पद,

(४) ऐंडिन्बरा की रॉयल सोसायटी की सम्मानित अधिसदस्यता।

पियर्स का अधिकांश कार्य प्रयोजित गणित पर है। शुद्ध गणित में इसकी प्रमुख गवेषणा **एकघात सहचरण बीजगणित** (Linear Associative Algebra) पर है। सब मिलाकर इसने ११ ग्रन्थ प्रकाशित किये हैं।

मॅक्सिम बोशर (Maxime Bocher) (१८६७–१९१८) का जन्म बोस्टन में हुआ था। इसने केम्ब्रिज लॅटिन स्कूल और हार्वर्ड कालिज में शिक्षा पायी और १८८८ में यह स्नातक हो गया। तत्पश्चात् यह अध्ययन के लिए गटिंगन गया जहाँ से इसने १८९१ में पीएच० डी० की उपाधि प्राप्त की। १९०४ में यह हार्वर्ड में ही प्राध्यापक नियुक्त हो गया। इसने वर्षों कई अमेरिकी गणितीय पत्रिकाओं का सम्पादन किया। इसका प्रमुख गवेषणा कार्य **अवकल समीकरणों** (Differential

Equations), श्रेणियों और उच्च बीजगणित पर है। इसकी दो पुस्तकें प्रसिद्ध हो गयी हैं—

(१) उच्च बीजगणित की भूमिका,

(२) समाकल समीकरणों (Integral Equations) के अध्ययन की भूमिका।

एशिया

१८ वीं और १९वीं शताब्दियों में भारत ने तो गणित में कोई प्रगति दिखायी ही नहीं। जापान १८ वीं शताब्दी के अन्त तक तो देशी कलन में ही उछल कूद मचाता रहा। उसका उल्लेख यथास्थान किया जायगा। तत्पश्चात् चीन की भांति वह भी पश्चिमी सभ्यता के चक्कर में फँस गया और दोनों देशों का गणित पश्चिमी साँचे में ढलने लगा। हम एक पिछले अध्याय में लिख आये हैं कि किस प्रकार चीन में ईसाई धर्म प्रचारकों का आविर्भाव हुआ जिन्होंने उक्त देश में पश्चिमी गणित की नींव डाली। कुछ दिन तक तो चीनियों ने पश्चिमी भावों और संस्कृति का आदर किया, किन्तु १८ वीं शताब्दी के अन्त में प्रतिक्रिया आरम्भ हो गयी और ईसाई प्रचारक सन्देह की दृष्टि से देखे जाने लगे। देशी गणित का प्रचलन फिर बढ़ने लगा यद्यपि उसमें कोई विशेष प्रगति न हो पायी।

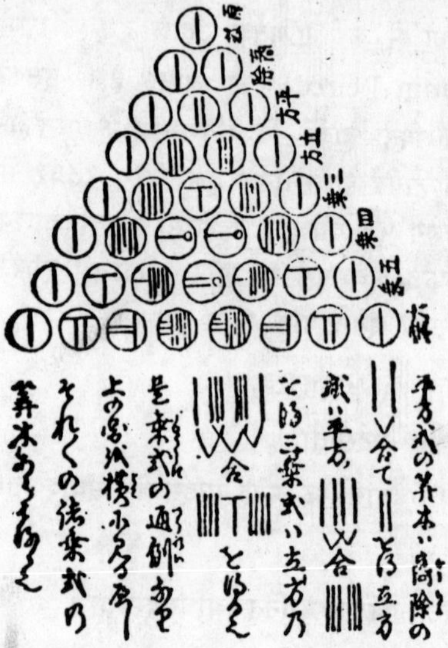

चित्र ५०—जापान का पास्कल त्रिभुज।

[जिन ऐण्ड कम्पनी की अनुज्ञा से, डेविड यूजीन स्मिथ कृत 'हिस्ट्री ऑफ मैथमैटिक्स' से प्रत्युत्पादित।]

पियर जार्टो (Pierre Jartoux) एक ईसाई धर्म प्रचारक था जो १७०० में चीन गया। इसका जीवन काल १६७०–१७२० था। इसने चीनियों को बीजगणितीय श्रेणियों का ज्ञान कराया। उसी समय के आस पास चीन में लघुगणकीय और अन्य प्रकार की सारणियाँ तैयार होने लगीं।

एक उल्लेखनीय चीनी गणितज्ञ हुआ है मुरई चजॆन (Murai Chuzen) जिसने १७६५ में उच्च घात संख्यात्मक समीकरणों पर एक ग्रन्थ लिखा। उक्त ग्रन्थ

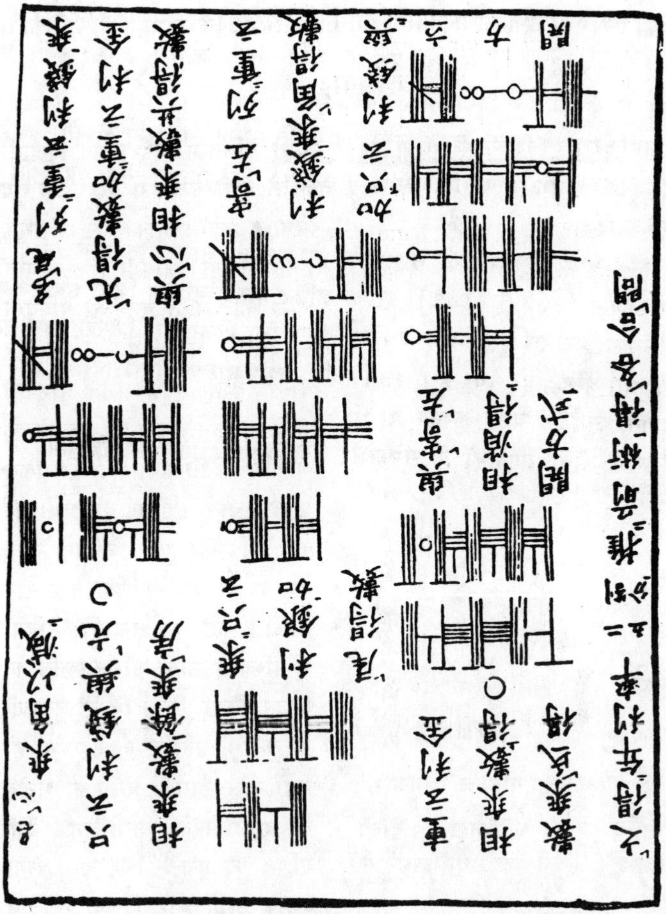

चित्र ५१—सइयाँ सम्पाँ का एक पृष्ठ।

[जिन ऐँण्ड कम्पनी की अनुज्ञा से, डेविड यूजीन स्मिथ कृत 'हिस्ट्री ऑफ मॅथॅमॅटिक्स' से प्रत्युत्पादित।]

का नाम था 'कॅशो तॅम्पेई सम्पाँ'। १७८१ में इसने एक और ग्रन्थ 'सम्पाँ दाँशी

मन' लिखा जिसमें किसी द्विपद के प्रसार के गुणांकों के निरूपण के लिए पास्कल त्रिभुज (Pascal Triangle) का प्रयोग किया गया था।

हम पिछले एक अध्याय में सेकी कॉवा का उल्लेख कर चुके हैं। उसने बीजगणित की एक नयी प्रणाली निकाली थी जिसे 'तेन्ज़न बीजगणित' कहते हैं। ऐरिमा रॅडॉ (१७१४–१७८३) ने उक्त प्रणाली का विस्तार किया। उसकी कृति प्रश्नों के रूप में है जो इन विषयों से सम्बद्ध हैं——

समीकरणों के मूल, द्विपद श्रेणी, अनिर्णीत समीकरण, भूयिष्ठ और अल्पिष्ठ बिन्दु (Maxima and Minima Points), बीजगणित का ज्यामिति पर प्रयोग आदि।

उक्त समय के जापानी बीजगणित में एक ही नाम और उल्लेखनीय है—हण्डा टईकँन (१७३४–१८०९)। इसका अधिक प्रसिद्ध नाम फ़ूजिता सदासुक था। इसने गणित पर कई पुस्तकें लिखीं जिनमें से इसका बीजगणित, जिसका नाम 'सइयाँ सम्पाँ' था, प्रसिद्ध हो गया है। इसमें कोई विशेष मौलिकता तो नहीं थी, किन्तु यह अध्यापन कार्य में बहुत कुशल था।

इसमें चीनी संख्याकों के गुम्फाक्षर (Monogram) रूप दिये गये हैं।

अध्याय ५

ज्यामिति

(१) नाम और प्रकृति

ज्यामिति गणित की तीन मुख्य शाखाओं में से एक है। इसके द्वारा आकाश (Space) के गुणों का अध्ययन किया जाता है। इसकी प्रारम्भिक शाखाएँ प्रत्येक स्कूल में पढ़ायी जाती हैं। समतल ज्यामिति (Plane Geometry) में हम समतल आकृतियों का अध्ययन करते हैं और ठोस ज्यामिति (Solid Geometry) में ठोसों का। या यों कहिए कि समतल ज्यामिति का विषय द्विविम (Two-dimensional) है और ठोस ज्यामिति का त्रिविम (Three-dimensional)। किन्तु जैसा इस इतिहास से स्पष्ट हो जायगा, ये दोनों शाखाएँ ज्यामिति का एक बहुत ही छोटा अंश हैं। अब ज्यामिति में ऐसे कई विषयों का समावेश हो गया है जिनका पहले आविष्कार ही नहीं हुआ था।

जैसा हम पिछले अध्याय में लिख आय हैं, भारत में ज्यामिति का आरम्भ शुल्व सूत्रों से हुआ। इन सूत्रों में यज्ञ वेदियाँ बनाने की विधियाँ दी जाती थीं। इस देश में प्राचीन समय में यज्ञ दो प्रकार के हुआ करते थे—नित्य अथवा विवशक, और काम्य अथवा ऐच्छिक। नित्य यज्ञ प्रत्येक हिन्दू को करने ही पड़ते थे। उनका न करना पाप समझा जाता था। काम्य यज्ञ किसी विशेष हेतु से किये जाते थे। पुत्र की प्राप्ति के लिए पुत्रेष्टि यज्ञ किया जाता था। इसी प्रकार रोगों से बचने के लिए अथवा व्यापारिक सफलता के लिए विशेष प्रकार के यज्ञ करने होते थे। इनका करना न करना व्यक्ति की इच्छा पर निर्भर था।

प्रत्येक प्रकार के यज्ञ के लिए एक विशेष प्रकार की वेदी बनायी जाती थी। वेदियों के निर्माण की विधियाँ बड़े विस्तारपूर्वक दी जाती थीं। उनकी रचना में तनिक सी भी त्रुटि होने से यह आशंका होती थी कि यज्ञ का फल प्राप्त नहीं होगा। इसीलिए भारत में शुल्व विज्ञान का इतना विकास हुआ। सूत्रों में यह दिया जाता था कि किस प्रकार के यज्ञ के लिए कौन सा स्थान उपयुक्त होगा, किस आकृति की

ईंटें लगगी, वेदी की आकृति किस प्रकार की होगी, उसकी लम्बाई, चौड़ाई और ऊँचाई क्या होगी इत्यादि। ईंटों की आकृति इनमें से कोई भी हो सकती थी—

वर्ग, समचतुर्भुज (Rhombus), समबाहु समलम्ब (Isosceles Trapezium), आयत, समकोण त्रिभुज, समद्वि समकोण त्रिभुज।

साधारणतः ईंटों की पाँच परतें लगायी जाती थीं और प्रत्येक परत में २०० ईंटें रखी जाती थीं। इस प्रकार वेदी मनुष्य के घुटने तक ऊँची होती थी।

इन शुल्व सूत्रों का समय ३००० वर्ष ई० पू० से भी पहले का माना जाता है। इतने प्राचीन समय में ज्यामिति शास्त्र का इन सूत्रों से पृथक् कोई अस्तित्व नहीं था। मध्यकालीन युग में उक्त विषय का नाम 'रेखागणित' पड़ा। कारण यह है कि उस समय की ज्यामिति मुख्यतः रेखाओं की रचना पर ही आधृत थी।

'ज्यामिति' का अंग्रेज़ी नाम 'ज्यॉमेट्री' है। इसी नाम को तोड़ मरोड़कर 'ज्यामिति' बना लिया गया है। उक्त अंग्रेज़ी नाम 'ज्या' और 'मीटर' से बना है जिनका अर्थ है 'पृथ्वी' और 'माप'। इस विश्लेषण से स्पष्ट है कि यूरोप में इस विषय का आरम्भ पृथ्वी को नापने के प्रयत्न से हुआ। किन्तु नाम विषय से अधिक पुराना है। कम से कम ७०० ई० पू० तक इस नाम का प्रयोग मिलता है। किन्तु उस काल में यह शब्द उस विद्या का द्योतक था जिसे आज 'सर्वेक्षण' (Surveying) कहते हैं। यूरोप की ज्यामिति विषयक सर्व प्रथम व्यवस्थित पुस्तक यूक्लिड की ऐलीमेँण्ट्स (Elements) है जिसका जीवन काल ३०० ई० पू० के लगभग माना जाता है। उस समय तक उक्त विषय ने ज्यामेँट्री नाम नहीं अपनाया था। १२वीं शताब्दी ई० में यूक्लिड के ग्रन्थ का लॅटिन में अनुवाद हुआ। उक्त अनुवाद के विभिन्न संस्करणों में, कभी मुखपृष्ठ पर और कभी अन्तिम पृष्ठ पर, 'ज्यामेँट्री' लिखा रहता था। 'ज्यामेँट्री' शब्द का उक्त विषय के अर्थ में पहला ऐतिहासिक प्रयोग यही प्रतीत होता है। तब से अब तक यह शब्द बराबर इसी अर्थ में प्रयुक्त होता आ रहा है।

(२) ज्यामितीय अलंकार

मनुष्य स्वभाव से ही सौन्दर्य प्रेमी है। वह यथासाध्य प्रत्येक वस्तु को सजाकर रखना चाहता है। अंग्रेज़ी की एक कहावत है जिसका अर्थ है "मनुष्य उपयोग से भी पहले अलंकार पर ध्यान देता है।" यदि ऐसा न होता तो कुम्हार अपने बरतनों पर चित्र न बनाता, पुस्तकों की जिल्दें सुन्दर न दिखाई पड़तीं और मकान बनाने से पहले दस दस बार उसके नक़्शे न बनाय जाते। तनिक और दूर तक विचार कीजिए तो आप इस तथ्य पर पहुँचेंगे कि वास्तुकला (Architecture) का जन्म ही

न हुआ होता और अजन्ता तथा अलोरा के चित्रों का कोई अस्तित्व ही न होता। स्त्रियों के प्रसाधनों का आविष्कार ही न हुआ होता, छपाई और कढ़ाई के व्यवसाय अस्तित्व में न आते और बरतनों की नक्क़ाशी जैसी कोई विद्या ही न होती। जितना भी आगे आप सोचते जायँगे आप को यही दिखाई पड़ेगा कि संसार का ढाँचा ही कुछ दूसरा होता।

जबसे मनुष्य ने संसार में पदार्पण किया है तभी से उसके मन में कला प्रेम का आविर्भाव हुआ है। या यों कहिए कि विश्व में मानव जीवन और कला प्रेम साथ साथ उपजे हैं। एक समय था जब आधुनिक सभ्यता का अंकुर भी नहीं उगा था और मनुष्य प्रस्तर युग में रहता था। वह मकान तो पत्थर के बनाता ही था, उसके उपकरण और बरतन भी पत्थर के ही होते थे। कुछ समय पश्चात् उसने मिट्टी के पात्र बनाने सीखे। न जाने कितने राजा राज कर गये, सभ्यताएँ लुप्त हो गयीं, देशों के नक्शे बदल गये, किन्तु कुम्हार की कला अभी तक विद्यमान है। अन्तर केवल इतना ही है कि अब पहले से भिन्न आकार प्रकार के बरतन बनते हैं। किन्तु कला का मूल तत्त्व अब भी वही है।

चित्र ५२—मिट्टी का एक प्राचीन बरतन।

मिश्र का प्राचीन काल का मिट्टी का बरतन। इसका रचना काल ४०००—३४०० ई० पू० है। (न्यूयार्क के मैट्रोपॉलीटन संग्रहालय से)।

[जिन एँण्ड कम्पनी की अनुज्ञा से, डेविड यूजीन स्मिथ कृत 'हिस्ट्री ऑफ मैथमॅटिक्स' से प्रत्युत्पादित।]

प्रायः संसार के समस्त देशों में प्राचीन काल से आज तक किसी न किसी रूप में ज्यामितीय चित्र बनाये जाते रहे हैं। और ये चित्र जीवन के प्रायः सभी क्षेत्रों में, समाविष्ट रहते हैं। उत्सवों में, क़ब्रों पर, घर के बरतनों पर, दरियों, क़ालीनों पर, ऐतिहासिक स्मारकों पर, दीवारों पर, निर्धन की कुटिया पर, राज भवन पर—जीवन के सभी अंगों पर और प्रयोग की प्रायः समस्त सामग्री पर ज्यामितीय कला का प्रदर्शन मिलता है। इतिहासज्ञ और पुरातत्त्वविद प्राचीन सभ्यता के विषय में बहुत सी बातें उस समय के मिट्टी के बरतनों के अध्ययन से ही खोज निकालते हैं। कुछ संग्राहलयों की तो यही विशेषता होती है कि उनमें प्राचीन मिट्टी के बरतन संगृहीत किये जाते हैं।

यदि कोई प्राचीन बरतनों का ही ब्योरेवार अध्ययन करता जाय तो उसे पता चलता जायगा कि उक्त समय के निवासियों में ज्यामितीय बुद्धि का किस प्रकार विकास होता गया। अति प्राचीन काल में तो बरतनों पर केवल टेढ़ी मेढ़ी लकीरें बनायी जाती थीं। तत्पश्चात् ये लकीरें समान्तर होने लगीं। और थोड़े समय पश्चात् आयताकार और त्रिभुजाकार आकृतियाँ भी बनने लगीं। कहीं कहीं वृत्त, समचतुर्भुज और स्वस्तिका भी दृष्टिगोचर होने लगे। व्यावहारिक दृष्टि से देखा जाय तो कहना पड़ेगा कि ज्यामिति की नींव कला द्वारा ही पड़ी।

चित्र ५३—काँसे की एक प्राचीन सुराही।

'काँसा युग' की साइप्रस की एक सुराही। समय ३०००–२००० ई० पू० मेंट्रोपॉलीटन संग्रहालय, न्यूयॉर्क।

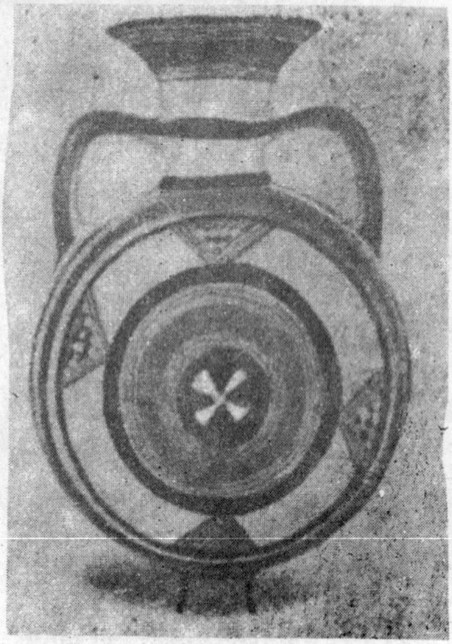

चित्र ५४—लौह युग का झंझर।

'लौह युग' का साइप्रस का एक झंझर। समय १०००–७५० ई० पू० मेंट्रोपॉलीटन संग्रहालय, न्यूयॉर्क।

[जिन एंड कम्पनी की अनुज्ञा से, डेविड यूजोन स्मिथ कृत 'हिस्ट्री ऑफ़ मेथेमेटिक्ट' से प्रत्युत्पादित।]

चित्र ५५—**आठवीं शताब्दी का झंझर।**
८ वीं शताब्दी ई० पू० का एक झंझर।

[जिन एंड कम्पनी की अनुज्ञा से, डेविड् यूजीन स्मिथ कृत 'हिस्ट्री ऑफ़ मॅथॅमॅटिक्स' से प्रत्युत्पादित।]

(३) पूर्व ऐतिहासिक काल से ३०० ई० पू० तक

चीन

चीन की गणितीय कृति कहलाने योग्य सबसे प्राचीन पुस्तक चउ-पेइ है। इसके लेखक और रचना काल का कुछ पता नहीं है। किन्तु उक्त पुस्तक में कई संवाद दिये गये हैं जो राजकुमार चउ-कंग और उसके मन्त्री शंग-काव में हुए थे। और चउ-कंग की मृत्यु ११०५ ई० पू० में हुई थी। इससे अनुमान लगता है कि चउ-पेइ का

रचना काल ११०० ई० पू० के आस पास ही रहा होगा। चउ-कंग के सम्बन्ध में कई कहानियाँ प्रसिद्ध हैं। उन में से एक यह है कि वह कभी कभी स्नानागार से, गीले बाल हाथों में लिये, यों ही निकल आया करता था और उसी दशा में अपने मन्त्रियों से परामर्श किया करता था। एक लोकोक्ति यह भी है कि उसकी कलाई इतनी मुलायम थी कि फिरकी की भाँति चारों ओर घूम जाती थी।

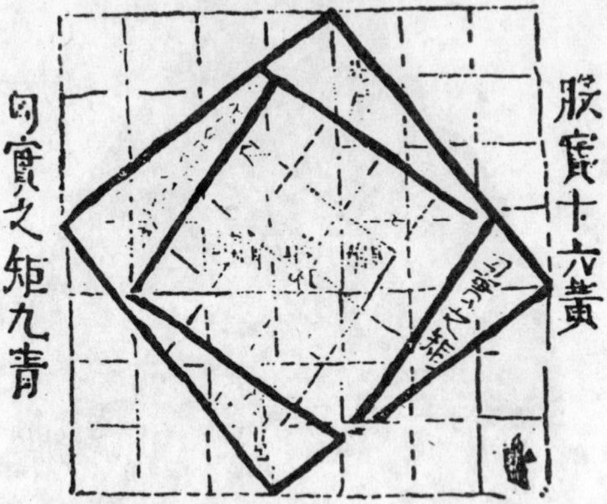

चित्र ५६—चउ-पेइ का एक चित्र।

[जिन एंड कम्पनी की अनुज्ञा से, डेविड यूजीन स्मिथ कृत 'हिस्ट्री ऑफ़ मॅथॅमॅटिक्स' से प्रत्युत्पादित।]

ऊपर दिये हुए चित्र से यह पता चलता है कि इतने प्राचीन काल में भी चीनियों को यथाकथित **पिथॅगोरस के प्रमेय** का ज्ञान था यद्यपि उक्त ग्रन्थ में इस प्रमेय की कोई उपपत्ति नहीं दी गयी है। उपरिलिखित चित्र के अतिरिक्त चउ-पेइ में कहीं कहीं पर इसी प्रमेय से सम्बद्ध प्रश्न और निर्मेय भी मिलते हैं। स्मिथ ने अपने इतिहास के पहले भाग के पृ० ३१ पर उक्त पुस्तक के एक अंश का इस प्रकार अनुवाद किया है—

"रेखा को तोड़ो और चौड़ाई ३, लम्बाई ४ लो। तो कोनों की मध्यस्थ दूरी ५ होगी।"

चीन की अगली उल्लेखनीय गणितीय पुस्तक 'क्यू चंग स्वान शू' (नौ विभागों में अंकगणित) है। यह चीन की सबसे महान् गणितीय कृतियों में से है। इस ग्रन्थ में इन प्रकरणों का समावेश है—

(i) फ़ंग तियेँन (खेत का वर्गण)। इस अध्याय का विषय सर्वेक्षण है। इसमें π का मान ३ लिया गया है और विभिन्न आकृतियों के क्षेत्रफलों के सूत्र दिये गये हें जैसे त्रिभुज, समलम्ब, वृत्त ।

(ii) सू मी (नाजों का परिकलन)। इस अध्याय का विषय प्रतिशतता और समानुपात है।

(iii) श्वाइ-फ़ॅन (भागों का परिकलन)—साझा और त्रैराशिक ।

(iv) शाव-कुअंग (लम्बाई निकालना)—आकृतियों की भुजाओं की लम्बाइयाँ, वर्ग और घन मूल।

(v) शंग–कुंग (आयतन निकालना)।

(vi) चून-शू (मिश्रण)—गति और मिश्रण सम्बन्धी प्रश्न ।

(vii) यिंग-पू-त्सू (आधिक्य और न्यूनता)—मिथ्या स्थान नियम।

(viii) फ़ंग चॅंग (समीकरण)—युगपत् एकघात समीकरण और सारणिक ।

(ix) कउ-कू (समकोण त्रिभुज)

इस ग्रन्थ के लेखक और रचना काल भी ज्ञात नहीं है। किन्तु इतना पता है कि चीन के सम्राट् शी ह्वांग ती ने २१३ ई० पू० में यह राजाज्ञा निकाली कि समस्त पुस्तकें जला दी जायँ और सब विद्वानों को जीवित दफ़ना दिया जाय। तिस पर भी कुछ पुस्तकें जलाने से अवश्य ही बच गयी होंगी, और कुछ जो लोगों को कण्ठस्थ थीं, दुबारा लिख ली गयी होंगी। उक्त घटना के कुछ ही समय पश्चात् एक चीनी गणितज्ञ चंग संग हुआ है जिसने पिछले लेखकों की कृतियों का एक संग्रह प्रकाशित किया। अनुमान है कि स्वान शू भी उसी ने लिखी। किंवदन्ती है कि उक्त ग्रन्थ चउ-कंग ने अपनी ही देख रेख में तैयार कराया था। इस प्रकार स्वान शू का रचना काल १००० ई० पू० से पहले का ही बैठता है।

यथाकथित 'पिथॅगोरस का प्रमेय'

यह बात अब अधिकांश इतिहासज्ञ मानने लगे हैं कि 'पिथॅगोरस का प्रमेय' शुल्व सूत्रों के लेखकों को पिथॅगोरस के जन्म से सैकड़ों वर्ष पहले ज्ञात हो चुका था। अतः अब हम इसे 'शुल्व प्रमेय' कहेंगे। स्मिथ ने अपने इतिहास के भाग १ के पृ० ९७ पर लिखा है कि "शुल्व सूत्रों में पिथॅगोरस के प्रमेय का न्यास (Statement) स्पष्ट शब्दों में दिया गया है, किन्तु हिन्दुओं को उक्त प्रमेय की ज्यामितीय उपपत्ति का आभास

भी नहीं हुआ था।" हम इस प्रकरण में स्मिथ के उपरिलिखित कथन को सत्य की कसौटी पर कसेंगे। हमें तत्सम्बन्धी बहुत सी जानकारी डा० दत्त की शुल्व सम्बन्धी पुस्तक से प्राप्त हुई है जिसका उल्लेख हम पिछले अध्याय में कर चुके हैं।

सर्व प्रथम हम बौधायन शुल्व सूत्र (i) का ४८ वाँ श्लोक यहाँ देते हैं—

दीर्घचतुरश्र स्यान्कया रज्जु: पार्श्वमानी तिर्य्यङ्मानी च यत् पृथग्भूते कुरुतस्तदुभय करोति।

आपस्तम्ब शुल्व (i) का चौथा श्लोक भी उल्लेखनीय है—

दीर्घस्याऽक्ष्णयारज्जु: पार्श्वमानी तिर्यङ्मानी च यत् पृथगभूते कुरुतस्तदुभयं करोति।

कात्यायन शुल्व (ii) के ११ वें श्लोक के शब्द भी प्राय: यही हैं।

भावार्थ—आयत का विकर्ण दोनों क्षेत्रफलों को उत्पन्न करता है जिन्हें लम्बाई और चौड़ाई अलग अलग उत्पन्न करती हैं।

अर्थात् 'किसी आयत के विकर्ण पर खींचा गया वर्ग क्षेत्रफल में उन दोनों वर्गों के समान होता है जो दोनों भुजाओं पर खींचे जायँ।'

शुल्वकारों ने इस श्लोक के पश्चात् सुमेय आयतों के कुछ उदाहरण भी दिये हैं—

(क) $३^२+४^२=५^२$,

(ख) $५^२+१२^२=१३^२$,

(ग) $७^२+२४^२=२५^२$

(घ) $८^२+१५^२=१७^२$

(ङ) $१२^२+३५^२=३७^२$

तत्पश्चात् शुल्वों में कुछ अन्य उदाहरण भी दिये गये हैं, किन्तु वे इन्हीं संख्याओं के अपवर्त्यों से उत्पन्न होते हैं।

उपरिलिखित उदाहरणों से यह निष्कर्ष नहीं निकालना चाहिए कि हिन्दुओं को शुल्व प्रमेय के केवल कुछ उदाहरण ही ज्ञात थे, उन्हें सार्विक सूत्र का पता ही नहीं था। ऊपर दिये हुए समस्त उदाहरण सुमेय राशियों के हैं। किन्तु शुल्वों में असुमेय राशियों के उदाहरण भी मिलते हैं। अश्वमेध की वेदी में इस समकोण त्रिभुज का प्रयोग दृष्टिगोचर होता है—

$१५\sqrt{२}$, $३६\sqrt{२}$, $३९\sqrt{२}$.

इसके अतिरिक्त सौत्रामणि की वेदी में इस समकोण त्रिभुज का प्रयोग होता है—

५√३, १२√३, १३√३.

अतः, यह असम्भव है कि भारतीय गणितज्ञों को उक्त प्रमेय का सार्विक रूप ज्ञात न हो। कात्यायन में उक्त प्रमेय के न्यास के अन्त में यह वाक्य आता है—

इति क्षेत्र ज्ञानम्

अर्थ—यह ज्ञान क्षेत्रों (समतल आकृतियों) के सम्बन्ध में है।

इस वाक्य से स्पष्टतः यह निष्कर्ष निकलता है कि शुल्वकारों को प्रमेय का ज्यामितीय रूप भी ज्ञात था। इस कथन की पुष्टि के और भी कई प्रमाण शुल्व सूत्रों में ही मिल जाते हैं। कात्यायन के निम्नलिखित श्लोकों पर विचार कीजिए।

द्विप्रमाणा चतुः करणी त्रिप्रमाणा नवकरणी चतुः प्रमाणा षोडश करणी।

अर्धप्रमाणेन पादप्रमाणं विधीयते।

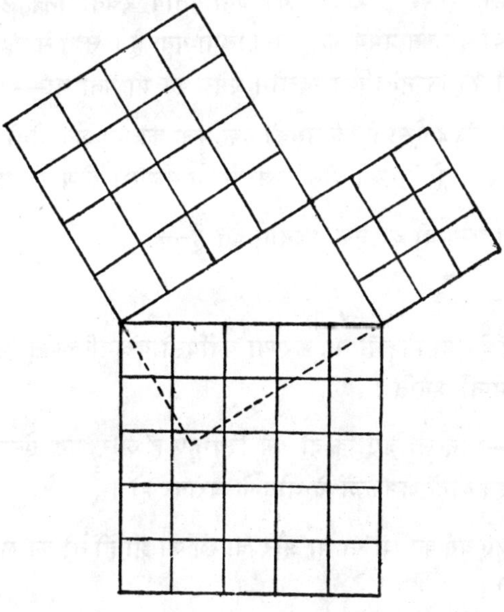

चित्र ५७—शुल्व प्रमेय का ज्यामितीय प्रदर्शन।

आधुनिक ज्यामितीय भाषा में हम इन श्लोकों का भावार्थ इस प्रकार देंगे—

'दुगुनी रेखा से चार वर्ग बनेंगे, तिगुनी रेखा से ९ वर्ग बनेंगे, चौगुनी रेखा से १६, आधी रेखा से चौथाई वर्ग बनेगा।'

अब इस सम्बन्ध में आपस्तम्ब (iii) ७ और कात्यायन (iii) ९ पर विचार करना आवश्यक है जिनका भावार्थ इस प्रकार होगा—

"जितने मात्रक किसी रेखा में होंगे, वर्गों की उतनी ही पंक्तियाँ उसके वर्ग में होंगी।"

अब इस नियम का किसी समकोण त्रिभुज पर प्रयोग करके देखिए तो इस प्रकार की आकृति प्राप्त होगी। (देखिए चित्र ५७)

आकृति से स्पष्ट है कि इसमें शुल्व प्रमेय का ज्यामितीय प्रदर्शन सन्निहित है।

शुल्व प्रमेय का प्रयोग शुल्वों में दो चार नहीं, दसियों स्थानों पर हुआ है। किसी आयत के बराबर एक वर्ग बनाना, वर्ग के बराबर एक आयत बनाना जिसकी एक भुजा दी हो, $\sqrt{२}$, $\sqrt{३}$,......की ज्यामितीय रचना निकालना इत्यादि—ऐसे समस्त निर्मेयों में उक्त प्रमेय का सहारा लिया गया है। सूत्रों से यह भी पता चलता है कि शुल्वकारों को निम्नलिखित विलोम प्रमेय का भी पता था—

"यदि कोई त्रिभुज ऐसा है कि उसकी एक भुजा का वर्ग शेष दोनों भुजाओं के वर्गों के योग के बराबर हो तो पिछली दोनों भुजाओं का मध्यस्थ कोण एक समकोण होगा।"

हम यहाँ तत्सम्बन्धी दो एक रचनाएँ देते हैं—

बौधायन—

नाना चतुरस्रे समस्यनकनीयसः करण्या वर्षीयसो वृध्रमुल्लिखेत् वृध्रास्याक्षणारज्जुः समस्तया पार्श्वमानी भवति।

उदाहरण—मान लीजिए कि दो वर्ग दिये हुए हैं और एक ऐसा वर्ग बनाना है जो क्षेत्रफल में इन दोनों क्षेत्रफलों के जोड़ के बराबर हो।

यदि दिये हुए वर्ग का खा गा घा और चा छा जा झा हों तो का खा में से का या= चा छा काट लो।

घा या को जोड़ो।

अब, का $\text{या}^२$+का $\text{घा}^२$= घा $\text{या}^२$,

अर्थात् चा $\text{छा}^२$+का $\text{घा}^२$= घा $\text{या}^२$ ।

—

अतः यदि घा या पर एक वर्ग खींचा जाय तो उसका क्षेत्रफल दोनों दिये हुए वर्गों के क्षेत्रफल के जोड़ के बराबर होगा।

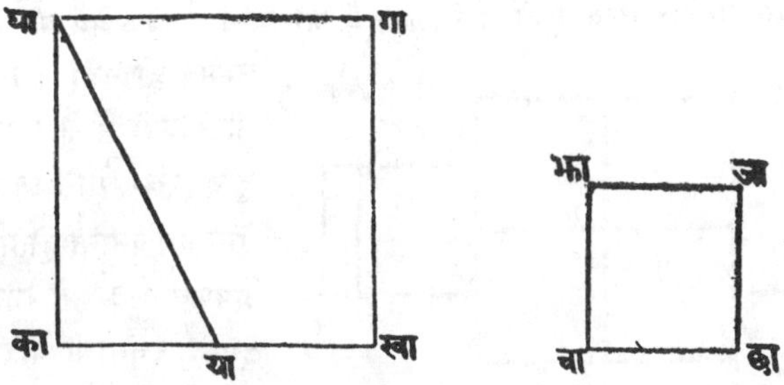

चित्र ५८—दो शुल्व सूत्रीय क्षेत्रफल।

अब शुल्व प्रमेय की एक विशिष्ट दशा पर भी विचार कीजिए।

बौधायन (i) ४५—

समचतुरस्त्रस्याक्ष्णयारज्जुर्द्विस्तावतींभूमिं करोति ।

आपस्तम्ब (i) ५—

चतुरस्रस्याक्ष्णयारज्जुर्द्विस्तावतीं भूमिं करोति ।

कात्यायन (ii) १२—

समचतुरस्त्रस्याक्ष्णया रज्जुर्द्विकरणी ।

इन समस्त श्लोकों का अर्थ एक ही है—

किसी वर्ग के विकर्ण का वर्ग (मौलिक) वर्ग का दुगुना होता है।

इस प्रकार यह सिद्ध होता है कि शुल्वकार √२, √३,...की ज्यामितीय रचना की विधि भी जानते थे। इन रचनाओं और ऐसी ही अन्य रचनाओं के लिए शुल्व प्रमेय के सार्विक ज्यामितीय रूप का ज्ञान अनिवार्य था।

कुछ शुल्वकारों ने वर्ग वाली विशिष्ट दशा आयत वाले सार्विक प्रमेय से पहले दी है। यज्ञ वेदियों में से एक प्रकार की वेदी का नाम 'दक्षिण वेदी' था। उसकी रचना में एक वर्ग बनाया जाता था जिसका क्षेत्रफल दूसरे वर्ग के क्षेत्रफल का दुगुना हो। इस प्रकार हम देखते हैं कि कम से कम वर्ग वाली विशिष्ट दशा तो अति प्राचीन है क्योंकि दक्षिण वेदी की रचना सम्बन्धी सूत्र ऋग्वेद से भी पुराने हैं। और ऋग्वेद

३००० ई० पू० से पहले का है। अतः यह मानना पड़ेगा कि शुल्व प्रमेय की वर्ग वाली दशा का ज्ञान ३००० ई० पू० से भी पहले का है।

हमने पिछले अध्याय में कुछ ज्यामितीय रचनाएँ दी हैं। ऐसी बहुत सी अन्य रचनाओं का उल्लेख शुल्व सूत्रों में मिलता है जो बिना शुल्व प्रमेय की सहायता के सम्भव ही नहीं है। काम्य यज्ञ की वेदियों में से एक का नाम है चतुरस्र-श्येन-चित् जिसमें एक ऐसा वर्ग बनाना होता है जिसका क्षेत्रफल ७$\frac{१}{२}$ वर्ग मात्रक हो। इसकी रचना में चार वर्ग बनाने होते हैं जिनकी भुजा १ मात्रक हो, दो आयत बनाने होते हैं जिनकी भुजाएँ १×१$\frac{१}{५}$ हों और एक आयत जिसकी भुजाएँ १×१$\frac{१}{१०}$ हों।

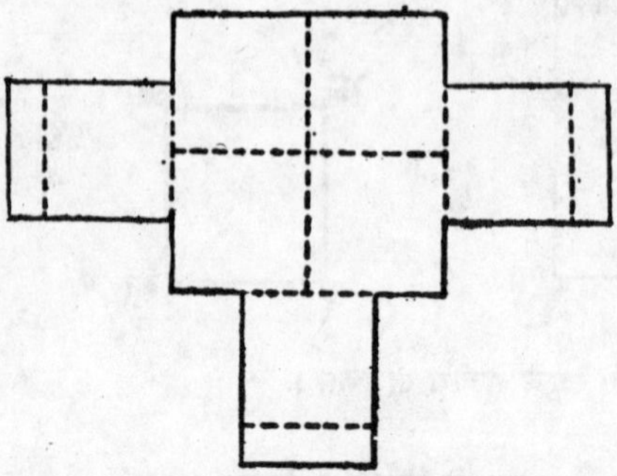

चित्र ५९—श्येनचित् वेदी में शुल्व प्रमेय।

इस वेदी की रचना से स्पष्ट है कि इसमें शुल्व प्रमेय का प्रयोग किया गया है। इसके अतिरिक्त शुल्व सूत्रों में ऐसी अनेक रचनाएं हैं जिनमें किसी वर्ग के १$\frac{१}{२}$, २$\frac{१}{२}$, ३$\frac{१}{२}$,.....गुने क्षेत्रफल का वर्ग बनाना होता है।

इस प्रकार शुल्व प्रमेय की प्राचीनता में तो तनिक भी सन्देह नहीं रह जाता। इस सम्बन्ध में हम पाठकों का ध्यान निम्नलिखित कृतियों की ओर आकृष्ट करते हैं—

(1) J. C. Allman : Greek Geometry from Thales to Euclid, Dublin (1889) pp. 29, 37.

(2) C. A. Bretschneider : Die Geometrie und die Geometer vor Eukleides, Leipzig (1870) 82.

(3) A. Bürk : Zeitschrift der deutschen morgenländischen Gessellschaft LV pp. 556 f.

(4) M. Cantor : Vorlesungen über Geschichte der Mathematike, 3rd ed. Bd. I, 185

(5) J. Gow : A short History of Greek Mathematics, Cambridge (1884) 155 f.

(6) H. Hankel : Zur Geschichte der Mathematike in Alterthurn und Mittealter, Leipzig (1874) 97 f.

(7) T. L. Heath : The Thirteen Books of Euclid's Elements in 3 vols., Cambridge (1908) I, 352 f.

(8) G. Junge : "Wann Haben die Grieschen das Irrationale entdeckt"—Novae Symbolae Joachimicae, Halle (1907) 221-64 quoted by Heath I, 351.

(9) C. Müller : "Die Mathematike der Śulvasütra", Abhand a. d. Math. seminar. d. Hamburgischen univ. Bd. vii (1929) 175-205.

(10) G. Thibaut : Śulbasūtras.

शुल्व प्रमेय के विषय में एक बड़ी विलक्षण बात यह है कि इस का कोई प्रमाण नहीं है कि पिथॅगोरस ने इसकी कोई उपपत्ति निकाली थी। पिथॅगोरस का जीवन काल छठी ई० पू० था। उसके लगभग ५०० वर्ष पश्चात् लोगों ने कहना आरम्भ किया कि उसने शुल्व प्रमेय का आविष्कार किया था। और यह अनुमान एक अस्पष्ट, भ्रमोत्पादक कथन पर आधृत था। इस प्रकार पिथॅगोरस को मुफ्त में ही श्रेय मिल गया। हैंकॅल और यूंग तो निश्चित रूप से यह कहते हैं कि उक्त प्रमेय की कोई उपपत्ति पिथॅगोरस ने दी ही नहीं। अल्मॅन और कॅण्टर ने यह अनुमान लगाया है कि कदाचित् पिथॅगोरस ने कोई उपपत्ति दी हो। किन्तु उनके तर्क सन्तोषजनक नहीं हैं।

ब्रॅट्श्नाइडर का विचार है कि उक्त प्रमेय की जो उपपत्ति पिथॅगोरस के नाम से सम्बद्ध है, वास्तव में वही है जो ११५० ई० में भास्कर ने दी थी। हैंकॅल एक पग और आगे बढ़कर कहते हैं कि "वास्तव में उक्त उपपत्ति की उत्पत्ति में यूनानी शैली का तो आभास भी नहीं है, उसमें तो भारतीयता झलकती है।" हैंकॅल की उक्त टिप्पणी का समर्थन अल्मॅन, हीद और गाउ ने भी किया है। इसी बिना पर हीद ने यह सुझाव दिया है कि इस प्रमेय का नाम 'कर्ण के वर्ग का प्रमेय' होना चाहिए। हिन्दू गणित में यह प्रमेय कर्ण के वर्ग के रूप में नहीं दिया गया है, वरन् आयत के विकर्ण के वर्ग के रूप में दिया गया है। अतः डा० दत्त के विचार में इसका नाम 'विकर्ण के वर्ग का प्रमेय' अधिक उपयुक्त होगा। पश्चिमी गणितज्ञों ने बिना किसी प्रमाण के, केवल अटकल के सहारे उक्त प्रमेय का सारा श्रेय पिथॅगोरस को दे दिया। किन्तु पर्याप्त

प्रमाण होते हुए भी हिन्दुओं को इस श्रेय से वंचित रखा। सब बातों पर विचार करने से हम उक्त प्रमेय के विषय में इन निष्कर्षों पर पहुँचते हैं—

(क) यह बात निर्विवाद रूप से सिद्ध है कि शुल्व प्रमेय ४०००–३००० ई० पू० में ही हिन्दुओं को ज्ञात था। वह उक्त प्रमेय के केवल अंकगणितीय उदाहरणों से ही परिचित नहीं थे, वरन् उसके सार्विक ज्यामितीय रूप के भी ज्ञाता थे।

(ख) हिन्दुओं ने कहीं पर भी शुल्व प्रमेय की कोई उपपत्ति नहीं दी है। इस बात की अत्यधिक सम्भावना है कि उन्हें उक्त प्रमेय की कोई उपपत्ति भी प्राप्त हो गयी थी, किन्तु हमारे पास इस बात का कोई अकाट्य प्रमाण नहीं है।

(ग) ११०० ई० पू० के लगभग चीन में भी उक्त प्रमेय का आभास मिल चुका था जैसा कि हम ऊपर लिख चुके हैं। यह सम्भव है कि चउ-पेइ के लेखक को भी उसकी कोई उपपत्ति न मिली हो।

(घ) पिथॅगोरस ने उक्त प्रमेय की कोई उपपत्ति दी ही नहीं। अतः शुल्व प्रमेय के आविष्कार का सर्व प्रथम श्रेय शुल्वकारों को मिलना चाहिए, दूसरा श्रेय चउ-पेइ के लेखक को। पिथॅगोरस उक्त श्रेय के तनिक से भी अंश का भागी नहीं है।

बबिलन (बाबुल)

बबिलन के आरम्भिक काल के अंकगणितीय ज्ञान का उल्लेख हम एक पिछले अध्याय में कर चुके हैं। उक्त भूखण्ड ने ज्यामिति में भी कुछ प्रगति दिखाई थी। १५०० ई०पू० के लगभग ही इन लोगों को ज्यामिति के कुछ सूत्रों का ज्ञान हो गया था। ये लोग वर्ग, आयत, समकोण त्रिभुज और समलम्ब का क्षेत्रफल निकाल लेते थे। सम्भवतः कुछ ठोसों के आयतन के सूत्र भी इन्हें ज्ञात थे जैसे समान्तरफलक (Parallelepiped) और बेलन (Cylinder)।

मिस्र

मिस्र की अति प्राचीन ज्यामितीय कृतियाँ उसके सूचीस्तम्भ (Pyramids) हैं। यदि इनको प्राचीन इंजीनियरी चमत्कार भी कहें तो कोई अत्युक्ति न होगी। ये सूचीस्तम्भ ३००० ई० पू० से भी पहले के बताये जाते हैं। इनके आधार वर्गाकार हैं और पार्श्व फलक (Side faces) समद्विबाहु त्रिभुज (Isosceles Triangles)। इनकी उत्पत्ति इस प्रकार हुई कि प्राचीन काल में मिस्र में पहले एक वर्गाकार गड्ढा बनाया जाता था। उस में मुर्दे गाड़ दिये जाते थे। गड्ढे पर बाँस खड़ा करके उसे

खपच्चियों और झाड़ झंकाड़ से पाट कर ऊपर से बालू से ढक दिया जाता था। जैसे जैसे समय बीतता गया, इन क़ब्रों की निर्माण विधि में अन्तर पड़ता गया और आवश्यकता ने कला का रूप धारण कर लिया।

ये सूचीस्तम्भ सदैव राजघरानों के सदस्यों के लिए ही बना करते थे। प्रत्येक राजा का एक मन्दिर होता था जिसमें पूर्व की ओर एक द्वार रहता था। राजा उक्त द्वार में से अन्दर जाकर पश्चिम की ओर मुँह करके पूजा किया करता था। सूचीस्तम्भ सदैव मन्दिर के पश्चिम की ओर बनाया जाता था, और उसकी पश्चिम की

चित्र ६०—चट्टान काट कर बनाया हुआ एक मिस्री मन्दिर।
[इन्साइक्लोपीडिया ब्रिटॅनिका से]

दीवार में एक द्वार बनाया जाता था। किंवदन्ती है कि उक्त द्वार से ही दिवंगतात्मा दूसरे संसार को जाया करती थी।

अधिकतर सूचीस्तम्भों का प्रवणता कोण (Angle of Slope) लगभग अचर (५१° के आस पास) है। किन्तु कुछ सूचीस्तम्भों के कोण ४५° से ७४° तक के हैं। एक अनुमान यह है कि इन सूचीस्तम्भों के आधार का आधे उच्चत्व से अनुपात अचर है और π के बराबर है। सम्भव है यह अनुमान सत्य हो क्योंकि इससे π का मान ३.१४ आता है।

मिस्र के राजाओं में से अमेनेंमहट ३ अथवा 'मोरिस' का नाम विशेष उल्लेखनीय है। इसका राज्य काल १८५० के आस पास था। इसके समय में मिस्र में सिंचाई की एक बृहत् योजना चालू की गयी। इससे पता चलता है कि इतने प्राचीन काल में भी मिस्रियों ने सर्वेक्षण और मापिकी का पर्याप्त ज्ञान प्राप्त कर लिया था। लोगों का यह

भी अनुमान है कि अहमिस पॅपिरस इसी के राज्य काल में लिखा गया था जिसका उल्लेख हम एक पिछले अध्याय में कर चुके हैं।

जिस समय का हम उल्लेख कर रहे हैं, उसे मिस्र का सामन्त युग कह सकते हैं। उक्त युग का अन्त १८०० ई० पू० के लगभग हुआ। उन दिनों मिस्र में डाक प्रथा चालू हो गयी थी, तिथिपत्र बनने लगे थे और नदियों के उतार चढ़ाव के अभिलेख भी तैयार हो गये थे। अतः हम कह सकते हैं कि उस समय तक मिस्र के गणितीय ज्ञान का कुछ कुछ विकास हो चुका था।

अहमिस पॅपिरस का विषय मुख्यतः व्यवहार गणित है, किन्तु उसमें कुछ प्रश्न मापिकी, श्रेणियों और समीकरणों पर भी हैं। उक्त ग्रन्थ का पहला प्रश्न इस प्रकार है—

"(वह राशि बताओ जिसका) पूरा और ७ वाँ भाग मिलाकर १९ होते हैं।"

इस प्रश्न का निरूपण इस समीकरण से होता है—

$$य+\frac{१}{७}य = १९.$$

हल करने की विधि 'परख मूल विधि' ही थी।

मिस्र की चित्रलिपि में यह समीकरण

$$य\left(\frac{२}{३}+\frac{१}{२}+\frac{१}{७}+१\right) = ३७$$

इस प्रकार लिखा जाता था—

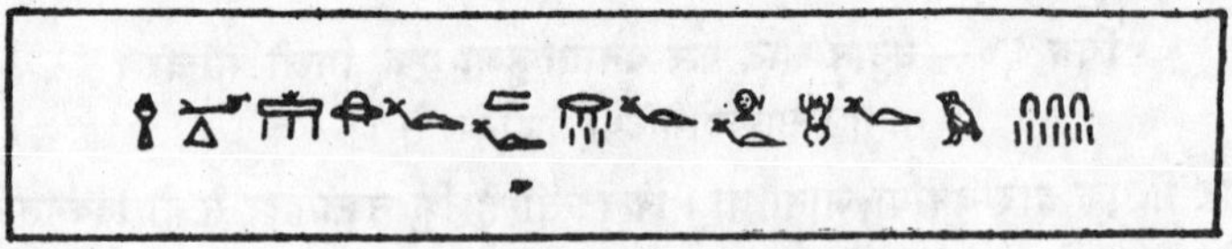

चित्र ६१—मिस्र की चित्रलिपि।

(इन्साइक्लोपेडिया ब्रिटॅनिका से)

मिस्र की धर्मलिपि (Heiratics) में यही समीकरण इस प्रकार लिखा जायगा—

चित्र ६२—मिस्र की धर्मलिपि

(इन्साइक्लोपीडिया ब्रिटॅनिका से)

अहमिस में वर्गों, आयतों, समद्विबाहु त्रिभुजों और समलम्बों के क्षेत्रफल निकाले गये हैं। वृत्त के क्षेत्रफल के लिए निम्नलिखित सूत्र दिया गया है—

$$(\text{व्यास} - \frac{1}{9}\,\text{व्यास})^2$$

इस सूत्र से π का मान ३.१६ आता है। उस समय के हिसाब से इतना सूक्ष्म मान दे देना श्रेयस्कर था।

अहमिस में सूचीस्तम्भों के जो नाप दिये गये हैं, भ्रमोत्पादक हैं, किन्तु उसी समय के एक अन्य पॅपिरस में एक आयताकार सूची स्तम्भ के छिन्नक (Frustum) का ठीक ठीक आयतन दिया गया है।

सिसॉस्ट्रिस मिस्र का एक पौराणिक राजा हुआ है। इसका जीवन काल १३४७ ई० पू० के लगभग आरम्भ हुआ था। हॅरोडोटस (लगभग ४८४–४२५ ई० पू०) लिखता है कि सिसॉस्ट्रिस ने सारे संसार को जीता, अपने देश के लिए क़ानून बनाया और देश के निवासियों में भूमि का विभाजन किया। जैसी जिसकी फ़सल होती थी, वैसा ही उससे लगान लिया जाता था। मिस्र की सामान्य जनता का ज्यामिति से प्रथम परिचय इसी प्रकार हुआ।

यूनान

हम एक पिछले अध्याय में यूनान के अंकगणितीय कार्य का विवरण दे चुके हैं। किन्तु यूनान की प्रतिभा सबसे अधिक ज्यामिति के क्षेत्र में चमकी। यों तो ज्यामिति के कुछ सिद्धान्तों से मिस्र वाले परिचित हो चुके थे, किन्तु उक्त विषय को व्यवस्थित रूप सर्व प्रथम यूनान ने ही दिया। यूनानी गणितज्ञ ज्यामिति में इतने बझ गये थे कि उन्होंने अधिकांश अंकगणितीय और बीजगणितीय प्रश्नों को भी ज्यामितीय विधि से ही हल किया। यूनान के इतिहास का ९वीं से ७वीं शताब्दी ई० पू० तक का काल "ज्यामितीय युग" कहलाता है। इस युग में ज्यामितीय आकृतियों का प्राधान्य था। मिट्टी के बर्तनों पर, मन्दिरों पर, क़ब्रों पर—सर्वत्र कलापूर्ण ज्यामितीय आकृतियां दिखाई पड़ती थीं। त्रिभुजों, वृत्तों और समभुजों (Lozenges) में इनकी विशेष रुचि थी।

थेल्स (Thales) (६४०–५४६ ई० पू०) मिलेटस (Miletus) नगर का निवासी था। यह एक गणितज्ञ, दार्शनिक और ज्यौतिषी था। यह यूनान के 'सात चुने हुए बुद्धिमानों' में से एक था। इसने सूर्य ग्रहण के विषय में एक भविष्यवाणी की थी जो सच निकली। इसी से इसकी ख्याति देश भर में फैल गयी। इसने मिस्र जाकर ज्यामिति सीखी। थेल्स के समय तक लोग इतनी ही ज्यामिति जानते थे कि

ठोसों के तल और आयतन निकाल लें। थेल्स ने पहले पहल यह प्रश्न उठाया कि किसी आकृति की भिन्न भिन्न रेखाओं में क्या पारस्परिक सम्बन्ध होता है, और इस प्रकार 'रेखा ज्यामिति' की नींव डाली।

थेल्स ने निम्नलिखित ज्यामितीय साध्यों का आविष्कार किया—

(१) प्रत्येक वृत्त अपने किसी भी व्यास पर समद्विभाजित होता है।

(२) किसी समद्विबाहु त्रिभुज के आधार कोण बराबर होते हैं।

(३) जब दो ऋजु रेखाएँ एक दूसरे को काटती हैं तब सम्मुख शीर्ष कोण बराबर होते हैं।

(४) अर्धवृत्त का कोई भी कोण एक समकोण होता है।

(५) समरूप त्रिभुजों की भुजाएँ समानुपाती होती हैं।

(६) दो त्रिभुज सर्वांगसम होते हैं यदि उनके दो कोण और एक भुजा बराबर हों।

थेल्स ने उक्त प्रमेयों का दो व्यावहारिक प्रश्नों पर प्रयोग भी किया—

(क) समुद्र में किसी जहाज़ की दूरी निकालना।

(ख) किसी सूचीस्तम्भ की छाया नाप कर उसकी ऊँचाई निकालना।

आज हमें उपरिलिखित प्रमेय बहुत सरल और महत्त्वहीन दिखाई पड़ते हैं, किन्तु संसार के उक्त समय के ज्यामितीय ज्ञान के विचार से ये साध्य बहुत ही महत्त्वपूर्ण हैं। थेल्स के प्रथम दो साध्यों में रेखा ज्यामिति, समीकरण और संमिति के भावों की नींव है।

पिथॅगोरस

पिथॅगोरस ने ज्यामिति की बहुत सी परिभाषाओं का निर्माण किया। इसके अतिरिक्त उसने बहुत से ज्यामितीय प्रमेयों को सिद्ध किया और रचनाओं की विधि निकाली—

(i) किसी त्रिभुज के तीनों कोणों का योग दो समकोण होता है।

(ii) एक बहुभुज बनाना जो क्षेत्रफल में एक दिये हुए बहुभुज के बराबर हो और एक दूसरे दिये हुए बहुभुज के समरूप हो।

(iii) पाँच सम बहुफलकों (Polyhedra) की रचना।

पिथॅगोरस को चतुष्फलक (Tetrahedron) और द्वादशफलक (Dodecahedron) की रचना तो अवश्य ज्ञात थी। यह सम्भव है कि अष्टफलक (Octahedron) और विंशतिफलक (Icosahedron) की रचना का आविष्कार एक अन्य गणितज्ञ थीटेटस (Theaetetus) ने किया हो।

(iv) किसी ऋजुरेखाकृति के समरूप और एक दूसरी ऋजुरेखाकृति के बराबर एक अन्य ऋजुरेखाकृति बनाना।

सम्भवतः पिथॅगोरस ने लोगों को यह भी बताया कि पृथ्वी अन्तरिक्ष में एक गोला है। इस प्रकार हम देखते हैं कि पिथॅगोरस ने ज्यामिति के क्षेत्र में कई महत्त्वपूर्ण आविष्कार किये हैं। किन्तु हम एक पिछले प्रकरण में कह चुके हैं कि उसने उस प्रमेय को सिद्ध किया ही नहीं जो उसके नाम से प्रसिद्ध है।

ईलिया के ज़ीनो (Zeno of Elea) का जन्म लगभग ४९६ ई० पू० में और मृत्यु ४२९ में हुई। यह एक दार्शनिक और गणितज्ञ था। इसका सिद्धान्त यह था कि संसार में 'एक' की सत्ता है, न कि 'अनेक' की। इसके कुछ विरोधाभास जगत् प्रसिद्ध हो गये हैं—

(१) यदि संसार में अनेक की सत्ता है तो वह अत्यल्प भी है, अति महान् भी। अत्यल्प तो इसलिए कि उसके विभिन्न भाग अविभाज्य हैं, अतः परिमाणहीन हैं। अति महान् इसलिए है कि प्रत्येक दो भागों को पृथक् करने के लिए उनके बीच में एक तीसरे भाग की सत्ता होनी चाहिए। फिर इस तीसरे भाग और पहले भाग के बीच में एक चौथा भाग होना चाहिए, और इसी प्रकार अनन्त तक।

(२) प्रत्येक वस्तु आकाश में स्थित है, अतः आकाश भी आकाश में स्थित है।

(३) यदि नाज का एक मुट्ठा भूमि पर फेंका जाय तो उसमें से कुछ ध्वनि निकलती है। अतः उसके प्रत्येक दाने से ध्वनि निकलनी चाहिए, किन्तु वास्तव में ऐसा नहीं होता।

(४) संसार में किसी प्रकार की भी गति असम्भव है। मान लीजिए कि हम एक तीर छोड़ते हैं। वह किसी भी क्षण या तो उस स्थान में चलता है जिसमें स्थित है, या ऐसे स्थान में जिसमें स्थित नहीं है। जितने स्थान में स्थित है, उतने में तो चल ही नहीं सकता। और जिस स्थान में है ही नहीं, उसमें चलेगा कैसे ?

(५) मान लीजिए कि कछुए और खरगोश में इस शर्त पर दौड़ हो रही है कि आरम्भ में कछुए को १० गज़ आगे से चलाया जाय। तो खरगोश कभी कछुए को पकड़ ही नहीं सकेगा। यदि खरगोश की चाल कछुए की चाल से दुगुनी है तो जितनी देर में खरगोश १० गज़ चलेगा, उतनी देर में कछुआ ५ गज़ आगे निकल जायगा। जब तक खरगोश इन ५ गज़ों की दूरी पार करेगा, कछुआ २॥ गज़ और आगे बढ़

जायगा। जब तक खरगोश २॥ गज़ और चलेगा, कछुआ १$\frac{1}{8}$ गज़ और बढ़ जायगा। और इसी प्रकार यावदनन्त (Ad infinitum)।

चित्र ६३—हिपॉक्रैटीज के त्रिभुज की दो भुजाओं पर अर्धवृत।

हिपॉक्रैटीज़ (Hippocrates) भी ५वीं शताब्दी ई० पू० का एक दार्शनिक और गणितज्ञ था। गणित के क्षेत्र में इसकी विशेष रुचि ज्यामिति में थी। इसने वृत्त के वर्गण पर बहुत परिश्रम किया। इसने एक समद्विबाहु समकोण त्रिभुज लिया और उसकी तीनों भुजाओं पर अर्धवृत्त बनाये। तत्पश्चात् इसने यह सिद्ध किया कि दोनों रेखित चन्द्रमों (Lunes) का क्षेत्रफल त्रिभुज के क्षेत्रफल के बराबर है। इसके पश्चात् तो केवल एक वर्ग बनाना रह जाता है जो क्षेत्रफल में उक्त त्रिभुज के बराबर हो। हिपॉक्रैटीज़ की उपपत्ति इस साध्य पर आधृत है—वृत्तों के क्षेत्रफल उनके व्यासों के वर्गों के अनुपात में होते हैं।

आर्काइटस (Archytas) (लगभग ४२८–३४७ ई० प०) पिथॅगोरी सम्प्रदाय का ही एक वैज्ञानिक और दार्शनिक था। यह सात बार सेना का नायक चुना गया। किंवदन्ती है कि एक जल यात्रा में यह समुद्र में डूब कर मर गया। इसकी प्रतिभा बहुमुखी थी। प्रारम्भिक ज्यामिति के क्षेत्र में इसने समानुपात सम्बन्धी कई प्रमेय सिद्ध किये, जैसे "यदि किसी समकोण त्रिभुज में शीर्ष से कर्ण पर लम्ब डाला जायं तो वह कर्ण की अवधाओं का मध्यकानुपाती होगा" और इसका विलोम। इसने विभिन्न प्रकार की श्रेढ़ियों के भेदों को स्पष्ट किया, यान्त्रिकी का ज्यामितीय विधि से विवेचन किया, घन के वर्गण का एक मौलिक हल निकाला, ध्वनि-विज्ञान और संगीत पर गवेषणा की और एक उड़ने वाला यन्त्र तैयार किया। इसके नैतिक और दार्शनिक सिद्धान्त इतने महत्त्वपूर्ण समझे गये कि अरस्तू ने इसके दर्शन पर एक ग्रन्थ लिख डाला।

थीटेटस का जन्म लगभग ३७५ ई० पू० में हुआ था। यह ऍथॅन्स का निवासी था और बहुत प्रतिभाशाली था। इसने प्रारम्भिक ज्यामिति पर बहुत कार्य किया है।

यूनानी किंवदन्तियों के अनुसार पंच तत्त्व पाँचों सम ठोसों के बने हैं—अग्नि चतुष्फलक से, पृथ्वी घन से, वायु अष्टफलक से, विश्व की सीमा द्वादशफलक से और जल विंशतिफलक से। इस यूनानी परम्परा और प्राचीन हिन्दू सिद्धान्त में केवल इतना अन्तर है कि हिन्दू परम्परा में पाँचवाँ तत्त्व आकाश माना गया है। सम्भव है कि 'आकाश' से तात्पर्य 'विश्व की सीमा' का ही हो। यूनानी विद्वानों में सर्व प्रथम थीटेटस ने ही उक्त सिद्धान्त का व्यवस्थित प्रतिपादन किया है।

प्लेटो का उल्लेख हम अंकगणित के अध्याय में कर चुके हैं। उसने ज्यामिति का अध्ययन मुख्यतः दार्शनिक दृष्टिकोण से किया। उसने ज्यामितीय भावों की सम्यक् परिभाषा, और शुद्ध तर्कयुक्त उपपत्तियों की नींव डाली। वह कहा करता था कि जिस किसी मनुष्य को नेता बनना हो, उसके लिए गणित का, विशेषकर ज्यामिति का, अध्ययन आवश्यक है। उसके विचार में गणित का अध्ययन मस्तिष्क के विकास के लिए ही आवश्यक था, चाहे उक्त अध्ययन का कोई उपयोग जीवन में हो या न हो। प्लेटो का विचार था कि शिक्षा के साथ साथ मनोरंजन का समावेश भी होना चाहिए जिससे रूक्ष विषय भी रोचक बनाये जा सकें।

एक प्राचीन ज्यामितीय-बीजगणितीय समस्या है 'घन का गुणन' (Multiplication of the cube). इस समस्या का सम्बन्ध इस समीकरण से है—

$$य^3 = \frac{ख}{क} \cdot क^3 = म\, क^3 \text{ ।}$$

प्राचीन समय में कभी कभी कुछ धार्मिक वेदियों के आकार को दुगुना करने की आवश्यकता पड़ती थी। उपरिलिखित समीकरण का उद्भव उसी समस्या से हुआ है। उक्त समीकरण का हल प्लेटो, आर्काइटस (Architus) और मैंनीक्मस (Menaechmus) ने निकाला है। मैंनीक्मस ने इसका साधन परवलय और अतिपरवलय की सहायता से किया है। इरॅटॉस्थॅनीज़ ने इसके हल के लिए एक यान्त्रिक उपकरण ही बना डाला।

प्लेटो की परिषद् का उल्लेख हम एक पिछले अध्याय में कर चुके हैं। चौथी शताब्दी ई० पू० का प्रायः समस्त गणितीय कार्य प्लेटो के शिष्यों और मित्रों ने किया है। थीटेटस उक्त परिषद् का सदस्य था। यूडोक्सस (Eudoxus) ने अनुपात सिद्धान्त की नींव डाली जिसका समावेश बाद को यूक्लिड के 'ऍलीमॅण्ट्स' में हुआ है। उसने 'निःशेषण विधि' (Method of Exhaustion) से आकृतियों के क्षेत्रफल और आयतन निकाले। वह प्लेटो का शिष्य था। आर्काइटस, जिसका उल्लेख हम ऊपर कर चुके हैं, प्लेटो का मित्र था।

यूडोक्सस (लगभग ४०८–३५५ ई० पू०) क़ानून, ज्यामिति, औषधि और ज्यौतिष का विद्वान् था। अनुमान है कि इसने अनुपात सिद्धान्त का प्रतिपादन किया जो बाद में यूक्लिड के ५वें भाग के रूप में प्रकाशित हुआ। इसने रेखाओं के कनक काट (Golden Section) पर भी कई प्रमेय आविष्कृत किये। इसकी निःशेषण विधि तो प्रसिद्ध हो गयी है। सम्भवतः इसने यह भी सिद्ध किया था कि गोलों के आयतन उनकी त्रिज्याओं के घनों के अनुपात में होते हैं। कदाचित् यूडोक्सस ही सबसे पहला यूनानी गणितज्ञ था जिसने यह बताया कि सौर वर्ष ३६५ दिन से लगभग ६ घण्टे बड़ा है।

मैनीक्मस, जिसका उल्लेख हम ऊपर कर चुके हैं, का जीवन काल ३५० ई० पू० के लगभग था। यह यूडोक्सस का शिष्य और प्लेटो का मित्र था। शांकवों (Conics) का व्यवस्थित अध्ययन सर्व प्रथम इसी ने किया था। इसने परवलय के सरलतम समीकरण

$$\text{र}^2 = \text{प य} \quad (y^2 = ax)$$

का प्रयोग किया था, और अतिपरवलय के इस गुण का भी उपयोग किया था कि यदि उसके **अनन्तस्पर्शियों** (Asymptotes) को अक्ष मान लिया जाय तो उसका समीकरण

$$\text{य र} = \text{ग}^2 \quad (xy = c^2)$$

होता है।

कहते हैं कि सिकन्दर भी मैनीक्मस का शिष्य था। उसने गुरु से कहलाया कि ज्यामिति विद्या उसके लिए सरल बना दी जाय। मैनीक्मस ने उत्तर दिया कि "देश में तो राजकीय और निजी—दो प्रकार के मार्ग हुआ करते हैं, किन्तु ज्यामिति में सबके लिए एक ही मार्ग है।"

अरस्तू (Aristotle) का जीवन काल ३८४–३२२ ई० पू० था। दर्शन शास्त्र में इसका स्थान बहुत ऊँचा है। गणित में इसकी विशेष रुचि ज्यामिति और भौतिकी में थी। इसने अपनी कृतियों में गणितीय राशियों के लिए वर्णमाला के अक्षरों का प्रयोग किया है। एक स्थान पर यह लिखता है कि "यदि A गामक बल (Motive force) हो, B गतिमान् वस्तु हो, Γ दूरी हो, Δ समय हो, ..."

अरस्तू ने एक नये दार्शनिक सम्प्रदाय को जन्म दिया जिसका ध्येय था प्रत्येक भाव का मूल निकालना। बोल चाल की भाषा में इसे कहते हैं 'बाल की खाल निकालना।' अरस्तू ने गणित पर दो पुस्तकें लिखी हैं—एक अविभाज्य रेखाओं पर, दूसरी यान्त्रिक प्रश्नों पर। उसकी कृतियों का यूक्लिड पर भी प्रभाव पड़ा है।

'सातत्य' (Continuity) की सब से पहली परिभाषा भी अरस्तू की ही दी हुई है—

"यदि कोई वस्तु ऐसी हो कि उसके कोई से दो क्रमागत भाग ले लें तो जिस सीमा पर वे मिलते हों, वह दोनों के लिए एक ही हो और दोनों भाग एक दूसरे से जुटे हुए हों तो उस वस्तु को सतत (Continuous) कहते हैं।"

अरस्तू का मत था कि "वास्तविक अनन्त (Infinite) का अस्तित्व ही नहीं है।"

एक स्थान पर अरस्तू ने कहा है कि "किसी वर्ग के विकर्ण की लम्बाई, जिसकी भुजा की लम्बाई १ हो, सुमेय हो ही नहीं सकती, क्योंकि यदि वह सुमेय हो तो एक सम संख्या एक विषय संख्या के समान हो जायगी।"

आजकल $\sqrt{२}$ की असुमेयता की जो उपपत्ति दी जाती है, उक्त कथन की पुष्टि करती है।

जिस काल का हम वर्णन कर रहे हैं, उस काल के एक गणितज्ञ का नाम और उल्लेखनीय है—ऐँरिस्टियस (Aristaeus)। इसके जीवन के विषय में केवल इतना पता है कि इसका कार्य काल ३२० ई० पू० के आस पास था। पॅपस (Pappus) इसके ज्यामितीय कार्य से इतना प्रभावित था कि उसने कहा है कि यूनान में वैश्लेषिक ज्यामिति के क्षेत्र में तीन ही गणितज्ञ महान् हुए हैं—ऐँरिस्टियस, यूक्लिड और ऐँपोलोनियस। ऐँरिस्टियस ने शांकवों पर पाँच ग्रन्थ लिखे। इसके अतिरिक्त इसने पाँच सम ठोसों पर जो कुछ लिखा, उसका समावेश यूक्लिड के १३ वें भाग में हो गया है। इस प्रकार हम देखते हैं कि इसकी कृतियों ने यूक्लिड को भी प्रभावित किया है।

(४) ३०० ई० पू० से १००० ई० तक

यूक्लिड (Euclid)

यूक्लिड के जन्म और मृत्यु का ठीक ठीक पता नहीं है। इतना ज्ञात है कि इसका कार्यकाल ३०० ई० पू० के आस पास था। इसने प्रारम्भिक शिक्षा कदाचित ऐँथेँस में प्लेटो के शिष्यों से पायी। टोलेमी १ (Ptolemy I) के राज्यकाल (३०६–२८३ ई० पू०) में इसने ऐँलैँग्ज़ॅण्ड्रिया में एक स्कूल स्थापित किया। यूक्लिड के जीवन का एक उपाख्यान प्रसिद्ध हो गया है। इसके एक शिष्य ने ज्यामिति का प्रथम

साध्य पढ़ने के पश्चात् कहा कि "इसके सीखने से मिलेगा क्या ?" यूक्लिड ने अपने नौकर से कहा कि "इसे ६ पैंनी दे दो क्योंकि यह हर बात से लाभ ही चाहता है।"

यूक्लिड का सबसे प्रसिद्ध ग्रन्थ ऐंलीमैंट्स (Elements = मूल तत्व) है जिसके १८८२ से आज तक एक हजार से अधिक संस्करण निकल चुके हैं। उक्त ग्रन्थ की विषय सूची इस प्रकार है—

चित्र ६४—यूक्लिड के अनुवाद का एक पृष्ठ। प्रथम पंक्ति में वह साध्य दिया गया है जिसकी संख्या आधुनिक संस्करणों में २८ है।

(१) सर्वांगसमता (Congruence) और समान्तरता (Parallelism);

(२) बीजगणितीय सर्वसमिकाएँ और क्षेत्रफल;

(३) वृत्त;

(४) अन्तर्लिखित और परिलिखित बहुभुज;

(५) समानुपात;

(६) बहुभुजों की समरूपता;

(७)–(९). अंकगणित;

(१०) असुमेय राशियाँ;

(११)–(१३) ठोस ज्यामिति ।

यूक्लिड के अन्य ग्रन्थ ये हैं—

(क) डेटा (Data)—इसमें ९४ साध्य दिये गये हैं। उनका विषय यह है कि यदि किसी आकृति के कुछ अंग दिये हों तो शेष अंग ज्ञात किये जा सकते हैं।

(ख) आकृतियों के विभाजन पर एक पुस्तक—इस पुस्तक का विषय यह है कि यदि कोई आकृति (त्रिभुज, चतुर्भुज, वृत्त) दी हो तो उसे ऐसे दो भागों में किस प्रकार बाँटा जाय कि दोनों भागों के क्षेत्रफल एक निर्दिष्ट अनुपात में हों।

(ग) स्यूडेरिया (Pseudaria) जिसमें शिक्षार्थियों को यह बताया गया है कि ज्यामिति के अध्ययन में कौन कौन सी त्रुटियाँ सम्भव हैं।

(घ) शांकव—चार भागों में।

(ङ) पोरिज़्म्स (Porisms)—उच्च ज्यामिति पर।

(च) तल-बिन्दुपथ (Surface Loci)—दो भागों में ।

यूक्लिड की शेष कृतियाँ ज्यौतिष, संगीत, **चाक्षुषी** (Optics) आदि पर हैं।

आर्किमीडीज

आर्किमीडीज़ का जीवन वृत्तान्त हम अंकगणित के अध्याय में दे चुके हैं। उसकी ज्यामितीय पुस्तकें क्रमशः निम्नांकित विषयों पर हैं—

(i) गोले और बेलन पर जिसमें इन ठोसों और शंकुओं (Cones) के आयतन आदि निकालने के सूत्र दिये गये हैं।

(ii) वृत्त के माप पर—इसमें कुल तीन साध्य हैं। दूसरे साध्य में यह असमता सिद्ध की गयी है—

$$३\frac{१}{७} > \pi > ३\frac{१०}{७१}$$

(iii) शंक्वाभासों (Conoids) और गोलाभासों (Spheroids) पर

(iv) सर्पिलों (Spirals) पर।

(v) परवलय के क्षेत्रकलन (Quadrature) पर।

(vi) एक पुस्तक में प्रमेयिकाओं (Lemmas) का संग्रह—इसमें समतल ज्यामिति के १५ साध्य हैं।

आर्किमिडीज़ की शेष कृतियाँ यान्त्रिकी और **द्रवस्थैतिकी** (Hydrostatics) पर हैं। उसने और भी कई ग्रन्थ लिखे थे जो अब लुप्त हो गये हैं।

ऐपोलोनियस

ऐपोलोनियस का सबसे प्रसिद्ध ग्रन्थ कॉनिक्स (Conics = शांकव) है। इसी पुस्तक के कारण उसका नाम 'महान् ज्यामितिज्ञ' पड़ गया। ऐपोलोनियस ने और भी कई ग्रन्थ लिखे; किन्तु उनमें से प्रायः सभी लुप्त हो चुके हैं। कॉनिक्स ८ भागों में विभाजित है। पहले भाग में ऐपोलोनियस ने यह दिखाया है कि शांकवों का जनन किस प्रकार होता है। उसने निर्देशांक ज्यामिति का भी प्रयोग किया है। शांकव का कोई व्यास और उसके छोर का स्पर्शी लेकर तिर्यक् अक्षों (Oblique Axes) द्वारा उसने शांकवों के गुणों का आविष्कार किया है। शांकवों के अंग्रेज़ी नाम भी पहले पहल ऐपोलोनियस ने ही रखे थे।

कॉनिक्स के भागों १—४ में मौलिकता तो कम है, किन्तु ऐपोलोनियस ने इनमें अपने पूर्व गामियों का सारा कार्य व्यवस्थित रूप में दे दिया है। भागों ५–७ में ऐपोलोनियस ने मौलिकता दिखायी है। ५ वें भाग में उसकी प्रतिभा की चरम सीमा दिखाई पड़ती है। इसमें उसने अभिलम्बों (Normals) के गुणों का विवेचन किया है और यह भी बताया है कि किसी बिन्दु से किसी शांकव को कितने अभिलम्ब खींचे जा सकते हैं। इसके अतिरिक्त उसने **वक्रता केन्द्र** (Centre of Curvature) पर भी कई साध्य दिये हैं।

ऐपोलोनियस की जो कृतियाँ लुप्त हो गयी हैं, उनमें से भी अधिकांश ज्यामिति पर ही हैं। उनमें से एक में यूक्लिड की आलोचना की गयी है। एक अन्य पुस्तक में उन द्वादशफलकों और विंशतिफलकों की तुलना की गयी है जो एक ही गोले में खींचे जा सकें। एक अन्य स्थान पर उसने यह बताया है कि π की सीमाओं के ३$\frac{१}{७}$ और ३$\frac{१०}{७१}$ से भी सूक्ष्म मान किस प्रकार निकाले जा सकते हैं।

पॅपस का उल्लेख हम एक पिछले अध्याय में कर चुके हैं। उसके समय में गणितीय

अध्ययन बहुत उपेक्षित हो चुका था। इस प्रकार वह अपने समकालीन विद्वानों में अपवाद था। उसकी प्रतिभा विलक्षण थी, किन्तु उसके देशवासियों ने उसका समादर नहीं किया। यहाँ तक कि उसके देश के लेखकों ने कहीं उसके कार्य का उल्लेख भी नहीं किया है। उसने एक 'गणितीय संग्रह' प्रकाशित किया जिसके आठ भागों में से पहले दो तो लुप्तप्राय हो चुके हैं। उक्त संग्रह में उसने अपने समस्त पूर्वगामियों के कार्य का ब्योरेवार विवरण दिया है। इसके अतिरिक्त उनकी कृतियों पर अपनी टिप्पणियाँ और व्याख्याएँ भी दी हैं।

पॅपस की पुस्तक के जो भाग बच रहे हैं उनके भी कुछ पन्ने नष्ट हो चुके हैं। दूसरे भाग का जो थोड़ा सा अंश बच रहा है, उसमें अंकगणितीय विषय दिये हुए हैं। तीसरे भाग में ज्यामितीय प्रश्न हैं। चौथे भाग में वृत्तों और अन्य वक्रों के गुणों का विवेचन है। पाँचवें भाग में समपरिमाप (Isoperimetric) आकृतियों का विवरण है और छटवें में गोले के गुणों का। सातवाँ भाग ऐतिहासिक है और आठवें भाग में गुरुत्व केन्द्र और अन्य यान्त्रिक विषय हैं।

प्रोक्लस (Proclus) (४१०–४८५ ई०) ने ऍलॅग्ज़ॅण्ड्रिया में प्रारम्भिक शिक्षा पाई, और अध्यापन कार्य के लिए वह ऍथॅन्स चला गया। ४५० ई० में वह दर्शन का प्राध्यापक हो गया। उसने प्लेटो के सिद्धान्तों पर कई ग्रन्थ लिखे हैं। इसके अतिरिक्त उसने कई पुस्तकें व्याकरण पर भी लिखी हैं। गणित में उसकी मुख्य कृति यूक्लिड की टीका है। उक्त टीका में उसने पिछले ज्यामितिज्ञों के कार्य का उल्लेख किया है। अतः यह ग्रन्थ ज्यामिति के इतिहासज्ञों के लिए महत्त्वपूर्ण है।

बोथियस की जीवनी हम एक पिछले अध्याय में दे चुके हैं। उसने जो पाठ्य पुस्तकें लिखी हैं, उनका यूरोप में हज़ार वर्ष तक समादर रहा। उसने एक पुस्तक ज्यामिति पर भी लिखी है जिसमें मौलिकता तो बिलकुल नहीं है, किन्तु उपस्थापन बहुत सुन्दर है। इस कारण बहुत से धार्मिक स्कूलों में उसका प्रयोग पाठ्य पुस्तक के रूप में होने लगा।

चीन

जिस काल का हम उल्लेख कर रहे हैं, उसमें ज्यौतिष के क्षेत्र में तो चीन में कई विद्वान् हुए जिनका मुख्य कार्य तिथिपत्र से सम्बद्ध था, किन्तु ज्यामिति में छिट-फुट प्रयत्नों को छोड़कर चीन ने कोई विशेष प्रगति नहीं दिखायी। एक राजनीतिज्ञ चांग सांग (लगभग २५०–१५२ ई० पू०) हुआ है जिसने '९ विभागों के अंकगणित' पर एक नया ग्रन्थ लिख दिया। उसकी बहुत कुछ सामग्री पुराने ग्रन्थ से ली गयी थी।

चांग सांग ने अपनी पुस्तक में मापिकी के भी कुछ प्रश्न दिये हैं, जैसे किसी पेड़ की ऊँचाई निकालना। वृत्तखण्ड (Segment of a Circle) के क्षेत्रफल के लिए उसने यह सूत्र दिया है—

$\frac{1}{2}$ ऊँचाई × (जीवा + ऊँचाई)।

अन्य लेखकों में चाँग हाँग का नाम उल्लेखनीय है। इसका जीवन काल २७८–३१९ ई० था। यह एक ज्यामितिज्ञ और ज्योतिषी था। इसने π का निकट मान $\sqrt{१०}$ दिया है।

एक अन्य चीनी गणितज्ञ सुन-त्ज़ी हुआ है। इसके जीवन काल का ठीक ठीक पता नहीं है, किन्तु अनुमान है कि तीसरी शताब्दी ई० पू० का पहला भाग था। कुछ इतिहासज्ञों का मत है कि इसका स्थिति काल पहली शताब्दी ई० था। उस समय का एक चीनी ग्रन्थ मिला है—वू-त्साओ स्वान किंग। सम्भवतः यह सुन-त्ज़ी का लिखा हुआ है। पुस्तक में मापिकी के प्रश्न दिये हुए हैं। मापिकी के अतिरिक्त सुन-त्ज़ी ने बीजगणित पर भी परिश्रम किया है। उसकी विशेष रुचि अनिर्णीत समीकरणों में थी। वह ऐसे समीकरणों के केवल एक हल से ही सन्तुष्ट हो जाता था। उसका एक प्रश्न यह है—

"एक संख्या ऐसी है कि उसे ३ से भाग देने पर २ बचते हैं, ५ से भाग देने पर ३ और ७ से भाग देने पर २ बचते हैं। संख्या उपलब्ध करो।"

तृतीय शताब्दी ई० का एक प्रसिद्ध गणितज्ञ हुआ है ल्यू ह्वी। इसने एक ग्रन्थ "समुद्री टापू अंकगणित शास्त्र" पर लिखा। नाम वास्तव में विलक्षण है। पुस्तक का विषय मापिकी है और उसका सर्वप्रथम प्रश्न इस प्रकार है "एक टापू है जिसे नापना है।" कदाचित् इसी प्रश्न पर पुस्तक का नाम रख दिया गया है।

इसके पश्चात् दसवीं शताब्दी तक चीन में और भी कई गणितज्ञ हुए हैं, किन्तु उनमें से अधिकांश की रुचि अंकगणित अथवा ज्योतिष में रही है।

भारत

आर्यभट्ट।

आर्यभट्ट के अंकगणितीय और बीजगणितीय कार्य का उल्लेख हम पिछले अध्यायों में कर चुके हैं। आर्यभट्ट ने अपने ग्रन्थ के कई अनुच्छेदों में ज्यामितीय विषयों का भी विवेचन किया है। उक्त अनुच्छेदों में मुख्यतः त्रिभुजों, चतुर्भुजों और वृत्तों के क्षेत्रफलों और ठोसों के आयतन के सूत्र दिये गये हैं। हम यहाँ कुछ उद्धरण देते हैं—

(क) त्रिभुज का क्षेत्रफल

त्रिभुजस्य फलं शरीरं समदलकोटी भुजार्ध संवर्गः ५$\frac{1}{2}$

स्मिथ अपने इतिहास के भाग १ के पृष्ठ १५६ पर लिखते हैं कि ("आर्यभट्ट के दिये हुए) नियमों में एक नियम समद्विबाहु त्रिभुज के क्षेत्रफल का भी है जिससे प्रगट होता है कि आर्यभट्ट अपने कथन कितने अधूरे रूप में दिया करता था—

'त्रिभुज का क्षेत्रफल आधे आधार और उस लम्ब का गुणनफल होता है जो आधार को अधिवाए।"

कजोरी महोदय भी अपने गणित के इतिहास में कहते हैं कि 'आर्यभट्ट ने त्रिभुज के क्षेत्रफल का जो सूत्र दिया है वह समद्विबाहु त्रिभुज पर ही लागू है।

कजोरी और स्मिथ ने यहाँ 'सम' का अर्थ 'बराबर' लगाया है। किन्तु वास्तव में इस प्रसंग में 'सम' का यह अर्थ नहीं है। एक शब्द के अनेक अर्थ हुआ करते हैं। हमने आधुनिक गणित में 'सम' को निम्नलिखित दस अर्थों में युवत होते देखा है—

(i)	सम	बराबर
	सगभुजीय	Equilateral
	सम अतिपरवलय	Equilateral Hyperbola
	समकौणिक	Equiangular
	समता	Equality
	असमता	Inequality
(ii)	सम	समभुजीय और समकौणिक
	सम बहुभुज	Regular polygon
	सम चतुष्फलक	Regular Tetrahedron
	सम बहुफलक	Regular polyhedron
(iii)	सम	Constant
	सम त्वरण	Uniform acceleration
	सम निपीड (दबाव)	Uniform pressure
(iv)	सम	Of uniform material
	सम छड़	Uniform rod
	सम पटल	Uniform lamina

(v)	सम	एकरूप
	सम अभिसृति	Uniform convergence
	समरूपता	Uniformity
(vi)	सम	चौरस
	समतल	Plane, plane surface
	समतली, समतलस्थ	Coplanar
	समतल भमि	चौरस भूमि
	समतल काट	Plane section
(vii)	सम संख्या	Even Number
	विषम संख्या	Odd Number
(viii)	सम	एक से, Alike
	सम समान्तर बल	Like parallel forces
(ix)	सम	एक
	समरैखिक	Collinear
	समवृत्तीय	Concyclic
(x)	सम	Right
	समकोण	Right Angle
	सम शंकु	Right Cone
	सम स्तूप	Right pyramid

हमने यहाँ 'सम' के वही अर्थ दिये हैं जो अब भी गणितीय पुस्तकों में मिल जाते हैं। शब्दों के कुछ अर्थ ऐसे भी होते हैं जो अब प्रचलित नहीं हैं और केवल शब्द कोषों की शोभा बढ़ा रहे हैं। गणित की कुछ प्राचीन पुस्तकों में 'सम संख्या' को 'तुल्य संख्या' और 'विषम संख्या' को 'ओज संख्या' कहा गया है। ये दोनों पिछले पर्याय अब पुस्तकों में नहीं पाये जाते। इस प्रकार के बहुत से शब्द इस लेख में मिल जायँगे—

ब्रज मोहन : प्राचीन हिन्दू गणित में श्रेढ़ी व्यवहार—नागरी प्रचारिणी पत्रिका ५२–१ (सं० २००४) २५–३४.

शब्दकोषों में 'सम' का एक अर्थ Common (सामान्य, उभयनिष्ठ, सर्वनिष्ठ) भी दिया हुआ है।

अब यदि 'सम' का यह अर्थ लगाया जाय तो आर्यभट्ट के उपरिलिखित श्लोक का अर्थ स्पष्ट हो जाता है।

कोटी = उच्चत्व (Altitude)

दल = भाग

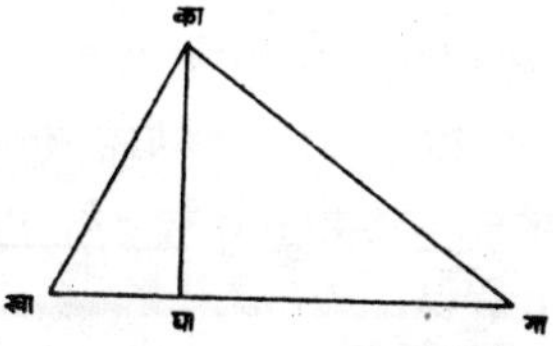

इस प्रकार 'दलकोटी' का अर्थ हुआ 'वह कोटी जो त्रिभुज के (दो) भाग कर दे। अतः आर्यभट्ट के श्लोक का अर्थ हुआ—

त्रिभुज का क्षेत्रफल = $\frac{1}{2}$ (आधार) × सामान्य कोटी

= $\frac{1}{2}$(base) × common altitude.

स्पष्ट है कि उक्त श्लोक में आर्यभट्ट ने क्षेत्रफल का ऐसा सूत्र दिया है जो किसी भी त्रिभुज पर लागू हो, न कि केवल समद्विबाहु त्रिभुज पर ही। यों भी यह बात अनहोनी सी लगती है कि जिसने किसी भी चतुर्भुज के क्षेत्रफल का सूत्र निकाल लिया हो, वह त्रिभुजों में से केवल एक विशेष प्रकार के त्रिभुजों के ही क्षेत्रफल का सूत्र निकाल पाया हो।

(ख) π का मान

आर्यभटीयं का १० वाँ श्लोक इस प्रकार है—

चतुरधिकं शतमष्टगुणं द्वाषश्टिस्तथा सहस्रणाम् ।
अयुतद्वय विष्कम्भस्यासन्नो वृत्तपरिणाहः ॥१०॥

पहली पंक्ति का अर्थ—सौ में चार जोड़कर ८ से गुणा करो। गुणनफल में बासठ हज़ार जोड़ दो।

आसन्न = निकट (Approximate)

वृत्त = Circle

परिणाह = परिधि (Circumference)

विष्कम्भ = व्यास (Diameter)

अयुत = दस सहस्र, दस हज़ार

श्लोक का भावार्थ—

जिस वृत्त का व्यास २०.००० हो, उसकी परिधि का आसन्न मान = ६२८३२

$$\text{इस प्रकार } \pi \text{ का आसन्न मान} = \frac{\text{परिधि}}{\text{व्यास}} = \frac{६२८३२}{२००००}$$

$$= ३.१४१६$$

π का यह मान चौथे दशमलव स्थान तक ठीक है। और आर्यभट्ट ने इसको भी 'आसन्न मान' कहा है, 'यथार्थ मान' नहीं कहा। इसका अर्थ यह हुआ कि आर्यभट्ट को इस बात का भान था कि π का इससे भी सूक्ष्म मान (Close value) निकाला जा सकता है।

(ग) वृत्त का क्षेत्रफल

आर्यभटीयं के ७ वें श्लोक की पहली पंक्ति—

समपरिणाहस्यार्धं विष्कम्भार्धहतमेव वृत्तफलम्।

$$\text{वृत्त का क्षेत्रफल} = \frac{१}{२}\,(\text{परिणाह}) \times \frac{१}{२}\,(\text{व्यास})$$

$$= \frac{१}{२}\,(२\pi \times \text{त्रिज्या}) \times \text{त्रिज्या}$$

$$= \pi\,(\text{त्रिज्या})^{२}$$

ब्रह्मगुप्त

ब्रह्मगुप्त के अंकगणितीय और बीजगणितीय कार्य का उल्लेख हम पिछले अध्यायों में कर चुके हैं। ब्रह्मगुप्त का ज्यामितीय कार्य बहुत महत्त्वपूर्ण रहा है। उसने त्रिभुजों, आयतों, समलम्बों, वर्गों इत्यादि पर तो सूत्र दिये ही हैं। उसका सबसे गुर्वर्थ कार्य वृत्तीय चतुर्भुजों (Cyclic quadrilaterals) और ठोसों पर हुआ है। हम यहाँ उसके ज्यामितीय कार्य के कुछ नमूने देते हैं—

(क) वृत्तीय चतुर्भुज का क्षेत्रफल

'ब्राह्मस्फुटसिद्धान्त' के २१वें श्लोक की दूसरी पंक्ति इस प्रकार है—

भुजयोगार्धचतुष्टयभुजोनघातात् पदं सूक्ष्मम्॥

मान लीजिए कि चतुर्भुज की भुजाएँ क, ख, ग, घ हैं और अ उसका अर्द्ध-परिमाप (Semi-perimeter) है। अर्थात्

$$२\,\text{अ} = \text{क} + \text{ख} + \text{ग} + \text{घ}।$$

तो आधुनिक गणितीय भाषा में उपरिलिखित सूत्र इस प्रकार लिखा जायगा—

$$\text{क्षेत्रफल} = \sqrt{\{(\text{अ}-\text{क})\,(\text{अ}-\text{ख})\,(\text{अ}-\text{ग})\,(\text{अ}-\text{घ})\}}$$

(ख) ब्राह्मस्फुट सिद्धान्त का २८ वाँ श्लोक—

कर्णाश्रितभुजघातैक्यमुभयथाऽन्योऽन्यभाजितं गुणयेत् ।
योगेन भुजप्रतिभुजवधयोः कर्णौ पदे विषमे ।।२८।।

यदि किसी वृत्तीय चतुर्भुज के विकर्ण य, र हों तो उपरिलिखित सूत्र के अनुसार

$$य = \sqrt{\frac{कघ + खग}{कख + गघ}(कग + खघ)},$$

$$र = \sqrt{\frac{कख + गघ}{कघ + खग}(कग + खघ)} ।$$

यदि हम इन दोनों सूत्रों को गुणा करें तो यह फल प्राप्त होगा—

$$यर = कग + खघ$$

इस साध्य को आजकल टोलेमी (Ptolemy) प्रमेय कहते हैं।

(ग) ब्रह्मगुप्त का एक रोचक ज्यामितीय प्रश्न इस प्रकार है जिसमें शुल्व प्रमेय का प्रयोग किया जाता है—

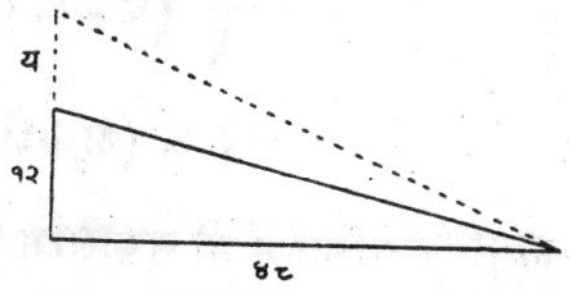

एक पहाड़ी की चोटी पर दो साधु रहते हैं। उनमें से एक को ऐसी सिद्धि प्राप्त हो चुकी है कि वह वायु में उड़ सकता है। वह पहाड़ी की चोटी से थोड़ा ऊपर उड़कर, फिर टेढ़ी दिशा में चलकर पास के एक नगर में उतर जाता है। दूसरा पहाड़ी के नीचे उतर कर पैदल उसी नगर तक जाता है। दोनों की यात्राओं की लम्बाइयाँ बराबर होती हैं। यह बताओ कि पहला साधु ऊपर कितना ऊँचा उड़ता है और नगर पहाड़ी से कितनी दूर है।

(६) ब्राह्मस्फुट सिद्धान्त के ४५ वें और ४६ वें श्लोक—

मुखतलयुतिदलगुणितं वेधगुणं व्यावहारिकं गणितम् ।
मुखतलगणितैक्यार्धं वेधगुणं स्याद्गणितमौत्रम् ।।४५।।
औत्रगणिताद्विशोध्य व्यवहारफलं भजेत् त्रिभिः शेषम् ।
लब्धं व्यवहारफले प्रक्षिप्य भवति फलं सूक्ष्मम् ।।४६।।

इन श्लोकों में ब्रह्मगुप्त ने सूचीस्तंभ (Pyramid) के छिन्नक (Frustum) के आयतन के सूत्र दिये हैं।

मुखद्युति = ऊपरी छोर का क्षेत्रफल

तलद्युति = आधार का क्षेत्रफल

व्यावहारिक फल = Practical value

औत्रफल = Better value

सूक्ष्म फल = Close value, Correct value

इन श्लोकों में छिन्नक के आयतन के लिए तीन सूत्र दिये गये हैं—

$$१.\ \text{व्यावहारिक मान}\quad \text{वा} = \left(\frac{\sqrt{\text{क्ष}}+\sqrt{\text{क्षे}}}{२}\right)^{२}\text{ऊ},$$

जिसमें क्ष, क्षे आधारों के क्षेत्रफल हैं और ऊ छिन्नक की ऊँचाई।

$$२.\ \text{औत्र मान आ} = \frac{\text{क्ष}+\text{क्षे}}{२}\text{ऊ}\ ।$$

$$३.\ \text{सूक्ष्म मान} = \tfrac{१}{३}(\text{आ}-\text{वा})+\text{वा} = \tfrac{१}{३}(\text{आ}+२\,\text{वा})$$

$$= \frac{\text{ऊ}}{६}(\text{क्ष}+\text{क्षे}) + \frac{\text{ऊ}}{६}(\sqrt{\text{क्ष}}+\sqrt{\text{क्षे}})^{२}$$

$$= \tfrac{१}{३}\,\text{ऊ}\,(\text{क्ष}+\text{क्षे}+\sqrt{\text{क्ष}\,\text{क्षे}}).$$

आधुनिक गणित में भी सूचीस्तंभ के छिन्नक के आयतन का यही सूत्र दिया जाता है।

महावीर

महावीर ने वृत्तीय चतुर्भुजों के वे सब सूत्र दिये हैं जो ब्रह्मगुप्त ने दिये थे। किन्तु उसकी शैली अधिक स्पष्ट है। इसके अतिरिक्त उसने और भी बहुत सी आकृतियों का विवेचन किया है, जैसे वृत्त (Circle), अर्धवृत्त (Semi-circle), दीर्घवृत्त, (Ellipse), निम्नवृत्त (Concave-circular-area), उन्नतवृत्त, (Convex-circular-area), कुंबक वृत्त, (Conchiform area), अन्तश्चक्र- वालवृत्त, (Inner-annulus), बहिश्चक्रवालवृत्त, (Outer-annulus) हस्तिदंत क्षेत्र इत्यादि।

इसमें सन्देह नहीं कि महावीर का ज्यामितीय कार्य भी बहुत महत्त्वपूर्ण हुआ है। उसने कई ऐसी आकृतियों के क्षेत्रफलों के सूत्र निकाले हैं, जिनका विवेचन उससे पहले किसी अन्य हिन्दू गणितज्ञ ने नहीं किया था। हम उनमें से कुछ की आकृतियाँ यहाँ देते हैं—

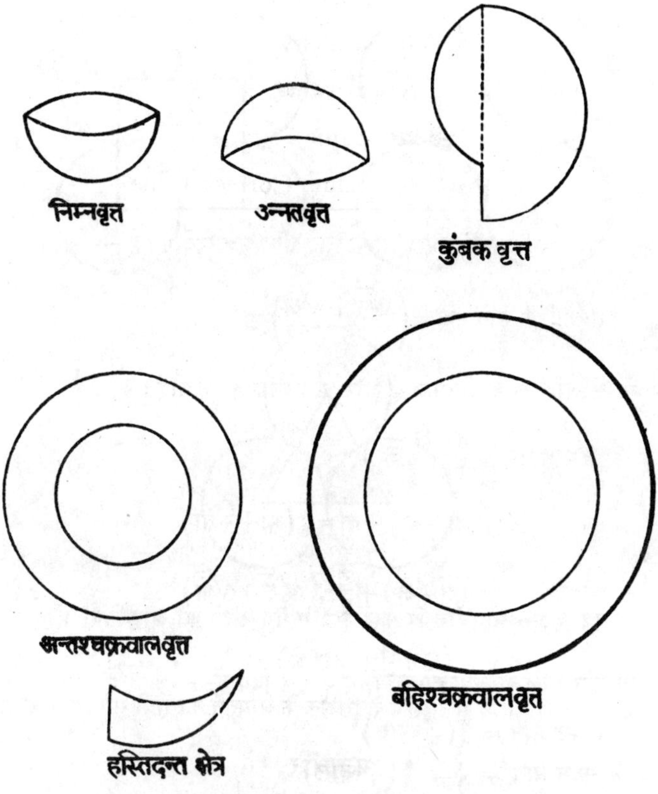

(यह नाम हमारा दिया हुआ है)

चित्र ६५—**महावीर के कुछ ज्यामितीय क्षेत्रों की आकृतियाँ।**

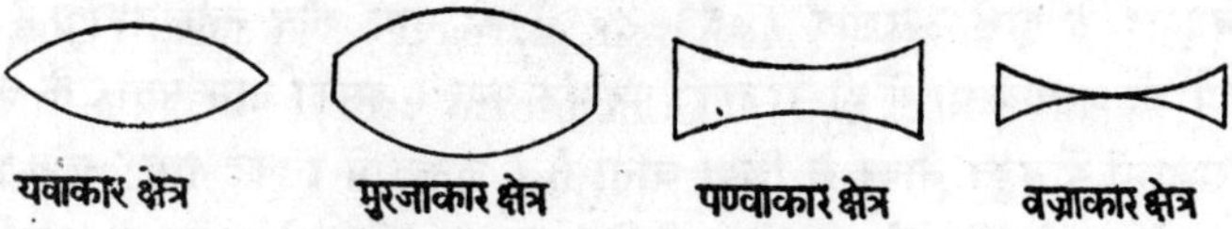

चित्र ६६—**महावीर के कुछ ज्यामितीय क्षेत्रों की आकृतियाँ।**

इनके अतिरिक्त महावीर ने वृत्तों से घिरे हुए कई प्रकार के क्षेत्रों के क्षेत्रफल भी निकाले हैं, जैसे—

चित्र ६७—महावीर के कुछ ज्यामितीय क्षेत्रों की आकृतियाँ।

महावीर ने गोले के आयतन के लिए ये सूत्र दिये हैं—

$$\text{निकट मान} = \frac{९}{२}\left(\frac{१}{२}\text{ व्यास}\right)^{३}$$

$$\text{सूक्ष्म मान} = \frac{९}{१०}\cdot\frac{९}{२}\left(\frac{१}{२}\text{ व्यास}\right)^{३}$$

पिछले सूत्र से π का मान $\frac{२४३}{८०}$ अर्थात् ३.०३७५ आता है।

अन्य देश

बग़दाद के हारूँ उलरशीद (७६३–८०९) का नाम कौन नहीं जानता? यह २२ वर्ष की अल्पावस्था में ही राजगद्दी पर बैठ गया। इसका नाम संसार के न्याय-प्रिय राजाओं में बहुत आदर से लिया जाता है। जनता में इसका नाम 'अल्फ़ लैला' के नायक के रूप में प्रसिद्ध है। इसके अतिरिक्त अरबी साहित्य में इसका नाम अनगिनत उपाख्यानों से सम्बद्ध है।

हारूँ स्वयं एक विद्वान् था और विद्या का पारखी भी था। इसने अपने दरबार में कवियों, वैयाकरणों, संगीतज्ञों आदि को प्रश्रय दिया। पश्चिम के विद्वानों और राज

घरानों से इसका आदान प्रदान चलता था। इसने गणित और ज्यौतिष को बहुत प्रोत्साहन दिया। इसी की छत्रछाया में यूक्लिड के ऐलीमैन्ट्स का अरबी में अनुवाद हुआ और इसी अनुवाद से यूरोप में यूक्लिड की विशेष प्रशस्ति हुई। और हारूँ के ही राज्यकाल में बग़दाद में फिर एक बार हिन्दू पाण्डित्य का सितारा चमका।

हारूँ उलरशीद के पुत्र अलमामून का राज्यकाल (८०९–३३) भी विद्या की दृष्टि से बहुत महत्त्वपूर्ण रहा है। इसने भी ज्यौतिष और गणित को प्रश्रय दिया। इसके राज्यकाल में यूक्लिड का अनुवाद पूर्ण हो गया। इसने टोलेमी के अलमाजस्त का भी अनुवाद कराया। इसके अतिरिक्त इसने बग़दाद में एक संस्था 'ज्ञान केन्द्र' स्थापित की जिसमें एक पुस्तकालय और एक वेधशाला की भी व्यवस्था थी।

९वीं शताब्दी के उत्तरार्ध में बग़दाद में अल्माहानी नामक एक प्रसिद्ध ज्यौतिषी हुआ है। इसने घन समीकरणों पर कुछ कार्य किया है। इसमें मौलिकता तो विशेष नहीं थी, किन्तु इसने अपनी कृतियों से जनता का ध्यान इस समीकरण

$$\text{य}^3 + \text{क}^2\,\text{ख} = \text{ग}\,\text{य}^2$$

पर इतना आकृष्ट किया कि लोग इसे 'अल्माहानी समीकरण' ही कहने लगे। इसके अतिरिक्त इसने यूक्लिड के कुछ अंशों पर टीका लिखी है जो प्रसिद्ध हो गयी है। इसकी एक टीका आर्किमैंडीज़ की गोले और बेलन सम्बन्धी कृतियों पर भी है।

बग़दाद में एक हकीम ताबित इब्न कोरा (८२६–९०१) हुआ है जिसने गणित और दर्शन के अध्ययन को बहुत प्रोत्साहन दिया। इसने ज्यामिति, ज्यौतिष, फलित-ज्यौतिष आदि पर अनेक ग्रन्थ लिखे हैं। यूक्लिड और टोलेमी की पुस्तकों के जो अनुवाद इससे पहले हो चुके थे, इसने उनका परिष्करण किया। इसका नाम इस लिए विशेष रूप से प्रसिद्ध हुआ कि इसने ज्यामितीय प्रश्नों पर बीजगणित का प्रयोग किया।

जिस काल का हम उल्लेख कर रहे हैं उसके अन्तिम चरण में बग़दाद में अनेक गणितज्ञ हुए हैं, जिन्होंने बीजगणित, ज्यौतिष और ज्यामिति का अध्ययन किया है। इन लोगों ने अनेक पुस्तकें लिखी हैं। इसके अतिरिक्त उसी काल में बहुत सी यूनानी पुस्तकों का अरबी में अनुवाद भी हुआ है। एक लेखक अलहज्जाज़ (लगभग ७८६-८३५) ने यूक्लिड और टोलेमी का अनुवाद किया है। इसके अतिरिक्त एक अन्य लेखक इसहाक़ हुआ है, जिसने यूक्लिड, आर्किमैंडीज और मैंनीलॉज़ के ग्रन्थों का अनुवाद किया है।

यॉर्क का अल्कुइन (Alcuin of York) (७३५–८०४) एक बड़ा विद्वान् पादरी हुआ है। यॉर्क में शिक्षा पाकर यह प्राचीन हस्तलिपियों की खोज में रोम गया।

७८१ से ७९० तक यह चार्लमॅन (Charlemagne) के दरबार में रहा जहाँ इसका बड़ा आदर था। चार्लमॅन इससे विद्या के पुनरुत्थान में सहायता लेता था।

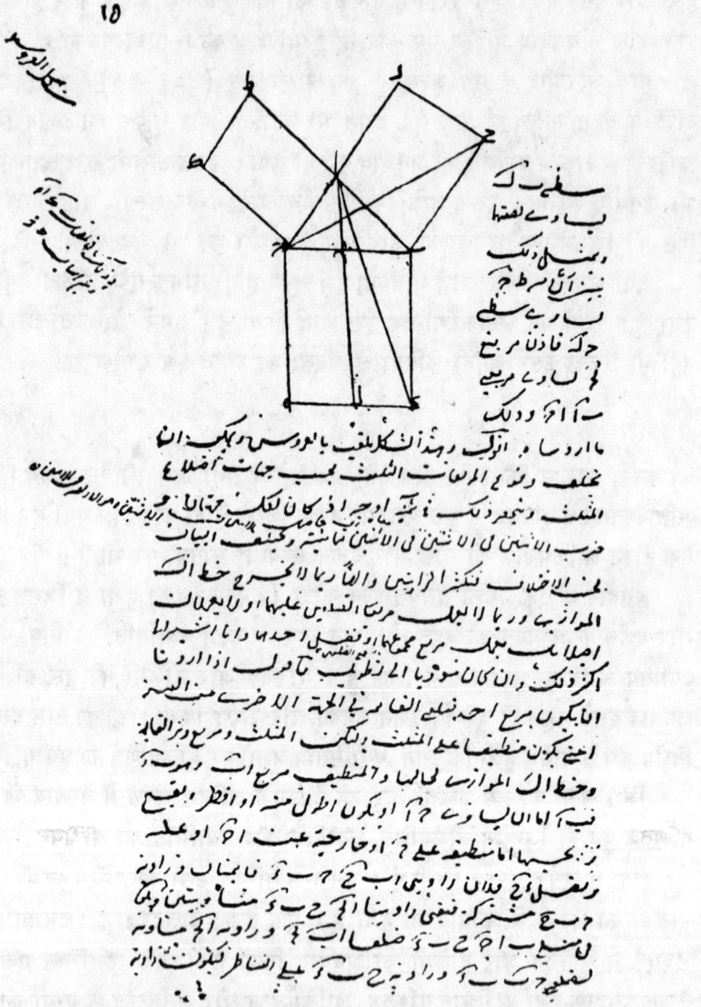

चित्र ६८—ताबित इब्न कोरा के यूक्लिड के अनुवाद में से शुल्व प्रमेय का उद्धरण।

[जिन एंड कम्पनी की अनुज्ञा से, डेविड यूजीन स्मिथ कृत 'हिस्ट्री ऑफ़ मॅथॅमॅटिक्स' से प्रत्युत्पादित।]

इसने अपने मित्रों और राजा इत्यादि को सैकड़ों पत्र लिखे हैं जिनमें से ३११ प्राप्य हैं। इन पत्रों से उस समय के शैक्षिक और सामाजिक वातावरण के विषय में बड़ी जानकारी प्राप्त होती है।

अल्कुइन ने अंकगणित, ज्यामिति और ज्यौतिष पर अपनी लेखनी उठायी है, किन्तु इसका सबसे प्रसिद्ध ग्रन्थ 'पहेलियों का संग्रह' है। कुछ इतिहासज्ञों का सन्देह है कि यह संग्रह वास्तव में अल्कुइन ने नहीं लिखा था, वरन् एक भिक्षु अयमर (Aymar) ने लिखा था जिसका जीवन काल ९८८-१०३० था। यह भी सम्भव है कि उक्त संग्रह की बहुत सी सामग्री ईसप की कहानियों (Aesop's Fables) से ली गयी हो जो कदाचित् ७ वीं शताब्दी ई० पू० में लिखी गयी थीं। इस बात पर ठीक ठीक निर्णय देना कठिन है, किन्तु इन पहेलियों का उद्गम चाहे जो भी हो, इसमें संशय नहीं कि इन्होंने गणितीय इतिहासज्ञों की लेखनी को सैकड़ों वर्ष तक प्रभावित किया है। हम इन पहेलियों के दो एक नमूने यहाँ देते हैं--

(१) एक कुत्ता एक ख़रगोश का पीछा करता है। ख़रगोश १५० फ़ुट आगे से चलता है और प्रत्येक छलाँग में जब कुत्ता ९ फ़ुट कूदता है, खरगोश ७ फ़ुट ही कूद पाता है। कुत्ता कितनी छलाँगों में ख़रगोश को पकड़ लेगा ?

(२) एक भेड़िये, एक बकरी और तरकारी की एक टोकरी को नाव द्वारा नदी के दूसरी पार पहुँचाना है। नाव में खेवट के अतिरिक्त तीनों में से एक को ही ले जाने का स्थान है। कितने फेरों में उक्त तीनों को इस प्रकार पार पहुँचाया जा सकता है कि भेड़िया बकरी को न खा पाये और बकरी तरकारी को ?

यह पिछला प्रश्न तो जगत प्रसिद्ध हो गया है और भिन्न भिन्न रूपों में, इसी देश की अनगिनत पुस्तकों में समाविष्ट हो चुका है।

(५) १००० ई० से १५०० ई० तक

यूरोप

यूरोप के अनेक गणितज्ञों का उल्लेख हम पिछले अध्यायों में कर चुके हैं। यहाँ हम केवल उन गणितज्ञों की जीवनी देंगे जिन्होंने ज्यामिति में प्रचुर कार्य किया है। ११वीं शताब्दी में एक यूनानी गणितज्ञ सैलस (Psellus) हुआ है जिसका जीवन काल १०२०-१११० था। यह क़ुस्तुन्तुनिया में दर्शन का प्राध्यापक था और इसकी ख्याति इतनी बढ़ी चढ़ी थी कि उस समय के शासकों ने इसका नाम 'दार्शनिक सम्राट' रख दिया था। इसके ग्रन्थ विशेष प्रसिद्ध इसलिए हुए कि इसकी भाषा बहुत सरल होती

थी। १६वीं शताब्दी में ही इसकी गणितीय कृतियों के तेरह संस्करण निकल गये। कहते हैं कि इसने यूक्लिड पर भी एक भाष्य लिखा था, किन्तु यह कथन असन्दिग्ध नहीं है।

कॅम्पेनस (Campanus) मिलन (Milan) के पास के एक नगर नोवारा (Novara) का निवासी था। इसका जीवन काल १२६० ई० के आस पास था। इसे ज्यामिति में वास्तविक रुचि थी। इसने कई प्राचीन समस्याओं का विवेचन किया, जैसे 'कोण का समत्रिभाजन, कनक काट (Golden Section) की असुमेयता, आदि। इसकी सबसे प्रसिद्ध पुस्तक इसका यूक्लिड का अनुवाद था। इसकी जीवनी बहुत कुछ अज्ञात है। केवल इतना पता है कि यह गिरजा का कोई निम्न अधिकारी था।

१३ वीं शताब्दी का एक जर्मन गणितज्ञ उल्लेखनीय है—जॉर्डेनस नेमोरेरियस (Jordanus Nemorarius)। इसने एक पुस्तक अंकगणित पर, एक बीजगणित पर, एक ज्यामिति पर और एक ज्यौतिष पर लिखी। इसके अंकगणित में यह विशेषता थी कि इसने उसमें संख्याओं का निरूपण वर्णों द्वारा किया है। बीजगणितीय पुस्तक में इसने एकघात और द्विघात समीकरणों पर अनेक प्रश्न दिये हैं। इसकी ज्यामिति चार भागों में विभक्त है और उसका मुख्य विषय त्रिभुज है जिस पर इसने ७२ साध्य दिये हैं। उक्त पुस्तक में इसने त्रिभुज के गुरुत्व केन्द्र का भी विवेचन किया है।

१४ वीं शताब्दी में एक अनामक (Anonymous) हस्तलिपि लिखी गयी जिसका विषय 'ऊँचाइयाँ और दूरियाँ' था। ग्रन्थ बहुत ही रोचक ढंग से लिखा गया है और उसमें दर्शाया गया है कि डण्डे और परकार की सहायता से किस प्रकार छाया मापन और सर्वेक्षण कार्य किया जा सकता है। हस्तलिपि बृतानी संग्रहालय में सुरक्षित है और उसका पूरा पाठ इस अभिदेश में मिलेगा——

Halliwell : Rara Mathematica 56.

एक जर्मन गणितज्ञ जुंगिंगेन का कॉनॅ्रड (Conrad of Jungingen) हुआ है जिसका जीवन काल १४०० के आस पास था। सम्भवतः इसने ज्यामिति पर एक ग्रन्थ लिखा है जिसके पाँच भाग हैं। पहले दो भागों में त्रिभुजों का मापन और शेष भागों में चतुर्भुजों और बहुभुजों का विवेचन किया गया है।

निकोलस कुसेनस (Nicholas Cusanus) कुसा (Cusa) के एक मछेरे का पुत्र था। इसने पडुआ (Padua) में क़ानून की और कोलोन (Cologne) में धर्मशास्त्र की शिक्षा पायी। इसका स्थिति काल १४०१–१४६४ था। इसने गणित पर कई पुस्तकें लिखी हैं। एक पुस्तक में इसने वृत्त के क्षेत्रकलन का विवेचन

किया है और दूसरी पुस्तक में भविष्यवाणी की है कि १७३४ ई० में संसार का अन्त हो जायगा। इसकी अन्य पुस्तकें दर्शन शास्त्र और तिथिपत्र पर हैं।

पाठक, तनिक धैर्य रखें, पीरो द फ़्रॅन्सॅस्की (Piero de Franceschi) (लगभग १४१८–९२) का नाम छूटा जा रहा है। यह इटली का एक चित्रकार था। बचपन से ही इसे गणित का शौक था। इसके चित्रों में सौन्दर्य और ज्यामिति का बड़ा विलक्षण सम्मिश्रण पाया जाता है। जीवन के अन्तिम दिन इसने अपने जन्मस्थान अम्ब्रिया (Umbria) में बिताये और उन्हीं दिनों दो गणितीय ग्रन्थ लिखे—एक दृष्टिसाम्य (Perspective) पर, दूसरा सम ठोसों पर। पॅसियोली, जिसका उल्लेख हम अंकगणित के अध्याय में कर चुके हैं, इसका शिष्य था। एक लोकोक्ति है कि यह ६० वर्ष की अवस्था में नेत्रहीन हो गया था।

रीजियोमॉण्टेनस (Regiomontanus) एक जर्मन ज्यौतिषी हुआ है जिसका मौलिक नाम जॉन मूलर (Johann Müller) था। इस ने अपने गुरु जॉर्ज पुर्बश (George Purbach) के साथ ज्यौतिष के सुधार का बीड़ा उठाया और ज्यौतिष्क सारणियों की त्रुटियाँ इकट्ठी कीं। इसने अपने जीवन (१४३६-१४७६) में अनेक पुस्तकें लिखी हैं जिनके विषय त्रिकोणमिति, ज्यौतिष और फलित-ज्यौतिष थे। त्रिकोणमिति पर इसकी पुस्तक इसलिए महत्त्वपूर्ण है कि वह पहली पुस्तक है जिसमें केवल उक्त विषय का ही प्रतिपादन किया गया है। इसके अतिरिक्त इसने यूक्लिड पर भी एक भाष्य लिखा है। यह कुछ दिनों नूरॅमबर्ग (Nuremburg) में रहा था जहाँ इसने एक वेधशाला स्थापित की। इसने विचित्र प्रकार के कुछ उपकरण भी तैयार किये थे। इसने लोहे की एक मक्खी बनायी थी जो सारे कमरे में चक्कर काट कर इसके हाथ में लौट आती थी। सम्राट मॅक्सीमीलियन (Maximillian) के समय में इसने एक ऐसा गरुड़ बनाया कि जब सम्राट नूरॅमबर्ग नगर में घुसते थे, वह उनके आगे आगे उड़ता चलता था।

भारत

भास्कर

भास्कर के अंकगणितीय और बीजगणितीय कार्य का दिग्दर्शन हम पिछले अध्यायों में करा चुके हैं। आचार्य महोदय ने ज्यामिति में भी महत्त्वपूर्ण कार्य किया है। इनकी 'लीलावती' के 'क्षेत्र व्यवहार' नामक अध्याय में निम्नलिखित प्रकरणों का समावेश है—

(क) समकोण त्रिभुजों पर प्रश्न।

(ख) त्रिभुजों और चतुर्भुजों के क्षेत्रफल।

(ग) वृत्तों के क्षेत्रफल और π का मान।

(घ) गोलों के तल और आयतन।

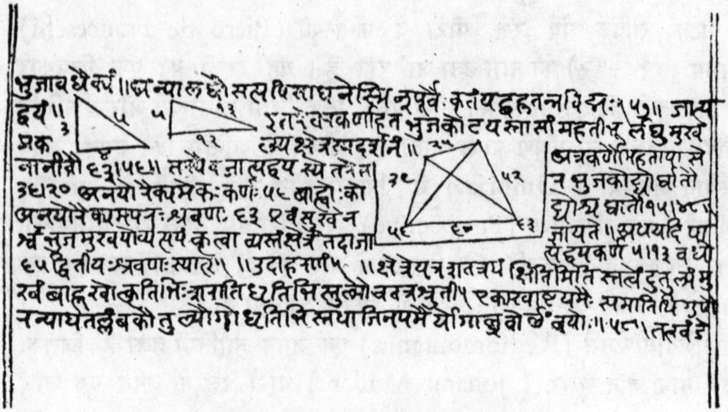

चित्र ६९—**लीलावती का एक पृष्ठ।**

[जिन एंड कम्पनी की अनुज्ञा से, डेविड् यूजीन स्मिथ कृत 'हिस्ट्री ऑफ़ मॅथॅमॅटिक्स' से प्रत्युत्पादित।]

भास्कर ने समकोण त्रिभुजों पर बहुत से रोचक प्रश्न दिये हैं। यहाँ हम कुछ नमूने देते हैं—

(i) लीलावती श्लोक ६७ का उदाहरण—

यदि सममुवि वेणुर्द्वित्रिपाणिप्रमाणो
गणक पवनवेगादेकदेशे स भग्नः।
भुवि नृपमित हस्तेष्वङ्गलग्नं तदग्रं
कथय कतिषु मूलादेष भग्नः करेषु ॥

भावार्थ—जलसम भूमि में ३२ हाथ लम्बा एक सीधा बाँस खड़ा है। वह वायु के वेग से टूट पड़ा और उसका ऊपरी भाग अपने मूल से १६ हाथ की दूरी पर जा लगा। तो बताओ कि बाँस अपने मूल से कितनी ऊँचाई पर टूटा था, और उसके टूटे हुए खण्ड की लम्बाई क्या है।

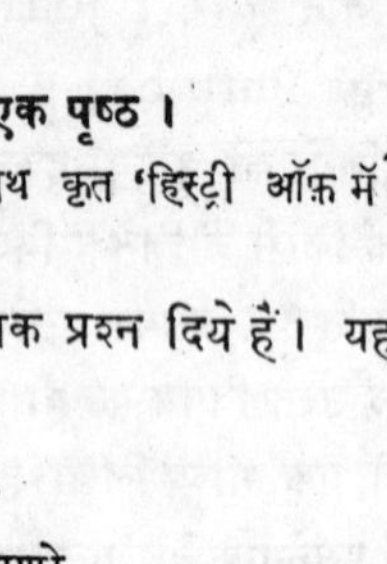

(ii) श्लोक ६८ का उदाहरण—

अस्तिस्तम्भतले बिलं तदुपरि क्रीडाशिखण्डीस्थितः
स्तम्भे हस्तनवोच्छ्रिते त्रिगुणितस्तम्भप्रमाणान्तरे ।
दृष्ट्वाहिं बिलमाव्रजन्तमपतत्तिर्यंक्स तस्योपरि
क्षिप्रं ब्रूहि तयोर्बिलात्कतिमितैः साम्येन गत्योर्युतिः ।।

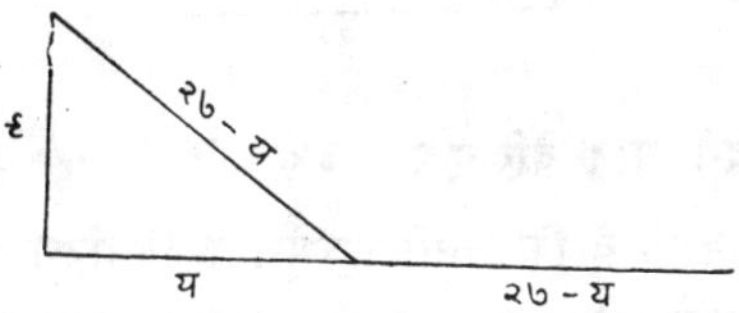

भावार्थ—९ हाथ ऊँचे एक स्तम्भ पर एक मोर बैठा है। स्तम्भ के नीचे एक साँप का बिल है। साँप २७ हाथ की दूरी से बिल की ओर आ रहा है। उसे देखकर मोर कर्ण की दिशा में झपट पड़ा। मोर और साँप को बराबर बराबर चलना पड़ा। बताओ कि दोनों की भेंट बिल से कितनी दूरी पर हुई।

(iii) ६९ वें श्लोक का उदाहरण—

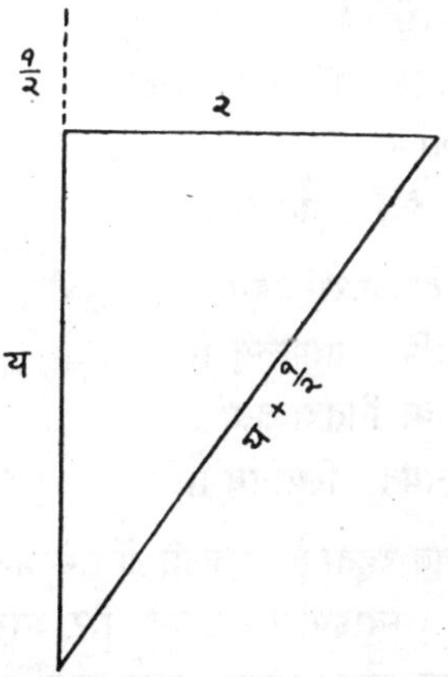

चक्रक्रौञ्चाकुलितसलिले क्वापि दृष्टं तडागे
तोयादूर्ध्वं कमलकलिकाग्रं दितस्तिप्रमाणम् ।
मन्दंमन्दं चलितमनिलेनाहतं हस्तयुग्मे
तस्मिन्मग्नं गणक कथय क्षिप्रमम्भः प्रमाणम् ।।

भावार्थ—किसी ताल में कमल की कलिका का ऊपरी सिरा जल से $\frac{1}{2}$ हाथ ऊँचा था। वह पवन से झुकते झुकते जहाँ दिखाई पड़ता था, वहाँ से २ हाथ आगे जाकर डूब गया। बताओ कि ताल का जल कितना गहरा है।

(iv) ७१ वें श्लोक का उदाहरण—

वृक्षाद्धस्तशतोच्छ्रयाच्छतयुगे वापीं कपिः कोऽप्यगा-
दुत्तीर्याथ परो द्रुतं श्रुतिपथात्प्रोड्डीय किञ्चिद्द्रुमात् ।
जातैवं समता तयोर्यदि गतावुड्डीनमानं किय-
द्विद्वंश्चेत्सुपरिश्रमोऽस्ति गणिते क्षिप्रं तदाचक्ष्व मे ।।

भावार्थ—१०० हाथ ऊँचा एक वृक्ष है जिस पर दो बन्दर बैठे हुए हैं। वृक्ष की जड़ से २०० हाथ पर एक वापी है। एक बन्दर वृक्ष से उतर कर वापी को गया। दूसरा बन्दर वृक्ष से कुछ ऊपर उछल कर कर्ण की दिशा में वापी पर कूद कर गिरा। यदि दोनों बन्दरों को समान जाना पड़ा तो बताओ कि दूसरा बन्दर वृक्ष से कितना ऊँचा उछला था।

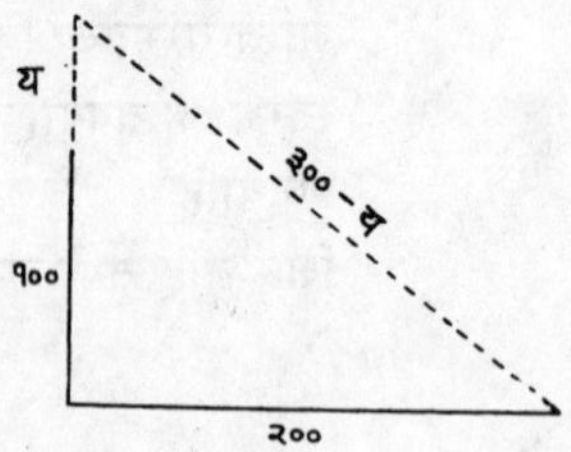

ठीक ऐसा ही प्रश्न ब्रह्मगुप्त ने भी दिया था। देखिए पृ० ३९

(v) एक स्थान पर भास्कराचार्य कहते हैं कि किसी चतुर्भुज के निर्धारण के लिए चारों भुजाओं के अतिरिक्त एक विकर्ण अथवा एक लम्ब का जानना आवश्यक है। इसे उन्हीं के शब्दों में सुनिए—

चतुर्भुजस्यानियतौ हि कर्णौ
कथं ततोऽस्मिन्नियतं फलं स्यात्।
प्रसाधितौ तच्छ्रवणौ यदाद्यैः
स्वकल्पितौ तावितरत्र न स्तः ॥७८॥
तेष्वेव बाहुष्वपरौ च कर्णा–
वनेकधा क्षेत्रफलं ततश्च।
लम्बयोः कर्णयोर्वैकमनिर्दिश्यापरान्कथम्।
पृच्छत्यनियतत्वेऽपि नियतं चापि तत्फलम् ॥
स प्रच्छकः पिशाचो वा वक्ता वा नितरां ततः।
यो न वेत्ति चतुर्बाहौ क्षेत्रे ह्यनियतां स्थितिम् ॥

भावार्थ—बिना विकर्ण के जाने चतुर्भुज अनियत रहता है। एक ही क्षेत्र में अनेक विकर्ण हो सकते हैं। यदि हम चारों भुजाओं की लम्बाइयाँ स्थिर रखें और आमने सामने के दो कोणो को खींचें। तो एक विकर्ण बढ़ेगा, दूसरा घटेगा, किन्तु भुजाओं के परिमाण में कोई अन्तर नहीं पड़ेगा। अतः ऐसी स्थिति में विकर्ण कई प्रकार के हो सकते हैं। इसलिए यदि चतुर्भुज के क्षेत्रफल का प्रश्न हो तो एक विकर्ण अथवा एक लम्ब का देना आवश्यक है।

विकर्ण अथवा लम्ब दिये बिना जो कोई चतुर्भुज का क्षेत्रफल पूछता है, वह पिशाच है। और जो ऐसे प्रश्न का उत्तर देने का प्रयत्न करता है, वह महापिशाच है।

भास्कराचार्य Diagonal को 'कर्ण' कहते हैं किन्तु आधुनिक शब्दावली के अनुसार हमने उसे 'विकर्ण' कहा है।

(vi) π के मान के विषय में भास्कर का यह श्लोक पठनीय है—

व्यासे भनन्दाग्नि (३९२७) हते विभक्ते
खबाणसूर्यैः (१२५०) परिधिस्तु सूक्ष्मः।
द्वाविंशति (२२) घ्ने विहृतेऽथ शैलैः (७)
स्थलोऽथवा स्याद्व्यवहारयोग्यः ॥९८॥

इस श्लोक के अनुसार

π का स्थूल मान (Rough value) $= \frac{२२}{७}$

और सूक्ष्म मान (Close value) $= \frac{३९२७}{१२५०}$

(vii) भास्कर ने एक ही श्लोक में वृत्त के क्षेत्रफल, गोले का तल और गोले का आयतन दिया है—

वृत्तक्षेत्रे परिधिगुणितव्यासपादः फलं—
तत्क्षुण्णं वेदैरुपरि परितः कन्दुकस्येव जालम्।
गोलस्यैवं तदपि च फलं पृष्ठजं व्यासनिघ्नं
षड्भिर्भक्तं भवति नियतं गोलगर्भे घनाख्यम् ॥९९॥

भावार्थ—वृत्त का क्षेत्रफल $=$ परिधि $\times \frac{1}{4}$ (व्यास) $= \pi$(त्रिज्या)^2,

गोले का तल $=$ (बृहत् वृत्त का क्षेत्रफल) $\times ४$

$= ४\pi$(त्रिज्या)^2,

गोले का आयतन $= \frac{1}{६}$ (गोले का तल) $\times$ (व्यास)

$= \frac{1}{६} \times ४\pi$ (त्रिज्या)$^2 \times २$ त्रिज्या $= \frac{४}{३}\pi$ (त्रिज्या)^3

(६) सोलहवीं और सत्रहवीं शताब्दियाँ

सोलहवीं शताब्दी का यूरोप

इटली और सिसिली—सोलहवीं शताब्दी के गणितज्ञों में लियो नार्डो डा विन्सी (Leonardo da Vinci) (१४५२–१५१९) का नाम प्रमुख रूप से आता

है। यह केवल गणितज्ञ ही नहीं था। इसकी प्रतिभा बहुमुखी थी। यह एक बहुत ही सफल चित्रकार, मूर्तिकार और स्थापत्य-कलाकार था। इसने चित्रकारी की शिक्षा वॅरोचियो (Verrochio) से प्राप्त की थी जो इन कलाओं का मर्मज्ञ और एक बहुत सफल शिक्षक था। लियोनार्डो के चित्रों की इटली भर में धूम मच गयी थी। इन व्यावहारिक कलाओं के अतिरिक्त इसने यान्त्रिकी, चाक्षुषी और दृष्टिसाम्य जैसे गणितीय विषयों में भी असाधारण प्रतिभा दिखायी थी।

सन् १४८४–८५ में मिलन में रोग फैले और सैकड़ों घर नष्ट हो गये। मिलन को नये सिरे से स्वास्थ्यकर ढंग से बसाने के लिए लियोनार्डो ने एक प्रतिमान (Model) तैयार किया। इसे तैयार करने में इसे कई वर्ष लगे। इसी बीच में यह कापियों में ज्यामितीय गवेषणाओं के फल लिखता जाता था। ज्यामिति में इसकी विशेष रुचि वक्रों और सम बहुभुजों के निर्माण में थी। भौतिकी के क्षेत्र में तो यह चाक्षुषी के निर्माताओं में गिना जाता है। इस पर यह कहावत लागू है कि "इसने जिस वस्तु पर हाथ रख दिया, उसे सोना बना दिया।" ऐसे प्रतिभाशाली व्यक्ति संसार में गिने चुने ही हुआ करते हैं।

फ्रॅन्सॅस्को मॉरोलिको (Francesco Maurolico) (१४९४–१५७५) सिसिली का निवासी था। यह कुछ समय मॅसीना (Messina) में गणित का प्राध्यापक भी रहा। इसने गणित पर बहुत सी पुस्तकें लिखी हैं। इसने ऍपोलोनियस के ग्रन्थ के भाग १–४ का अनुवाद किया। इसके अतिरिक्त आर्किमॅडीज़ पर एक पुस्तक लिखी और यूक्लिड के फ़ॅनॉमॅना (Phenomena) का अनुवाद किया। १५२१ में इसने एक पुस्तक चाक्षुषी पर लिखी जिसमें इस बात का विवेचन किया कि छोटे छिद्रों में जाने से प्रकाश किरणों पर क्या प्रक्रिया होती है।

कॅटॅल्डी (Cataldi) बोलोना का निवासी था। इसका जीवन काल १५४८–१६२६ था। यह फ्लॉरॅन्स (Florence) में प्राध्यापक था और इसने गणितीय विषयों पर कतिपय ग्रन्थ लिखे हैं। इसने वितत भिन्नों (Continued Fractions) पर बहुत परिश्रम किया है। १६१३ में इसने वितत भिन्नों की विधि से संख्याओं के वर्ग मूल निकाले। इसके अतिरिक्त उक्त भिन्नों के लिखने की आधुनिक प्रणाली का जन्मदाता भी यही था। इस ने वृत्त के क्षेत्रकलन पर लेखनी उठायी और यूक्लिड के ६ भागों का सम्पादन भी किया।

फ्रांस—पॅट्रस रॅमुस (Petrus Ramus) (१५१५–१५७२) फ्रांस का एक विचारक था। यह एक प्रतिष्ठित घराने में उत्पन्न हुआ था जो निर्धन हो गया था।

इसका पिता कोयला जलाकर निर्वाह किया करता था। रॅमुस ने एक कॉलिज में निम्न कोटि की नौकरी कर ली। दिन भर काम किया करता था, रात में अध्ययन। उस समय तक अरस्तू सम्प्रदाय के प्रति विद्रोह आरम्भ हो चुका था और उक्त आन्दोलन में रॅमुस नेता बन गया। इसने १५३६ में 'मास्टर' की उपाधि प्राप्त की और तभी से इस मत का प्रतिपादन आरम्भ कर दिया कि "जो कुछ अरस्तू ने कहा है, सब मिथ्या है।" एक बार इस पर यह अभियोग लगाया गया कि यह धार्मिक सिद्धान्तों के विरुद्ध प्रचार कर रहा है। सात वर्ष पश्चात् उक्त अभियोग से इसे छुटकारा मिला और यह एक कॉलिज में प्राध्यापक नियुक्त हो गया। १५६८ में इसे अपने धार्मिक विचारों के कारण फ्रांस छोड़कर भागना पड़ा। १५७२ में यह फ्रांस लौट कर आया और उसी वर्ष सेण्ट बार्थोलोम्यू (St. Bartholomew) के हत्याकाण्ड में मारा गया।

रॅमुस एक बहुत ही सफल वक्ता था और गणित में इसकी विशेष रुचि थी। इसने अंकगणित, चाक्षुषी और ज्यामिति पर पुस्तकें लिखी हैं और यूक्लिड का सम्पादन किया है।

जर्मनी—अल्ब्रॅख्ट ड्यूरर (Albrecht Dürer) (१४७१–१५२८) एक जर्मन चित्रकार था। इसके पिताजी के १८ बच्चे हुए जिनमें से इसकी संख्या दूसरी थी। अल्ब्रॅख्ट अपने पिता का सबसे प्रिय पुत्र था। पिता ने इसे १५ वर्ष की अवस्था में ही नगर के एक प्रसिद्ध चित्रकार के पास बिठा दिया था। यह केवल एक बढ़िया चित्रकार ही नहीं था। इसने उत्किरण (Engraving) और ज्यामिति में भी विशेष रुचि दिखायी है। इसने ज्यामिति, गढ़बन्दी, मानवी अनुपात आदि पर कई पुस्तकें लिखी हैं।

लूडोल्फ़ फ़ॅन स्यूलॅन (Ludolph Van Ceulen) (१५४०–१६१०) जर्मनी का एक गणितज्ञ था जिसका अधिकांश समय हॉलॅण्ड में बीता था। यह १६०० में लेडॅन में सैनिक इंजीनियरी का प्राध्यापक हो गया। यूँ तो इसने अंकगणित और ज्यामिति पर भी एक ग्रन्थ लिखा, किन्तु इसकी विशेष प्रशस्ति इस बात से हुई कि इसने π का मान ३५ दशमलव स्थानों तक निकाला। उक्त संख्या का महत्त्व इसी से प्रत्यक्ष है कि यही संख्या स्यूलॅन की क़ब्र पर खोदी गयी है। बाद को स्यूलॅन के कार्य से प्रोत्साहित होकर स्नॅलियस (Snellius), हाइगॅन्स (Hygens) आदि ने π का मान और भी आगे तक निकाला। इस प्रकार π का मान ५०० दशमलव स्थानों तक निकाल लिया गया है।

क्रिस्टोफ़र क्लॅवियस (Christopher Clavius) (१५३७–१६१२) जर्मनी के उन विद्वानों में से था जिन्होंने गणित के अध्ययन को बहुत प्रोत्साहित किया। इसकी पाठ्य पुस्तकें अपने विषय-विन्यास और उपस्थापन के लिए प्रसिद्ध थीं। इसका अंकगणित १५८३ में प्रकाशित हुआ और बहुत लोकप्रिय सिद्ध हुआ। इसका बीजगणित १६०८ में प्रकाशित हुआ जिसने बीजगणित के क्षेत्र को व्यापक बनाने में सहायता दी। १५७४ में क्लॅवियस ने यूक्लिड पर एक ग्रन्थ लिखा। उस समय तक यूक्लिड की 'समान्तरता स्वयंसिद्धि' (Axiom of parallelism) के प्रति प्रतिक्रिया आरम्भ हो चुकी थी। क्लॅवियस ने उक्त स्वयंसिद्धि को भी प्रमाणित करने का प्रयत्न किया। किन्तु इसका सबसे महत्त्वपूर्ण ग्रन्थ ८०० पृष्ठ की एक पुस्तक थी जो इसने तिथिपत्र पर लिखी थी। उस समय तक धूपघड़ी आदि के विषय में जितनी भी जानकारी लोगों को थी, सबका समावेश उक्त ग्रन्थ में था।

हॉलॅण्ड—मॅटियस (Metius) (लगभग १५४२–१६२०) हॉलॅण्ड का निवासी था। इसका वास्तविक नाम ऍड्रियॅन (Adriaen) था। सम्भव है इसका सम्बन्ध मॅट्ज़ (Metz) से रहा हो जिसके कारण इसका नाम मॅटियस पड़ गया हो। इसका एक पुत्र था जिसका नाम भी ऍड्रियॅन ही था। उसका जीवन काल १५७१–१६३५ था। उसका विशेष कार्य ज्यौतिष में है। पिता और पुत्र दोनों ने π का मान $\frac{३५५}{११३}$ दिया है। उन्होंने इस असमता

$$३\frac{१५}{१०६} < \pi < ३\frac{१७}{१२०}$$

से आरम्भ किया। फिर दोनों अंशों १५ और १७ का मध्यक १६ और दोनों हरों का मध्यक ११३ प्राप्त किया, और इस प्रकार इन्हें उपर्युक्त संख्या $\frac{३५५}{११३}$ मिल गयी जिसका निकट मान ३.१४१५९२९ है। उस समय के लिए इसे पर्याप्त सूक्ष्म मान माना जायगा, किन्तु कदाचित् उन दोनों को पता नहीं था कि चीन में इससे कई शताब्दी पहले π का यह निकट मान ज्ञात हो चुका था।

पुर्तगाल—पुर्तगाल का एक गणितज्ञ पॅड्रो नूनॅज़ (Pedro Nunez) था जिसका स्थिति काल १४९२–१५७७ था। इसे भूगोल का भी अच्छा ज्ञान था। इसने १५३७ में टॉलेमी के कुछ भागों का अनुवाद किया। गणित पर तो इसने एक ही पुस्तक लिखी जिसमें अंकगणित, बीजगणित और ज्यामिति तीनों का समावेश था। इसकी

शेष पुस्तकें ज्यौतिष और **नौतरण** (Navigation) पर हैं। इसका लॅटिन नाम नोनियस (Nonius) था। इसने एक उपकरण तैयार किया था जिससे छोटे कोण नापे जा सकते थे। उक्त उपकरण का नाम भी नोनियस पड़ गया है। इसके अतिरिक्त इसने प्राचीन पुर्तगाली यन्त्रों का एक विवरण दिया जो प्रसिद्ध हो गया है।

हम ऊपर देख चुके हैं कि सोलहवीं शताब्दी में गणित के क्षेत्र में इटली अग्रणी रहा है। सत्रहवीं शताब्दी में इटली की मानसिक शक्ति कुछ घटी अवश्य थी, किन्तु फिर भी उसकी गणितीय प्रतिभा का सर्वथा ह्रास नहीं हुआ था। पिसा, जिसने लियोनार्डो जैसी प्रतिभा को जन्म दिया था, अब एक समुद्र-पत्तन (Sea-Port) नहीं रह गया था और वॅनिस की शोभा भी दिन पर दिन घटती जा रही थी। तिस पर भी सत्रहवीं शताब्दी में इटली में कई उच्च कोटि के गणितज्ञ हुए हैं।

इटली—बोनावॅन्तुरा कॅवॅलियरी (Bonaventura Cavalieri) (१५९८–१६४७) का जन्म मिलन में हुआ था। अल्पावस्था में ही यह एक धर्म प्रचारक हो गया और यूक्लिड का अध्ययन करने लगा। १६२९ में यह बोलोना में प्राध्यापक हो गया और मृत्यु तक उसी पद पर रहा। १६३५ में इसने ज्यामिति पर एक ग्रन्थ लिखा जिसमें **'अविभाज्यों के सिद्धान्त'** (Principle of Indivisibles) का प्रतिपादन किया। उक्त सिद्धान्त का सार यह है कि प्रत्येक रेखा में अनन्त बिन्दु होते हैं, प्रत्येक समतल में अनन्त रेखाएँ होती हैं और प्रत्येक ठोस अनन्त समतलों से बना होता है। उक्त सिद्धान्त बहुत सन्तोषजनक रूप में नहीं दिया गया था। गुल्डिन (Guldin) ने उसकी आलोचना की। उक्त आलोचना के उत्तर में कॅवॅलियरी ने एक अन्य पुस्तक लिखी जिसमें उसी सिद्धान्त को सन्तोषजनक रूप दे दिया गया था। उक्त पुस्तक में ही परिक्रमण ठोसों सम्बन्धी उस प्रमेय की परुष उपपत्ति दी गयी थी जो आज 'गुल्डिन प्रमेय' के नाम से प्रसिद्ध है। उक्त प्रमेय का उल्लेख पॅपस की कृतियों में भी आ चुका था।

कॅवॅलियरी ने अपने **'अविभाज्यों के सिद्धान्त'** की विधि से कॅप्लर (Kepler) द्वारा प्रस्तावित ऐसे कई प्रश्नों को हल किया जो आजकल चलराशि कलन (Integral Calculus) की विधि से किये जाते हैं।

उपरिलिखित पुस्तकों के अतिरिक्त कॅवॅलियरी ने अन्य कई पुस्तकें त्रिकोणमिति, चाक्षुषी, ज्यौतिष आदि पर लिखी हैं।

इवॅन्जॅलिस्टा टॉरिसॅली (Evangelista Torricelli) (१६०८–१६४७) का जन्म फ़ॅन्ज़ा (Frenza) में हुआ था। अध्ययन के लिए यह रोम गया। वहाँ इसने

गॅलीलियो की कृतियों का मनन किया और उनसे स्फुरण प्राप्त किया। १६४१ में यह फ्लॉरेन्स जाकर गॅलीलियो से मिला। तीन महीने यह गॅलीलियो के शिष्यत्व में रहा। गॅलीलियो के देहान्त के पश्चात् यह फ्लॉरेन्स की परिषद् में प्राध्यापक नियुक्त हो गया।

टॉरिसॅली का मुख्य कार्य भौतिकी में हुआ है। इसने संसार को बॅरॉमेटर (Barometer) दिया। पारे के बॅरॉमेटर में जो ऊपरी स्थान में निर्वात होता है, उसे आज भी **टॉरिसॅली निर्वात** (Torricelli Vacuum) कहते हैं। इसके अतिरिक्त टॉरिसॅली का ज्यामितीय कार्य भी महत्त्व का हुआ है। १६३८ में मर्सीन (Mersenne) ने गॅलीलियो को लिखा कि "रूबवॅल ने चक्रज (Cycloid) का क्षेत्रकलन कर लिया है।" गॅलीलियो ने उक्त पत्र टॉरिसॅली के पास भेजा। इसके उत्तर में टॉरिसॅली ने चक्रज का क्षेत्रकलन करके दिखा दिया। इसके अतिरिक्त इसने कॅवॅलियरी के अविभाज्यों के सिद्धान्त का भी विकास किया है।

विंसॅज़ो विवियानी (Vincenzo Viviani) (१६२२–१७०३) भी गॅलीलियो के शिष्यों में से था। इसकी रुचि भौतिकी और ज्यामिति में थी। इसी की प्रेरणा से फ्लॉरेन्स में वैज्ञानिक प्रयोगों के लिए एक परिषद् की स्थापना हुई। टॉरिसॅली इसका सदस्य था। उक्त परिषद् में वायु के दबाव पर प्रयोग किये जाते थे, किन्तु वह कुल दस वर्ष ही चल पायी। विवियानी ने एक ज्यामितीय प्रश्न उपस्थित किया—"एक वृत्ताकार मन्दिर है जिसपर एक अर्धगोलाकार गुम्बद बिठाया हुआ है। गुम्बद में चार समान खिड़कियाँ ऐसे आकार की हैं कि शेष तल का ठीक ठीक माप निकाला जा सकता है। खिड़कियों का आकार बताओ।" इस प्रश्न के कई हल अन्य गणितज्ञों ने निकाले, किन्तु सबसे सरल हल स्वयं विवियानी का ही था। इसने ज्यामिति पर कई ग्रन्थ लिखे हैं जिनसे पहले से ही इसकी प्रतिष्ठा जम गयी थी।

फ्रांस—रॅनी दकार्ते (Rene Descartes) का जीवन काल १५९६–१६५० था। इसका शरीर तो कभी तगड़ा नहीं रहा, किन्तु इसकी मानसिक शक्ति अद्भुत थी। इसी कारण इसके पिताजी बचपन से ही इसे 'लघु दार्शनिक' कहा करते थे। स्कूल के पहले पाँच वर्षों में इसने गणित, तर्कशास्त्र, भौतिकी आदि का अध्ययन किया। १६ वर्ष की अवस्था में इसने स्कूल छोड़ा। सन् १६१६ में यह क़ानून का स्नातक हो गया। १६१८ में यह हॉलॅण्ड गया। वहाँ उन दिनों यह परिपाटी थी कि जब किसी के हाथ कोई कठिन प्रश्न लग जाता था तो वह उसे चुनौती के रूप में नगर की दीवारों पर चिपका दिया करता था। एक बार दकार्ते ने ऐसी एक चुनौती देखी जो डच भाषा में लिखी हुई थी। एक व्यक्ति उसके पास खड़ा था जो संयोग से प्रसिद्ध

गणितज्ञ बीकमॅन (Beeckman) था। दकार्ते ने उससे चुनौती का अर्थ पूछा। बीकमॅन ने उसका अनुवाद कर दिया और मखौल में दकार्ते से कहा कि वह उक्त

चित्र ७०—दकार्ते (१५९६–१६५०)

[डोवर पब्लिकेशंस, इन्कॉर्पोरेटेड, न्यूयॉर्क—१०, की अनुज्ञा से, डी० स्ट्रुइक कृत 'ए कॉन्साइज हिस्ट्री ऑफ़ मॅथॆमॅटिक्स' (१.७५ डॉलर) से प्रत्युत्पादित।]

प्रश्न का साधन करे। दो दिन में दकार्ते उस प्रश्न को हल कर लाया। इस प्रकार दोनों गणितज्ञों में मैत्री हो गयी। दकार्ते ने संगीत पर एक पुस्तक लिखी जो बीकमॅन को समर्पित कर दी।

दकार्ते ने सेना में नाम लिखा लिया था, किन्तु १६२१ में उसे छोड़ दिया। उसके अगले चार वर्ष पर्यटन में बीते। विदेश में ही उसने दर्शनशास्त्र पर एक ग्रन्थ लिखा जो उसके जीवन काल में छप नहीं पाया। तत्पश्चात् कई वर्षों के परिश्रम से उसने विज्ञान पर एक बृहत् ग्रन्थ लिखा जिसमें तीन परिशिष्ट थे। इन्हीं परिशिष्टों में से एक ज्यामिति पर था।

इस प्रकार दकार्ते की ज्यामिति १०० पृष्ठों के एक परिशिष्ट से आरम्भ हुई। उक्त पुस्तिका में उसने निर्देशांक ज्यामिति (Coordinate Geometry) की नीव डाली। यों समझना चाहिए कि दकार्ते ने ज्यामिति पर बीजगणित का प्रयोग किया। उक्त विषय की मुख्य समस्या यह है कि किसी समतल पर किसी बिन्दु की स्थिति किस प्रकार जानी जाय। दकार्ते ने यह पद्धति निकाली कि दो रेखाओं से उक्त बिन्दु की दूरी नाप ली जाय। इस प्रकार बिन्दु की स्थिति सुनिश्चित हो जाती है। उक्त पद्धति को आज भी **कार्तीय पद्धति** कहते हैं।

दकार्ते ने वक्रों का वर्गीकरण किया और समीकरण सिद्धान्त में भी प्रगति की। इसके अतिरिक्त उसने संकेतलिपि के क्षेत्र में भी नवीनता दिखायी है। सबसे पहले उसीने घातांको को ऊपर चढ़ाकर—इस प्रकार $य^२$, $य^३$—लिखने की प्रणाली चलायी। साथ ही वह पहला व्यक्ति था जिसने रोमन वर्णमाला के पहले वर्णों *a*, *b*, *c*, . . .से ज्ञात राशियों को, और अन्तिम वर्णों *x*, *y*, *z* से अज्ञात राशियों को निरूपित किया। यह प्रणाली आज तक चालू है।

दकार्ते के कार्य के कई महत्त्वपूर्ण परिणाम निकले हैं। उस के द्वारा लोग ऋण राशियों का ज्यामितीय अर्थ समझने लगे। इसके अतिरिक्त उसी के फलस्वरूप सातत्य, सीमा और फलन (Function) जैसे भावों का विकास हुआ। इसी कारण दकार्ते को प्रथम आधुनिक गणितज्ञ कहा जाता है।

ब्लेस पास्कल (Blaise Pascal) (१६२३–१६६२) फ्रांस का एक धार्मिक दार्शनिक था। जब यह चार वर्ष का था तभी इसकी माता इसकी दो बहिनें छोड़कर मर गयी। तीनों बच्चों का लालन पालन पिता ने किया। एक बार यह सरकार का कोपभाजन बन गया और डर के मारे इसे कुछ दिनों अज्ञात वास करना पड़ा। यह प्रायः रुग्ण रहा करता था, किन्तु फिर भी अपनी गणितीय गवेषणाओं पर

अथक परिश्रम करता रहता था। १६४८ में इसने अपना बॅरॉमिटर सम्बन्धी प्रयोग प्रकाशित किया। बॅरॉमेटर के सिद्धान्त का प्रतिपादन तो दकार्ते और टॉरिसैली ने कर दिया था, किन्तु पूर्ण प्रदर्शन पास्कल के प्रयोगों द्वारा ही हुआ।

चित्र ७१—पास्कल (१६२३–६२)

[डोवर पब्लिकेशंस, इन्कॉर्पोरेटेड, न्यूयॉर्क—१०, की अनुज्ञा से, डी० स्ट्रुइक कृत 'ए कॉन्साइज हिस्ट्री ऑफ़ मैथॅमॅटिक्स' (१.७५ डॉलर) से प्रत्युत्पादित।]

पास्कल में असाधारण प्रतिभा थी। इसने यूक्लिड के प्रथम भाग के अधिकांश साध्यों को स्वतन्त्र रूप से स्वयं सिद्ध किया था। सोलह वर्ष की अवस्था में इसने एक पाण्डुलिपि लिखी थी। जब वह हस्तलिपि दकार्ते को दिखायी गयी, उसे विश्वास नहीं हुआ कि वह सोलह वर्ष के किसी लड़के की कृति हो सकती है। उन्हीं साध्यों में से एक यह था—यदि किसी शांकव में कोई षड्भुज खींचा जाय तो सम्मुख भुजाओं

की तीनों जोड़ियों के कटान बिन्दु संरैखिक (Collinear) होंगे। यही साध्य **पास्कल प्रमेय** के नाम से प्रसिद्ध है। पास्कल ने इसी प्रमेय से ४०० उपप्रमेय निकाले।

पास्कल के समय में बहुत से गणितज्ञों ने चक्रज पर गवेषणा कार्य किया था। पास्कल ने उक्त वक्र का गुरुत्व केन्द्र, उसके परिक्रमण द्वारा निर्मित ठोसों के गुरुत्व केन्द्र और तत्सम्बन्धी और बहुत से फल प्राप्त किये। उसकी उपस्थिति में तो उसके ज्यामितीय कार्य में से केवल 'अंकगणितीय त्रिभुज' वाला अंश प्रकाशित हो पाया जिसे आजकल 'पास्कल त्रिभुज' कहते हैं। जैसा सर्वविदित है, उक्त त्रिभुज के द्वारा 'सरूप संख्याओं' (Figurate Numbers) के गुण व्यक्त किये जाते हैं। पास्कल की ज्यामितीय कृतियों का शेषांश १६६५ में छपा।

जेरर्ड देसार्ग (Gerard Desargues) (१५९३–१६६२) फ्रांस का एक गणितज्ञ था। व्यवसाय से यह एक इंजीनियर था। इसके कार्य से दकार्ते और पास्कल

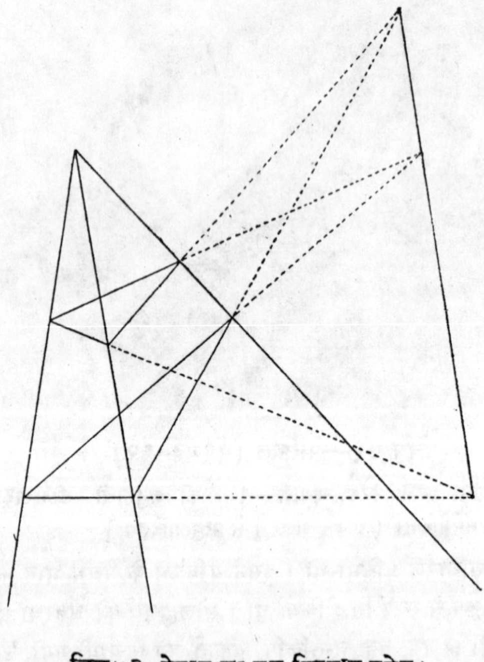

चित्र ७२–देसार्ग का एक विख्यात प्रमेय।

भी प्रभावित हुए थे। इसका अधिकांश कार्य ज्यामिति पर है। **समुत्क्रमण सिद्धान्त**

(Theory of Involution) के लिए गणितीय जगत् इसी का आभारी है। इसकी सब से प्रसिद्ध पुस्तक शांकवों पर है।

देसार्ग का एक विख्यात प्रमेय यह है—यदि दो त्रिभुजों के शीर्ष तीन संगामी रेखाओं पर स्थित हों तो उनकी भुजाएँ तीन संरैखिक बिन्दुओं पर मिलेंगी। १६३९ में जब देसार्ग ने शांकवों पर अपनी पुस्तक का प्रारूप तैयार किया तो किसी को यह विश्वास नहीं हुआ कि वास्तव में वह उसी का लिखा हुआ था। अतः वह रद्दी की टोकरी में डाल दिया गया। सौभाग्य से द ला हायर (De la Hire) ने उसकी नक़ल कर ली थी। इस प्रकार उक्त पुस्तक नष्ट होने से बच गयी। उसमें देसार्ग ने अनन्त की कल्पना की भूमिका बाँधी है। उसने लिखा है कि जब शंकु (Cone) का शीर्ष अनन्त को चला जाता है तब शंकु का बेलन बन जाता है। और इसी पुस्तक से एकैकी-संगति (Homology) की भी नीव पड़ी।

द ला हायर (१६४०–१७१८) पेरिस का निवासी था। इसने अपने जीवन में अनेक विषयों को अपनाया। आरम्भ में यह चित्रकार और स्थापत्य-शास्त्री था। तत्पश्चात् गणित का प्राध्यापक हुआ और अन्तिम वर्षों में फ्रांस के **भूमितीय** (Geodetic) सर्वेक्षण कार्य में नियुक्त हुआ। इसने गणितीय विषयों पर अनेक लेख लिखे। इसके अतिरिक्त शांकवों और बीजगणित पर पुस्तकें भी लिखीं। किन्तु इसका सबसे प्रसिद्ध कार्य माया वर्गों पर हुआ है। इसने माया वर्ग बनाने की एक नयी विधि दी जिससे किसी भी वर्ण (Order) का माया वर्ग बनाया जा सकता है। इस विधि का संशोधित रूप इस प्रकार है—

पहले दो सहायक वर्ग बनाइये। यदि पाँचवें वर्ण का वर्ग बनाना है तो एक वर्ग इन अंकों—१, २, ३, ४, ५ से बनाइये, दूसरा ०, ५, १०, १५, २० से।

३	१	४	२	५
५	३	१	४	२
२	५	३	१	४
४	२	५	३	१
१	४	२	५	३

१५	०	२०	५	१०
०	२०	५	१०	१५
२०	५	१०	१५	०
५	१०	१५	०	२०
१०	१५	०	२०	५

दोनों वर्गों में से प्रत्येक की प्रत्येक पंक्ति, प्रत्येक स्तम्भ और एक विकर्ण में दिये हुए अंकों में से केवल एक ही आयेगा। पहले वर्ग के शेष विकर्ण में केवल ३, ३,.... हैं और दूसरे वर्ग के शेष विकर्ण में केवल १०, १०,........

अब दोनों वर्गों की संगत कुटियों (Cells) के अंकों को जोड़ने से इच्छित माया वर्ग प्राप्त हो जायगा।

१८	१	२४	७	१५
५	२३	६	१४	१७
२२	१०	१३	१६	४
९	१२	२०	३	२१
११	१९	२	२५	८

(७) अट्ठारहवीं और उन्नीसवीं शताब्दियाँ

यूरोप

रॉबर्ट सिम्सन (Robert Simson) एक अंग्रेज गणितज्ञ था जिसका जीवन काल १६८७–१७६८ था। शिक्षा तो इसने डाक्टरी की प्राप्त की, किन्तु यह ग्लास्गो (Glasgow) में गणित का अध्यापक हो गया। स्कूल के विद्यार्थी इस प्रमेय से भली भाँति परिचित होते हैं—

"यदि किसी त्रिभुज के परिवृत्त के किसी बिन्दु से तीनों भुजाओं पर लम्ब डाले जायँ तो उनके मूल संरैखिक होंगे।"

ज्यामिति पर सिम्सन का यह प्रमेय प्रसिद्ध है और तत्सम्बन्धी रेखा को **'सिम्सन रेखा'** कहते हैं। सिम्सन ने यूक्लिड का भी एक संस्करण प्रकाशित किया था जो बहुत लोकप्रिय हो गया है। सार्विक चतुर्घात समीकरण पर भी सिम्सन का कार्य प्रशंसनीय हुआ है।

जॉर्ज सामन (George Salmon) (१८१९–१९०४) आयरलैण्ड का निवासी था। इसका कार्य कई क्षेत्रों में फैला हुआ था जिनमें से प्रमुख ये थे—उच्च बीजगणित, **निश्चल-सिद्धान्त** (Theory of Invariants), शांकव और त्रैविम (Three-dimensional) ज्यामिति। इसका "आधुनिक उच्च बीजगणित" निश्चल-सिद्धान्त का प्रथम ग्रन्थ कहलाता है।

विलियम किंगडन क्लिफ़ोर्ड (William Kingdon Clifford) (१८४५-१८८९) ऍग्ज़ेटर (Exeter) का निवासी था। इसने लन्दन और केम्ब्रिज में शिक्षा पायी। १८७१ में यह यूनीवर्सिटी कॉलिज, लन्दन, में प्राध्यापक नियुक्त हुआ और १८७४ में रॉयल सोसाइटी का अधिसदस्य बन गया। यों क्लिफ़ोर्ड एक खिलाड़ी था, किन्तु १८७६ में ही इसका स्वास्थ्य जवाब देने लगा और १८८९ में ४४ वर्ष की अल्पा-

वस्था में ही इसका देहावसान हो गया। इसकी पत्नी भी प्रतिभाशालिनी थी और अंग्रेज़ी उपन्यासकारों तथा नाटककारों में उसने अच्छा स्थान प्राप्त कर लिया था। इसकी लड़की ऐंथिल (Ethel) कवयित्री के रूप में प्रसिद्ध हो गयी थी।

क्लिफ़ोर्ड में असाधारण मौलिकता थी। इसके अतिरिक्त इसमें वक्तृता शक्ति का भी बाहुल्य था और इसकी लेखन शैली स्पष्ट थी। यह एक उच्च कोटि का गणितज्ञ था। उस समय तक केम्ब्रिज के गणितज्ञों में वैश्लेषिक परिपाटी का प्रचलन था। क्लिफ़ोर्ड ने उक्त परिपाटी के विरुद्ध आवाज़ उठायी और एक शुद्ध ज्यामितिज्ञ बनने का प्रयत्न किया। इसकी विशेष रुचि इन विषयों में थी—वैश्व बीजगणित (Universal Algebra), अ-यूक्लिडी ज्यामिति, दीर्घवृत्तीय फलन, द्विचतुष्टय (Biquaternions)। इसने आलैखिक (Graphical) विधियों का भी प्रचलन किया। इसकी सबसे प्रसिद्ध पुस्तक है—Common Sense of the Exact Sciences.

पेरिस के एक गणितज्ञ फ्रैंसॉय निकोल (Francois Nicole) (१६८३–१७५८) का नाम भी उल्लेखनीय है। यह बचपन में ही एक बहुत होनहार लड़का दिखाई पड़ता था। १९ वर्ष की अल्पावस्था में इसने चक्रज (Cycloid) का चापकलन (Rectification) कर लिया था। इसने इन विषयों पर अपनी लेखनी उठायी—शांकव, त्रिघात वक्र, समत्रिभाजन समस्या, सम्भाव्यता (Probability), सान्त अन्तर कलन (Calculus of Finite Differences)

फ्रांस का एक अन्य गणितज्ञ गॅस्पर्ड मॉंजे (Gaspard Monge) (१७४६–१८१८) विशेष उल्लेखनीय है। यह वर्णनात्मक ज्यामिति का जन्मदाता कहलाता है। इसकी शिक्षा बियॉन (Beaune) और लियॉंस में हुई थी। विज्ञान में इसकी विशेष रुचि थी। इसने १४ वर्ष की अवस्था में एक अग्नि इंजन का निर्माण किया था। यह २२ वर्ष के वयस् में गणित का, और २५ वर्ष के वयस् में भौतिकी का प्राध्यापक नियुक्त हो गया। ९ वर्ष पश्चात् यह पेरिस में **आम्भसी** (Hydraulics) का प्राध्यापक हो गया।

१७७० से १७९० तक मॉंजे ने गणितीय और भौतिक विषयों पर दर्जनों लेख लिखे। १७९२ में यह फ्रांस का नौसेना मन्त्री हो गया, किन्तु उक्त पद पर यह १७९३ तक ही रह पाया। इसने दो शिक्षा संस्थाओं के स्थापन में बड़ी सहायता की और बारी बारी से दोनों में वर्णनात्मक ज्यामिति का प्राध्यापक रहा। नॅपोलियन के पतन के पश्चात् इसके समस्त पद और सम्मान छीन लिये गये और इसकी प्रतिष्ठा समाप्त

हो गयी। इसकी अवकल समीकरणों के साधन की विधियों को आज भी पाठ्य पुस्तकों में स्थान प्राप्त है । इसकी सबसे प्रसिद्ध पुस्तक वर्णनात्मक ज्यामिति पर है। उक्त

चि ७३—मॉंजे (१७४६-१८१८)

[डोवर पब्लिकेशंस, इन्कॉर्पोरेटेड, न्यूयॉर्क-१०, की अनुज्ञा से, डी० स्ट्रूइक कृत 'ए कॉन्साइज हिस्ट्री ऑफ़ मैथमॅटिक्स' (१.७५ डॉलर) से प्रत्युत्पादित।]

ज्यामिति सम्बन्धी इसके सिद्धान्त फ्रेजियर (Frezier) ने १७३८ में ही आविष्कृत कर लिये थे, किन्तु मॉंजे ने उनका आविष्कार स्वतन्त्र रूप से किया था।

लॅज़ेर-निकोलस-मार्ग्यूराइट कार्नो (Lazare - Nicolas - Marguerite Carnot) (१७५३–१८२३) एक फ्रांसीसी गणितज्ञ था। इसकी शिक्षा दीक्षा

सेना के लिए हुई थी, अतः इसका गणितीय कार्य बहुत देर से आरम्भ हुआ। सेना में तो यह बहुत ऊँचे ऊँचे पदों पर पहुँच गया, किन्तु जीवन के अन्तिम दिनों में नॅपोलियन ने इसे देश निकाला दे दिया।

कार्नो की विशेष रुचि सांश्लेषिक ज्यामिति में थी। इस पर माँजे की कृतियों का विशेष प्रभाव पड़ा था। माँजे ने **त्रैविम आकाश** (Three-dimensional space) का अध्ययन किया था। कार्नो ने इस विषय का विवेचन किया कि कोई तिर्यक् रेखा किसी आकृति को किस अनुपात में बाँटती है। कार्नो के सबसे प्रसिद्ध आविष्कार पूर्ण चतुर्भुज, पूर्ण चतुष्कोण (Quadrangle) और ऋण परिमाणों सम्बन्धी हैं। आज भी विद्यार्थी शांकवों और त्रिभुजों के कटान बिन्दुओं पर कार्नो के प्रमेय का अध्ययन करते हैं।

चार्ल्स-जूलियन ब्रियांकन (Charles Julien Brianchon) का जीवन काल १७८३-१८६४ था। फ़्रांस के प्रतिभाशाली गणितज्ञों में इसका भी उच्च स्थान है। यों यह भी एक सेनाधिकारी था, किन्तु इसका झुकाव ज्यामिति की ओर था। पास्कल ने शांकव के अन्तर्लिखित षड्भुज पर एक प्रमेय दिया था। ब्रियांकन ने २३ वर्ष की अल्पावस्था में परिगत षड्भुज सम्बन्धी तत्स्थानी प्रमेय दे दिया जो आज तक उसके नाम से विख्यात है। ध्रुव और ध्रुवी (Pole and Polar) का भाव सबसे पहले ब्रियांकन ने ही दिया था, किन्तु उसका विकास बाद में पाँन्स्ले (Poncelet) ने १८२९ में किया।

जीन-विक्टर पाँन्स्ले (Jean-Victor Poncelet) (१७८८–१८६७) एक फ़्रांसीसी इंजीनियर था। इसने पेरिस और मेंट्ज़ (Metz) में शिक्षा पायी और एक सेनाधिकारी हो गया। रूसी युद्ध में यह बन्दी हो गया। १८१४ में यह फ्रांस लौटा। १८१५ से १८२५ तक यह सैनिक इंजीनियर रहा और १८२५ से १८३५ तक मेंट्ज़ में यान्त्रिकी का प्राध्यापक। तत्पश्चात् जीवन के अन्तिम दिनों तक यह पेरिस में भिन्न भिन्न विद्योचित पदों पर नियुक्त रहा।

जिस **विक्षेप ज्यामिति** (Projective Geometry) को माँजे ने जन्म दिया, पाँस्ले ने उसका पोषण किया। पाँस्ले ने ही पहले पहल उक्त विषय को अपने एक ग्रन्थ (१८२२) में एक स्वतन्त्र स्थान दिया। पाँस्ले के दो आविष्कार जगत्-प्रसिद्ध हैं—

(१) द्वैधता सिद्धान्त (Principle of Duality)

(२) आनन्तिक वर्तुल बिन्दु (Circular Points at Infinity)

माइकेल चेज़्लिस (Michael Chasles) (१७९३–१८८०) पेरिस में शिक्षा पाकर पहले एक व्यापारी बना, किन्तु बाद में व्यापार छोडकर गणित के अध्ययन में लग गया। यह पहले एक कॉलिज में भूमिति (Geodesy) और यान्त्रिकी का अध्यापक नियुक्त हुआ और कुछ समय पश्चात् पेरिस विश्वविद्यालयमें उच्च ज्यामिति का प्राध्यापक। इसने दो पुस्तकें शांकवों और उच्च ज्यामितिपर लिखीं और अनेक अभिपत्र प्रकाशित किये। इसने और स्टेनर (Stenier) ने अपने अपने ढंग से विक्षेप ज्यामिति का विकास किया, किन्तु उन दिनों आदान प्रदान के साधन इतने हीन थे कि एक को दूसरे की कृतियों का पता नहीं चल पाता था। मॅक्लॉरिन ने १७१० में यह सिद्धान्त प्रतिपादित किया था कि यदि एक त्रिभुज की भुजाएँ क्रमशः तीन स्थिर बिन्तुओं में से होकर जाती हों और दो शीर्ष दो स्थिर रेखाओं पर स्थित हों तो तीसरा शीर्ष एक शांकव का सर्जन करेगा। चेज़्लिस ने इस साध्य का विकास किया।

कार्ल फ्रैंडरिक गाउस (Karl Friedrich Gauss) जर्मनी का एक महान् गणितज्ञ हुआ है जिसका जीवन काल १७७७–१८५५ था। एक यह राज (मज़दूर) का पुत्र था और तत्कालीन राजा की कृपा से ही शिक्षा प्राप्त कर सका। जीवन के आरम्भ में यह निजी रूप से शिक्षा देकर निर्वाह करता रहा। १८०७ में जब गॅटिंगन (Göttingen) में एक वेधशाला की स्थापना हुई, यह उसका निदेशक और ज्यौतिष का प्राध्यापक नियुक्त हुआ।

जब गाउस विश्वविद्यालय का छात्र था तभी **'न्यूनतम वर्गों के सिद्धांत'** (Theory of Least Squares) का भाव इसके मन में अंकुरित हुआ। और उन्हीं दिनों इसने यह प्रमेय सिद्ध किया कि 'किसी वृत्त को यूक्लिड की विधि से १७ बराबर भागों में बाँटा जा सकता है।' १८०१ में संख्या सिद्धान्त पर इसका प्रसिद्ध ग्रन्थ प्रकाशित हुआ। इसके पश्चात् इसने शुद्ध गणित पर अनेक अभिपत्र लिखे। इसके अतिरिक्त इसी ने सर्वप्रथम अ-यूक्लिडी ज्यामिति को जन्म दिया।

गाउस की प्रतिभा बहुमुखी थी। इसने सारणिकों और कापल्पनिक राशियों का विस्तृत उपयोग किया, द्विपद समीकरणों (Binomial Equations) के हल निकाले, अनन्त श्रेणियों के अभिसरण (Convergence) के लिए परुष परीक्षणों का आविष्कार किया और दीर्घवृत्तीय **फलनों की द्विकावर्तता** (Double Periodicity) सिद्ध की। इन विषयों पर इसका गवेषणा कार्य इतना मौलिक और महत्त्वपूर्ण रहा है कि लॅप्लास (Laplace) और लॅग्रांज के साथ इसे आधुनिक गणितीय

विश्लेषण के तीन महान् विद्वानों में गिना जाता है। इसके अतिरिक्त इसने ज्यौतिष, चम्बकत्व, विद्युत् और भूमिति पर भी बहुत महत्त्वपूर्ण अनुसन्धान किये हैं।

चित्र ७४—गाउस (१७७७–१८५५)

[डोवर पब्लिकेशंस इन्कॉर्पोरेटेड, न्यूयॉर्क—१०, की, अनुज्ञा से, डी० स्ट्रुइक कृत 'ए कॉन्साइज़ हिस्ट्री ऑफ़ मॅथॅमॅटिक्स' (१.७५ डॉलर) से प्रत्युत्पादित।]

ऑगस्ट फ़र्डिनॅण्ड मोबियस (Angust Ferdinand Möbius) (१७९०–१८६८) एक जर्मन ज्यौतिषी और गणितज्ञ था। इसने लाइप्ज़िग (Leipzig),

गटिंगन और हाल (Halle) में शिक्षा पायी। १८१५ में लाइप्जिग मे एक वेधशाला का निर्माण हुआ और यह उसका निदेशक नियुक्त हुआ। इसका मुख्य कार्य तो ज्यौतिष पर था, किन्तु इसने आधुनिक ज्यामिति पर भी अनेक अभिपत्र लिखे हैं। इसने **द्रव्यमान केन्द्र** (Centre of Mass) के भाव का सार्वीकरण करके एक नये विषय **भारकेन्द्री कलन** (Barycentric Calculus) की नीव डाली। मोबियस बन्ध (Mobius Band) जिसमें एक ही तल होता है, इसी के मस्तिष्क की उपज था। उक्त बन्ध का आधुनिक **स्थानिकी** (Topology) में बहुत प्रयोग होता है।

कार्ल जॉर्ज क्रिश्चियन फ़ॉन स्टॉट (Karl Georg Christian von Staudt) (१७९८–१८६७) का नाम भी उल्लेखनीय है। इस ने २४ वर्ष की अवस्था में ही अध्यापन कार्य आरम्भ कर दिया था। १८३५ में यह अर्लेंगन (Frlangen) विश्वविद्यालय में प्राध्यापक हो गया। इसका प्रमुख कार्य ज्यामिति में ही रहा है। इसके समय तक चार बिन्दुओं अथवा रेखाओं के तिर्यक् अनुपात (Cross Rat o) की कोई सन्तोषजनक परिभाषा नहीं दी गयी थी। सब से पहले यह कार्य इसीने किया। इसके अतिरिक्त इसने यह भी बताया कि ज्यामिति में काल्पनिक तत्त्वों का **दीर्घवृत्तीय समुत्क्रमणों** (Ellipt:c Involut:ons) द्वारा किस प्रकार प्रवेश हो सकता है।

जूलियस प्लकर (Juluis Plücker) (१८०१–१८६८) जर्मन गणितज्ञ और भौतिकीज्ञ था। जर्मनी में शिक्षा समाप्त करके यह १८२३ में पेरिस चला गया। १८२८ में यह बॉन (Bonn) में विशेष प्राध्यापक नियक्त हो गया। यह क्रमशः बर्लिन, हाल (Halle) और बॉन में प्राध्यापक रहा। १८२८ में इसका ज्यामिति पर एक ग्रन्थ निकला जिसमें इसने संक्षिप्त संकेतलिपि का प्रयोग किया जो वैश्लेषिक ज्यामिति में आजतक प्रयुक्त हो रही है। तत्पश्चात् इसने ज्यामिति पर अन्य कई ग्रन्थ लिखे जिनमें इसने द्वैधता सिद्धान्त प्रतिपादित किया और बीजगणितीय वक्रों (Curves) सम्बन्धी ६ समीकरणों का आविष्कार किया। उक्त समीकरण **'प्लकर समीकरण'** कहलाते हैं। इसके अतिरिक्त इसने निर्देशांकों के भाव का विस्तार किया, रेखीकरण (Collineation) और **व्युत्क्रमता** (Reciprocity) के सिद्धान्तों का प्रतिपादन किया और त्रिक्रम वक्रों (Curves of the third order) का वर्गीकरण किया। इसने इन वक्रों के २१९ प्रकार गिनाये हैं। इसके अन्य आविष्कार भौतिकीय विषयों पर हैं।

इटली का जियोवानी सीवा (Giovanni Ceva) (१६४७–१७३६) भी उल्लेखनीय हैं। इसने १६७८ में निम्नलिखित प्रमेय सिद्ध किया था—

यदि किसी त्रिभुज के शीर्षों का, खा, गा के मध्येन ऐसी तीन रेखाएँ खींची जायँ जो संगामी हों और सम्मुख भुजाओं को या, रा, ला पर काटें तो

का ला. खा या. गारा=ला खा. या गा. रा का ।

यह प्रमेय **'सीवा प्रमेय'** कहलाता है।

उपरिलिखित गणितज्ञ का एक भाई टोमॅसो सीवा (Tommaso Ceva) (१६४८–१७३७) था। इसने भी ज्यामिति और भौतिकी पर बहुत से अभिपत्र लिखे हैं। इतिहासज्ञों में इस बात पर मतभेद है कि उपरिलिखित प्रमेय जियोवानी का था अथवा टोमॅसो का ।

लगे हाथों इटली के ही लुईजी गाइडो ग्रॅण्डाइ (Luigi Guido Grandi) का भी उल्लेख करते चलें जिसका जीवन काल १६७१–१७४२ था। यह पहले एक भिक्षु हुआ, फिर पिसा में दर्शन का प्राध्यापक और अन्त में पिसा में ही गणित का प्राध्यापक नियुक्त हुआ। इस ने ज्यामिति पर कई ग्रन्थ लिखे हैं। अपनी पुस्तकों में इसने वृत्त और आयताकार अतिपरवलय (Rectangular Hyperbola) की तुलना की है, पुष्प की आकृति के वक्रों का अध्ययन किया है, जैसे—

त्र=ज्या सक्ष (r=sin nθ)

और गोलों के तलों का क्षेत्रकलन किया है। इसने एक स्थान पर यह सूत्र दिया है—

½=१—१+१—१+१—१+—.........

=(१—१)+(१—१)+(१—१)+............

=०+०+०+...........

इस सूत्र को इसने इस तथ्य का प्रतीक माना है कि सृष्टि की उपज शून्य से हुई है। इसने एक पिता की कल्पना की है जो एक मोती अपने दो पुत्रों को इस शर्त पर देता है कि दोनों उसे बारी बारी से अपने पास रखें। इस प्रकार, यह कहता है कि मोती आधा आधा दोनों पुत्रों का हुआ।

बिना मेरिया गेताना अग्नेसी (Maria Gaetana Agnesi) का नाम लिये इटली के गणितज्ञों की कहानी अधूरी दिखाई पड़ती है। इसका जीवन काल १७१८–१७९९ था। यह आरम्भ से ही एक होनहार लड़की थी। इसके पिता जी गणित के प्राध्यापक थे। इसके परिवार की इच्छा थी कि यह धार्मिक क्षेत्र में पदार्पण करे किन्तु २० वर्ष की अवस्था से ही इसने अपना जीवन गणित की सेवा में समर्पित कर दिया। १७५२ में जब इसके पिता रोगग्रस्त हो गये, उन की गद्दी पर इसे आसीन कर दिया गया किन्तु उनकी मृत्यु के पश्चात् इस ने गणित का क्षेत्र छोड़कर चिकित्सालय

की सेवा में अपना जीवन लगा दिया। इसका प्रमुख कार्य वैश्लेषिक ज्यामिति पर हुआ है। एक वक्र का इसने विशेष रूप से अध्ययन किया था जो आज भी इसके नाम पर 'अग्नेसिका' (Witch of Agnesi) कहलाती है।

इस स्थान पर जियोवानी फ्रॅन्चॅस्को ज्यूसॅप मल्फ़ाती (Giovanni Francesco Giuseppe Malfatti) का नाम देना भी अनुपयुक्त न होगा जिसका स्थिति काल १७३१–१८०७ था। इसने रिकॅटी (Ricatti) के संरक्षण में शिक्षा पायी। १७७१ में यह फ़रारा (Ferrara) में गणित का प्राध्यापक हो गया। १८०३ में इसने निम्नलिखित प्रश्न उपस्थित किया—एक लाम्बिक त्रिभुजीय संक्षेत्र (Right triangular Prism) में से तीन बेलन ऐसे काटो जिनके उच्चत्व संक्षेत्र के उच्चत्व के समान हों, और जिनके आयतन अधिकतम हों। मल्फ़ाती ने दर्शाया कि यह समस्या इस प्रश्न पर आश्रित है—किसी त्रिभुज के अन्तर्गत तीन वृत्त इस प्रकार खींचना कि प्रत्येक वृत्त शेष दोनों वृत्तों और त्रिभुज की दो भुजाओं को छुएं। इसी प्रश्न को आजकल 'मल्फ़ाती प्रश्न' कहा जाता है। स्टेनर और प्लकर ने भी उक्त प्रश्न पर परिश्रम किया है।

लॉरॅन्ज़ो मॅशॅरॉनी (Lorenzo Mascheroni) (१७५०–१८००) पविया (Pavia) के विश्वविद्यालय में गणित का प्राध्यापक था। यों इसकी रुचि भौतिकी और कलन में भी थी किन्तु इसका प्रमुख कार्य ज्यामिति में हुआ है। १७९७ में इसने अपनी ज्यामितीय रचनाओं का संग्रह प्रकाशित किया। उक्त ग्रन्थ में इसने केवल परकार की सहायता से अनेक रचनाएँ करने की विधियाँ बतायी थीं। इनमें की बहुत सी विधियों में उच्च कोटि की मौलिकता दृष्टिगोचर होती है।

लुईजी क्रॅमोना (Luigi Cremona) (१८३०–१९०३) का जन्म पविया में हुआ था। वहीं के विश्वविद्यालय में शिक्षा पाकर यह पहले क्रॅमोना और फिर मिलन में प्रारम्भिक गणित का अध्यापक हो गया। तत्पश्चात् यह क्रमशः बोलोना और मिलन में उच्च ज्यामिति का प्राध्यापक नियुक्त हुआ। १८७३ में यह रोम में उच्च गणित का प्राध्यापक हो गया और वहाँ इसने एक इंजीनियरी कॉलिज संघटित किया। इसने अपना सारा जीवन उच्च गणित की शिक्षा के सुधार में लगा दिया। इसने यूरोप की गणितीय पत्रिकाओं में अनेक अभिपत्र प्रकाशित किये। इसका सब से प्रसिद्ध कार्य वक्रों और घन पृष्ठों (Cubic Surfaces) पर हुआ है।

यूजीनियो बॅल्ट्रॅमी (Eugenio Beltrami) (१८३५–१९००) का जन्म क्रॅमोना में हुआ था। इसने पविया में ब्रियॉस्की (Brioschi) से शिक्षा पायी।

१८६२ तक इसने इटली के रेलवे विभाग में नौकरी की। तत्पश्चात् इसने अध्यापन कार्य आरम्भ किया और यह थोड़े थोड़े वर्ष क्रमशः बोलोना, पिसा, रोम और पविया में प्राध्यापक रहा। इसके अन्तिम दिन रोम में ही बीते। इसका विशेष कार्य अ-यूक्लिडी ज्यामिति पर हुआ है जिसमें इसने रीमान (Riemann) और लोबाच्यूस्की (Lobatchewsky) की प्रणाली को अपनाया है। यों तो इसने बहुत से अभिपत्र भौतिक विषयों पर भी लिखे हैं किन्तु इसकी प्रसिद्धि इसकी **अति-परवलीय आकाश** (Hyperbolic Space) सम्बन्धी कृति पर हुई है जो इसने १८६८ में प्रकाशित की।

जेकब स्टेनर (Jakob Steiner) (१७९६–१८६३) स्विट्ज़रलैण्ड का एक गणितज्ञ था। १८ वर्ष की अवस्था में यह हेनरिच पैस्टेलोज़ी (Henirich Pestalozzi) का शिष्य हो गया। कुछ दिनों इसने हाइडेलबर्ग (Heidelberg) में शिक्षा पायी और तत्पश्चात् यह बर्लिन (Berlin) चला गया। १८३४ में बर्लिन विश्वविद्यालय में इसी के लिए ज्यामिति की एक नयी गद्दी स्थापित की गयी। मृत्यु तक यह उसी पर नियुक्त रहा।

जब से स्टेनर ज्यामिति की उक्त गद्दी पर बैठा, उसने ज्यामिति पर गवेषणा पत्र लिखने आरम्भ कर दिये। इसके अभिपत्र अधिकतर क्रेले जर्नल (Crelle Journal) में प्रकाशित होते थे। इसने ज्यामिति पर उच्च कोटि के कई ग्रन्थ लिखे हैं। बिन्दु माला (Range of Points) और रेखावली (Pencil of Lines) के भाव इसी ने दिये और उनमें एकैकी-संगति (One-one correspondence) स्थापित की। इसने विक्षेप ज्यामिति के सिद्धान्तों के प्रतिपादन में विश्लेषण से अन्तः-स्फूर्ति (Intuition) को अधिक महत्त्व दिया। इसके अतिरिक्त इसने वक्रों और द्विघात पृष्ठों के सिद्धान्त का विकास किया।

जहाँ कहीं अ-यूक्लिडी ज्यामिति का उल्लेख आयेगा, जॉन बोलिये (John Bolyai) का नाम लेना ही होगा। इसके पिता फ़ार्कस बोलिये (Farkas Bolyai) (१७७५–१८५६) हंगरी के एक नगर में गणित के शिक्षक थे। इन्होंने गटिगन में उस समय शिक्षा पायी थी जब गाउस भी वहीं पर विद्यार्थी था। दोनों में कभी कभी पत्राचार भी हुआ करता था। फ़ार्कस ने यूक्लिड का 'समान्तरता अवाध्योपक्रम' (Parallel Postulate) सिद्ध करने का बहुत दिनों प्रयत्न किया और फिर भी कृतकार्य न हुये। इन्होंने गाउस को दो पत्र लिखे जिनमें ज्यामिति की एक

पुस्तक की रूपरेखा बनायी थी। उक्त पुस्तक में इन्होंने "तुल्य रूपों के स्थायित्व" (Permanence of Equivalent Forms) के सिद्धान्त का प्रतिपादन किया था।

चित्र ७५–स्टेनर (१७९६–१८६३)

[डोवर पब्लिकेशंस, इन्कॉर्पोरेटेड, न्यूयॉर्क–१०, की अनुज्ञा से, डी० स्ट्रुइक कृत 'ए कॉन्साइज़ हिस्ट्री ऑफ़ मॅथेमॅटिक्स' (१.७५ डॉलर) से प्रत्युत्पादित।]

जॉन बोलियै का जीवन काल १८०२–१८६० था। लड़कपन में ही इसे भी यूक्लिड के उपरिलिखित अवाध्योपक्रम पर माथा पच्ची करने का खब्त सवार हुआ। १८२० में इसके पिता ने इसे एक पत्र लिखा जिसका आशय यह था—

"तुम इस व्यसन से दूर ही रहो तो अच्छा है। यह तुम्हें चैन से बैठने नहीं देगा और खाना, पीना हराम कर देगा। तुम्हारा जीवन दूभर हो जायगा।"

जॉन ने उक्त अवाध्योपक्रम को एक स्वतन्त्र स्वयंसिद्धि मान लिया और यह उक्ति दी कि यदि हम उक्त स्वयंसिद्धि के स्थान पर एक नयी स्वयंसिद्धि मानें कि "किसी समतल के किसी बिन्दु के मध्येन ऐसी अनन्त रेखाएँ खींची जा सकती हैं जो एक दी हुई रेखा को न काटें" तो एक नयी ज्यामिति तैयार हो सकती है। जॉन ने अपने पिता की अप्रकाशित पुस्तक का मुद्रण कराया और उसके परिशिष्ट में अपने विचारों का प्रतिपादन किया। उक्त परिशिष्ट में बोलिये ने इसका भी निर्देश किया है कि अतिपरवलीय आकाश में वृत्त के वर्गण (Quadrature of the circle) की रचना किस प्रकार की होगी।

जहाँ तक अ-यूक्लिडी ज्यामिति का सम्बन्ध है, जॉन बोलिये को अधिक श्रेय दिया जाय या लोबाच्यूस्की को, यह कहना कठिन है।

निकोलाइ आइवानोविच लोबाच्यूस्की (Nikolai Ivanovich Lobatchewski) (१७९३–१८५६) एक रूसी गणितज्ञ था। इसने काज़ाँ (Kazan) विश्वविद्यालय में शिक्षा प्राप्त की और १८१२ में वहीं पर अध्यापक हो गया। १८२३ में यह प्राध्यापक हो गया और १८४६ में उसी स्थान पर रहा। लोबाच्यस्की उन गणितज्ञों में अग्रणी रहा है जिन्होंने यूक्लिडी आकाश के विरुद्ध खुला विद्रोह है। इसने अपने उक्त विचार सर्वप्रथम काज़ाँ में एक व्याख्यान (१८२६) में व्यक्त किये थे। इसने समान्तरता अवाध्योपक्रम के स्थान पर यह सिद्धान्त प्रतिपादित किया था—

"मान लीजिए कि किसी समतल में एक ऋजु रेखा और एक बिन्दु दिये हुए हैं। तो समतल में उक्त बिन्दु के मध्येन जितनी रेखाएं खींची जा सकती हैं, उन्हें हम दी हुई ऋजु रेखा के विचार से दो वर्गों में बाँट सकते हैं—छेदक (Intersecting) और अछेदक (Non-intersecting)। दोनों वर्गों की सीमा रेखाएँ उक्त ऋजु रेखा के समान्तर होंगी। इस प्रकार किसी बिन्दु से, किसी रेखा के समान्तर, एक नहीं दो ऋजु रेखाएँ खींची जा सकती हैं जो उससे अनन्त पर मिलती हैं। अतः प्रत्येक ऋजु रेखा के दो बिन्दु अनन्त पर होते हैं।"

बोलिये और लोबाच्यूस्की दोनों का विचार था कि यूक्लिडी ज्यामिति उनकी सार्विक ज्यामिति की ही एक सीमा स्थिति है। दोनों यह भी कहते हैं कि किसी भी छोटे से स्थान की ज्यामिति सदैव यूक्लिडी होती है और हमारी आँखें वास्तविकता तक नहीं पहुँच सकतीं, केवल उसकी एक झलक दे देती हैं। दोनों ने अपने गवेषणा-फल एक दूसरे से स्वतन्त्र रूप से निकाले। लोबाच्यूस्की ने अपने सिद्धान्तों को पहले

(१८२९ में) प्रकाशित किया किन्तु इससे बोलियै के कार्य की महत्ता घटती नहीं। उसका कार्य भी स्वतन्त्र और मौलिक था यद्यपि उन्हें प्रकाशित करने में वह लोबा-

चित्र ७६—लोबाच्यूस्की (१७९३–१८५६)

[डोवर पब्लिकेशंस, इन्कॉर्पोरेटेड, न्यूयॉर्क—१०, की अनुज्ञा से, डी० स्ट्रुइक कृत 'ए कॉन्साइज हिस्ट्री आफ़ मॅथॅमॅटिक्स' (१·७५ डॉलर) से प्रत्युत्पादित ।]

च्यूस्की से तीन वर्ष पीछे रहा। इसमें सन्देह नहीं कि अ-यूक्लिडी ज्यामिति में दोनों का स्थान बहुत ही उच्च है।

अध्याय ६

त्रिकोणमिति

(१) धूप घड़ी

आधुनिक गणित में त्रिकोणमिति का मुख्य कर्म है त्रिभुजों की भुजाएँ और कोण नापना और उनके पारस्परिक सम्बन्ध उपलब्ध करना। किन्तु पूर्व ऐतिहासिक

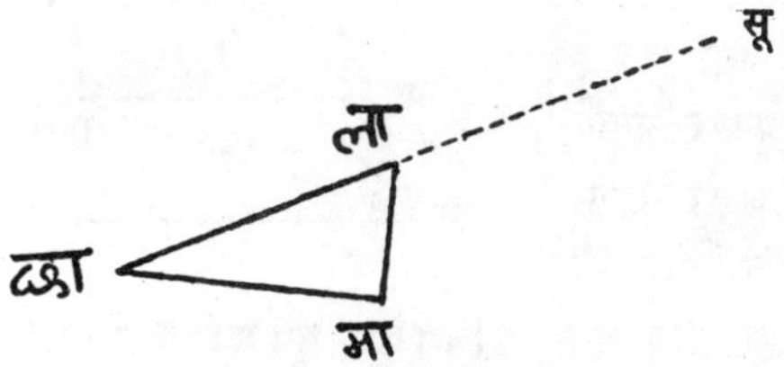

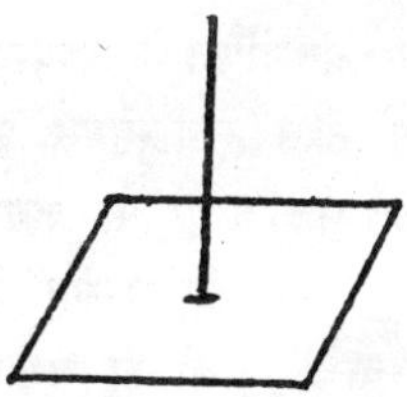

काल में त्रिकोणमिति केवल ज्यौतिष की एक सहचरी के रूप में उत्पन्न हुई थी। भारत में भी इसका आरम्भ इसी प्रकार हुआ था। प्राचीन समय में घड़ियों का तो आविष्कार हुआ नहीं था। किन्तु समय जानने की सबको आवश्यकता पड़ती थी। इसके लिए एक धूप घड़ी (Sun-dial) बनायी जाती थी। सर्व प्रथम तो उक्त उपकरण में केवल एक लम्बमान शलाका होती थी जो एक समतल पर खड़ी होती थी। उक्त शलाका को उन्नतांश, दण्ड अथवा कीली (Gnomon) कहते थे। समय जानने के लिए देखते थे कि उक्त कीली की छाया किस दिशा में पड़ रही है। और इस प्रकार वे लोग समय का अनुमान लगा लिया करते थे।

आकृति में ला मा कीली है और छा मा उसकी छाया। ला मा की लम्बाई तो स्थिर है, छा मा की लम्बाई सूर्य की स्थिति के साथ घटती-बढ़ती रहती है। अतः

स्पष्ट है कि छा मा की लम्बाई ∠ छा के मान पर निर्भर है। या यों कहिए कि अनुपात छा मा : मा ला पर निर्भर है। आधुनिक शब्दावली में इस अनुपात को हम कोस्पज्या छा अथवा कोस्प (cotangent) छा कहते हैं। इस बात का कोई प्रमाण नहीं है कि इस अनुपात का नाम अथवा भाव हमारे पुरखों के मस्तिष्क में विद्यमान था।

धूप घड़ी का प्रयोग केवल भारत में ही नहीं हुआ था। प्रायः समस्त प्राचीन देश इसका प्रयोग करते थे। मिस्र के अहमिस पॅपिरस का उल्लेख हम एक पिछले अध्याय में कर चुके हैं। उक्त ग्रन्थ में सूचीस्तम्भों पर पाँच प्रश्न दिये हुए हैं। इन प्रश्नों में से चार में 'सँक्त' शब्द का प्रयोग किया गया है। आकृति में हमने एक सम सूचीस्तम्भ बनाया है। विद्वानों का अनुमान है कि सँक्त से लेखक का तात्पर्य अनुपात पामा : माला से है जिसे आधुनिक शब्दावली में हम लोग कोस्प मापाला कहेंगे। हम अंकगणित के अध्याय में बता चुके हैं कि उक्त सूचीस्तम्भ इस प्रकार बनाये जाते थे कि ∠ पा लगभग अचर रहता था। यह भी सम्भव है कि 'सँक्त' का सम्बन्ध ∠ मा का ला से रहा हो। इस प्रकार यह सिद्ध हो गया कि अहमिस पॅपिरस के समय (लगभग १५५० ई० पू०) में ही मिस्र में धूप घड़ी का प्रयोग आरम्भ हो चुका था।

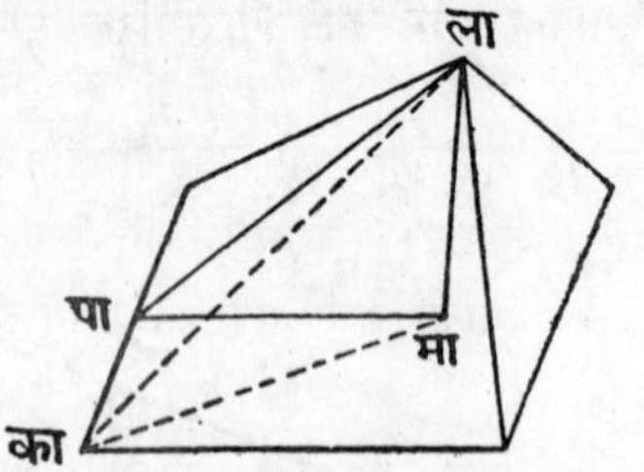

चित्र ७७—धूप घड़ी के लिए समसूची-स्तम्भ

मिस्र की सबसे प्राचीन धूप घड़ी इस आकार ___| की है जो बर्लिन के संग्रहालय में सुरक्षित है। यह १५५० ई० पू० के आसपास की है। इसकी क्षैतिज भुजा ६ भागों में बाँटी गयी है जिस पर घंटे अंकित हैं। सबेरे से दोपहर तक इसकी पीठ पूर्व की ओर रहती थी, तीसरे पहर पश्चिम की ओर कर दी जाती थी।

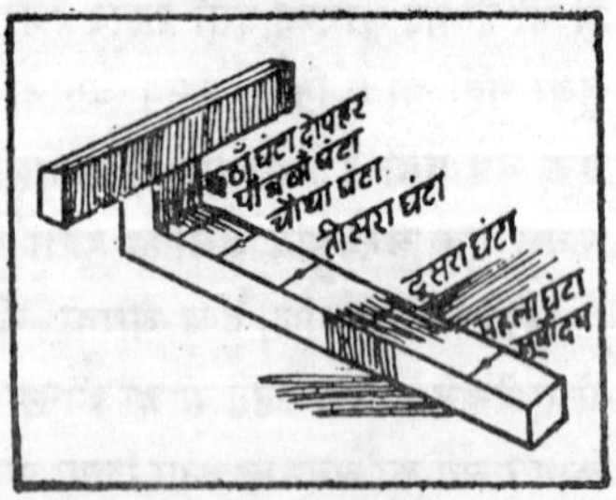

चित्र ७८—मिस्र की प्राचीन धूप घड़ी
(इन्साइक्लोपीडिया ब्रिटॅनिका से)

हम एक पिछले परिच्छेद में चीन के चउ-पेइ का उल्लेख कर चुके हैं जिसका समय लगभग ११०० ई० पू० है। उक्त ग्रन्थ में कई स्थानों पर समकोण त्रिभुज का प्रयोग किया गया है। उक्त त्रिभुज की सहायता से ऊँचाइयाँ और दूरियाँ निकाली जाती थीं। अतः यह सम्भव है कि त्रिभुजों की भुजाओं के अनुपात का भी उन लोगों को कुछ ज्ञान रहा हो। उक्त पुस्तक में एक स्थान पर लिखा भी है कि "ज्ञान छाया से आता है और छाया कीली द्वारा उत्पन्न होती है।" इससे पता चलता है कि सम्भवतः चीनियों के पास भी उस ज़माने में कोई धूप घड़ी थी।

भारत में धूप घड़ी का आविष्कार कब हुआ यह कहना कठिन है। शुल्व सूत्रों में कई स्थानों पर कीली का उल्लेख मिलता है। अतः यह मानना पड़ेगा कि ईसा से कई हज़ार वर्ष पहले ही हिन्दुओं ने किसी-न-किसी प्रकार की धूप घड़ी बना ली थी। भारत का प्राचीनतम ज्योतिषीय ग्रन्थ सूर्य सिद्धान्त माना जाता है। पश्चिमी विद्वान् तो इसका रचना काल ईसा के पश्चात् का मानते हैं। उक्त ग्रन्थ में अर्ध-जीवाओं (Half-chords) की सारणी दी गयी है जिससे पता चलता है कि उस समय तक भारतीयों को त्रिकोणमितीय सम्बन्धों का थोड़ा बहुत ज्ञान हो चुका था। धूप घड़ी का समय उससे कुछ पहले का ही रहा होगा। इस प्रकार भी यह सिद्ध होता है कि भारत में धूप घड़ी का प्रयोग ईसा से पहले ही आरम्भ हो चुका था।

बाबुल (बब्लिन) का एक भाग चॅल्डिया (Chaldea=खल्दी) कहलाता था। उक्त प्रदेश का एक ज्यौतिषी बिरोसस (Berosus) था जिसका जीवन काल लगभग ३०० ई० पू० था। इसने एक धूप घड़ी बनायी थी जिसमें एक अर्धगोले के केन्द्र पर एक कीला खड़ा किया गया था। सूर्य की किरणें पड़ने से कीले की छाया अर्धगोले के अन्दर पड़ती थीं। अर्धगोले का ऊपरी किनारा क्षैतिज रखा जाता था। कीले की छाया दिन भर में एक वृत्तीय चाप बना लेती थी। उक्त चाप को बारह भागों में बाँटा गया था। इस प्रकार चॅल्डिया निवासियों को समय का ज्ञान होता था।

हॅरोडोटस (Herodotus) ने लिखा है कि यूनानियों ने धूप घड़ी का ज्ञान बाबुल के निवासियों से प्राप्त किया था। यह सम्भव है किन्तु कुछ समय पश्चात् यूनानियों ने स्वयं बहुत मौलिक और जटिल धूप घड़ियाँ बनानी आरम्भ कर दीं। टोलेमी ने अपने अल्माजस्त में कई प्रकार की धूप घड़ियों की रचना-विधि दी है। उसमें केवल क्षैतिज और ऊर्ध्व (Vertical) घड़ियों का ही उल्लेख है। किन्तु ऍथॅन्स (Athens) में एक स्मारक 'वायु मीनार' (Tower of the winds) है जिसमें अष्टभुज (Octagon) की आकृति की एक धूप घड़ी बनी हुई है। अष्टभुज के आठ फलकों पर आठ घट्यनीक (Dial) बने हुए हैं, चार प्रमुख दिशाओं की ओर

चित्र ७९—
हॅम घड़ी लगभग ५९ ई० की।
(इन्साइक्लोपीडिया ब्रिटैनिका से)

और शेष चार मध्यवर्ती दिशाओं की ओर। इससे पता चलता है कि ये लोग तिरछी घड़ियाँ बनाना भी जानते थे।

रोम में सबसे पहली धूप घड़ी २९० ई० पू० में प्रस्थापित हुई थी किन्तु यह कदाचित् विदेश से आयी थी। वास्तव में रोम में पहली धूप घड़ी १६४ ई० पू० में बनी थी। विट्रूवियस (Vitruvius) ने १३ प्रकार की घड़ियों का वर्णन किया है। इनमें सबसे रोचक 'हॅम' (Ham) घड़ी थी जो सुवाह्य (Portable) होती थी। संलग्न आकृति की घड़ी में नीचे की ओर महीने दिये हुए हैं। बायीं ओर की उँगली को घुमाकर चालू महीने वाली ऊर्ध्व रेखा पर ले आते हैं। वाली टेढ़ी लकीरों पर छाया पड़ती उसी से समय का पता चलता है।

(१) त्रिकोणमितीय फलन

हम ऊपर लिख चुके हैं कि धूप घड़ी का आविष्कार सहस्रों वर्ष पहले कई देशों में हो चुका था। अतः उनमें से किसी एक देश को श्रेय देना कठिन है। किन्तु इसमें सन्देह नहीं कि त्रिकोणमितीय फलनों में से तीन की स्पष्ट रूप से परिभाषा सबसे पहले हिन्दुओं ने ही दी थी।

मा . लीजिए कि का पा एक वृत्त का चाप है जिसका केन्द्र मू और त्रिज्या त है।

पा से त्रिज्या मू का पर पाला लम्ब डालिए।

तो ज्या का पा=पा ला,

कोटिज्या का पा=मूला

और उत्क्रम-ज्या का पा=ला का।

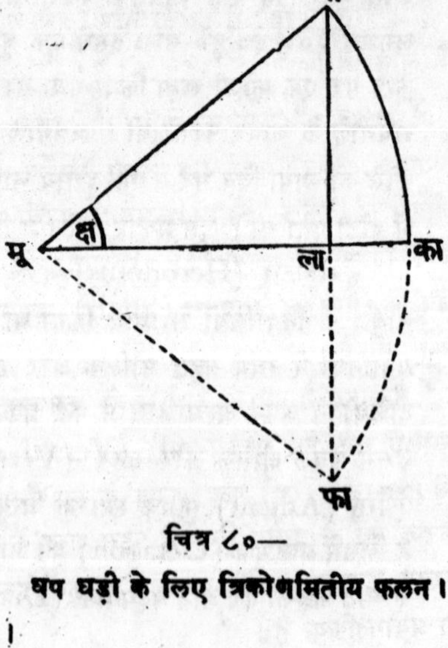

चित्र ८०—
धप घड़ी के लिए त्रिकोणमितीय फलन।

यह त्रिकोणमितीय अनुपात ठीक वही नहीं हैं जो आजकल उक्त नामों से व्यक्त किये जाते हैं। एक मौलिक अन्तर यह है कि आधुनिक त्रिकोणमिति में अनुपातों का आधार कोण मू होता है जबकि उपरिलिखित परिभाषाओं का आधार चाप का पा है। आधुनिक संकेतलिपि में उपरिलिखित परिभाषाएँ इस प्रकार लिखी जायँगी—

ज्या तक्ष=पाला=त ज्या क्ष,

कोटिज्या तक्ष=मूला=त कोटिज्या क्ष,

उत्क्रम-ज्या तक्ष=ला का=त उत्क्रम–ज्या क्ष ।

किन्तु यदि हम वृत्त की त्रिज्या को इकाई मान लें तो इन परिभाषाओं और आधुनिक परिभाषाओं में कोई अन्तर नहीं रह जाता।

ज्या—'ज्या' का शाब्दिक अर्थ है 'धनुष की डोरी।' ऊपर दिये हुए चित्र में पा ला को ला फा तक इस प्रकार बढ़ाइए कि ला फा=पा ला। इसी प्रकार चाप पा का को भी फा तक बढ़ा दीजिये तो पा फा चाप पा का फा की जीवा हो गयी। यदि मू फा को भी जोड़ दें तो यह धनुष बाण की आकृति बन गयी। इसी लिए arc का नाम 'चाप' अथवा 'धनु' पड़ा क्योंकि चाप का अर्थ भी धनुष है। पा ला इस चाप की अर्ध-जीवा (Half-chord) हुई। यदि वृत्त की त्रिज्या १ हो तो यही अर्ध-जीवा ज्या क्ष (Sine ∠क्ष) का मान हो गयी। अतः उक्त अनुपात का सबसे प्राचीन नाम 'अर्ध-जीवा' ही है। समय के फेर से 'अर्ध' उड़ गया और 'जीवा' का 'ज्या' बन गया। कुछ प्राचीन पुस्तकों में इसका नाम 'अर्ध-ज्या' अथवा 'क्रम-ज्या' (Direct sine) भी आता है।

सबसे पहले 'ज्या' का प्रयोग आर्यभट्ट ने (लगभग ५१० ई०) किया था। भारत से यह शब्द अरब गया जहाँ 'जीबा' के रूप में प्रचलित हो गया। कुछ समय पश्चात् 'जीबा' का विकार 'जैब' में हो गया। अरबी में 'जैब' का अर्थ 'वक्ष' है। जब क्रैमोना के घैरार्डो ने (लगभग ११५०) अरबी की पुस्तकों का लैटिन में अनुवाद किया तो 'जैब' के स्थान पर 'साइनस (Sinus)' का प्रयोग किया जिसका लैटिन में एक अर्थ 'वक्ष' भी है।

ब्रह्मगुप्त ने ज्या के अर्थ में ही 'क्रमज्या' का प्रयोग किया है। इसका यह नाम इसलिए रखा कि 'उत्क्रम-ज्या' (Versed sine) से इसका अन्तर स्पष्ट दिखाई पड़े। अरबी में यही शब्द 'करज' के रूप में प्रचलित हो गया। अल ख्वारिज़्मी ने भी 'करज' का ही प्रयोग किया है। इस शब्द के कई विकृत रूप भी प्रचलित हो गये—करदग, करदज, करकय, गरगग। याकूब इब्न तारीक (लगभग ७७०) ने 'करदज' का प्रयोग किया है।

कोटिज्या—'कोटि' का एक अर्थ तो 'समकोण त्रिभुज की भुजा' है किन्तु दूसरा अर्थ 'धनुष का वक्र सिरा' भी है। इस प्रकार 'कोटिज्या' का अर्थ '९०° के चाप का समपूरक' पड़ गया। अतः त्रिकोणमिति में 'कोटिज्या' का अर्थ हुआ 'समपूरक चाप की ज्या'। अब संलग्न आकृति पर विचार कीजिए। पाका का समपूरक चाप पा के है। जब चाप पा का की ज्या पा ला है तो चाप पा के की ज्या ले पा अर्थात् मू ला हुई। इस प्रकार आधुनिक संकेतलिपि में ∠ क्ष की कोटिज्या मू ला हुई। इसका संक्षिप्त रूप कोज्या बन गया। पश्चिम में जब ज्या को साइन कहने लगे तो 'कोज्या' का नाम आप से आप कोसाइन (Cosine) हो गया। यतः आरम्भ में ज्या को साइनस कहते थे, अतः आरम्भ में कोज्या का नाम कोसाइनस (Cosinus) पड़ा। जब साइनस का संक्षेपण 'साइन' में हो गया तब कोसाइनस का कोसाइन बन गया।

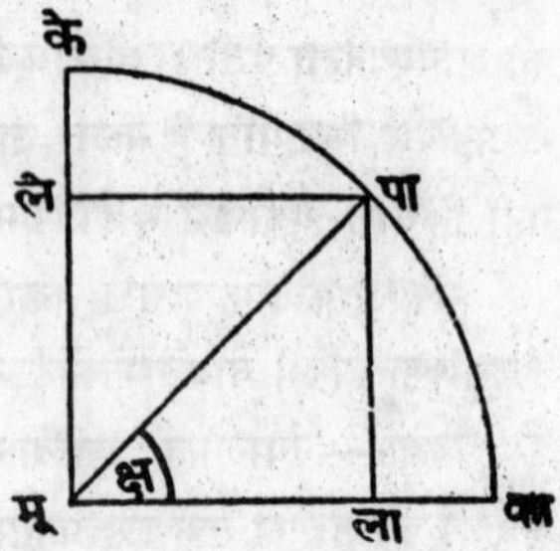

चित्र ८१–त्रिकोणमितीय कोटिज्या

उत्क्रम-ज्या—'उत्क्रम' का अर्थ है 'उल्टा'। जब 'ज्या' का पश्चिमी नाम 'साइन पड़ा तो 'उत्क्रम-ज्या' का नाम 'Versed sine' पड़ना ही था। एक बात विशेष रूप से ध्यान देने योग्य यह है कि अंग्रेजी में 'Versed sine A' का अर्थ है: '1—Cosine A', न कि '1—Sine A'। जब इण्टरमीडियेट का विद्यार्थी त्रिकोणमिति का अध्ययन आरम्भ करता है तो शेष अनुपातों के नाम तो प्राकृतिक दिखाई पड़ते हैं किन्तु Versed sine का अर्थ '1—Cosine' पढ़कर चकरा जाता है। परन्तु इस नाम का कारण इसकी उत्पत्ति में ही निहित है। यह नाम उत्क्रम-ज्या का शाब्दिक अनुवाद है। यदि उक्त फलन का नाम भारतीय नाम से न लेकर स्वतन्त्र रूप से बनाया गया होता तो इसका नाम Versed sine के बदले Versed cosine होता।

उक्त फलन को उत्क्रम-ज्या कहने का कारण यह है कि ऊपर दी हुई आकृति में यदि हम ला पा को दाहिनी ओर ९०° के कोण पर घुमायें तो वह ला का की सीध में आ जायगी। अतः ला का को हम 'उल्टी पा ला' अथवा 'घूमी हुई पा ला' कह सकते हैं। अरब लेखकों ने इसीलिए इसको 'घूमी हुई जीवा' कहा है। समय के प्रभाव से 'उत्क्रम-ज्या' का संक्षिप्त रूप 'उज्ज्या' भी प्रचलित हो गया।

स्पज्या और कोस्पज्या—हिन्दुओं ने उपरिलिखत तीन फलनों का तो स्पष्ट रूप से प्रयोग किया है। आर्यभट्ट ने तो ज्या और उज्ज्या की सारणियाँ भी दी हैं। किन्तु

शेष त्रिकोणमितीय अनुपातों का उन्होंने स्पष्ट रूप से कोई उल्लेख नहीं किया है। सूर्य सिद्धान्त में ज्या/कोज्या के भजनफल का प्रयोग तो आया है किन्तु इसको कोई स्वतन्त्र नाम नहीं दिया गया है। जब पश्चिमी गणितज्ञों ने वस्तुओं की छाया नाप कर ऊँचाइयाँ, गहराइयाँ और दूरियाँ निकालनी आरम्भ कीं तब कीली और छाया की लम्बाइयों के सम्बन्ध में स्पज्या (Tangent) और कोस्पज्या (Cotangent) की आवश्यकता पड़ी। यों सूर्य सिद्धान्त और अन्य हिन्दू ग्रन्थों में भी 'छाया व्यवहार' के प्रकरण विद्यमान हैं किन्तु उन्होंने इन दोनों अनुपातों का फलनों के रूप में प्रयोग नहीं किया। यूरोप में सर्व प्रथम थेल्स ने उक्त अनुपातों को फलनों का रूप दिया।

जहाँ तक हमें पता है, छायाओं की सबसे पहली सारणी अरब के अलबत्तानी (लगभग ९२०) ने बनायी जिसमें ९०° तक की, एक एक अंश के अन्तर से, कोस्पज्याएं दी हुई हैं। स्पज्याओं की पहली सारणी अबुल-वफ़ा ने (लगभग ९८०) बनायी जिसमें १५' के अन्तर से, कोणों की स्पज्याएं दी गयी हैं।

व्युकोज्या और व्युज्या—इन दोनों अनुपातों का विकास शेष फलनों के बहुत पीछे हुआ है। निश्चित रूप से इनका सब से पहला उल्लेख अबुल बफ़ा की कृतियों में मिलता है किन्तु उसने भी इनको कोई विशिष्ट नाम नहीं दिये थे। १५ वीं शताब्दी से व्युकोज्या (Secant) और व्युज्या का उल्लेख भी सारणियों में होने लगा। इनके पूरे नाम व्युत्क्रम-कोटिज्या और व्युत्क्रम-ज्या है। यों तो 'उत्क्रम' और 'व्युत्क्रम' दोनों का अर्थ 'उल्टे क्रम वाला' है किन्तु प्रयोग में उत्क्रम 'Inverse' or 'Reverse' के अर्थ में आता है और व्युत्क्रम 'Reciprocal' के अर्थ में। ५ और $\frac{१}{५}$ एक दूसरे के 'व्युत्क्रम' हैं। इससे स्पष्ट है कि

$$\text{व्युज्या} = \frac{१}{\text{ज्या}}, \qquad \text{व्युकोज्या} = \frac{१}{\text{कोज्या}}\,।$$

इन दोनों फलनों की प्रथम सारणी कोपरनीकस (Copernicus) के शिष्य र्‌हेटिकस (Rhaeticus) ने बनायी थी जो उसकी मृत्यु के पश्चात् १५९६ में छपी।

अब हम यहाँ समस्त त्रिकोणमितीय फलनों के नाम और संक्षिप्त रूप देते हैं—

Sine ज्या	Sin ज्या
Cosine कोज्या	Cos कोज्
Tangent स्पज्या	Tan स्प
Cotangent कोस्पज्या	Cot कोस्प
Secant व्युकोज्या	Sec व्युकोज्

Cosecant व्युज्या Cosec व्युज्या
Versed Sine=1—Cosine उत्क्रम ज्या=१—कोज्या
Versin उज्ज्या
Coversed Sine=1—Sine उत्कोज्या=१—ज्या
Coversin उत्कोज्

(३) २०० ई० पू० से १००० ई० तक

कुछ पाश्चात्य विद्वानों का यह मत है कि त्रिकोणमिति का आरम्भ यूनानी ज्यौतिषी हिप्पार्कस (Hipparchus) से हुआ है जिसका जीवन काल द्वितीय शताब्दी ई० पू० में माना जाता है। इसकी अधिकांश कृतियाँ नष्ट हो चुकी हैं। कोणों की जीवाओं पर ही इसने १२ ग्रन्थ लिखे जिनमें से एक भी प्राप्य नहीं है। ज्यौतिष में तो इसका कार्य बहुत महत्त्वपूर्ण हुआ है। इसने भूमण्डल पर किसी वस्तु की स्थिति निश्चित करने के लिए अक्षांश (Latitude) और देशान्तर (Longitude) की पद्धति अपनायी। इसके अतिरिक्त इसने १००० से अधिक तारों का सूचीपत्र तैयार किया। **गोलीय विक्षेप** (Stereographic Projection) का जन्मदाता वास्तव में यही था यद्यपि कुछ लोग गलती से टोलेमी को समझते हैं। उक्त क्रिया के लिए इसने उत्तरी ध्रुव को शीर्ष और विषुवत् वृत्त के समतल को आधार माना था।

इसमें सन्देह नहीं कि हिप्पार्कस को यह सूत्र

$$\text{ज्या}^2 \text{का} + \text{कोज्}^2 \text{का} = १$$

ज्ञात था। किसी त्रिभुज के निर्धारण के लिए हिप्पार्कस इस आधार से चलता था कि त्रिभुज एक वृत्त में अन्तर्लिखित (inscribed) है। इस प्रकार त्रिभुज की भुजाएँ एक वृत्त की जीवाएँ बन जाती थीं। और तब त्रिज्या के पदों में उनका मान निकाला जाता था। कुछ इतिहासज्ञों का मत है कि हिप्पार्कस निम्नलिखित सूत्रों से भी परिचित था—

ज्या (का ± खा) = ज्या का कोज् खा ± कोज् का ज्या खा,

कोज् (का ± खा) = कोज् का कोज खा + ज्या का ज्या खा,

किसी त्रिभुज की परित्रिज्या त्रा $= \dfrac{\text{क ख ग}}{४\triangle}$ ।

किन्तु इस कथन की पुष्टि का कोई निश्चित प्रमाण अभी तक नहीं मिला है।

ऐलैग्जेंड्रिया के हेरॉन (Heron) के जीवन काल के विषय में विवाद है। इतना निश्चित सा प्रतीत होता है कि इसका मुख्य कार्य १५०–१०० ई० पू० में हुआ।

इसकी विशेष रुचि ज्यामिति और यान्त्रिकी में थी। इसने कई पुस्तकें लिखी हैं। त्रिकोणमिति के विचार से इसकी सबसे महत्त्वपूर्ण पुस्तक मेट्रिका (Metrica) है। उक्त ग्रन्थ में इसने विभिन्न ज्यामितीय आकृतियों के क्षेत्रकलन के सूत्र दिये हैं जैसे त्रिभुज, चतुर्भुज, सम बहुभुज, वृत्त और दीर्घवृत्त। इसके अतिरिक्त उक्त पुस्तक में ठोसों के तल और आयतन के सूत्रों का भी विवेचन है। त्रिभुज के संबन्ध में हॆरॉन का सबसे महत्त्वपूर्ण सूत्र यह है जिसकी उसने ज्यामितीय उपपत्ति दी है—

यदि किसी त्रिभुज की भुजाएँ क, ख, ग हों, और हम अर्धपरिमाप $\frac{1}{2}$ (क+ख+ग) को अ से निरूपित करें तो

$$\triangle = \sqrt{\text{अ (अ−क)(अ−ख)(अ−ग)}}\ ।$$

हॆरॉन का एक ग्रन्थ भू सर्वेक्षण पर भी है।

ऍलॅग्ज़ॅण्ड्रिया के मॆनीलॉज़ (Menelaus) का स्थिति काल १०० ई० के आस पास था। इसने ६ भागों में जीवाओं पर एक पुस्तक लिखी जो अब लुप्त हो चुकी है। उक्त ग्रन्थ के अधिकांश में तो गोलीय त्रिकोणमिति के विषय हैं किन्तु फिर भी उसमें ज्यामिति और समतल त्रिकोणमिति पर भी बहुत कुछ है। इसके दो प्रमेय तो प्रसिद्ध हो गये हैं—एक समतल त्रिभुजों पर, दूसरा गोलीय त्रिभुजों पर। समतल त्रिभुजों सम्बन्धी इसका प्रमेय इस प्रकार है—

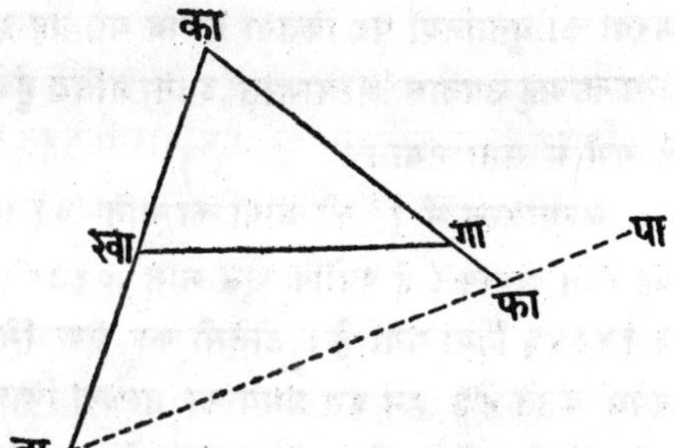

चित्र ८२—मॆनिलॉज़ का समतल त्रिभुज प्रमेय।

यदि किसी त्रिभुज का खा गा की तीनों भुजाओं को कोई ऋजु रेखा पा, फा, बा पर काटे तो

$$\frac{\text{का बा}}{\text{बा खा}} \cdot \frac{\text{खा पा}}{\text{पा गा}} \cdot \frac{\text{गा फा}}{\text{फा का}} = -1.$$

यह प्रमेय आजकल 'मॆनीलॉज़ की प्रमेयिका' (Lemma) कहलाता है। कार्नो ने, जिसका उल्लेख हम एक पिछले अध्याय में कर चुके हैं, इसी साध्य को अपनी 'तिर्यग्रेखा सिद्धान्त' (Theory of Transversals) का आधार बनाया था।

ऐलैग्ज़ॅण्ड्रिया का टोलेमी (Ptolemy) एक ज्यौतिषी, गणितज्ञ और भूगोलज्ञ था। इसका मुख्य कार्य १५० ई० के लगभग हुआ था। इसने चालीस वर्ष बराबर ज्यौतिष की सेवा की और कदाचित् ७८ वर्ष की आयु में स्वर्गवासी हुआ। यद्यपि इसकी प्रमुख रुचि ज्यौतिष में थी, तथापि इसने त्रिकोणमिति की नीव पुष्ट करने में भी बहुत सहयोग दिया है। इसने जीवाओं की एक सारणी बनायी जिसका उन दिनों उतना ही महत्त्व था जितना आजकल ज्या सारणी का है। टोलेमी का त्रिकोणमिति के सिद्धान्तों का प्रतिपादन इतना परिपक्व रहा है कि उसने १४०० वर्ष तक गणितज्ञों का मार्ग प्रदर्शन किया है। इसकी सबसे प्रसिद्ध पुस्तक आजकल 'अल्माजस्त' के नाम से प्रसिद्ध है। इस नाम का भी एक इतिहास है। ग्रन्थ का मौलिक नाम 'सिन्टॅक्सिस' (Syntaxis) था जिसका अर्थ है 'गणितीय संग्रह।' यूनानियों ने तुरन्त उसके गुण को पहिचाना और अन्य संग्रहों से भेद करने के लिए उसका नाम 'महान् संग्रह' रख दिया। जब पुस्तक अरब पहुँची तो अरबों ने उसका इतना आदर किया कि उसका नाम 'अल-मजिस्ती' (महत्तम) प्रचलित कर दिया। उन दिनों अरबों का यूनानियों पर कितना प्रभाव था, यह इसी बात से जाना जा सकता है कि ग्रन्थ का यह उपनाम 'अल्माजस्त' इतना प्रसिद्ध हुआ कि उसका मौलिक नाम विस्मृति के गर्भ में समा गया।

अल्माजस्त में १° की जीवा का मान .०१७२६८ दिया है। उस समय के लिए यह मान श्रेयस्कर है क्योंकि शुद्ध मान .०१७४५३ है। उसी पुस्तक में π का मान ३.१४१६६ दिया गया है। टोलेमी का एक प्रमेय प्रसिद्ध हो गया है जिसे **'टोलेमी प्रमेय'** कहते हैं। हम इस प्रमेय का उल्लेख पिछले अध्याय में 'ब्रह्मगुप्त' के अन्तर्गत कर चुके हैं। इसी प्रमेय की सहायता से ज्या (का ± खा) और कोज् (का ± खा) के सूत्र निकल आते हैं।

सूर्य सिद्धान्त

इतिहासज्ञों में इस बात पर मतभेद है कि आधुनिक **सूर्य सिद्धान्त** प्राचीन सूर्यसिद्धान्त का ही संशोधित रूप है अथवा ये दोनों ग्रन्थ एक दूसरे से भिन्न हैं। वराहमिहिर का उल्लेख हम अन्यत्र करेंगे। इन्होंने अपनी **'पंचसिद्धान्तिका'** में पाँच सिद्धान्तों का सार दिया है, जिनमें एक सूर्य सिद्धान्त भी है। जो सूर्य सिद्धान्त आजकल प्राप्य है, उसमें और वराहमिहिर के सूर्य सिद्धान्त में कुछ बातों में अन्तर दिखाई पड़ता है। इसी बिना पर कुछ लोगों का विचार है कि उक्त दोनों ग्रन्थ अलग अलग समय में अलग अलग लेखकों द्वारा लिखे गये हैं। अल्बेरूनी का विचार है कि सूर्य

सिद्धान्त के रचयिता लाटदेव थे किन्तु इस बात में विशेष तथ्य दिखाई नहीं देता। वराहमिहिर ने रोमक और पौलिश सिद्धान्तों के विषय में लिखा है कि ये लाटदेव द्वारा विरचित थे। यदि उनको यह पता होता अथवा उनके समय में यह बात प्रचलित हो गयी होती कि सूर्य सिद्धान्त के रचयिता भी लाटदेव ही थे तो अवश्य ही उन्होंने अपनी पंचसिद्धान्तिका में ऐसा लिख दिया होता।

भारत में प्राचीन समय में यह परिपाटी थी कि प्रायः लेखक अपना नाम गुप्त रखते थे और अपनी पुस्तक को दैव-वाणी बताते थे। कदाचित् इसी कारण सूर्य सिद्धान्त के लेखक ने भी अपना नाम गुप्त रखा हो। जो कुछ ग्रन्थ में लेखक के विषय में दिया हुआ है, उससे वास्तविकता का बिलकुल पता नहीं चलता। हम यहाँ ग्रन्थ के श्लोक २–९ उद्धृत करते हैं। इनका अर्थ हम विज्ञान परिषद्, प्रयाग द्वारा प्रकाशित सूर्य सिद्धान्त के 'विज्ञान भाष्य तथा मूल' से देते हैं—

अल्पावशिष्टे तु कृते मयनामा महासुरः।
रहस्यं परमं पुण्यं जिज्ञासुर्ज्ञानमुत्तमम् ॥२॥
वेदांगमग्र्यमखिलं ज्योतिषां गतिकारणम्।
आराधयन् विवस्वन्तं तपस्तेपे सुदुश्चरम् ॥३॥
तोषितस्तपसा तेन प्रीतस्तस्मै वरार्थिने।
ग्रहाणां चरितं प्रादान् मयाय सविता स्वयम् ॥४॥
विदितस्ते मया भावस्तोषितस्तपसा ह्यहम्।
दद्यां कालाश्रयं ज्ञानं ग्रहाणां चरितम् महत् ॥५॥
न मे तेजःसहः कश्चिदाख्यातुं नास्ति मे क्षणः।
मंदशः पुरुषोऽयं ते निःशेषेः क थयिष्यति ॥६॥
इत्युक्त्वाऽन्तर्दधे देवः समादिश्यांशमात्मनः।
स पुमान् मयमाहेदं प्रणतः प्राञ्जलिस्थितम् ॥७॥
शृणुष्वैकमनाः पूर्वं यदुक्तं ज्ञानमुत्तमम्।
युगे युगे महर्षीणां स्वयमेव विवस्वता ॥८॥
शास्त्रमाद्यं तदेवेदं यत्पूर्वं प्राह भास्करः।
युगानां परिवर्तेन कालभेदोऽत्र केवलम् ॥९॥

अर्थ—सत्ययुग के कुछ शेष रहने पर मय नामक महासुर ने सब वेदांगों में श्रेष्ठ, सारे ज्योतिष्क पिंडों की गतियों का कारण बताने वाले, परम पवित्र और रहस्यमय उत्तम ज्ञान को जानने की इच्छा से कठिन तप करके सूर्य भगवान् की आराधना की ॥२॥

उसकी तपस्या से संतुष्ट और प्रसन्न होकर सूर्य भगवान् ने स्वयं वर चाहने वाले मय को ग्रहों के चरित अर्थात् ज्योतिष शास्त्र का उपदेश दिया।

भगवान् सूर्य ने कहा कि "तेरा भाव मुझे विदित हो गया है और तेरे तप से मैं बहुत संतुष्ट हूँ; मैं तुझे ग्रहों के महान् चरित का उपदेश करता हूँ, जिससे समय का ठीक ठीक ज्ञान हो सकता है; परन्तु मेरे तेज को कोई सह नहीं सकता और उपदेश देने के लिए मुझे समय भी नहीं है। इसलिए यह पुरुष, जो मेरा अंश है, तुझे भलीभाँति उपदेश देगा ॥५–६॥

इतना कहकर सूर्य भगवान् अंतर्धान हो गये, और सूर्यांश पुरुष ने, आदेशानुसार, मय से, जो विनीत भाव से झुके हुए और हाथ जोड़े हुए थे, कहा—एकाग्रचित्त होकर यह उत्तम ज्ञान सुनो, जिसे भगवान् सूर्य ने स्वयं समय समय पर महर्षियों से कहा था। भगवान् सूर्य ने पहले जिस शास्त्र का उपदेश दिया था वही आदि शास्त्र यह है; युगों के परिवर्तन से केवल काल में कुछ भेद पड़ गया है ॥७–९॥

सूर्य सिद्धान्त के 'स्पष्टाधिकार' नामक अध्याय के १५वें और १६वें श्लोकों में ज्याएँ निकालने की विधि बतायी गयी है।

राशिलिप्ताष्टमो भागः प्रथमं ज्यार्धमुच्यते।
तत्तद्विभक्त लब्धोनमिश्रितं तद् द्वितीयकम् ॥१५॥

आद्येनैवं क्रमात् पिण्डान्भक्ता लब्धोनसंयुता।
खण्डकाः स्युश्चतुर्विन्शज्ज्यार्धपिण्डाः क्रमादमी ॥१६॥

ज्याओं का मान निकालने के लिए हिन्दू गणितज्ञ एक चरण के २४ भाग करते थे। इस प्रकार एक भाग ३° ४५' का हुआ जिसमें २२५' होते हैं। उक्त कोण की ज्या को भी ये लोग २२५' ही मानते थे। यह पहली ज्या कहलाती थी।

दूसरी ज्या निकालने के लिए पहली ज्या को उसी से भाग देकर लब्धि (=१) को पहली ज्या में से घटाकर, फिर पहली ज्या जोड़ दो, या यों कहिए कि पहली ज्या को दुगुना करके फल में से १ घटा दो। तो

दूसरी ज्या=२×२२५–१=४४९.

अन्य कोई सी ज्या निकालने के लिए पहले उसे पहली ज्या से भाग दो; फिर इस भजनफल को उक्त ज्या में से घटा दो। शष को उक्त ज्या और उससे पिछली ज्या के अन्तर में जोड़ दो, तो अगली ज्या प्राप्त हो जायगी। इसी प्रकार चौबीसों ज्याएँ निकाली जाती हैं।

उपर्युक्त भाषा में बड़े उल्झट्टे हैं। आधुनिक संकेतलिपि में हम उक्त सूत्र को इस प्रकार लिखेंगे—

$$\text{ज्या } (\text{स}+१)\ \text{अ} = \{\text{ज्या स अ}-\text{ज्या } (\text{स}-१)\ \text{अ}\} + \text{ज्या स अ} - \frac{\text{ज्या स अ}}{२२५},$$

जिसमें अ=३°४५′ और स=१, २, ३,.........२४,

$$\text{अर्थात् ज्या } (\text{स}+१)\ \text{अ}=\text{ज्या } (\text{स}-१)\ \text{अ}+\frac{४४९}{२२५}\ \text{ज्या स अ।}$$

इस परिकलन में पृथ्वी की त्रिज्या ३४३८ मानी गयी है।

उपरिलिखित सूत्र कहाँ से प्राप्त हुआ ? इसकी कोई उपपत्ति सूर्य सिद्धान्त में नहीं दी गयी है। किन्तु हम उपपत्ति का अनुमान लगा सकते हैं। हमें प्राप्त है

$$\text{ज्या}(\text{प}\pm\text{फ})=\frac{१}{\text{त्र}}(\text{ज्या प कोज् फ}\pm\text{कोज् प ज्या फ}),$$

जिसमें 'त्र' हमने त्रिज्या के लिए रखा है।

$$\therefore \text{ज्या } (\text{प}+\text{फ})-\text{ज्या प}$$

$$=\frac{१}{\text{त्र}}\{\text{कोज् प ज्या फ}-\text{ज्या प उज्ज्या फ}\}$$

और ज्या प—ज्या (प—फ)

$$=\frac{१}{\text{त्र}}\{\text{ज्या प उज्ज्या फ}+\text{कोज् प ज्या फ}\}$$

$$\therefore \text{ज्या } (\text{प}+\text{फ})-\text{ज्या प}=\text{ज्या प}-\text{ज्या}(\text{प}-\text{फ})-\frac{२\ \text{ज्या प उज्ज्या फ}}{\text{त्र}}$$

$$=\text{ज्या प}-\text{ज्या } (\text{प}-\text{फ})-\text{ज्या प}\left(\frac{२\ \text{ज्या}\ \frac{\text{फ}}{२}}{\text{त्र}}\right)^{२}$$

यहाँ तक तो यह सूत्र सर्वथा शुद्ध है। अब इसके आगे सूर्य सिद्धान्त के रचयिता निकट मान निकालने के लिए निम्नलिखित प्रसर का आश्रय लेते हैं—

$$\left(\frac{२\ \text{ज्या}\ \frac{\text{फ}}{२}}{\text{त्र}}\right)^{२}=\left(\frac{\text{ज्या फ}}{\text{त्र}}\right)^{२}=\left(\frac{२२५}{३४३८}\right)^{२}$$

$$=\text{लगभग}\ \frac{१}{२२५}$$

अब उपरिलिखित सूत्र में प=स अ; फ=अ रखने से हमें अभीष्ट सूत्र प्राप्त हो जाता है—

$$\text{ज्या }(\text{स}+१)\text{ अ}=\text{ज्या स अ}+\{\text{ज्या स अ}-\text{ज्या }(\text{स}-१)\text{ अ}\}-\frac{\text{ज्या स अ}}{२२५}\text{ ।}$$

इस अन्तिम सूत्र में ज्या का वही अर्थ है जो आधुनिक त्रिकोणमिति में Sine का होता है। किन्तु ऊपर दिये हुए प्रसर में ज्या का प्राचीन अर्थ है। हम इस अध्याय के आरम्भ में बता चुके हैं कि ज्या और Sine में क्या सम्बन्ध है।

आधुनिक परिकलन से इस सूत्र में केवल इतना अन्तर पड़ता है कि अन्तिम भाजक २२५ के स्थान पर २३३.५०६ लिया जाता है क्योंकि

$$\left(२\text{ ज्या}\frac{\text{फ}}{२}\right)^{२}=\left(२\text{ ज्या }१^{\circ}५२'\ ३०''\right)^{२}=.००४२८२५५=\frac{१}{२३३.५०६}$$

अतः ज्याओं के मान में बहुत थोड़ा अन्तर पड़ पाता है। व्यावहारिक दृष्टि से सूर्य सिद्धान्त के दिये हुए मान प्रायः ठीक हैं—

अब हम सूर्यसिद्धान्त के 'स्पष्टाधिकार' के श्लोक १७–२७ देते हैं जिनमें ज्या सारणी के आँकड़े दिये हुए हैं। तत्पश्चात् हम चौबीस ज्याओं की सारणी भी देंगे जो हमने 'विज्ञान भाष्य' से उद्धृत की है—

तत्त्वाश्विनोऽङ्काब्धिकृता रूपभूमिधरर्तवः ।
खाङ्काष्टौ पञ्चशून्येशा बाणरूपगुणेन्दवः ॥१७॥
शून्यलोचनपञ्चैकाश्छिद्ररूपमुनीन्दवः ।
वियच्चन्द्रातिधृतयो गुणरन्ध्राम्बराश्विनः ॥१८॥
मुनिषड्यमनेत्राणि चन्द्राग्निकृतदस्रकाः ।
पञ्चाष्टविषयाक्षीणि कुञ्जराश्विनगाश्विनः ॥१९॥
रन्ध्रपञ्चाष्टकयमा वस्वद्र्यङ्कयमास्तथा ।
कृताष्टशून्यज्वलना नगाद्रिशशिवह्नयः ॥२०॥
षट्पञ्चलोचन गुणाश्चन्द्रनेत्राग्नि वह्नयः ।
यमाद्रिवह्निज्वलना रन्ध्रशून्यार्णवाग्नयः ॥२१॥
रूपाग्निसागरगुणा वस्वग्निकृतवह्नयः ।
प्रोज्झ्योत्क्रमेणव्यासार्धादुत्क्रमज्यार्धपिण्डकाः ॥२२॥
मुनयो रन्ध्रयमला रसषट्का मुनीश्वराः ।
द्व्यष्टैका रूपषड्दस्राः सागरार्थहुताशनाः ॥२३॥
खर्तुवेदा नवाद्र्यर्था दिङ्नगास्त्र्यर्थकुञ्जराः ।
नगाम्बरवियच्चन्द्रा रूपभूधरशङ्कराः ॥२४॥

शरार्णवहुताशैका भुजङ्गाक्षि शरेन्दवः ।
नवरूपमहीध्रैका गजैकाङ्कनिशाकराः ॥२५॥
गुणाश्विरूपनेत्राणि पावकग्निगुणाश्विनः ।
वस्वर्णवार्थयमलास्तुरङ्गर्तुनगाश्विनः ॥२६॥
नवाष्टनवनेत्राणि पावकैकयमाग्नयः ।
गजाग्निसागरगुणा उत्क्रमज्यार्धपिण्डकाः ॥२७॥

सूर्य सिद्धान्त की ज्या सारणी

पिंडों का क्रम	धनु अथवा कोण	भारतीय रीति से ज्या के मान जब त्रिज्या=३४३८	आजकल की रीति से ज्या के मान जब त्रिज्या=३४३८	आजकल की रीति से ज्या के मान जब त्रिज्या=१
१.	३° ४५′	२२५	२२४.८५	.०६५४
२.	७° ३०′	४४९	४४८.९५	.१३०५
३.	११° १५′	६७१	६७०.७२	.१९५१
४.	१५°	८९०	८८९.८२	.२५८८
५.	१८° ४५′	११०५	११०५.०१	.३२१४
६.	२२° ३०′	१३१५	१३१५.०५	.३८२७
७.	२६° १५′	१५२०	१५२०.५८	.४४२३
८.	३०°	१७१९	१७१९.००	.५०००
९.	३३° ४५′	१९१०	१९१०.०५	.५५५५
१०.	३७° ३०′	२०९३	२०९३.०५	.६०८८
११.	४१° १५′	२२६७	२२६७.०२	.६५९४
१२.	४५° ०	२४३१	२४३१.०१	.७०७१
१३.	४८° ४५′	२५८५	२५८४.७०८	.७५१९
१४.	५२° ३०′	२७२८	२७२७.५५	.७९३४
१५.	५६° १५′	२८५९	२८५८.५५	.८३१५
१६.	६०° ०	२९७८	२९७७.३१	.८६६०
१७.	६३° ४५′	३०८४	३०८३.४५	.८९६९
१८.	६७° ३०′	३१७७	३१७६.३७	.९२३९
१९.	७१° १५′	३२५९	३२५५.७५	.९४६९
२०.	७५° ०	३३२१	३३२०.८५	.९६५९
२१.	७८° ४५′	३३७२	३३७१.९५	.९८०८
२२.	८२° ३०′	३४०९	३४०८.७५	.९९१४
२३.	८६° १५′	३४३१	३४३०.८५	.९९७८
२४.	९०° ०′	३४३८	३४३८.००	१.००००

आर्यभट्ट

आर्यभट्ट की आर्यभटीयं का उल्लेख हम पिछले अध्यायों में कर चुके हैं। उक्त पुस्तक में आर्यभट्ट ने ज्या सारणी बनाने के दो नियम दिये हैं जिनमें से एक तो प्रायः वही है जो सूर्य सिद्धान्त में दिया हुआ है किन्तु आर्यभट्ट ने उसे दूसरा रूप दे दिया है—

"पहली ज्या म से, उसको उसी से भाग देकर घटा दो। इस प्रकार सारणीय ज्याओं का दूसरा अन्तर प्राप्त होगा। कोई सा भी अन्तर निकालने के लिए उससे पिछले समस्त अन्तरों के जोड़ को पहली ज्या से भाग देकर, उससे पिछले अन्तर में से घटा दो। इस प्रकार सारे अन्तर प्राप्त हो जायँगे।"

इन नियमों का प्रमाण आर्यभटीयं के 'गीतिकापाद' का १० वाँ श्लोक है—

मखि भखि फखि धखि णखि भखि ङखि हस्क स्वकि किष्म श्घकि किघ्व ॥
घ्लकि किग्र हक्य धाहा स्त स्ग श्क ङ्व ल्क प्त फ छ कलार्धज्याः ॥१०॥

मान लीजिए कि सारणिक ज्याओं के अन्तर क्रमशः $अ_{१}$, $अ_{२}$, $अ_{३}$......$अ_{स}$,.. हैं। तो उपरिलिखित सूत्र के अनुसार, प्रत्येक ३° ४५′ की वृद्धि के लिए

$$अ_{स+१} = अ_{स} - \frac{अ_{१}+अ_{२}+.........अ_{स}}{ज्या\ ३° ४५'} ।$$

किन्तु ज्याओं के जो मान इन सूत्रों से आते हैं, आर्यभट्ट ने ठीक वही मान अपनी सारणी में नहीं दिये हैं वरन् अगले अथवा पिछले पूर्णांक में उन्हें परिणत कर दिया है। यह सम्भव है कि आर्यभट्ट ने उपरिलिखित सूत्र से उनका निकट मान निकाला हो और फिर ज्ञात कोणों (३०°, ४५°, ६०°) की ज्याओं से उनकी तुलना करके उनका संशोधन कर दिया हो। हम यहाँ आर्यभट्ट की ज्या सारणी के साथ साथ ज्याओं के आधुनिक मान भी देते हैं। यह सारणी हमने इस लेख से प्राप्त की है—

A. N. Singh : Hindu Trigonometry—Proc. Banaras Math. Soc., New Series I (1939) 77-92.

अन्तर	सूत्र से परिकलित	आर्यभट्ट का दिया हुआ मान	आधुनिक मान
अ$_{१}$	२२५	२२५	२२४.८५६
अ$_{२}$	२२४	२२४	२२३.८९३
अ$_{३}$	२२२.००५	२२२	२२१.९७१
अ$_{४}$	२१९.०१८	२१९	२१९.१००
अ$_{५}$	२१५.०४५	२१५	२१५.२८९
अ$_{६}$	२१०.०८९	२१०	२१०.५५७
अ$_{७}$	२०४.१५६	२०५	२०४.९२३
अ$_{८}$	१८९.२४५	१९९	१९८.४११
अ$_{९}$	१९१.३६०	१९१	१९१.०५
अ$_{१०}$	१८२.५१२	१८३	१८२.८७२
अ$_{११}$	१७३.६९४	१७४	१७३.९०९
अ$_{१२}$	१६३.२४५	१६४	१६४.२०२
अ$_{१३}$	१५३.१९६	१५४	१५३.७९२
अ$_{१४}$	१४२.५१२	१४३	१४२.७२४
अ$_{१५}$	१३०.८७६	१३१	१३१.०४३
अ$_{१६}$	११८.२९४	११९	११८.९०३
अ$_{१७}$	१०५.७४५	१०६	१०५.९५३
अ$_{१८}$	९२.२९८	९३	९३.१०३
अ$_{१९}$	७८.८८०	७९	७८.१८५
अ$_{२०}$	६४.५२७	६५	६५.३०७
अ$_{२१}$	५०.२४०	५१	५१.०८७
अ$_{२२}$	३६.०१४	३७	३६.६४८
अ$_{२३}$	२१.८४९	२२	२२.०५१
अ$_{२४}$	६.७५२	७	७.३६१

वराह मिहिर

वराह मिहिर एक भारतीय ज्योतिषी थे। इनका जीवन काल निश्चित रूप से नहीं बताया जा सकता किन्तु इन्होंने अपनी ग्रन्थ रचना पाँचवीं शताब्दी में की, इसमें सन्देह नहीं है। इनकी मृत्यु के सम्बन्ध में एक वाक्य प्रचलित है—

नवाधिक पंचशत संख्य शाके
वराह मिहिराचार्यो दिवं गतः ।

यह पता नहीं कि यह उक्ति ब्राह्मस्फुट सिद्धान्त के टीकाकार पृथूदक स्वामी की है अथवा आमराज की। इस वाक्य के अनुसार वराह मिहिर की मृत्यु लगभग ५८८ ई० (शाके ५०९) में ठहरती है। और उक्त ज्यौतिषी का सबसे प्रसिद्ध ग्रन्थ 'पंचसिद्धान्तिका' ५०६ ई० में लिखा गया था, ऐसा अनुमान उक्त पुस्तक के पाठ से ही लगता है। अतः वराह मिहिर का जन्म ४८६ के पश्चात् का नहीं हो सकता क्योंकि साधारणतया कोई लेखक २० वर्ष की अवस्था से पहले अपनी लेखनी नहीं उठाता।

वराह मिहिर अवन्ती (उज्जयिनी) के निवासी थे। इनके पिता का नाम आदित्यदास था और इन्होंने अपनी अधिकांश शिक्षा उन्हीं से प्राप्त की। इन्होंने गणित के अतिरिक्त यात्रा, विवाह, संहिता आदि विषयों पर भी ग्रन्थ लिखे हैं। रचना काल के अनुसार इनके ग्रन्थ इस प्रकार हैं—

पंचसिद्धान्तिका, विवाहपटल, बृहज्जातक, लघुजातक, यात्रा, बृहत्संहिता।

उपरिलिखित ग्रन्थों में से विवाह और यात्रा सम्बन्धी ग्रन्थों को छोड़ कर इनके शेष समस्त ग्रन्थ उपलब्ध हैं।

वराह मिहिर ने भी ३° ४५' के अन्तर से विभिन्न कोणों की एक ज्या सारणी दी है किन्तु इन्होंने गोले की त्रिज्या को ६० माना है। ज्याओं का मान निकालने के लिए इन्होंने इस सूत्र का प्रयोग किया है—

$$\text{ज्या}\frac{\text{अ}}{२} = \sqrt{\tfrac{१}{२}\text{उज्ज्या अ}}\,।$$

लल्ल एक भारतीय ज्यौतिषी थे जिनका जीवन काल ६०० ई० के आसपास माना जाता है। इन्होंने ५९८ ई० में एक ग्रन्थ 'धीवृद्धिदतन्त्र' लिखा जिसमें ज्या और उज्ज्या सारणियाँ दी गयी हैं। इन्होंने गोले की त्रिज्या को सूर्य सिद्धान्त की भाँति ३४३८ माना है। इसके अतिरिक्त एक अन्य ज्या सारणी भी दी है जिसमें त्रिज्या १५० मानी गयी है।

सारणियों के सम्बन्ध में दो शब्द ब्रह्मगुप्त के विषय में भी कहने हैं।

इनकी कृतियों का उल्लेख पिछले कई अध्यायों में हो चुका है। इन्होंने भी एक ज्या सारणी दी है जिसमें त्रिज्या ३२७० ली है। ज्या का मान निकालने में इन्होंने इस सूत्र का भी प्रयोग किया है—

$$\text{ज्या}\left(\frac{\pi}{२} - \frac{\text{प}}{२}\right) = \sqrt{१ - \text{ज्या}^{२}\frac{\text{प}}{२}}\,।$$

सन् ९५० के लगभग एक भारतीय ज्यौतिषी (द्वितीय) आर्यभट्ट हुए हैं। इन्होंने भी एक आर्य सिद्धान्त लिखा है, जिसकी एक प्रति पूना के डकन कालिज में सुरक्षित है। इस पुस्तक का उल्लेख हम अंकगणित के अध्याय में कर चुके हैं। वहीं पर हम यह भी कह चुके हैं कि 'अलबेरूनी ने जिन दो आर्यभट्टों का उल्लेख किया है, वह वस्तुतः एक ही व्यक्ति थे।' अलबेरूनी का अभिप्राय इन दूसरे आर्यभट्ट से हो ही नहीं सकता था क्योंकि जो बातें अलबेरूनी ने लिखी हैं, द्वितीय आर्यभट्ट पर बिलकुल भी लागू नहीं हैं। यदि यह मान भी लिया जाय कि द्वितीय आर्य भट्ट भी अलबेरूनी से पहले हुए थे तो भी यह स्पष्ट है कि इनका आर्य सिद्धान्त अलबेरूनी ने देखा ही नहीं था। इनके आर्य सिद्धान्त में अंकगणित, बीजगणित, ज्यामिति और गोला--सभी विषयों का समावेश है। इन्होंने इस सूत्र

$$\text{ज्या}\ \tfrac{१}{२}\left(\frac{\pi}{२} \pm \text{प}\right) = \sqrt{\tfrac{१}{२}(१ \pm \text{ज्या प})}$$

की सहायता से ज्या सारणी बनायी है जो सूर्य सिद्धान्त की सारणी से अभिन्न है।

अरब

उधर अरब देश भी त्रिकोणमिति की ओर जागरूक हो चुका था। अल्बाटॅजिनस उक्त देश का एक प्रसिद्ध ज्यौतिषी हुआ है। इसका पूरा नाम मुहम्मद बिन जाबिर अलबतानी था और जीवन काल लगभग ८५०-९२९। इसने स्वयं बहुत से ज्यौतिषीय अवलोकन किये और टोलेमी के दिये हुए मानों का शोधन किया। इसी ने अपने देश में ज्याओं और स्पज्याओं का प्रयोग आरम्भ किया था। इसने ज्यौतिष पर एक ग्रन्थ लिखा जिसकी पाण्डुलिपि आजतक रोग में सुरक्षित है।

अबुल वफ़ा (९४०–९९८) की सारणियों का उल्लेख हम ऊपर कर चुके हैं। इसने यूनान की गणितीय पुस्तकों के अनुवाद किये और डायफ़ॅण्टस पर एक टीका लिखी किन्तु ये सब कृतियाँ लुप्त हो चुकी हैं। इसके द्वारा अल्माजस्त का बड़ा प्रचार हुआ। इसकी ज्यामितीय रचनाओं (Geometrical Constructions) की एक पुस्तक अब भी प्राप्य है जिसमें १२ अध्याय हैं, किन्तु वह इसने स्वयं नहीं लिखी। वह इसके एक शिष्य ने इसके व्याख्यानों के आधार पर लिखी है। इसने त्रिकोणमिति के प्रमेयों को व्यवस्थित रूप में प्रस्तुत किया। कह सकते हैं कि त्रिकोणमिति को एक स्वतन्त्र विषय का रूप देना इसी का काम था। इसने ये सूत्र भी सिद्ध किये थे —

$$१—\text{कोज्}\ \text{क्ष}=२\ \text{ज्या}^{२}\frac{\text{क्ष}}{२},$$

$$\text{ज्या}\ \text{क्ष}=२\ \text{ज्या}\ \frac{\text{क्ष}}{२}\ \text{कोज्}\ \frac{\text{क्ष}}{२}।$$

(४) १००० ई० से १७०० ई० तक

भारत

भास्कर

भास्कराचार्य की ज्यौतिष सम्बन्धी पुस्तक 'सिद्धान्त शिरोमणि' है जिसके मुख्य खण्ड चार हैं—लीलावती, बीजगणित, गणिताध्याय और गोलाध्याय। इनमें से प्रथम दोनों खण्डों ने तो अब स्वतन्त्र पुस्तकों का रूप धारण कर लिया है। इन दोनों का उल्लेख हम यथास्थान कर चुके हैं। अब 'सिद्धान्त शिरोमणि' से अधिकतर लेखकों का तात्पर्य तीसरे और चौथे खण्डों से ही होता है।

'सिद्धान्त शिरोमणि' की आजतक अनेक टीकाएँ छप चुकी हैं। आर्यभट्ट के टीकाकार परमादीश्वर ने एक पुस्तक 'सिद्धान्त दीपिका' भास्कर के ग्रन्थों पर ही लिखी है। एक अन्य प्रसिद्ध टीका है ज्ञानराज के पुत्र 'सूर्यदास' की लिखी हुई, जिसका नाम 'सूर्य प्रकाश' है। 'गोलाध्याय' का अंग्रेजी अनुवाद बापू देव शास्त्री ने सन् १८६१ में 'बिब्लियोथिका इण्डिका' में छपवाया था।

'सिद्धान्त शिरोमणि' का एक अध्याय यन्त्रों पर है। इसमें एक स्वचल (Automaton) का भी उल्लेख है जिसमें आचार्य महोदय के अनुसार चिरस्थायी गति (Perpetual Motion) प्राप्त हो सकती है। उक्त यन्त्र का वर्णन इस प्रकार है। 'लकड़ी का एक पहिया बना कर उसमें समान दूरियों पर आरे लगाओ। आरे सीधे नहीं वरन् एक ओर झुके हुए हों और अन्दर से पोले हों। उनके एक ओर समान आकार के छेद बने हों। इन छेदों में पारा डालकर छेदों को आधा भर दो और छेदों का मुँह बन्द कर दो। फिर इस पहिये को एक धुरी पर कस दो। अन्त में धुरी को पहिये सहित दो स्तम्भों के बीच में स्थिर कर दो। पहिये को एक बार गति देने से पहिया सदैव घूमता रहेगा।'

बहुत से आधुनिक गणितज्ञों ने भी चिरस्थायी गतिमान् यन्त्र बनाने के प्रयत्न किये हैं जो उपरिलिखित यन्त्र के वर्णन से पूरा पूरा मेल खाते हैं। स्पष्ट है कि उक्त यन्त्र कभी बन ही न पाया होगा।

भास्कर ने भी गोले की त्रिज्या ३४३८ मानकर एक ज्या सारणी बनायी है। इन्होंने भी कोणों का अन्तर ३° ४५′ लिया है। सारणी बनाने की इन्होंने सात विधियाँ दी हैं—छ सैद्धान्तिक और एक आलैखिक (Graphical)।

अन्य देश

स्पेन में एक ज्यौतिषी हुआ है इब्न-अल-ज़र्क़ाला जिसका जीवन काल लगभग १०२९–१०८७ था। यह अर्ज़किल (Arzachel) नाम से भी प्रसिद्ध है। इसने भी ज्याओं और उज्ज्याओं की एक सारणी बनायी है जिसमें गोले की त्रिज्या को १५० माना है।

टॉमस फ़िंक (Thomas Fink) डेन्मार्क (Denmark) का एक गणितज्ञ (१५६१–१६५६) था। इसने १५८३ में ज्यामिति पर एक पुस्तक प्रकाशित की जिसमें त्रिभुजों के सम्बन्ध में एक महत्त्वपूर्ण सूत्र दिया। यदि हम किसी त्रिभुज के शीर्षों को का, खा, गा से और भुजाओं को क, ख, ग से निरूपित करें तो उक्त सूत्र इस प्रकार लिखा जायगा—

$$\frac{\frac{1}{2}(\text{क}+\text{ख})}{\frac{1}{2}(\text{क}+\text{ख})-\text{ख}}=\frac{\text{स्प}\,\frac{1}{2}\,(180-\text{गा})}{\text{स्प}\left[\frac{1}{2}\,(180-\text{गा})-\text{खा}\right]}$$

वीटा का उल्लेख हम बीजगणित के परिच्छेद में कर चुके हैं। इसने उपरिलिखित सूत्र को यह आधुनिक रूप दिया—

$$\frac{\text{क}+\text{ख}}{\text{क}-\text{ख}}=\frac{\text{स्प}\,\frac{1}{2}\,(\text{का}+\text{खा})}{\text{स्प}\,\frac{1}{2}\,(\text{का}-\text{खा})}\,।$$

कह सकते हैं कि वीटा के समय से ही समतल और गोलीय त्रिभुजों का त्रिकोणमितीय निर्धारण होता है। वीटा की त्रिकोणमिति को केवल इतनी ही देन नहीं है। उसने १३ दशमलव स्थानों तक ज्या १′ का मान निकाला और उसी की सहायता से अपनी ज्या सारणी तैयार की।

बार्थालोमस पिटिस्कस (Bartholomaus Pitiscus) एक जर्मन गणितज्ञ था जिसका स्थिति-काल १५६१–१६१३ था। यह व्यवसाय से धर्म प्रचारक था किन्तु इसकी रुचि गणित में थी। त्रिकोणमिति नाम से सबसे पहली पुस्तक इसी ने प्रकाशित की थी। इसने बड़ी लगन के साथ प्राकृतिक त्रिकोणमितीय फलनों के मान निकाले। इसी के समय में गणितज्ञों ने उक्त फलनों को लम्बाइयों के बदले अनुपातों का रूप देना आरम्भ किया। इसने अपनी पुस्तक में बायीं ओर ज्याओं, स्पज्याओं और

व्युकोज्याओं के मान दिये हैं और दाहिनी ओर शेष तीनों फलनों के जिन्हें इसने 'पूरक' फलन (complements) कहा है। इसके अतिरिक्त उक्त सारणियों में इसने १०″ तक के अनुपाती भाग (Proportional Parts) भी दिये हैं। त्रिज्या को इसने १०^{२५} माना है। इसके अतिरिक्त इसने र्‌हेटिकस की सारणियों का भी संशोधन किया है।

इस सम्बन्ध में जॉन न्यूटन (John Newton) (१६२२–१६७८) का नाम भी उल्लेखनीय है। इसने १६५८ में दो भागों में त्रिकोणमिति पर एक ग्रन्थ 'ट्रिग्नॉमेंट्रिया ब्रिट्रॅनिका' (Trigonometria Brittanica) प्रकाशित किया। कहते हैं कि उस समय तक की त्रिकोणमिति सम्बन्धी समस्त पुस्तकों में यही सबसे सम्पूर्ण थी। इसमें १ से लेकर १००, ००० तक की संख्याओं के लघुगणक भी दिये गये थे।

जेम्स ग्रेगरी (James Gregory) (१६३८–१६७५) स्काटलॅण्ड का एक गणितज्ञ और ज्यौतिषी था। इसने ऐंबर्डीन (Aberdeen) में शिक्षा पायी और गणित और भौतिकी दोनों में ख्याति प्राप्त की। १६६९–७४ तक सेण्ट ऐंन्ड्रूज़ (St. Andrews) में प्राध्यापक रहा। १६७४ में यह ऐंडिन्बरा (Edinburgh) में प्राध्यापक नियुक्त हुआ किन्तु एक ही वर्ष पश्चात् इसकी मृत्यु हो गयी। १६६३ में इसने एक पुस्तक प्रकाशित की जिसमें एक नये प्रकार के दूरवीक्ष (Telescope) का आविष्कार दिया गया था। १६६५ में यह पडुआ गया जहाँ कुछ वर्षों तक अध्ययन करता रहा। १६६७ में इसने एक अन्य पुस्तक प्रकाशित की जिसमें वृत्त और अतिपरवलय के क्षेत्रफल अनन्त श्रेणियों के रूप में दिये गये थे। १६६८ में इसने ज्यामिति पर एक पुस्तक लिखी जिसमें वक्रों के चापकलन (Rectification) और परिक्रमण ठोसों के आयतनों के सूत्र दिये गये थे।

शुद्ध गणित में इसकी कई गवेषणाएँ महत्वपूर्ण हैं—

(i) अभिसारी और अपसारी श्रेणियों का अन्तर।

(ii) π की असुमेयता

(iii) स्प क्ष, स्प$^{-१}$ क्ष और व्युकोज्$^{-१}$ क्ष का प्रसार। इन में से स्प$^{-१}$ क्ष का प्रसार इस प्रकार का है––

$$\text{स्प}^{-१}\text{ क्ष} = \text{क्ष} - \frac{१}{३}\text{ क्ष}^{३} + \frac{१}{५}\text{ क्ष}^{५} - \frac{१}{७}\text{ क्ष}^{७} + \ldots\ldots$$

यह फल **'ग्रेगरी श्रेणी'** के नाम से प्रसिद्ध है।

आँख से अत्यधिक काम लेने के कारण जीवन के अन्तिम दिनों में ग्रेगरी अन्धा हो गया था।

अब द: म्वाव्रे (De Moivre) (१६६७–१७५४) का उल्लेख करना आवश्यक हो गया है। इसका जन्म तो फ्रांस में हुआ था किन्तु अट्ठारह वर्ष की अवस्था से यह लन्दन में ही रहा। अत: इसका नाम भी अंग्रेज़ गणितज्ञों में ही गिना जाना चाहिए। विपन्नावस्था के कारण इसको संस्थागत अध्ययन तो लड़कपन में ही छोड़ देना पड़ा। यह अपनी जीविका व्यक्तिगत शिक्षण और गणितीय पहेली बुझौअल द्वारा चलाने लगा। इसका अधिकांश समय लन्दन के एक कॉफ़ी गृह में बीतता था जहाँ यह लोगों द्वारा प्रस्तुत किये गये प्रश्नों के उत्तर देकर किसी प्रकार निर्वाह किया करता था। इसकी दो पुस्तकें प्रसिद्ध हुई हैं। पहली The Doctrine of Chances में इसने आवर्त श्रेणी (Recurring Series) सिद्धान्त, आंशिक भिन्न (Partial Fractions) और संयुक्त सम्भाव्यता (Compound Probability) सिद्धांत दिये हैं। दूसरी पुस्तक में इसके त्रिकोणमितीय फल हैं।

द: म्वाव्रे का सबसे महत्त्वपूर्ण त्रिकोणमितीय प्रमेय यह है—

$$\text{कोज् स क्ष} + \text{ज्या स क्ष} = (\text{कोज् क्ष} + \text{ए ज्या क्ष})^{\text{स}},$$

जिसमें $\text{ए} = \sqrt{-१}$। यह फल **'द: म्वाव्रे प्रमेय'** कहलाता है। इसी प्रमेय की सहायता से इसने कोज् स क्ष और ज्या स क्ष के, कोज् क्ष और ज्या क्ष के घातों के पदों में, प्रसार निकाले हैं। यद्यपि उक्त प्रमेय कोट्स (Cotes) को भी ज्ञात था, तथापि उसे आधुनिक रूप द: म्वाव्रे ने ही दिया था। यह कहने में अत्युक्ति नहीं होगी कि त्रिकोणमिति का वर्तमान विकास बहुत कुछ उक्त प्रमेय पर ही आधृत है।

द: म्वाव्रे ने एक और महत्त्वपूर्ण कार्य यह किया कि व्यंजक

$$\text{य}^{\text{२स}} - \text{२ क य}^{\text{स}} + १$$

के गुणनखण्ड निकाले।

द: म्वाव्रे की मृत्यु के सम्बन्ध में एक लोकोक्ति है कि एक दिन उसने निश्चय किया कि अब उसे प्रति दिन अपना सोने का समय १५ मिनट बढ़ाते जाना चाहिए। मान लीजिए कि जब उसने यह बात कही थी, वह प्रतिदिन आठ घण्टे सोता था। तो अगले दिन वह ८$\frac{१}{४}$ घण्टे सोयेगा, उससे अगले दिन ८$\frac{१}{२}$ घण्टे और इसी प्रकार $\frac{१}{४}$ घण्टा प्रति दिन बढ़ाता जायगा। स्पष्ट है कि ६५ वें दिन उसकी मृत्यु हो गयी होगी

(५) अट्ठारहवीं और उन्नीसवीं शताब्दियाँ

अट्ठारहवीं शताब्दी में पदार्पण करते ही टॉमस-फ़ॅण्टॅल द: लॅग्नी (Thomas-Fantal de Lagny) का नाम दृष्टिगोचर होता है। यह फ्रांस का एक गणितज्ञ था। जिसका जीवन काल १६६०–१७०४ था। इसने मूल निकालने और गोले के घनण (Cubature) आदि पर अनेक अभिपत्र लिखे। समीकरण सिद्धान्त सम्बन्धी इसके कुछ फलों का हेली (Halley) ने बाद को संशोधन किया है। १७१० में लॅग्नी ने ही सर्व प्रथम स्प स क्ष और व्युकोज् स क्ष के सार्विक सूत्र दिये हैं। इसी ने सबसे पहले त्रिकोणमितीय फलनों की आवर्तता (periodicity) सिद्ध की है। उक्त समय तक दशमलव भिन्नों का प्रचार होने लगा था किन्तु लॅग्नी ने ही सर्व प्रथम १७१९ में एक अभिपत्र में स्पष्ट रूप से लिखा कि ज्या ९०=१. इससे पहले प्राय: समस्त लेखक ज्या ९०=त्रिज्या देते थे। और त्रिज्या ये लोग अधिकतर ६० की लेते थे।

लॅग्नी की मृत्यु के विषय में एक कहानी प्रसिद्ध है। लॅग्नी मृत्यु शय्या पर पड़ा था जब उसने मॉपर्शियस (Maupertius) को बुलाया। मॉपर्शियस ने उससे पूछा कि "१२ का वर्ग कितना होता है?" लॅग्नी उठकर बैठ गया, प्रश्न का उत्तर दिया और परलोक सिधार गया।

ऑगस्टस डी मॉर्गन (Augustus De Morgan) (१८०६–१८७१) का जन्म मद्रास प्रान्त के मदुरा नगर में हुआ था। १४ वर्ष की अवस्था में ही इसने तीन भाषाएँ—लॅटिन, यूनानी और हिब्रू सीख ली थीं। १६ वर्ष की अवस्था में इसने केम्ब्रिज के ट्रिनिटी कॉलिज में नाम लिखा लिया। उन दिनों एम० ए० की उपाधि लेने से पहले कुछ धार्मिक परीक्षाएँ भी देनी पड़ती थीं। इन परीक्षाओं पर इसको नैतिक आपत्ति थी। अतः इसने एम० ए० की उपाधि ली ही नहीं। १८२८ में यह लन्दन के यूनिवर्सिटी कॉलिज में प्राध्यापक नियुक्त हो गया। १८३१ में कॉलिज की प्रबन्ध समिति से किसी बात पर मतभेद होने के कारण इसे उक्त स्थान से त्यागपत्र देना पड़ा। जो व्यक्ति उस स्थान पर नियुक्त हुआ, सन् १८३६ में उसकी डूबने से मृत्यु हो गयी। तब डी० मॉर्गन ने फिर उसी गद्दी का कार्यभार सँभाला।

डी मॉर्गन अध्यापन में अद्वितीय था। यह छोटी छोटी टिप्पणियाँ लिखकर ले जाया करता था और उनकी सहायता से धारावाही रूप से व्याख्यान दिया करता था। लिखने में भी यह सिद्धहस्त था किन्तु फिर भी इसकी लेखनी में वह बात नहीं आती थी जो वक्तृता में आती थी। इस के दो शिष्य बहुत प्रसिद्ध हुए हैं—टॉड्हंटर

(Todhunter) और राउथ (Routh)। डी मॉर्गन ने अनेक पुस्तकें लिखी हैं जिनमें से ये प्रसिद्ध हो गयी हैं—

(i) त्रिकोणमिति और द्विक बीजगणित (Trigonometry and Double Algebra) (१८४९)—इसमें सांकेतिक कलन (Symbolic Calculus) की उस समय तक की समस्त संहतियों (Systems) का विवरण दिया हुआ है।

(ii) त्रिकोणमिति के मूलतत्त्व और त्रिकोणमितीय विश्लेषण (Elements of Trigonometry and Trigonometrical Analysis) (१८३७)—इसमें एक प्रकार से डी मॉर्गन ने चलन कलन की भूमिका बाँधी है।

(iii) फलन कलन (Calculus of Functions)

(iv) सम्भाव्यता सिद्धान्त (Theory of Probability)

(v) विरोधाभास संग्रह (Budget of Paradoxes)—जो इसकी पत्नी ने, इसकी मृत्यु के पश्चात्, १८४७ में प्रकाशित किया।

तर्कशास्त्र में डी मॉर्गन का कार्य और भी महत्त्वपूर्ण रहा है। इसने कई पुस्तकें लिखी हैं जिनमें तर्कशास्त्रियों और गणितज्ञों में समझौता कराने का प्रयत्न किया है। १८६६ में इसे फिर कॉलिज छोड़ देना पड़ा। इसका कारण इसके धार्मिक विचार थे जो प्रबन्ध समिति के सदस्यों के विचारों से मेल नहीं खाते थे। १८६७ में इसका युवा पुत्र, जो बड़ा ही होनहार था, स्वर्गवासी हो गया। तब से यह रुग्ण ही रहने लगा और चार वर्ष पश्चात् इसकी मृत्यु हो गयी।

डी मॉर्गन की बहुत सी कृतियाँ तो पुस्तकों, पत्रिकाओं और संदर्भ ग्रन्थों में प्रकाशित हो चुकी हैं किन्तु अब भी बहुत सी सामग्री ऐसी है जो इसने विद्यार्थियों के लिए तैयार की थी और अभी तक अमुद्रित ही पड़ी है। डी मॉर्गन के विषय में कहा जाता है कि "यह जितना विद्वान् था, उतना ही दयालु भी था। इसके द्वार से कभी कोई याचक खाली नहीं जाता था।"

हमने इस अध्याय में केवल उन गणितज्ञों का उल्लेख किया है जिनका मुख्य कार्य त्रिकोणमिति में हुआ है। अट्ठारहवीं और उन्नीसवीं शताब्दियों में अनेक गणितज्ञ हुए हैं और उन्होंने बड़े महत्त्वपूर्ण कार्य किये हैं। किन्तु उनमें से प्रायः सभी का गवेषणा कार्य 'फलन सिद्धान्त' (Theory of Functions) पर हुआ है। सच पूछिए तो आज समस्त शुद्ध गणित दो मुख्य विभागों में बँट गया है—ज्यामिति और विश्लेषण। विश्लेषण के अनुसन्धानक प्रायः इस विषय की सभी शाखाओं पर अपनी

लेखनी उठाते हैं, जसे बीजगणित, त्रिकोणमिति, अवकल समीकरण, समाकल समीकरण। और ये सब शाखाएँ दिन पर दिन फलन सिद्धान्त में समाविष्ट होती चली जा रही हैं। अतः इन गणितज्ञों में से ऐसों को छाँट निकालना कठिन है जिन्होंने केवल त्रिकोण-मिति पर कार्य किया हो। या यों कहिए कि त्रिकोणमिति की स्वतन्त्र सत्ता समाप्त होती जा रही है और वह फलन सिद्धान्त में समाती जा रही है। अतएव, इन शताब्दियों के शेष गणितज्ञों में से जिन्होंने त्रिकोणमिति पर भी कार्य किया होगा उनकी कृतियों का उल्लेख अगले परिच्छेद में होगा।

अध्याय ७

कलन और फलन सिद्धान्त

(१) नाम और कर्म

यों तो 'कलन' के अनेक अर्थ हैं किन्तु एक अर्थ 'हिसाब लगाना' (Calculation) भी है। संस्कृत-अँग्रेज़ी के सर्वमान्य शब्दकोषों में मोनियर विलियम्स (Monier-Williams) और वामन शिवराम आप्टे के कोष प्रमुख हैं। उक्त दोनों कोषों में 'कलन' का यह अर्थ भी दिया है। प्रायः संस्कृत-हिन्दी और हिन्दी-हिन्दी कोष इन्हीं दोनों कोषों से सामग्री ग्रहण करते हैं। हमने इस प्रकार के प्रायः सभी कोष देखे हैं जो बाज़ार में उपलब्ध हैं। कलन का उक्त अर्थ प्रायः सभी में दिया गया है। इसी शब्द में उपसर्ग लगाने से 'सकलन' और 'व्यवकलन' बने हैं। 'संकलन' का अर्थ है—जोड़ना, इकट्ठा करना, अच्छे विषयों को चुनकर एकत्र करना। प्रायः इस प्रकार के ग्रन्थ को भी 'संकलन' ही कहते हैं। 'व्यवकलन' का अर्थ है "घटाना, पृथक करना, विरह।"

'कलन' (Calculus) का शास्त्र के अर्थ में प्रवर्तन सबसे पहले पं० सुधाकर द्विवेदी ने किया था। द्विवेदीजी काशी के समीप खजुरी ग्राम के निवासी थे। इनका जीवन काल १८६०–१९२२ ई० था। यह आरम्भ में राजकीय संस्कृत कॉलिज, काशी के पुस्तकाध्यक्ष थे। सन् १८९० में पं० बापू देव शास्त्री के सेवा-निवृत्त होने पर ये उनके स्थान पर गणित और ज्यौतिष के मुख्य अध्यापक नियुक्त हुए। शास्त्रीजी ने 'चलन कलन' और 'चलराशि कलन'—इन पदों का प्रयोग आरम्भ किया और द्विवेदीजी ने इनका प्रचलन किया। अँग्रेज़ी सरकार से इन्हें महामहोपाध्याय की पदवी मिली थी। इन्होंने संस्कृत में अनेक ग्रन्थ लिखे हैं जिनमें से अधिकांश ज्यौतिषीय विषयों पर हैं। इनके कुछ ग्रन्थ, जिनका संबन्ध गणित से है, ये हैं—

(१) गोलीय रेखागणित (Spherical Geometry)

(२) यूक्लिड के छठवें, ११ वें और १२वें भागों का संस्कृत में श्लोकबद्ध अनुवाद।

(३) गणक तरंगिणी जिसमें भारतीय ज्यौतिषियों का संक्षिप्त परिचय दिया गया है (१८९१).

(४) लीलावती की सोपपत्ति टीका (१८७९)

(५) भास्करीय बीजगणित की सोपपत्ति टीका (१८८९)

(६) वराह मिहिर की पंचसिद्धान्तिका की टीका 'पंचसिद्धान्तिका प्रकाश'। यह डा० थीबाँ की अँग्रेज़ी टीका और भूमिका सहित १८९० में छपी थी।

चित्र ८३—सुधाकर द्विवेदी (१८६०–१९२२)

(७) सूर्य सिद्धान्त की सुधावर्षिणी टीका। इसका दूसरा संस्करण बंगाल की एशियाटिक सोसायटी से सन् १९२५ में प्रकाशत हुआ और अब भी प्राप्य है।

(८) ब्राह्मस्फुट सिद्धान्त टीका सहित (१९०२)

(९) द्वितीय आर्यभट्ट का महासिद्धान्त टीका सहित (१९१०)

उपरिलिखित समस्त ग्रन्थ संस्कृत में हैं। द्विवेदीजी ने कई गणितीय ग्रन्थ हिन्दी में भी लिखे हैं—

(i) चलन कलन (Differential Calculus)

(ii) चलराशि कलन (Integral Calculus)

(iii) समीकरण मीमांसा (Theory of Equations)

चलन कलन

'चलन' का अर्थ है 'चाल' या 'चलना'। अतः 'चलन कलन' का अर्थ हुआ 'चाल या गति का हिसाब।' वास्तव में 'चलन कलन' का यही कर्म है। मान लीजिए कि दो राशियों य, र में यह सम्बन्ध है--

$$र=२य^२+१ . \qquad (१)$$

इस समीकरण में यदि हम य=२ रखें तो र=९ होता है। यदि य=२$\frac{१}{२}$ तो र=१३$\frac{१}{२}$, और यदि य=३ तो र=१९. जैसे जैसे हम य को भिन्न भिन्न मान देते जायँगे, र का भी मान बदलता जायगा।

कोई चिह्न जिसका मान बदलता रहता है चर (Variable) कहलाता है।

वह चिह्न जिसका मान नहीं बदलता, अचर (Constant) कहलाता है।

(१) में य एक चर है, २ और १ अचर हैं।

इसके अतिरिक्त, समीकरण (१) में य को हम स्वेच्छा से कोई भी मान दे सकते हैं, इसलिए य को स्वतन्त्र चर (Independent Variable) कहते हैं। र का मान य के मान पर निर्भर है। अतः र को परतन्त्र चर (Dependent Variable) कहते हैं।

समीकरण (१) में य के प्रत्येक मान के अनुसार र का केवल एक निश्चित मान होता है। कोई चिह्न जिसका, य के प्रत्येक मान के लिए केवल एक ही और निश्चित मान होता है, य का फलन (Function) कहलाता है। इस प्रकार, समीकरण (१) में र, य का फलन है।

स्पष्ट है कि किसी फलनीय सम्बन्ध में एक राशि की परिवर्तन दर (Rate of change) दूसरी राशि की परिवर्तन दर पर निर्भर होती है। इस परिवर्तन दर का अध्ययन ही चलन कलन का ध्येय है।

फलनों के उदाहरण

(i) यदि र=५ य–८, तो य के प्रत्येक मान के लिए र का केवल एक ही और निश्चित मान होता है। इस में र, य का फलन है। य एक चर है और ५ और ८ अचर हैं।

(ii) किसी वृत्त के क्षेत्रफल क्षे और त्रिज्या त्र में यह सम्बन्ध होता है, क्षे=π त्र^2। इस सम्बन्ध में त्र एक चर है, π एक अचर है और क्षे, त्र का फलन है।

(iii) यदि ट=क कोज् ठ+ख ज्या ठ +ग, तो ठ एक चर है, क, ख, ग अचर हैं और ट, ठ का फलन है।

अवकल गुणांक (Differential Coefficient)

मान लीजिए कि

र=य^2

य का एक फलन है। अब इस फलन के आचरण का अध्ययन कीजिए, जब य=२. य के २ के समीप के मानों तथा र के संगत मानो की तालिका शिक्षाप्रद होगी—

य	२.५	२.३	२.१	२.०१	२.००१
र	६.२५	५.२९	४.४१	४.०४०१	४.००४००१

बिन्दु य=२ पर र=४. यदि हम य में .५ की अल्प वृद्धि करें, तो र में २.२५ की वृद्धि हो जाती है; यदि य में .३ की वृद्धि की जाय, तो र में १.२९ की वृद्धि हो जाती है, आदि आदि। य तथा र म की गयी अल्प वृद्धियों को हम क्रमशः तोय तथा तोर से निरूपित करते हैं, और तोर, तोय तथा $\frac{\text{तोर}}{\text{तोय}}$ की वृद्धियों की संगत तालिका तय्यार करते हैं।

तोय	.५	.३	.१	.०१	.००१
तोर	२.२५	१.२९	.४१	.४०१	.००४००१
तोर/तोय	४.५	४.३	४.१	४.०१	४.००१

इस तालिका में हम देखते हैं कि जैसे जैसे तोय, और उसके फलस्वरूप तोर, छोटे होते जाते हैं, निष्पत्ति $\frac{\text{तोर}}{\text{तोय}}$ ४ के समीपतर होती जाती है। इससे यह अनुमान होता है कि जब तोय और उसके फलस्वरूप तोर, अत्यल्प हो जाते हैं, तो निष्पत्ति $\frac{\text{तोर}}{\text{तोय}}$ की सीमा कदाचित् ४ होगी।

अब, हम बिन्दु य=१ के लिए भी एक संगत तालिका तैयार करते हैं—

य	१.४	१.२	१.१	१.०१	१.००१
र	१.९६	१.४४	१.२१	१.०२०१	१.००२००१
तोय	.४	.२	.१	.०१	.००१
तोर	.९६	.४४	.२१	.०२०१	.००२००१
तोर/तोय	२.४	२.२	२.१	२.०१	२.००१

यहां भी हम देखते हैं कि जैसे जैसे तोय छोटा होता जाता है, तोर का मान २ के समीपतर होता जाता है। तब क्या य के प्रत्येक मान के लिए निष्पत्ति $\frac{\text{तोर}}{\text{तोय}}$ का एक निश्चित सीमान्त मान होता है?

अब फिर समीकरण र=य^{२} में—

मान लीजिए कि हम य में तोय की अल्पवृद्धि करते हैं, और मान लीजिए कि इसके फलस्वरूप र में जो वृद्धि होती है उसे हम तोर द्वारा निरूपित करते हैं। तो

$$\text{र}+\text{तोर}=(\text{य}+\text{तोय})^{२}$$

$$\therefore \quad \text{तोर}=(\text{य}+\text{तोय})^{२}-\text{य}^{२}$$

$$=\text{तोय}\ (२\,\text{य}+\text{तोय})$$

$$\therefore \frac{\text{तोर}}{\text{तोय}} = २\text{य}+\text{तोय}।$$

$$\therefore \lim_{\text{तोय}\to 0} \frac{\text{तोर}}{\text{तोय}} = २\text{ य}।$$

$\frac{\text{तोर}}{\text{तोय}}$ की इस सीमा को, जब तोय →०, य^२ का, य के प्रति, प्रथम अवकल गुणांक कहते हैं। इस प्रकार य^२ का य के प्रति प्रथम अवकल गुणांक २ य है। और यह फल, उपर्युक्त तालिकाओं के अनुसार,हमारे अनुमान से संगत है, क्योंकि जब य=२, यह सीमा ४ है और जब य=१, यह सीमा २ है।

व्यापक रूप से, मान लीजिए, र = फ (य) ।

$$\text{तब र+तोर = फ (य+तोय)}$$

$$\therefore \text{ तोर=फ (य+तोय)} - \text{फ (य)}$$

$$\text{अतः} \lim_{\text{तोय}\to 0} \frac{\text{तोर}}{\text{तोय}} = \lim_{\text{तोय}\to 0} \frac{\text{फ (य+तोय)} - \text{फ (य)}}{\text{तोय}}$$

और यह सीमा फ (य) का, य के प्रति, प्रथम अवकल गुणांक कहलाती है। इस सीमा को प्राप्त करने की क्रिया को "फ (य) का अवकलन करना" कहते हैं।

रीत्यनुसार इस सीमा को $\frac{\text{तार}}{\text{ताय}}$ लिखते हैं। अतएव

$$\frac{\text{तार}}{\text{ताय}} = \lim_{\text{तोय}\to 0} \frac{\text{तोर}}{\text{तोय}} = \lim_{\text{तोय}\to 0} \frac{\text{फ (य+तोय)} - \text{फ (य)}}{\text{तोय}}।$$

१२—यह भली भाँति समझ लेना चाहिए कि $\frac{\text{तोर}}{\text{तोय}}$ तोर और तोय की निष्पत्ति है, परन्तु $\frac{\text{तार}}{\text{ताय}}$ एक निष्पत्ति नहीं है, वरन् सीमा निकालने का फल है। $\frac{\text{तार}}{\text{ताय}}$ को "तार और ताय का भजनफल" कहना उतना ही अशुद्ध है जितना "कोज़्या य" को "कोज्या" और "य" का गुणनफल कहना।

इसी संकल्पना के लिए अन्य चिह्न यह है—

$$\frac{\text{ताफ (य)}}{\text{ताय}}, \frac{\text{ताफ}}{\text{ताय}}, \text{फ}'\text{ (य)}, \text{फ}', \text{फं}, \text{फ}_{\text{य}}, \text{र}', \text{रं}, \text{र}_{१}, \text{ता}_{\text{य}}\text{ र}।$$

पं० सुधाकर द्विवेदी ने 'चलन कलन' नाम चलाया जो पिछले पचास वर्ष से चल रहा है। किन्तु इस शास्त्र का अधिक उपयुक्त नाम 'अवकल कलन' होगा। अवकल गुणांक के लिए उन्होंने यह चिह्न

$$\frac{\text{तार}}{\text{ताय}}$$

निर्धारित किया था। इसका कारण यह था कि यह राशि फलन र की, य के प्रति, तात्कालिक गति का निरूपण करती है।

समाकलन (Integration)

मान लीजिए कि $र = य^२$

य का एक फलन है। य=२ से य=३ तक इस फलन के व्यवहार पर विचार कीजिए। इस अन्तराल (Interval) (२, ३) को .२ की लम्बाई के पाँच बराबर भागों में बाँटिए। जब य=२ तो $र=२^२$; जब य=२.२ तो $र=(२.२)^२$; जब य=२.४ तब $र=(२.४)^२$ इत्यादि। इनमें से र के प्रत्येक मान को उपान्तराल (Sub-interval) की लम्बाई से गुणा कीजिए और सब गुणनफलों को जोड़ दीजिए। तो योग यह होगा–

$$(.२)\ (२)^२+(.२)\,(२.२)^२+(.२)\,(२.४)^२+(.२)\,(२.६)^२+(.२)\ (२.८)^२$$
$$=(.२)\ [२^२+(२.२)^२+(२.४)^२+(२.६)^२+(२.८)^२]$$

हमने सरलता के लिए अन्तिम मान य=३ को छोड़ दिया है, किन्तु उसे ले लेने से भी अन्तिम निष्कर्ष पर कोई प्रभाव नहीं पड़ेगा।

यदि हम उपरिलिखित योग को यो से निरूपित करें तो यो=५.८

अब, अन्तराल (२, ३) को .१ की लम्बाई के दस बराबर भाग करके संगत योग निकालिए। तो उक्त स्थिति में

$$\text{यो}=.१\ [२^२+(२.१)^२+(२.२)^२+(२.३)^२+(२.४)^२+(२.५)^२+(२.६)^२ +(२.७)^२+(२.८)^२+(२.९)^२]=६.$$

अन्त में, यदि हम अन्तराल के बीस समान भाग कर दें तो उनमें से प्रत्येक की लम्बाई ·०५ होगी। और संगत योग

$$\text{यो}=(.०५)\quad [२^२+(२.०५)^२+(२.१)^२+(२.१५)^२+\ldots\ldots(२.९५)^२]$$
$$=\text{ लगभग } ६.२$$

इन फलों की सारणी बनाइए—

अन्तरालों की संख्या	५	१०	२०
प्रत्येक अन्तराल की लम्बाई	.२	.१	.०५
यो का मान	५.८	६	६.२

इस तालिका से यह पता चलता है कि जैसे जैसे अन्तरालों की संख्या बढ़ती जाती है, और फलतः प्रत्येक की लम्बाई घटती जाती है, वैसे वैसे यो का मान बढ़ता जाता है। इससे यह अनुमान निकलता है कि यदि अन्तरालों की संख्या और भी बढ़ायें और फलतः प्रत्येक की लम्बाई और भी घटायें तो कदाचित् यो का मान और भी बढ़ जायगा। अब मान लीजिए कि अन्तरालों की संख्या असीमित रूप से बढ़ जाती है और फलतः प्रत्येक की लम्बाई असीमित रूप से घट जाती है। क्या यह सम्भव है कि जब अन्तरालों की संख्या अनन्त की ओर जाय और प्रत्येक की लम्बाई शून्य की ओर जाय तो यो का मान एक निश्चित सीमा की ओर प्रवृत्त हो ?

मान लीजिए कि (२, ३) के मध्यस्थ अन्तरालों की संख्या स और प्रत्येक की लम्बाई ट है। तो

$$३=२+स\,ट \qquad \text{(i)}$$

$$\text{और } यो=ट\left[२^२+(२+ट)^२+(२+२\,ट)^२+\ldots\ldots+\{२+(स-१)ट\}^२\right]$$

$$=ट\sum_{च=०}^{स-१}(२+च\,ट)^२$$

$$=ट\left[\sum_{च=०}^{स-१}२^२+४ट\sum_{च=०}^{स-१}च+ट^२\sum_{च=०}^{स-१}च^२\right]$$

$$=ट\left[स.२^२+४ट\{१+२+३+\ldots\ldots(स-१)\}+ट^२\{१^२+२^२+३^२+\ldots\ldots(स-१)^२\}\right]$$

$$=ट\left[स.२^२+२\,ट\,स(स-१)+\frac{ट^२}{६}(स-१)स(२स-१)\right]$$

$$=२^२\,सट+२स\,ट(स\,ट-ट)+\tfrac{१}{६}सट(स\,ट-ट)(२स\,ट-ट)$$

परन्तु (i) से सट=१. अतः

$$यो=२^२+२(१-ट)+\tfrac{१}{६}(१-ट)(२-ट)$$

और इसकी सीमा, जब $ट\to ०$,

$२^२+२+\tfrac{१}{३}$ अर्थात् $६\tfrac{१}{३}$ है।

अतएव, हम देखते हैं कि कम से कम इस विशिष्ट अवस्था में तो यो एक निश्चित सीमा की ओर प्रवृत्त होता है जब स→∞ और फलतः ट→०.

अब, (२, ३) के स्थान पर य के अन्तराल (क, ख) पर विचार कीजिए। हम इस अन्तराल को लम्बाई ट के स अन्तरालों में बाँटे देते हैं। तो स्पष्ट है कि

$$ख = क+सट। \qquad \text{(ii)}$$

मान लीजिए कि

$$यो=ट\,[क^{२}+(क+ट)^{२}+(क+२ट)^{२}+\ldots\ldots\{क+(स-१)ट\}^{२}]$$

$$=ट \sum_{च=०}^{स-१} (क+चट)^{२}$$

$$=ट\left[\sum_{च=०}^{स-१} क^{२}+२क\,ट \sum_{च=१}^{स-१} च+ट^{२} \sum_{च=०}^{स-१} च^{२}\right]$$

$$=ट\,[स\,क^{२}+२क\,ट\{१+२+३+\ldots\ldots(स-१)$$
$$+ट^{२}\{१^{२}+२^{२}+३^{२}+\ldots\ldots(स-१)^{२}\}]$$

$$=ट\,[स\,क^{२}+क\,स\,ट(स-१)+\tfrac{१}{६}स(स-१)(२स-१)ट^{२}]$$

$$=स\,ट\,क^{२}+क\,स\,ट\,(स\,ट-ट)$$
$$+\tfrac{१}{६}\,स\,ट(स\,ट-ट)(२\,स\,ट-ट)$$

परन्तु (ii) से स ट=ख−क।

$$अतः\ यो= क^{२}(ख-क)+क(ख-क)(ख-क-ट)$$
$$+\tfrac{१}{६}(ख-क)(ख-क-ट)(२ख-२क-ट)$$

और जब ट→०, तो इसकी सीमा हुई

$$क^{२}(ख-क)+क(ख-क)^{२}+\tfrac{१}{३}(ख-क)^{३},$$

अर्थात् $\dfrac{ख^{३}}{३}-\dfrac{क^{३}}{३}$।

सीमा $\dfrac{ख^{३}}{३}-\dfrac{क^{३}}{३}$ "य के प्रति सीमाओं क, ख के मध्य $य^{२}$ का समाकल" कहलाती है। उपर्युक्त विशिष्ट दशा में प्राप्त सीमा से भी इस फल की संगति बैठती है क्योंकि जब क=२ और ख=३ तो यह $६\tfrac{१}{३}$ हो जाता है।

व्यापक रूप में मान लीजिए कि

$$र=फ\ (य)$$

य का एक परिमित (Bounded) फलन है और (क, ख) य के विचारगत मानों का अन्तराल है। हम इस अन्तराल को लम्बाई ट के स बराबर भागों में बाँटे देते हैं। इस प्रकार

$$ख = क+स\ ट \qquad \text{(iii)}$$

प्रत्येक मध्यागत मान क, क+ट, क+२ ट, क+३ ट,...... क+(स−१) ट के अनुसार हम र का संगत मान रखते हैं —

$$फ(क),\ फ(क+ट),\ फ(क+२ट),\ फ(क+३\ ट),\ldots\ldots \ldots\ फ\{क+(स-१)\ ट\}$$

$$\text{तब, } \underset{ट\to ०}{सी}\ ट\ [\ फ(क)+फ(क+ट)+फ(क+२ट)\ldots +\ldots फ\{क+(स-१)ट\}]$$

को "सीमाओं क, ख के मध्यस्थ य के प्रति फलन फ (य) का समाकल (Integral)" कहते हैं, और इसे इस प्रकार लिखते हैं—

$$\int_{क}^{ख} फ\ (य)\ ताय\ ।$$

और इस सीमा को निकालने की क्रिया को फ (य) का "समाकलन" कहते हैं। अतः

$$\int_{क}^{ख} फ\ (य)\ ताय = \underset{ट\to ०}{सी}\ ट\ [फ(क)+फ(क+ट)+फ(क+२\ ट)+\ldots +फ\ \{क+(स-१)ट\}\ ]$$

यहाँ हमने उक्त क्रिया का वर्णन सार्विक शब्दों में किया है। उपरिलिखित सीमा के अस्तित्व के लिए फ (य) पर सातत्य अथवा **परिमितता** (Boundedness) आदि के अनुबन्ध लगाने होंगे।

समाकलन की क्रिया का अध्ययन करना 'चलराशि कलन' का ध्येय है। यह नाम भी प० बापू देव शास्त्री का ही रखा हुआ है। यह नाम बहुत उपयुक्त नहीं है क्योंकि इसका अर्थ है 'विचरणशील राशि का हिसाब लगाना।' इस शास्त्र का अधिक उपयुक्त नाम होगा 'समाकलन गणित'।

उपरिलिखित व्याख्या से स्पष्ट है कि समाकलन एक प्रकार का संकलन ही है। किन्तु उक्त क्रिया का एक ज्यामितीय अर्थ भी होता है। मान लीजिए कि पा फा एक वक्र है जिसका समीकरण

$$र = फ\ (य)$$

है।

मान लीजिए कि का, खा इस वक्र पर दो बिन्दु हैं जिनके भुज क, ख हैं। यदि का चा, खा छा, याक्ष पर लम्ब डाले जायँ तो चा छा=ख–क।

चा छा के स समान टुकड़े चा $का_1$, $का_1$ $का_2$, $का_2$ $का_3$ . . .$का_{स-1}$ छा कीजिए

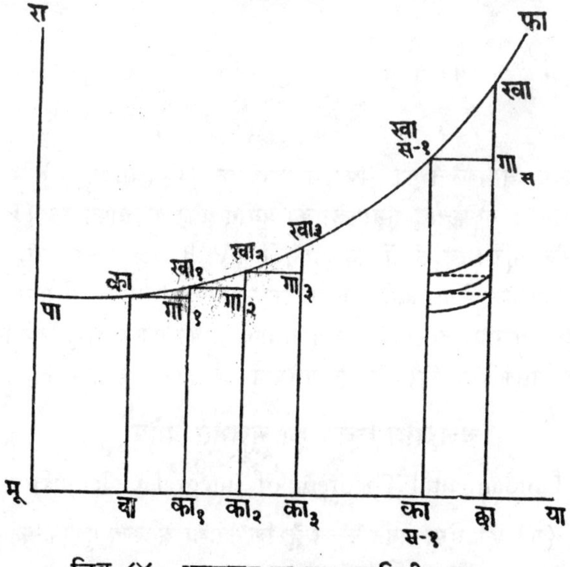

चित्र ८४—अनुकलन का एक ज्यामितीय वक्र।

जिनमें से प्रत्येक की लम्बाई ट है। इन बिन्दुओं $का_1$, $का_2$, . . .$का_{स-1}$ पर कोटियाँ खड़ी कीजिए। इन कोटियों की लम्बाइयाँ क्रमश:

$$फ(क),\ \ फ(क+ट), फ(\ क+२ट\ ), \ldots\ldots\ फ\{क+(स-१)ट\}$$

होंगी। आयतों का $का_1$, $खा_1का_2$, $खा_2का_3$,. . . . . .$खा_{स-1}$ छा को पूर्ण कर लीजिए। तो इन आयतों का क्षेत्रफल आकृति का चा छा खा के क्षेत्रफल से कम होगा, और दोनों का अन्तर आकृतियों का $खा_1गा_1$, $खा_1खा_2गा_2$,. . . . .$खा_{स-1}$ खा $गा_स$

के योग के बराबर होगा। इन आकृतियों को याक्ष के समान्तर खिसका कर हम दर्शा सकते हैं कि इनका योग अंतिम आयत $खा_{स-१}$ छा से कम है।

अब मान लीजिए कि इन भागों की संख्या स असीमित रूप से बढ़ती है, और फलतः प्रत्येक की लम्बाई ट निर्वाध्य रूप से घटती है। अन्त में, जब $स \to \infty$ और $ट \to ०$, आयत $खा_{स-१}$ छा अपनी चौड़ाई ट के कारण शून्य की ओर प्रवृत्त हो जायगा और इस प्रकार आकृतियों का $खा_१ गा_१$, $खा_१ खा_२ गा_२$ ......का योग अन्तर्धान हो जायगा। अतः, आयतों का $का_१$, $खा_१$ $का_२$, $खा_२$ $का_३$......के योग की सीमा क्षेत्रफल का चा छा खा हो जायगी। और इस सीमा का मान

$$\underset{ट \to ०}{सी}\ ट[फ(क)+फ(क+ट)+फ(क+२ट)+\ldots\ldots फ\{क+(स-१)ट\}],$$

अर्थात् $$\int_{क}^{ख} फ\,(य)\ ता\,य$$

होगा।

इस प्रकार समाकलन का वक्रों के क्षेत्रकलन (Quadrature) से सम्बन्ध स्थापित हो गया। तत्पश्चात् समाकलों का प्रयोग वक्रों के चापकलन (Rectification) और परिक्रमण ठोसों के आयतनों (Volumes) और तलों (Surfaces) के निकालने में भी होने लगा। इस उपयोग की तुलना में समाकलन का संकलन वाला अर्थ गौण हो गया। किन्तु समाकलन का एक तीसरा अर्थ निकलना और शेष था जिसके लिए निम्नलिखित प्रमेय का आविष्कार हुआ--

चलराशि कलन का मूलभूत प्रमेय

(Fundamental Theorem of Integral Calculus)

यदि ब (य) एक ऐसा सतत फलन है कि उसका अवकल गुणांक फ (य) है, अर्थात्

$$फ\,(य)=ब'\,(य),$$

तो $$\int_{क}^{ख} फ\,(य)\ ताय=ब(ख)-ब(क)\ ।$$

उपपत्ति--हम जानते हैं कि

$$\int_{क}^{ख} फ(य)\ ताय=\underset{ट \to ०}{सी}\ ट\ \Big[\ फ(क)+फ(क+ट)+फ(क+२ट)$$

$+ \ldots\ldots\text{फ} \{\text{क}+(\text{स}-१)\text{ट}\}]$,

जब कि $\text{ख}-\text{क}=\text{स ट}$ ।

अवकल गुणांक की परिभाषा से हमें प्राप्त है

$$\text{फ}(\text{क})=\lim_{\text{ट}\to 0} \frac{\text{ब}(\text{क}+\text{ट})-\text{ब}(\text{क})}{\text{ट}},$$

अतएव $$\text{फ}(\text{क})=\frac{\text{ब}(\text{क}+\text{ट})-\text{ब}(\text{क})}{\text{ट}}+\text{त}_१,$$

जिसमें $\text{त}_१$ एक अत्यल्प राशि (Infinitesimal quantity) है जो, जैसे जैसे $\text{ट}\to 0$, वैसे वैसे शून्य की ओर प्रवृत्त होती है। इस प्रकार

$$\text{ट फ}(\text{क})=\text{ब}(\text{क}+\text{ट})-\text{ब}(\text{क})+\text{ट त}_१ \text{ ।}$$

इसी प्रकार हमें प्राप्त होगा—

$$\text{ट फ}(\text{क}+\text{ट})=\text{ब}(\text{क}+२\text{ट})-\text{ब}(\text{क}+\text{ट})+\text{ट त}_२,$$
$$\text{ट फ}(\text{क}+२\text{ट})=\text{ब}(\text{क}+३\text{ट})-\text{ब}(\text{क}+\text{ट})+\text{ट त}_३,$$

....

....

$$\text{ट फ} \{\text{क}+(\text{स}-२)\text{ट}\}=\text{ब} \{\text{क}+(\text{स}-१)\text{ट}\}-\text{ब} \{\text{क}+(\text{स}-२)\text{ट}\} + \text{ट त}_{\text{स}-१},$$
$$\text{ट फ} \{\text{क}+(\text{स}-१)\text{ट}\} = \text{ब}(\text{क}+\text{सट})-\text{ब} \{\text{क}+(\text{स}-१)\text{ट}\} + \text{ट त}_\text{स},$$

जिसमें $\text{त}_१, \text{त}_२, \text{त}_३, \ldots \text{त}_\text{स}$ ऐसी राशियाँ हैं जो ट के साथ साथ शून्य की ओर जाती है।

उपरिलिखित समस्त समीकरणों को जोड़ने से,

$$\text{ट} [\text{फ}(\text{क})+\text{फ}(\text{क}+\text{ट})+\text{फ}(\text{क}+२\text{ट})+\ldots+\text{फ}(\text{ख}-\text{ट})]$$
$$= \text{ब}(\text{क}+\text{स ट})-\text{ब}(\text{क})+\text{ट}(\text{त}_१+\text{त}_२+\text{त}_३+\ldots\ldots\text{त}_\text{स}) \text{ ।}$$

यदि राशियों $\text{त}_१, \text{त}_२, \ldots \text{त}_\text{स}$ में सबसे बड़ी त हो तो

$$\text{ट}(\text{त}_१+\text{त}_२+\ldots\text{त}_\text{स}) < \text{स ट त} = (\text{ख}-\text{क})\text{त},$$

और इसलिए सीमा में शून्य की ओर जाती है। इस प्रकार

$$\lim_{\text{ट}\to 0} \text{ट} [\text{फ}(\text{क})+\text{फ}(\text{क}+\text{ट})+\text{फ}(\text{क}+२\text{ट})+\ldots\text{फ}(\text{ख}-\text{ट})]$$

=ब(ख)—ब(क),

और यही सिद्ध करना था।

कभी कभी इस फल को इस प्रकार भी लिखा जाता है :

$$\int_{क}^{ख} फ(या)\, ताय = \Big[\, ब(य) \,\Big]_{क}^{ख} \text{ ।}$$

सुतरां $\int_{क}^{ख} फ(य)\, ताय$

का मान निकालने की सरलतर रीति यह है कि

(*i*) वह फलन ब(य) ज्ञात कीजिए जिसका अवकल गुणांक फ (य) हो,

(*ii*) जब य=ख और य=क, तब ब(य) के मान ज्ञात कीजिए,

(*iii*) ब(ख) का ब(क) से आधिक्य ज्ञात कीजिए।

उक्त आधिक्य ही अभीष्ट फल होगा।

इस प्रमेय ने समाकलन क्रिया की प्रकृति ही बदल दी। यह केवल **उत्क्रम अवकलन** (Inverse Differentiation) अर्थात् अवकलन की उल्टी क्रिया हो गयी। फलतः इसका यही अर्थ प्रमुख हो गया और शेष दोनों अर्थ गौण हो गये।

'कलन' पिछले पचास वर्षों में 'Calculus' के लिए रूढ़ हो गया है। इसे इस अर्थ से हटाने का कोई कारण दिखाई नहीं देता। इस प्रसंग को छोड़ने से पहले 'कलन' और 'गणन'—इन दोनों शब्दों के प्रयोग पर पुनर्विचार कर लेना चाहिए। केन्द्रीय सरकार की गणितीय शब्दावली में Calculation का पर्याय 'गणन' दिया हुआ है। 'गणन' का प्राचीन अर्थ 'गिनना' है किन्तु Calculation में केवल गिनने की क्रिया ही नहीं करनी पड़ती। उसमें जोड़ना, घटाना, गुणन आदि सभी क्रियाओं का समावेश रहता है। इसके अतिरिक्त 'जन गणना' और 'मत गणना' में अब भी यह शब्द 'गिनने' के अर्थ में ही प्रयुक्त होता है। अतः स्पष्ट है कि 'गणन' को उसके 'गिनने' के अर्थ से नहीं हटाया जा सकता। इसके अतिरिक्त यह शब्द 'गिनना' और Calculation दोनों अर्थों में नहीं चलाया जा सकता। यदि कोई कहे कि 'तनिक गणना करके देख लो', तो इसका क्या अर्थ निकलेगा? 'गिन कर देख लो' या 'Calculate करके देख लो?' और Calculus के लिए 'कलन' चल ही पड़ा है। अतएव Calculation के लिए उपयुक्त पर्याय 'परिकलन' होगा। हम यहाँ इस प्रकार के शब्दों की एक माला देते हैं —

Counting **गणन, गिनना**

Calculation परिकलन
Computation अभिकलन
Enumeration परिगणन
Estimation आकलन
Numbering संख्यान
Numeration संख्योल्लेखन
Reckoning अनुगणन
Telling मतगणन

(२) यूरोप में आदि काल (सन् ईसवी से पहले)

कलन का आधुनिक रूप तो अभिनव है किन्तु प्राचीन समय में भी कभी कभी इसके कुछ मूलतत्त्वों की झलक दिखाई पड़ जाती थी। कलन का आधार अत्यल्प राशियाँ (Infinitesimal Quantities) हैं। उक्त राशियों का सबसे प्राचीन लिखित उल्लेख ईलिया के ज़ीनो की कृतियों में मिलता है। इसके कुछ विरोधाभासों का वर्णन हम ज्यामिति के परिच्छेद में कर चुके हैं। हमने वहाँ 'कछुए और खरगोश' वाला उदाहरण दिया था। उसी का एक दूसरा रूप इस प्रकार है :—

"संसार में किसी

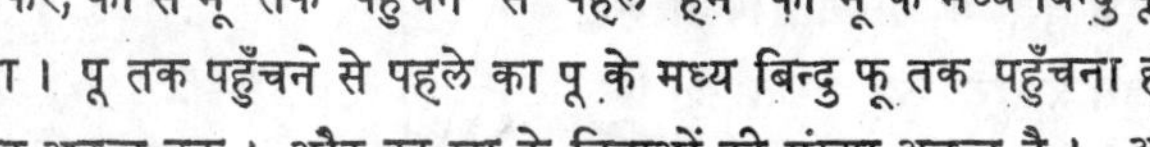

प्रकार की भी गति असम्भव है। मान लीजिए कि हमें का से खा तक जाना है। तो खा तक पहुँचने से पहले हमें का खा के मध्य बिन्दु मू तक पहुँचना होगा। फिर, का से मू तक पहुँचने से पहले हमें का मू के मध्य बिन्दु पू तक पहुँचना होगा। पू तक पहुँचने से पहले का पू के मध्य बिन्दु फू तक पहुँचना होगा और इसी प्रकार अनन्त तक। और का खा के बिन्दुओं की संख्या अनन्त है। अतः का से खा तक पहुँचने में हमें अनन्त समय लगेगा।"

लेखक यह बात भूल गया है कि रेखा का खा अनन्ततः विभाज्य है, अर्थात् उसके अनन्त बार दो टुकड़े किये जा सकते हैं। किन्तु दूरी का खा अनन्त नहीं है। दूरी सान्त (finite) है, केवल उसकी विभाज्यता अनन्त है।

इस सम्बन्ध में अगला उल्लेखनीय नाम ल्यूसीपस (Leucippus) का आता है। इसके जीवन के विषय में केवल इतना पता है कि यह एक यूनानी दार्शनिक था और जीनो का समकालीन था। यह **पारमाणविक सिद्धान्त** (Atomic Theory) का जन्मदाता कहलाता है। इस सिद्धान्त का सार यह है कि समस्त पदार्थ सान्त संख्या के अविभाज्य तत्त्वों के बने होते हैं। इसी सिद्धान्त से प्रेरित होकर अरस्तू ने 'अविभाज्य रेखाओं' पर एक पुस्तक लिख मारी।

ल्यूसीपस के जीवन काल का ठीक ठीक पता नहीं है। अनुमान है कि वह ४४० ई० पू० के आसपास था।

एँण्टीफ़ॉन (Antiphon)—एक यूनानी सूफ़ी था जिसका जीवन काल ४३० ई० पू० के लगभग था। इसे निःशेषण विधि (Method of Exhaustion) का जन्मदाता कहा जाता है। इस विधि का एक उदाहरण यह है।

पहले किसी वृत्त में एक वर्ग बनाइए। फिर वर्ग की प्रत्येक भुजा पर एक समद्विबाहु (Isosceles) त्रिभुज बनाइए जिसका शीर्ष परिधि पर स्थित हो। इस प्रकार हमें वर्ग से एक सम अष्टभुज प्राप्त हो जायगा। फिर इस अष्टभुज की प्रत्येक भुजा पर इसी प्रकार एक समद्विबाहु त्रिभुज बनाइए। प्रत्येक पग पर सम बहुभुज की भुजाओं की संख्या दुगुनी होती जायगी। यह क्रिया तब तक करते चलिए जब तक वृत्त और बहुभुज एकात्मक न हो जायँ। अन्त में वृत्त और बहुभुज अभिन्न हो जायँगे और वृत्त का क्षेत्रफल बहुभुज के क्षेत्रफल के बराबर हो जायगा।

एँण्टीफ़ॉन यह भी जानता था कि (क्षेत्रफल में) किसी बहुभुज के बराबर एक वर्ग किस प्रकार बनाया जा सकता है। अतः उसने अपने हिसाब से एक ऐसी विधि निकाल ली जिससे कोई भी बहुभुज एक वृत्त में परिणत किया जा सके। इस प्रकार कह सकते हैं कि उसने अपने विचार से 'वृत्त के वर्गण' (Squaring the circle) की समस्या हल कर ली।

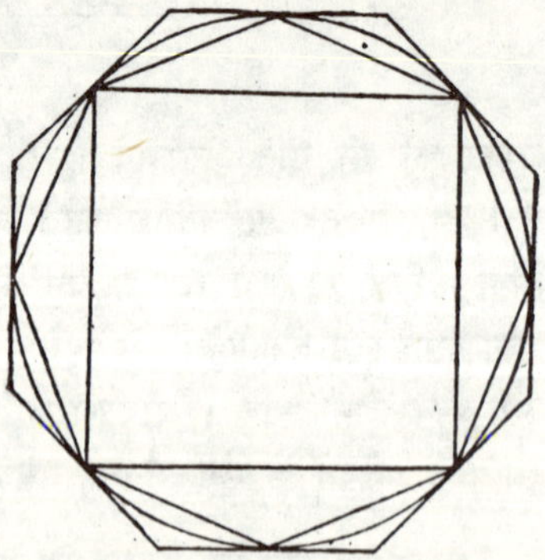

चित्र ८५—निःशेषण विधि का एक अष्टभुज।

हिरॅक्लिया का ब्राइसन (Bryson of Heraclea) एँण्टीफ़ॉन का समका-

लीन था। इसने वृत्त के अन्तर्गत बहुभुजों के अतिरिक्त परिगत बहुभुज भी बनाये। इसका कथन यहाँ तक तो ठीक था कि वृत्त का क्षेत्रफल दोनों बहुभुजों के क्षेत्रफलों के मध्यस्थ रहता है। किन्तु अन्त में इसने यह ग़लती की कि यह मान लिया कि वृत्त का क्षेत्रफल दोनों बहुभुजों के क्षेत्रफलों का अंकगणितीय मध्यक (Arithmetic Mean) होता है।

अब यूनानी भौतिक दार्शनिक डिमॉक्रिटस (Democritus) के जीवन पर भी विचार कर लेना चाहिए। इसका जीवन काल सम्भवतः ४६५ ई० पू० के आस पास था। कुछ लोग इसका जीवन ४०० ई० पू० के लगभग का बताते हैं। इसने ल्यूसीपस के परमाणु सिद्धान्त का परिष्कार किया। इसका मत था कि अनन्त आकाश अनन्त परमाणुओं से बना है जिनमें से प्रत्येक इतना छोटा है कि उसके और टुकड़े नहीं किये जा सकते। इसीलिए इन्हें 'अविभाज्य' कहा गया है। समस्त आकाश इनसे भरा पड़ा है। इनमें न कोई छिद्र होता है न रिक्ति (Vacancy)। इनके विभिन्न संयोगों और विन्यासों से ही ब्रह्माण्ड के समस्त पदार्थ बने हैं।

विश्व की उत्पत्ति के विषय में डिमॉक्रिटस का यह मत है कि आदि काल में अनन्त परमाणु आकाश में नीचे की ओर गिरने लगे। भारी परमाणु नीचे आ गये और उनके घर्षण से हल्के परमाणु ऊपर उठने लगे। परमाणुओं के पारस्परिक संघर्ष से कई प्रकार की गतियाँ उत्पन्न हुईं। समान परमाणुओं के एक साथ सट जाने से बड़े संसार बन गये। असमान परमाणुओं के सम्मिश्रण से छोटे छोटे काय (Bodies) बन गये।

हिपॉक्रैटीज़ और यूडोक्सस की कृतियों का उल्लेख हम ज्यामिति के अध्याय में कर चुके हैं। सम्भवतः इन दोनों ने भी अपने प्रमेय सिद्ध करने में निःशेषण विधि का उपयोग किया था। अरस्तू ने भी अत्यल्प कलन (Infinitesimal Calculus) की नीव डालने में कहाँ तक योग दिया, इसका अनुमान उसके ज्यामितीय कार्य से लगाया जा सकता है जिसका वर्णन हम पिछले परिच्छेद में कर चुके हैं।

आर्किमॅडीज़ के कार्य के विषय में हम अंकगणित के अध्याय में बहुत कुछ कह चुके हैं। आर्किमॅडीज़ ने एँण्टीफॉन और ब्राइसन की निःशेषण विधि को और आगे बढ़ाया। ब्राइसन की ही भाँति इसने भी वृत्त का क्षेत्रफल अन्तर्गत और परिगत बहुभुज बनाकर ही निकाला। किन्तु इसने उसके साथ यह भी कह दिया कि बहुभुजों की भुजाओं की संख्या पर्याप्त मात्रा में बढ़ाने से हम उनके क्षेत्रफलों का अन्तर किसी भी निर्दिष्ट

राशि से कम कर सकते हैं। इस प्रकार इसने सीमा की उ वाली परिभाषा को नीव डाल दी। तनिक सीमा की आधुनिक व्याख्या पर ध्यान दीजिए।

मान लीजिए कि

$$अ_१, अ_२, अ_३, \ldots\ldots अ_स, \ldots\ldots$$

कोई अनुक्रम है, और उ कोई छोटी से छोटी संख्या पहले से दी हुई है। यदि हम कोई पूर्णांक प ऐसा उपलब्ध कर सकें कि स के, प से बड़े समस्त मानों के लिए

$$| अ_स — म | < उ$$

तो हम कहेंगे कि संख्या 'म' अनुक्रम $अ_स$ की सीमा है। और उक्त फल को हम इस प्रकार लिखेंगे —

$$\underset{स \to \infty}{सी} \; अ_स = म ।$$

इस परिभाषा और आर्किमेंडीज़ की उपरिलिखित व्याख्या में पूरा पूरा सामंजस्य दिखाई पड़ता है।

आर्किमेंडीज़ ने सीमा की परिभाषा ही नहीं दी वरन् समाकलन की नीव भी डाल दी। उसने सिद्ध किया कि किसी परवलयीय अवधा (Segment) का क्षेत्रफल उस त्रिभुज के क्षेत्रफल का ४/३ होता है जिसके आधार और शीर्ष वही हों जो परवलय के हों। उसकी विधि यह थी कि वह अवधा के अन्दर निरन्तर त्रिभुज बनाता था जिनका क्षेत्रफल अवधा के क्षेत्रफल के निकटतर होता चला जाय।

इसके अतिरिक्त आर्किमेंडीज़ ने कुछ ठोसों के तलों और आयतनों के सूत्र भी निकाले हैं जो आधुनिक संकेतलिपि में इस प्रकार लिखे जायँगे :

किसी उपगोल (Spheroid) की अवधा का आयतन

$$= \int_०^ख य^२ \, ताय = \frac{१}{३} ख^३ ।$$

किसी परिक्रमण अतिपरवलयज (Hyperoboid of Revolution) की अवधा का आयतन

$$= \int_०^ख (कय + य^२) \, ताय = \frac{१}{६} ख^२ (३क + २ख) ।$$

गोलीय अवधा का तल

$$= \pi क^2 \int_0^{अ} २ \text{ ज्या क्ष ताक्ष} = २\pi क^2 (१ - \text{कोज् अ})$$

किसी गोले का तल

$$= ४\pi क^2 . \tfrac{१}{२} \int_0^{\pi} \text{ज्या क्ष ताक्ष} = ४\pi क^2 ।$$

(३) यूरोप में मध्य काल–सोलहवीं और सत्रहवीं शताब्दियाँ

कलन के मध्य युग में जॉन कॅपलर (Johann Kepler) का नाम प्रमुख रूप से आता है। यह एक जर्मन ज्यौतिषी था जिसका जीवन काल १५७१–१६३० था। इसके माता पिता की जोड़ी बेमेल थी। चार वर्ष की अल्पावस्था में ही कॅपलर के चेचक निकली जिसने इसको हाथों से लुंजा कर दिया और इसकी दृष्टि सदैव के लिए खराब कर दी। इसकी प्राथमिक शिक्षा धार्मिक क्षेत्र के लिए हुई और १५९४ में इसने बड़ी अनिच्छा से उक्त व्यवसाय को छोड़कर अध्यापन कार्य स्वीकार किया।

१६०१ में टाइको ब्राहे (Tycho Brahe) के देहान्त पर यह प्राग की वेधशाला का निदेशक नियुक्त हो गया। जीवन भर इसने गणित और फलित ज्यौतिष दोनों में रुचि दिखायी। इसने अपने सम्राट् को मिलाकर बहुत से बड़े बड़े आदमियों की जन्म पत्रियाँ भी बनायी थीं। इसके जीवन का प्रमुख कार्य ग्रहों की गति के सम्बन्ध में हुआ था। इसके ग्रहों के "गति नियम" विश्वविख्यात हो गये हैं किन्तु हम यहाँ इसके कलन सम्बन्धी कार्य का ही उल्लेख करेंगे।

कॅपलर ने अपनी कृति में लिखा है कि "प्रत्येक ग्रह एक दीर्घवृत्त में घूमता है जिसकी एक नाभि पर सूरज स्थित है; और इस प्रकार चलता है कि वह समान समय में समान क्षेत्रफल वाले **नाभिग द्वैत्रिज्य** (Focal Sectors) उत्तरित करता है।" इस उक्ति से स्पष्ट है कि कॅपलर ने दीर्घवृत्त के द्वैत्रिज्यों के क्षेत्रफल निकालने की कोई विधि उपलब्ध कर ली थी। कॅपलर ने इसके अतिरिक्त ठोसों के आयतन भी निकाले थे। इस हेतु उसने यह कल्पना की थी कि ठोस बहुत छोटे छोटे अनन्त बिम्बों से बना होता है। इस विधि में समाकलन के प्रसर की स्पष्ट छाया झलकती है।

कॅवॅलियरी का उल्लेख हम ज्यामिति के अध्याय में कर चुके हैं। इसकी कृतियों में हमें समाकलन का आभास मिलता है किन्तु आधुनिक मानकों से इसकी विधि सन्तोषजनक नहीं कही जा सकती। इसने अपनी विधि से यह सिद्ध किया कि यदि एक त्रिभुज और एक समान्तर-चतुर्भुज (parallelogram) एक ही आधार पर खड़े हों और

दोनों के उच्चत्व समान हों तो क्षेत्रफल में त्रिभुज समान्तर-चतुर्भुज का आधा होगा। इसकी उपपत्ति इस प्रकार है :

मान लिया कि त्रिभुज स अल्पांशों (Elements) का बना है जिनमें से सबसे छोटा १ है, दूसरा २,........तो त्रिभुज का क्षेत्रफल

$$=१+२+३+......+स = \frac{१}{२} स (स+१)$$

और समान्तर चतुर्भुज के प्रत्येक अल्पांश का परिमाण स है। अतः समान्तर-चतुर्भुज का क्षेत्रफल $= स^२$ ।

इस प्रकार दोनों के क्षेत्रफलों का अनुपात

$$\frac{१}{२} स (स+१) : स^२$$

हुआ जिसकी सीमा $\frac{१}{२}$ है।

कॅवॅलियरी ने इस विधि से बहुत सी लम्बाइयों और क्षेत्रफलों आदि के परिमाण निकाले। स्पष्ट है कि इस विधि में परुषता की कमी है किन्तु सम्भवतः इसी विधि से लिब्नीज़ (Leibniz) को अपने कार्य में प्रेरणा मिली हो।

जिलॅस पर्सोने द रूबर्वल (Gilles Personne de Roberval) (१६०२–१६७५) एक फ्रांसीसी गणितज्ञ था। यह क्रमशः पेरिस के दो कॉलिज़ों में प्राध्यापक रहा। इसने पृष्ठों के क्षेत्रफल और ठोसों के आयतन निकालने की एक विधि का आविष्कार किया जिसे 'अविभाज्यों की विधि' (Method of Indivisibles) कहते हैं। इसने पृष्ठों पर स्पर्शी खींचने की एक सार्विक विधि निकाली। इस प्रकार इसे चलन कलन के आविष्कार के प्रेरकों में गिन सकते हैं। इसने बहुत से वक्रों के क्षेत्रफल निकाले जिनमें से चक्रज (Cycloid) और वक्रज (Trochoid) विशेष उल्लेखनीय हैं। भौतिको के क्षेत्र में इसका सबसे प्रसिद्ध आविष्कार 'रूबर्वल तुला' (Roberval Balance) है।

रूबर्वल का एक अन्य आविष्कार बहुत महत्त्वपूर्ण है। इसने समाकल

$$\int_0^१ य^श \; ताय$$

का निकट मान निकाला, जिसमें श कोई धन पूर्णांक है। इसने उक्त समाकल का यह मान

$$\frac{०^श+१^श+२^श+......(स-१)^श}{स^{+१}}$$

दिया है। और अन्त में इस मान की सीमा $\frac{१}{श+१}$ है। यह फल दर्शाता है कि रूबर्वल आधुनिक समाकलन के कितने समीप पहुँच गया था।

चित्र ८६–हाइगेंस (१६२९–९५)

[डोवर पब्लिकेशंस, इन्कॉर्पोरेटेड, न्यूयॉर्क-१० की अनुज्ञा से, डी० स्ट्रुइक कृत 'ए कॉन्साइज हिस्ट्री ऑफ़ मॅथॅमॅटिक्स' (१.७५ डॉलर) से प्रत्युत्पादित।]

क्रिश्चियान हाइगेंस (Christiaan Huygens) (१६२९–१६९५) हॉलॅण्ड का एक गणितज्ञ, ज्यौतिषी और भौतिकीज्ञ था। प्रारम्भिक शिक्षा इसने अपने पिताजी से पायी। १६५१ से इसने अभिपत्र लिखना आरम्भ किया। इसका प्रारम्भिक कार्य दोलक और दूरवीक्ष (Telescope) पर है। १६६३ में यह रॉयल सोसायटी का अधिसदस्य निर्वाचित हुआ। अब यह अधिकतर फ्रांस में रहने लगा। १६८१ में यह हॉलॅण्ड लौट आया। इसका अधिकांश गवेषणा कार्य लेंस

(Lens), प्रकाश के **तरंग सिद्धान्त** (Wave Theory) और अन्य सम्बद्ध विषयों पर है और इसीलिए भौतिकी के क्षेत्र में इसका स्थान बहुत ऊँचा है। किन्तु कलन में भी इसका कार्य बहुत महत्त्वपूर्ण हुआ है। केन्द्रजों (Evolutes) का भाव सबसे पहले इसी ने दिया है। इसने यह भी सिद्ध किया है कि चक्रज स्वयं अपना केन्द्रज है। इसने और भी कई वक्रों पर परिश्रम किया है, जैसे **रज्जुका** (Catenary), **परशु** (Cissoid) और **लघुगणकीय वक्र**। इसके अतिरिक्त इसने भूयिष्ठ और अल्पिष्ठ बिन्दुओं (Maxima and Minima) के नियमों को आधुनिक रूप दिया और गतिशील रेखाओं के अन्वालोप (Envelope) निकालने की विधि उपलब्ध की।

फ़र्मा का उल्लेख हम बीजगणित के अध्याय में कर चुके हैं। इसे 'अव्यावसायियों का सम्राट्' कहा जाता है। और उचित ही है। जीवन भर यह सरकारी सेवा में रहा। १६४८ में यह राजा का परामर्शदाता नियुक्त हुआ और मृत्यु तक उसी स्थान पर रहा। तिस पर भी इसने इतना गणितीय कार्य कर दिखाया जो मात्रा में तो अधिक था ही, इतनी उच्च कोटि का भी था कि इसे सत्रहवीं शताब्दी का सबसे बड़ा गणितज्ञ कहा जाता है।

इसमें सन्देह नहीं कि फ़र्मा ने अवकलन गणित के मूलतत्त्व का आविष्कार न्यूटन और लिब्नीज़ के जन्म से पहले ही कर लिया था। इसने इस बात का पता चलाया कि किसी वक्र में भूयिष्ठ और अल्पिष्ठ बिन्दु वहीं होते हैं जहाँ स्पर्शी याक्ष (x-axis) के समान्तर हो। और ऐसे बिन्दुओं की स्थिति इस समीकरण

$$\text{फ}'(\text{य}) = 0$$

के मूलों पर निर्भर है। इस प्रकार हम कह सकते हैं कि अवकलन गणित के आविष्कार की प्रेरक शक्तियों में फ़र्मा का नाम उपेक्षणीय नहीं है।

हमने ऊपर कहा है कि रूबर्वल ने समाकल

$$\int_0^{१} \text{य}^{\text{श}}\ \text{ताय}$$

का मान श के धन पूर्णांक मानों के लिए निकाल लिया था। फ़र्मा ने इस फल का विस्तार, श के भिन्नात्मक और ऋणात्मक मानों के लिए भी कर दिया।

इस सम्बन्ध में मिशैल रोल (Michel Rolle) का नाम भी उल्लेखनीय है। इसका स्थिति काल १६५२–१७१९ था। यह फ्रांस के युद्ध विभाग में नियुक्त था किन्तु इसे गणित का शौक़ था। इसने ज्यामिति पर अनेक अभिपत्र लिखे हैं।

बीजगणित पर इसने अभिपत्रों के अतिरिक्त दो पुस्तकें भी लिखी हैं। यह प्रमेय इसके नाम से प्रसिद्ध हो गया है—

समीकरण फ (य) = ० के दो क्रमागत मूलों के बीच में समीकरण फ′ (य) = ० का कम से कम एक मूल अवश्य होता है।

हमने यह प्रमेय बहुत सरल भाषा में दिया है। इसके साथ कुछ शर्तें रहती हैं जो हमने यहाँ नहीं दी हैं। आज हम आधुनिक विधियों से इस प्रमेय को सरलता से सिद्ध कर लेते हैं किन्तु रोल ने इसे सिद्ध करने के लिए एक बड़ी श्रमसाध्य विधि लगायी थी। इसकी विधि **'प्रपात विधि'** (Method of Cascades) कहलाती थी।

वालिस के कार्य का उल्लेख एक पिछले अध्याय में आ चुका है। इसने अनन्त प्रसरों पर भी बहुत परिश्रम किया था यद्यपि इसकी विधियों में परुषता का अभाव था। यह बड़े साहस के साथ अनन्त श्रेणियों, अनन्त गुणनफलों और काल्पनिक राशियों का प्रयोग करता था। यह $\frac{१}{०}$ के स्थान पर ∞ लिखा करता था, और एक बार तो इसने यह असमता तक दे डाली थी—

$$-१ > \infty$$

इसका एक फल बहुत प्रसिद्ध हो गया है—

$$\frac{\pi}{२} = \frac{२.\ २.\ ४.\ ४.\ ६.\ ६.\ ८.\ ८. \ldots\ldots}{१.\ ३.\ ३.\ ५.\ ५.\ ७.\ ७.\ ९.\ ९. \ldots\ldots}$$

कलन की भूमिका बाँधने में भी वालिस ने बहुत योग दिया है। इसका विचार था कि एक त्रिभुज अनन्त संख्या की समान्तर रेखाओं से बना होता है। इसी प्रकार सर्पिल का निर्माण अनन्त संख्या के चापों से होता है। इसने किसी वक्र के अल्पांश की लम्बाई के लिए यह सूत्र भी सिद्ध कर दिया था—

$$\text{ता च} = \sqrt{१+\left(\frac{\text{तार}}{\text{ताय}}\right)^{२}}\ \text{ताय},$$

जिसमें 'च' चाप का निरूपण करता है।

गिलॉम फ़्रँसॉय ऐन्टॉयन लः हॉस्पिटल (Guillamme Francois Antoin l' Hospital) एक फ़्रांसीसी गणितज्ञ था जिसका जीवन काल १६६१–१७०४ था। यह जॉन बर्नोली (Johann Bernoulli) का शिष्य था जिसका उल्लेख आगे आयेगा। पन्द्रह वर्ष की अवस्था में एक दिन इसने कुछ गणितज्ञों की बातचीत सुनी जिसमें वे लोग पास्कल के एक कठिन प्रश्न का उल्लेख कर रहे थे। हॉस्पिटल

ने कहा कि "मैं इसका साधन कर सकता हूँ," और कुछ ही दिनों में उसने प्रश्न हल करके दिखा दिया।

हॉस्पिटल का विचार सेना में भर्ती होने का था किन्तु दृष्टि की दुर्बलता के कारण उसकी यह साध पूरी न हो पायी। जीवन के तीसरे पन में उसने अपना समय गणित के अध्ययन में ही बिताया। १६९६ में जॉन बर्नोली ने यह समस्या प्रस्तुत की—

"एक कण एक बिन्दु **का** से दूसरे बिन्दु **खा** तक गिरता है। वह किस वक्र के अनुदिश गिरे कि समय कम से कम लगे?"

इस प्रश्न का उत्तर कई गणितज्ञों ने दिया था जिनमें से एक हॉस्पिटल भी था। गणित के विद्यार्थी जानते हैं कि उक्त प्रश्न का उत्तर है—चक्रज। ऐसे वक्र को 'द्रुततमपात वक्र' (Brachistochrone) कहते हैं।

आइज़ाक बॅरो (Isaac Barrow) एक अंग्रेज़ गणितज्ञ और पादरी था जिसका जीवन काल १६३०–१६७७ था। इसने केम्ब्रिज में साहित्य, विज्ञान और दर्शन की शिक्षा प्राप्त की। तत्पश्चात् इसने फ्रांस, इटली, टर्की आदि का भ्रमण किया। १६५९ में इंग्लॅण्ड लौटने पर यह गिरजा में नियुक्त हो गया। १६६० में यह केम्ब्रिज में प्राध्यापक नियुक्त हो गया। १६६३ में यह रॉयल सोसायटी का अधिसदस्य निर्वाचित हुआ। १६६४ में यह केम्ब्रिज में गणित की एक गद्दी पर नियुक्त हुआ। १६६९ में इसने न्यूटन के पक्ष में त्याग-पत्र दे दिया। १६७५ में यह केम्ब्रिज विश्वविद्यालय का कुलपति हो गया।

अंग्रेज़ों की दृष्टि में न्यूटन को छोड़कर इंग्लॅण्ड का सबसे बड़ा गणितज्ञ बॅरो ही था। इसकी विशेष रुचि ज्यामिति और चाक्षुषी में थी। यदि इसने इन्हीं विषयों पर अपना चित्त एकाग्र किया होता तो सम्भवतः इससे भी अधिक ख्याति प्राप्त की होती।

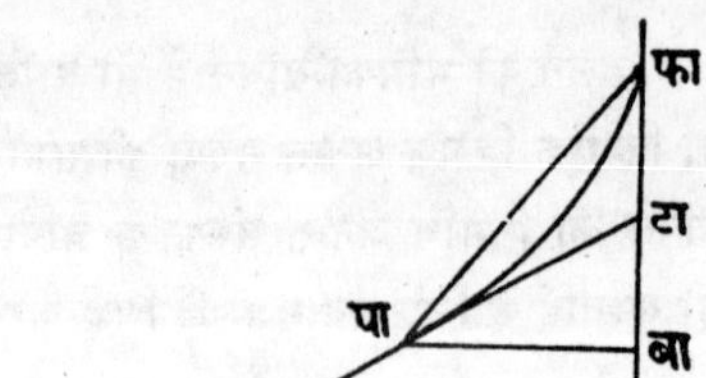

चित्र ८७—**बॅरो अवकलन त्रिभुज।**

इसमें सन्देह नहीं कि बॅरो को अवकलन क्रिया का कुछ कुछ आभास मिल चुका था। बॅरो की उक्ति थी कि यदि किसी वक्र पर कोई बिन्दु फा, एक स्थिर बिन्दु पा की ओर चलता जाय तो अन्त में चाप पाफा एक अत्यल्प राशि हो जायगी। बहुत दिन तक त्रिभुज पा फा बा को लोग 'बॅरो अवकल त्रिभुज' कहते रहे।

बॅरो अवकलन और समाकलन के पारस्परिक सम्बन्ध को भी जानता था किन्तु उसने प्रश्नों के हल करने में उसका कभी प्रयोग नहीं किया।

(४) कलन को पूर्व की देन

यह कहना तो ग़लत होगा कि पूर्व में भी कलन का विद्या के रूप में विकास हो चुका था। किन्तु पूर्व के कुछ गणितज्ञों ने इस दिशा में जो दो चार उलटे सीधे पग उठाये थे, उनका उल्लेख करना भी आवश्यक है। ताबित इब्न कोरा का नाम हम पिछले अध्यायों में ले चुके हैं। इसने ८७० ई० के लगभग परवलयज (Paraboloid) का आयतन निकाला था। फिर सैकड़ों वर्ष तक इस दिशा में कोई उल्लेखनीय कार्य नहीं हुआ।

सत्रहवीं शताब्दी में जापान में सेकी कॉवा का प्रादुर्भाव हुआ। इसकी कृतियों का उल्लेख हम पिछले परिच्छेदों में कर चुके हैं। केवल एक बात कहने योग्य रह गयी है। जापानी गणित में 'वृत्त सिद्धान्त' (Circle Principle) की चर्चा मिलती है जिसे 'येंत्री विधि' भी कहते हैं। इसी विधि से जापानियों ने एक प्रकार के कलन का विकास कर लिया था। वास्तव में उक्त विधि का जन्मदाता कौन था, यह कहना कठिन है। कुछ लोगों का अनुमान है कि इसका आविष्कार सेकी कॉवा ने ही किया था किन्तु इसकी प्राप्य कृतियों में कहीं भी उक्त सिद्धान्त का उल्लेख नहीं मिलता। येंत्री नाम कहाँ से आया इसके विषय में लोगों ने यह अटकल लगायी है कि सम्भव है कि यह नाम चीनी लेखक लाइ येह की उस कृति से लिया गया हो जिसका नाम 'त्से युअन हाइ चिंग' था। इस नाम का अर्थ है "समुद्र दर्पण, वृत्त, का नाप।"

इस सम्बन्ध में और भी कई जापानी गणितज्ञों के नाम उल्लेखनीय हैं। इसोमूरा का उल्लेख हम अन्यत्र कर चुके हैं। इसकी कृतियों में आदिम समाकलन का कुछ-कुछ आभास मिलता है। इसकी प्रमुख पुस्तक केत्सुगी शॉ १६६० में छपी थी जिस में बहुत से प्रश्नों के हल दिये गये थे। एक अन्य जापानी गणितज्ञ था नोज़ावा टाइको। इसने १६६४ में एक ग्रन्थ 'डॉकाइ शॉ' प्रकाशित किया जिसका विषय मापिकी (Mensuration) था। इसमें इसोमूरा की समाकलन विधि को और आगे बढ़ाया गया था। जापान का ही एक गणितज्ञ था सावा गूची काज़ूयूकी। १६७० में इसकी एक पुस्तक 'कोकोन सम्पॉकी' प्रकाशित हुई। इस नाम का अर्थ है 'गणित की पुरानी और नयी विधियाँ।' उक्त पुस्तक के एक पृष्ठ का चित्र हम यहाँ देते हैं।

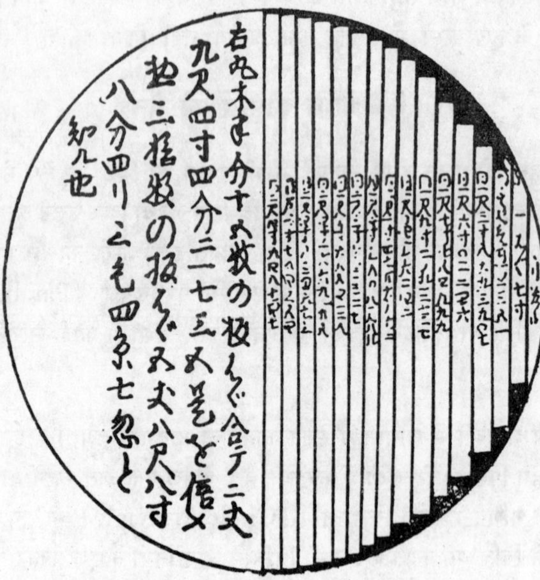

चित्र ८८—जापान में कलन का उद्भव ।

[जिन एण्ड कम्पनी की अनुज्ञा से, डेविड् यूजीन स्मिथ की 'हिस्ट्री ऑफ़ मॅथॅमॅटिक्स' से प्रत्युत्पादित ।]

यह उद्धरण जापानी पुस्तक कोकीन सम्पॉकी (१६७०) से लिया गया है।

उपरिलिखित पुस्तक में भी समाकलन की रूपरेखा स्पष्ट दिखाई देती है। इस विधि से इसोमूरा ने वृत्तों का क्षेत्रकलन किया था। १६८४ में इसने एक ग्रन्थ प्रकाशित किया जिसमें यही विधि गोले के आयतन कलन पर लगायी थी। इसी विधि का प्रयोग जापान के सत्रहवीं शताब्दी के अन्य कई गणितज्ञों ने किया है। इस सम्बन्ध में दो नाम उल्लेखनीय हैं—मोचीनागा और ऑहाशी। इनकी एक पुस्तक १६८७ में प्रकाशित हुई जिसका शीर्षक था 'काइसन की कॉमोकू'। हम यहाँ उक्त पुस्तक के भी एक अंश का चित्र देते हैं। इनकी विधि वही थी जो सावागूची की थी।

हम यहाँ एक जापानी गणितज्ञ का और उल्लेख करेंगे—मत्सूनागा र्‌यों हित्सू। यह सेकि के एक शिष्य का शिष्य था। इसने येंन्री विधि से ही पचास दशमलव स्थानों

तक π का मान निकाला था। इसके जीवन के विषय में केवल इतना पता है कि इसका स्वर्गवास १७४४ में हुआ था।

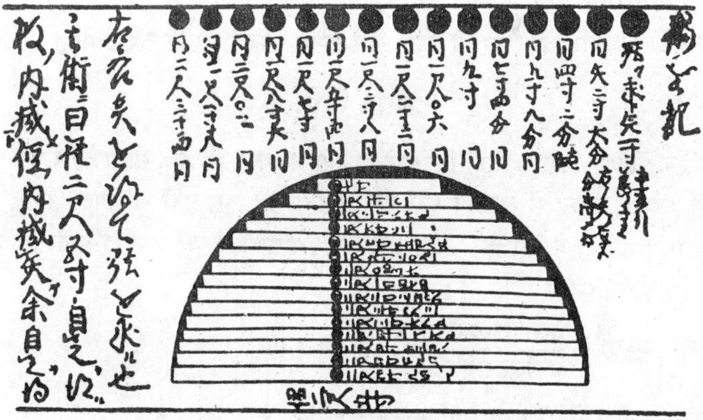

चित्र ८९—जापान में कलन का उद्भव (१६८७ के एक जापानी ग्रन्थ से)

[जिन एण्ड कम्पनी की अनुज्ञा से, डेविड् यूजीन स्मिथ कृत 'हिस्ट्री आफ़ मॅथॅमॅटिक्स' से प्रत्युत्पादित।]

(५) न्यूटन और लिब्नीज

न्यूटन का जीवन वृत्तान्त हम एक पिछले परिच्छेद में दे चके हैं। न्यटन की एक उक्ति आज कहावत बन गयी है—

"मैं नहीं जानता कि मैं संसार को किस रूप में दिखाई पड़ता हूँ। मुझे तो ऐसा प्रतीत होता है कि मैं एक बच्चा हूँ जो ज्ञान के महासागर के किनारे पर खड़ा खेल रहा है। मैं प्रयत्न करता हूँ कि खेल ही खेल में मुझे (ज्ञान का) कोई चिकना कंकड़ अथवा सुन्दर कौड़ी मिल जाय किन्तु सत्य का अथाह सागर तो मेरे लिए अज्ञात ही रहेगा।"

हम देख चुके हैं कि न्यूटन के पूर्वगामियों ने कलन के आविष्कार के लिए भूमि तैयार कर दी थी। न्यूटन को उसमें बीज डाल कर पौधा उत्पन्न कर देना था। न्यूटन ने एक स्थान पर कहा है कि "मैं दिग्गजों के कन्धों पर खड़ा हूँ।" निस्सन्देह कलन के क्षेत्र में उसका तात्पर्य दः कार्ते, फ़र्मा, वालिस और बॅरो से था और भौतिकी के क्षेत्र में कॅपलर और गॅलीलियो से।

कलन के सम्बन्ध में न्यूटन के मस्तिष्क में तीन प्रकार की विचार धाराएँ थीं—

(i) अनन्त लघु राशियाँ (Infinitely small quantities)

(ii) प्रवाह विधि (Method of Fluxions)

(iii) सीमा विधि (Method of Limits)

इनमें से पहली विधि का तो उसने कुछ समय पश्चात् त्याग कर दिया

प्रवाह विधि

मान लीजिए कि एक बिन्दु निरन्तर गति से चलकर एक वक्र का सर्जन करता है। तो वह अत्यल्प समय में अत्यल्प दूरी पार करता है। इस दूरी को न्यूटन बिन्दु का घूर्ण (moment) कहता है। और समय से इस घूर्ण का जो अनुपात होता है, उसे न्यूटन ने 'प्रवाह' नाम दिया है।

$$\text{अतः प्रवाह} = \frac{\text{उत्तरित दूरी}}{\text{अन्यल्प समय}}\text{।}$$

इस सम्बन्ध में दो प्रश्न उपस्थित होते हैं—

(१) यदि उत्तरित दूरी का सूत्र दिया हो तो किसी विशिष्ट क्षण पर बिन्दु का क्या वेग होगा ?

(२) यदि वेग दिया हो तो किसी विशिष्ट समय में बिन्दु कितनी दूरी पार करेगा ?

हम उक्त विषय की कल्पना इस प्रकार भी कर सकते हैं—

मान लीजिए कि एक ताल में कुछ पानी भरा है जो प्रतिक्षण बढ़ता जाता है। जल की वृद्धि की दर निकालने के लिए हम देखेंगे कि कितने समय में उसकी ऊँचाई कितनी बढ़ी। फिर ऊँचाई की वृद्धि को समय से भाग दे देंगे। वही वृद्धि की दर होगी।

ज्यामितीय क्षेत्र में इसी प्रवाह से किसी रेखा का ढाल नापा जाता है।

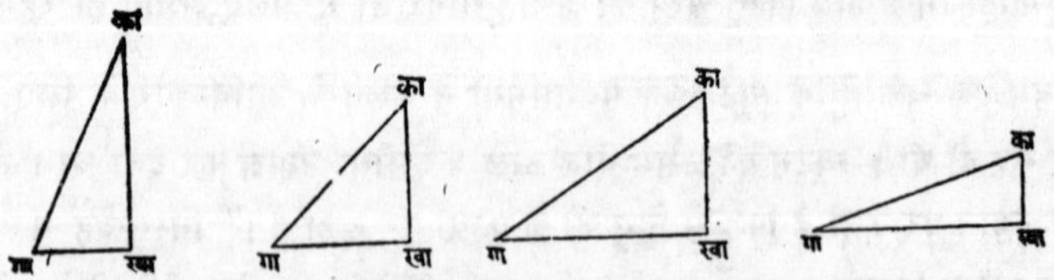

चित्र ९०—किसी ज्यामितीय रेखा की ढाल नापना।

इन चारों आकृतियों में अनुपात $\frac{\text{काखा}}{\text{खागा}}$ के मान पर विचार कीजिए। जितना इसका मान अधिक होगा उतनी ही रेखा का गा 'खड़ी' दिखाई पड़ेगी। और जितना ही उक्त अनुपात का मान घटता जायगा, उतनी ही रेखा का गा 'पड़ी' दिखाई पड़ेगी।

पृष्ठ ३५८ पर बॅरो के अवकल त्रिभुज में हम फा को पा के समीप लेते चले जायँगे। अनपात $\frac{\text{फाबा}}{\text{पाबा}}$ के मान में परिवर्तन होता चला जायगा। जब फा, पा से अभिन्न हो जायगा, जीवा पा फा की सीमा स्थिति आ जायगी जिसमें वह बिन्दु पा पर का स्पर्शी कहलायगी। और उक्त अनुपात का सीमा मान इस स्पर्शी की ढाल को निरूपित करेगा।

अब मान लीजिए कि य, र दो प्रवाही राशियाँ हैं। हम इनकी गतियों को यं, रं से निरूपित करेंगे। अब मान लीजिए कि हम इन गतियों को एक अत्यल्प राशि ० से गुणा करते हैं। तो

य का घूर्ण=यं०

और र का घूर्ण=रं ०.

अब एक समीकरण

$$\text{य}^{३}-\text{क य}^{२}+\text{क य र}-\text{र}^{३}=० \qquad (i)$$

लीजिए।

अत्यल्प समय में य, र में क्रमशः यं०, रं० की वृद्धि हुई। अतः राशियाँ य, र क्रमशः य+यं०, र+रं० हो गयीं।

अतएव समीकरण (i) में य, र के स्थान पर य+यं ०, र+रं ० रखने से हमें प्राप्त होगा

$$(\text{य}+\text{यं }०)^{३}-\text{क }(\text{य}+\text{यं }०)^{२}+\text{क }(\text{य}+\text{यं }०)\ (\text{र}+\text{रं }०)$$
$$-(\text{र}+\text{रं}०)^{३}=०,$$

$$\text{अर्थात् य}^{३}-\text{क य}^{२}+\text{क यर}-\text{र}^{३}$$
$$+३\text{ य}^{२}\text{ यं }०+३\text{ य यं}^{२}\text{ }०^{२}+\text{यं}^{३}\text{ }०^{३}$$
$$-२\text{ क य यं }०-\text{क यं}^{२}\text{ }०^{२}$$
$$+\text{क य रं }०+\text{क यं }०\text{ र}+\text{ क यं रं }०^{२}$$
$$-३\text{ र}^{२}\text{ रं }०-३\text{ र रं}^{२}\text{ }०^{२}-\text{रं}^{३}\text{ }०^{३}=० \qquad (ii)$$

(*i*) को (*ii*) में से घटा कर ० से भाग देने पर

$$३\,य^{२}\,यं + ३\,य\,यं^{२}\,० + यं^{३}\,०^{२} - २\,क\,य\,यं - क\,यं^{२}\,०$$
$$+ क\,य\,रं + क\,यं\,र + क\,यं\,रं\,० - ३\,र^{२}\,रं - ३\,र\,रं^{२}\,० - रं^{३}\,०^{२} = ०$$

हमने ० को एक अत्यल्प राशि माना है। अतः जिन पदों में यह राशि अथवा इसका कोई घात आता है, वे नगण्य हैं। ऐसे पदों की उपेक्षा करने से,

$$३\,य^{२}\,यं - २\,क\,य\,यं + क\,य\,रं + क\,यं\,र - ३\,र^{२}\,रं = ०. \qquad (iii)$$

पाठक देखेंगे कि यदि हम समय को म से निरूपित करें और

$$\frac{ता\,य}{ता\,म} = यं, \quad \frac{ता\,र}{ता\,म} = रं$$

लिखें तो आधुनिक ढंग से (*i*) का अवकलन करने पर हमें समीकरण (*iii*) ही प्राप्त होगा। हम यहाँ **खण्डावकलन** (Partial Differentiation) और **पूर्णावकलन** (Total Differentiation) के संकेतों के अन्तर का विचार नहीं कर रहे हैं।

सीमा विधि

जितने समय में प्रवाही राशि य बढ़ कर य+० हो जाती है, उतने समय में राशि

$$य^{स} \text{ बढ़ कर } (य+०)^{स}$$

हो जाती है।

द्विपद प्रमेय से इस व्यंजक का प्रसार करने से हमें

$$य^{स} + स\,०\,य^{स-१} + \frac{स(स-१)}{\lfloor २}\,०^{२}\,य^{स-२} + \ldots\ldots\ldots$$

प्राप्त होता है।

अतः जितने समय में राशि य में ० की वृद्धि होती है, उतने समय में राशि $य^{स}$ में

$$स\,०\,य^{स-१} + \frac{स^{२}-स}{२}\,०^{२}\,य^{स-२} + \ldots\ldots\ldots$$

की वृद्धि होती है। इन दोनों वृद्धियों का अनुपात

$$\frac{०}{स\,०\,य^{स-१} + \frac{स^{२}-स}{२}\,०^{२}\,य^{स-२} + \ldots\ldots\ldots},$$

अर्थात्

$$\frac{१}{स\,य^{स-१} + \frac{स^{२}-स}{२}\,०\,य^{स-२} + \ldots\ldots\ldots}$$

है।

अब यदि वृद्धि ० शून्य हो जाती है तो यह अनुपात

$$१ : स य^{न-१}$$

हो जाता है। अतः

$$\frac{\text{राशि य का प्रवाह}}{\text{राशि य}^{\text{न}} \text{ का प्रवाह}} = \frac{१}{\text{स य}^{\text{न}-१}} ।$$

आधुनिक भाषा में हम कहते हैं कि

"राशि $य^{न}$ का, य के प्रति, अवकल गुणांक $य^{न-१}$ होता है।

हमने उपरिलिखित प्रसार में वृद्धि के लिए चिह्न ० का प्रयोग केवल सुविधा के लिए किया है। इस चिह्न का अर्थ 'शून्य' नहीं लगाना चाहिए।

लिब्नीज

गॉटफ़ायड विलियम लिब्नीज़ (Gottf ied wilhelm Leibniz) का जीवन काल १६४६–१७१६ था। इसके पिताजी एक उच्च घराने के थे और नैतिक दर्शन के प्राध्यापक थे। इसके पुरखे तीन पीढ़ियों से जर्मन सरकार की नौकरी करते आये थे। प्रारम्भ में लिब्नीज़ का प्रवेश लाइप्ज़िग (Leipzig) के एक स्कूल में कराया गया, किन्तु यह ६ वर्ष का ही था जब इसके पिता का देहावसान हो गया। तब से इसकी शिक्षा स्वाध्याय द्वारा ही हुई। इसके पिता ने इसे बचपन से ही इतिहास का शौक़ दिलाया था। आठ वर्ष की अवस्था में ही इसने लॅटिन भी सीख ली। १२ वर्ष की अवस्था में यह ग्रीक भाषा सीखने लगा और लॅटिन में पद्य रचना करने लगा। तत्पश्चात् यह तर्क-शास्त्र के अध्ययन में लग गया और १५ वर्ष की अवस्था में क़ानून की शिक्षा के लिए इसने लाइप्ज़िग विश्वविद्यालय में नाम लिखा लिया।

पहले दो वर्ष तक तो लिब्नीज़ ने दर्शन का अध्ययन किया। सम्भवतः इन्हीं दिनों इसका संसर्ग पूर्वगामी दिग्गजों की कृतियों से हुआ, जैसे कॅपलर, गॅलीलियो, कार्डन, दः कार्ते। तब इसने गणित के अध्ययन का निश्चय किया। किन्तु इसकी गणितीय शिक्षा सुचारु रूप से तभी आरम्भ हुई जब कई वर्ष पश्चात् इस की पेरिस में हाइगेंस से भेंट हुई। अगले तीन वर्ष लिब्नीज़ ने क़ानून का अध्ययन किया और १६६६ में डाक्टर की उपाधि लेने का प्रयत्न किया। इसकी अल्पावस्था के कारण इसे उक्त उपाधि नहीं मिल पायी। इसने झूंझल में आकर सदैव के लिए लाइप्ज़िग छोड़ दिया। उसी वर्ष नूरॅम्बर्ग (Nuremburg) में इसे डाक्टर की उपाधि मिली। साथ ही इसे क़ानून के प्राध्यापक की गद्दी भी मिल रही थी किन्तु इसने उसे अस्वीकार कर दिया।

लिब्नीज़ अभी २१ वर्ष का भी नहीं था। किन्तु इसी अल्पावस्था में यह कई अभिपत्र लिख चुका था। ये लेख दार्शनिक विषयों पर थे। इन लेखों से इसकी ख्याति फैल गयी और इसे सरकारी नौकरी भी मिल गयी।

लिब्नीज़ की प्रतिभा बहुमुखी थी। इतिहास, क़ानून, साहित्य, धर्म, तर्कशास्त्र, दर्शन—सभी में इसने लम्बे लम्बे हाथ फेंके हैं। इनमें से प्रत्येक विषय में इसका काम

चित्र ९१—लिब्नीज़ (१६४६-१७१६)

[डोवर पब्लिकेशंस, इन्कॉर्पोरेटेड. न्यूयॉर्क—१०, की अनुज्ञा से, डी० स्ट्रुइक कृत 'ए कॉन्साइज़ हिस्ट्री ऑफ़ मॅथॅमॅटिक्स' (१.७५ डॉलर) से प्रत्युत्पादित।]

इतना महत्त्वपूर्ण हुआ है कि उसी से इसका नाम अमर हो जाता। इसीलिए कुछ लोग कहते हैं कि लिब्नीज़ ने एक ही जीवन में अनेक जन्म भोग लिये।

१६७२ में लिब्नीज़ की हाइगेंस से भेंट हुई। कई वर्ष तक हाइगेंस ने लिब्नीज़ को गणित की शिक्षा दी। इन्हीं दिनों लिब्नीज़ ने एक **परिकलन यन्त्र** (Calculating Machine) बनाया। पास्कल के यन्त्र से तो केवल जोड़ना और घटाना ही सम्भव था। लिब्नीज़ के यन्त्र में गुणा, भाग और वर्गमूलन का भी समावेश था। १६७३ में यह लन्दन गया जहाँ इसने अपने यन्त्र का प्रदर्शन किया। यह रॉयल सोसायटी का अधिसदस्य बना लिया गया। कुछ महीने पश्चात् यह पेरिस लौटा और तभी से इसका उच्च गणित का अध्ययन आरम्भ हुआ जिसकी पराकाष्ठा अवकलन गणित और समाकलन गणित में हुई।

१६७६ में लिब्नीज़ हॅनोवर (Hanover) चला गया और फिर चालीस वर्ष तक वहीं ब्रन्स्विक (Brunswick) परिवार की सेवा में रहा। यह उक्त परिवार के पुस्तकालय का अध्यक्ष भी था। जीवन के अन्तिम दिन लिब्नीज़ के रोग शय्या पर कटे। इसकी मृत्यु पर किसी ने दो आँसू भी न बहाये। अन्तिम प्रयाण के समय इसके सचिव के अतिरिक्त और कोई भी उपस्थित नहीं था। एक व्यक्ति ने आँखों देखा हाल लिखा है कि "लिब्नीज़ के अन्तिम संस्कार उसकी प्रतिष्ठा के अनुकूल नहीं हुए वरन् ऐसे हुए जैसे किसी डकैत के हुआ करते हैं।"

लिब्नीज़ का एक महत्त्वपूर्ण आविष्कार यह है

$$\frac{\pi}{४} = १ - \frac{१}{३} + \frac{१}{५} - \frac{१}{७} + - \ldots\ldots\ldots$$

इस श्रेणी का आविष्कार ग्रेगरी पहले ही कर चुका था। १६७३ में लिब्नीज़ ने एक और फल सिद्ध किया--

$$\text{स्प}^{-१}\, य = य - \frac{१}{३} य^{३} + \frac{१}{५} य^{५} - \frac{१}{७} य^{७} + \ldots\ldots$$

इस श्रेणी को भी ग्रेगरी निकाल चुका था। और अब्राहम शार्प (Abraham Sharp) (१६५१–१७४२) ने इसी के प्रयोग से ७२ स्थानों तक π का मान निकाला था। जॉन मेशिन (John Machin) (१६८०–१७५१) ने इसी श्रेणी से यह निष्कर्ष निकाला :

$$\frac{\pi}{४} = ४\, \text{स्प}^{-१} \frac{१}{५} - \text{स्प}^{-१} \frac{१}{२३९}$$

और इसकी सहायता से १७०६ में १०० स्थानों तक π का मान निकाला। १८७४ में विलियम शैंक्स (William Shanks) (१८१२–८२) ने मेशिन सूत्र के प्रयोग से π का मान ७०७ स्थानों तक निकाला।

I.

NOVA METHODUS PRO MAXIMIS ET MINIMIS, ITEMQUE TANGENTIBUS, QUAE NEC FRACTAS NEC IRRATIONALES QUANTITATES MORATUR, ET SINGULARE PRO ILLIS CALCULI GENUS*).

Sit (fig. 111) axis AX, et curvae plures, ut VV, WW, YY, ZZ, quarum ordinatae ad axem normales, VX, WX, YX, ZX, quae vocentur respective v, w, y, z, et ipsa AX, abscissa ab axe, vocetur x. Tangentes sint VB, WC, YD, ZE, axi occurrentes respective in punctis B, C, D, E. Jam recta aliqua pro arbitrio assumta vocetur dx, et recta, quae sit ad dx, ut v (vel w, vel y, vel z) est ad XB (vel XC, vel XD, vel XE) vocetur dv (vel dw, vel dy, vel dz) sive differentia ipsarum v (vel ipsarum w, vel y, vel z). His positis, calculi regulae erunt tales.

Sit a quantitas data constans, erit da aequalis 0, et $d\overline{ax}$ erit aequalis adx. Si sit y aequ. v (seu ordinata quaevis curvae YY aequalis cuivis ordinatae respondenti curvae VV) erit dy aequ. dv. Jam *Additio et Subtractio*: si sit z — y + w + x aequ. v, erit $d\overline{z - y + w + x}$ seu dv aequ. dz — dy + dw + dx. *Multiplicatio*: $d\overline{xv}$ aequ. xdv + vdx, seu posito y aequ. xv, fiet dy aequ. xdv + vdx. In arbitrio enim est vel formulam, ut xv, vel compendio pro ea literam, ut y, adhibere. Notandum, et x et dx eodem modo in hoc calculo tractari, ut y et dy, vel aliam literam indeterminatam cum sua differentiali. Notandum etiam, non dari semper regressum a differentiali Aequatione, nisi cum quadam cautione, de quo alibi. Porro *Divisio*: $d\frac{v}{y}$ vel (posito z aequ. $\frac{v}{y}$) dz aequ. $\frac{\pm vdy \mp ydv}{yy}$.

Quoad *Signa* hoc probe notandum, cum in calculo pro litera substituitur simpliciter ejus differentialis, servari quidem eadem signa, et pro + z scribi + dz, pro — z scribi — dz, ut ex addi-

*) Act. Erud. Lips. an. 1684.

चित्र ९२—लिब्नीज़ का कलन पर पहला अभिपत्र।

[डोवर पब्लिकेशंस, इन्कॉर्पोरेटेड न्यूयॉर्क—१०, की अनुज्ञा से डी स्ट्रुइक कृत 'ए कॉन्साइज़ हिस्ट्री ऑफ़ मैथेमॅटिक्स (१.७५ डॉलर) से प्रत्युत्पादित।]

१६७३ में लिब्नीज़ ने वक्रों के क्षेत्रकलन पर एक अभिपत्र लिखा। उसमें यह

प्रमेय प्रतिपादित किया गया था—अवौलम्ब और भुज के अल्पांश का आयत कोटि और उसके अल्पांश के आयत के बराबर होता है। सांकेतिक भाषा में हम कहेंगे कि

अ तोय= र तोर [sub-normal$\times\delta x = y\ \delta y$]

इस समीकरण से लिब्नीज़ यह निष्कर्ष निकालता है

Σ अ तोय = Σ र तोर

हमने यह समीकरण आधुनिक संकेतलिपि में लिखा है। लिब्नीज़ ने Σ के स्थान पर 'omn' का प्रयोग किया था जिसका अर्थ है 'समस्त।' दो वर्ष पश्चात् उसने 'omn' के स्थान पर 'Summa' का पहला वर्ण 'S' प्रयुक्त किया और उसे विकृत करके यह रूप— $\int$ दे दिया।

लिब्नीज़ ने इस प्रमेय का प्रयोग किया कि उपरिलिखित समीकरण के दक्षिण पक्ष में शून्य से लेकर समस्त आयतों को जोड़ने से कोटि के वर्ग का आधा प्राप्त होता है। और इस प्रकार यह सूत्र निकाल लिया—

$$\int \text{र तार} = \frac{१}{२}\text{र}^{२}\ ।$$

लिब्नीज़ ने देखा कि संकलन का संकेत $\int$ फलन के घात को बढ़ा देता है। अतः उसने सोचा कि इसका उल्टा प्रसर—अवकलन—फलन के घात को घटा देगा। इस लिए उल्टे प्रसर का संकेत उसने 'Difference' का 'd' रखा और इसे हर में रखा—

$$\frac{1}{d}\left(\frac{1}{2}y^2\right)=y.$$

इसका कारण यह रहा होगा कि साधारणतया भाग द्वारा फलन का घात घट जाता है। जिस पाण्डुलिपि में ये संकेत पहले पहल प्रयुक्त हुए थे, २९ अक्तूबर १६७५ की लिखी हुई थी। अतः उक्त तारीख कलन के इतिहास में चिरस्मरणीय रहेगी।

लिब्नीज़ धीरे धीरे अपनी संकेतलिपि में परिवर्तन करता गया और कुछ समय पश्चात् उसने

$\frac{x}{d}$ के स्थान पर dx

लिखना आरम्भ कर दिया। बहुत दिनों तक वह यह नहीं समझता था कि $dx\ dy$ और $d\ (xy)$ में क्या अन्तर है।

१६७७ में लिब्नीज़ ने एक और अभिपत्र लिखा जिसमें अवकलन के कुछ नियम दिये, जैसे फलनों के योग, वियोग, गुणा और भाग के। उक्त अभिपत्र में कुछ उदाहरण भी दिये थे—

$$\text{ता } \sqrt{\text{य}} = \frac{1}{\sqrt{\text{य}}},$$

$$\text{ता } \frac{1}{\text{य}^2} = -\frac{2}{\text{य}^2}\text{।}$$

स्पष्ट है कि ये दोनों फल ग़लत हैं। एक अन्य स्थान पर पिछले फल का शुद्ध मान $-\frac{2}{\text{य}^3}$ भी दिया था।

लिब्नीज़ के ये आविष्कार लिखित रूप में १६७५–७७ में आ गये थे किन्तु इनका प्रकाशन १६८४ और १६८६ में हुआ। न्यूटन ने अपने आविष्कार तीन पुस्तिकाओं के रूप में १६६६, ७१ और ७६ में लिखे किन्तु उनका प्रकाशन क्रमशः १७११, १७३६ और १७०४ में हुआ।

१६९२ में न्यूटन रोग-ग्रस्त हो गया। उसकी भूख मिट गयी और निद्रा ने भी उसका साथ छोड़ दिया। अगले वर्ष जब वह रोगमुक्त हुआ तो उसने पहले पहल सुना कि यूरोप के महाद्वीप में लिब्नीज़ के कलन का प्रचार हो चुका है और सब लोग उसी को उसके आविष्कार का श्रेय दे रहे हैं। इस प्रकार यूरोप और इंग्लॅण्ड में 'प्राथमिकता का विवाद' उठ खड़ा हुआ। न्यूटन के समर्थन खुले आम कहने लगे कि लिब्नीज़ ने न्यूटन के गवेषणा कार्य की चोरी की है। यह सब को पता था कि लिब्नीज़ १६७३ में लन्दन गया था। और न्यूटन **'प्रवाह विधि'** पर अपनी पहली पुस्तिका की पाण्डुलिपि १६६६ में ही तैयार कर चुका था। अतः लोगों ने यह अनुमान लगाया कि लिब्नीज़ ने अकस्मात् अथवा धोके में उक्त पाण्डुलिपि प्राप्त कर ली और उसमें से कुछ सामग्री उड़ा ली।

गणित के इतिहास में इस ढंग के विवाद का कोई दूसरा उदाहरण कठिनाई से ही मिलेगा। पत्रों और पत्रिकाओं में अनेक लेख प्रकाशित हुए और रायॅल सोसायटी ने उक्त विवाद पर अपनी प्रतिवेदना देने के लिए एक विशेष समिति नियुक्त की। प्रतिवेदना १७१२ में प्रकाशित हुई और उसके आधार पर इंग्लॅण्ड वालों ने यह निर्णय कर दिया कि लिब्नीज़ ने बेईमानी की है। १८४६ में डी मॉर्गन ने उक्त विवाद पर पुनर्विचार किया और लिब्नीज़ को निर्दोष ठहराया।

न्यूटन और लिब्नीज़ का पारस्परिक सम्बन्ध आरम्भ में बहुत अच्छा था बल्कि दोनों एक दूसरे का आदर करते थे और घनिष्ठ मित्र थे। किन्तु उपरिलिखित विवाद से उनमें कटुता आ गयी और वह एक दूसरे से कुनह करने लगे। इस प्रकार एक निराधार बात के कारण दो मित्र एक दूसरे से पृथक् हो गये। विवाद के समस्त पक्षों पर विचार करके हम इन निष्कर्षों पर पहुँचते हैं—

(१) न्यूटन ने कलन का आविष्कार लिब्नीज़ से कई वर्ष पहले किया।

(२) यह सम्भव है कि लिब्नीज़ ने उड़ते उड़ते न्यूटन के कार्य का कुछ आभास पा लिया हो।

(३) जब लिब्नीज़ लन्दन गया, उसके न्यूटन की हस्तलिपि प्राप्त कर लेने की तनिक भी सम्भावना नहीं है।

(४) लिब्नीज़ की कार्य प्रणाली न्यूटन की प्रवाह विधि से सर्वथा भिन्न है। दो विभिन्न मार्गों से दोनों एक ही स्थान पर पहुँच गये।

(५) प्रकाशन में लिब्नीज़ न्यूटन से कई वर्ष पहले रहा।

अतः लिब्नीज़ पर चोरी का आरोप लगाना मिथ्याचार है। कलन के आविष्कार का श्रेय न्यूटन और लिब्नीज़ दोनों को मिलना चाहिए।

(६) पश्चिम में आधुनिक काल

(सत्रहवीं, अट्ठारहवीं और उन्नीसवीं शताब्दियाँ)

बर्नोली (Bernoulli) परिवार

बर्नोली परिवार का इतिहास बड़ा ही विलक्षण रहा है। तीन पीढ़ियों में इस परिवार में नौ गणितज्ञ अथवा भौतिकीज्ञ हुए हैं जिनमें से कई का कार्य तो अद्भुत हुआ है। किसी भी विषय के इतिहास में ऐसा ज्वलन्त उदाहरण कठिनाई से ही मिलेगा। इन नौ में से चार की कृतियाँ इतनी महत्त्वपूर्ण हुईं कि उन्हें पेरिस की विज्ञान परिषद् ने विदेशी सदस्य निर्वाचित कर लिया। आज तक उक्त परिवार की सन्तति में १२० वंशजों का पता चल पाया है जिनमें से अधिकांश बड़े मेधावी हुए हैं। इन्होंने भिन्न भिन्न क्षेत्रों में प्रमुखता प्राप्त की है—विज्ञान, साहित्य, प्रशासन, कला, क़ानून आदि। शेष व्यक्तियों में से भी एक भी ऐसा नहीं है जो अपने व्यवसाय में असफल रहा हो। और एक विशेषता यह भी है कि इस परिवार के जो सदस्य गणितज्ञ हुए हैं उनमें से अधिकांश ने पहले कोई अन्य व्यवसाय अपनाया, और तत्पश्चात् परिस्थितियों ने

उन्हें गणित के क्षेत्र में धकेल दिया। यूँ कहना चाहिए कि गणित उनके गले पड़ गया। हम यहाँ उक्त परिवार की वंशावली देते हैं—

निकोलस अग्रज (१६२३–१७०८)

जेकब १ (१६५४–१७०५) | निकोलस १ (१६६२–११६) | जॉन १ (१६६७–१७४८)

निकोलस २ (१६८७–१७५९) [निकोलस १ के पुत्र]

निकोलस ३ (१६९५–१७२६) | डैनियॅल १ (१७००–८२) | जॉन २ (१७१०–९०) [जॉन १ के पुत्र]

जॉन ३ (१७४६–१८०७) | डॅनियॅल २ (१७५१–१८३४) | जेकब २ (१७५९–८९) [जॉन २ के पुत्र]

बर्नौली परिवार १५८३ में ऐण्टवर्प (Antwerp) से भाग कर स्विट्ज़रण्लॅड आया था। जहाँ तक पता चला है इस परिवार के सबसे पहले पूर्वज ने एक व्यापारी की लड़की से विवाह किया था। तब से इस परिवार का व्यवसाय व्यापार ही हो गया जिसमें पीढ़ी दर पीढ़ी ये लोग पैसा कमाते गये। गणितीय परम्परा निकोलस के पुत्रों से आरम्भ होती है जो स्वयं एक व्यापारी था।

जेकब (Jacob) १ अथवा जॅक (Jacques) १ (१६५४–१७०५) ने पहले धर्मशास्त्र का अध्ययन किया किन्तु इसकी अभिरुचि गणित, भौतिकी और ज्यौतिष में थी। फ्रांस, हॉलॅण्ड, बॅल्जियम और इंग्लॅण्ड का चक्कर लगाकर १६८२ में यह स्विट्ज़रलॅण्ड लौटा और तब इसने कलन का अध्ययन आरम्भ किया। १६८७ से जीवन पर्यन्त यह बेसिल (Basle) में गणित का प्राध्यापक रहा। यदि इसके पिता की चली होती तो यह धर्म प्रचारक हुआ होता। इसीलिए इसने अपने जीवन में इस कहावत को अपनाया—"अपने पिताजी की इच्छा के विरुद्ध मैं सितारों का अध्ययन करूँगा।"

तीन शाखाओं में जेकब का कार्य महत्त्वपूर्ण रहा है—

(i) सम्भाव्यता सिद्धान्त

(ii) वैश्लेषिक ज्यामिति

(iii) विचरण कलन (Calculus of Variations)

विचरण कलन का उद्गम लोकोक्तियों पर आधृत है। कहते हैं कि जब कार्थज (Carthage) नगर की नीव डाली गयी थी तो प्रत्येक व्यक्ति को इतनी भूमि दी

गयी थी जिसकी चौहद्दी वह दिन भर में जोत सके। प्रत्येक व्यक्ति अधिक से अधिक भूमि लेना चाहता था। अब प्रश्न यह था कि कौन सी आकृति की नाली बनायी जाय कि उसके अन्दर अधिक से अधिक भूमि समा जाय? गणितीय भाषा में हम यों कहेंगे कि यदि परिमाप (Perimeter) दिया है तो कौन सी आकृति बनायी जाय जिसका क्षेत्रफल अधिक से अधिक हो? इसे **समपरिमापीय** (Isoperimetric) समस्या कहते हैं। जेकब ने इसे हल किया और इससे एक अधिक सार्विक फल भी निकाला। गणित के विद्यार्थी जानते हैं इस प्रश्न का उत्तर है 'वृत्त' यद्यपि इस प्रश्न की परुष उपपत्ति देना सरल नहीं है।

हम पिछले पन्नों में इस बात का उल्लेख कर चुके हैं कि चक्रज एक द्रुततमपात वक्र है। इस तथ्य का पता कई गणितज्ञों ने एक साथ लगाया था जिनमें जेकब १ और जॉन १ भी थे। द्रुततमपात समस्या से ही मिलती जुलती एक समस्या यह भी है—

"वह कौन सा वक्र है जिसके किसी भी बिन्दु से सब से नीचे के बिन्दु तक गिरने में समान समय लगे?"

आश्चर्य की बात है कि यह गुण भी चक्रज में ही है। अतः चक्रज **समकालवक्र** (Tautochrone) भी है।

जेकब ने रज्जुका और **लघुगणकीय सर्पिल** (Logarithmic Spiral) के भी बहुत से गुण आविष्कृत किये। उक्त सर्पिल का एक रोचक गुण यह है कि 'इसका **केन्द्रज** (Evolute) भी एक ऐसा ही सर्पिल होता है।' जेकब इस वक्र के इस गुण से इतना प्रभावित हुआ कि उसने यह निर्देश कर दिया कि "मेरी क़ब्र पर यही सर्पिल खींच दिया जाय और उसके नीचे लिख दिया जाय कि 'मैं चोले बदल बदल कर बार बार आऊँगा।' **'बर्नोली संख्याएं'** जेकब के नाम से ही प्रसिद्ध हैं।

जॉन (Johann) १ (१६६७–१७४८) को उसके पिता एक व्यापारी बनाना चाहते थे। उसका स्वयं यह विचार था कि औषधि विज्ञान अथवा साहित्य का अध्ययन करे। अट्ठारह वर्ष की अवस्था में उसने एम० ए० की उपाधि प्राप्त की किन्तु उसे शीघ्र ही पता चल गया कि उसका स्वधर्म गणितशास्त्र था। १६९५ में वह ग्रोनिंगन (Gronnigen) में गणित का प्राध्यापक हुआ। १७०५ में जेकब १ की मृत्यु के पश्चात् वह बेसिल में उसके स्थान पर नियुक्त हो गया।

जॉन भी अपने भाई जेकब से कम नहीं था। इसकी कृतियाँ मात्रा में तो जेकब के कार्य से अधिक ही रही हैं। चक्रज और समकाल वक्रों के अतिरिक्त इसने कई अन्य प्रकरणों पर लेखनी उठायी—वक्रों का चापकलन और क्षेत्रकलन, कोणों और चापों

का बहुविभाजन, अवकल समीकरण। इतना ही नहीं, इसने गणित के अतिरिक्त कई अन्य विषयों में भी प्रतिभा दिखायी है, जैसे ज्यौतिष, रसायन, भौतिकी, यान्त्रिकी, चाक्षुषी और ज्वार भाटे के सिद्धान्त पर इसका कार्य महत्त्वपूर्ण रहा है।

जॉन और जेकब में पटती नहीं थी। जॉन स्वभाव से ही झगड़ालू था। इतना ही नहीं, यह अपने भाई की कृतियों में से चोरी करके अपने नाम से छाप दिया करता था। और उल्टा जेकब पर चोरी का आरोप लगाया करता था। जॉन ईर्ष्यालु भी था। एक बार फ्रांस की गणितीय परिषद् ने एक पुरस्कार की घोषणा की। जॉन और उसका लड़का निकोलस (Nicolaus) ३ प्रतियोगिता में उतर पड़े। पुत्र को पुरस्कार मिल गया और पिता मुँह ताकता रह गया। झुँझल में आकर जॉन ने पुत्र को घर से निकाल दिया।

१६९६ में जब जेकब ने अपनी समपरिमापीय समस्या प्रकाशित की थी और उस पर एक पुरस्कार देन की भी घोषणा की थी तो जॉन ने उसका हल निकाल कर जेकब के पास भेजा था किन्तु जेकब ने उसे स्वीकार नहीं किया।

इसमें सन्देह नहीं कि जॉन में अद्भुत मानसिक और शारीरिक शक्ति थी और वह अस्सी वर्ष की अवस्था तक बराबर कार्य में संलग्न रहा। आधुनिक अर्थ में 'Integral' शब्द का प्रयोग सबसे पहले उसी ने किया था। उसने काल्पनिक राशि ए ($=\sqrt{-१}$) की सहायता से कई वास्तविक फल निकाले, जैसे स्प क्ष के पदों में स्प सक्ष का प्रसार।

निकोलस १ (१६६२–१७१६) भी जेकब का भाई ही था। इसने १६ वर्ष की अवस्था में बेसिल से दर्शन में डाक्टर की उपाधि ली और बीस वर्ष की अवस्था में क़ानून की उच्चतम उपाधि प्राप्त की। पहले यह क़ानून का प्राध्यापक हुआ और तत्पश्चात् गणित का।

निकोलस १ का पुत्र निकोलस २ था जिसका जीवन काल १६८७–१७५९ था। इसने भी क़ानून में शिक्षा प्राप्त की और इसकी पहली पुस्तक का विषय था 'क़ानूनी प्रकरणों में सम्भाव्यता।' यह पहले पड़ुआ में गणित का प्राध्यापक हुआ और तत्पश्चात् बेसिल में। इसकी कृतियाँ ज्यामिति और अवकल समीकरणों पर हैं। इसने १७१३ में अपने ताऊ की एक पुस्तक का भी सम्पादन किया जिसका विषय सम्भाव्यता था।

निकोलस ३ जॉन १ का सबसे बड़ा पुत्र था। इसका स्थितिकाल १६९५–१७२६ था। यह तीन वर्ष बर्न (Berne) में क़ानून का प्राध्यापक रहा। यह और इसका भाई डॅनियॅल (Daniel) प्रैंट्रोग्राड (Petrograd) की परिषद् में

गणित के प्राध्यापक नियुक्त हुए किन्तु नियुक्ति के आठ महीने पश्चात् ही निकोलस की मृत्यु हो गयी। इसके कुछ अभिपत्र इसके पिता की कृतियों के अन्तर्गत ही प्रकाशित हुए हैं।

डॅनियॅल १ (१७००–८२) निकोलस ३ का छोटा भाई था। इसके पिता ने इसे व्यापार में डालना चाहा किन्तु इस ने औषधि-विज्ञान का अध्ययन किया। ग्यारह वर्ष की अवस्था में ही इसने बड़े भाई से गणित की शिक्षा प्राप्त करनी आरम्भ कर दी। यह वैद्य होते न होते गणितज्ञ बन गया। जैसा ऊपर लिखा जा चुका है, यह पहले पॅट्रोग्राड में प्राध्यापक हुआ। १७३३ में यह बेसिल में **शारीर** (Anatomy) और वनस्पतिशास्त्र का प्राध्यापक नियुक्त हो गया और तत्पश्चात् दर्शन का। इसकी गणितीय कृतियों के विषय कलन, अवकल समीकरण और सम्भाव्यता हैं। इसके अतिरिक्त प्रयोजित गणित और भौतिकी में भी इसका कार्य महत्त्वपूर्ण रहा है। कुछ लोग तो इसे गणितीय भौतिकी का जन्मदाता कहते हैं।

डॅनियॅल को पेरिस की परिषद से दस बार पारितोषिक मिला। दूसरी बार का पारितोषिक इसे और इसके पिता को मिलाकर दिया गया था। तीसरी बार के पारितोषिक का विषय ज्वार भाटा था और वह इस को ऑयलर, मॅक्लॉरिन और एक अन्य प्रतियोगी के साथ दिया गया था। एक बार इसने 'बल समान्तर-चतुर्भुज' (Parallelogram of Forces) का प्रदर्शन भी किया था।

डॅनियॅल के विषय में डा० हटन (Hutton) ने दो रोचक घटनाओं का उल्लेख किया है जो Philosophical and Mathematical Dictionary के पृ० २०५ पर प्रकाशित हुई हैं—

(i) एक बार डॅनियॅल किसी अपरिचित विद्वान् के साथ यात्रा कर रहा था। सहयात्री इसकी बातचीत से बहुत प्रभावित हुआ। उसने इसका नाम पूछा। इसने कहा "मैं हूँ डॅनियॅल बर्नोला।" अपरिचित समझा कि यह खिल्ली उड़ा रहा है, और बोला कि "और मैं हूँ आइज़क न्यूटन।"

इस घटना से पता चलता है कि डॅनियॅल की ख्याति कितनी फैल चुकी थी।

(ii) एक बार डॅनियॅल प्रसिद्ध गणितज्ञ कोनिग (Koenig) (मृत्यु १७५७) के साथ भोजन कर रहा था। कोनिग ने बड़े गर्व से इसे अपना एक प्रश्न और उसका हल बताया जो उसने बड़े परिश्रम से निकाला था। भोजन के उपरान्त जब दोनों क़हवा पीने लगे तब डॅनियॅल ने उसको उक्त प्रश्न का एक और हल दे दिया जो उसके हल से बढ़कर था।

जॉन १ का सबसे छोटा पुत्र जॉन २ था जिसका जीवन काल १७१०–९० था। इसने भी आरम्भ में क़ानून का ही अध्ययन किया था किन्तु कुछ समय पश्चात् बेसिल में **वाग्मिता** (Eloquence) का प्राध्यापक नियुक्त हुआ और अन्त में पिता की गद्दी पर बैठ गया। इसका प्रमुख कार्य भौतिकी में हुआ और इसे भी तीन बार पेरिस का पारितोषिक मिला।

जॉन २ का बड़ा पुत्र जॉन ३ (१७४६–१८०७) था। इसने भी क़ानून और दर्शन से आरम्भ किया और अन्त में गणित पर जा टिका। १९ वर्ष की अवस्था में यह बर्लिन में राजकीय ज्यौतिषी नियुक्त हुआ। इसकी कृतियाँ अनिर्णीत समीकरणों, सम्भाव्यता, आवर्त दशमलव और ज्यौतिष पर हैं।

जॉन २ का दूसरा पुत्र जेकब २ था जिसका जीवन काल १७५९–८९ था। अपने कई पूर्व गामियों की ही भाँति इसने भी पहले क़ानून का अध्ययन किया किन्तु कुछ ही समय पश्चात् इसने गणित और प्रायोगिक भौतिकी को अपना लिया।

इसका विवाह ऑयलर की एक नतनी से हुआ था। यह भी पैंट्रोग्राड परिषद का सदस्य हो गया था किन्तु ३० वर्ष की अल्पावस्था में ही डूबने से इसकी मृत्यु हो गयी।

यूं तो बर्नोली परिवार में और भी कई गणितज्ञ हुए हैं किन्तु उन्होंने कोई प्रमुखता प्राप्त नहीं की। हम उन में से कुछ के नाम यहाँ देते हैं—

(१) डॅनियॅल २ (१७५१–१८३४)—जॉन २ का दूसरा पुत्र।
(२) क्रिस्टफ (Christoph) (१७८२–१८६३)—डॅनियॅल २ का पुत्र।
(३) गस्टेव (Gustave) (१८११–१८६३)—क्रिस्टफ का पुत्र।

रिकॅटी (Riccati) परिवार

जॅकोपो फ्रॅसॅस्को रिकॅटी (Jacopo Francesco Riccati) इटली का एक गणितज्ञ था जिसका जीवन काल १६७६–१७५४ था। इसने पडुआ विश्वविद्यालय में शिक्षा पायी जहाँ से यह १६९६ में स्नातक हुआ। इसकी बड़ी ख्याति थी और समस्त वैज्ञानिक विषयों में लोग इसकी राय लिया करते थे। इसका नाम पैंट्रोग्राड की परिषद की अध्यक्षता के लिए प्रस्तावित किया गया किन्तु इसने इटली छोड़ना पसन्द नहीं किया, अतः अस्वीकार कर दिया। इसने कई विषयों पर अपनी लेखनी उठायी, जैसे अवकल समीकरण, भौतिकी, मापिकी, दर्शन। इसने न्यूटन के सिद्धान्तों का भी प्रचार किया। इसकी कृतियों का सम्पादन इसके लड़कों ने इस की मृत्यु के पश्चात किया और उन्हें १७५८ में चार भागों में प्रकाशित किया।

रिकॅटी का नाम इस अवकल समीकरण से सम्बद्ध है—

$$\frac{\text{तार}}{\text{ताय}} = \text{क} + \text{ख र} + \text{ग र}^{2} \text{ ।}$$

इस समीकरण पर जेकब बर्नोली ने परिश्रम किया था। रिकॅटी ने इसकी कुछ विशिष्ट दशाओं के हल निकाले। डॅनियॅल बर्नोली ने इसका पूर्ण रूप से साधन कर दिया। इस समीकरण के हल का पूरा विवरण इस लेख में मिलेगा—

J. W. L. Glaisher : Philosophical Transactions (1881)

जॅकोपो का द्वितीय पुत्र विन्सॅन्ज़ो रिकॅटी (Vincenzo Riccatti) (१७०७–७५) भी एक गणितज्ञ था। यह बोलोना के एक कॉलिज में प्राध्यापक था। त्रिकोणमिति में **अतिपरवलीय फलनों** (Hyperbolic Functions) का प्रवेश सर्वप्रथम इसी ने किया था। इसके अतिरिक्त इसके प्रिय विषय थे—श्रेणियाँ, क्षेत्रकलन, अवकल समीकरण आदि।

इसी परिवार के दो और गणितज्ञ उल्लेखनीय हैं—

(i) जॅकोपो का तृतीय पुत्र जियॉर्डानो रिकॅटी (Giordano Riccati) (१७०९–९०); प्रिय विषय—ज्यामिति, घन समीकरण, न्यूटोनी दर्शन।

(ii) जॅकोपो का पाँचवाँ पुत्र फ्रॅसॅस्को रिकॅटी (Francesco Riccati) (१७१८–९१); प्रिय विषय—वास्तुकला पर ज्यामिति का प्रयोग।

रोजर कोट्स (Roger Cotes) (१६८२–१७१६) इंग्लॅण्ड के एक पादरी का पुत्र था। इसकी प्रारम्भिक शिक्षा लन्दन के सेण्ट पॉल के स्कूल में हुई थी। तत्पश्चात् यह केम्ब्रिज के ट्रिनिटी कॉलिज में प्रविष्ट हुआ। केम्ब्रिज में १७०४ में ज्यौतिष की एक गद्दी की स्थापना हुई थी। उक्त गद्दी पर सर्व प्रथम कोट्स की ही नियुक्ति हुई, और वह भी २४ वर्ष की अल्पावस्था में। डा० बॅण्टले (Bentley) के आग्रह पर कोट्स ने न्यूटन की प्रिन्सीपिया का दूसरा संस्करण निकाला। अपने जीवन काल में तो कोट्स केवल दो अभिपत्र ही प्रकाशित कर सका। उसकी समस्त कृतियाँ उसकी मृत्यु के पश्चात् उसके एक सम्बन्धी डा० रॉबर्ट स्मिथ (Robert Smith) ने प्रकाशित कीं। स्मिथ कोट्स का भाई लगता था और केम्ब्रिज की उपरिलिखित गद्दी पर उसका उत्तराधिकारी हुआ। उसका जीवन काल १६८९–१७६८ था।

कोट्स की मृत्यु पर न्यूटन ने यह टीका की थी—"यदि कोट्स जीवित रहता तो हमें कुछ बता जाता।" इस से पता चलता है कि न्यूटन कोट्स का कितना आदर

करता था। कोट्स के संग्रह का नाम रखा गया था **'हारमोनिया मैंसुरेरम'** (Harmonia Mensurarum)। ग्रन्थ का यह नाम इस प्रमेय के कारण पड़ा जो उसमें समाविष्ट है—

यदि मू के मध्येन कुछ सदिश त्रिज्याएँ (Radii Vectores) खींची जायँ और उनमें से प्रत्येक पर एक बिन्दु पा ऐसा लिया जाय कि

$$\frac{१}{\text{मूपा}} = \frac{१}{\text{स}}\left(\frac{१}{\text{मूपा}_१} + \frac{१}{\text{मूपा}_२} + \frac{१}{\text{मूपा}_३} + \ldots\ldots\ldots \frac{१}{\text{पूपा}_\text{स}}\right),$$

तो पा का बिन्दुपथ (locus) एक ऋजु रेखा होगी।

कोट्स ने १७१० में यह सूत्र दिया था—

$$\text{लघु (कोज् क्ष} + \text{ए ज्या क्ष)} = \text{ए क्ष}, \qquad (\text{ए} = \sqrt{-१})$$

किन्तु यह प्रकाशित हुआ १७२२ में उसके संग्रह के अन्तर्गत।

इसी सूत्र से दः म्वाव्रे प्रमेय निकला है:

$$(\text{कोज् क्ष} + \text{ए ज्या क्ष})^{\text{स}} = \text{कोज् सक्ष} + \text{ए ज्या सक्ष}।$$

यह प्रमेय दः म्वाव्रे ने १७३० में प्रकाशित किया किन्तु १७०७ में दः म्वाव्रे यह सूत्र दे चुका था—

$$\tfrac{१}{२}\,(\text{कोज् सक्ष} + \text{ए ज्या सक्ष})^{\frac{१}{\text{स}}} + \tfrac{१}{२}\,(\text{कोज् सक्ष} - \text{ए ज्या सक्ष})^{\frac{१}{\text{स}}} = \text{कोज् क्ष}।$$

इससे यह अनुमान होता है कि सम्भवतः दः म्वाव्रे को अपने प्रमेय का पूर्वाभास १७०७ में ही हो गया था।

ऑयलर ने १७४८ में यह सूत्र दिया था—

$$\text{इ}^{\text{ए क्ष}} = \text{कोज् क्ष} + \text{ए ज्या क्ष},$$

$$\text{जिसमें } \text{इ} = १ + १ + \frac{१}{\lfloor २} + \frac{१}{\lfloor ३} + \frac{१}{\lfloor ४} + \ldots\ldots$$

इसके अतिरिक्त ऑयलर ने १७४८ में ही ये सूत्र भी दिये थे—

$$\text{कोज् क्ष} = \frac{\text{इ}^{\text{ए क्ष}} + \text{इ}^{-\text{ए क्ष}}}{२},$$

$$\text{ज्या क्ष} = \frac{\text{इ}^{\text{ए क्ष}} - \text{इ}^{-\text{ए क्ष}}}{२\text{ए}}।$$

स्पष्ट है कि ये सूत्र भी कोट्स के सूत्र से निकाले जा सकते हैं।

कोट्स का एक अन्य प्रमेय बहुत प्रसिद्ध हो गया है—

मान लीजिए कि का, खा, गा,......किसी सम बहुभुज के शीर्ष हैं जो किसी वृत्त के अन्दर अन्तर्लिखित है। मान लीजिए कि पा वृत्त के अन्दर अथवा बाहर कोई बिन्दु है जो मूका पर स्थित है। तो, यदि वृत्त की त्रिज्या त है, और मूपा=य, तो

पा का. पा खा. पागा.....स गुणन खण्डों तक

=त^{स}—य^{स} अथवा य^{स}—त^{स},

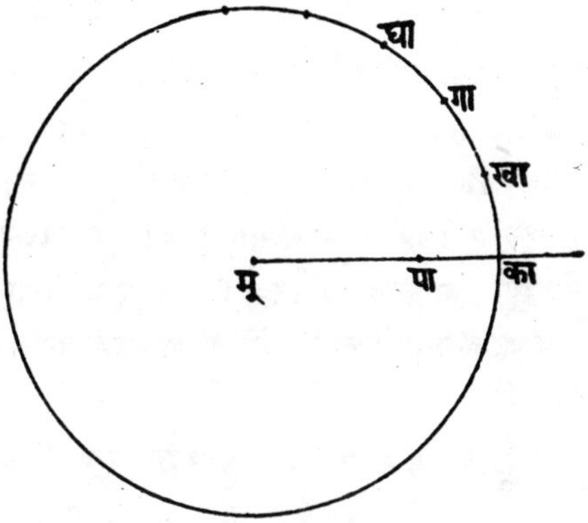

चित्र ९३—**कोट्स के एक प्रमेय का वृत्त।**

यदि बिन्दु पा क्रमशः वृत्त के अन्दर अथवा बाहर स्थित हो।

इस प्रमेय को **'वृत्त का कोट्स गुण'** (Cotes' Property of the Circle) कहते हैं।

कोट्स ने इस वक्र का भी अध्ययन किया था—

क =त^{२} क्ष ($a=r^2\theta$),

जिसका नाम उसने लिटुअस (Lituus) रखा था।

यदि पाठक थोड़ी देर धैर्य रखें तो हम निकोलस सॉन्डर्सन (Nicholas Saunderson) (१६८२–१७३९) से भी निबटते चलें। इस का जन्म इंगलॅण्ड के थर्ल्स्टन (Thurlstone) नगर में हुआ था। जब यह एक वर्ष का था तभी चेचक से इसकी आँखें जाती रही थीं। नेत्रहीन अवस्था में ही इसने ग्रीक, लॅटिन और गणित का अध्ययन किया। १७०७ में यह केम्ब्रिज में न्यूटोनी सिद्धान्त पर अध्यापन कार्य करने लगा। यह व्हिस्टन (Whiston) का शिष्य था और १७११ में उसी के स्थान पर, केम्ब्रिज की गणित की गद्दी पर आरूढ़ हो गया। १७२८ में इसे क़ानून के डाक्टर की उपाधि मिली और १७३६ में यह रॉयल सोसायटी का अधिसदस्य हो गया।

सॉन्डर्सन ने एक परिकलन यन्त्र का आविष्कार किया था जिससे अंकगणितीय और बीजगणितीय क्रियाएँ स्पर्श मात्र से की जा सकती हैं। उक्त यन्त्र का विवरण

इसने अपनी बीजगणित की पुस्तक में दिया है जो इसकी मृत्यु के पश्चात् १७४० में दो भागों में प्रकाशित हुई। 'प्रवाह विधि' पर इसका एक ग्रन्थ १७५१ में प्रकाशित हुआ। यों भी इसने न्यूटोनी सिद्धान्तों का यथेष्ट प्रचार किया।

ब्रूक टेलर (Brook Taylor) (१६८५–१७३१) एक अंग्रेज़ गणितज्ञ था। इसकी शिक्षा केम्ब्रिज में हुई। १७०८ में इसने **दोलन केन्द्र** (Centre of Oscillation) की समस्या का हल निकाला जो १७१४ में प्रकाशित हुआ। जॉन बर्नोली ने उक्त आविष्कार में टेलर की प्राथमिकता स्वीकार नहीं की है। १७१२ में टेलर रॉयल सोसायटी का अधिसदस्य निर्वाचित हुआ और चार वर्ष तक सोसायटी का सचिव भी रहा। १७१२ में ही यह उक्त समिति का भी सदस्य नियुक्त हुआ जो कलन में न्यूटन अथवा लिब्नीज़ की प्राथमिकता सिद्ध करने के लिए बनायी गयी थी।

१७१५ में टेलर ने एक अभिपत्र लिखा जिसमें यह प्रमेय दिया—

$$\text{फ}\,(\text{य}+\text{ट})=\text{फ}(\text{य})+\text{ट फ}'(\text{य})+\frac{\text{ट}^2}{\lfloor 2}\text{फ}''(\text{य})+\frac{\text{ट}^3}{\lfloor 3}\text{फ}'''(\text{य})+\ldots\ldots$$

इसी फल को आजकल **टेलर श्रेणी** (Taylor Series) कहते हैं। कलन का प्रत्येक विद्यार्थी इस श्रेणी से भली भाँति परिचित होता है। टेलर के समय से आज तक इसके बहुत से संशोधित रूप प्रस्तुत किये जा चुके हैं।

उसी अभिपत्र में टेलर ने उच्च गणित की एक नयी शाखा का श्री गणेश किया था: **सान्त अन्तर कलन** (Calculus of Finite Differences)। इसने कम्पमान डोरी (Vibrating String) की गति निकालने में उक्त विषय का प्रयोग किया था। इस की अन्य कृतियों के विषय ये थे—भौतिकी, लघुगणक, दृष्टि-साम्य (Perspective)। लोग कहते हैं कि 'न्यूटन और कोट्स के पश्चात् टेलर ही इंग्लॅण्ड का ऐसा गणितज्ञ हुआ है जिसने बर्नोलियों से मुचैटा लिया। किन्तु इसमें अभिव्यंजना शक्ति की कमी थी।

जेम्स स्टर्लिंग (James Stirling) (१६९२–१७७०) की शिक्षा ग्लास्गो (Glasgow) और ऑक्सफ़ोर्ड (Oxford) में हुई। कुछ राजनीतिक कारणों से इसे ऑक्सफ़ोर्ड छोड़ना पड़ा और इसने वेंनिस (Venice) में प्राध्यापकत्व स्वीकार कर लिया। वेंनिस में यह दस वर्ष रहा। इसकी न्यूटन और निकोलस बर्नोली से मित्रता थी। इसने १७१७ में घन वक्रों पर एक अभिपत्र लिखा। न्यूटन ने ऐसे वक्रों को बहत्तर जातियों में विभक्त किया था। वर्गीकरण के जो सिद्धान्त न्यूटन

ने स्थिर किये थे, उनके अनुसार इन वक्रों की ६ जातियाँ देने से रह गयी थीं। स्टर्लिग ने इस कमी को पूरा कर दिया।

१७३० में स्टर्लिग ने अनन्त श्रेणियों पर एक अभिपत्र लिखा जिसमें श्रेणियों के रूपान्तरों का विवेचन किया गया था। उक्त अभिपत्र का एक महत्त्वपूर्ण फल इस प्रकार है—

$$\frac{१}{ल^२} = \sum_{स=१}^{\infty} \frac{१}{स} \cdot \frac{स\,!}{ल\,(ल+१)\,(ल+२)\ldots\ldots(ल+स)} ।$$

इसके अतिरिक्त स्टर्लिग के दो अन्य सूत्र प्रसिद्ध हो गये हैं—

$$\text{(i) लघु } (स\,!) = (स+\tfrac{१}{२}) \text{ लघु } स — स + \tfrac{१}{२} \text{ लघु } (२\,\pi)$$

$$+ \frac{ब_१}{१.२\,स} - \frac{ब_२}{३.४\,स^३} + \ldots\ldots,$$

जिसमें $ब_१$, $ब_२$, ...बर्नोली संख्याएँ हैं।

इस फल को **स्टर्लिंग श्रेणी** (Stirling Series) कहते हैं।

$$\text{(ii) } \Gamma \left(१+य\right) \quad इ^{-य} \; य^{य} \left(२\,\pi\,य\right)^{\frac{१}{२}}$$

इस सूत्र को **स्टर्लिंग अनन्तस्पर्शी सूत्र** (Stirling Aymptotic Formula) कहते हैं।

स्टर्लिग ने दो प्रकार की संख्याओं का भी आविष्कार किया था जिन्हें स्टर्लिग सख्याएँ (Stirling Numbers) कहते हैं। स्थान के अभाव के कारण हम यहाँ उनका विवरण देने में असमर्थ हैं।

कोलिन मॅक्लॉरिन (Colin Maclaurin) (१६९८–१७४६) स्कॉलॅण्ड का एक गणितज्ञ था। इसकी शिक्षा ग्लासगो विश्वविद्यालय में हुई थी। बारह वर्ष की अवस्था में इसे यूक्लिड की एक प्रति मिल गयी। दो चार दिन में ही इसने उसके ६ भाग उदरस्थ कर लिये। पन्द्रह वर्ष की अवस्था में इसने एम० ए० की उपाधि प्राप्त की, उन्नीसवें वर्ष यह ऐबर्डीन (Aberdeen) में गणित का प्राध्यापक नियुक्त हुआ और इक्कीसवें वर्ष रॉयल सोसायटी का अधिसदस्य निर्वाचित हो गया। उसी वर्ष इसका न्यूटन से परिचय हुआ और उसी वर्ष इसने अपनी पहली पुस्तक प्रकाशित की। उक्त ग्रन्थ में इसने न्यूटन के कई प्रमेयों का विकास किया और शांकवों के जनन की विधि दी। दो वर्ष पश्चात् इसने उक्त पुस्तक का परिशिष्ट प्रकाशित किया जिसमें यह महत्त्वपूर्ण प्रमेय दिया—

"यदि कोई बहुभुज इस प्रकार चलता है कि उसकी प्रत्येक भुजा सदैव एक स्थिर बिन्दु में से होकर जाती है और यदि, एक को छोड़ कर, उसके समस्त शीर्ष क्रमशः त, थ, द, ...घातों के वक्र बनाते हैं, तो स्वतन्त्र शीर्ष २ त थ द......घात का एक वक्र बनायेगा। और यदि स्थिर बिन्दु एक ऋजु रेखा पर स्थित हों तो वक्र का घात त थ द.........होगा।"

यह प्रमेय पास्कल के संगत प्रमेय का सार्विक रूप है। १७२४ में मॅक्लॉरिन को एक निबन्ध पर फ्रांस की विज्ञान परिषद का पुरस्कार मिला। निबन्ध का विषय था 'कायों का आघात' (Percussion of Bodies). १७२५ में न्यूटन की संस्तुति पर यह ऍडिन्बरा (Edinburgh) विश्वविद्यालय में प्राध्यापक नियुक्त हुआ।

१७४० में फ्रांस की विज्ञान परिषद ने मॅक्लॉरिन, ऑयलर और डॅनियॅल बर्नोली को मिला कर पुरस्कार दिया। मॅक्लॉरिन के निबन्ध का विषय था 'ज्वारभाटे।' १७४२ में इसकी प्रसिद्ध पुस्तक Treatise on Fluxions छपी। उक्त पुस्तक में मॅक्लॉरिन ने ही सबसे पहले भूयिष्ठ और अल्पिष्ठ बिन्दुओं (Maxima and Minima Points) का भेद निकालने की विधि दी और यह भी बताया कि वक्रों के बहुलक बिन्दु सिद्धान्त (Theory of Multiple points) में उसका क्या महत्त्व है।

१७४५ में जब विद्रोहियों ने ऍडिन्बरा पर अधिकार जमा लिया तब मॅक्लॉरिन भाग कर इंग्लॅण्ड चला गया। १७४६ में इसकी मृत्यु हो गयी।

मॅक्लॉरिन के कुछ आविष्कार बहुत प्रसिद्ध हो गये हैं--

(i) टेलर श्रेणी का संशोधित रूप--

$$\text{फ}(\text{य}) = \text{फ}(०) + \text{य}\,\text{फ}'(०) + \frac{\text{य}^{२}}{\lfloor २}\text{फ}''(०) + \frac{\text{य}^{३}}{\lfloor ३}\text{फ}'''(०) + \ldots$$

(ii) मॅक्लॉरिन का समाकल परीक्षण (Integral Test) जो आजकल कलन का प्रत्येक विद्यार्थी पढ़ता है।

(iii) मॅक्लॉरिन का त्रिभागज (Trisectrix of Maclaurin) जिस का समीकरण यह है--

$$(\text{क} - \text{य})\,\text{र}^{२} = \text{य}^{२}\,(३\,\text{क} + \text{य}),$$

अर्थात् त ज्या २क्ष = २ क ज्या ३क्ष।

आयलर के जीवन की कुछ घटनाओं का उल्लेख हम बीजगणित के परिच्छेद में कर चुके हैं। यदि हम फलन सिद्धान्त के सम्बन्ध में भी ऑयलर का नाम न लें तो

यह उसके कार्य के प्रति अनादर होगा। ऑयलर के मस्तिष्क में इतने विचार चक्कर काटते रहते थे कि वह उन्हें कठिनाई से ही सँभाल पाता था। वह एक के बाद एक अभिपत्र लिखता ही रहता था और उसकी मेज़ पर गवेषणापत्रों का ढेर ऊँचा होता चला जाता था। लोग तो यहाँ तक कहते हैं कि उसके घर पर आधे घण्टे के अन्तर पर जो भोजन की दो घण्टियाँ बजा करती थी, कभी कभी उतने ही समय में वह एक अभिपत्र तैयार कर लिया करता था। जब कभी गणितीय पत्रिकाओं के सम्पादकों को छापने के लिए अभिपत्रों की आवश्यकता पड़ती थी, वह उसकी मेज़ के ढेर में से ऊपर के दो एक अभिपत्र उठा लिया करते थे। इसका परिणाम यह होता था कि पिछले पत्र पड़े रह जाते थे और अगले पत्र छप जाते थे जिनमें पिछले पत्रों की कृतियों का उल्लेख होता था! एक बार अनुमान लगाया गया था कि यदि ऑयलर के समस्त कार्य को प्रकाशित किया जाय तो बड़े आकार के सत्तर अस्सी ग्रन्थों से कम नहीं होंगे। १९०९ के द्रव्य में इसका व्यय ८०,००० डालर बैठता था। किन्तु इसके पश्चात् लैनिन्ग्राड (Leningrad) में ऑयलर की हस्तलिपियों का एक और ढेर उपलब्ध हो गया। तब तो प्रकाशकों के उत्साह पर तुषार पात हो गया!

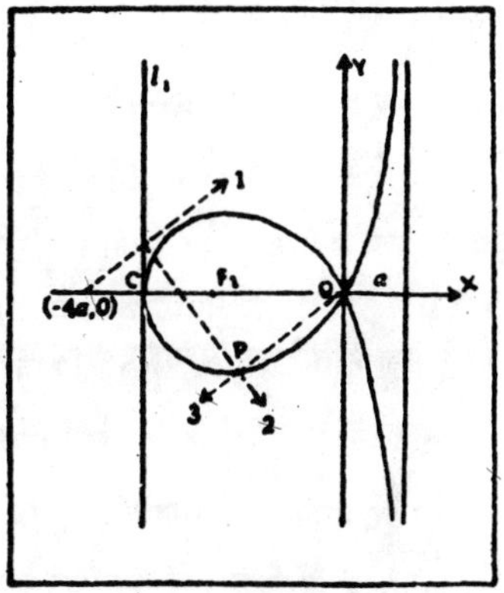

चित्र—९४ **मॅक्लॉरिन का त्रिभागज।**
(इन्साइक्लोपीडिया ब्रिटॅनिका से)

१७५५ में ऑयलर का अवकलन गणित पर एक ग्रन्थ निकला और १७६८-७० में समाकलन गणित पर। उक्त पुस्तकों में दोनों विषयों की उन समस्त बातों का सारांश दिया गया था जो उस समय तक ज्ञात थीं। इसके अतिरिक्त कई मौलिक अनुसन्धान भी थे, जैसे बीटा और गामा फलन। विचरण कलन पर भी ऑयलर का कार्य बहुत महत्त्वपूर्ण रहा है। उक्त विषय में इसने ज्यामितीय विधि का प्रयोग किया है जिससे बहुत से प्रश्नों के हल सरलता से निकल आते हैं।

संकेतलिपि के क्षेत्र में भी ऑयलर की देन बड़ी विलक्षण रही है। इसने त्रिभुज के कोणों का निरूपण बड़े अक्षरों द्वारा और भुजाओं का निरूपण छोटे अक्षरों द्वारा करना आरम्भ किया। यों तो इस युक्ति का प्रयोग इससे पहले भी एक बार रॉलिसन

(Rawlinson) ने किया था। किन्तु उस घटना को लगभग एक शताब्दी बीत चुकी थी। उसका प्रचलन तभी हुआ जब यूरोप में ऑयलर ने और इंग्लॅण्ड में सिम्सन (Simpson) ने उसे दुबारा आरम्भ किया। निम्नलिखित चिह्नों के प्रचलन का प्राथमिक श्रेय भी ऑयलर को ही है—

$f(x)$	(x) य के फलन के लिए
i	$\sqrt{-१}$ के लिए
$\sum$	संकलन के लिए
s	त्रिभुज के अर्ध परिमाप के लिए।

इसके अतिरिक्त **'ऑयलर संख्याएं'** आज जगत प्रसिद्ध हो गयी हैं। मान लीजिए कि

$$\text{व्युकोज् य} = १ + \text{क}_१ \text{य}^२ + \text{क}_२ \text{य}^४ + \text{क}_३ \text{य}^६ + \ldots\ldots$$

तो इस एकात्म्य में गुणांकों $\text{क}_१, \text{क}_२, \text{क}_३, \ldots\ldots$ को ऑयलर संख्याएँ कहते हैं।

ऑयलर के विषय में एक उपाख्यान उल्लेखनीय है। रूस की रानी अन्ना के कट्टरपन के कारण ऑयलर को सार्वजनिक कार्यों से हाथ खींचना पड़ा। १७४० में अन्ना का देहान्त हो गया। तब ऑयलर को जर्मनी के राजा फ्रैंडरिक महान् ने बुला लिया। जब ऑयलर बर्लिन पहुँचा तो प्रशा की रानी ने उसे अपना कृपापात्र बनाना चाहा। वह ऑयलर से बात करती थीं तो ऑयलर केवल 'हाँ, हूँ' में उत्तर दे देता था। रानी ने कहा कि "आश्चर्य है कि इतना बड़ा विद्वान् इतना चुप्पा और भैंतला है।" ऑथलर ने उत्तर दिया कि "महारानी जी, इसका कारण यह है कि जिस देश से मैं आया हूँ, वहाँ बोलने के कारण ही लोगों को फाँसी पर चढ़ा दिया जाता है।"

लगे हाथों दो शब्द टॉमस सिम्सन (Thomas Simpson) के विषय में भी कहते चलें। यह इंग्लॅण्ड का निवासी था और इसका जीवन-काल १७१०–६१ था। इसके पिता इसे जुलाहा बनाना चाहते थे किन्तु इसकी रुचि गणित में थी। इसी बात पर इसकी पिता से कहा सुनी होती थी जिसका परिणाम यह निकला कि यह घर छोड़ कर भाग गया। इसके हाथ अंकगणित और बीजगणित की एक पुस्तक लग गयी जिसे इसने स्वयं पढ़ना आरम्भ किया। यह एक स्वशिक्षित व्यक्ति था किन्तु इसमें असाधारण प्रतिभा थी। वर्षों यह लन्दन में ग़रीबी से लड़ता रहा। १७४३ में यह ऊल्विच (Woolwich) की सैनिक परिषद में गणित का प्राध्यापक नियुक्त हुआ। १७४५ में रॉयल सोसायटी ने इसे अपना अधिसदस्य निर्वाचित कर लिया।

सिम्सन ने कई पाठ्य पुस्तकें और बहुत से अभिपत्र प्रकाशित किये। इसके प्रिय विषय थे—बीजगणित, सम्भाव्यता, कलन, त्रिकोणमिति। यह बीजगणितीय

समीकरणों का हल अनन्त श्रेणियों द्वारा निकालता था। न्यूटन की प्रवाह विधि पर इसने दो पुस्तकें लिखी ह जो क्रमशः, १७३७ और १७५० में प्रकाशित हुई। १७४८ में इसकी 'त्रिकोणमिति' छपी जिसमें इन दो सूत्रों की बहुत सुन्दर उपपत्तियाँ दी गयी थीं जो समतल त्रिभुजों पर लागू हैं—

(क+ख) : ग = कोज् $\frac{1}{2}$ (का—खा) : ज्या $\frac{1}{2}$ गा,

(क—ख) : ग = ज्या $\frac{1}{2}$ (का—खा) : कोज् $\frac{1}{2}$ गा ।

क्लॅरो परिवार

जीन बॅप्टिस्ट क्लॅरो (Jean Baptiste Clairant) पेरिस में गणित का अध्यायक था। इसके जीवन काल का ठीक-ठीक पता नहीं है किन्तु इतना निश्चित है कि इसकी मृत्यु १७६५ में हुई। इसने ज्यामिति पर तीन अभिपत्र लिखे थे।

जीन बॅप्टिस्ट क्लॅरो का एक पुत्र ऍलॅक्सिस क्लॉड क्लॅरो (Alexis Claude Clairant) था जो इस परिवार का एक प्रमुख सदस्य हुआ है। इसकां जन्म पेरिस में १७१३ में और मृत्यु भी पेरिस में ही १७६५ में हुई। इसमें विलक्षण प्रतिभा थी। दस वर्ष की अवस्था में ही यह उच्च गणित की पुस्तकें पढ़ने लगा और बारह वर्ष की अवस्था में इसने फ्रांस की परिषद् में अपना एक अभिपत्र पढ़ा जिस में चार वक्रों के गुणों का वर्णन था जिनका इसने स्वयं आविष्कार किया था। १७२९ में, १६ वर्ष की अवस्था में, इसने **द्विक वक्रता वक्रों** (Curves of Double Curvature) पर एक एकबन्ध (Monograph) लिखा जिसके फलस्वरूप अट्ठारह वर्ष की अल्पावस्था में ही यह फ्रांस की परिषद् का सदस्य बना लिया गया। १७३६ में यह एक आयोग के साथ लॅप्लॅण्ड गया जो याम्योत्तर (Meridean) के एक अंश (Degree) को नापने के लिए भेजा गया था। १७४३ में इसने पृथ्वी की आकृति पर एक पुस्तक प्रकाशित की जिसमें गुरुत्वाकर्षण पर एक महत्त्वपूर्ण प्रमेय दिया गया था। उक्त प्रमेय अब '**क्लॅरो प्रमेय**' के नाम से प्रसिद्ध हो गया है। १७५० में इसने चन्द्रमा पर एक निबन्ध लिखा जिस पर पॅट्रोग्राड की परिषद् ने इसे एक पुरस्कार दिया। १७५९ में इसने **हेली धूमकेतु** (Halley Comet) पर भी महत्त्वपूर्ण गवेषणा कार्य किया है।

क्लॅरो का कार्य शुद्ध और प्रयोजित —दोनों प्रकार के गणित में विलक्षण रहा है। शुद्ध गणित में इसके प्रिय विषय थे—ज्यामिति, बीजगणित, कलन, अवकल समीकरण। एक अवकल समीकरण तो इसी के नाम से प्रसिद्ध हो गया है —

$$र = य\frac{तार}{ताय} + फ\left(\frac{तार}{ताय}\right) ।$$

ऐँलॅक्सिस का एक भाई था जो केवल सोलह वर्ष (१७१६–३२) जीवित रहा। यह बालक बड़ा ही होनहार था। चौदह वर्ष की अवस्था में इसने ज्यामिति पर एक अभिपत्र लिखा और पन्द्रहवें वर्ष एक पुस्तक तैयार कर दी जो १७३१ में प्रकाशित हुई।

जीन ल रॉन्द डि लेम्बर्ट (Jean Le Rond D' Alembert) (१७१७–८३) एक फ्रांसीसी गणितज्ञ और दार्शनिक था। यह जीन ल रॉन्द के गिरजा के समीप असहाय अवस्था में पाया गया था। बाद को पता चला कि यह अपने माता पिता की अवैध सन्तान था। एक अन्य दम्पति ने इसका लालन-पालन किया। इसका पिता चुप चाप इसका व्यय दिया करता था।

कॉलिज छोड़ने पर यह अपनी धात्रेय माता के घर लौट आया और तीस वर्ष तक वहीं पर रहा। इसने क़ानून का अध्ययन किया था किन्तु इसने उक्त व्यवसाय को अपनाया नहीं। तब इसने औषधि-विज्ञान में रुचि दिखायी किन्तु एक वर्ष के अन्दर ही उसे भी छोड़कर गणित के अध्ययन में संलग्न हो गया। इसने फ्रांस की विज्ञान परिषद् में कई अभिपत्र भेजे जिसके फल स्वरूप १७४१ में यह उक्त संस्था का सदस्य हो गया। तत्पश्चात् इसने प्रयोजित गणित पर कई अभिपत्र लिखे। १७४२ में इसने गतिविज्ञानके उस सिद्धांन्त का प्रतिपादन किया जो आजकल **'डि लेम्बर्ट सिद्धान्त'** के नाम से प्रसिद्ध है। १७४७ में इसकी एक पुस्तक प्रकाशित हुई जिसका विषय था 'आंशिक अन्तर कलन (Calculus of Partial Differences)'. १७६२ में यह बर्लिन गया। इसे बर्लिन परिषद् का अध्यक्ष बनाने का प्रयत्न किया गया किन्तु इसने अस्वीकार कर दिया। तत्पश्चात् इसके कई अन्य ग्रन्थ प्रकाशित हुए जिनके विषय थे—कार्यों की गति, पृथ्वी की धुरी, दोलित डोरियाँ आदि। १७४६ और ४८ में बर्लिन परिषद् की पत्रिका में इसने समाकलन गणित पर कई अभिपत्र प्रकाशित किये जो बहुत महत्त्वपूर्ण थे। इसके कई लेख अवकल समीकरणों पर भी हैं।

डिडेरट के सहयोग में डिलेम्बर्ट ने एक विश्वकोष का सम्पादन किया। उक्त ग्रन्थ के पहले दो भागों के लिए तो इसने कई साहित्यिक लेख लिखे हैं, किन्तु शेष भागों में इसकी देन गणितीय ही रही है। इसके अतिरिक्त इसकी एक पुस्तक दर्शन पर (१७५९) और एक संगीत पर (१७७९) भी प्रकाशित हुई है।

डि लेम्बर्ट को जीवन भर मितव्ययी रहना पड़ा क्योंकि इसके साधन सदैव सीमित रहे। जीवन के तीसरे पहर में इसका परिचय कुमारी लॅस्पिनॅस (Lespinasse) से हो गया था। १७६५ में जब रह रोगग्रस्त हुआ तब उसने इसकी बड़ी सेवा की। वह तो इसको केवल एक घनिष्ठ मित्र ही समझती थी किन्तु ऐसा प्रतीत होता है कि

उसके प्रति डि लेम्बर्ट की भावनाएँ और भी गहरी थीं। वर्षों दोनों एक ही मकान में रहे। १७७६ में उसकी मृत्यु से डि लेम्बर्ट को गहरा धक्का लगा। यों तो यह अपना दैनिक कार्य करता रहा और इसने अध्ययन, लेखन भी नहीं छोड़ा किन्तु फिर पहले जैसी बात कभी आयी नहीं। १७८३ में इसका स्वर्गवास हो गया।

पियर साइमन लॅप्लास (Pierre Simon Laplace) (१७४९–१८२७) एक फ्रांसीसी गणितज्ञ और ज्यौतिषी था। इसके पिता एक छोटे से किसान थे, अतः इसकी शिक्षा पड़ोसियों की कृपा पर आधृत हुई। यह अपने जन्मस्थान बीमॉण्ट (Beau-

चित्र—९५ लॅप्लास (१७९४–१८२७)

[स्क्रिप्टा मॅथॅमॅटिका की अनुज्ञा से 'पोर्ट्रेट्स ऑफ़ ऐमिनेंण्ट मॅथॅमॅटीशियंश' से प्रयुत्पादित।]

mont) के सैनिक स्कूल में प्रविष्ट हुआ और तत्पश्चात् वहीं पर गणित का अध्यापक नियुक्त हो गया। १७६७ में यह कुछ संस्तुति पत्र लेकर डि लेम्बर्ट से मिला। उक्त पत्रों का तो कोई प्रभाव नहीं पड़ा किन्तु जब इसने यान्त्रिकी पर एक लेख लिखकर डि लेम्बर्ट को दिया तो उसको कहना पड़ा कि "तुम्हें किसी संस्तुति की आवश्यकता नहीं थी। मैं अवश्य तुम्हारी सहायता करूँगा।" अस्तु, डि लेम्बर्ट ने इसे पेरिस में नियुक्त करा दिया।

लॅप्लास को विश्लेषण पर बड़ा अधिकार था और इसने उसके सिद्धान्तों का खगोल यान्त्रिकी पर प्रयोग करना आरम्भ कर दिया। इसने उक्त विषय पर कई अभिपत्र लिखे और इसमें और लॅग्रांज में एक प्रकार से अभिपत्र लेखन की होड़ सी लग गयी। तत्पश्चात् इसने पाँच भागों में अपना प्रसिद्ध ग्रन्थ **'खगोल यान्त्रिकी'** (Mècanique Cèlèste) प्रकाशित किया। यह पुस्तक उक्त विषय में युग प्रवर्तक सिद्ध हुई है। १७९६ में इसकी एक अन्य पुस्तक छपी जिसके अन्त में ज्यौतिष का इतिहास दिया हुआ था जिसकी भूरि भूरि प्रशंसा हुई है। लॅप्लास की नीहारिका परिकल्पना (Nebular Hypothesis) भी इसी पुस्तक का एक अंग है।

लॅप्लास के प्रमुख विषय तो ज्यौतिष और खगोल यान्त्रिकी ही थे किन्तु इसने एक पुस्तक सम्भाव्यता पर भी लिखी है। इसके अतिरिक्त इसने भूमिति (Geodesy), अवकल समीकरणों और कलन को भी अछूता नहीं छोड़ा है। इसकी समस्त कृतियाँ फ्रांसीसी सरकार ने सात भागों में १८४३–४७ में प्रकाशित की। तत्पश्चात् उनका दूसरा संस्करण १९१२ में चौदह भागों में छपा।

लॅप्लास की शैली बड़ी ही परिसंहत (Terse) थी। एक बार अमेरिका के ज्यौतिषी नॅथॅनियल बाउडिच (Nathaniel Bowditch) (१७७३–१८३८) ने इसकी शैली के विषय में कहा था कि "लॅप्लास की लेखनी में जब कहीं पर यह दृष्टिगोचर होता है कि 'अतएव, यह स्पष्ट है कि......'तो मैं समझ लेता हूँ कि रिक्ति (Gap) को भरने के लिए मुझे घण्टों माथा पच्ची करनी पड़ेगी।"

यह अवकल समीकरण लॅप्लास के नाम से प्रसिद्ध हो गया है—

$$\frac{\text{त}^2 \text{व}}{\text{त य}^2}+\frac{\text{त}^2 \text{व}}{\text{त र}^2}+\frac{\text{त}^2 \text{व}}{\text{त ल}^2}=० \quad \left(\frac{\partial^2 u}{\partial x^2}+\frac{\partial^2 u}{\partial y^2}+\frac{\partial^2 u}{\partial z^2}=0\right)$$

इस समीकरण का गोलीय हरमिति (Spherical Harmonics) में बहुत प्रयोग होता है।

जीन बॅप्टिस्ट जोज़फ़ फ़ूरियर (Jean Baptiste Joseph Fourier (१७६८–१८३०) एक फ्रांसीसी गणितज्ञ था। यह आठ वर्ष की अल्पावस्था में ही

अनाथ हो गया था। इसने ऑक्सेर (Auxerre) के एक सैनिक स्कूल में शिक्षा पायी और फिर यह वहीं पर गणित का अध्यापक नियुक्त हो गया। कई वर्ष तक यह पेरिस की विभिन्न संस्थाओं में अध्यापक रहा और १७९८ में नॅपोलियन (Napoleon) के साथ मिस्र गया। वहीं नॅपोलियन ने इसे एक प्रान्त का राज्यपाल बना दिया। नॅपोलियन ने फ्रांस का प्रभाव क्षेत्र बढ़ाने के लिए कॅरो में एक संस्थान स्थापित किया। फ़ूरियर उसी संस्थान को अपने गणितीय अभिपत्र देने लगा। १८०१ में यह फ्रांस लौट आया। तत्पश्चात् इसे कई प्रकार की उपाधियाँ और सम्मान मिले। १८१६ में यह पेरिस में जम कर रहने लगा और १८२२ में विज्ञान परिषद् का सचिव हो गया।

फ़ूरियर का नाम दो बातों के लिए प्रसिद्ध है—

(i) इसका ग्रन्थ—ताप का वैश्लेषिक सिद्धान्त, जो १८२२ में प्रकाशित हुआ। इस पुस्तक में गणितीय भौतिकी का बड़ा व्यवस्थित इतिहास दिया गया है।

(ii) फ़ूरियर श्रेणी—फ़ूरियर ने १८०७ में विज्ञान परिषद् को एक अभिपत्र लिख कर दिया जिसमें यह कहा था कि 'प्रायः कोई भी स्वेच्छ फलन एक त्रिकोणमितीय श्रेणी के रूप में प्रसृत किया जा सकता है।' इस बात से लॅग्रांज इतना स्तम्भित हुआ कि उसने कहा कि फ़ूरियर का कथन असम्भव है। परिषद् ने फ़ूरियर को प्रोत्साहित करने के लिए घोषणा की कि परिषद् का १८१२ का पुरस्कार 'ताप संवहन' (Conduction of Heat) पर ही दिया जायगा जो फ़ूरियर के उक्त अभिपत्र का विषय था। फ़ूरियर ने अपना लेख १८११ में परिषद् के पास भेज दिया। लॅप्लास, लॅग्रांज और लेजाण्ड्र पंच नियुक्त हुए। इन्होंने पुरस्कार तो फ़ूरियर को दे दिया किन्तु उसके विश्लेषण और विधि की कड़ी आलोचना की। अभिपत्र परिषद् की पत्रिका में नहीं छप सका। जब फ़ूरियर स्वयं उक्त परिषद् का सचिव हुआ तब उसने अपना उक्त लेख परिषद् की पत्रिका में प्रकाशित किया।

फ़ूरियर सिद्धान्त के अनुसार, यदि फ (य) कोई फलन है जो बहुत ही व्यापक शर्तों को पूरा करता है तो हम उसे इस रूप में निरूपित कर सकते हैं—

$$\text{फ}\,(\text{य}) = \text{क}_0 + \text{क}_1\ \text{कोज्}\ \text{य} + \text{क}_2\ \text{कोज्}\ २\ \text{य} + \ldots\ldots$$
$$+ \text{ख}_1\ \text{ज्या}\ \text{य} + \text{ख}_2\ \text{ज्या}\ २\ \text{य} + \ldots\ldots\ ;$$

इस श्रेणी को फ (य) की **फ़ूरियर श्रेणी** कहते हैं।

इसमें सन्देह नहीं कि फ़ूरियर एक प्रतिभाशाली व्यक्ति था। बारह वर्ष की अवस्था में यह पेरिस के गिरजा के अधिकारियों को उपदेश लिख कर दिया करता

था और ये लोग अपने नाम से उन्हीं उपदेशों के आधार पर प्रवचन किया करते थे। तेरह वर्ष की अवस्था में यह एक समस्या बना हुआ था—चंचल और आवारा। किन्तु गणित से पहला सम्पर्क होते ही इसका कायापलट हो गया। इसे अपना स्वधर्म मिल गया। और फिर तो यह गणित के क्षेत्र में दिन पर दिन उन्नति ही करता गया।

बहुत दिनों बाद आज गाउस की याद आयी है। इसके जीवन की एक झलक हम ज्यामिति के अध्याय में दिखा चुके हैं। इसके पिताजी में कोई प्रतिभा नहीं थी। वह तो यही चाहते थे कि उनका पुत्र भी मज़दूर अथवा माली बन जाये और यदि उनकी चली होती तो गाउस इससे अधिक कुछ न हो पाता किन्तु इसकी माता सदैव इसका पक्ष लिया करती थी। इसीलिए गाउस को अपने पिता के प्रति कोई ममता नहीं थी। गाउस की माता को पुत्र से बड़ी बड़ी आशाएँ थीं। एक दिन उसने गाउस के मित्र बोलिये से पूछा कि उसके विचार में गाउस बड़ा होकर क्या होगा। बोलिये ने उत्तर दिया "यूरोप का सबसे बड़ा गणितज्ञ!" और उसका पूर्वानुमान ठीक ही निकला।

गाउस के बचपन की कुछ घटनाएँ उल्लेखनीय हैं। इसके मकान के पास से एक नहर बहती थी। एक बार नहर में बहुत पानी भरा हुआ था। गाउस उसमें खेलते खेलते डूबने लगा। एक मज़दूर उधर से जा रहा था जिसने इसकी जान बचायी।

गाउस कठिनाई से तीन वर्ष का रहा होगा कि एक दिन इसके पिता मज़दूरों का साप्ताहिक हिसाब कर रहे थे। बच्चा ध्यान से सुन रहा था कि एकदम बोल उठा, "हिसाब में ग़लती है। द्रव्य इतना नहीं, इतना होना चाहिए।" पिता ने दुबारा हिसाब लगाया तो बच्चे का कथन ठीक निकला। तीन वर्ष के बच्चे में इतनी प्रतिभा का उदाहरण बिरले ही मिलेगा।

सात वर्ष की अवस्था में गाउस एक स्कूल में प्रविष्ट हुआ। स्कूल का प्रधानाध्यापक बटनर (Büttner) बड़ा हूश था। वह बड़ी क्रूरता से अपने डण्डे का प्रयोग किया करता था। गाउस का दसवाँ वर्ष था कि एक दिन बटनर ने सारी कक्षा को जोड़ का एक प्रश्न दिया। प्रश्न यह था—

योग निकालो,

८१२९७+८१४९५+८१६९३+......१०० पदों तक।

उन दिनों तक किसी बच्चे ने समान्तर श्रेढ़ी का नाम भी नहीं सुना था। बटनर स्वयं तो ऐसे प्रश्नों का उत्तर सूत्र द्वारा निकाल लिया करता था। लड़कों से वह यही आशा करता था कि वह पूरे १०० पद अलग अलग लिखेंगे और तब जोड़ेंगे। उन

दिनों स्कूलों में यह प्रथा थी कि जो लड़का सबसे पहले प्रश्न हल कर लिया करता था वह तुरन्त अपनी स्लेट अध्यापक की मेज़ पर रख दिया करता था। तत्पश्चात् जो लड़के प्रश्न को निकालते जाते थे, बारी बारी से उस स्लेट पर अपनी स्लेटें रखते जाते थे। बटनर ने कठिनाई से प्रश्न बोल पाया था कि गाउस ने तुरन्त उसका उत्तर लिख-कर स्लेट मेज़ पर पटक दी। कोई भी अन्य विद्यार्थी पूरे घण्टे में भी उक्त प्रश्न को हल न कर पाया। गाउस का उत्तर ठीक निकला। उस दिन से बटनर गाउस पर दयालु हो गया। उसने अपनी जेब से अंकगणित की एक पुस्तक गाउस को खरीद कर दी। गाउस के विषय में वह कहा करता था, "इस लड़के को मैं और कुछ नहीं पढ़ा सकता।"

गाउस ने जिस वस्तु पर हाथ रख दिया वह सोना हो गयी। इसकी प्रमुख रुचि तो अंकगणित में थी किन्तु चुम्बकत्व, ज्यौतिष, भूमिति—सभी क्षेत्रों में इसका कार्य यग प्रवर्तक रहा है। इसकी सबसे प्रसिद्ध पुस्तक **डिस्क्वीज़ीशनिस** (Disquisitiones) है जिसके सात विभाग हैं।

उक्त पुस्तक के पहले तीन विभागों में **संशेषता सिद्धान्त** (Theory of Congruences) का प्रतिपादन किया गया है। विशेषकर इस संशेषता का विस्तारपूर्वक विवेचन किया गया है—

$$\text{य}^{\text{स}} \equiv \text{का (मापांक प)},$$

जिसमें स, का **स्वेच्छ पूर्णाङ्क** हैं और प कोई **रूढ़ संख्या** (prime number)।

चौथे विभाग का विषय है **वर्गात्मक अवशेष सिद्धान्त** (Theory of Quadratic Residues). वर्गात्मक व्युत्क्रमता की पहली उपपत्ति इसी विभाग में दी गयी है।

पाँचवें विभाग में **द्विवर्णक वर्गात्मक रूप** (Binary Quadratic Forms) दिये गये हैं। इसी विभाग में आगे त्रिवर्णक रूपों का भी विवेचन है।

छठे और सातवें विभागों में बीजगणितीय समीकरणों पर उपरिलिखित सिद्धान्तों का प्रयोग किया गया है। अन्तिम विभाग के विषय में गणितज्ञ कहते हैं कि उसमें गाउस ने अपनी प्रतिभा की पराकाष्ठा दिखायी है।

डिस्क्वीज़ीशनिस १८०१ में छपी थी और उसने गणितीय जगत् में तहलका मचा दिया था। १८११ में गाउस ने बॅसिल (१७८४–१८४६) को अपना **वैश्लेषिक फलन सिद्धान्त** (Theory of Analytic Functions) बताया। यदि गाउस ने उक्त सिद्धान्त को भी सार्वजनिक रूप में प्रकाशित कर दिया होता तो उसने

गणितीय संसार में एक दूसरा विप्लव मचा दिया होता। किन्तु उक्त सूचना बेंसिल तक ही सीमित रह गयी।

सम्मिश्र राशियों (Complex Numbers) का उल्लेख हम पहले कर चुके हैं। गाउस ने सिद्ध कर दिया कि प्रत्येक बीजगणितीय समीकरण के मूल इस प्रकार के होते हैं---

$$\text{क}+\text{ए ख} \qquad (\text{ए}=\sqrt{-१})$$

गाउस ने **एकरूप फलनों** (Uniform Functions) की परिभाषा तो दी ही। साथ ही यह भी बता दिया कि समस्त एकरूप फलन वैश्लेषिक नहीं होते। वैश्लेषिकता के लिए उनका अवकलनीय भी होना आवश्यक है। अवकलनीयता की गाउस ने सन्तोषजनक परिभाषा दी है।

मान लीजिए कि समतल में कोई बिन्दु (य, र) है। तो **आर्गण्ड चित्र** (Argand Diagram) में हम याक्ष को वास्तविक अक्ष और राक्ष को काल्पनिक अक्ष कहेंगे। इस प्रकार वास्तविक क्षेत्र का बिन्दु (य, र) सम्मिश्र क्षेत्र में बिन्दु (य+ए र) बन जाता है। इसी राशि (य+ए र) को हम ल से निरूपित करते हैं।

अब मान लीजिए कि ल′ एक अन्य बिन्दु है जो ल के समीप है, और फ (ल) कोई एकरूप फलन है। तो हम ल′ पर इस फलन का मान निकाल कर भजनफल

$$\frac{\text{फ (ल}') - \text{फ (ल)}}{\text{ल}' - \text{ल}}$$

बनाते हैं।

अब मान लीजिए कि बिन्दु ल′ बिन्दु ल की ओर चलता है और अन्त में उससे अभिन्न हो जाता है। स्पष्ट है कि बिन्दु ल तक पहुँचने में वह अनन्त पथों में से किसी एक का अवलम्बन कर सकता है। वह एक ऋजु रेखा, एक वृत्त, परवलय अथवा किसी अन्य वक्र द्वारा जा सकता है। अब प्रश्न यह है कि जब ल′→ल तब क्या उपरिलिखित भजनफल की कोई निश्चित, सान्त सीमा होगी ? और यदि होगी तो क्या वह सीमा समस्त मार्गों के लिए अद्वितीय रहेगी ? यदि ऐसा हो तो फलन फ (ल) को हम अवकलनीय कहेंगे।

अन्त में, जो फलन एकरूप भी हो और अवकलनीय भी, उसे वैश्लेषिक कहते हैं।

सम्मिश्र अवकलन की ही भाँति **सम्मिश्र समाकलन** (Complex Integration) की नींव को भी गाउस ने पुष्ट कर दिया। हम यहाँ स्थूल रूप से गाउस के सम्मिश्र समाकलन की परिभाषा देते हैं।

मान लीजिए कि फ(ल) चर ल (Variable z) का एक फलन है, और का खा एक सतत वक्र। वक्र को स भागों में बाँट दीजिए। मान लीजिए कि विभाजन बिन्दु

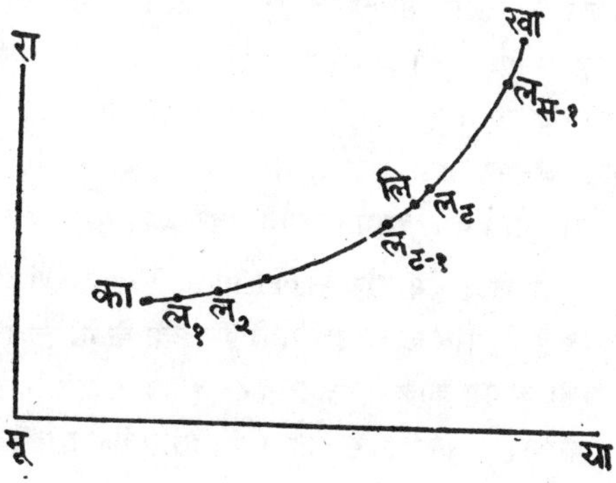

चित्र ९६—**गाउस के संकर अवकल का वक्र।**

$ल_०$ (=का), $ल_१$, $ल_२$, ...$ल_{ट-१}$, $ल_ट$, ...$ल_{स-१}$, $ल_स$ (=खा) हैं।

इनमें से वक्र के प्रत्येक टुकड़े $ल_{ट-१}$ $ल_ट$ पर कोई विन्दु लि लेकर फ (लि) का मान निकाल लीजिए।

अब इस मान को संगत अन्तर ($ल_ट—ल_{ट-१}$) से गुणा करके यह योग प्राप्त कर लीजिए—

$$\sum_{ट=१}^{ट=स} फ\ (लि)\ (ल_ट - ल_{ट-१}).$$

अब मान लीजिए कि वक्र के टुकड़ों की संख्या अनन्त हो जाती है, और उनमें से प्रत्येक की लम्बाई शून्य की ओर प्रवृत्त होती है। तब हम सीमा

$$\underset{स\to\infty}{सी} \sum_{ट=१}^{ट=स} फ\ (लि)\ (ल_ट - ल_{ट-१})$$

निकालते हैं। यदि यह सीमा निश्चित, सान्त और अद्वितीय (Definite, Finite and Unique) हो तो उसके मान को फ (ल) का **रेखा समाकल** (Line Integral) कहते हैं, और उसे इस प्रकार निरूपित करते हैं—

$$\int_{का\ खा} फ\ (ल)\ ता\ ल\ ।$$

इसमें सन्देह नहीं कि गाउस की कृतियों से गणित का एक नया अध्याय आरम्भ होता है। लोग सुतथ्यता (precision) की महत्ता, परिभाषा की आवश्यकता और उपपत्ति की परुषता (Rigour) को समझने लगे। गाउस गणितज्ञ नहीं, गणितज्ञ सम्राट् था। संसार में तीन ही गणितज्ञ हुए हैं जिन्होंने गणित के विषय को नयी प्रेरणा, नया जीवन, नयी प्रवृत्ति दी है—आर्किमेंडीज़, न्यूटन और गाउस। तीनों महान् थे। इनमें से कौन सबसे बड़ा था, यह कहना हमारे बूते की बात नहीं है।

दो शब्द हैंने रॉन्स्की (Hoëne Wronski) के विषय में भी कह दें तो क्या हानि है ? पोलॅण्ड के उन्नीसवीं शताब्दी के गणितज्ञों में इसी का नाम उल्लेखनीय है। इसका जीवन काल १७७८–१८५३ था। यह निर्धन था किन्तु धुन का पक्का था। जीवन का अधिकांश इसने फ्रांस में व्यतीत किया। इसकी लेखन शैली आकर्षक नहीं थी, इसीलिए इसकी विशेष ख्याति नहीं हुई। इसका नाम दो बातों के लिए प्रसिद्ध है—

(i) गणितीय दर्शन पर इसके लेख।

(ii) सारणिकों पर इसका कार्य। इसने चार प्रकार के सारणिकों का विशेष रूप से अध्ययन किया था। उनमें से एक का नाम १८८१ में टॉमस म्योर (Thomas Muir) ने **रॉन्स्कियन** (Wronskian) रख दिया, और वही नाम प्रचलित हो गया। हम यहाँ तृतीय वर्ण के रॉन्स्कियन की परिभाषा देते हैं।

मान लीजिए कि $फ_1$, $फ_2$, $फ_3$ चर य के तीन फलन हैं। तो सारणिक

$$\begin{vmatrix} फ_1 & फ_2 & फ_3 \\ फ_1' & फ_2' & फ_3' \\ फ_1'' & फ_2'' & फ_3'' \end{vmatrix}$$

को इन फलनों का रॉन्स्कियन कहते हैं और इसे इस प्रकार लिखते हैं—

$$रॉ\,(फ_1, फ_2, फ_3)$$

ऑगस्ट लियोपोल्ड क्रेले (August Leopold Crelle) (१७८०–१८५५) एक जर्मन गणितज्ञ था। इसकी रुचि बहुमुखी थी और इसमें बड़ी संघटन शक्ति थी। व्यवसाय से यह इंजीनियर था। इसमें कोई विशेष गणितीय प्रतिभा नहीं थी किन्तु इसने गणित के प्रवर्तन के लिए बहुत परिश्रम किया। १८२८ में इसने उस प्राविधिक संस्थान (Technical Institute) की सेवा छोड़ दी जिसमें यह काम करता था और सार्वजनिक शिक्षा मन्त्रालय में नौकरी कर ली। इसके जीवन का प्रमुख कार्य

यह रहा है कि इसने एक गणितीय पत्रिका की स्थापना की जो आजतक 'क्रेले जर्नल' (Crelle Journal) के नाम से प्रसिद्ध है। इस योजना में ऑबेल, स्टेनर और जॅकोबी ने इसे सहयोग दिया। बर्लिन-पॉत्सदॅम (Berlin-Potsdam) की योजना भी इसी ने बनायी थी।

बर्नार्ड बॉल्ज़ानो (Bernard Bolzano) भी इस योग्य अवश्य था कि उस पर दो वाक्य लिखे जायँ। इसका जीवन काल १७८१–१८४८ था। यह एक पादरी था और १५ वर्ष प्राग (Prague) में धर्म दर्शन का प्राध्यापक रहा। १८१६ में इसने **द्विपद सूत्र** (Binomial Formula) की उपपत्ति दी और **श्रेणी अभिसरण** (Convergence of Series) का विवेचन किया। इसने सीमा और सातत्य के भावों का भी स्पष्टीकरण किया। यों तो इसने कई पुस्तकें लिखीं किन्तु इसका तर्कशास्त्र सम्बन्धी ग्रन्थ बहुत प्रसिद्ध हो गया है।

यदि पाठक उकतायें नहीं तो दो शब्द सिमियन डॅनिस पॉयसौं (Simèon Denis Poisson) (१७८१–१८४०) के विषय में भी कहते चलें। यह एक सिपाही का पुत्र था। इसने पहले औषधि विज्ञान का और फिर गणित का अध्ययन किया। १७९८ में यह पेरिस के एक कॉलिज में भर्ती हुआ और लॅग्रांज और लॅप्लास के सम्पर्क में आया। यह संसर्ग इसके जीवन भर चला। अट्ठारह वर्ष की अवस्था में इसने दो अभिपत्र लिखे, एक विलोपन विधि पर, दूसरा सान्त अन्तर के एक समीकरण पर। दूसरा लेख लेजाण्ड्र को बहुत पसन्द आया। १८०६ में यह प्राध्यापक बना दिया गया।

पॉयसौं ने कुल मिलाकर ३०० से अधिक लेख और अभिपत्र लिखे। इसने गणितीय भौतिकी पर कई पुस्तकें भी लिखनी आरम्भ की किन्तु उन्हें पूरा न कर पाया। इसका गवेषणा कार्य मुख्यतः प्रयोजित गणित पर है। शुद्ध गणित में इसके लेख इन विषयों पर हैं—निश्चित समाकल, फ़ूरियर श्रेणी, सम्भाव्यता, विचरण कलन, अवकल समीकरण।

ऑगस्टिन लुई कॉशी (Augustin Louis Cauchy) (१७८९–१८५७) फ्रांस का एक महान् गणितज्ञ हुआ है। यह ६ भाई बहिनों में सबसे बड़ा था। इसने पेरिस में शिक्षा पायी और कुछ दिनों इंजीनियरी का व्यवसाय किया। १८१३ में इसके स्वास्थ्य ने जवाब दे दिया और इसके पिताजी के मित्रों लॅग्रांज और लॅप्लास ने इसे परामर्श दिया कि अब यह अपना जीवन गणित की सेवा में लगा दे। कॉशी का बचपन क्रान्ति के दिनों में बीता। इसके पिता अपने परिवार को अपने पुरातन गाँव आर्कुइल (Arcueil) में ले आये। उसके पास साधनों की कमी थी। उसने आधे

पेट खाकर बच्चों का लालन पालन किया। कॉशी को बचपन में पेट भर भोजन का भी टोटा रहा, इसीलिए जीवन भर उसका स्वास्थ्य असन्तोषजनक रहा।

चित्र ९७—कॉशी (१७८९–१८५७)

कॉशी के पिता पद्य लिखा करते थे। अतः उन्होंने कई पाठ्य पुस्तकें प्रकाशित कीं और किसी प्रकार बच्चों को शिक्षा दिलायी। इस प्रकार कॉशी को भी लॅटिन और फ्रेंच पद्य पर अधिकार हो गया। आर्कुइल से संलग्न दो सम्पत्तियाँ थीं—एक लॅप्लास की और एक रसायनज्ञ बर्थोलैत (Berthollet) (१७४८–१८२२) की। और इस प्रकार कॉशी का लॅप्लास से परिचय हुआ। लॅप्लास ने शीघ्र ही जान लिया कि कॉशी में असाधारण गणितीय प्रतिभा है। जब उसे पता चला कि कॉशी ने श्रेणियों के अभिसरण परीक्षण (Tests for Convergence) निकाले हैं तो वह थर्रा गया। उसने खगोल यान्त्रिकी पर जो कार्य किया था उसमें कई स्थानों पर श्रेणियों के योग का परिकलन करना पड़ता था। और यदि उक्त श्रेणियाँ अपसृत (Divergent) हो गयीं तो उसका बना बनाया मन्दिर ढह जायगा। किन्तु जब उसने अपनी श्रेणियों

पर कॉशी के परीक्षण लगाये तो उन्हें अभिसारी (Convergent) पाया। तब उसने सन्तोष की साँस ली।

१८०० में बड़े कॉशी पेरिस की परिषद् के सचिव नियुक्त हुए। उनके कार्यालय के ही एक कोने में तरुण कॉशी एक मेज़ कुर्सी लेकर बैठा रहता था। लॅग्रांज उक्त कार्यालय में बहुधा आया करता था। इस प्रकार उसे कॉशी की गतिविधि का परिचय मिला। वह कॉशी से बहुत प्रभावित हुआ। एक दिन जब वहाँ नगर के प्रमुख नागरिक बैठे हुए थे, उसने कहा कि "कोने में बैठे हुए उस लड़के को देखते हो। एक दिन वह गणित की दौड़ में हम सबको पीछ छोड़ देगा।"

तेरह वर्ष की अवस्था में कॉशी ने स्कूल में नाम लिखाया। यह स्कूल भर में सबसे तेज़ लड़का समझा जाता था। ग्रीक, लॅटिन आदि प्रायः सभी विषयों में प्रथम पारितोषिक इसी को मिला करता था। १८०५ में यह स्कूल से निकला और १८१० में इंजीनियर हो गया। कॉशी के अस्बाब में चार पुस्तकें रहा करती थीं। लॅप्लास की 'खगोल यान्त्रिकी', लॅग्रांज का 'वैश्लेषिक फलन सिद्धान्त', एक पद्य की पुस्तक और एक धार्मिक ग्रन्थ। स्पष्ट है कि इनमें से एक भी पुस्तक उसके व्यवसाय से सम्बद्ध नहीं थी। किन्तु कॉशी की अभिरुचि तो गणित में ही थी। अतः उसे इंजीनियरी का व्यवसाय छोड़ना ही पड़ा। तरुण अवस्था में ही उसने लॅग्रांज की पुस्तक में कई ग़लतियाँ निकाल डाली थीं।

१८१६ से १८३० तक कॉशी पेरिस के क्रमशः तीन स्थानों पर प्राध्यापक नियुक्त रहा। अन्त में अपनी धार्मिक स्वतन्त्रता के कारण इसे अपना पद छोड़ना पड़ा। इसके लिए ट्यूरिन (Turin) विश्वविद्यालय में गणितीय भौतिकी की एक नयी गद्दी का सर्जन किया गया। १८३८ में यह फ्रांस लौट आया और फिर पेरिस में प्राध्यापक नियुक्त हो गया।

१८०५ में कॉशी ने ऐपोलोनियस के इस प्रश्न का हल निकाला—यदि तीन वृत्त दिये हों तो एक चौथा वृत्त किस प्रकार खींचा जाय जो उक्त तीनों वृत्तों को स्पर्श करे।

पॉइन्सो (Poinsot) (१७७७–१८५९) ने एक प्रश्न यह उठाया था—

"चार, छः, आठ, बारह, बीस फलकों (Faces) के सम बहुफलक (Regular Polyhedra) तो ज्ञात हैं। क्या और कोई सम बहुफलक बनाना सम्भव है जिनके फलकों की संख्या इन संख्याओं से भिन्न हो?"

कॉशी ने १८११ में एक अभिपत्र द्वारा उक्त प्रश्न का नकारात्मक उत्तर दिया।

बहुफलकों पर ऑयलर का यह प्रमेय प्रसिद्ध है:–

"यदि किसी बहुफलक की कोरों, फलकों और शीर्षों की संख्या क्रमशः को, फ और शी हों तो

को+२ = फ+शी।"

पेरिस की विज्ञान परिषद् ने एक बार घोषणा की कि 'जो कोई ऑयलर के उक्त प्रमेय की किसी महत्त्वपूर्ण दिशा में पूर्ति करेगा, उसे पारितोषिक दिया जायगा।' लॅग्रांज ने कॉशी को प्रोत्साहित किया। कॉशी ने १८११ में एक दूसरा अभिपत्र लिखा जिसमें उपरिलिखित प्रमेय का सार्वीकरण कर दिया।

१८४५ के आस पास कॉशी ने कई अभिपत्र लिखे जिनमें **प्रतिस्थापन सिद्धान्त** (Theory of Substitutions) का व्यवस्थित रूप से प्रतिपादन किया गया था। उक्त विषय आज **'सान्त संघ सिद्धान्त'** (Theory of Finite Groups) के रूप में विकसित हो गया है।

गणित को कॉशी की महत्तम देन कलन के क्षेत्र में हुई है। इस विषय पर कॉशी ने तीन ग्रन्थ लिखें—

(i) Cours d' analyse de l' Ecole Polytechnique (1821)

(ii) Le Calcul infinitesimal (1823)

(iii) Lecons sur les applications du Calcul infinitesimal à la gèométric (1826-28).

कॉशी का सम्मिश्र समाकलन पर निम्नलिखित प्रमेय प्रसिद्ध हो गया है और शुद्ध गणित के प्रत्येक विद्यार्थी को इसे पढ़ना ही पड़ता है।

"यदि व कोई बन्द वक्र है, और फ (ल) एक फलन है जो इस वक्र के अन्दर और ऊपर एकमानीय (One-valued) और वैश्लेषिक है तो

$$\int_{\text{व}} \text{फ (ल) ता ल} = 0."$$

इसे **'कॉशी प्रमेय'** (Cauchy Theorem) कहते हैं। यह अनेक रूपों में व्यक्त किया जा सकता है। हमने एक बहुत सरल रूप दिया है।

कॉशी ने सीमा और सातत्य के भावों को माँजा और सँवारा और उनकी सहायता से कलन के रूप को निखारा। इसके अतिरिक्त कॉशी ने टेलर प्रमेय की पहली परुष उपपत्ति दी। कॉशी ने उक्त प्रमेय में स पदों के पश्चात् का शेष इस रूप में दिया है—

$$\text{शे}_{\text{न}}\,(\text{य}) = \frac{(\text{य}-\text{क})^{\text{स}}(१-\text{क्ष})^{\text{स}-१}}{(\text{स}-१)\,!}\,\text{फ}^{(\text{स})}\left\{\text{क}+\text{क्ष}(\text{य}-\text{क})\right\},$$

जिसमें क्ष एक ऐसी राशि है कि $० < \text{क्ष} < १$.

शेष के इस रूप को **कॉशी रूप** कहते हैं।

इसके अतिरिक्त चाक्षुषी और **प्रत्यास्थता** (Elasticity) में भी कॉशी का गवेषणा कार्य युग प्रवर्तक रहा है। कॉशी की समस्त कृतियाँ २७ भागों में छपी हैं।

यहाँ दो शब्द ज्यॉर्ज पीकॉक (George Peacock) (१७९१–१८५८) के विषय में भी कह लें तो हमारी कोई हानि नहीं। इसने केम्ब्रिज के ट्रिनिटी कॉलिज में शिक्षा पायी और फिर वहीं पर प्राध्यापक हो गया। १८३९ में यह एक गिरजा का उच्चाधिकारी नियुक्त हुआ और बीस वर्ष तक उसी पद पर रहा। बीजगणित में इसकी विशेष रुचि थी। इसने '**तुल्य रूपों के चिरस्थायित्व के सिद्धान्त**' (Principle of Permanence of Equivalent Forms) का प्रतिपादन किया। यह कदाचित् पहला व्यक्ति था जिसने बीजगणित के मूलभूत सिद्धान्तों का अध्ययन किया। इसके अतिरिक्त इसने 'विश्लेषण की अर्वाचीन प्रगति' पर एक प्रतिवेदन प्रकाशित किया जो महत्त्वपूर्ण रहा है। कलन को इसकी देन यह रही कि इसने **अवकल संकेतलिपि** (Differential Notation) के प्रचलन में योग दिया। "अवकल गुणांक, निश्चित और अनिश्चित समाकल"—इन पदों का प्रयोग सर्वप्रथम लॅक्रॉय (Lacroix) (१७६५–१८४३) ने अपने 'अवकलन, समाकलन गणित' में किया था। इसके कलन सम्बन्धी एक छोटे ग्रन्थ का पीकॉक ने अंग्रेजी में अनुवाद किया था।

ऑबॅल को तो हम ऐसा भूल गये जैसे कोई महाजन से ऋण लेकर भूल जाता है। बीजगणित के अध्याय में हम इसके जीवन की कुछ घटनाओं का उल्लेख कर चुके हैं। हमने वहाँ कहा है कि आबॅल ने अपने एक अभिपत्र में यह सिद्ध कर दिया कि सार्विक पंचघात समीकरण का कोई बीजगणितीय हल हो ही नहीं सकता। ऑबॅल ने गाउस का नाम सुन रखा था। उसने गाउस को अपना अभिपत्र भेजा। जब गाउस ने उसका शीर्षक पढ़ा तो यह कहकर रद्दी की टोकरी में फेंक दिया कि "और थोड़ा सा कूड़ा करकट आ गया।" उसी दिन से आबॅल को गाउस से घृणा हो गयी।

क्रेले उन्हीं दिनों अपनी पत्रिका आरम्भ करने वाला था। ऑबॅल उससे मिलने गया। क्रेले एक व्यापारिक स्कूल का परीक्षक था। वह समझा कि ऑबॅल भी कोई परीक्षार्थी है। जब ऑबॅल ने बताया कि वह उससे गणित के विषय में मिलने आया है तो क्रेले ने उससे पूछा कि उसने गणित में किस किस ग्रन्थ का अध्ययन किया है। ऑबॅल ने क्रेले के एक अभिपत्र का उल्लेख किया जो उन्हीं दिनों प्रकाशित हुआ था,

और यह भी कह दिया कि उसमें कई ग़लतियाँ थीं। क्रेले ने तनिक भी क्रोध नहीं दिखाया बल्कि उससे उक्त त्रुटियों का व्यौरा पूछने लगा। क्रेले स्वयं कोई उच्च गणितज्ञ तो था नहीं। वह आॅबॅल की बात पूरी तरह समझा तो नहीं किन्तु उसे यह विश्वास हो गया कि उसे गुदड़ी में लाल मिल गया है। उसने तुरन्त निश्चय किया कि वह आॅबॅल के लेख अपनी पत्रिका में प्रकाशित करेगा। अतः उक्त पत्रिका के पहले तीन अंकों में आॅबॅल के २२ लेख छपे।

क्रेले ने आॅबॅल की बड़ी सहायता की। वह जहाँ भी जाता था, आॅबॅल को साथ ले जाता था। इस प्रकार क्रेले द्वारा उसका परिचय बड़ बड़े गणितज्ञों से हो गया। पेरिस में उसकी लेजाण्ड्र और कॉशी से भेंट हुई। इन दोनों ने उसकी पीठ ठोंकी किन्तु कभी उसकी महत्ता को नहीं समझा। जब कभी आॅबेल अपनी किसी कृति का उल्लेख उनके सम्मुख किया करता, दोनों अपनी ही डींग हाँकने लगते थे।

विश्लेषण को भी आॅबॅल की देन महान् रही है। दीर्घवृत्तीय फलनों पर आॅबॅल ने कुछ वर्षों में इतना काम कर दिया जितना लेजाण्ड्र जीवन भर में न कर पाया। इसके अतिरिक्त कई विषय तो आॅबॅल के नाम से ही प्रसिद्ध हो गये हैं। हम यहाँ उनके नाममात्र देते हैं। उनका विवरण देने का यहाँ स्थान नहीं है—

(i) आॅबॅल प्रमेय (Abel Theorem)
(ii) आॅबॅली समाकल (Abelian Integrals)
(iii) आॅबॅली संघ (Abelian Groups)
(iv) आॅबॅली फलन (Abelian Functions)

आॅबॅल को गणितीय परुषता का कितना भान था, इसका पता उस पत्र से चलता है जो १८२६ में उसने अपने मित्र हॉम्बो (Holmboe) को लिखा —

"यदि कोई यह कहे कि

$$० = १^{स} - २^{स} + ३^{स} - ४^{स} + \ldots\ldots,$$

जिसमें स कोई धन पूर्णांक है, तो तुम इससे अधिक मूर्खतापूर्ण बात की कल्पना कर सकते हो?

"किन्तु, गणित में कदाचित् ही कोई अनन्त श्रणी ऐसी होगी जिसका योग किसी परुष रीति से निकाला गया हो।"

कार्ल गस्टब जेकब जॅकोबी (Carl Gustov Jacob Jacobi) (१८०४–५१) का जन्म पॉत्स्दॅम (Potsdam), जर्मनी, में हुआ था। इसके पिता एक धनी महाजन थे। इसकी प्रारम्भिक शिक्षा इसके मामा की देखरेख में ई थी। १८२१ में यह

र्बलिन विश्वविद्यालय में प्रविष्ट हुआ। जॅकोबी को गणित के अतिरिक्त भाषा-विज्ञान में भी रुचि थी और यदि इसने उक्त विषय में अपना समय लगाया होता तो भी कदाचित् इतना ही नाम पैदा किया होता।

चित्र ९८—**जॅकोबी (१८०४—५१)**

जॅकोबी को पता नहीं था कि ऑबॅल सार्विक पंचघात समीकरण का कचूमर निकाल चुका है। अतः उसने १८२० में उक्त समीकरण पर परिश्रम किया और सिद्ध किया कि सार्विक समीकरण इस रूप में ढाला जा सकता है—

$$य^{५} - १० फ^{२} य = प,$$

और इस समीकरण का हल दशम घात के एक अन्य समीकरण पर निर्भर है। जॅकोबी के ध्यान में यह नहीं आया कि सार्विक पंचघात समीकरण का, बीजगणितीय विधि से, साधन असम्भव है।

१८२५ में जॅकोबी ने पी-एच० डी० की उपाधि प्राप्त की। इसका प्रबन्ध (Thesis) आंशिक भिन्नों (Partial Fractions) पर था। प्रबन्ध कोई बहुत

उच्च कोटि का नहीं था और उससे यह पता नहीं चलता था कि उसका लेखक एक दिन गणित के दिग्गजों में गिना जायगा। डाक्टरेट के साथ जॅकोबी ने शिक्षण की उपाधि भी ले ली। तत्पश्चात् इसने बर्लिन विश्वविद्यालय में कलन के प्रयोगों पर व्याख्यान देना आरम्भ किया। अपने व्याख्यानों में यह अपनी नवीनतम गवेषणा दिया करता था। और अपने शिष्यों को अनुसन्धान कार्य के लिए प्रेरित किया करता था। इसका एक विद्यार्थी था जिसमें आत्म-विश्वास की कमी थी। वह सदैव चाहता था कि "किसी समस्या पर स्वयं कार्य करने से पहले जितना कुछ भी कार्य उस पर आज तक हो चुका है, वह सब जान लूँ।" एक दिन जॅकोबी ने उसे इन शब्दों में लताड़ा, "यदि तुम्हारे पिता ने यह आग्रह किया होता कि एक लड़की से विवाह करने से पहले वह संसार की समस्त लड़कियों से परिचय प्राप्त कर लेंगे तो न उनका विवाह होता न तुम उत्पन्न होते।"

जॅकोबी जन्म से ही एक सफल अध्यापक था। इसने संख्या सिद्धान्त पर अपने कुछ फल प्रकाशित किये जो गाउस को इतने पसन्द आये कि उसने इसे तुरन्त सहायक अध्यापक नियुक्त करा दिया। जो लोग अध्यापन कार्य में इसके अग्रज थे, उन्हें बुरा लगा किन्तु १८२९ में जब इसने दीर्घवृत्तीय फलनों पर अपना पहला ग्रन्थ प्रकाशित किया तब उन्हीं लोगों ने कहा कि जॅकोबी की उन्नति में तनिक भी अन्याय नहीं हुआ है।

१८४० में जॅकोबी पर आर्थिक संकट आ पड़ा। १८४२ में इसके स्वास्थ्य ने भी जबाब दे दिया। यह पाँच महीने रोम और नेपिल्स (Naples) में छुट्टी पर रहा। जब यह बर्लिन लौटा तब इसे प्राध्यापकत्व तो दुबारा नहीं मिला किन्तु राज विभाग से इसे भत्ता मिलने लगा। कुछ समय पश्चात् यह राजनीति में पड़ गया। यह संसद के लिए खड़ा हुआ किन्तु निर्वाचित नहीं हुआ। इसका भत्ता भी बन्द हो गया किन्तु कुछ मित्रों की सहायता से कुछ समय पीछे दुबारा मिलने लगा।

जॅकोबी का कार्य गतिविज्ञान में भी बहुत महत्त्वपूर्ण रहा है। मॅन्चेॅस्टर (Manchester) में इसकी भेंट हॅमिल्टन (Hamilton) से हुई थी। इसने गतिविज्ञान की डोरी को वहीं से पकड़ लिया जहाँ पर हॅमिल्टन ने उसे छोड़ा था। **आकर्षण सिद्धान्त** पर भी इसने बहुत कार्य किया और दीर्घवृत्तीय और ऑबॅली फलनों का दीर्घवृत्तजों (Ellipsoids) के आकर्षण पर प्रयोग किया। ऑबॅली फलनों पर इसका कार्य बहुत मौलिक रहा है। यह फलन **ऑबॅली समाकलों** के उत्क्रमण (Inversion) से उत्पन्न होता है। जॅकोबी ने इन फलनों का भी सार्वीकरण किया है।

बीजगणित के क्षेत्र में जॅकोबी का कार्य बहुत उपयोगी रहा है। इसने सारणिक सिद्धान्त (Theory of Determinants) को बहुत सरल रूप दे दिया है। एक प्रकार का सारणिक तो इसी के नाम से प्रसिद्ध है जिसे **जॅकोबियन** (Jacobean) कहते हैं। हम यहाँ द्वितीय क्रम (Order) के जॅकोबियन की परिभाषा देते हैं।

मान लीजिए कि चरों य, र के दो फलन प (य, र), फ (य, र) हैं। तो सारणिक

$$\begin{vmatrix} \frac{\text{तप}}{\text{तय}} & \frac{\text{तप}}{\text{तर}} \\ \\ \frac{\text{तफ}}{\text{तय}} & \frac{\text{तफ}}{\text{तर}} \end{vmatrix}$$

प, फ का य, र के प्रति जॅकोबियन कहलाता है, और इसे संक्षिप्त रूप में इस प्रकार

$$\frac{\text{त (प, फ)}}{\text{त (य, र)}}$$

लिखते हैं।

अब यदि हम डिरिचले (१८०५–५९) का उल्लेख नहीं करेंगे तो बात बनेगी नहीं। पीटर गस्टव लॅज्यून डिरिचले (Peter Gustav Lejeune Dirichlet) का जन्म डूरॅन (Düren) में हुआ था। इसकी शिक्षा कोलोन (Cologne) में हुई थी। १८२२–२७ में यह निजी शिक्षक रहा, तत्पश्चात् ब्रॅस्लाॅ (Breslau) और बर्लिन में प्राध्यापक रहा और १८५५ में गाउस के स्थान पर गटिंगन में नियुक्त हुआ। १८३२ में यह बर्लिन परिषद् का सदस्य हुआ और १८५४ में पेरिस परिषद् का विदेशी सदस्य।

डिरिचले के प्रिय विषय संख्या सिद्धान्त और बीजगणित थे। यों इसने सम्मिश्र संख्याओं, निश्चित समाकलों और **विभव** (Potential) पर भी अभिपत्र लिखे हैं। इसका पहला लेख फर्मा के समीकरण

$$\text{य}^{\text{स}}+\text{र}^{\text{स}}=\text{ल}^{\text{स}}$$

पर था जिसमें इसने सिद्ध किया था कि स=५ के लिए यह समीकरण सत्य हो ही नहीं सकता।

डिरिचले जीवन भर गाउस का भक्त रहा। १८६३ में इसका प्रसिद्ध ग्रन्थ 'संख्या सिद्धान्त' (Zahlentheorie) छपा। इसमें गाउस के अनुसन्धानों का

बहुत सुन्दर विवेचन किया गया है और बहुत से नये फल भी दिये गये ह । सम्मिश्र राशियों पर डिरिचले का गवेषणा कार्य १८४१-४२ और ४६ में प्रकाशित हुआ। इसके अतिरिक्त इसने फ़ूरियर श्रेणी की अभिसृति की परुष उपपत्ति भी दी।

डिरिचले के नाम से तीन बातें प्रसिद्ध हो गयी हैं—

(i) १८४० में डिरिचले ने एक अभिपत्र लिखा था जिसमें संख्या सिद्धान्त पर वैश्लेषिक फलन सिद्धान्त का प्रयोग करके दिखाया था। सर्व प्रथम इसी पत्र में डिरिचले ने इस श्रेणी

$$\sum_{\text{स}=0}^{\infty} \frac{1}{(\text{स}+\text{क})^{\text{प}}}$$

का उपानयन किया था। यही श्रेणी आज तक 'डिरिचले श्रेणी' (Dirichlet Series) के नाम से विख्यात है।

(ii) **डिरिचले समाकल** (Dirichlet Integral) जिसका तीन चरों वाला रूप हम यहाँ देते हैं—

मान लीजिए कि फ (व) एक सतत फलन है। तो

$$\int\int\int \text{फ}\,(\text{य}+\text{र}+\text{ल})\ \text{य}^{\text{अ}-1}\ \text{र}^{\text{इ}-1}\ \text{ल}^{\text{उ}-1}\ \text{ताय तार ताल}$$

$$= \frac{\Gamma(\text{अ})\Gamma(\text{इ})\Gamma(\text{उ})}{\Gamma(\text{अ}+\text{इ}+\text{उ})}\int_0^1 \text{फ}\,(\text{व})\ \text{ताव},$$

जिसमें वाम पक्ष का समाकल य, र, ल के ऐसे समस्त धन मानों पर फैलाया जाय जिनके लिए $\text{य}+\text{र}+\text{ल} \leqslant 1$.

यह प्रमेय कई रूपों में दिया जाता है।

(iii) **डिरिचले सिद्धान्त** (Dirichlet Principle)—मान लीजिए कि फ चरों य, र, ल का कोई फलन है। तो दिये हुए पर्यन्त अनुबन्धों (Boundary conditions) के लिए एक फलन फ ऐसा अस्तित्वमय होगा जिसके लिए समाकल

$$\int\int\int \left[\ \text{फ}_{\text{य}}^{2}+\text{फ}_{\text{र}}^{2}+\text{फ}_{\text{ल}}^{2}\ \right]\ \text{ताय तार ताल}$$

का मान न्यूनतम होगा।

यह सिद्धान्त भी कई प्रकार से लिखा जा सकता है।

वह गणित का इतिहास किस काम का जिसमें हैमिल्टन का नाम न आये ? विलियम रोवैन हैमिल्टन (William Rowan Hamilton) (१८०५–६५) के विषय में दो विवाद हैं। पहला विवाद तो इस बात पर है कि यह स्कॉटलैण्ड (Scotland) का निवासी था अथवा आयरलॅण्ड (Ireland) का। इसका जन्म आयरलॅण्ड के नगर डबलिन (Dublin) में हुआ था और यह स्वयं भी अपने आप को आयरलॅण्डी कहता था। अतएव हम भी इसको आयरलॅण्ड का ही निवासी मानते हैं।

चित्र ९९—हैमिल्टन (१८०५-६५)

[स्क्रिप्टा मॅथॅमॅटिका की अनुज्ञा से, 'पोर्ट्रेट्स ऑफ ऍमिनॅण्ट मॅथॅमॅटीशियंस' से प्रत्युत्पादित।]

दूसरा विवाद हैमिल्टन की जन्म-तिथि के विषय में है। इसका जन्म ३-४ अगस्त १८०५ को ठीक मध्य-रात्रि में हुआ था। अतएव इसकी जन्म-तिथि ३ अगस्त

मानी जाय अथवा ४ अगस्त ? इसने स्वयं भी अपने इतिहासज्ञों को घपले में डाल दिया है, क्योंकि वर्षों यह अपनी जन्म-तिथि ३ अगस्त देता रहा, किन्तु जीवन के अंतिम दिनों में इसने बदल कर उसे ४ अगस्त कर दिया। इसकी कब्र पर जन्म-तिथि ४ अगस्त पड़ी हुई है।

हैमिल्टन की शिक्षा अद्‌भुत् ढंग से हुई थी। जब यह तीन ही वर्ष का था तभी इसके पिताजी ने इसे इसकी माँ की छत्रछाया से हटाकर इसके तायाजी जेम्स हैमिल्टन (James Hamilton) के पास भेज दिय।। इसके पिता एक सफल व्यापारी थे, किन्तु बौद्धिक अभ्याप्तियों (Intellectual attainments) से कोसों दूर थे। जेम्स पश्चिम से लेकर पूर्व तक की दर्जनों भाषाओं के ज्ञाता थे। उन्होंने हैमिल्टन को भी विभिन्न भाषाओं का ज्ञान कराना आरम्भ कर दिया। जब हैमिल्टन बारह वर्ष का था, तभी इसकी माता का स्वर्गवास हो गया और इसकी चौदह वर्ष की अवस्था में इसके पिता भी चल बसे। अब इसकी देखरेख करने के लिए केवल भाषाओं के पिटारे इसके तायाजी ही रह गये।

बचपन में ही हैमिल्टन ने कितना ज्ञान उपलब्ध कर लिया, इसका इतिहास अविश्वसनीय है। हम यहाँ उसकी एक तालिका देते हैं––

अवस्था	**भाषाओं और विषयों का ज्ञान**
३ वर्ष	अंग्रेजी, अंकगणित
४ ,,	भूगोल
५ ,,	लॅटिन, ग्रीक, हिब्रू का ज्ञान और उनके अनुवाद की क्षमता, इसके अतिरिक्त अंग्रेजी और ग्रीक के कवियों की सैकड़ों रचनाएँ कण्ठस्थ
८ ,,	इटॅलियन, फ्रेंच
१० ,,	फ़ारसी, अरबी, खल्दी (Chaldee), सीरी (Syriac), संस्कृत, हिन्दी, बंगाली, मराठी, मलायी, चीनी
१३ ,,	तेरह भाषाओं का पण्डित

हैमिल्टन बहुत सन्तुलित स्वभाव का व्यक्ति था। इसका स्वास्थ्य अच्छा था और इसे तैरने का शौक़ था। जीवन की सन्ध्या के दिनों में एक बार इसका सन्तुलन

बिगड़ गया। बात यह हुई कि एक व्यक्ति ने इसे झूठा कह दिया। इसने उसे द्वन्द्व के लिए ललकारा, किन्तु मित्रों ने बीच बचाव करके मामला शान्त कर दिया।

हैमिल्टन ने गणित का अध्ययन बारह वर्ष की अवस्था में आरम्भ किया और पाँच वर्ष में यह उच्च गणित में पारंगत हो गया। इसने न्यूटन और लॅग्रांज का विशेष रूप से अध्ययन किया था। कलन के साथ साथ इसने ज्यौतिष में भी रुचि दिखायी थी। सत्रह वर्ष की अवस्था में ही इसने लॅप्लास की 'बल समान्तर-चतुर्भुज' की उपपत्ति में एक त्रुटि निकाल दी। जब इसका तत्सम्बन्धी लेख आयरलॅण्ड के राजकीय ज्यौतिषी जॉन ब्रिकले (John Brinkley) को दिखाया गया, तो तुरन्त उनके मुँह से निकला कि 'इसका लेखक बड़ा होनहार है।'

हैमिल्टन कई वर्ष डबलिन के ट्रिनिटी कॉलिज में पढ़ा, किन्तु पाठ्यक्रम समाप्त होने से पहले ही ब्रिकले के स्थान पर ज्यौतिष का प्राध्यापक नियुक्त हो गया। इसने अपना सारा शेष जीवन डबलिन की वेधशाला में ही बिताया। जब तक यह कॉलिज में रहा, गणित और प्राच्य भाषाओं के समस्त पारितोषिक इसी को मिला करते थे। और उन्हीं दिनों इसने "रश्मि-निकायों" (Systems of rays) पर एक अभिपत्र तैयार कर लिया जिसे पढ़कर ब्रिकले को कहना पड़ा कि "हैमिल्टन अपने समय का सबसे बड़ा गणितज्ञ होगा नहीं, वरन् है।"

हैमिल्टन जीवन भर एक तुकबन्द भी रहा। इसने एक प्रेयसी ढूँढ़ निकाली और उस पर दसियों कविताएँ लिख डालीं। जब इसे पता चला कि उक्त लड़की ने एक सिपाही से विवाह कर लिया है तो इसकी इच्छा डूबकर आत्महत्या करने की हुई किन्तु इसने अपनी उक्त इच्छा की पूर्ति नहीं की, वरन् एक कविता लिखकर सन्तोष कर लिया।

अट्ठाईस वर्ष की अवस्था में हैमिल्टन ने एक अन्य स्त्री से विवाह कर लिया। इसके कुछ दिन पश्चात् यह पीने भी लगा। एक बार एक वैज्ञानिक भोज में यह इतनी पी गया कि बेक़ाबू हो गया और इसने शपथ ले ली कि "फिर कभी नहीं पियूँगा।" इसने दो वर्ष अपनी क़सम को निभाया। दो वर्ष पश्चात् फिर उसी ढंग के एक भोज में इसके एक पुराने मित्र एयरी (Airy) ने इसकी खिल्ली उड़ायी कि "यह तो केवल एक जल-पियक्कड़ है।" बात इसे लग गयी और इसने फिर पीना आरम्भ कर दिया।

हैमिल्टन को अपने जीवन में बहुत से सम्मान मिले। इसे 'सर' की उपाधि मिली, रॉयल आइरिश परिषद् (Royal Irish Academy) का सभापतित्व

मिला और जीवन की अन्तिम घड़ियों में संयुक्त राष्ट्र अमेरिका, की 'राष्ट्रीय विज्ञान परिषद्' की वैदेशिक सदस्यता प्राप्त हुई।

चाक्षुषी में तो हैमिल्टन का कार्य आश्चर्यजनक रहा ही, चतुष्टयों (Quaternions) पर इसका कार्य चमत्कारिक रहा है। इस विषय में हैमिल्टन के मस्तिष्क की पराकाष्ठा दिखाई देती है। १८३५ में इसने बीजगणितीय युग्मों (Algebraic Couples) पर एक अभिपत्र लिखा। बीजगणित के प्रति इसका दृष्टिकोण ही निराला था। यह बीजगणित को केवल संख्या विज्ञान नहीं वरन् 'प्रगति-क्रम विज्ञान' (Science of the order of progression) समझता था। और इसको प्रगति का सबसे सुन्दर निरूपण 'समय' में दिखाई पड़ता था। इसी लिए यह बीजगणित को "**शुद्ध समय विज्ञान**" (Science of Pure Time) कहा करता था। वर्षों यह इस बात पर विचार करता रहा कि दो परस्पर लम्ब सदिश रेखाओं के गुणनफल का निरूपण किस प्रकार होगा। १६ अक्तूबर १८४३ को यह एक दिन अपराह्ण में अपनी पत्नी के साथ टहल रहा था कि एकदम से इसके मस्तिष्क में एक विचार बिजली की भाँति कौंध गया। इसने सड़क पर से एक पत्थर उठा लिया और चाकू से उस पर ये सूत्र गोद दिये—

$$ए^{२}=ऐ^{२}=ओ^{२}=ए\ ऐ\ ओ=-१$$

$$[i^2=j^2=k^2=ijk=-1]$$

यों तो चतुष्टयों का इतिहास बहुत पुराना है। ऑयलर तो हैमिल्टन से सौ वर्ष पहले हुआ था। उसका एक फल ऐसा था जिसे चतुष्टयों के पदों में बहुत सरलता से निरूपित किया जा सकता है। एक दिन डी मॉर्गन ने विनोद में हैमिल्टन से कहा कि, "कहो तो प्राचीन हिन्दुओं से लेकर महारानी विक्टोरिया के समय तक का, चतुष्टयों का इतिहास तैयार कर दूं।" यदि इस कथन में कुछ तथ्य भी हो तो भी यह मानना पड़ेगा कि हैमिल्टन ने चतुष्टयों के विषय में एक नये अध्याय का सर्जन किया। इसके "चतुष्टयों पर व्याख्यान" १८५२ में प्रकाशित हुए।

हैमिल्टन के जीवन के अन्तिम बाईस वर्ष चतुष्टयों के विकास में ही बीते। इसने ज्यौतिष और गतिविज्ञान पर इनका प्रयोग किया। हैमिल्टन की मृत्यु के पश्चात् इसके घर से कागज़ों का एक ढेर निकला जिसमें साठ गणितीय पुस्तकों की पाण्डुलिपियाँ भी थीं। इसकी समस्त कृतियाँ आज तक प्रकाशित नहीं हो पायी हैं। ऐसा प्रतीत होता है कि हैमिल्टन के लिए भोजन अथवा जलपान आया करता था, किन्तु यह गणितीय कार्य में इतना बझा रहता था कि इसे खाने की सुधि ही नहीं रहती थी। यही कारण

है कि काग़ज़ों के ढेर के अन्दर इसके घर से दर्जनों टूटी हुई प्लेटें और आलू चॉप, रोटी आदि निकले। इसमें सन्देह नहीं कि हैमिल्टन एक बहुत ही धुनी व्यक्ति था और इतना देश प्रेमी था कि अपना समस्त गवेषणा कार्य इसी विचार से किया करता था कि उसके द्वारा इसके देश का मस्तक ऊँचा हो।

इस स्थल पर यदि हम दो शब्द कुमर के विषय में न कहें तो अनुचित होगा। अर्न्स्ट ऍड्वर्ड कुमर (Ernst Eduard Kummer) (१८१०–९३) की शिक्षा धर्मशास्त्र और गणित में हुई थी। प्रारम्भ में यह क्रम से कई स्थानों पर पढ़ाता रहा। १८४२ में यह ब्रॅस्लॉ (Breslau) में और १८५५ में बर्लिन में गणित का प्राध्यापक नियुक्त हुआ जहाँ यह १८८४ तक रहा।

कुमर का घनिष्ठ सम्बन्ध संख्या सिद्धान्त से है। कुमर ने समीकरण

$$य^{स} - १ = ० \qquad (i)$$

का अध्ययन किया जिसमें स कोई धन पूर्णांक है। इस सम्बन्ध में इसने इस प्रकार की सम्मिश्र संख्याओं का उपानयन किया—

$$अ = क_{१}\, का_{१} + क_{२}\, का_{२} + क_{३}\, का_{३} + \ldots\ldots,$$

जिसमें $क_{१}, क_{२}, क_{३}, \ldots\ldots$ वास्तविक पूर्णांक हैं और $का_{१}, का_{२}, का_{३}, \ldots\ldots$ समीकरण (i) के मूल।

कुमर ने फ़र्मा के अन्तिम प्रमेय

$$य^{स} + र^{स} = ल^{स} \qquad (स > २)$$

पर भी वर्षों परिश्रम किया। इस सम्बन्ध में इसने **आदर्श संख्याओं** (Ideal Numbers) का सर्जन किया। इन संख्याओं की सहायता से कुमर ने फ़र्मा के अन्तिम प्रमेय की एक उपपत्ति निकाली। उपपत्ति सर्वथा सार्विक तो नहीं है, किन्तु अधिकांश पूर्णांकों पर लागू है। १०० तक का कोई भी पूर्णांक ऐसा नहीं है जिस पर कुमर की उपपत्ति प्रयोज्य न हो। १८५७ में फ्रांस की विज्ञान परिषद् ने कुमर को उसके संमिश्र पूर्णांक (Complex Integers) सम्बन्धी कार्य पर ३००० फ्रॅंक का पुरस्कार दिया।

श्रेणी अभिसरण (Convergence of Series) पर भी कुमर का कार्य महत्त्वपूर्ण हुआ है। आज भी गणित के विद्यार्थी **"कुमर परीक्षण"** का अध्ययन करते हैं। हम यहाँ उक्त परीक्षण की प्रतिज्ञा देते हैं।

मान लीजिए कि

$$ब_{१} + ब_{२} + ब_{३} + \ldots\ldots ब_{स} + \ldots\ldots$$

$$\text{और}\ \frac{१}{भ_१}+\frac{१}{भ_२}+\frac{१}{भ_३}+\ldots\ldots\ \frac{१}{भ_{स}}+\ldots\ldots$$

धन पदों की दो श्रेणियाँ हैं जिनमें से दूसरी अपसारी (Divergent) है।

$$\text{तो श्रेणी}\ \sum_{१}^{\infty} ब_{स}$$

अभिसारी (Convergent) अथवा अपसारी होगी

$$\text{यदि क्रमशः}\quad \frac{ब_{स}}{ब_{स+१}} \gtrless \frac{भ_{स+१}}{भ_{स}}\ ।$$

इस परीक्षण में $भ_{स}=१$ रखने से इस असमता का यह रूप

$$\frac{ब_{स}}{ब_{स+१}} \gtrless १$$

प्राप्त होता है। इसी को **डिलेम्बर्ट परीक्षण** कहते हैं।

और यदि

$$भ_{स}=\frac{१}{स}$$

ले लें तो परीक्षण का यह रूप

$$स\left(\frac{ब_{स}}{ब_{स+१}}-१\right) \gtrless १$$

हो जाता है। इसे **राबे परीक्षण** (Raabe Test) कहते हैं। राबे का जीवन काल १८०१—५९ था।

कुमर ने रिकॅटी समीकरण और **पराज्यामितीय श्रेणी** (Hypergeometric Series) पर भी कार्य किया है। इसके अतिरिक्त एक प्रकार के तलों की परिभाषा दी है जिन्हें "**कुमर तल**" (Kummer Surfaces) कहते हैं।

अब बताइए हम बूल का उल्लेख कैसे न करें। जॉर्ज बूल (George Boole) (१८१५–६४) एक अंग्रेज़ गणितज्ञ और तर्कशास्त्री था। इसके पिता एक सामान्य स्थिति के व्यापारी थे। सोलह वर्ष की अवस्था में बूल एक स्कूल मास्टर हो गया और चौंतीस वर्ष की अवस्था में कॉर्क (Cork) के एक कॉलिज में गणित का प्रोफ़ेसर। बूल ने अपने जीवन में दो ही ग्रन्थ लिखे—एक अवकल समीकरणों पर, दूसरा सान्त अन्तर कलन पर। बूल प्रमुख रूप से इस बात के लिए प्रसिद्ध है कि इसने

संक्रिया संकेतों (Symbols of operation) को राशि **संकेतों** (Symbols of quantity) से सर्वथा भिन्न माना है। इतना ही नहीं, इसने इस मत का प्रतिपादन भी किया है कि संक्रिया संकेतों पर भी हम गणित के मूलभूत नियमों को उसी प्रकार लागू कर सकते हैं जिस प्रकार राशि संकेतों पर।

किन्तु बूल की ख्याति विशेषकर तर्कशास्त्र के क्षेत्र में हुई है। इसने १८४७ में 'तर्क के गणितीय विश्लेषण' पर एक अभिपत्र लिखा जिसने तुरन्त गणितीय जगत् का ध्यान अपनी ओर आकृष्ट कर लिया। १८५४ में इसका 'विचार के नियम' नामक ग्रन्थ प्रकाशित हुआ। निस्सन्देह इसका सबसे प्रसिद्ध ग्रन्थ यही है। इसी पुस्तक को पढ़कर बर्ट्रेण्ड रसैल (Bertrand Russell) ने हाल ही में कहा है कि "शुद्ध गणित का आविष्कार बूल ने ही किया था।"

बूल ने तर्कशास्त्र को भी बीजगणित का अंग बना दिया था। इस प्रकार बीज-गणित सबसे आधारभूत विज्ञान बन जाता है। हम यहाँ बीजगणित के पाँच मूलभत नियम देते हैं।

मान लीजिए कि क, ख, ग,......कुछ अल्पांशों (Elements) का एक कुलक (Set) है जो निम्नलिखित पाँच नियमों का पालन करते हैं। तो इस **अल्पांश निकाय** (System of elements) को हम '**क्षेत्र**' (Field) कहेंगे।

(i) यदि क, ख क्षेत्र के दो अल्पांश हैं, तो

क+ख=ख+क, क ख= ख क

और अल्पांश (क+ख), (क ख) भी उसी क्षेत्र के अल्पांश हैं।

इस नियम को व्यत्यय नियम (Law of Commutation) कहते हैं।

(ii) यदि क, ख, ग तीन अल्पांश हों तो

(क+ख)+ग=क+(ख+ग), (क ख) ग=क ख ग=क (ख ग)

इस नियम को सहचरण नियम (Law of Association) कहते हैं।

साथ ही, क (ख+ग)=क ख+क ग।

यह 'वितरण नियम' (Law of Distribution) कहलाता है।

(iii) उसी क्षेत्र में ऐसे दो पृथक् अल्पांश ०, १ होंगे, कि

क+०=क=०+क; क. १=क=१. क।

(iv) प्रत्येक क्षेत्र में एक अल्पांश य ऐसा होता है कि

क+य=०, अर्थात् य+क=० .

(v) यदि क, ० को छोड़ कर कोई भी अल्पांश हो तो प्र.येक क्षेत्र में एक एसा अल्पांश र भी होगा कि

क र=१, अर्थात् र क= १

परम्परा से बीजगणित के ये नियम चले आ रहे थे। हैमिल्टन ने इस परम्परा को तोड़ा और इस बात पर विचार किया कि क्या ऐसी संख्याओं का अस्तित्व नहीं हो सकता जो उपरिलिखित नियमों में से एक अथवा अनेक का पालन न करें। और वह इस निष्कर्ष पर पहुँचा कि ऐसी संख्याएँ सम्भव हैं। आज उच्च गणित के समस्त विद्यार्थी जानते हैं कि श्रेणिक (Matrices) गुणन के व्यत्यय नियम का पालन नहीं करते। इस प्रकार किसी एक नियम की उपेक्षा करने से एक नये प्रकार का बीजगणित तैयार हो जाता है। इस ढंग से अब तो दर्जनों प्रकार के बीजगणितों की सृष्टि हो चुकी है और आये दिनों गणितज्ञ नये नये प्रकार के बीजगणितों का सर्जन करते रहते हैं जो 'विचार नियमों' में से कुछ का पालन करते हैं, कुछ का नहीं।

इस प्रकार हैमिल्टन ने बीजगणित के क्षेत्र में एक नये पथ का प्रदर्शन किया ! बूल ने इस प्रवृत्ति को और भी आगे बढ़ाया। इसने यह उक्ति दी कि उपरिलिखित अल्पांश क, ख, ग,......राशियों के बदले किसी भी भाव का निरूपण कर सकते हैं। मान लीजिए कि संकेत

य=झूठा ।

तो (१—य) का अर्थ हुआ 'ऐसे समस्त प्राणी जो झूठे न हों।'

इसी प्रकार, यदि

र=गंजा,

तो १–र=(जो गंजे न हों)

अतः यर=(जो झूठे भी हों, गंजे भी)

और (१—य) (१—र)=(जो न झूठे हों, न गंजे).

इस प्रकार, समीकरण

य (१—य)=० (i)

का अर्थ निकलेगा—वह वस्तु य जिसमें और (१—य) में कोई भी सामान्य तत्त्व न हो। यदि इस समीकरण का यह अर्थ लगाया जाय तो स्पष्ट है कि इसके हल सैकड़ों प्रकार की आकृतियां हो सकती हैं।

अतः (i) के अनन्त हल हो सकते हैं जिनका एक दूसरे से कोई सम्बन्ध न हो। स्पष्ट है कि (i) का अर्थ सामान्य बीजगणितीय वर्ग समीकरण

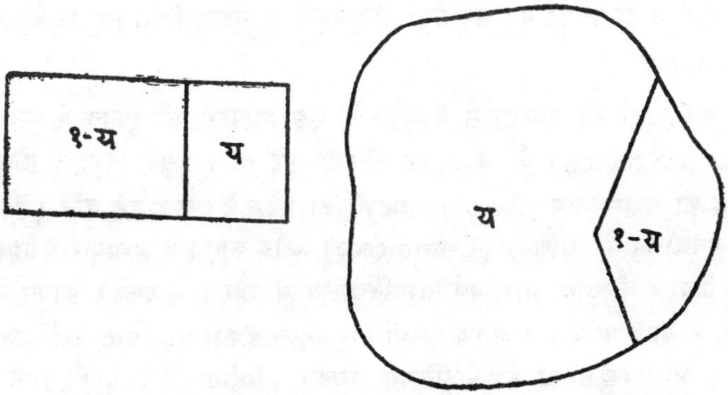

चित्र १००—बीजगणित के एक विचार नियम का प्रदर्शन।

य (१—य)=य—य^२=०

से सर्वथा भिन्न है, यद्यपि देखने में दोनों बिलकुल एक हैं।

बूल ने बीजगणित के अर्थ में इतने मौलिक आविष्कार किये हैं कि इस प्रकार के बीजगणित को **बूली बीजगणित** (Boolian Algebra) कहते हैं।

यहाँ हम फिर एक महान् गणितज्ञ का परिचय पाठकों को देना चाहते हैं। यह है कार्ल विलियम थियोडोर वीर्स्ट्रास (Karl Wilhelm Theodor Weier-strass) (१८१५–९७) जो अपने भाई बहनों में सबसे बड़ा था। इसका जन्म वेस्टफ़ेलिया (Westphalia) के एक गाँव में हुआ था। इसके पिता फ्रांस के तटकर विभाग के एक अधिकारी थे। जब यह ग्यारह वर्ष का था तभी इसकी माता का चोला छूट गया और इसके पिता ने दूसरा विवाह कर लिया। वीर्स्ट्रास दो भाई और दो बहन थे जिनमें से किसी ने भी विवाह नहीं किया।

वीर्स्ट्रास के जन्म के पश्चात् यह परिवार वेस्टर्नकोटेन (Westernkotten) चला गया और वहीं इसके पिता ने नौकरी कर ली। बाप बेटे में बहुत दिन इस बात पर संघर्ष चला कि बेटे को किस व्यवसाय में डाला जाय। बड़ी कठिनाइयों के पश्चात् पुत्र की विजय हुई। उक्त गाँव में कोई स्कूल नहीं था, अतः वीर्स्ट्रास को मुन्स्टर (Munster) के स्कूल में भेजा गया। जब तक यह स्कूलों में शिक्षा पाता रहा, इसे सदैव पुरस्कार मिला करते थे। यह गणित, जर्मन, लॅटिन, ग्रीक—प्रायः सभी में सर्व प्रथम रहा करता था।

प्रायः देखा गया है कि गणितज्ञों को संगीत में भी रुचि होती है। वीर्स्ट्रास इस नियम का अपवाद था। यह तो संगीत सहन भी नहीं कर सकता था। एक बार इसकी बहनों ने प्रयत्न करके इसके लिए संगीत की शिक्षा का प्रबन्ध किया, किन्तु दो एक पाठों में ही इसका मन ऊब गया और बहनों ने समझ लिया कि यह बेल मगरी नहीं चढ़ेगी।

पन्द्रह वर्ष की अवस्था में वीर्स्ट्रास ने एक व्यापारी की दुकान में पुस्तपालन (Book-Keeping) के काम पर नौकरी कर ली। इसके पिता ने सोचा कि लड़के को लेखा-पालन (Accountancy) का शौक़ है। अतः इसे बॉन (Bonn) विश्वविद्यालय में वाणिज्य (Commerce) और क़ानून के अध्ययन के लिए भर्ती करा दिया। वीर्स्ट्रास चार वर्ष विश्वविद्यालय में रहा। न इसका क़ानून में मन लगा, न वाणिज्य में। गणित में इसका मन अवश्य लगता था, किन्तु वहाँ गणित का एक ही अध्यापक तगड़ा था—जूलियस प्लकर (Julius Plücker) जिसे अपने विविध कार्य कलाप से कभी अवकाश ही नहीं मिलता था। परिणाम यह हुआ कि चार वर्ष पश्चात्, बिना कोई भी उपाधि प्राप्त किये, घर के बुद्धू घर लौट आये।

बॉन में वीर्स्ट्रास की दो आदतें पड़ गयी थीं : कुश्ती लड़ना और शराब पीना। और यह ढेरों पिया करता था। किन्तु इन दोनों शौक़ों के बीच में यह अध्ययन भी किया करता था। उन्हीं चार वर्षों में इसने **खगोल यान्त्रिकी** और अवकल समीकरणों का गहन अध्ययन कर लिया।

वीर्स्ट्रास के बॉन से कोरा लौट आने पर घर में कुहराम मच गया और सारा परिवार यह सोचने लगा कि अब इससे कराया क्या जाय। अन्त में एक मार्ग निकल आया। इसे मुन्स्टर के स्कूल में शिक्षा-उपाधि के लिए फिर प्रविष्ट कराया गया। यह दिन में अपनी कक्षाओं में पढ़ा करता था और सन्ध्या समय गणित का स्वाध्याय किया करता था। इसी स्कूल में वीर्स्ट्रास गुडरमॅन (Gudermann) (१७९८–१८५२) के सम्पर्क में आया। जिस दिन गुडरमॅन ने दीर्घवृत्तीय फलनों पर अपने व्याख्यान आरम्भ किये, उस दिन उसकी कक्षा में तेरह श्रोता थे। दूसरे दिन केवल एक रह गया था—वीर्स्ट्रास। कारण यह था कि अपने व्याख्यानों में गुडरमॅन बहुत ऊँची उड़ान लिया करता था। और सामान्य स्तर के श्रोता मुँह बाये बैठे रहते थे।

शिक्षा उपाधि तो वीर्स्ट्रास ने छब्बीस वर्ष की अवस्था में प्राप्त कर ली। एक वर्ष पश्चात् इसे एक अन्य परीक्षा देनी थी जिसके लिए इसे कई निबन्ध लिखने थे। इसी की प्रार्थना पर गुडरमॅन ने इसे निबन्ध के लिए एक गणितीय विषय दिया। इसके निबन्ध की गुडरमॅन ने भूरि भूरि प्रशंसा की और प्रतिवेदन में लिख दिया कि "ऐसे

मेधावी व्यक्ति की शक्ति स्कूल मास्टरी में नष्ट न की जाय, वरन् इसे किसी उच्च्य संस्था में स्थान दिया जाय।" किन्तु कौन सुनता है ! यह एक माध्यमिक स्कूल में अध्यापक नियुक्त हुआ जिसमें पन्द्रह वर्ष रहा !

चित्र १०१—वीर्स्ट्रास (१८१५–९७)

[डोवर पब्लिकेशंस, इन्कॉर्पोरेटेड, न्यूयॉर्क–१०, की अनुज्ञा से, डी० स्ट्रुइक कृत 'ए कॉन्साइज़ हिस्ट्री ऑफ़ मॅथॅमॅटिक्स' (१.७५ डालर) से प्रत्युत्पादित।]

गुडरमन का सारा कार्य फलनों की **घात श्रेणी** (Power Series) के रूप में प्रसार करने पर आधृत था। वीर्स्ट्रास ने भी अपना कार्य इसी संकेत से आरम्भ किया और विश्लेषण का आधार-स्तम्भ घात श्रेणी को ही बनाया। कभी कभी वीर्स्ट्रास कहा भी करता था कि "संसार में घात श्रेणी के अतिरिक्त और कुछ है ही नहीं।"

वीर्स्ट्रास ऑबॅल का बड़ा भक्त था। यह हर एक को परामर्श दिया करता था कि 'ऑबॅल की कृतियों का अध्ययन करो। उसने चिरस्थायी कार्य किया है।' यही शब्द वीर्स्ट्रास के विषय में भी कहे जा सकते हैं। वीर्स्ट्रास का कार्य तो अद्‌भुत था ही। वह इसके लिए और भी श्रेयस्कर था, क्योंकि इसके क्रियाशील जीवन का बहुतसा समय ऐसे गाँवों में बीता जहाँ इसे दूसरों की कृतियों के सम्पर्क में आनें का अवसर ही नहीं मिलता था। डाक महसूल भी इतना अधिक था कि इसके जैसे निर्धन स्कूल मास्टर के लिए अपना वैज्ञानिक पत्राचार निभाना भी दुष्कर था। अतः यह अपने कार्य में दूसरों की कृतियों का कोई अभिदेश (Reference) दे ही नहीं पाता था। कॉशी वाले प्रकरण में हम उसके आधारभूत समाकल प्रमेय का उल्लेख कर चुके हैं। वीर्स्ट्रास को उस प्रमेय के प्रकाशन का पता १८४२ में लगा था किन्तु यह स्वयं उस प्रमेय को स्वतन्त्र रूप से १८११ में निकाल चुका था।

१८४२ में वीर्स्ट्रास एक स्कूल में गणित का सहायक अध्यापक नियुक्त हुआ जहाँ इसे गणित के अतिरिक्त भूगोल और जर्मन भी पढ़ानी पड़ती थी। उन्हीं दिनों की एक बात उल्लेखनीय है। जर्मनी की जनता में राजनीतिक चेतना जाग्रत हो रही थी। कुछ लोग खुल्लम खुल्ला सरकार की बुराई लेखों और कविताओं के रूप में किया करते थे। सरकार ने एक दोषवेचक (Censor) नियुक्त कर दिया था। दोषवेचक को कविता से घृणा थी। उसने समस्त पद्य रचनाओं की छानबीन का काम वीर्स्ट्रास को सौंप दिया था। वीर्स्ट्रास उनमें से सबसे विद्रोहात्मक रचनाओं को छाँट छाँट कर प्रकाशित करा दिया करता था। यह खेल बहुत दिन तक चलता रहा। अन्त में एक उच्चाधिकारी ने इसका भण्डाफोड़ कर दिया।

वीर्स्ट्रास का जीवन तपस्या में बीता। यह अपने काम में इतना एकाग्र चित्त हो जाता था कि दीन, दुनिया की सुधि नहीं रहती थी। जिन दिनों यह मुन्स्टर के स्कूल में अध्यापन किया करता था, उन्हीं दिनों की बात है कि एक दिन यह सवेरे आठ बजे की कक्षा में नहीं पहुँचा। संस्था के निदेशक को आश्चर्य हुआ और वह कारण जानने के लिए इसके घर पहुँचा। तो पता चला कि वीर्स्ट्रास एक गवेषणा कार्य में लगा हुआ था जो इसने पिछली सन्ध्या को आरम्भ किया था। रात भर यह उसी में सलग्न रहा

और इसको पता भी नहीं चला कि कब रात बीत गयी और सवेरा हो गया। इसने निदेशक से स्कूल में अपनी अनुपस्थिति के लिए क्षमा माँगी और कहा कि यह शीघ्र ही एक ऐसा आविष्कार प्रकाशित करेगा जो संसार को चकित कर देगा।

और ऐसा ही हुआ भी। १८५४ में वीर्स्ट्रास का उक्त अभिपत्र प्रकाशित हुआ जिसका विषय 'ऑबॅली फलन' था। किसी को भी यह आशा नहीं हो सकती थी कि एक गाँव का स्कूल मास्टर इतनी उच्च कोटि का कार्य कर सकता है। उन दिनों कॉनिग्सबर्ग के विश्वविद्यालय में रिशॅलो (Richelot) गणित के प्राध्यापक थे। उन्होंने अभिपत्र के लेखक की प्रतिभा को पहचाना और विश्वविद्यालय से आग्रह किया कि वीर्स्ट्रास को डाक्टरेट की मानोपाधि (Honorary Degree) दी जाय। उपाधि देने के लिए रिशॅलो स्वयं वीर्स्ट्रास के निवास स्थान तक आया।

जर्मनी के शिक्षा मन्त्रालय ने वीर्स्ट्रास को एक वर्ष की छुट्टी दे दी जिसमें यह निर्विघ्न रूप से अपना गवेषणा कार्य कर सके। तत्पश्चात् यह बर्लिन विश्वविद्यालय में नियुक्त हो गया। कार्याधिक्य के कारण इसका स्वास्थ्य जवाब देने लगा और इसे लम्बी छुट्टी लेनी पड़ी। छुट्टी से लौटने पर भी इसके स्वास्थ्य में विशेष सुधार दिखाई नहीं दिया और यह एक व्याख्यान देते देते ही गिर पड़ा। इसके बाद यह रोग से उभर ही न पाया। इसने यह नियम बना लिया कि स्वयं कक्षा में बैठ जाया करता था और कक्षा में से किसी तेज़ लड़के को बुलाकर उससे श्याम पट्ट पर अपनी टिप्पणियों की नक़ल कराया करता था। एक लड़का अपने आपको बहुत लगाता था। वह क्या किया करता था कि नक़ल करते समय वीर्स्ट्रास की टिप्पणियों में अपनी ओर से भी कुछ जोड़ दिया करता था। जहाँ कहीं वह ग़लती करता था, वीर्स्ट्रास उठ कर मिटा दिया करता था। इस पर गुरु, चेले में संघर्ष होता था। विद्यार्थी भी अगनी बात पर अड़ जाता था किन्तु जीत अन्त में गुरु की ही हुआ करती थी।

एक उपाख्यान और देकर हम वीर्स्ट्रास के जीवन वृत्तांत को समाप्त करते हैं। १८७०–७१ में फ्रांस और प्रशा (Prussia) में लड़ाई हो चुकी थी जिसके कारण फ्रांस और जर्मनी का सम्बन्ध दूषित हो गया था। १८७३ में स्टॉकहोम (Stockholm) से मिताग-लॅफ़लर (Mittag-Leffler) पेरिस आया और हर्मिट (Hermite) के साथ गवेषणा करने की इच्छा प्रगट की। हर्मिट ने फ्रांस और जर्मनी की कटुता को भुला कर उत्तर दिया कि "तुमने ग़लती की जो यहाँ आये। तुम्हें वीर्स्ट्रास के पास जाना चाहिए जो हम सब लोगों का चचा है।" मिताग-लॅफ़लर ने उक्त उपदेश को हृदयंगम कर लिया और वीर्स्ट्रास के पास पहुँच गया।

वीर्स्ट्रास ने मिट्टी पर भी हाथ रख दिया तो वह सोना बन गयी। इसने स्वयं तो अपना कार्य बहुत कम प्रकाशित किया। इसके विद्यार्थियों ने इसके व्याख्यानों पर जो टिप्पणियाँ तैयार कीं उनके आधार पर इसका गवेषणा कार्य प्रकाशित हो गया। इसकी शुद्ध गणित सम्बन्धी गवेषणाओं के मुख्य क्षेत्र ये थे—

(i) आॅबॅली फलन (Abelian Functions)
(ii) दीर्घवृत्तीय फलन (Elliptic Functions)
(iii) विचरण कलन (Calculus of Variations)
(iv) श्रेणी अभिसार (Convergence of Series)
(v) गुणनफल अभिसार (Convergence of Products)
(vi) द्विघात और वर्ग रूप (Bilinear and Quadratic Forms)
(vii) संमिश्र चर फलन (Functions of a Complex Variable)

एक बात और लिखनी रंह गयी है। वीर्स्ट्रास के समय तक गणितज्ञों का यह विचार था कि समस्त सतत फलन अवकलनशील होते हैं। वीर्स्ट्रास ही पहला व्यक्ति था जिसने एक ऐसे फलन का उदाहरण दिया जो सतत है किन्तु कहीं भी अवकलनशील नहीं है। हम यहाँ उक्त फलन की एक विशिष्ट दशा देते हैं—

$$\text{यदि} \quad \text{फ (य)} = \sum_{0}^{\infty} २^{-\text{स}} \text{ कोज् } (७^{\text{स}} \pi \text{ य}),$$

तो य के किसी भी मान के लिए फ (य) अवकलनशील नहीं है।

वीर्स्ट्रास के इस आविष्कार ने समस्त गणितीय संसार को आश्चर्यचकित कर दिया था। यह फलन वीर्स्ट्रास के नाम से ही प्रसिद्ध हो गया है।

वीर्स्ट्रास के पश्चात् तो और गणितज्ञों ने भी अनवकलनशील सतत फलनों के उदाहरण दिये हैं। निम्नलिखित फल १९३० में वॅन दर वेंर्डन (Van der Waerden)[1] ने दिया था—

१. Ein einfaches Beispiel einer nicht-differenziabaren Stetigen Funktion-Math. Zeitschrift 32 (1930) 474—5.

मान लीजिए कि य से उस समीपतम संख्या की दूरी को हम $फ_स$ (य) से निरूपित करते हैं जो इस रूप $\frac{१}{१०^{स}}$ की हो।

$$तो\ फलन\ फ\ (य) = \sum_{स=१}^{\infty} फ_स\ (य)$$

सतत है किन्तु अवकलनशील नहीं है।

इसके अतिरिक्त, १९१८ में नॉप (Knopp)[२] ने एक सार्विक विधि दे दी जिससे बहुत से अनवकलनशील सतत फलनों का सर्जन किया जा सकता है।

यह तो रहे ऐसे फलन जो पूरे के पूरे अन्तरालों में अनवकलनशील हैं। किन्तु बहुत से ऐसे फलन भी होते हैं जो एक विशिष्ट बिन्दु को छोड़कर शेष सब स्थानों पर अवकलनशील होते हैं। ऐसे फलनों का सबसे सरल उदाहरण यह है—

$र = |य|$,

अर्थात् $र = य$, यदि $य > ०$

$= -य$, यदि $य < ०$.

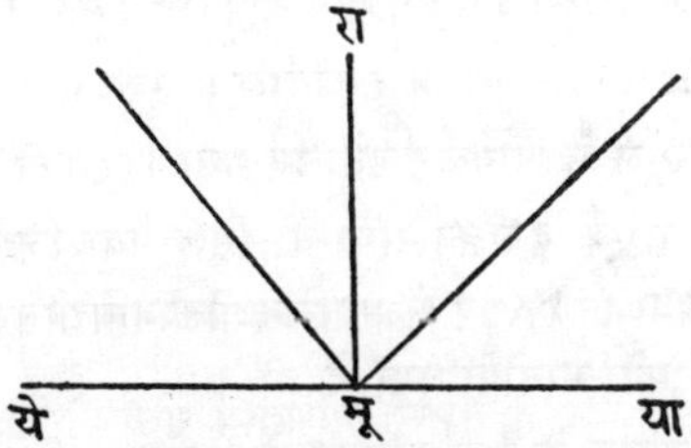

चित्र १०२—एक अनवकलनशील फलन

यह फलन मूलबिन्दु पर सतत है किन्तु अवकलनशील नहीं है। शेष सब बिन्दुओं पर सतत भी है, अवकलनशील भी।

इतिहासज्ञ इंग्लॅण्ड के दो गणितज्ञों का नाम एक साथ लेते हैं—सिल्वेस्टर और केली का। इसमें सन्देह नहीं कि दोनों वर्षों एक दूसरे के मित्र रहे और इन्होंने कन्धे-से-कन्धा भिड़ा कर काम किया। किन्तु दोनों के स्वभाव में आकाश पाताल का अन्तर

२. Ein einfaches Verfahren zur Bildung stetiger, nirgends differenzierbarer Funktionen-Math Zeitschrift 2 (1918) 1—26.

था। सिल्वेँस्टर का जीवन संघर्ष में ही बीता; केली के मार्ग में बहुत कम विघ्न, बाधाएँ आयीं। सिल्वेँस्टर क्षण में नरम, क्षण में गरम था, केली धीर, गम्भीर था। सिल्वेँस्टर प्रायः सदैव कवित्वमय भाषा में बोला करता था, केली की भाषा गणितीय सूत्रों में निकला करती थी। स्वभाव के इसी वैषम्य के कारण दोनों में बहुधा मन-मुटाव हो जाया करता था। जब दोनों में किसी बात को लेकर विवाद हुआ करता था, सिल्स्वेँटर आँधी और तूफ़ान की तरह बरस पड़ता था, केली चट्टान की भाँति शान्त बना बैठा रहता था। थोड़ी देर के पश्चात् सिल्वेँस्टर अपनी करनी पर पछताता था। किन्तु पश्चात्ताप क़ा दौर समाप्त भी नहीं होने पाता था कि दूसरा उबाल आ जाता था।

जेम्स जोज़ेँफ़ सिल्वेँस्टर (James Joseph Sylvestor) (१८१४–९७) का जन्म लन्दन में हुआ था। यह कई भाई-बहनों में सबसे छोटा था। स्कूली शिक्षा प्राप्त करके चौदहवें वर्ष में यह लन्दन विश्वविद्यालय में प्रविष्ट हुआ जहाँ यह डी मॉर्गन का शिष्य बना। पन्द्रह वर्ष की अवस्था में इसने लिवरपूल की एक संस्था में प्रवेश किया। यह अपनी कक्षा में और सब विद्यार्थियों से इतना आगे निकल गया कि इसके लिए एक विशेष कक्षा बनानी पड़ी। उन्हीं दिनों अमेरिका की एक कम्पनी ने पारितोषिक के लिए एक कठिन समस्या सिल्स्वेँटर को दी। इसने प्रश्न को पूर्ण रूप से हल कर लिया और इस प्रकार ५०० डॉलर का पारितोषिक मार दिया।

सिल्वेँस्टर ने कॉलिज की शिक्षा केम्ब्रिज में पायी,किन्तु इसके यहूदी धर्म के कारण विश्वविद्यालय ने न इसे कोई उपाधि दी, न छात्रवृत्ति। एक बार यह अपने धार्मिक विचारों के कारण ही लिवरपूल से भागकर डबलिन गया। इसकी जेब में बहुत थोड़े पैसे थे, किन्तु गली में इसका एक दूर का सम्बन्धी मिल गया जिसने इसे लिवरपूल लौट जाने का किराया दे दिया। १८७१ में डबलिन विश्वविद्यालय ने ही इसे बी० ए० और एम० ए० दोनों की मानोपाधियाँ दे दीं।

१८३७ में सिल्वेँस्टर लन्दन के एक कॉलिज में प्राध्यापक नियुक्त हुआ और दो वर्ष पश्चात् रॉयल सोसायटी का अधिसदस्य निर्वाचित हो गया। १८४१ में यह वर्जीनिया (Virginia) में प्राध्यापक नियुक्त हुआ किन्तु कुछ ही महीनों में इस का एक विद्यार्थी से संघर्ष हो गया जिसके कारण इसे वर्जीनिया छोड़ना पड़ा। लन्दन लौटने पर सिल्वेँस्टर पहले तो जीवनांकिक (Actuary) बना, फिर क़ानून का अध्ययन कर के बैरिस्टर हुआ। १८५५ में यह फिर ऊलविच (Woolwich) में गणित का प्राध्यापक नियुक्त हुआ और चौदह वर्ष तक उसी पद पर बना रहा। १८७० में इसे ज़बरदस्ती सेवा से निवृत्त कर दिया गया। १८७६ में यह अमेरिका के जॉन हॉप्किंस (John Hopkins) विश्वविद्यालय में नियुक्त हो गया।

१८८३ में इसे ऑक्स्फोर्ड की एक गद्दी मिल गयी जिस पर यह १८९२ तक रहा। जीवन के अन्तिम दिन इसने लन्दन में बिताये।

चित्र १०३—सिल्वेस्टर (१८१४–९७)

[डोवर पब्लिकेशंस, इन्कॉर्पोरेटेड, न्यूयॉर्क—१०, की अनुज्ञा से, डी० स्ट्रुइक कृत 'ए कॉन्साइज़ हिस्ट्री ऑफ़ मैथमॅटिक्स' (१.७५ डालर) से प्रत्युपादित।]

सिल्वेस्टर की कृतियाँ चार भागों में प्रकाशित हुई हैं। इसका प्रमुख कार्य बीजगणित पर है, विशेष कर **निश्चल सिद्धान्त** (Theory of Invariants) पर।

आर्थर केली (Arthur Cayley) (१८२१–९५) का जन्म रिचमण्ड (Richmond) में हुआ था। इसके पिताजी एक अंग्रेज़ व्यापारी थे जिन्होंने

चित्र १०४—केली (१८२१–९५)

[डोवर पब्लिकेशंस, इन्कॉर्पोरेटेड, न्यूयॉर्क—१०, की अनुज्ञा से, डी० स्ट्रूइक कृत 'ए कॉन्साइज़ हिस्ट्री ऑफ मैथमॅटिक्स' (१·७५ डॉलर) से प्रत्युत्पादित।]

पैट्रोग्राड (Petrograd) में प्रवास कर लिया था। चौदह वर्ष की अवस्था में केली लन्दन के एक कॉलिज में प्रविष्ट हुआ। १७ वर्ष की अवस्था में यह केम्ब्रिज के ट्रिनिटो कॉलिज में भर्ती हुआ। चार वर्ष में इसने बहुत से पुरस्कार पाये और १८४२ में यह स्नातक परीक्षा में सर्व प्रथस उत्तीर्ण हुआ। कुछ वर्ष इसने वकालत की। उन्हीं दिनों यह एक बार डबलिन गया और वहाँ चतुष्टयों पर हैमिल्टन के व्याख्यान सुने। जब केम्ब्रिज में गणित की गद्दी स्थापित हुई, इसने उसे स्वीकार कर लिया।

केली स्नातक भी नहीं हो पाया था कि इसने अभिपत्र लिखना आरम्भ कर दिया। आश्चर्य की बात यह है कि इसके सारे महत्वपूर्ण गवेषणा कार्य उस समय हुए हैं जब यह वकालत करता था। केम्ब्रिज की गद्दी पर यह जीवन पर्यन्त रहा। इसे दिन पर दिन सम्मान मिलता गया। १८८२ में इसे अमेरिका के जॉन हॉपकिन्स विश्वविद्यालय ने व्याख्यान देने के लिए आमन्त्रित किया। इसके व्याख्यानों के विषय **'आँबेली और थीटा फलन'** (Abelian and Theta Functions) थे। हम ऊपर लिख चुके हैं कि उन दिनों उसी विश्वविद्यालय में सिल्वेंस्टर अध्यापन कार्य कर रहा था। इस प्रकार दोनों मित्रों का फिर एक बार गँठबन्धन हो गया।

केली की प्रतिभा बहुमुखी थी। शुद्ध गणित की तो कदाचित् ही कोई शाखा हो जो इसने अछूती छोड़ दी हो। सब मिलाकर इसने ८०० गणितीय अभिपत्र लिख हैं जो १३ भागों में केम्ब्रिज से प्रकाशित हुए हैं। इसका सबसे बढ़िया काम निश्चलों पर हुआ है। यह कहने में अत्युक्ति न होगी कि इसके निश्चल सिद्धान्त से विश्लेषण की एक नयी शाखा का श्रीगणेश हो गया। इस विषय में सिल्वेंस्टर और केली दोनों का कार्य टक्कर का रहा है। दोनों एक ही समय वर्षों लन्दन में रहे हैं और एक दूसरे से विचार विनिमय करते रहते थे। कभी कभी तो यह निश्चय करना कठिन हो जाता है कि किसी प्रकरण में कितना काम सिल्वेंस्टर का है और कितना केली का।

केली के गवेषणा कार्य के अन्य विषय ये थे—

(i) दीर्घवृत्तीय फलन।

(ii) वैश्लेषिक ज्यामिति।

(iii) पंचघातक (Quantics)।

(iv) समुदाय (Groups) सिद्धान्त।

(v) श्रेणिक (Matrix) सिद्धान्त।

(vi) परम (Absolute) ज्यामिति।

(vii) घन वक्रों का समीकरण।

(viii) वक्रों और तलों की उच्च विचित्रताएँ (Singularities)।

(ix) रूपान्तर और एकैकी-संगति (Correspondence)।

(x) घन तल पर २७ रेखाओं का सिद्धान्त।

(xi) दीर्घवृत्तजों का आकर्षण।

(xii) सैद्धान्तिक गतिविज्ञान।

(xiii) चन्द्रमा की मध्यक गति (Mean Motion)

पाठक, तनिक ठहरिए ! चार्ल्स हर्मिट (Charles Hermite) का नाम छूटा जा रहा है। इसका जीवन काल १८२२-१९०१ था। इसका जन्म लोरेन (Lorraine) के ड्यूज़ (Dieuze) नगर में हुआ था। बचपन में ही इसने नियमित पाठ्यक्रम छोड़कर गणितज्ञों की कृतियाँ पढ़नी आरम्भ कर दीं। बीस वर्ष की अवस्था में इसने पेरिस के एक कॉलिज में नाम लिखाया। किन्तु सिर मुँडाते ही ओले पड़े। बात यह थी कि लड़कपन में ही इसकी दाहिनी टाँग में कज आ गया था। अतः कॉलिज में प्रविष्ट होते ही इसे पता चल गया कि स्नातक होने पर टाँग के कज के कारण इसे कोई सरकारी नौकरी नहीं मिल सकेगी। इसलिए इसने पहले वर्ष ही कॉलिज छोड़ दिया।

१८६९ में हर्मिट एक कॉलिज में प्राध्यापक नियुक्त हुआ। कुछ दिनों पश्चात् इसे पेरिस विश्वविद्यालय की उच्च बीजगणित की गद्दी भी मिल गयी। उक्त पद पर यह १८९७ तक रहा। हर्मिट के मुख्य विषय बीजगणित और विश्लेषण थे। फ्रांस में इसका इतना मान था कि कॉशी की मृत्यु के पश्चात् यही उक्त देश का अग्रणी विश्लेषक गिना जाने लगा। इसने इन प्रकरणों पर अपनी लेखनी उठायी है—

समीकरण सिद्धान्त, संख्या सिद्धान्त, फलन सिद्धान्त, दीर्घवृत्तीय फलन, निश्चित समाकल, **निश्चल और सहचल** (Invariants and Covariants)।

हर्मिट के नाम से **हर्मिटी संख्याएँ** (Hermitian Numbers) और **हर्मिटी रूप** (Hermitian Forms) प्रचलित हैं। इसकी मित्रता हॉलॅण्ड के गणितज्ञ स्टील्टजेंज़ (Stieltjes—१८५६-९४) से थी जिसे इसने टूलुस (Toulouse) की गद्दी दिलवाने में सहायता दी। स्टील्टजेंज़ द्वारा **स्टील्टजेंज़ समाकल** (Stieltjes Integral) का आविष्कार हुआ। इस प्रकार हम देखते हैं कि उक्त आविष्कार का कुछ श्रेय हर्मिट को भी मिलना चाहिए। दोनों मित्रों का पारस्परिक पत्राचार चार

भागों में छपा है जिसे पढ़ने से संमिश्र चर फलनों (Functions of a Complex Variable) के विषय में बहुत सी जानकारी प्राप्त हो सकती है।

चित्र १०५—स्टील्टजेंज (१८५६—९४)

[डोवर पब्लिकेशंस, इन्कॉर्पोरेटेड, न्यूयॉर्क-१०, की अनुज्ञा से, डी० स्ट्रूइक कृत 'ए कॉन्साइज़ हिस्ट्री ऑफ़ मॅथॅमॅटिक्स' (१.७५ डालर) से प्रत्युत्पादित।]

आइज़ेंन्स्टाइन भी कोई ऐसा वैसा नहीं था जो हम उसका नाम ही न लें। इसका पूरा नाम फर्डिनॅण्ड गोथॉल्ड मॅक्स आइज़ेंन्स्टाइन (Ferdinand Gotthold Max Eisenstein) (१८२३-५२) था। यह बेचारा गरीबी में पला और १९ वर्ष

की अवस्था तक इसने गणित में कोई विशेष रुचि भी नहीं दिखायी। इसने बर्लिन में शिक्षा पायी और फिर वहीं पर प्राध्यापक हो गया। २९ वर्ष की अल्पावस्था में इसका देहान्त हो गया, किन्तु इतने थोड़े समय में ही इसने ऐसी विलक्षण प्रतिभा दिखायी कि गाउस को इसके विषय में कहना पड़ा कि "संसार में तीन ही युग प्रवर्तक गणितज्ञ हुए हैं—आर्किमिँडीज़, न्यूटन और आइज़ेँन्स्टाइन।"

आइज़ेँन्स्टाइन ने बहुत से अभिपत्र लिखे हैं। इसने द्विचर वर्ग रूपों (Binary Quadratic Forms) का विकास किया और ऐसे प्रथम सहचर का आविष्कार किया जो विश्लेषण में प्रयुक्त होता है। संख्याओं को दो वर्गों के जोड़ के रूप में निरूपित करने के विषय में इसने यह सिद्ध किया कि उक्त प्रमेय आठ वर्गों तक ही सीमित है। तीन और पाँच वर्गों तक के लिए इसने उसके हल भी दे दिये। इसके अतिरिक्त इसका बहुत सा कार्य दीर्घवृत्तीय फलनों और संमिश्र राशियों पर भी है।

लियोपोल्ड क्रॉनॅकर (Leopold Kronecker) (१८२३-९१) ब्रॅस्लॉ का निवासी था। इसने ब्रॅस्लॉ और बर्लिन में शिक्षा पायी। ग्यारह वर्ष तक यह अपने व्यापार में फँसा रहा, किन्तु यदा कदा गणित का भी अध्ययन करता रहा। १८५५ में यह बर्लिन गया। इसे वहाँ आधिकारिक नियुक्ति नहीं मिली किन्तु अनौपचारिक रूप से ही यह वहाँ के विश्वविद्यालय में १८६१ से व्याख्यान देने लगा।

क्रॉनॅकर को लड़कपन से ही कई प्रकार के शौक़ थे। गणित के अतिरिक्त इसे ग्रीक, लॅटिन, हिब्रू और दर्शन में रुचि थी। इसके अतिरिक्त इसे संगीत से भी असाधारण लगाव था। यह स्वयं एक गवैया था और प्यानो बजाने में भी दक्ष था। यह कहा करता था कि गणित को छोड़ कर संसार की सबसे ललित काला संगीत है।

क्रॉनॅकर कुमर का शिष्य था और इसके जीवन पर कुमर का प्रभाव भी विशेष रूप से पड़ा था। १८८३ में जब कुमर सेवा निवृत्त हुआ तब क्रॉनॅकर उसके स्थान पर नियुक्त हो गया। १८४५ में क्रॉनॅकर ने पीएच० डी० की उपाधि के लिए एक प्रबन्ध (Thesis) लिखा जिसमें इसने कुमर के संख्या सिद्धान्त सम्बन्धी कार्य को ही आगे बढ़ाया था। कुमर, वीर्स्ट्रास और क्रॉनॅकर यह तिकड़ी थी जिसने गणित में परुषता का प्रवर्तन किया। प्लेटो कहा करता था कि "ईश्वर एक ज्यामितिज्ञ है।" क्रॉनॅकर ने कहना आरम्भ किया कि "ईश्वर एक अंकगणितज्ञ है।"

क्रॉनॅकर अध्यापन में अद्वितीय था किन्तु लेखन में असफल था। इसके अभिपत्रों की भाषा बोझिल रहती थी। इसकी गवेषणा के मुख्य विषय थे—वर्ग रूप, दीर्घवृत्तीय फलन और आदर्श सिद्धान्त (Ideal Theory)। इसका विश्वास था कि

समस्त गणित अन्ततोगत्वा अंकगणित पर आधृत है, अंकगणित संख्याओं पर अवलम्बित है और संख्याओं का मूल स्तम्भ प्राकृतिक संख्याएँ हैं। इसीलिए यह कहता था कि संख्या π का उपानयन वृत्त के द्वारा नहीं, वरन् इस श्रेणी के द्वारा होना चाहिए—

$$१ - \frac{१}{३} + \frac{१}{५} - \frac{१}{७} + \ldots\ldots\ldots$$

बाद को तो क्रॉनॅकर यहाँ तक कहने लगा था कि अपरिमेय संख्याओं का अस्तित्व ही नहीं है। इसने लिण्डमॅन् (Lindemann) को एक पत्र में लिखा भी था कि "संख्या π पर तुम्हारे सुन्दर कार्य करने का क्या उपयोग है? जब तुम जानते हो कि अपरिमेय संख्याएँ होती ही नहीं, तब ऐसी समस्याओं पर क्यों माथा-पच्ची करते हो?"

आइए पाठक, एक महान् व्यक्तित्व से मुचैटा लेना है। जार्ज फ्रॅंडरिक बर्नार्ड रीमान (Georg Friedrich Bernhard Riemann) का जीवन काल १८२६–६६ था। चालीस वर्ष में ही इसने अपनी मौलिकता से गणितीय जगत् में क्रान्ति मचा दी थी। यदि दस बीस वर्ष और जीता रहता तो न जाने क्या कर जाता! इसका जन्म हॅनोवर (Hanover), जर्मनी, के एक गाँव में हुआ था। इसके पिता नॅपोलियन की लड़ाइयों में लड़ चुके थे। तत्पश्चात् वे हॅनोवर के एक गाँव में आकर बस गये। उनके ६ बच्चे थे जिनमें से रीमान की संख्या दूसरी थी।

इस प्रकार रीमान का बचपन ग़रीबी में बीता। यह जन्म से ही संकोची प्रकृति का था और जनता के सम्मुख बोलने में इसे भय मालूम होता था। जीवन के दूसरे पहर में यह समझने लगा था कि इस कारण इसे ख्याति मिलने में बड़ी बाधा पड़ती है। अतः यह बड़ी तैयारी के साथ व्याख्यान देने जाता था और अन्त में इसने अपने संकोच पर विजय प्राप्त करके ही छोड़ी।

६ वर्ष की अवस्था से ही रीमान ने अंकगणित में रुचि दिखानी आरम्भ कर दी। इसे जितने प्रश्न दिये जाते थे वह तो यह हल कर ही लिया करता था, बहुत बार अपने भाई बहिनों को तंग करने के लिए यह स्वयं नये नये प्रश्न बना लिया करता था। दस वर्ष की अवस्था में इसे पढ़ाने के लिए एक शिक्षक शुल्ज़ (Schulz) रखा गया किन्तु शीघ्र ही शुल्ज़ को पता चल गया कि गुरु गुड़ ही रह गया है, चेला शक्कर हो गया है।

१४ वर्ष की अवस्था में रीमान को स्कूल भेजा गया। इसे भाई बहिनों की बहुत याद आती थी और आये दिनों यह उन्हें भेंटें भेजा करता था। उन्हीं दिनों अपने माता पिता के लिए इसने एक **चिरस्थायी तिथि-पत्र** (Perpetual Calendar) बनाकर भेजा। इसके स्कूल के निदेशक ने इसकी प्रतिभा पहचानी और अपने निजी

पुस्तकालय का उपयोग करने की इसे खुली छूट दे दी। इतना ही नहीं, इसे यह भी अनुकल्प (Option) दे दिया कि चाहे यह गणितीय कक्षाओं में बैठे, चाहे न बैठे।

चित्र १०६—रीमान (१८२६–६६)

[डोबर पब्लिकेशंस, इनकॉर्पोरेटेड, न्यूयॉर्क–१०, की अनुज्ञा से, डी० स्ट्रुइक कृत 'ए कॉन्साइज हिस्ट्री ऑफ़ मैथमैटिक्स' (१.७५ डालर) से प्रत्युत्पादित।]

१९ वर्ष की अवस्था में रीमान ने गटिंगन विश्वविद्यालय से भाषा विज्ञान और धर्मशास्त्र में मैट्रिक परीक्षा पास की। किन्तु गणित में इसकी रुचि अक्षुण्ण बनी रही। यह गाउस के व्याख्यान बड़े चाव से सुनता था। एक वर्ष पश्चात् यह बर्लिन चला गया। यहाँ यह जॅकोबी, डिरिचले, स्टेनर और आइज़ेन्स्टाइन के सम्पर्क में

आया। संमिश्र विश्लेषण (Complex Analysis) पर इसके विचारों को इन्हीं दिनों प्रौढ़ता प्राप्त हुई। १८५० में यह गटिंगन लौट आया और एक वर्ष पश्चात् इसने डाक्टर की उपाधि प्राप्त की। इसके प्रबन्ध का विषय संमिश्र फलन ही थे। अब कार्याधिक्य के कारण रीमान का स्वास्थ्य गिरने लगा था। यह गटिंगन की नौकरी छोड़ कर हार्ज़ (Harz) चला गया और अपने मित्र डेडीकाइण्ड के साथ एक प्रकार से निवृत्त जीवन बिताने लगा। इसकी आर्थिक दशा चिन्ताजनक थी और १८५५ में सरकार ने इसे थोड़ी सी वृत्ति देनी आरम्भ कर दी। १८५९ में डिरिचले की मृत्यु पर यह उसके स्थान पर प्राध्यापक नियुक्त हो गया। सात वर्ष पश्चात् इसका देहावसान हो गया।

रीमान की प्रतिभा विलक्षण भी थी, चतुर्मुखी भी। इसकी गिनती सबसे मौलिक गणितज्ञों में की जाती है। बहुत सी आधुनिक गणितीय संकल्पनायें इसी के नाम से प्रसिद्ध हो गई हैं। हम उनमें से कुछ यहाँ देते हैं।

(१) **रीमान जीटा फलन** (Riemann Zeta Function)—हम इस फलन का उल्लेख पिछले प्रकरणों में कर आये हैं। यह इस श्रेणी का नाम है—

$$१ + \frac{१}{२^{प}} + \frac{१}{३^{प}} + \frac{१}{४^{प}} + \cdots\cdots \frac{१}{ल^{प}} + \cdots\cdots,$$

जिसमें प = ब+ए भ (ए= $\sqrt{-१}$).

जब रीमान स्कूल में पढ़ता था, इसने लेजाण्ड्र के संख्या सिद्धान्त का अध्ययन किया था। ८५९ पृष्ठों की यह पुस्तक रीमान ने ६ दिन में ही पढ़कर अपने शिक्षक को वापस कर दी। उसके कई महीने पश्चात् शिक्षक ने उक्त ग्रन्थ पर इससे कई प्रश्न किये जिनके उत्तर यह फटाफट देता गया। इसी पुस्तक से रीमान को रूढ़ संख्याओं के अध्ययन की चाट पड़ी। किसी निर्दिष्ट संख्या से कम कितनी रूढ़ संख्याएँ होती हैं, इसके लिए लेजाण्ड्र ने एक सूत्र दिया था जिससे इन संख्याओं की सन्निकट (Approximate) संख्या ही निकल सकती थी। रीमान ने लेजाण्ड्र के इस फल से बढ़िया फल निकालने का प्रयत्न किया। इस प्रयत्न में रीमान ने यह उक्ति दी—

प के ऐसे समस्त मान जिनके लिए ज़ीटा फलन का योग शून्य हो, और ०<ब<१, इस प्रकार

$$\tfrac{१}{२} + ए\,भ$$

के होते हैं। अर्थात् उनका वास्तविक भाग $\tfrac{१}{२}$ होता है। रीमान ने यह कथन केवल अनुमान के रूप में दिया है। इसे **'रीमान परिकल्पना'** (Riemann Hypothesis)

कहते हैं। इसे न आज तक कोई सिद्ध कर सका है, न विप्रमाणित (Disproved)। यह शुद्ध गणितज्ञों के लिए एक स्थायी चुनौती है।

(२) **रीमान समीकरण**—यदि

$$ल = य + ए र \qquad \text{और} \qquad म = ब + ए भ,$$

और म चर ल का कोई वैश्लेषिक फलन है तो

$$\frac{तब}{तय} = \frac{तभ}{तर}, \qquad \frac{तब}{तर} = -\frac{तभ}{तय}।$$

ये समीकरण सर्वप्रथम डि लेम्बर्ट ने और तत्पश्चात् कॉशी ने दिये थे। अब ये **कॉशी-रीमान समीकरणों** (Cauchy-Riemann Equations) के नाम से प्रसिद्ध हैं।

(३) **रीमान समाकल** (Riemann Integral)—निश्चित समाकल की व्याख्या हम इस अध्याय के आरम्भ में कर चुके हैं। १८५४ में रीमान ने त्रिकोणमितीय श्रेणी पर एक अभिपत्र लिखा था जिसमें पहले पहल समाकल की यथार्थ परिभाषा दी थी। रीमान ने निश्चित और अनिश्चित समाकलों का सम्बन्ध इन शब्दों में दिया है—

यदि फलन फ (य) क से ख तक समाकलनशील है, और य क और ख के बीच में रहता है तो फ (य) के 'क से य तक के अनिश्चित समाकल' और 'क से ख तक के निश्चित समाकल' में केवल एक अचर (Constant) का अन्तर होगा।

इस सम्बन्ध में किसी बिन्दु कुलक (Set of Points) की **'समावृत्ति'** (Content) की परिभाषा पर भी विचार कर लेना चाहिए।

मान लीजिए कि बिन्दु कुलक अन्तराल (क, ख) में स्थित है। एक फलन फ(य) ऐसा बनाइए जिसका मान कुलक के प्रत्येक बिन्दु पर १ हो और अन्तराल के अन्य समस्त बिन्दुओं पर शून्य हो। तो समाकल

$$\int_{क}^{ख} फ\ (य)\ ताय$$

के मान को हम बिन्दु कुलक की समावृत्ति कहेंगे।

रीमान ने किसी फलन की समाकलनशीलता के लिए आवश्यक और पर्याप्त शर्त यह दी है कि उक्त अन्तराल में फलन के असातत्य बिन्दुओं (Points of Discontinuity) के कुलक की समावृत्ति शून्य हो।

(४) **रीमानी तल** (Riemannian Surfaces)—यहाँ इस विषय के विस्तार में जाने का तो अवकाश नहीं है। हम एक रोचक समस्या का वर्णन करते हैं। ऑयलर के समय में कॉनिग्सबर्ग (Königsberg) नगर में नदी प्रेगॅल (pregel) के ऊपर सात पुल थे।

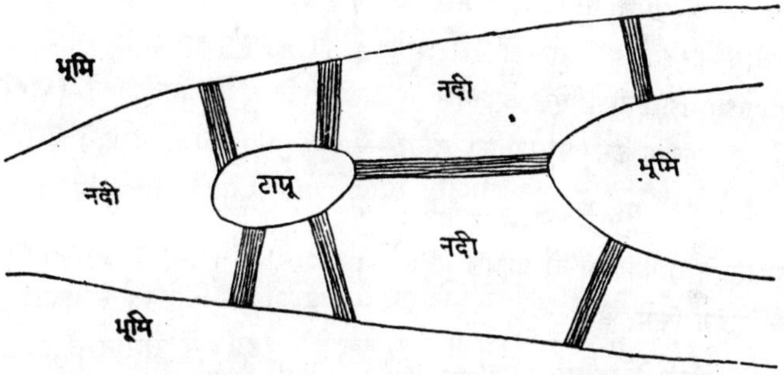

चित्र १०७—कॉनिग्सबर्ग नगर में नदी के सात पुल

ऑयलर ने यह समस्या उपस्थित की कि कोई किस प्रकार सातों पुलों पर होकर जाय ताकि किसी भी पुल पर दो बार न जाना पड़े? प्रश्न असम्भव है।

चित्र १०८—रीमानी तल

इस छोटे से प्रश्न से स्थानिकी (Topology) का आरम्भ होता है। रीमान ने इस विषय का बहुत विकास किया और इसके सिद्धान्तों का फलन सिद्धान्त पर प्रयोग किया। आज यह विषय इतना विकसित हो चुका है कि इस बात पर विश्वास करना कठिन है कि इसका श्रीगणेश इतनी छोटी सी बात से हुआ होगा।

(५) **रीमानी ज्यामिति** (Riemannian Geometry)—हम साधारणतया द्वैविम (Two-dimensional) और त्रैविम (Three-dimensional) आकाश का अध्ययन करते हैं। रीमान ने ऐसे आकाश की कल्पना की है जिसमें स विमाएँ (Dimensions) हों। ऐसे आकाश में प्रत्येक बिन्दु के निर्देशांकों (Coordinates) का कुलक इस प्रकार का होगा—

$$य_१, य_२, य_३ . . . . . य_स \quad ।$$

गाउस के आकाश में दो प्राचल (Parameters) थे। रीमान ने उक्त संकल्पना का सार्वीकरण किया है।

(६) **रीमानी वक्रता प्रदिश**—(Riemanian Curvature Tensor)

हैंनरी जॉन स्टीफ़ॅन स्मिथ (Henry John Stephen Smith) (१८२६–८३) कोई नामी गणितज्ञ नहीं था किन्तु बहुत ही प्रतिभावान् था। इसका जन्म डबलिन में हुआ था। जब यह दो वर्ष का था, इसके पिता का स्वर्गवास हो गया और इसकी माता इसे लेकर इंग्लॅण्ड आ गयीं। १८४१ में यह रग्बी (Rugby) के एक स्कूल में प्रविष्ट हुआ। १८४४ में इसने ऑक्स्फ़ोर्ड के बेलियल (Balliol) कॉलिज में नाम लिखाया। उन्हीं दिनों इसने एक चक्कर यूरोप का लगाया। १८४९ में इसने ऑक्स्फ़ोर्ड में उच्चतम सम्मान प्राप्त किया। एक लोकोक्ति है कि यह प्राच्य भाषाओं और गणित दोनों में सर्व प्रथम हुआ था, अतः निश्चय नहीं कर पा रहा था कि इनमें से किस विषय को अपनाये। तब इसने पैसा उछाल कर निर्णय किया।

स्मिथ ने विवाह नहीं किया। १८५० में यह बेलियल कॉलिज का अधिसदस्य निर्वाचित हुआ, १८६० में ऑक्स्फ़ोर्ड में ही प्राध्यापक नियुक्त हुआ और १८६१ में रॉयल सोसायटी का अधिसदस्य हो गया। यह कई राजकीय आयोगों का सदस्य रहा और कई वर्ष ऋतु-विज्ञान कार्यालय (Meteorological Office) का अध्यक्ष रहा।

स्मिथ ने आरम्भ में कई अभिपत्र ज्यामिति पर लिखे। तत्पश्चात् इसने संख्या सिद्धान्त पर कार्यारम्भ किया। इसका गवेषणा कार्य ब्रिटिश एसोसियेशन (British Association) के १८५९–६५ के अंकों में छपा है। इसके सार्विक सूत्रों की दो विशिष्ट दशाएँ उल्लेखनीय हैं—किसी संख्या का पाँच अथवा सात वर्गों के योग के

रूप में निरूपण। **द्विचर और त्रिचर रूपों** (Binary and Ternary Forms) पर भी इसका कार्य महत्त्वपूर्ण रहा है। १८९४ में ग्लेशर (Glaisher) ने इसकी कृतियों का संग्रह प्रकाशित किया है।

रिचर्ड डॅडीकाइण्ड (Richard Dedekind) (१८३१–१९१६) का जन्म ब्रन्सविक (Brunswick) में हुआ था। सोलह वर्ष की अवस्था तक इसने अपने जन्मस्थान में ही शिक्षा पायी। उस समय तक इसकी रुचि भौतिकी और रसायन में अधिक थी। सत्रहवें वर्ष जब यह कॉलिज में प्रविष्ट हुआ तब इसने वैश्लेषिक ज्यामिति, कलन, बीजगणित आदि का अध्ययन आरम्भ किया। उन्नीस वर्ष की अवस्था में यह गटिंगन विश्वविद्यालय में भर्ती हुआ और गाउस, स्टर्न (Stern) (१८०७–९४) और वॅबर (Weber) (१८४२–१९१३) के संसर्ग में आया। १८५२ में इसने गाउस की देख-रेख में डाक्टर की उपाधि पायी। इसके प्रबन्ध का विषय था—**ऑयलरी समाकल** (Eulerian Integrals)।

१८५४ में डॅडीकाइण्ड गटिंगन में व्याख्याता (Lecture) नियुक्त हो गया। उक्त पद पर यह चार वर्ष रहा। उन्हीं दिनों इसकी मित्रता रीमान से हुई और वहीं पर यह डिरिचले के सम्पर्क में आया। १८५७ में यह ज़ूरिच में प्राध्यापक नियुक्त हुआ और १८६२ में ब्रन्सविक की एक संस्था में प्रोफ़ॅसर हो गया। उक्त स्थान पर यह लगभग पचास वर्ष रहा।

डॅडीकाइण्ड जीवन भर अविवाहित रहा। इसकी बहन जूली (Julie) इसके साथ रहती थी। यह पिचासी वर्ष की अवस्था तक जीवित रहा। इसकी ख्याति इसके जीवन काल में ही चारों ओर फैल गयी थी। मृत्यु से १२ वर्ष पूर्व 'गणितज्ञों के तिथिपत्र' (Calendar for Mathematicians) में यह समाचार छपा कि '४ सितम्बर १८९९ को डॅडीकाइण्ट का देहान्त हो गया।' डॅडीकाइण्ड ने यह समाचार पढ़कर पत्रिका के सम्पादक को लिखा कि 'तिथि कदाचित् ठीक निकले किन्तु वर्ष तो निश्चय ही ग़लत है। अपनी दैनिकी (Diary) के अनुसार तो मैं उस दिन पूर्णतया स्वस्थ था और अपने सम्मानित मित्र और अतिथि जॉर्ज कॅण्टर (Georg Cantor) से 'पद्धति और सिद्धान्त' पर घुल-घुल कर बातें कर रहा था।'

यों तो डॅडीकाइण्ड ने बहुत से अभिपत्र लिखे हैं किन्तु इसके दो ग्रन्थ बहुत प्रसिद्ध हुए हैं जिनके विषय 'अपरिमेय संख्याएँ' (Irrational Numbers) और 'आदर्श संख्याएँ' (Ideal Numbers) थे। इसने डिरिचले के गवेषणा कार्य का सम्पादन किया और रीमान के संग्रह की प्रस्तावना (१८७६) भी लिखी।

डेँडीकाइण्ड की मूलभूत गवेषणाओं में से एक इसका अपरिमेय संख्या सिद्धान्त है जो आजकल के शुद्ध गणित के प्रत्येक विद्यार्थी को हृदयंगम करना होता है। उक्त सिद्धान्त का आधार एक युक्ति है जिसे **डेँडीकाइण्ड काट** (Dedekind cut) कहते हैं। हम यहाँ उक्त सिद्धान्त का बहुत ही सरल भाषा में दिग्दर्शन कराते हैं।

जो संख्या किसी भिन्न

$$\frac{प}{फ}$$

के रूप में निरूपित हो सके, उसे परिमेय संख्या (Rational Number) कहते हैं। जो इस प्रकार निरूपित न हो सके, उसे अपरिमेय संख्या कहते हैं। जितने भी सान्त दशमलव भिन्न (Terminating Decimal Fractions) और आवर्त दशमलव भिन्न (Recurring Decimal Fractions) हैं, सब सामान्य भिन्नों के रूपमें प्रदर्शित किये जा सकते हैं, अतः सब परिमेय संख्याएँ हैं, जैसे—

$$५.७५ = \frac{२३}{४},$$

$$.३\dot{१}\dot{७} = \frac{१५७}{४९५}।$$

किन्तु $\sqrt{७}$ अथवा $\sqrt{११}$ को हम किसी साधारण भिन्न (Vulgar Fraction) के रूप में निरूपित कर ही नहीं सकते। सच पूछिए तो हम ऐसी संख्याओं का ठीक ठीक मान निकाल ही नहीं सकते। किसी भी दशमलव स्थान तक इन संख्याओं का निकट मान निकाला जा सकता है किन्तु इनका यथार्थ मान निकालना असंभव है।

जब स्कूल में विद्यार्थी करणियों (Surds) का परिकलन सीखता है तो मान लेता है कि

$$\sqrt{३\times५} = \sqrt{१५}.$$

यहाँ तक तो ठीक है। किन्तु उसे यह भी मानना पड़ता है कि

$$\sqrt{३\times५} = \sqrt{३}\times\sqrt{५} \qquad (अ)$$

अन्यथा वह यह सिद्ध नहीं कर सकता कि

$$\sqrt{३}\times\sqrt{५} = \sqrt{१५}।$$

किन्तु (अ) को सिद्ध करने का उसके पास कोई साधन नहीं है क्योंकि उक्त समीकरण में जो तीन करणियाँ आती हैं, उन में से एक का भी ठीक ठीक मान नहीं

निकाला जा सकता। अतः यह प्रश्न हमारे सम्मुख उपस्थित होता है कि "यह अपरिमेय संख्याएँ वास्तव में हैं किस प्रकार की ?" डॅडीकाइण्ड ने इसी प्रश्न का उत्तर देने का प्रयास किया है।

पहले एक परिमेय संख्या $\sqrt{९}$ लीजिए। समस्त परिमेय संख्याओं को दो श्रेणियों में विभक्त कीजिए : बायीं और दायीं। दायीं श्रेणी में उन समस्त परिमेय संख्याओं को रखिए जिनका वर्ग ९ से बड़ा है। बायीं श्रेणी में शेष समस्त परिमेय संख्याओं को रखिए।

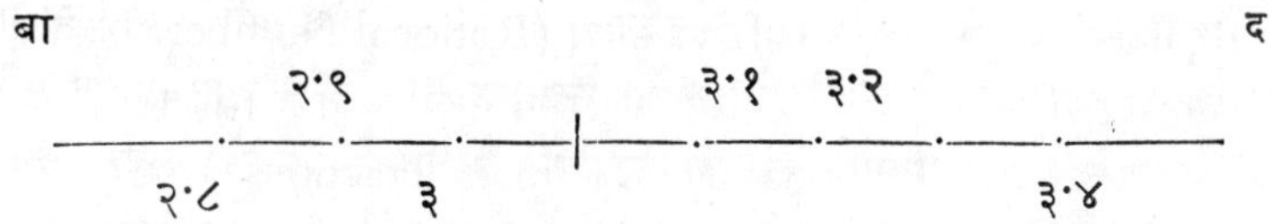

हम यह मान लेते हैं कि बायीं श्रेणी की प्रत्येक संख्या दायीं श्रेणी की प्रत्येक संख्या से छोटी होगी।

उपरिलिखित वर्गीकरण में बायीं श्रेणी में एक महत्तम संख्या ३ होगी और दायीं श्रेणी में कोई लघुतम संख्या नहीं होगी। इस काट को हम संख्या $\sqrt{९}$ अथवा ३ का डॅडीकाइण्ड काट कहते हैं।

इसी प्रकार हम एक ऐसा वर्गीकरण कर सकते हैं जिसकी बायीं श्रेणी में कोई महत्तम संख्या न हो किन्तु दायीं श्रेणी में एक लघुतम संख्या हो। हम यहाँ २/३ का संगत वर्गीकरण देते हैं—

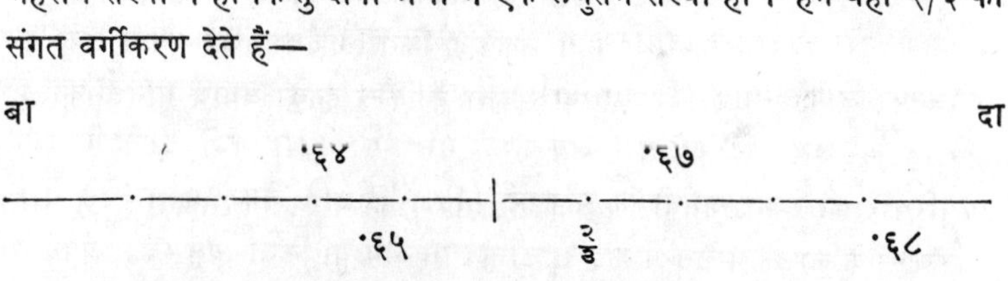

अब तनिक $\sqrt{५}$ के संगत काट पर विचार कीजिए।

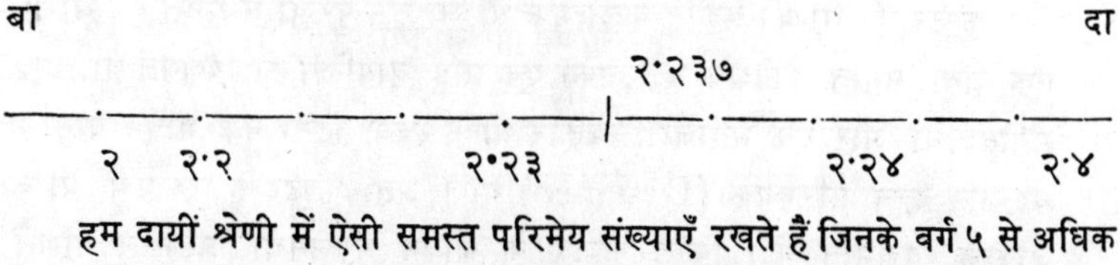

हम दायीं श्रेणी में ऐसी समस्त परिमेय संख्याएँ रखते हैं जिनके वर्ग ५ से अधिक हैं। और बायीं श्रेणी में शेष समस्त परिमेय संख्याओं को रखते हैं। स्पष्ट है कि इस वर्गीकरण में न तो दायीं श्रेणी में कोई लघुतम संख्या होगी, न बायीं श्रेणी में कोई

महत्तम संख्या। ऐसा प्रतीत होता है कि दोनों श्रेणियाँ एक दूसरे की आर दाड़ रहा हैं किन्तु बीच में कहीं पर टूट आ पड़ती है जिसके कारण मिल नहीं पातीं। इसीलिए इसे 'काट' की संज्ञा दी गयी है। डेंडीकाइण्ड का यह सिद्धान्त है कि जहाँ कहीं ऐसा वर्गीकरण आयेगा कि बायीं श्रेणी में कोई महत्तम संख्या न हो और दायीं श्रेणी में कोई लघुतम संख्या न हो, वहीं एक अपरिमेय संख्या का सर्जन हो जायगा।

उचित होगा कि यहाँ हम दो शब्द फ़ुक्स के विषय में भी कहते चलें। लॅज़ेरस फ़ुक्स (Lazarus Fuchs) (१८३३–१९०२) एक जर्मन गणितज्ञ था। इसका जन्म पोसॅन (Posen) के पास मोशिन (Moschin) में हुआ था। यह क्रमशः ग्राइसवाल्ड (Greifswald), गटिंगन, हीडॅलबर्ग और बर्लिन में प्राध्यापक नियुक्त हुआ। प्रारम्भ में इसने संख्या सिद्धान्त और उच्च ज्यामिति में परिश्रम किया किन्तु इसका सबसे बढ़िया काम एकघात अवकल समीकरणों में हुआ है। उस समय तक अवकल समीकरणों के हल के लिए विभिन्न गणितज्ञ दो विधियाँ प्रयुक्त करते थे। एक विधि घात श्रेणी वाली विधि थी जिससे सीमा कलन की सहायता से कॉशी अस्तित्व प्रमेय (Existence Theorems) निकाला करता था। दूसरी विधि में उत्तरोत्तर उपनयन (Successive Approximations) निकाले जाते थे। फ़ुक्स ने इन दोनों विधियों को मिला दिया था और इस प्रकार एकघात अवकल समीकरणों के एक नये सिद्धान्त का प्रतिपादन कर दिया था।

कॅण्टर (१८४५–१९१८) का बड़ा लम्बा चौड़ा नाम था—जार्ज फ़र्डिनॅण्ड लुडविग फ़िलिप कॅण्टर (Georg Ferdinand Ludwig Phillip Cantor)। इसकी राष्ट्रीयता का निर्धारण भी एक दुस्तर कार्य है। इसके पिता एक यहूदी थे जिनका जन्म डॅन्मार्क (Denmark) में हुआ था। किन्तु युवावस्था में ही वह डेन्मार्क छोड़ कर रूस चले गये थे। जब कॅण्टर नौ वर्ष का था तभी इसके पिताजी सारे परिवार को लेकर जर्मनी के फ्रँकफ़र्ट (Frankfurt) नगर में आ बसे थे। अतः कॅण्टर के लालन पालन में कई राष्ट्रों का सहयोग था किन्तु यह स्वयं अपने आपको जर्मन ही कहा करता था।

कॅण्टर की माँ की प्रकृति कलात्मक थी जो उसे पुरखों से प्राप्त हुई थी। उसके एक बाबा संगीत निदेशक थे, उनका एक भाई वायलिन का विशेषज्ञ था, एक भाई संगीतज्ञ था और एक भतीजी चित्रकार थी। स्वयं कॅण्टर का भाई प्यानो बजाता था और बहन परिरूपक (Designer) थी। अतः कॅण्टर के रक्त में भी कला के जीवाणु विद्यमान थे। किन्तु कॅण्टर के जीवन में उनका प्रस्फुटन गणित और दर्शन में ही हुआ।

कॅण्टर की प्रारम्भिक शिक्षा एक निजी शिक्षक द्वारा हुई। तत्पश्चात् कुछ वर्ष यह पैट्रोग्राड और फ्रॅंकफ़र्ट के स्कूलों में पढ़ा। गणित में इसे बचपन से ही रुचि थी किन्तु इसके पिता की यह अभिलाषा थी कि यह इंजीनियर बने। कॅण्टर ने पिता के

चित्र १०९—**कॅण्टर (१८४५–१९१८)**

[डोवर पब्लिकेशंस. इन्कॉर्पोरेटेड, न्यूयॉर्क--१०, की अनुज्ञा से, डी० स्ट्रुइककृत 'ए कॉन्साइज़ हिस्ट्री ऑफ़ मॅथॅमॅटिक्स' (१.७५ डालर) से प्रत्युत्पादित।]

आग्रह के आगे गरदन झुका दी। किन्तु शीघ्र ही इसके पिता को पता चल गया कि इस प्रकार तो पुत्र की प्रतिभा ही नष्ट हो जायगी। सत्रह वर्ष की अवस्था में जब कॅण्टर ने स्कूल का पाठ्यक्रम समाप्त किया और उसमें विशेषता प्राप्त की तो पिता ने लिखा

कि "अब यदि तुम चाहो तो विश्वविद्यालय में प्रवेश लेकर उच्च गणित का अध्ययन कर सकते हो।" अस्तु कॅण्टर ने १८६२ में जूरिच विश्वविद्यालय में नाम लिखाया किन्तु एक वर्ष पश्चात् ही इसके पिता का स्वर्गवास हो गया और इसे जूरिच छोड़कर बर्लिन आना पड़ा। बर्लिन में इसने गणित, दर्शन और भौतिकी का अध्ययन किया। गणित में इसके शिक्षक कुमर, वीर्स्ट्रास और क्रॉनेंकर थे। उस दिन इसे क्या पता था कि भविष्य में इसका क्रॉनेंकर से ही विद्योचित युद्ध छिड़ जायगा।

१८६७ में कॅण्टर ने पीएच० डी० की उपाधि प्राप्त की। इसके प्रबन्ध का विषय अनिर्णीत समीकरण

$$\text{कय}^{२}+\text{खर}^{२}+\text{गल}^{२}=०$$

था। तत्पश्चात् कॅण्टर ने संख्या सिद्धान्त और फ़ूरियर श्रेणी में परिश्रम करना आरम्भ किया। किन्तु इस कार्य में इसने कोई विलक्षण प्रतिभा नहीं दिखायी। इसकी मेधा ने गणितीय जगत् का ध्यान तब आकृष्ट किया जब तीस वर्ष की अवस्था में इसने **'अनन्त कुलकों'** (Infinite Sets) पर अपना पहला अभिपत्र प्रकाशित किया। उसे पढ़ते ही लोगों ने समझा कि गणितीय क्षेत्र में एक नया अंकुर फूट रहा है जो किसी दिन एक विशाल वृक्ष बन जायगा।

१८६९ म कॅण्टर हाल (Halle) विश्वविद्यालय में व्याख्याता नियुक्त हुआ, १८७२ में सहायक प्राध्यापक और १८७९ में प्राध्यापक। १८७४ में इसका युग-प्रवर्त्तक अभिपत्र छप चुका था। उक्त अभिपत्र में इसने बीजगणितीय संख्याओं के एक गुण का प्रतिपादन किया था जो आत्म-विरोधी दिखाई पड़ता था। कॅण्टर ने यह सिद्ध किया था कि समस्त बीजगणितीय संख्याओं में उतने ही सदस्य होते हैं जितने प्राकृतिक संख्याओं

१, २, ३, ...

में। यह उक्ति बहुत ही आश्चर्यजनक थी क्योंकि प्राकृतिक संख्याओं का कुलक तो बीजगणितीय संख्याओं के कुलक का एक उपकुलक (sub-set) ही है।

कॅण्टर के सिद्धान्त का क्रॉनेकर ने डटकर विरोध किया। यह विवाद इतना बढ़ा कि कभी कभी कॅण्टर इसके कारण बड़ा दुःखी हो जाता था। इसके साथियों में डेडीकाइण्ड ही ऐसा था जो इसे धीरज बँधाया करता था। यहाँ कॅण्टर के सिद्धान्त का प्रतिपादन करने का तो अवकाश नहीं है। यहाँ हम केवल उसकी एक झलक दिखाते हैं। मान लीजिए कि हम दो संख्या कुलक लेते हैं--

(३, ५, ७, ९, ११, १३) और (२, ३, ४, ५, ६, ७, ८, ९) (का)

सरलता से हम इन दोनों कुलकों की तुलना कर सकते हैं । हम निश्चित रूप से कह सकते हैं कि दूसरे कुलक की संख्याओं की संख्या पहले कुलक की संख्याओं की संख्या से बड़ी है । और इनमें से प्रत्येक कुलक में एक प्रथम पद है और एक अन्तिम पद । किन्तु अब तनिक इन कुलकों पर विचार कीजिए—

(१, ३, ५, ७, ...) और (२, ४, ६, ८, ...) (खा)

हम उपरिलिखित उक्तियाँ इन दोनों कुलकों के विषय में नहीं दे सकते । इनमें से प्रत्येक कुलक में एक प्रथम पद है किन्तु कोई अन्तिम पद नहीं है । हम यह नहीं कह सकते कि प्रथम कुलक में दूसरे कुलक से अधिक संख्याएँ हैं । न हम यह कह सकते हैं कि उससे कम संख्याएँ हैं । तो क्या हम यह कह सकते हैं कि दोनों में संख्याओं की संख्या समान है ? यह कहने में भी हमें संकोच होगा क्योंकि हम गिनकर दोनों की संख्याओं की समानता सिद्ध नहीं कर सकते ।

ऐसे कुलकों को हम 'अनन्त वर्ग' (Infinite Classes) कहते हैं । ऐसे किसी भी कुलक में पदों की संख्या अन्तहीन (endless) होती है । हम किसी भी सान्त कुलक (Finite Set) के विषय में कह सकते हैं कि उसमें कितने पद हैं । किन्तु किसी भी अनन्त कुलक के विषय में इस प्रश्न का ठीक ठीक उत्तर नहीं दिया जा सकता—उक्त कुलक में कितने पद हैं ? दो अनन्त वर्गों की तुलना करना भी सरल नहीं है ।

एक बात और भी है । यदि हम (का) के दूसरे कुलक में से एक पद निकाल लें, तो सात पद रह जायँगे । यदि दो पद निकाल लें तो ६ पद रह जायँगे । किन्तु यदि हम (खा) के किसी कुलक में से एक या दो पद निकाल लें तो कितने पद रह जायँगे ? अनन्त । यदि हम दस, बीस, सौ अथवा हज़ार पद भी निकाल लें तो भी शेष पदों की संख्या अनन्त ही रहेगी । इतना ही नहीं । मान लीजिए कि हम प्राकृतिक संख्याओं के कुलक

१, २, ३, ४, ५, ६, ७, ... (i)

में से समस्त सम संख्याएँ

२, ४, ६, ८, ... (ii)

निकाल लें, तो कितनी प्राकृतिक संख्यायें बच रहेंगी ? अनन्त ।

यदि हम सम संख्याओं के बदले केवल ६ के अपवर्त्य निकाल लें—

६, १२, १८, २४, ... (iii)

तो (i) में कितनी संख्यायें बच रहेंगी ? वही अनन्त !

यदि हम संक्षिप्त भाषा का प्रयोग करें तो कहेंगे कि 'अनन्त में से अनन्त निकालने पर शेष भी अनन्त रहता है।'

यह कोई नया विचार नहीं है। ईशोपनिषद में एक श्लोक आता है—

ओम् पूर्णं अदः पूर्णं इदं, पूर्णात् पूर्णं उदच्यते।
पूर्णस्य पूर्णं आदाय, पूर्णं एवावशिष्यते॥

भावार्थ, यदि हम पूर्ण में से पूर्ण घटायें तो शेष भी पूर्ण ही रहता है।

कुछ लोग अवतारवाद में विश्वास नहीं करते। वे कहते हैं कि 'कृष्णजी १६ कला के अवतार थे, अर्थात् उनमें पूर्ण रूप से ईश्वरत्व विद्यमान था।' अब, प्रश्न यह है कि ज़ब कृष्णजी इस लोक में मनुष्य रूप में जीवित थे, तब ईश्वर कहाँ था। सम्पूर्ण ईश्वरत्व तो कृष्ण में ही समाया हुआ था। अतः ईश्वरत्व का लोप हो गया था।' ऐसे व्यक्ति ईश्वरत्व, पूर्णत्व और अनन्तता का अर्थ ही नहीं समझते। यदि ईश्वर के समस्त गुण लेकर एक नयी सत्ता का निर्माण कर लिया जाय तो भी ईश्वर के समस्त गुण ईश्वर में अक्षुण्ण बने रहेंगे। यदि एक दिये से हजार दिये जला दिये जायँ तो भी उस दिये की ज्योति में कोई अन्तर नहीं पड़ता।

कॅण्टर ने अनन्त वर्गों की तुलना का एक उपाय निकाला है। यदि दो वर्गों में एकैकी-संगति (One-one correspondence) बिठायी जा सके तो दोनों वर्ग तुल्य (Equivalent) कहलायेंगे। उपरिलिखित तीनों वर्ग तुल्य हैं। (i) और (iii) पर विचार कीजिए। (i) के प्रत्येक पद का ६ गुना एक ही संख्या होगी जो (iii) में विद्यमान होगी, जैसे ५ का छः गुना ३०, ७ का छः गुना ४२, ३० और ४२—दोनों संख्याएँ (iii) में कहीं न कहीं अवश्य आयेंगी।

इसी प्रकार (iii) के किसी भी पद के $\frac{१}{६}$ की संख्या कहीं न कहीं (i) में आयेगी ही।

अतः (i) के प्रत्येक पद की संगति (iii) के एक पद से बिठायी जा सकती है। और (iii) के प्रत्येक पद की संगति (i) के एक पद से बिठायी जा सकती है।

अतएव (i) और (iii) तुल्य हैं। अर्थात् एक पूर्ण सत्ता (A whole) अपने एक भाग (Part) के तुल्य है। कॅण्टर के सिद्धान्त में यही विरोधाभास दिखाई पड़ता है जिस पर क्रॉनेकर ने आक्रमण किया था।

इस यज्ञ की पूर्णाहुति हम पॉएँन्कारे से करेंगे। कहते हैं कि जब जॉर्ज बनार्ड शॉ (George Bernard Shaw) महात्मा गाँधी से मिल कर लौटे थे तो उनके एक मित्र

ने उनसे पूछा था कि, 'कहो, महात्मा के विषय में तुम्हारा क्या विचार है?' शॉं ने उत्तर दिया, 'पहले मुझे होश में आ लेने दो! वह मनुष्य नहीं है, एक चलता फिरता जादू है!

छोटे पैमाने पर कुछ इसी ढंग का अनुभव सिल्वेंस्टर को हुआ था जब वह पॉएँन्कारे से मिलने गया था। पॉएँन्कारे की कृतियों की संख्या इतनी अधिक थी और वह इतनी उच्च कोटि की थी कि सिल्वेंस्टर ने मन में धारणा बना ली थी कि पोएन्कारे कोई दाढ़ी वाला प्रौढ़ अथवा वृद्ध होगा। वह तीन ज़ीने चढ़कर पॉएँन्कारे से मिलने गया। जब उसे देखा तो हक्का बक्का रह गया। उसे तो पॉएँन्कारे एक लड़का सा दिखाई पड़ा जिसने अभी गणितीय जीवन में पदार्पण ही किया हो। दो तीन मिनट तक वह मुँह बाये खड़ा रहा और उसके मुँह से एक शब्द भी नहीं निकला मानों उसने संसार का आठवाँ अचम्भा देखा हो!

हैंनरी पॉएँन्कारे (Henri Poincare) (१८५४–१९१२) का जन्म नॅन्सी (Nancy) में हुआ था। इसके कोई भाई नहीं था। केवल एक बहन थी। इनकी माँ बहुत मेधावी और फुर्तीली थी। उसने बड़ी तन्मयता से बच्चों का लालन पालन किया था। बचपन में न पॉएन्कारे की बोली साफ़ थी, न यह ढंग से लिख सकता था, यद्यपि यह दोनों हाथों से लिखा करता था। पाँच वर्ष की अवस्था में ही इसे रोग ने चाँप दिया और जीवन भर के लिए इसे दुर्बल बना दिया।

पॉएँन्कारे की स्मरण शक्ति बड़ी विलक्षण थी। एक बार जिस पुस्तक को पढ़ लेता था, वह प्रायः कण्ठस्थ हो जाती थी। इसे यह भी याद रहता था कि अमुक वाक्य पुस्तक के किस पृष्ठ की किस पंक्ति में आया है। इसकी आँखें कमज़ोर थीं। यह अपनी श्रवण शक्ति से ही काम लिया करता था। कक्षा में पिछाड़ी बैठा करता था। श्याम पट्ट पर जो लिखा रहता था, वह तो यह पढ़ नहीं पाता था। किन्तु जैसे जैसे अध्यापक बोलता जाता था वैसे वैसे यह याद करता जाता था। यह कक्षा में कभी लिखा नहीं करता था किन्तु एक बार सुनने से ही इसे सारा व्याख्यान याद हो जाता था।

पॉएँन्कारे बड़ा भुलक्कड़ और असामाजिक था। जिस होटल में यह ठहरता था, कभी कभी उसकी तौलिया और चादरें अपने सन्दूक़ में रख लिया करता था। जब कभी इसे किसी गणितीय प्रश्न पर विचार करना होता था, यह घण्टों कमरे में टहल टहल कर उस पर मनन किया करता था। एक बार फ़िन्लॅण्ड (Finland) का एक गणितज्ञ इससे मिलने पेरिस आया। नौकरानी ने उसके आने की सूचना

पॉएँन्कारे को दी किन्तु यह बराबर अपने कमरे में टहलता ही रहा। आगन्तुक बैठक में इसकी बाट देखता रहा। तीन घण्टे पश्चात् पॉएँन्कारे ने बैठक में झाँककर कहा कि "आप मेरे काम में विघ्न डाल रहे हैं।" इतना सुनते ही गणितज्ञ उठकर चला गया।

चित्र ११०—पॉएँन्कारे (१८५४–१९१२)

[डोवर पब्लिकेशंस, इन्कॉर्पोरेटेड, न्यूयॉर्क—१०, की अनुज्ञा से, डी० स्ट्रुइक कृत 'ए कॉन्साइज़ हिस्ट्री ऑफ़ मैथैमॅटिक्स' (१.७५ डालर) से प्रत्युपादित।]

यह था पॉएँन्कारे का शिष्टाचार ! और ऐसे व्यक्ति से क्या आशा की जा सकती है जो बहुत बार भोजन करना ही भूल जाता था।

बचपन में पॉएँन्कारे को प्राकृतिक इतिहास से रुचि थी। जीवन में एक ही बार इसने राइफ़िल चलायी और एक ऐसी चिड़िया मार गिरायी जो इसका लक्ष्य नहीं थी। तब से इसने, अनिवार्य सैनिक शिक्षा छोड़कर, राइफ़िल को हाथ नहीं लगाया।

गणित का शौक़ पॉएँन्कारे को पन्द्रह वर्ष की अवस्था से हुआ। यह अधिकतर गणितीय समस्याएँ मन में ही हल कर लिया करता था। और जब समस्या का पूर्ण-रूप से साधन हो जाता था तभी उसे लिखित रूप देता था। सत्रह वर्ष की अवस्था में यह स्नातक हुआ, किन्तु गणित में इसे बहुत ही निम्न स्थान मिला। परन्तु जब यह वनविद्या (Forestry) की प्रवेशिका परीक्षा में बैठा तो बिना किसी तैयारी के गणित में सर्व प्रथम आया। इसके पश्चात् तो इसकी गणितीय प्रतिभा प्रस्फुटित होने लगी। जब कोई इससे कठिन से कठिन प्रश्न भी पूछता था, यह तुरन्त, बिना एक क्षण की भी देर लगाये, उत्तर दे दिया करता था। और उत्तर सदैव ठीक निकलता था।

जब पॉएँन्कारे कॉलिज पहुँचा तो शारीरिक व्यायाम और रेखन (Drawing) को छोड़कर शेष सब विषयों में सर्व प्रथम आने लगा। प्रवेशिका परीक्षा में इसे रेखन में शून्य मिला। शेष सब विषयों में यह प्रथम रहा। अब प्रश्न यह था कि इसे कॉलिज में प्रविष्ट किया जाय या नहीं। परीक्षा के नियमों के अनुसार, यदि किसी का किसी विषय में शून्य आता था, तो उसका प्रवेश असम्भव था। किन्तु पॉएँन्कारे को प्रविष्ट किया गया। लोगों का अनुमान है कि कदाचित् परीक्षकों ने ० के स्थान पर .०१ लिख दिया हो।

१८७५ में पॉएँन्कारे न खनिज विद्यालय (School of Mines) में प्रवेश लिया। तीन वर्ष पश्वात् इसने अवकल समीकरणों पर एक प्रबन्ध लिखा। डार्बो (Darboux) उसका परीक्षक था। इसने कहा कि 'यद्यपि प्रबन्ध में इधर उधर कुछ त्रुटियाँ हैं, तथापि इस प्रबन्ध से कई अन्य प्रबन्ध तैयार किये जा सकते हैं।' कह सकते हैं कि पॉएँन्कारे का गणितीय कार्य इसी प्रबन्ध से आरम्भ हुआ। अब तक यह तो इसकी समझ में आ चुका था कि इसे इन्जीनियरी के क्षेत्र में जीवन नहीं बिताना है। १८७९ में यह केन (Caen) में गणितीय विश्लेषण का प्राध्यापक नियुक्त हुआ। १८८१ में इसकी नियुक्ति पेरिस के विश्वविद्यालय में हुई। पाँच वर्ष पश्चात् इसकी उन्नति हो गयी और यह पेरिस में ही यान्त्रिकी और प्रयोगात्मक भौतिकी (Experimental Physics) का प्रोफ़ेसर हो गया। इस प्रकार १८८६ से मृत्यु तक यह प्रायः पेरिस में ही रहा।

पॉएँन्कारे ने लगभग ३४ वर्ष गवेषणा कार्य किया। इसकी कृतियों का वर्गीकरण इस प्रकार हो सकता है--

(१) गणित पर तीन पुस्तकें।
(२) लगभग ५०० गणितीय अभिपत्र।
(३) दर्जनों लोकोपयोगी लेख और निबन्ध।
(४) विज्ञान दर्शन पर कई पुस्तकें।

इसमें सन्देह नहीं कि पॉएँन्कारे ने इतना कार्य कर दिखाया कि आज किसी एक व्यक्ति के लिए जीवन पर्यन्त उस सबका अध्ययन करना भी असम्भव सा है। और इन समस्त कृतियों के विषय इतने विस्तृत थे कि गणित, ज्यौतिष और सैद्धान्तिक भौतिकी की कदाचित् ही कोई शाखा छूटी हो। लोग कहते हैं कि पॉएँन्कारे आधुनिक काल का अन्तिम सर्वज्ञ (Last universalist) था जो गणित की समस्त शाखाओं का मर्मज्ञ था। अब तो किसी के लिए भी समस्त शाखाओं का ज्ञाता होना असमभव है।

पॉएँन्कारे के मस्तिष्क में नये विचार इतनी तीव्र गति से आते थे कि यह उन्हें सँभाल नहीं पाता था। यह एक विचार पर अभिपत्र तैयार करता था कि नये विचार इसके मस्तिष्क में चक्कर काटने लगते थे। यही कारण था कि यह अपने लेखों को कभी दुहरा ही नहीं पाता था। यदि यह अपनी कृतियों को दुहरा पाता तो उनमें से बहुतों का संशोधन और परिष्करण हो जाता। पॉएँन्कारे के कुछ आविष्कार तो जगत् प्रसिद्ध हो गये हैं—

(i) **फ़ुख़्सी फलन** (Fuchsian Functions)
(ii) **थीटा-फ़ुख़्सी फलन** (Theta-Fuchsian Functions)
(iii) **फ़ुख़्सी समुदाय** (Fuchsian Groups)
(iv) क्लाइनी (Kleinianes)

यहाँ इन सब प्रकरणों का विवरण देने का तो अवकाश नहीं है। हम केवल पॉएँन्कारे के दीर्घवृत्तीय फलनों सम्बन्धी कार्य की झाँकी दिखाते हैं।

एक चर के आवर्त फलनों (Periodic Functions) का उल्लेख हम पिछले अध्यायों में कर चुके हैं। समस्त त्रिकोणमितीय फलन आवर्त होते हैं। हम जानते हैं कि

$$\text{कोज्}\ (\text{ल}+2\pi) = \text{कोज्}\ \text{ल}\ ।$$

अतः कोज् ल एक आवर्त फलन है जिसका आवर्तनांक २ π है। अब मान लीजिए कि एक फलन फ (ल) ऐसा है जिसके दो आवर्तनांक $अ_१$ और $अ_२$ हैं। तो

$$फ (ल+अ_१) = फ (ल) \text{ और } फ (ल+अ_२) = फ (ल) ।$$

ऐसे फलन को द्विकावर्त (Doubly Periodic) कहते हैं। पॉएँन्कारे ने यह सिद्ध किया कि आवर्तता एक अन्य सार्विक गुण की ही विशिष्ट दशा है। गुण यह है कि कुछ फलन ऐसे होते हैं कि ल के बहुत से मानों में से कोई सा एक रख देने से फलन का मान ज्यों का त्यों बना रहता है। और ऐसे मानों की संख्या अनन्त किन्तु परिगणनशील (Enumerable) होती है।

हम जितने गणितज्ञों को स्थान दे सकते थे, हमने दे दिया। अभी दसियों गणितज्ञ शेष रह गये हैं। उन्नीसवीं शताब्दी में गणितीय गवेषणा कार्य का इतना विकास हो गया था कि गणितज्ञों की कोई भी सूची बनायी जाय, अधूरी ही रह जायगी। हम यहाँ थोड़े से अन्य गणितज्ञों के नाम और प्रमुख विषय देते हैं। किन्तु ऐसी सूची कभी निःशेषी नहीं हो सकती।

जर्मनी

(१) जॉन फ्रैंडरिक पफ़ (John Friedrich Pfaff) (१७६५–१८२५)—विश्लेषण, ज्यामिति, ज्यौतिष।

(२) फ्रैंडरिक विलियम बैंसिल (Friedrich William Bessel) (१७८४–१८४६)—भौतिकी, ज्यौतिष और फलन सिद्धान्त। बैंसिल फलन (Bessel Functions) इसी के नाम से प्रसिद्ध हैं।

(३) हर्मान लुडविग फ़र्डिनॅण्ड फ़ॉन हैंल्महोल्ट्ज़ (Hermann Ludwig Ferdinand Von Helmholtz) (१८२१–९४)—अयूक्लिडी ज्यामिति।

(४) पॉल दुबॉय रेमण्ड (Paul Du Bois Reymond) (१८३१–८९)—श्रेणी अभिसरण, फ़ूरियर श्रेणी, विचरण कलन, समाकल समीकरण।

फ्रांस

(५) जीन रॉबर्ट आर्गण्ड (Jean Robert Argand) (१७६८–१८२२)—आर्गण्ड रेखाचित्र (Argand Diagram) इसी के नाम से प्रसिद्ध है जिसमें संमिश्र राशियों का निरूपण ज्यामितीय बिन्दुओं से किया जाता है।

(६) जोज़ॅफ़ ल्यूविल (Joseph Liouville) (१८०९–८२)— वर्षों उस गणितीय पत्रिका का सम्पादक रहा जो आज तक इसी के नाम से प्रसिद्ध है।

(७) जोज़ॅफ़ लुई फ्रांसॉय बॅर्ट्रेण्ड (Joseph Louis Francois Bertrand) (१८२२–१९००)—सम्भाव्यता, विचरण कलन और अवकल समीकरण।

(८) ऍड्मण्ड लॉग्रे (Edmund Laguerre) (१८३४–८६)—समीकरण सिद्धान्त।

(९) जीन गॅस्टन डार्बो (Jean Gaston Darboux) (१८४२–१९१७)—अवकल ज्यामिति।

अध्याय ८

गणित के इतिहासज्ञ

(१) आदि काल

यों तो जब कभी कोई इतिहासकार किसी देश की सभ्यता और संस्कृति का इतिहास लिखता है, यदि उस देश का गणितीय कार्य श्लाघनीय होता है, तो उसका उल्लेख भी करता ही है। किन्तु यहाँ हमारा तात्पर्य केवल उन इतिहासज्ञों से है जिन्होंने विशेष रूप से गणित का ही इतिहास लिखा है। साधारणतः कोई गणितज्ञ ही गणित का इतिहास लिखेगा, किन्तु यह आवश्यक नहीं है कि कोई गणित का इतिहासज्ञ एक महान् गणितज्ञ ही हो। इसके विपरीत बहुधा यह देखा जाता है कि किसी देश के चोटी के गणितज्ञ इतिहास में रुचि नहीं लेते, और जो गणितज्ञ इतिहास लिखने में सिद्धहस्त होते हैं, गणित को उनकी देन नगण्य रहती है।

संसार में गणित के इतिहासज्ञों में सर्व प्रथम कौन था, यह कहना कठिन है। किन्तु लिखित अभिलेखों से तो ऐसा प्रतीत होता है कि सबसे पहला इतिहास लेखक जेमिनस (Geminus) था। यह ईजियन सागर (Aegian Sea) के र्होड्स (Rhodes) नामक टापू का निवासी था और इसका जीवन काल ७७ ई० पू० के आस पास था। इसकी एक ही पुस्तक प्राप्य है--फ़ॅनॉमॅना (Phenomena) जिसका मुद्रण सबसे पहले ग्रीक और लॅटिन में १५९० में हुआ था। इसने गणित को दो वर्गों में विभाजित किया था--

(१) शुद्ध गणित--अंकगणित और ज्यामिति।

(२) प्रयोजित गणित--ज्यौतिष, यान्त्रिकी, चाक्षुषी, भूमिति आदि।

उसी समय का एक अन्य नाम उल्लेखनीय है : डायोडोरस (Diodorus) का। यह सिसिली का निवासी था और इसका जीवन काल ईसवी शती से तुरन्त पहले था। इसने इतिहास पर चालीस पुस्तकें लिखी हैं। इसकी शैली भले ही आकर्षक न हो किन्तु उससे उक्त काल के गणित पर अच्छा प्रकाश पड़ता है।

शताब्दियों के पश्चात् वाल्टर बर्ले (Walter Burley) का नाम आता है। इसके जीवन काल का ठीक ठीक पता नहीं है। इतना ज्ञात हैं कि इसका जन्म

ऑक्सफ़ोर्ड में १२७५ ई० के आस पास हुआ था। इसने दार्शनिकों और कवियों की एक जीवनी लिखी थी। उक्त पुस्तक सर्व प्रथम कब और कहाँ प्रकाशित हुई यह तो पता नहीं है किन्तु इतना पता है कि उसका एक संस्करण कोलोन (Cologne) से १४६७ ई० के लगभग प्रकाशित हुआ था। यह ग्रन्थ इतना लोकप्रिय हुआ कि १५०१ तक इसके चौदह संस्करण निकल गये। इसे गणित का इतिहास तो नहीं कह सकते किन्तु इसमें यूनान के गणितज्ञों के जीवन चरित्र पर भी टिप्पणियाँ दी गयी थीं।

(२) सोलहवीं, सत्रहवीं और अट्ठारहवीं शताब्दियाँ

बर्नार्डिनो बाल्डी (Bernardino Baldi) (१५५३–१६१७) इटली का गणितज्ञ और विविध लेखक था। यह उर्बिनो (Urbino) का निवासी था। इसकी रुचि चतुर्मुखी थी। इसके प्रिय विषय थे—गणित, भूगोल, धर्मशास्त्र, इतिहास, पुरातत्त्व आदि। इसके अतिरिक्त यह कविता भी कर लेता था। सब मिलाकर इसने सौ पुस्तकें लिखीं जिनमें से अधिकांश अप्रकाशित ही रह गयीं। इसकी सबसे प्रसिद्ध पुस्तक क्रॉनिका (Cronica) थी जिस पर इसने बारह वर्ष परिश्रम किया। इसका विचार इसमें २०० गणितज्ञों के जीवन चरित्र देने का था। उक्त ग्रन्थ का संक्षिप्त संस्करण १७०७ में उर्बिनो में प्रकाशित हुआ।

जॉन वालिस की बीजगणित की पुस्तक का उल्लेख हम एक पिछले परिच्छेद में कर चुके हैं। उक्त पुस्तक में केवल बीजगणितीय सिद्धान्त ही नहीं थे, वरन् बीजगणित सम्बन्धी बहुत सी ऐतिहासिक सामग्री भी थी। यह कहने में अत्युक्ति नहीं होगी कि इंग्लॅण्ड में गणित के इतिहास का अध्ययन इसी ग्रन्थ से आरम्भ हुआ।

'गणित का इतिहास' नाम की पहली पुस्तक हीलब्रॉनर की लिखी हुई थी। इसका पूरा नाम जॉन क्रिस्टफ़ हीलब्रॉनर (John Christoff Heilbronner) था। यह एक जर्मन गणितज्ञ था जिसका जीवन काल १७०६–४७ था। इसके गणित के इतिहास का आज भी महत्त्व है क्योंकि उसमें समस्त गणितीय पुस्तकों और हस्तलिपियों की सूची दी हुई है जो उस समय प्राप्य थीं।

अब्राहम गॉथॅल्फ़ कास्नर (Abraham Gotthelf Kästner) (१७१९–१८००) भी एक जर्मन गणितज्ञ था। यह १७३९ में लाइपज़िग में और १७५६ में गटिंगन में गणित का प्राध्यापक नियुक्त हुआ। उन दिनों गटिंगन में गाउस एक विद्यार्थी था। कास्नर के सहयोगी इसे एक महान् गणितज्ञ और एक उच्च कोटि का कवि समझते थे किन्तु भला गाउस को इससे क्या सीखना था। तथापि कास्नर के विषय

में गाउस कहा करता था कि यह 'कवियों में पहला गणितज्ञ है और गणितज्ञों में पहला कवि।' मतलब यह कि गाउस इसका बड़ा सम्मान किया करता था।

यों तो कास्नर ने दर्जनों अभिपत्र लिखे जिनके विषय थे––समीकरण, ज्यामिति, प्रयोजित गणित आदि। किन्तु इसकी सबसे महत्त्वपूर्ण पुस्तक इसका गणित का इतिहास थी जो चार भागों में गटिंगन से १७९६–१८०० में प्रकाशित हुई।

जीन ऐंटियॆन मॉन्टूक्ला (Jean Etienne Montucla) (१७२५–९९) का नाम विशेष उल्लेखनीय है। यह एक फ्रांसीसी गणितज्ञ था और लियॉन्स (Lyons) का निवासी था। १७५८ में इसने एक गुमनाम ग्रन्थ लिखा जिसका विषय था 'वृत्त वर्गण सम्बन्धी गवेषणाओं का इतिहास।' चार वर्ष पश्चात् इसने अपने गणित के इतिहास का पहला भाग प्रकाशित किया। ढंग से लिखा हुआ गणित का यह पहला ही इतिहास था। कुछ समय पश्चात् इसका दूसरा भाग भी प्रकाशित हुआ और १७९९ में दोनों भागों का दूसरा संस्करण निकल गया। १७७८ में मॉन्टूक्ला ने जॅक ओज़ानम (Jacques Ozanam) के 'गणितीय मनोरंजन' का पुनः सम्पादन किया। यह गणितीय इतिहास का तीसरा भाग तैयार कर रहा था जिसका थोड़ा सा अंश छप भी चुका था कि इसका देहान्त हो गया। शेषांश को ज्यौतिषी जोज़ॅफ़ जॅरोम लः फ्रॅसॉय दः ललान्दे (Joseph Jèróme le Francois de Lalande) ने मुद्रित कराया। उक्त ज्यौतिषी ने तत्पश्चात् ज्यौतिष के इतिहास पर भी एक पुस्तक लिखी

चार्ल्स बोसुट (Charles Bossut) (१७३०–१८१४) भी फ्रांस का ही निवासी था। इसकी विशेष रुचि पाठ्य पुस्तकें लिखने में थी किन्तु इसने गणित के इतिहास पर भी एक पुस्तक लिखी है जो महत्त्वपूर्ण है। यह ग्रन्थ दो भागों में पेरिस से १८०२ में प्रकाशित हुआ था।

पीट्रो कोसाली (Pietro Cossali) का जन्म वॅरोना (Verona) में और मृत्यु पडुआ (Padua) में हुई थी। इसका जीवन काल १७४८–१८१५ था। यह क्रमशः इटली के पर्मा (Parma) और पडुआ विश्वविद्यालयों में प्राध्यापक हुआ। इसकी सबसे प्रसिद्ध पुस्तक बीजगणित के इतिहास पर है जो पर्मा से दो भागों में १७९७ में प्रकाशित हुई।

गणित के इतिहास के सम्बन्ध में चीन के युअन युअन का नाम भी उल्लेखनीय है। इसका जीवन काल १७६४–१८४९ था। इसने गणितज्ञों और ज्यौतिषियों के जीवन चरित्र पर एक बृहत् ग्रन्थ लिखा है। पुस्तक का नाम चू जॅन चुअन था और १७९९ में प्रकाशित हुई थी। चीनी गणित के इतिहास पर कदाचित् सर्वोत्तम पुस्तक यही है।

(३) उन्नीसवीं शताब्दी

आइज़क टॉड्हण्टर (Isaac Todhunter) (१८२०–८४) एक अंग्रेज़ गणितज्ञ था। इसके पिता एक पादरी थे। इसकी शिक्षा लन्दन और केम्ब्रिज में हुई। आरम्भ में तो यह पैंकहॅम (Peckham) के एक स्कूल में अध्यापक हो गया। अध्यापन कार्य के साथ ही साथ यह लन्दन के यूनिवर्सिटी कॉलिज की अपराह्ण की कक्षाओं में भी जाया करता था। १८४२ में यह लन्दन विश्वविद्यालय का स्नातक हुआ और दो वर्ष पश्चात् इसने केम्ब्रिज के सेण्ट जॉन्स कॉलिज में प्रवेश ले लिया। केम्ब्रिज में इसने स्मिथ पुरस्कार और बर्नी (Burney) पुरस्कार प्राप्त किये और तत्पश्चात् अपने ही कॉलिज में अधिसदस्य और व्याख्याता नियुक्त हो गया। लन्दन में यह डी मॉर्गन के सम्पर्क में आया और केम्ब्रिज में इसने पाठ्य पुस्तकें लिखनी आरम्भ कीं। १८६२ में यह रॉयल सोसायटी का अधिसदस्य हो गया। १८७१ में इसे ऍडॅम्स (Adams) पुरस्कार मिला और यह रॉयल सोसायटी की परिषद् का भी सदस्य बन गया।

टॉड्हण्टर भाषाविद् भी था, गणितज्ञ भी। इसने गणित की विभिन्न शाखाओं पर एक दर्जन से अधिक पुस्तकें लिखीं किन्तु इसकी विशेष ख्याति इसकी इतिहास-सम्बन्धी पुस्तकों से हुई—

(१) १८६१ : History of the Calculus of Variations.

(२) १८६५ : History of the Mathematical Theory of Probability from the time of Pascal to that of Lagrange.

(३) १८७३ : History of the Mathematical Theories of Attraction and Figure of the Earth from Newton to Laplace.

(४) The History of the Theory of Elasticity: इस ग्रन्थ को टॉड्हण्टर पूरा नहीं कर पाया। इसे उसकी मृत्यु के पश्चात् कार्ल पियर्सन ने १८८६ में प्रकाशित किया।

जॉर्ज जॉन्स्टन ऑल्मॅन (George Johnston Allman) का जन्म १८२४ में डबलिन में हुआ था। यह निस्सन्देह एक विद्वान् था। १८५३ में यह गॅल्वे (Galway) के एक कॉलिज में गणित का प्राध्यापक नियुक्त हुआ। इसकी यह पुस्तक प्रसिद्ध हो गयी है—History of Greek Geometry from Thales to Euclid.

यह पुस्तक १८८९ में डबलिन से प्रकाशित हुई। ऑल्मॅन ने उसमें लिखा है कि यूक्लिड की ज्यामिति में केवल भाग १० यूक्लिड का लिखा हुआ था। भाग १, २, ४, ६ और १२ पिथॅगोरियों ने मिलकर लिखे थे और भाग १३ और भाग १० का भी कुछ अंश थीटेटस (Thaetetus) का लिखा हुआ था। ऑल्मॅन की मृत्यु १९०४ में हुई।

हर्मान हॅंकॅल (Hermann Hankel) (१८३९–७३) एक जर्मन गणितज्ञ था। इसे बड़े बड़े गणितज्ञों के सम्पर्क में आने का अवसर मिला–मोबियस (Möbius), रीमान, वीर्स्ट्रास, क्रॉनॅंकर। इनमें से प्रत्येक का यह किसी न किसी समय शिष्य रहा। तत्पश्चात् यह क्रमशः अर्लॉंगॅन (Erlangen), टूबिंगॅन (Tubingen) और लाइपज़िग में प्राध्यापक नियुक्त हुआ। १८७० में इसने एक बहुत महत्त्वपूर्ण अभिपत्र पुस्तिका तैयार की जिसमें ऐसे फलन दिये गये थे जिनके अवकल गुणांक का अस्तित्व सन्दिग्ध था। इसके अतिरिक्त इसने ऐसे वक्रों का उल्लेख किया था जिनमें अत्यल्प परिमाण के असंख्य दोलन हों और जिनके प्रत्यक बिन्दु पर कोई निश्चित दिशा ही न हो, अर्थात् जिनके किसी भी बिन्दु पर स्पर्शी खींचे न जा सकें। यों कह सकते हैं कि उक्त पुस्तिका ने वीर्स्ट्रास के अनवकलनशील सतत फलनों वाले कार्य की नींव डाल दी।

हॅंकॅल के नाम से **'हॅंकॅल परिवर्त'** (Hankel Transforms) प्रसिद्ध हो गये हैं। इसके अतिरिक्त इसने एक गणित का इतिहास लिखने की तैयारी की थी। बहुत से स्थानों पर इसने टिप्पणियाँ लिख रखी थीं। यह उस कार्य को पूरा भी न कर पाया था कि काल का बुलावा आ गया। उक्त टिप्पणियों को संग्रह करके इसके पिता ने उन्हें पुस्तक रूप में १८७४ में छापा। इसमें सन्देह नहीं कि यदि हॅंकॅल ३४ वर्ष की अल्पावस्था में न मर गया होता तो गणित के इतिहास के क्षेत्र में इसका नाम अमर हो जाता।

(४) बीसवीं शताब्दी

बीसवीं शताब्दी के प्रारम्भ तक गणितीय इतिहास लेखन की परम्परा स्थापित हो चुकी थी। पिछले पचास वर्षों में गणित के इतिहास पर अनेक पुस्तकें प्रकाशित हो चुकी हैं। हम यहाँ उनमें से थोड़ी सी का ही उल्लेख करेंगे।

(१) हम पहले लिख आये हैं कि भारत में पिछले दिनों तक गणित को ज्यौतिष का ही अंग माना जाता रहा है। अतः इस देश में स्वतन्त्र रूप से गणित का इतिहास

लिखने की कोई परम्परा ही नहीं रही है। भारत के आधुनिक लेखकों में से एक नाम विशेष उल्लेखनीय है—शंकर बाल कृष्ण दीक्षित का। इनका जन्म रत्नागिरी ज़िले के एक गाँव में १८५३ में हुआ था। इन्होंने प्रारम्भिक शिक्षा गाँव में ही पायी। तत्पश्चात् तीन वर्ष यह पूना ट्रेनिंग कॉलिज में पढ़े। १८७४ में मॅट्रिक परीक्षा पास की। फिर आठ वर्ष मराठी स्कूलों में प्रधानाध्यापक रहे। इसके पश्चात् भिन्न भिन्न स्कूलों में सहायक अध्यापक का कार्य किया और अन्त में पूना ट्रेनिंग कॉलिज में अध्यापक हो गये, जिस स्थान पर कई वर्ष रहे।

१८८४ में पूना की 'दक्षिणा प्राइज़ कमेटी' ने घोषणा की कि पंचांगों और ज्यौतिष के इतिहास सम्बन्धी सर्वोत्तम ग्रन्थ पर ४५०) का पारितोषिक दिया जायगा। दीक्षित जी ने 'भारतीय ज्यौतिष' नामक ग्रन्थ की हस्तलिपि मराठी में तैयार करके कमेटी के पास भेज दी। १८९१ में इन्हें पारितोषिक मिल गया। उन्हीं दिनों गायक्वाड़ सरकार की विज्ञप्ति निकली कि पंचांग सम्बन्धी सर्वोत्तम ग्रन्थ पर १०००) का पारितोषिक दिया जायगा। उक्त पुरस्कार भी दीक्षितजी को उपरिलिखित हस्तलिपि पर ही मिला। १८९६ में पाण्डुलिपि पुस्तक रूप में प्रकाशित हो गयी। पुस्तक वास्तव में स्तुत्य है। १९५७ में पुस्तक का हिन्दी अनुवाद प्रकाशन ब्यूरो, सूचना विभाग, उत्तर प्रदेश, द्वारा प्रकाशित हुआ। अनुवादक हैं श्री शिवनाथ झारखण्डी और पुस्तक 'हिन्दी समिति ग्रन्थमाला' के अन्तर्गत प्रकाशित हुई है।

(२) पं० सुधाकर द्विवेदी का जीवन चरित्र हम अन्यत्र दे चुके हैं। १९१० में इनका 'गणित का इतिहास' बनारस से प्रकाशित हुआ। उक्त पुस्तक में मुख्यतः अंकों और संख्याओं का इतिहास ही दिया गया है।

विस्तार भय से हम अन्य पुस्तकों का उल्लेख संक्षेप में ही करेंगे।

(३) W. W. R. Ball : A short account of the History of Mathematics—London (1915).

इस पुस्तक में गणित की प्रायः समस्त शाखाओं का इतिहास दिया गया है।

(४) F. Cajori : A History of Mathematics—Macmillan & Co., New York (1919).

यह पुस्तक अभिदेश के लिए अच्छी है।

(५) Sir Thomas Heath : A History of Greek Mathematics—2 volumes—Cambridge (1921).

जैसा नाम से स्पष्ट है, इस ग्रन्थ में यूनानी गणित के इतिहास का अच्छा दिग्दर्शन कराया गया है।

(६) L. E. Dickson : History of The Theory of Numbers—3 volumes—Washington (1923).

(७) D. E. Smith : History of Mathematics—2 volumes—Ginn and Co., New York (1925).

इस पुस्तक की जितनी भी प्रशंसा की जाय, थोड़ी है। सच पूछिए तो जब से प्रकाशित हुई है, यह गणित के इतिहासकारों का पथ प्रदर्शन कर रही है। इसके पहले भाग में तो सार्विक गणित का इतिहास है जो कई कालों में विभाजित किया गया है। दूसरे भाग में अलग अलग विशेष प्रकरणों का इतिहास दिया गया है। हम दूसरे भाग का अध्याय क्रम यहाँ देते हैं—

(i) संख्या।
(ii) प्राकृतिक संख्याओं का गणित।
(iii) परिकलन यन्त्र।
(iv) **कृत्रिम संख्याएँ** (Artificial Numbers).
(v) ज्यामिति।
(vi) बीजगणित।
(vii) प्रारम्भिक समस्याएँ।
(viii) त्रिकोणमिति।
(ix) नाप तोल।
(x) कलन।

गणित के इतिहास के किसी भी पाठक का काम उक्त ग्रन्थ के बिना चल ही नहीं सकता।

(८) B. B. Dutt : Science of the Sulba—Calcutta (1932)

इस पुस्तक में प्राचीन हिन्दू ज्यामिति के इतिहास का दिग्दर्शन कराया गया है।

(९) Ganesh Prasad : Some Great Mathematicians of the Nineteenth Century Vol. I—Banaras Mathematical Society (1933).

स्वर्गीय डा० गणेश प्रसाद आधुनिक भारत के उन गिने चुने गणितज्ञों में से थे जिन्होंने इस देश में गणितीय गवेषणा की परम्परा स्थापित की। आपका जन्म

बलिया में १८७६ में हुआ था। इलाहाबाद और कलकत्ते से एम० ए० की परीक्षाएँ पास करने के पश्चात् आपने इलाहाबाद से डी० एससी० की डिग्री भी प्राप्त की। १८९९ में आप इंग्लॅण्ड पधारे। पाँच वर्ष आपने यूरोप में बिताये। आप वर्षों बनारस

चित्र १११—गणेश प्रसाद (१८७६–१९३५)

के सेन्ट्रल हिन्दू कॉलिज के प्राचार्य रहे और अन्त में कलकत्ते की उच्च गणित की हार्डिन्ज (Hardinge) गद्दी पर नियुक्त हुए। १९३५ में आगरा विश्वविद्यालय की एक परिषद् की बैठक में भाग लेते समय अकस्मात् आपका देहावसान हो गया।

डा० गणेश प्रसाद ने अनेक अभिपत्र और पुस्तकें लिखी हैं। अपने एक अभिपत्र में आपने फ्रांस के प्रसिद्ध गणितज्ञ लेबेग (Lebesgue) की एक ग़लती निकाली

थी। लेबेग ने उक्त त्रुटि को स्वीकार किया था। ऐतिहासिक दृष्टि से आपकी उपरिलिखित पुस्तक के अतिरिक्त एक और पुस्तक प्रसिद्ध हुई है—

"Mathematical Physics and Differential Equations at the beginning of the Twentieth Century."

(१०) B. B. Dutt and A. N. Singh : History of Hindu Mathematics, 2 vols.—Lahore (1935).

इस ग्रन्थ के पहले भाग में अंकगणित का इतिहास है, दूसरे में बीजगणित का। पहले भाग का हिन्दी अनुवाद, प्रान्तीय सरकार की हिन्दी समिति के तत्त्वावधान में, इस शीर्षक से, १९५६ में प्रकाशित हुआ है—

कृपा शंकर शुक्ल—हिन्दू गणित शास्त्र का इतिहास भाग १—प्रकाशन ब्यूरो, उत्तर प्रदेश सरकार, लखनऊ (१९५६)

(११) E. T. Bell : Men of Mathematics (1937.)

इस पुस्तक में संसार के महान् गणितज्ञों की जीवनियाँ बहुत ही रोचक ढंग से लिखी गयी हैं।

(१२) A. Hooper : Makers of Mathematics (1949).

(१३) D. Struik : A concise History of Mathematics—Dover Publications, New York 10 (1948).

(१४) गोरख प्रसाद—भारतीय ज्योतिष का इतिहास—प्रकाशन ब्यूरो, उत्तर प्रदेश सरकार, लखनऊ (१९५६)

परिशिष्ट १

कोशावली

गणितीय शब्दकोश और विश्वकोश

(Mathematical Dictionaries and Encyclopedias)

(क) हिन्दी

१. ब्रजमोहन : गणितीय कोश––चौखम्बा संस्कृत सीरिज कार्यालय, बनारस १९५४

२. शुकदेव पाँडेय : हिन्दी वैज्ञानिक शब्दावली––गणित विज्ञान––नागरी प्रचारिणी सभा, बनारस १९३१

३. हिन्दी वैज्ञानिक शब्दावली–– ज्यौतिष विज्ञान––नागरी प्रचारिणी सभा, बनारस १९३४

(ख) यूरोपीय भाषाएँ

4. Crispin, F. S. :
Dictionary of technical terms—Bruce, 1948

5. Davies, C. and Peck, W. G. :
Mathematical Dictionary and cyclopedia—N. Y., Barnes (1900).

6. Diderot, D'Alembert :
Encylopedia, on dictionaire raisonne etc—Paris (1754).

7. Encyclopedia der Elementar—Mathematik. Ein Handbuch für Lehrer und Studierende,

A. Band I-Der Elementaren Algebra und Analysis—H. Weber, Leipzig (1909).

B. Band II-Der Elementaren Geometrie—H. Weber, J. Wellestein und W. Jacobsthal Leipzig (1907).

C. Band III-Angewandte Elementare Mathematik Teil I, Mathematische Physik (1910).

D. Band IV-Angewandte Elementare Mathematik Teil II, Darstellende Geometrie Graphische Statik, Wahrscheinlichkeitsrechnung Postische Arithmetik und Astronomie—J. Wellllestein, H. Weber, H. Blicher und J. Bauschinger Leipzig (1912).

8. The Encyclopedia of Pure Maths. Griffin (1947).

9. Encyclopedie des Sciences Mathematiques pures et appliques, Paris, Gautiervillars (1904-16).

10. Encyclopedia der Mathematischen Wissenschaften, Leipzig, Teubner (1899-1916)

6 vols. in 23, 1898-1935.

11. Herland, Leo :

Dictionary of Mathematical Series, N. Y., Frederick (1951).

12. Herland, L. J :

Dictionary of Mathematical Sciences, v. 1. German-English- v. 2. English-German. N. Y. Frederick Ungar 1951-54, 2. v. v. 1., $ 3.25 v. 2 $ 4.50.

13. ——: Wörterbuch der Mathematischen Wissenschaften, Hafner (1951).

14. The International Dictionary of Applied Mathematics D. Van Nostrad Company, Inc. 1960. Princeton, New Jersey.

15. James, G. & James, R. C. :

Mathematics Dictionary, 2nd ed., California Digest Pr. (1943)

16. James, Glenn and James, Robert C. :
Mathematics dictionary, Multilingual ed. Princeton, N. J. Van Nostrand, 1959, 546 pp. il. $ 10.

17. James, Glenn :
Mathematics Dictionary. Van Nostrand, 1959.

18. Lohwater, A. J. :
Russian-English dictionary of the mathematical sciences, with the collaboration of S. H. Gould, under the joint auspices of the National Academy of Sciences of the USA, the Academy of Sciences of the USSR, (and) The American Mathematical Society, Providence, R. I., American Mathematical Soc. 1961, 267 p. $ 7.70.

19. Malyutyle, Sheila and Erik. Witte :
German-English Mathematical vocabulary, Edinburgh, Oliver & Boyd (1956).

20. McDowell C. H. :
Dictionary of Maths., London Math. Dictionaries, 3 vols. (1947-50).

21. McDowell, C. H. :
Short Dictionary of Maths., N. Y., Philosophical Library (1957).

22. Millington, W. :
Dictionary of Mathematical data, London, Bernards (1944).

23. Moritz, R. E. :
Memorabilia Mathematica, or, The Philomath's quotation book, N. Y., Macmillan & Co. (1914) (2100 quotations).

24. Muller, Felix :
Mathematisches Vokabularium, franzosisch-deutsch und deutsch-franzosisch, enthaltende Kunstausdrucke aus der reinen und angewandten Mathematik, Leipzig, Teubner (1900).

25. Nass, Josef & Schmid, Hermann, Ludwig :
Mathematisches Wörterbuch mit Einbeziehung der theoretischen Physik. Berlin, Akademie Verlag G. m. b. H. Stuttgart, Tenbner, 1961.

26. Pauly, A; G.Wissowa :
Real Encyclopedia der Classischen Altertumswissenschaf, Stuttgart (1894).

27. Percival A. G. :
Mathematical Facts and formulae, London, Blackie (1933).

28. Parke, N. G. :
Guide to the literature of Mathematics and Physics including related works on engineering science. 2 nd rev. ed. N. Y. Dover, (1958,) 436 p. II $ 2.49.

29. University of Wales-Department of Celtic Studies Termau Mathemateg ; Cyhoeddwyd ar ran burdd Gwybodau caltaidd pryfisgol cymru. Caerdydd, Cardiff, Gwasg Pryfysgol cymru, (1957), English-Welsh Dictionary.

30. ——World Directory of Mathematicians, 1958. Published under the auspices of the International Mathematical union and with the Co-operation of the Tata Institute of Fundamental Research. Bombay, The Institute, (1959)

परिशिष्ट २

ग्रन्थावली

(क) एशियाई भाषाएँ

१. आपस्तम्ब शुल्व

२. उदय नारायण सिंह : आर्यभटीयं १९०६

३. कात्यायन शुल्व

४. गोरखप्रसाद : भारतीय ज्योतिष का इतिहास–हिन्दी समिति ग्रन्थमाला, प्रकाशन ब्यूरो––उत्तर प्रदेश सरकार, लखनऊ १९५६

५. गौरी शंकर हीराचन्द ओझा : मध्यकालीन भारतीय संस्कृति, प्रयाग १९२९

६. चू शी किये: स्वान हियो–कि–मूँग (गणितीय अध्ययन की भूमिका)

७. दुर्गा प्रसाद द्विवेदी : (भास्कर का) बीजगणितं–लखनऊ, द्वितीयावृत्ति १९४७

८. पद्माकर द्विवेदी : गणकतरंगिणी––बनारस १९३३

९. प्रेमवल्लभ : परम सिद्धान्त–बम्बई, संवत् १९५३

१०. बौधायन शुल्व

११. ब्रह्मगुप्त : ब्राह्मस्फुट सिद्धान्त––टीकाकार सुधाकर द्विवेदी–बनारस १९०२

१२. भास्कर : सिद्धान्त शिरोमणि

१३. युअन युअन : चू जेन चुअन १७९९

१४. शंकर बालकृष्ण दीक्षित : भारतीय ज्योतिष, हिन्दी अनुवादक शिवनाथ झारखंडी––हिन्दी समिति ग्रन्थमाला, प्रकाशन ब्यूरो, उत्तर प्रदेशीय सरकार, लखनऊ १९५७

१५. शतपथ ब्राह्मण

१६. सुधाकर द्विवेदी : गणित का इतिहास––बनारस १९१०

(ख) यूरोपीय भाषाएं

17. G. J. Allman : History of Greek Geometry from Thales to Euclid-Dublin (1889).

18. W.W. R. Ball : A short account of the History of Mathematics, London (1915).

19. E. T. Bell : Men of Mathematics Penguin Book (1953).

20. ——: The Development of Mathematics—2nd Ed. McGraw Hill Book Co. (1945).

21. W.W. Beman and D. E. Smith : A brief History of Mathematics, 2nd Ed. (1930)—The Open Court Publishing Co., Chicago.

22. Charles Bossut : History of Mathematics, Vols. I, II—Paris (1802).

23. Brajendra Nath Seel : The Positive Sciences of the Ancient Hindus-Longman's Green & Co., London (1915).

24. C. A. Bretschneider : Die Geometric und die Geometer von Eukleides Leipzig (1870).

25. Buhler : Indian Paleography.

26. A. Burk : Zeitschrift der Deutschen Morgen Landischen Gessellschaft LV.

27. Burnardino Baldi : Cronica.

28. F. Cajori : A History of Elementary Mathematics, Revised Ed. New York (1917).

29. ———: History of Mathematics, 2nd Ed.—Boston (1922).

30. M. Cantor : Mathematische Beiträge Zum Kulturleben der Völker, Halle (1863).

31. ———: Vorlesungen über Geschichte der Mathematik, 3rd Ed. Vol. I-IV (1880-1908).

32. H. T. Colebrooke : Algebra with Arithmetic and Mensuration from the Samskrit of Brahmagupta and Bhaskar, London (1817).

33. Pietro Cossali : History of Algebra, Vols. I, II—Parma (1797).

34. L. E. Dickson : History of the Theory of Numbers, 3 Vols., Washington (1923).

35. B. B. Dutt : The Science of the Sulba, Univ. of Calcutta (1932).

36. ——— & A. N. Singh : History of Hindu Mathematics, Pts. I, II, Motilal Banarasi Das, Lahore (1935).

37. Encyclopedia Brittanica, 14th Ed. (1929).

38. Ganesh Prasad : Some Great Mathematicians of the Nineteenth Century, Vol. I Banaras Math. Soc. (1933).

39. Geminus : Phenomena, Rhodes (1590).

40. J. Gow : A short History of Greek Maths., Cambridge (1884).

41. S. Gunther; and H. Wieleitner : Geschichte der Mathematik, 2 Vols., Leipzig (1908-1921).

42. L. B. Gurjar : Ancient Indian Maths. and Vedha, Mr. S. G. Vidwans c/o Continental Book Service, 626, Shanwar, Poona 2. (1947).

43. Halliwell : Rara Mathematica, 56.

44. H. Hankal : History of Maths. (1874).

45. T. L. Heath : Apollonius of Perga, Cambridge (1896).

46. ———: Archimedes, Cambridge (1897).

47. ———: The Thirteen Books of Euclid's Elements, 3 Vols. , Cambridge (1908).

48. ———: Diophantus of Alexandria (1910).

49. ———: Aristarchus of Samos, Oxford (1913).

50. ———: Aristarchus of Samos, the Copernicus of Antiquity, London (1920).

51. ———: Euclid in Greek, Book I, Cambridge (1920).

52. ———: Greek Maths. and Science, Pamphlet, Cambridge (1921).

53. ———: A History of Greek Maths., 2 Vols., Cambridge (1921).

54. J. C. Heilbronner : History of Maths.

55. H. V. Hilprecht : Mathematical, Metrological and Chronological Tablets from the Temple Library of Nippur, Philadelphia (1906).
56. E. W. Hobson : Squaring the Circle, Cambridge (1913).
57. A. Hooper : Makers of Maths., London (1949).
58. L. C. Karpinski : Robert of Chester's Latin translation of the Algebra of Al Khowarismi, New York (1915).
59. A. G. Kastner : History of Maths., Vols. I-IV, Gottingen (1796-1800).
60. G. B. Kaye : Indian Mathematics, Calcutta (1915).
61.———: The Bakhshali Manuscript, Pts. I, II—Archaeological Survey of India (1933).
62. Muhammad ibn-i-Musa Al Kowarsmi : On the Hindu Art of Rechoning.
63. Langdon : Mohanjodaro and the Indus Valley civilisation.
64. G. Libri : Histoire des Sciences Mathematiques en Italie, 4 Vols., Paris (1838-41).
65. G. Loria : Guida allo Studio della Storia delle Matematische, Milan (1916).
66. Sir Arthur Antony Macdonald : India's Past, Oxford (1927).
67. M. Marie : Histoire des Sciences Mathematiques et Physiques, 12 Vols., Paris (1883-88).
68. Y. Mikami : The Development of Maths. in China and Japan, Leipzig (1913).
69. G. A. Miller : Historical Introduction to the Mathematical Literature, Macmillan & Co., New York (1921).
70. J. E. Montucla : History of Maths., 2 Vols. (1799).
71.———: Histoire des Mathematiques, 2nd ed., 4 Vols., Paris (1799-1802).

72. Oresme : Tractatus de figurationse potentiarum et Mensurarum difformitatum.

73. J. C. Poggendorff : Handwörterbuch zur Geschichte der exakten Wissenschaften, 4 Vols., Leipzig (1863-1904).

74. Rangacharya : Mahaviracharya's Ganitsara Sangraha with English Translation, Madras (1912).

75. Sachen : Al Beruni's India, 2 Vols., London (1910).

76. G. Sarton : The study of the History of Maths., Harvard Univ. Press (1936).

77. D. E. Smith : Rara Arithmetica, Boston (1908).

78. ———: Our debt to Greece and Rome Maths. , Boston (1922).

79. ———: History of Maths., 2 Vols., Ginn & Co., New York (1923).

80. ———: and L. C.Karpinski : The Hindu-Arabic Numerals, Boston (1911).

81. ———and Y. Mikami : History of Japanese Maths., Chicago (1914).

82. D. Struik : A concise History of Maths., Dover Publications, New York 10 (1948).

83. J. W. N. Sullivan : The History of Maths. in Europe, Oxford Univ. Press, London (1925).

84. P. Tannery : La Geometrie Grecque, Paris (1887).

85. ———: Pour l' Histoire de la Science Hellene de Thlaes a Empedocle, Paris (1887).

86. ———: Memoires Scientiques, edited by J. L. Heigerg & H. G. Zeuthen, 2 Vols., Paris (1912).

87. G. Thibaut : Sulba Sutras.

88. G. Thibaut and Sudhakar Dwivedi : Panchsiddhantika with English translation, Banaras (1899).

89. I. Todhunter : History of the Calculus of Variations (1861).

90. ———: History of the Mathematical Theory of Probability from the time of Pascal to that of Lagrange (1865).

91. ———: History of the Mathematical Theories of Attraction & Figure of the Earth from Newton to Laplace (1873).

92. ———: The History of the Theory of Elasticity (1886).

93. J. Tropfke : Geschichte der Elementar-Mathematik in systematischer Darstellung, 2 Vols., Leipzig (1902).

94. Vinay Kumar Sarkar : Hindu achievement in Exact Sciences, London (1918).

95. M. Williams : Indian Wisdom.

96. H. G. Zeuthen : Histoire des Mathematiques dans L'Antiquite et le Moyen Age, translated by J. Mascart, Paris (1902).

परिशिष्ट ३

लेखावली

(क) हिन्दी

१. आनन्द कुमार स्वामी : ख आदि शून्यवाची शब्द—विश्वभारती पत्रिका १ (१९४२) ५१–५४

२. ब्रज मोहन : प्राचीन हिन्दू गणित में श्रेढ़ी व्यवहार—नागरी प्रचारिणी पत्रिका ५२ (संवत् २००४) २५–३४

३. —: लीलावती की शब्दावली—विज्ञान ६४ (१९४६) ४९–५६

४. —: भास्कर की शब्दावली—विन्ध्यभूमि २ (१९४६) २५–८

५.—: लॉगॅरिथ्म का पर्याय—विज्ञान ६५ (१९४७) १०-३

६.—: प्राचीन हिन्दू गणित में श्रेढ़ी व्यवहार—नागरी प्रचारिणी पत्रिका ५२ (२००४) २६-३४

७.—: संख्या बुद्धि—रश्मि, गोकुलदास गुजराती हिन्दू इंटर कॉलिज, मुरादाबाद वार्षिकांक (१९५६-५७) परिशिष्ट ४-१२

८.—: अंक—हिन्दी विश्वकोश, खंड १ (१९६०) १-२

९.—: गणना बुद्धि—K. P. Bhatnagar Commemoration Volume, Kanpur (1961) 342-53.

१०. —: हिन्दी की परिनिश्चित गणितीय शब्दावली—प्रज्ञा, काशी हिन्दू विश्वविद्यालय, X (1) नवम्बर (१९६४) १–२०

११. कु० सुप्तिमाई सिन्हा : प्राचीन भारतीय गणित—नागरी प्रचारिणी पत्रिका

(ख) यूरोपीय भाषाएँ

12. Avadhesh Narain Singh : On the Arithmetic of Surds among the Ancient Hindus-Mathematica XII (1936) 102-15.

13. ———Hindu Trigonometry-Proc. Banaras Math. Soc., New Series I (1939) 77-92.

14. E. C. Bayley : On the Geneology of Modern Numerals—J. R. A. S. 14 (1882), 15 (1883).

15. Bhau Daji : On the Age and Authenticity of the Works of Aryabhatt, Varahmihira, Brahmagupta—J. R. A S.(1865).

16. V. Inderji : On Ancient Nagri Numeration from an inscription at Nanaghat—J. of the Bombay Branch of the Royal Asiatic Society. 12 (1876).

17. Brij Mohan : Number Sense—Cosmo—Scientific Journal, Banaras (1956) 53-67.

18. ——— : The Terminology of Lilavati—J. Oriental Institute, Baroda,—VIII (1958) 159-68.

19. Beginnings of Calculus in the East—Symposium on the History of Sciences, National Institute of Sciences, New Delhi. 21 (1963) 253-7

20. ———: Progressions in Ancient Hindu Maths.—J. scientific Research, B. H. U. IX (1) 1958-59 (19-28)

21. ———: The Terminology of Bhaskara—J. Oriental Institute, Baroda IX (1) (1959) 17-21.

22. F. Cajory : Controversy on the Origin of our Numerals—Scientific Monthly IX.

23. S. R. Das: Origin and Development of Numerals—Indian Historical Quarterly (1927) 99-120, 356-75.

24. B. B. Dutt : Two Aryabhattas of Al Beruni—Bull. Cal. Math. Soc. 17 (1926) 59-74.

25. ———: Early Literary Evidence of the use of the Zero in India—Amer. Math. Monthly 33 (1926) 449-54.

26. ———: Hindu Values of π J. A. S.B. 22 (1926) 25-42.

27. ———: A Note on the Hindu Arabic Numerals—A. M. M 33 (1926) 220-221.

28. ———: On Mula, the Hindu Term for Root—A. M. M. 34 (1927) 420-23.

29. ———: Aryabhatt, the Author of the Ganita—B.C. M. S. 18 (1927) 5-18.

30. ———: Early History of the Arithmetic of Zero and Infinity in India—B. C. M. S. 18 (1927) 165-76.

31. ———: The Present Mode of Expressing Numbers—Ind. Hist. Quart. 3 (1927) 530-40.

32. ———: Present System of Numerals—Ind. Hist. Quart. (1927).

33. ———: Hindu Contribution to Mathematics—Bull. Math Assoc. Alld. 1 (1927-28) 49.

34. ———: On Mahavira's Solutions of Rational Triangles and Quadrilaterals—B. C. M. S. 20 (1928).

35. ———: On the Science of Calculation of the Board—A. M. M. 35 (1928).

36. ———: Al Beruni and the Origin of the Arabic Numerals—P. B. M. S. 7. (1928).

37. ———: The Hindu Solution of the General Pellian Equation—B. C. M. S. 19 (1928) 87-94.

38. ———: The Bhakshali Mathematics—B. C. M. S. 21 (1929) 1-60.

39. ———: Scope and Development of Hindu Ganita—I. H. Q. 5 (1929) 479.

40. ———: The Jaina School of Mathematics—B. C. M. S. 21 (1929) 115-45.

41. ———: On the supposed indebtedness of Brahmagupta to Chin-Chang Suan-Shu—B. C. M. S. 22 (1930) 39-52.

42. ———: The two Bhaskaracharyas—I.H. Q.6 (1930) 727-36.

43. ———: Early Literary Evidence of the use of the Zero in India—A. M. M. 38 (1931) 566-72.

44. ———: On the Origin of the Hindu Terms for Root—A. M. M. 38 (1931) 371-6.

45. ———: Narayan's Method for finding the Approximate value of a Surd—B. C. M. S. 23 (1931) 187-94.

46. ———: Testimony of Early Arab writers on the Origin of our Numerals—B. C. M. S. 24 (1932) 193-218.

47. ———: Elder Aryabhatta's rule for the Solution of Indeterminate Equations of the First degree—B. C. M. S. 24 (1932) 19-36.

48. ———: Origin and Development of Word Numerals (in Bengali)—Bangiya Sahitya Parishad Patrika, 36, 22-50.

49. Filon : Beginnings of Arithmetic—Mathematical Gazette (1925).

50. J. F. Fleet : The use of Abacus in India—J. R. A. S. (1911).

51. G. Chakravarti : Typical Problems of Hindu Maths.—Annals Bhandarkar Oriental Reserach Institute 14 (1931-33) 87-102.,

52. ———: Growth and development of Permutations and Combinations in India B. C. M. S. 24 (1932) 79-88.

53. Hans Raj Gupta : On the Extraction of Square Root of Surds—P. B. M. S. New Series 2 (1925) 33-38.

54. Hiralal Kapadia : Note on Jain Hymns & Magic Squares—I. H. Q. 10, 148-53.

55. Hoernle : Indian Antiquary XII (1883) 89-90.

56. ———: Verhandlungen des VII Internationalem Orientalisten Congress, Ansche Section (1886) 127.

57. ———: Bhakshali Manuscript—Ind. Ant. XVII (1888) 33-48, 275-79.

58. G. Junge: Wann haben die Grieschen die Irrationale entdeckt —Novae Symbolae Joachimicae, Halle (1907) 221-64.

59. G. R. Kaye : Arithmetical Notation—J. A. S. B. 3 (1907).

60. ———: Notes on Indian Maths.—J. &. Proc. Asiatic Soc., Bengal VIII (2).

61. ———: The Bakhshali Manuscript—J. & Proc. Asiatic Soc. Bengal VIII(2).

62. ———: Sources of Hindu Maths. —J. R. A. S. (1910).

63. ———: Aryabhatta—J. A. S. B. (1908).

64. ———: East and West 17 (1918).

65. H. G. Kern : The Aryabhatiya with the commentary Batdipika of Paramdigvir—J. R. A. S. 20(1863) 371-87.

66. ———: The Greeks in India—Cal. Review 114 (1902).

67. Knopp : Ein einfaches Beispiel einer nicht-differenzierbaren stetigen Funktionen—Math. Zeitschrift 2(1918) 1-26.

68. Kripa Shanker Shukla : Acharya Jaidev, the Mathematician-Ganita 5 (1954) 1-20.

69. N. Mitra : Ancient Hindus' knowledge of Maths. II Alg. —Modern Review 18 (1915) 73-80.

70. ——— Ancient Hindus' knowledge of Maths. III Trigon. —Modern Review 18(1915) 154-62.

71. C. Muller : Die Mathematik der Sulvasutra-Abhand. a. d.. Math. Seminar d. Hamburgischen Univ. Bd. VII (1929) 175-205.

72. L. Rodet : L'Algebra d'Al Khowarismi et les Methodes indiennes et grecques J. Asiatique 12 (1878).

73. ———:Lecons de Calcul d'Aryabhatta—J. Asiatique 13(1879).

74. ———: Sur une methode d'approximation des racines carres, conne dans l'Inde anterieurment a' la conquete d' Alexandre-Bull. Soc. Math. d. France VII (1879) 98-102.

75. ———: Sur les methodes d'approximation chez les anciens-Bull. Soc. Math. d. France VII (1878) 159-67.

76. ———: H. G. Romig : Early History of division by zero-A. M. M. 31 (1924) 387-9.

77. Sardakant Ganguly : Notes on Aryabhatta—J. of Bihar & Orissa Research Soc. 12 (1926) 78-91.

78. ———: Bhaskaracharya and Simultaneous Indeterminate Equations of the First Degree—B. C. M. S. 17 (1926) 89-98.

79. ———: The elder Aryabhhatta and the modern Arithmetic Notation—A. M. M. (1927).

80. ———: The source of the Indian solution of the so-called Pellian Equation—B. C. M. S. 19 (1928) 151-76..

81. ———: Bhaskaracharya's references to previous teachers—B. C. M. S. 18 (1927) 65-76.

82. ———: The elder Aryabhatta's value of π—A. M. M. 37 (1930) 16-32.

83. ———: Did the Babylonians and the Mayas of Central America possess the place value Arithemetic Notation ? B. C. M. S. 22 (1930) 99-102.

84. S. Gandz : On the origin of the term 'Root'—A. M. M. 33 (1926).

85. ———: Did the Arabs know the abacus ?—A. M. M. 34 (1927) 308-16.

86. ———: On the origin of the term 'Root' II-A. M. .M 35 (1928) 67-75.

87. ———: On three interesting terms relating to area—A. M. M. 34 (1927) 80-6.

88. P. C. Sengupta : Aryabhatta's lost work—B. C. M. S 22 (1930) 115-20.

89. C. T. Rajgopal & T. V. Vedamurty Aiyar : On the Hindu proof of Gregory's Series—Scripta Math. 17 (1951) 65-74.

90. Smith : On the origin of certain typical problems—A. M. M. 24 (1917).

91. D. E. Smith & S. Murad : Dust Numerals among Ancient Arabs—A. M. M. 33 (1927) 258-60.

92. R. Temple : Notes on the Burmese system of Arithmetic—Indian Antiquary (1891).

93. E. Thomas : Ancient Indian Numerals—J. A. S. B. (1856)

94. Van der Waerden : Ein einfaches Beispiel einer nicht-differenzier baren stetigen Funktion—Math. Zeit. 32 (1930) 474-5.

95. Whish : On the Hindu quadrature of the circle-Trans. Royal Asiatic Soc. 3 (1835) 509-23.

परिशिष्ट ४

(हिन्दी-अंग्रेजी शब्दावली)

अंकगणक, गिनतारा–abacus
अंकगणित–arithmetic
अंकगणितीय मध्यक–arithmetic mean
अंकगणितीय पूरक–arithmetical complement
अंक सिद्धान्त, संख्या सिद्धान्त–theory of numbers
अंश–1. numerator 2. Degree
अक्षांश–latitude
अग्नेसिका–witch of Agnesi
अग्रज–senior
अचर–constant
अछेदक–non-intersecting
अतिपरवलय–hyperbola
अतिपरवलीय आकाश–hyperbolic space
अतिमानस्य–metaphysics
अत्यल्प राशि–infinitesimal quantity
अदला बदली–barter
अद्वितीय–unique
अधिसदस्य–fellow
अनन्त, अनन्ती–infinity
अनन्त कुलक–infinite set
अनन्त वर्ग–infinite class
अनन्त श्रेणी–infinite series
अनन्तस्पर्शी–asymptote
अनामक–anonymous
अतिर्णीत रूप–undetermined form
अनिर्णीत समीकरण–indeterminate equation
अनुकल्प–option
अनुक्रम–sequence
अनुगणन–reckoning
अनुज–junior
अनुपाती भाग–proportional part
अनुरूपी संख्याएँ–congruous numbers
अन्तर चिह्न–sign of difference
अन्तराल–interval
अन्तर्निर्देश–cross-reference
अन्तर्लिखित–inscribed
अन्तहीन–endless
अन्त:स्फूर्ति–intuition
अन्वालोप–envelope
अतिपरवलीय फलन–hyperbolic function
अपरिमेय संख्या–irrational number
अपवर्त्य–multiple

अपूर्वता, विचित्रता–singularity
अपसारी–divergent
अभाज्य, अविभाज्य–indivisible
अभाज्य संख्या, रूढ़ संख्या–prime number
अभिकलन–computation
अभिदेश–reference
अभिपत्र–paper (research)
अभिरक्षक–warden
अभिलंब–normal
अभिलेख–record
अभिव्यंजक, व्यंजक–expression
अभिसरण–convergence
अभिसरण परीक्षा–test for convergence
अभिसारी–convergent
अर्ध-जीवा–half-chord
अर्धन, समद्विभाजन–bisection
अर्ध-परिमाप–semi-perimeter
अर्ध-वर्तुल–semi-circular
अलघुकरणीय दशा–irreducible case
अल्पांश–element
अवकल गुणांक–differential coefficient
अवकल संकेतलिपि–differential notation
अवकल समीकरण–differential equation
अवधा, खंड–segment
अवशेष–residue
अबाध्योपक्रम–postulate
अविभाज्य, अभाज्य–indivisible
अशुद्ध वर्ग समीकरण–pure quadratic equation
असातत्य–discontinuity
अस्तित्व प्रमेय–existence theorem
अष्टक–octave
अष्टफलक–octahedron
अष्टभुज–octagon

आंशिक अन्तर कलन–calculus of finite differences
आंशिक भिन्न–partial fraction
आकलन–estimation
आकाश–space
आग्रहण, उद्रेखण, रेखन–drawing
आनन्तिक वर्तुल बिन्दु–circular points at infinity
आदर्श–ideal
आदर्श संख्या–ideal number
आदर्श सिद्धान्त–ideal theory
आदि संख्या–initial number
आम्भसी–hydraulics
आयतन–volume
आयताकार अतिपरवलय–rectangular hyperbola
आलैखिक–graphical
आर्गण्ड चित्र–argand diagram
आवर्त–periodic
आवर्त दशमलव भिन्न–recurring decimal fraction

आवर्त फलन–periodic function
आवर्त श्रेणी–recurring series
आसन–seat
ऑयलरी समाकल–Eulerian integral

इकाई, मात्रक–unit
इड़ा–goddess of reasoning
इरॅटॉस्थॅनीज़ की छलनी–sieve of Eratosthenes

उच्च घात–higher degree
उच्चत्व–altitude
उज्ज्या–versin
उत्किरण–engraving
उत्कोज्या–coversed sine
उत्क्रम–inverse, reverse
उत्क्रम अवकलन–inverse differentiation
उत्क्रम ज्या–versed sine
उत्क्रमण नियम–rule of inversion
उत्तरोत्तर उपनयन–successive approximation
उत्तोलक–lever
उद्धर्मी–heretic
उद्रेखण, आग्रहण, रेखन–drawing
उपकुलक–sub-set
उपगोल, गोलाभास–spheroid
उपज्ञा–invention
उपनयन, सन्निकटन–approximation
उपनीति, सन्निकट–approximate
उपभाषा–dialect
उपान्तराल–sub-interval

ऊर्जा–energy
ऊर्ध्व, ऊर्ध्वाधर–vertical

ऋण घात–negative power
ऋतुविज्ञान कार्यालय–meteorological office

एकघात समीकरण–linear equation
एकघात सहचर बीजगणित–linear associative algebra
एक पूर्ण सत्ता–a whole
एकबन्ध–monograph
एकमानीय–one-valued
एकरूप फलन–uniform function
एकादशफलक–undecahedron
एकैकीसंगति–homology, one-one correspondence
एकात्म्य, सर्वसमिका–identity

औद्भिदी, वनस्पतिशास्त्र, वानस्पतिकी–botany

कनक काट–golden section
कनिष्ठ–least
कम्पमान डोरी–vibrating string
करणी–surd
कलन–calculus
काट–cut, section
काय–body

कार्यों का आघात–percussion of bodies
काल्पनिक सम्मिश्र राशि–imaginary complex quantity
कीली–gnomon
कुटी–cell
कुलगुरु–chancellor
कुट्टक–pulveriser
कुलक–set
कुलाचार्य–rector
केन्द्रज–evolute
कोज्–cos
कोज्या–cosine
कोस्प–cot
कोस्पज्या–cotangent
क्रम, वर्ण–order
क्रमचय और संचय–permutations and combinations
क्रम ज्या–direct sine
क्रम संख्या, क्रमात्मक संख्या–ordinal number
क्रिंत्रिम संख्या–Artificial number
क्षेत्र–field
क्षेप–instalment
क्षेपक–augment
क्षेत्रकलन–quadrature
क्षैतिज–horizontal

खंड, अवधा–segment
खंडावकलन–partial differentiation
खगोलीय यान्त्रिकी–celestial mechanics

गच्छ–number of terms
गणतन्त्र–republic
गणन, गिनना–counting
गणना बुद्धि–sense of counting
गणनात्मक संख्या–cardinal number
गणित–mathematics
गणितीयक–mathematicals
गण्टर चरण–Gunter quadrant
गण्टर मापिनी–Gunter scale
गण्टर रेखा–Gunter Line
गण्टर श्रृंखला–Gunter chain
गति नियम–law of motion
गतिविज्ञान, गतिकी–dynamics
गामक बल–motive force
गिनतारा, अंकगणक–abacus
गुणक–multiplier
गुणनात्मक संख्या–multiplicative number
गुणोत्तर श्रेढ़ी–geometrical progression
गुण्य–multiplicand
गुम्फाक्षर–monogram
गुरुत्वाकर्षण–gravitation
गोलाभास, उपगोल–spheroid
गोलाकार, गोलीय–spherical
गोलीय रेखागणित–spherical geometry
गोलीय विक्षेप–stereographic projection

गोलीय हरमिति–spherical Harmonics

घट्यनीक, डायल–dial
घन–cube
घन गुणन–multiplication of the cube
घनन–cubature
घन तल–cubic surface
घातांक नियम–index law
घात श्रेणी–power series
घूर्ण–moment
घूर्ण चक्रज–moment cycloid

चक्रवाल विधि–cyclic method
चतुर्घात समीकरण–biquadratic equation
चतुष्कोण–quadrangle
चतुष्टय–quaternion
चतुष्फलक–tetrahedron
चन्द्रभ–Lune
चर–variable
चरण–quadrant
चलराशि कलन, समाकलन गणित–integral calculus
चाक्षुषी–optics
चापकलन–rectification
चिरस्थायित्व–permanence
चिरस्थायी–permanent, perpetual
चिरस्थायी गति–perpetual motion
चिरस्थायी तिथिपत्र–perpetual calendar

छन्दशास्त्र–prosody
छाया मापन–shadow reckoning
छिन्नक–frustum

जाँच भजनफल–trial quotient
जाँच भाजक–trial divisor
जीवनांकिक–actuary
जोड़ी–folio
ज्या–sin, sine
ज्यामिति, रेखागणित–geometry
ज्येष्ठ–greatest

टंक, फन्नी–wedge
टंकण–coinage
टॉरीसैली निर्वात–Torricelli vacuum

ठोस ज्यामिति–solid geometry

डायल, घट्यनीक–dial
डेडीकाइण्ड काट–Dedekind cut
तरंग–wave
तरंग सिद्धान्त–wave theory
तल, पृष्ठ–surface
तल निधि–surface locus
ताप संवहन–conduction of heat
तिर्यक् अक्ष–oblique axis
तिर्यक् अनुपात, तिर्यक् निष्पत्ति–cross ratio
तिर्यग्रेखा–transversal

तुला–balance
तुल्य, समानक–equivalent
तुल्य रूपों का चिरस्थायित्व–permanence of equivalent forms
त्रिकोणमिति–trigonometry
त्रिघाती–cubic
त्रिभागज–trisectrix
त्रिभुजीय संख्या–triangular number
त्रैराशिक–rule of three
त्रैविम, त्रिविम–three-dimensional

दर–rate
दायाँ–recto
दीर्घवृत्तज–ellipsoid
दीर्घवृत्तीय समाकल–elliptic integral
दीर्घवृत्तीय फलन–elliptic function
दीर्घवृत्तीय समुत्क्रमण–elliptic involution
दूरवीक्ष–telescope
दृष्टिसाम्य–perspective
दैनिकी–diary
दैहिकी–physiology
दोलन केन्द्र–centre of oscillation
दोषवेचक–censor
द्रवयान्त्रिकी–hydro-mechanics
द्रवस्थैतिकी–hydrostatics
द्रव्यमान–mass
द्रव्यमान केन्द्र–centre of mass
द्रुततमपातवक्र–brachistochrone
द्वादशफलक–dodecahedron
द्विक्वक्रता–double curvature
द्विकावर्त–Doubly periodic
द्विकावर्तता–double periodicity
द्विघातीय, वर्गात्मक–quadratic
द्विचतुष्टय–bi-quaternion
द्विचर, द्विवर्णक–binary
द्विपद प्रमेय–binómial theorem
द्विपद समीकरण–binomial equation
द्विपद सूत्र–binomial formula
द्विवर्णक, द्विचर–binary
द्विवर्णक वर्ग रूप–binary quadratic form
द्वैधता–duality
द्वैधता सिद्धान्त–principle of duality
द्वैविम, द्विविम–two-dimensional

धर्मशास्त्रीय–theological
धार्मिक चोगा–surplice
धूप घड़ी–sun dial
ध्रुव–pole
ध्रुवी–polar

नक्षत्रयंत्र–astrolabe
नर संख्या–male number
नाभिग द्वैत्रिज्य–focal sector
निधि, बिन्दुपथ–locus
निःशेषण विधि–method of exhaustion
नियामक, निर्देशांक–coordinates
निरसन–cancellation

निर्णीत–determinate
निर्देशक–director
निर्देशांक, नियामक–coordinates
निर्वचन–interpretation
निर्वात–vacuum
निश्चल–invariant
निश्चल सिद्धान्त–theory of invariants
निश्चित–definite
नौतरण, नौवहन–navigation
न्यास–1. statement 2. data
न्यूनतम वर्ग–least square
न्यूनतम वर्ग विधि–method of least squares

पंचघातक- quantic
पथ–path
पदों का योग–sum of terms
परतन्त्र चर–dependent variable
परम–absolute
परवलय–parabola
परवलयज–paraboloid
परशु–cissoid
पराज्यामितीय–hyper-geometric
परिकलन–calculation
परिकलन यन्त्र–calculating machine
परिकल्पना–hypothesis
परिक्रमण–revolution
परिक्रमण अतिपरवलयज–hyperboloid of revolution
परिगणन–enumeration
परिगणनशील–enumerable
परिमा–bound
परिमाप–perimeter
परिमित–bounded
परिमितता–boundedness
परिमेय संख्या–rational number
परिमेय समकोण त्रिभुज–rational right-angled triangle
परिरूप–design
परिरूपक–designer
परिवर्तन दर–rate of change
परिसंहत–terse
परीक्षण–test
परुषता–rigour
पर्यन्त अनुबन्ध–boundary condition
पास्कल त्रिभुज–Pascal triangle
पुन: स्थापन–restoration
पुस्तपालन–book-keeping
पूरक–complement
पूरक फलन–complements
पूर्ण अवकलन–total differentiation
पृष्ठ, तल–surface
पूर्ण संख्या, पूर्णांक–integer, integral number
पैमाना, मापिनी–scale
प्रक्षेत्र–farm
प्रगति क्रम–order of progression
प्रतिमान–model
प्रतिलिपिक–copyist
प्रतिस्थापन संघ–substitution group

प्रत्यास्थता–elasticity
प्रथम पद–first term
प्रदिश–tensor
प्रपात विधि–method of cascades
प्रबन्ध–thesis
प्रमेयिका–lemma
प्रयोगात्मक भौतिकी–experimental physics
प्रयोजित गणित–applied mathematics
प्रवणता कोण–angle of slope
प्रवाह विधि–method of fluxions
प्रसर, विधा–process
प्राकृतिक दार्शनिक–natural philosopher
प्राचल–parameter
प्राच्यभाषाज्ञ–orientalist
प्रावधान–provision
प्राविधिक संस्थान–technical institute

फन्नी, टंक–wedge
फलक–face
फलन कलन–calculus of functions
फलन सिद्धान्त–theory of functions
फलित ज्योतिष–astrology

बल त्रिभुज–triangle of forces
बल समान्तर-चतुर्भुज–parallelogram of forces
बहुफलक–polyhedron
बहुलक बिन्दु–multiple point
बायाँ–verso
बिन्दुपथ, निधि–locus
बिन्दु माला–range of points
बिल–bill
बीजगणित–algebra
बीजगणितीय युग्म–algebraic couple
बीजगणितीय हल–algebraic solution
बेलन–cylinder
बौद्धिक अभ्याप्तियाँ–intellectual attainments

भजनफल–quotient
भाग–1. Part 2. division
भागरेखा–solidus
भारकेन्द्री कलन–barycentric calculus
भारतीय पुरातत्व सर्वेक्षण–archaeological survey of India
भिन्न–fraction
भूमिति–geodesy
भूमितीय–geodetic
भूयिष्ठ और अल्पिष्ठ बिन्दु–maxima and minima points
भौतिकी–physics
भौमिकी–geology
भौमिकीज्ञ–geologist

मतगणन–telling

मध्यक–mean
मध्यक गति–mean motion
महन्त–archbishop
मात्रक, इकाई–unit
मात्रा–quantity
मादा संख्या–female number
मानक–standard
मानकीकरण–standardisation
मानोपाधि–honorary degree
मापिकी–mensuration
मापिनी, पैमाना–scale
माया वर्ग–magic square
मिश्रण–alligation
मिश्र श्रेणी–complex series
मिश्र समानुपात, संयुक्त समानुपात compound proportion
मूलभूत–fundamental
मोबियस बन्ध–mobius band

याक्ष–x-axis
यावदनन्त–ad infinitum
यान्त्रिकी–mechanics
याम्योत्तर–meridean
युगपद समीकरण–simultaneous equations
युग्म–couple
योगात्मक, यौगिक–additive

रचना–construction
रज्जुका–catenary
रश्मि संहति–system of rays
राशि चिन्ह–sign of the zodiac
रिक्ति–1. gap 2. vacancy
रूढ़ संख्या, अभाज्य संख्या–prime number
रेखन, आग्रहण, उद्रेखण–drawing
रेखा–line
रेखागणित, ज्यामिति–geometry
रेखावली–pencil of lines
रेखा समाकल–line integral
रेखीकरण–collineation
रेत गणक–sand reckoner

लक्षित–directed
लघुकरण–reduction
लघुगणक–logarithm
लघुगणकीय सर्पिल–logarithmic spiral
लांबिक त्रिभुजीय संक्षेत्र–right triangular prism
लिटुअस–lituus
लेखापालन–accountancy
लैंन्स–lens

वक्र–curve
वक्रज–trochoid
वक्रता केन्द्र–centre of curvature
वक्रता प्रदिश–curvature tensor
वनविद्या–forestry
वनस्पतिशास्त्र, वानस्पतिकी, औद्भिदी–botany
वर्ग–1. class 2. square
वर्गण–squaring

वर्ग मूल–square root
वर्गात्मक द्वैधता नियम–law of quadratic reciprocity
वर्ण, क्रम–order
वर्णान्तर–transliteration
वर्तुल, वृत्ताकार, वृत्तीय–circular
वाग्मिता–eloquence
वाणिज्य–commerce
वानस्पतिकी, वनस्पतिशास्त्र औद्भिदी–botany
वायु मीनार–tower of wind
वास्तुकला–architecture
विंशतिफलक–icosahedron
विक्षेप ज्यामिति–projective geometry
विचरण कलन–calculus of variations
विचित्रता, अपूर्वता–singularity
वितत भिन्न–continued fraction
वितरण–distribution
विधा, प्रसर–process
विपरीतियाँ–oppositions
विभव–potential
विमा–dimension
विरोधाभास–budget of paradoxes
विलोपन–elimination
विश्वकोष–encyclopedia
विश्व गणित–arithmetica universalis
विषम संख्या–odd number
विषमराशिक–rule of odd terms
विषयवस्तु–contents
वृत्त–circle
वृत्तखंड–segment of a circle
वृत्ताकार, वृत्तीय, वर्तुल–circular
वृत्तीय चतुर्भुज–cyclic quadrilateral
वेग–velocity
वेधशाला–observatory
वैश्लेषिक–analytic
वैश्लेषिक फलन–analytic function
वैश्व–universal
वैश्व बीजगणित–universal algebra
व्यंजक, अभिव्यंजक–expression
व्यत्यय नियम–law of commutation
व्याख्याता–lecturer
व्युकोज्–sec
व्युकोज्या–secant
व्युज्या–cosecant
व्युत्क्रम–reciprocal

शंकु–cone
शंक्वाभास–conoid
शब्दकोश–dictionary
शांकव–conic
शातघ्निकी–gunnery
शारीर–anatomy
शुद्ध गणित–pure mathematics
शुद्ध वर्ग समीकरण–pure quadratic equation
शुद्ध समय–pure time
शृंखला–chain

श्रेणिक–matrix
श्रेणी–series

संकलन–summation
संकेतलिपि–notation
संक्रिया–operation
संक्षिप्तिका–abbreviation
संख्या बुद्धि–number sense
संख्या सिद्धान्त, अंक सिद्धान्त–theory of numbers
संख्यान–numbering
संख्योल्लेखन–numeration
संगति–correspondence
संघ, समुदाय–group
संमिश्र संख्या–complex number
संमिश्र राशि–complex quantity
संमिश्र विश्लेषण–complex analysis
संमिश्र समाकलन–complex integration
संयुक्त–compound
संयुक्त समानुपात, मिश्र समानुपात–compound proportion
संरचना–structure
संरैखिक–collinear
सशेषता–congruence
संशेषता सिद्धान्त–theory of congruences
संशेषी सख्याएँ–congruent numbers
संस्वरता–harmony
संहति–system

सतत–continued
सत्य भाजक–true divisor
सदिश–vector
सदिश त्रिज्या–radius vector
सदृश–analogue
संनिकट, उपनीत–approximate
सन्निकटन, उपनयन–approximation
समकालवक्र–tautochrone
समकोण त्रिभुज–right-angled triangle
समघातीय, समघात–homogeneous
समचतुर्भुज–rhombus
सम ठोस–regular solid
समतल ज्यामिति–plane geometry
समद्विबाहु त्रिभुज–isosceles triangle
समद्विभाजन, अर्धन–bisection
समपरिमितीय–isoperimetric
सम बहुफलक–regular polyhedron
समबाहु समलम्ब–isosceles trapezium
समभुजीय–lozenge
सम षड्भुज–regular hexagon
सम संख्या–even number
समाकल–integral
समाकलन–integration
समाकलन गणित, चलराशि कलन–integral calculus
समाकल परीक्षण–integral test
समाकल समीकरण–integral equation
समानक, तुल्य–equivalent

समानाफलक–parallelopiped
समानुपात सिद्धान्त–theory of proportion
समानुपाती–proportional
समानुपात चिन्ह–sign of proportion
समान्तर-चतुर्भुज–parallelogram
समान्तर स्वयंसिद्धि–axiom of parallelism
समान्तर श्रेढ़ी–arithmetical progression
समान्तर-षड्फलक–parallelopiped
समावृत्ति–content
समीकरण–equation
समीकरण मीमांसा–theory of equations
समुत्क्रमण–involution
समुदाय, संघ–group
सम्भाव्यता–probability
सम्मित फलन–symmetric function
सम्मिति–symmetry
सरल–simple
सरूप संख्या–figurate number
सर्पिल–spiral
सर्वज्ञ–universalist
सर्वसमिका, एकात्म्य–identity
सर्वांगसमता–congruence
सर्वेक्षण–surveying
सवर्णन–reduction to a common denominator
सहगामी टीका––running commentary
सहचरण–association
सहचल–covariant
सांकेतिक कलन–symbolic calculus
सातत्य–continuity
साधारण भिन्न–vulgar fraction
सान्त–finite
सान्त अन्तर–finite difference
सान्त कुलक–finite set
सान्त दशमलव भिन्न–terminating decimal fraction
सान्त संघ सिद्धान्त–theory of finite groups
सारणिक–determinant
सार्व, सार्विक–general
सार्व अनुपात–common ratio
सार्व अन्तर–common difference
सीमा विधि–method of limits
सुतथ्यता–precision
सुवर्ण गणित–computations relating to gold
सुवाह्य–portable
सूक्ष्म मान–close value
सूचीस्तम्भ, स्तूप–pyramid
सृप रेखक–slide rule
स्टर्लिंग संख्या–Stirling number
स्थानिकी–topology
स्थापना, न्यास–statement (of a problem)
स्थिति मान–place value, positional value

स्थैतिकी–statics

स्प–tan

स्पज्या–tangent

स्वचल–automaton

स्वतन्त्र चर–independent variable

हर–denominator

हरमिति–harmonics

हरात्मक श्रेढ़ी–harmonical progression

हारमोनियम–harmonium

परिशिष्ट ५

(अंग्रेजी-हिन्दी शब्दावली)

Abacus–गिनतारा, अंकगणक
Abbreviation–संक्षिप्तिका
Absolute–परम
Accountancy–लेखापालन
Actuary–जीवनांकिक
Additive–योगात्मक, यौगिक
Adfected quadratic equation–अशुद्ध वर्ग समीकरण
Ad infinitum–यावदनन्त
Algebra–बीजगणित
Algebraic couple–बीजगणितीय युग्म
Algebraic solution–बीजगणितीय हल
Alligation–मिश्रण
Altitude–उच्चत्व
Analogue–सदृश
Analytic–वैश्लेषिक
Analytic Function–वैश्लेषिक फलन
Anatomy–शारीर
Angle of Slope–प्रवणता कोण
Anonymous–अनामक
Applied Mathematics–प्रयोजित गणित
Approximate–उपनीत, सन्निकट
Approximation–उपनयन, सन्निकटन
Archaeological Survey of India–भारतीय पुरातत्त्व सर्वेक्षण
Archbishop–महन्त
Architecture–वास्तुकला
Argand Diagram–आर्गण्ड चित्र
Arithmetic–अंकगणित
Arithmetical complement–अंकगणितीय पूरक
Arithmetical Progression–समान्तर श्रेढ़ी
Arithmetica Universalis-विश्व गणित
Arithmetic Mean–समान्तर मध्यक
Artificial Numbr–क्रित्रिम संख्य
Association–सहचरण
Astrolabe–नक्षत्रयंत्र
Astrology–फलित ज्योतिष
Asymptote–अनन्तस्पर्शी
Atomic Theory–परमाणु सिद्धान्त
Augment–क्षेपक
Automaton–स्वचल
A whole–एक पूर्ण सत्ता
Axiom of Parallelism–समान्तर स्वयंसिद्धि

Balance–तुला

Barter–अदला बदली

Barycentric Calculus–भारकेन्द्री कलन

Bill–बिल

Binary–द्विवर्णक, द्विचर

Binary Quadratic Form–द्विवर्णक वर्ग रूप

Binomial Equation–द्विपद समीकरण

Binomial formula–द्विपद सूत्र

Binomial Theorem–द्विपद प्रमेय

Biquadratic Equation–चतुर्घात समीकरण

Biquaternion–द्विचतुष्टय

Bisection–अर्धन, समद्विभाजन

Body–काय

Book-keeping–पुस्तपालन

Botany–औद्भिदी, वनस्पतिशास्त्र, वानस्पतिकी

Bound–परिमा

Boundary Condition–पर्यन्त अनुबन्ध

Bounded–परिमित

Boundedness–परिमितता

Brachistochrone–द्रुततमपातवक्र

Budget of Paradoxes–विरोधाभास संग्रह

Calculating Machine–परिकलन यंत्र

Calculation–परिकलन

Calculus–कलन

Calculus of Finite Differences–सान्त अन्तर कलन

Calculus of Partial Differences–आंशिक अन्तर कलन

Calculus of Variations–विचरण कलन

Cancellation–निरसन

Cardinal Number–गणनात्मक संख्या

Catenary–रज्जुका

Celestial Mechanics–खगोलीय यान्त्रिकी

Cell–कुटी

Censor–दोषवेचक

Centre of Curvature–वक्रता केन्द्र

Centre of mass–द्रव्यमान केन्द्र

Centre of Oscillation–दोलन केन्द्र

Chain–श्रृंखला

Chancellor–कुलगुरु

Circle–वृत्त

Circular– वर्तुल, वृत्ताकार, वृत्तीय

Circular Points at Infinity–आनन्तिक वर्तुल बिन्दु

Cissoid–परशु

Class–वर्ग

Close value–सूक्ष्म मान

Coinage–टंकण

Collinear–संरैखिक

Collineation–रेखीकरण

Commerce–वाणिज्य
Common Difference–सार्व अन्तर
Common Ratio–सार्व अनुपात, सार्व निष्पत्ति
Complex Analysis–संमिश्र विश्लेषण
Complex Integration– संमिश्र समाकलन
Complex Number–संमिश्र संख्या
Complex quantity–संमिश्र राशि
Complement–पूरक
Complements–पूरक फलन
Compound–संयुक्त
Compound Proportion–संयुक्त समानुपात, मिश्र समानुपात
Compound Series–संयुक्त श्रेणी
Computation–अभिकलन
Computations relating to gold–सुवर्ण गणित
Conduction of Heat–ताप संवहन
Cone–शंकु
Congruence–१. सर्वांगसमता २. संशेषता
Congruent Numbers–संशेषी संख्याएँ
Congruent Triangles–सर्वांगसम त्रिभुज
Congruous Numbers–अनुरूपी संख्याएँ
Conic–शांकव
Conoid–शंक्वाभास
Constant–अचर
Construction–रचना
Content (of a point)–(बिन्दुकी) समावृत्ति
Contents–विषयवस्तु
Continued Fraction–वितत भिन्न
Continuity–सातत्य
Continuous–सतत
Convergence–अभिसरण
Convergent–अभिसारी
Coordinates–नियामक, निर्देशांक
Copyist–प्रतिलिपिक
Correspondence–संगति
Cos–कोज्
Cosec–व्युज्या
Cosecant–व्युज्या
Cosine–कोज्या
Cot–कोस्प
Cotangent–कोस्पज्या
Counting–गणन, गिनना
Couple–युग्म
Covariant–सहचल
Coversed Sine–उत्क्रम ज्या
Coversin–उत्कोज्
Cross-ratio–तिर्यक् अनुपात
Cross-reference–अन्तर्निर्देश
Cubature–घनन
Cube–घन
Cubic Surface–घन तल
Curvature Tensor–वक्रता प्रदिश
Curve–वक्र

Cut–काट
Cyclic Method–चक्रवाल विधि
Cyclic quadrilateral–वृत्तीय चतुर्भुज
Cycloid–चक्रज

Data–न्यास
Dedekind cut–डेडीकाइण्ड काट
Definite–निश्चित
Degree–अंश
Denominator–हर
Dependent Variable–परतन्त्र चर
Design–परिरूप
Designer–परिरूपक
Determinant–सारणिक
Determinate–निर्णीत
Dial–डायल, घट्यनीक
Dialect–उपभाषा
Diary–दैनिकी
Dictionary–शब्दकोश
Differential Coefficient–अवकल गुणांक
Differential Equation–अवकल समीकरण
Differential Notation–अवकल संकेतलिपि
Dimension–विमा
Directed–लक्षित
Director–निदेशक
Direct Sine–क्रम ज्या
Discontinuity–असातत्य
Disprove–विप्रमाणन
Distribution–वितरण
Divergent–अपसारी
Dodecahedron–द्वादशफलक
Double Curvature–द्विक वक्रता
Double Periodicity–द्विक परावर्तता
Doubly periodic–द्विकावर्त
Drawing–आग्रहण, उद्रेखण, रेखन
Duality–द्वैधता
Dynamics–गतिविज्ञान, गतिकी

Elasticity–प्रत्यास्थता
Element–अल्पांश
Elimination–विलोपन
Ellipsoid–दीर्घवृत्तज
Elliptic Function–दीर्घवृत्तीय फलन
Elliptic Integral–दीर्घवृत्तीय समाकल
Elliptic Involution–दीर्घवृत्तीय समुत्क्रमण
Eloquence–वाग्मिता
Encyclopedia–विश्वकोश
Endless–अन्तहीन
Energy–ऊर्जा
Engraving–उत्किरण
Enumerable–परिगणनशील
Enumeration–परिगणन
Envelope–अन्वालोप
Equation–समीकरण
Equivalent–१. तुल्य २. समानक
Estimation–आकलन

Eulerian Integral–ऑयलरी समाकल
Even Number–सम संख्या
Evolute–केन्द्रज
Existence Theorem–अस्तित्व प्रमेय
Experimental Physics–प्रयोगात्मक भौतिकी
Expression–व्यंजक, अभिव्यंजक

Face–फलक
Farm–प्रक्षेत्र
Fellow–अधिसदस्य
Female Number–मादा संख्या
Field–क्षेत्र
Figurate Number–सरूप संख्या
Finite–सान्त
Finite Difference–सान्त अन्तर
Finite Set–सान्त कुलक
First Term–प्रथम पद
Focal Sector–नाभिग द्वैत्रिज्य
Folio–जोड़ी
Forestry–वनविद्या
Fraction–भिन्न
Frustum–छिन्नक
Fundamental–मूलभूत

Gap–रिक्ति
General–सार्व, सार्विक
Geodesy–भूमिति
Geodetic–भूमितीय
Geologist–भौमिकीज्ञ
Geology–भौमिकी
Geometrical Progression–गुणोत्तर श्रेढ़ी
Geometry–ज्यामिति
Gnomon–कीली
Goddess of Reasoning–इड़ा
Golden Section–कनक काट
Graphical–आलैखिक
Gravitation–गुरुत्वाकर्षण
Greatest–ज्येष्ठ
Group–समुदाय, संघ
Gunnery–शातघ्निकी
Guntur chain–गण्टर श्रृंखला
Guntur line–गण्टर रेखा
Guntur Quadrant–गण्टर चरण
Gunter Scale–गण्टर मापिनी

Half-chord–अर्ध-जीवा
Harmonic Progression–हरात्मक श्रेढ़ी
Harmonics–हरमिति
Harmoniun–हारमोनियम
Harmony–संस्वरता
Heiratics–धर्मलिपि
Heiroglyphics–चित्रलिपि
Heretic–उद्धर्मी
Higher Degree–उच्च घात
Homogeneous–समघातीय, समघात
Homology, One-one Correspondence–एकैकीसंगति
Honorary Degree–मानोपाधि

Horizontal–क्षैतिज

Hydraulics–आम्भसी

Hydro-mechanics–द्रवयांत्रिकी

Hydrostatics–द्रवस्थैतिकी

Hyperbola–अतिपरवलय

Hyperbolic Function–अतिपरवलीय फलन

Hyperbolic Space–अतिपरवलीय आकाश

Hyperboloid of Revolution–परिक्रमण अतिपरवलयज

Hyper-geometric–पराज्यामितीय

Hypothesis–परिकल्पना

Icosahedron–विंशतिफलक

Ideal–आदर्श

Ideal number–आदर्श संख्या

Ideal Theory–आदर्श सिद्धान्त

Identity–एकात्म्य, सर्वसमिका

Imaginary Complex Quantity–काल्पनिक संमिश्र राशि

Independent Variable–स्वतन्त्र चर

Indeterminate Equation–अनिर्णित समीकरण

Index Law–घातांक नियम

Indivisible–अभाज्य, अविभाज्य

Infinite Class–अनन्त वर्ग

Infinitely small Quantity–अत्यल्प राशि

Infinite Series–अनन्त श्रेणी

Infinite Set–अनन्त कुलक

Infinitesimal Quantity–अत्यल्प राशि

Infinity–अनन्त, अनन्ती

Instalment–क्षेप

Initial Number–आदि संख्या

Inscribed–अन्तर्लिखित

Integer–पूर्णांक, पूर्ण संख्या

Integral–समाकल

Integral Calculus–समाकलन गणित, चलराशि कलन

Integral Equation–समाकल समीकरण

Integral number–पूर्णांक, पूर्ण संख्या

Integral Test–समाकल परीक्षण

Integration–समाकलन

Intellectual attainments–बौद्धिक अभ्याप्तियाँ

Interpretation–निर्वचन

Interval–अन्तराल

Intuition–अन्तःस्फूर्ति

Invariant–निश्चल

Invention–उपज्ञा

Inverse, Reverse–उत्क्रम

Inverse Differentiation–उत्क्रम अवकलन

Involution–समुत्क्रमण

Irrational–अपरिमेय

Irrational Number–अपरिमेय संख्या

Irreducible Case–अलघुकरणीय दशा

Isoperimetric–समपरिमितिय
Isosceles Trapezium–समंबाहु समलम्ब

Junior–अनुज

Latitude–अक्षांश
Law of Commutation–प्रत्यय नियम
Law of Quadratic Reciprocity–वर्ग व्युत्क्रमता नियम
Law of Motion–गति नियम
Least–कनिष्ठ
Least Square–कनिष्ठ वर्ग
Lecturer–व्याख्याता
Lemma–प्रमेयिका
Lens–लेंस
Lever–उत्तोलक
Line–रेखा
Linear Associative Algebra–एकपात राहचरण बीजगणित
Linear Equation–एकघात समीकरण
Linear Integral–रेखा समाकल
Lituus–लिटुअस
Locus–निधि, बिन्दुपथ
Logarithm–लघुगणक
Logarithmic Spiral–लघुगणकीय सर्पिल
Lozenge–समभुजीय
Lune–चन्द्रभ

Magic Square–माया वर्ग
Male Number–नर संख्या
Mass–द्रव्यमान
Mathematicals–गणितीयक
Mathematics–गणित
Matrix–श्रेणिक
Maxima and Minima Points–भूयिष्ठ और अल्पिष्ठ बिन्दु
Mean–मध्यक
Mean Motion–मध्यक गति
Mechanics–यान्त्रिकी
Mensuration–मापिकी
Meridean–याम्योत्तर
Metaphysics–अतिमानस्य
Meteorological Office–ऋतुविज्ञान कार्यालय
Method of Cascades–प्रपात विधि
Method of Fluxions–प्रवाह विधि
Method of Exhaustion–निःशेषण विधि
Method of Least Squares–न्यूनतम वर्ग विधि
Method of Limits–सीमा विधि
Mobious Band–मोबियस बन्ध
Model–प्रतिमान
Moment–घूर्ण
Monogram–गुम्फाक्षर
Monograph–एकबन्ध
Motive Force–गामक बल
Multiple–अपवर्त्य
Multiple Point–बहुलक बिन्दु

Multiplicand–गुण्य
Multiplication of the Cube–घन गुणन
Multiplicative Number–गुणनात्मक संख्या
Multiplier–गुणक

Natural Philosopher–प्राकृतिक दार्शनिक
Navigation–नौतरण, नौवहन
Negative Power–ऋण घात
Non-intersecting–अछेदक
Normal–अभिलम्ब
Notation–संकेतलिपि
Numbering–संख्यान
Number of Terms–गच्छ
Number Sense–संख्या बुद्धि
Numerating Rod–संख्यान छड़
Numeration–संख्योल्लेखन
Numerator–अंश

Oblique Axis–तिर्यक अक्ष
Observatory–वेधशाला
Octagon–अष्टभुज
Octahedron–अष्टफलक
Octave–अष्टक
Odd Number–विषम संख्या
One-one Correspondence, Homology–एकैकीसंगति
One-valued–एकमानीय
Operation–संक्रिया
Oppositions–विपरीतियाँ
Optics–चाक्षुषी
Option–अनुकल्प
Order–वर्ण, क्रम
Oder of Progression–प्रगति क्रम
Ordinal Number–क्रम संख्या, क्रमात्मक संख्या
Orientalist–प्राच्यभाषाज्ञ

Paper (Research)–अभिपत्र
Parabola–परवलय
Paraboloid–परवलयज
Parallelogram–समान्तरचतुर्भूज
Parallelogram of Forces–बल समान्तर-चतुर्भुज
Parallelopiped–समानाफलक
Parameter–प्राचल
Part–भाग
Partial Differentiation–खंडावकलन
Partial Fraction–आंशिक भिन्न
Pascal triangle–पास्कल त्रिभुज
Path–पथ
Pencil of lines–रेखावली
Percussion of Bodies–कायों का आघात
Perimeter–परिमाप
Periodic–आवर्त
Periodic Function–आवर्त फलन
Permanence–चिरस्थायित्व
Parmutations and Combina-

tions–क्रमचय और संचय
Perpetual–चिरस्थायी
Perpetual Calendar–चिरस्थायी तिथिपत्र
Perpetual Motion–चिरस्थायी गति
Perspective–दृष्टिसाम्य
Physics–भौतिकी
Physiology–दैहिकी
Place Value, Positional Value–स्थिति मान
Plane Geometry–समतल ज्यामिति
Polar–ध्रुवी
Pole–ध्रुव
Polyhedron–बहुफलक
Portable–सुवाह्य
Positional Value, Place Value–स्थिति मान
Postulate–अवाध्योपक्रम
Potential–विभव
Power Series–घात श्रेणी
Precision–सुतथ्यता
Prime Number–रूढ़ संख्या, अभाज्य संख्या
Principle of duality–द्वैधता सिद्धान्त
Probability–संभाव्यता
Process–प्रसर, विधा
Projective Geometry–विक्षेप ज्यामिति
Proportional–समानुपाती
Proportional part–अनुपाती भाग
Prosody–छन्दशास्त्र
Provision–प्रावधान
Pulverisor–कुट्टक :
Pure Mathematics–शुद्ध गणित
Pure Quadratic Equation–शुद्ध वर्ग समीकरण
Pure Time–शुद्ध समय
Prism–स्तूप, सूचीस्तम्भ

Quadrangle–चतुष्कोण
Quadrature–क्षेत्रकलन
Quantic–पंचघातक
Quantity–राशि, मात्रा
Quaternion–चतुष्टय
Quotient–भजनफल, भागफल

Radius Vector–सदिश त्रिज्या
Range of Points–बिन्दु माला
Rate–दर
Rate of Change–परिवर्तन दर
Rational Number–परिमेय संख्या
Rational Right-angled Triangle–परिमेय समकोणत्रि भुज
Reciprocal–व्युत्क्रम
Reckoning–अनुगणन
Record–अभिलेख
Rectangular Hyperbola–आयताकार अतिपरवलय
Rectification–चापकलन
Recto–दायाँ
Rector–कुलाचार्य

Recurring Decimal Fraction–आवर्त दशमलव भिन्न
Recurring Series–आवर्त श्रेणी
Reduction–लघुकरण
Reduction to a common denominator–सवर्णन
Reference–अभिदेश
Regular Hexagon–सम षड्भुज
Regular Polyhedron-सम बहुफलक
Regular Solid–सम ठोस
Republic–गणतन्त्र
Residue–अवशेष
Restoration–पुनः स्थापन
Reverse, Inverse–उत्क्रम
Revolution–परिक्रमण
Rhombus–समचतुर्भुज
Right-angled Triangle–समकोण त्रिभुज
Right Triangular Prism–लांबिक त्रिभुजीय संक्षेत्र
Rigour–परुषता
Rule of Inversion–उत्क्रमण नियम
Rule of Odd Terms–विषमराशिक
Rule of Three–त्रैराशिक
Running Commentary–सहगामी टीका

Sand Reckoner–रेत गणक
Scale–मापिनी, पैमाना
Sea-port–समुद्र पत्तन
Seat–आसन
Sec–व्युकोज
Secant–व्युकोज्या
Segment–खंड, अवधा
Segment of a Circle–वृत्तखंड
Semi-circular–अर्धवर्तुल
Semi-perimeter–अर्ध-परिमाप
Senior–अग्रज
Sense of Counting–गणना बुद्धि
Sequence–अनुक्रम
Series–श्रेणी
Set–कुलक
Shadow reckoning–छाया मापनै
Side Face–पार्श्व फलक
Sieve of Eratosthenes–इरॅटॉस्थॅनीज़ की छलनी
Sign of Difference–अन्तर चिह्न
Sign of Proportion–समानुपात चिन्ह
Sign of the Zodiac–राशि चिह्न
Simple–सरल
Simultaneous Equations–युगपद समीकरण
Sin–ज्या
Sine–ज्या
Singularity–अपूर्वता, विचित्रता
Slide Rule–सृप रेखक
Solid Geometry–ठोस ज्यामिति
Solidus–भागरेखा
Space–आकाश
Spherical–गोलीय, गोलाकार
Spherical Geometry–गोलीय

रेखागणित
Spherical Harmonics–गोलीय हरमिति
Spheroid–उपगोल, गोलाभास
Spiral–सर्पिल
Square Root–वर्ग मूल
Squaring–वर्गण
Standard–मानक
Standardisation–मानकीकरण
Statement (of a problem)–न्यास, स्थापना
Statics–स्थैतिकी
Stereographic projection–गोलीय विक्षेप
Stirling Number–स्टर्छिंग संख्या
Structure–संरचना
Sub-interval–उपान्तराल
Sub-set–उपकुलक
Substitution Group–प्रतिस्थापन संघ
Successive Approximation–उत्तरोत्तर उपनयन
Summation–संकलन
Sum of Terms–पदों का योग
Sun Dial–धूप घड़ी
Surd–करणी
Surface–तल, पृष्ठ
Surface Locus–तल निधि
Surplice–धार्मिक चोगा
Surveying–सर्वेक्षण
Symbolic Calculus–सांकेतिक कलन
Symmetric Function–सम्मित फलन
Symmetry–सम्मिति
System–संहति
System of Rays–रश्मि संहति

Tan–स्प
Tangent–स्पज्या
Tautochrone–समकालवक्र
Technical Institute–प्राविधिक संस्थान
Telescope–दूरवीक्ष
Telling–मतगणन
Tensor–प्रदिश
Terminating Decimal Fraction–सान्त दशमलव भिन्न
Tertiary–त्रिवर्णक
Terse–परिसंहत
Test–परीक्षण
Test of Convergence–अभिसरण परीक्षण
Tetrahedron–चतुष्फलक
Theological–धर्मशास्त्रीय
Theory of Congruences–संशेषता सिद्धान्त
Theory of Equations–समीकरण मीमांसा
Theory of Finite Groups–सान्त संघ सिद्धान्त
Theory of Functions–फलन सिद्धान्त
Theory of Invariants–निश्चल

सिद्धान्त
Theory of Numbers–संख्या सिद्धान्त, अंक सिद्धान्त
Theory of Proportion–समानुपात सिद्धान्त
Theory of substitution–प्रतिस्थापन सिद्धान्त
Thesis–प्रबन्ध
Three-dimensional–त्रैविम, त्रिविम
Topology–स्थानिकी
Torricelli vacuum–टॉरीसैंली निर्वात
Total Differentiation–पूर्णावकलन
Tower of Wind–वायु की मीनार
Transliteration–वर्णान्तिर
Transversal–तिर्यग्रेखा
Trial Divisor–जाँच भाजक
Trial Quotient–जाँच भजनफल
Triangle of Forces–बल त्रिभुज
Triangular Number–त्रिभुजीय संख्या
Trigonometry–त्रिकोणमिति
Trisectrix–त्रिभागज
Trochoid–वक्रज
True Divisor–सत्य भाजक
Two-dimensional–द्वैविम

Undecahedron–एकादशफलक
Undetermined form–अनिर्णीत रूप
Uniform Function–एकरूप फलन
Unique–अद्वितीय
Unit–इकाई, मात्रक
Universal–वैश्व
Universalist–सर्वज्ञ
Universal Algebra–वैश्व बीजगणित

Vacancy–रिक्ति
Vacuum–निर्वात
Variable–चर
Vector–सदिश
Velocity–वेग
Versed Sine–उत्क्रम ज्या
Versin–उज्ज्या
Verso–बायाँ
Vertical–ऊर्ध्व, ऊर्ध्वाधर
Vibrating String–कम्पमान डोरी
Volume–आयतन
Vulgar Fraction–साधारण भिन्न

Warden–अभिरक्षक
Wave–तरंग
Wave Theory–तरंग सिद्धान्त
Wedge–टंक, फन्नी
Witch of Agnesi–अग्नेसिका

X-axis–याक्ष